Hans-Jürgen Zimmermann

Operations Research

T0225184

Aus dem Programm —————
Mathematik
für Wirtschaftswissenschaftler

Mathematik für Wirtschaftsingenieure
Band 1 und 2
von Norbert Henze und Günter Last

Fuzzy Methoden in der Wirtschaftsmathematik
von Hubert Frank

Kreditderivate und Kreditrisikomodelle
von Marcus R. W. Martin, Stefan Reitz und Carsten S. Wehn

Einführung in die Spieltheorie
von Walter Schlee

Einführung in die angewandte Wirtschaftsmathematik
von Jürgen Tietze

Einführung in die Finanzmathematik
von Jürgen Tietze

Finanzmathematik für Einsteiger
von Moritz Adelmeyer und Elke Warmuth

Finanzderivate mit MATLAB®
von Ansgar Jüngel und Michael Günther

Derivate, Arbitrage und Portfolio-Selection
von Wilfried Hausmann, Kathrin Diener und Joachim Käsler

Zinsderivate
von Stefan Reitz, Willi Schwarz und Marcus R. W. Martin

vieweg —————

Hans-Jürgen Zimmermann

Operations Research

**Methoden und Modelle.
Für Wirtschaftsingenieure,
Betriebswirte, Informatiker**

2., aktualisierte Auflage

vieweg

Bibliografische Information Der Deutschen Nationalbibliothek
Die Deutsche Nationalbibliothek verzeichnet diese Publikation in der
Deutschen Nationalbibliografie; detaillierte bibliografische Daten sind im Internet über
<http://dnb.d-nb.de> abrufbar.

Prof. Dr. Hans-Jürgen Zimmermann
RWTH Aachen
Institut für Wirtschaftswissenschaften
Operations Research
Templergraben 64
52062 Aachen

zi@or.rwth-aachen.de

1. Auflage 2005
2., aktualisierte Auflage 2008

Alle Rechte vorbehalten
© Friedr. Vieweg & Sohn Verlag | GWV Fachverlage GmbH, Wiesbaden 2008

Lektorat: Ulrike Schmickler-Hirzebruch | Susanne Jahnel

Der Vieweg Verlag ist ein Unternehmen von Springer Science+Business Media.
www.vieweg.de

Umschlaggestaltung: Ulrike Weigel, www.CorporateDesignGroup.de
Druck und buchbinderische Verarbeitung: Wilhelm & Adam, Heusenstamm
Gedruckt auf säurefreiem und chlorfrei gebleichtem Papier.
Printed in Germany

ISBN 978-3-8348-0455-6

Vorwort

Die Meinungen darüber, was unter „Operations Research" zu verstehen ist, gehen – vor allem in Deutschland – auseinander. Es gibt Vertreter der Auffassung, dass „Operations Research" weitgehend aus den meist mathematischen Modellen, Methoden und Theorien bestehe, die im Laufe der Zeit auf diesem Gebiete entwickelt worden sind. Andere meinen, dass zum „OR" mehr gehöre, nämlich die Art wie man Probleme angehe, der interdisziplinäre Arbeitsstil, die Modellierung von Problemen auf verschiedenen Gebieten und unter Umständen sogar die eigentlich in die Informatik gehörende optimale Implementierung von Algorithmen in „tools" oder auf elektronischen Rechenanlagen jeder Art. In Kapitel 1 wird mehr über die verschiedenen Auffassungen gesagt werden. Für dieses Buch ist die Diskussion um das Selbstverständnis des OR von sekundärer Bedeutung, da es sich mit Methoden und Modellen und nicht mit dem Prozess des OR befasst, also mit dem Teil des ORs, der unbestritten ist.

Operations Research oder auch Unternehmensforschung, wie dieses Gebiet in Deutschland auch genannt wird, war seit den 50iger Jahren in Deutschland weitgehend eine Disziplin mit der man sich primär in der Betriebswirtschaft und später in der Mathematik beschäftigte. Seit geraumer Zeit gewinnt OR auch für Ingenieure, Informatiker, ja selbst Mediziner an Bedeutung. Dies vor allem weil die elektronische Datenverarbeitung in diesen Gebieten Einzug gehalten hat und sich immer stärker zum notwendigen Werkzeug entwickelt. Um aber EDV Anlagen benutzen zu können muss man vorher die relevanten Probleme und Abläufe formal modellieren, und dabei kann OR sehr hilfreich sein.

Eine wichtige Rolle spielt das OR ferner bei der Bewältigung der durch die fortschreitende Globalisierung immer größer werdende Komplexität der der Entscheidungsfällung unterliegenden Systeme. Diese Systeme sind nur noch mit großen EDV-Systemen abzubilden, die gewöhnlich große Datenbanken (evtl. auch Warehouses), Transaktionssysteme und intelligente entscheidungsvorbereitende Module enthalten. Vor allem für die letzteren ist der Einsatz von OR Verfahren fast eine „conditio sine qua non". Hier liegt sicher auch eine der zukünftigen Chancen und Herausforderungen für das OR: Während in den Anfangsstadien des OR die Hauptprobleme bei der Anwendung von OR im Mangel von EDV-lesbaren Daten, leistungsfähiger Hard- und Software lagen, ist es heute oft der Überfluss solcher Daten, der Probleme bereitet. Hierdurch sind im OR ganz neue Problemstellungen – wie z. B. im Data-Mining – entstanden, auf die leider in diesem Buch nicht eingegangen werden kann.

Auf ein wichtiges Merkmal des OR, das inzwischen sicher nicht mehr auf das OR beschränkt ist, aber dort wohl zuerst bewusst angewandt wurde, soll noch kurz eingegangen werden: Die interdisziplinäre Zusammenarbeit. Man kann sich sicher vorstellen, dass ein Algorithmus oder eine neue Modellform von einer qualifizierten Einzelperson entwickelt werden kann. Hier sind offensichtlich primär Mathematiker gefragt. Will man OR jedoch praktisch anwenden, so ist auf eine interdisziplinäre Zusammenarbeit nicht zu verzichten. Zu einem solchen Team gehören sicher Experten aus dem Bereich aus dem das zu lösende Problem stammt bzw. die später mit dem entwickelten System arbeiten müssen. Dazu sollten Personen kommen, die mit den vorhandenen OR Algorithmen vertraut sind oder sie weiterentwickeln können bzw. die eingesetzten OR-„Tools" genügend kennen. Darüber hinaus sind unverzichtbar Informatiker, die die benutzten OR-Verfahren optimal implementieren oder in das bestehende EDV-Umfeld integrieren können. Dies ist vielleicht auch einer der Unterschiede zwischen Wissenschaft oder Algorithmenentwicklung und Anwendung. Obwohl auch in wissenschaftlichen Veröffentlichungen der Anteil der Beiträge mit mehreren Autoren zunimmt, kann man hier doch noch eine beträchtliche Zahl von Einautorenbeiträgen finden. Bei größeren praktischen Anwendungen von OR ist m.E. die Teamarbeit unverzichtbar. Dies macht auch die gute Lehre von OR schwierig: Algorithmen lassen sich relativ einfach in Vorlesungen vermitteln. Modellieren, Implementieren und in interdisziplinären Teams kommunizieren erfordert sicher besondere Lehrformen.

In den letzten Jahrzehnten ist der Fundus an OR-Verfahren stetig erweitert worden. Bestehende Algorithmen sind verbessert und verfeinert worden, neue Gebiete sind hinzu gekommen und neue, aus der Praxis angeregte, Modellformen sind entstanden. Auch in der Praxis sind neue Schwerpunkte entstanden, die zu speziell dafür geeigneten Verfahren geführt haben. So sind z. B. die Gebiete der Multi Criteria Analyse, wissensbasierte Ansätze, Fuzzy Set-Theorie basierte Methoden und andere Ansätze in der Theorie zu großen Gebieten gewachsen. Heuristiken sind wesentlich verbessert worden. Aber auch exakt optimierende Verfahren, vor allem auf dem Gebiet der Mathematischen Programmierung, sind so erheblich verbessert worden, dass heute auch sehr große Modelle exakt optimiert werden können für die man vor 10 Jahren noch auf Heuristiken zurückgreifen musste. Als ein Gebiet der Praxis, das in den letzten 10 Jahren erheblich in Umfang und Wichtigkeit zugenommen hat, kann z. B. die Logistik gelten. Es ist erfreulich zu beobachten, dass auch kommerzielle Programmsysteme (wie z. B. APO von SAP) in zunehmendem Maße Operations Research Verfahren enthalten. Es ist daher auch nicht überraschend, dass in den letzten 10 Jahren viele gute Bücher erschienen sind, die sich auf den neuesten Stand sehr spezieller Algorithmen (z. B. in der kombinatorischen Optimierung) oder spezieller Modelltypen (z. B. in der Logistik) konzentrieren. Allerdings setzen diese Werke sehr oft die Vertrautheit des Lesers mit klassischen OR-Gebieten, wie z. B. des Linearen Programmierens, voraus.

Dieses Lehrbuch soll Studenten der Informatik, des Ingenieurwesens, der Betriebswirtschaft und anderer am Operations Research interessierter Gebiete den Zugang zum Instrumentarium des OR erleichtern. Dafür werden Grundkenntnisse in der linearen Algebra, der Differentialrechnung und der Stochastik vorausgesetzt. Da heutzutage Operations Research und Informatik, insbesondere Wirtschaftsinformatik, sehr eng miteinander verknüpft sind, soll die Einführung in einer entsprechenden

Weise erfolgen, ohne jedoch direkt Algorithmen in Form von Programmen zu beschreiben. Hierzu existieren spezielle Bücher. Hier werden jedoch in Form von Nassi-Shneidermann-Diagrammen die Grundstrukturen skizziert, so dass das Verständnis von derartigen EDV-Programmen erleichtert werden dürfte. Darüber hinaus wird in Abschnitt 3.13 speziell auf die Benutzung von OR-Software eingegangen werden.

Die Zielgruppe des Buches sind also, neben Praktikern, die es vielleicht als Nachschlagewerk benutzen möchten, primär Studenten der Informatik, des Ingenieurwesens und der Wirtschaftswissenschaften, die mit dem Studium des Operations Research beginnen. Es ist als ein Grundlehrbuch gedacht, das für eine zweisemestrige Einführungsvorlesung besonders geeignet ist. Im Vordergrund steht die Darstellung der Grundlagen aller der Bereiche, die man heute zum Kern der OR-Verfahren und Modelle rechnen kann. Manche relevanten Gebiete, wie z. B. das der Wissensbasierten Systeme, das Constraint-Programming etc. konnten leider nicht aufgenommen werden, da sie den Rahmen des Buches gesprengt hätten. Der gebotene Stoff wurde bewusst auf das eingeschränkt, was ein Student in einer zweisemestrigen Vorlesung erlernen kann. Bei manchen Gebieten (wie z. B. der Netzplantechnik) lässt sich in diesem Rahmen der heutige Stand der Technik darstellen. Bei anderen Gebieten (wie z. B. der Mathematischen Programmierung) musste aufgrund des Umfanges der heute existierenden Literatur auf Referenzen verwiesen werden, die den heutigen Stand des Wissens darstellen. Didaktische Erwägungen genossen insgesamt den Vorrang vor dem Streben nach mathematischer Finesse. Um dem Leser den Zugang zu weiterführender Literatur zu erleichtern, ist am Ende jedes Kapitels Literatur genannt, die für ein vertieftes Studium zu empfehlen ist. Der Student findet an gleicher Stelle Übungsaufgaben, deren Lösungen am Ende des Buches zusammengefasst sind.

Die im Buch benutzte Symbolik stellt einen Kompromiss dar: Auf der einen Seite wurde angestrebt, Symbole möglichst durchgängig mit der gleichen Bedeutung zu verwenden; auf der anderen Seite sollten die benutzten Symbole weitgehend denen entsprechen, die sich in den einzelnen Gebieten allgemein durchgesetzt haben. Teilweise widersprechen sich diese Ziele. Deshalb wurde eine Teilmenge der Symbole durchgängig benutzt. Diese sind im Symbolverzeichnis zusammengefasst. Alle anderen Symbole werden jeweils kapitelweise in der Form definiert, wie sie gebräuchlich sind.

Die Struktur des Buches orientiert sich an der Vorstellung, dass einer der zentralen Begriffe im Operations Research der der „Entscheidung" ist. Daher widmet sich Kapitel 2 zunächst der Modellierung von Entscheidungen in verschiedenen Situationen und aus verschiedenen Sichten. Die Kapitel 3 bis 7 behandeln Verfahren zur Bestimmung optimaler oder guter Lösungen, wobei zunächst die optimierenden und dann die heuristischen Verfahren behandelt werden. Modelle mehr darstellenden Charakters findet der Leser in den Kapiteln 8 und 9.

Der Student sollte sich darüber im Klaren sein, dass er nach dem Lesen dieses Buches kein versierter Operations Researcher ist. Er wird jedoch in der Lage sein, gängige Methoden selbst anzuwenden. Er sollte darüber hinaus einen Überblick über die anderen Gebiete des Operations Research haben, der es ihm erlaubt, die neuere Literatur zu verfolgen, selbst vertiefte Studien durchzuführen oder weitergehenden Lehrveranstaltungen folgen zu können.

Dieses Buch entstand aus der über dreißigjährigen Lehrtätigkeit an der RWTH Aachen, sowohl in dem seit 1975 bestehenden viersemestrigen Aufbaustudium für Operations Research und Wirtschaftsinformatik, zu dem Studenten zugelassen werden, die ein Studium der Mathematik, der Informatik, der Ingenieur- oder Wirtschaftswissenschaften absolviert haben, als auch in Praktikerseminaren und Lehrveranstaltungen in anderen Studiengängen. Die vertretenen Meinungen sind sicher auch durch eine umfangreiche praktische Tätigkeit auf dem Gebiet des Operations Research beeinflusst.

Bei der Erstellung des Manuskriptes dieses Buches durfte ich die Kooperation verschiedener Personen genießen. Ich darf mich dafür herzlich bei Herrn Kollegen Univ.-Prof. Hans-Jürgen Sebastian bedanken, der den Abschnitt 4.3 beisteuerte und mir auch in vielen anderen Hinsichten die Arbeit erleichterte, bei Herrn Dr. Stefan Irnich, der Abschnitt 3.13 schrieb und mich auch sonst in vielerlei Hinsicht unterstützte und bei Herrn Stefan Buhr, der unermüdlich an einem Manuskript in LATEX arbeitete, die Zeichnungen erstellte und auch in anderen Weisen stets meine Autorenwünsche verwirklichte, selbst wenn ich dies nicht für möglich hielt. Ohne die Kooperation dieser Kollegen hätte das Buch nicht entstehen können.

Aachen 2004

Hans-Jürgen Zimmermann

Inhaltsverzeichnis

Symbolverzeichnis

$<, \leq$	kleiner, kleiner oder gleich
$>, \geq$	größer, größer oder gleich
$a \gg b$	a wesentlich größer als b
$a \prec b$	a schlechter als b
$a \sim b$	a gleichwertig zu b
$a \succ b$	a besser als b
$a \succsim b$	a besser oder gleichwertig zu b
$a \lesssim b$	a ungefähr gleich b oder möglichst nicht größer als b
$\lceil a \rceil$	kleinste ganze Zahl größer oder gleich a
$\lfloor a \rfloor$	größte ganze Zahl kleiner oder gleich a
$\in$	Element von
$\notin$	nicht Element von
$A \subset B$	A ist Teilmenge von B
$A \subseteq B$	A ist enthalten in oder gleich B
$A \cup B$	Vereinigung von A und B
$A \cap B$	Schnittmenge von A und B
$\mathbb{R}^+, \mathbb{R}^-$	Menge der positiven, negativen reellen Zahlen
$(a; b)$	offenes Intervall von a bis b, $a < b$
$[a; b]$	abgeschlossenes Intervall von a bis b, $a < b$
$\{x \mid \ldots\}$	Menge aller x, für die gilt ...
$n!$	n Fakultät mit $n! = 1 \cdot 2 \cdot 3 \cdot \ldots \cdot n$, $n \in \mathbb{N}$; $0! := 1$
$\prod_{i=1}^{n} a_i$	$a_1 \cdot a_2 \cdot \ldots \cdot a_n$
$\sum_{i=1}^{n} a_i$	$a_1 + a_2 + \ldots + a_n$
$\int_a^b$	bestimmtes Integral in den Grenzen a und b

$\frac{\partial F}{\partial x}$	Ableitung von F nach x
$\lim_{h \to 0} x_n$	Limes von x_n für h gegen 0
$|a|$	Betrag von a mit $a := \begin{cases} a, & \forall a \geq 0 \\ -a, & \forall a < 0 \end{cases}$
$\odot^h$	Zuweisung, wobei h die Reihenfolge der Zuweisung bestimmt
$x/y/z$	3-Tupel
$\mathbb{R}^n$	n-dimensionaler euklidischer Raum
$P(A|B)$	Wahrscheinlichkeit, dass Ereignis A eintritt, wenn Ereignis B bereits eingetreten
$E(x)$	Erwartungswert der Zufallsvariablen x
$h_i; h_{ij}$	nicht negativer gebrochener Anteil, $0 \leq h_i, h_{ij} < 1$
$\boldsymbol{B}$	Basis
$\boldsymbol{B}^{-1}$	Basisinverse
$\boldsymbol{N}$	Nichtbasismatrix
Z^*	aktuelle Zielfunktionswerte einer Basis $\boldsymbol{B}$
z^0	optimale Zielfunktionswerte einer primal und dual zulässigen, optimalen Basis $\boldsymbol{B}^0$
$\boldsymbol{I}$	Einheitsmatrix
$x_j; \overline{x}_j$	primale Struktur-/Schlupfvariable
$y_i; \overline{y}_i$	duale Struktur-/Schlupfvariable
Δz_j	Kriteriumselement
H_i	Hilfsvariable
$\boldsymbol{0}$	Nullvektor
$\square$	Ende Beispiel
$\blacksquare$	Ende Beweis

Einführung

Probleme, Modelle, Algorithmen

Eine zunehmende Anzahl von Autoren (siehe z. B. Boothroyd, 1978; Müller-Merbach, 1979; Checkland, 1983) vertreten die Auffassung, dass es zwei verschiedene Begriffe des Operations Research (OR) gibt: Ein Operations Research aus der Sicht des Praktikers und eins aus der Sicht des Mathematikers. Während das OR aus der Sicht des Praktikers „die modellgestützte Vorbereitung von Entscheidungen zur Gestaltung und Lenkung von Mensch-Maschine-Systemen zur Aufgabe hat" (Müller-Merbach, 1979, S. 295), sieht der Mathematiker das OR „als Teilgebiet der angewandten Mathematik" (Gaede, 1974) an. Wie es zu dieser Situation kam, wird näher im Kapitel 1 dieses Buches beschrieben. Hier wird allerdings die Meinung vertreten, dass es zwar zwei Teile des Gebietes OR geben mag, dass sie jedoch beide wichtig und notwendig für das OR sind und sich aus der Geschichte des OR erklären lassen. Um dies für den Leser leichter verständlich zu machen, ist es nützlich, zunächst auf den hier benutzten Begriff des „Problems" etwas näher einzugehen.

Abbildung 1 skizziert die hier angenommenen Zusammenhänge. Diese Darstellung ist jedoch auf keinen Fall als ein zeitliches Ablaufschema zu interpretieren. Zum zeitlichen Ablauf des OR-Prozesses lese man insbesondere die Darstellung von E. Heurgon (Heurgon, 1982).

Einige Bemerkungen zu Abbildung 1, die für das Verständnis der folgenden Kapitel wichtig sind:

1. Ein *Problem* ist kein objektiv gegebener Tatbestand, sondern hat eine reale Komponente und eine subjektive Komponente, die einen objektiv gegebenen Tatbestand erst zum Problem macht. Man wird z. B. nirgendwo in einem Unternehmen ein „Bestandsproblem" sehen können. Dies entsteht vielmehr dadurch, dass gewisse Bestände auf Lager liegen *und* dass der Problemsteller diese Bestände nicht als optimal betrachtet.

2. Da ein „Problem" somit erst durch Überzeugungen und Einstellungen von Menschen entsteht, kann es erst sichtbar werden, wenn es akzentuiert, d. h. ausgesprochen, aufgeschrieben oder in einer anderen Weise zum Ausdruck gebracht wird. Diese Beschreibung von Tatbestand und subjektiver Wertung soll hier als *verbales Modell* des Problems bezeichnet werden. Die Modellierungssprache muss dem Problem adäquat sein. Ist sie dem Problem nicht angemessen, so wird auch das verbale Modell keine adäquate Abbildung des Problems sein.

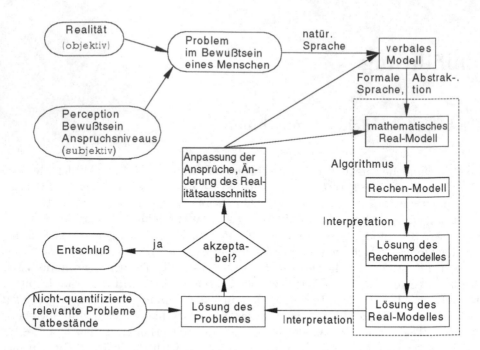

Abbildung 1: Zusammenhänge zwischen Problemen, Modellen und Algorithmen

3. Weitere „Übersetzungen" vollziehen sich zwischen dem verbalen Modell und dem *mathematischen Realmodell* bzw. diesem und dem bereits die algorithmischen Möglichkeiten berücksichtigenden *Rechenmodell*. Für die Modellsprache gilt ähnliches, wie in Punkt 2 ausgeführt.

4. Mathematischer Werkzeuge bedient man sich primär bei der Abbildungung des Realmodells sowie bei der Ermittlung von gesuchten, z. B. optimalen, Lösungen zum Rechenmodell. Das heißt, dass das mathematische Operations Research als Teilgebiet der angewandten Mathematik sich primär mit dem Teil von Problemlösungen befasst, der in der obigen Abbildung eingerahmt ist. Dies ist sicherlich kein unwichtiger Teil, jedoch weder der gesamte Problemlösungsvorgang noch das vollständige Aktionsgebiet des Operations Research. Hier wird die Auffassung vertreten, dass sich Operations Research mit dem gesamten Problemlösungsprozess beschäftigt – wie dies z. B. auch in der schon erwähnten Darstellung von Heurgon zum Ausdruck kommt – und dass der in der Abbildung eingerahmte Bereich zwar ein unverzichtbares Tätigkeitsgebiet des OR ist, jedoch nicht den Gesamtrahmen definiert (siehe hierzu auch die Definition, die in

   `http://www.ORChampions.org/explain/define_OR.htm`

   gegeben wird).

Das vorliegende Buch beschäftigt sich – abgesehen von Kapitel 2 – mit den Methoden des Operations Research, genauer gesagt mit den mathematischen Methoden und Modellen des Operations Research. Aus diesem Grund wird im folgenden der Ausdruck „Modell" und nicht „Problem" benutzt, um dem Leser nachhaltig bewusst zu machen, dass ausschließlich der in der Abbildung eingerahmte Bereich behandelt wird.

Operations Research, Elektronische Datenverarbeitung und andere Nachbargebiete

Die Entwicklung des OR nach dem Kriege wurde durch die Entstehung der Elektronischen Datenverarbeitung (EDV) zweifellos begünstigt. In der Zwischenzeit ist der Zusammenhang von OR und EDV sowohl in der Anwendung als auch in der Lehre wesentlich intensiver geworden. Betrachten wir dieses Verhältnis zunächst von der Seite des OR. Sicher kann das Studium des OR einen sehr positiven Effekt auf die Modellierungsfähigkeit des Studenten haben. Will man jedoch OR zur Lösung realistischer Modelle einsetzen, so braucht man auf der einen Seite Daten und auf der anderen Seite die Möglichkeit einer effizienten Informationsverarbeitung (rechnen, vergleichen, sortieren etc.). Beides wird heute in noch viel besserer Weise durch die EDV ermöglicht, als dies vor 30 Jahren der Fall war. Die Existenz preiswerter Mikrorechner (Personal Computer) macht den einzelnen Entscheidungsfäller sogar unabhängig vom Großrechner und schafft dadurch für den Einsatz von OR-Methoden Voraussetzungen, die noch nie so günstig waren.

Die EDV wird gegenwärtig für viele Zwecke (kommerzieller) Datenverarbeitung eingesetzt, die nichts mit OR zu tun haben. Will man jedoch dem Menschen anspruchsvollere, optimierende und entscheidungsvorbereitende Datenverarbeitungsprozesse abnehmen, so sind diese Prozesse zunächst modellmäßig zu formulieren. Dies bedeutet, dass die EDV verstärkt Unterstützung von Seiten des OR erhält. In dieser Hinsicht kann sicher das OR der Informatik einige Hilfestellung leisten. Allerdings ist diese Unterstützung durchaus in beiden Richtungen vorhanden: Bei der Anwendung von OR-Verfahren in der Praxis wird heutzutage kaum noch jemand z. B. den Simplex Algorithmus neu programmieren. Stattdessen kann der Anwender auf eine große Anzahl sogenannter „tools" oder „solver" zurückgreifen, in denen entsprechende Algorithmen bereits sehr gut implementiert sind. So führt eine Zusammenstellung der INFORMS (Fourer, 2001) bereits fast 50 solcher „solver" für das Gebiet der Linearen Programmierung auf, die teilweise kommerziell vertrieben werden und teilweise kostenlos aus dem WEB heruntergeladen werden können. Darüber hinaus existieren auf dem Gebiet der Mathematischen Programmierung einige „Modellierungssprachen" (wie LPL, MPL, etc.), die den Anwender bei der Modellierung von Problemen unterstützen.

Eine andere Art der Informatik-Unterstützung des OR-lers findet man bei den sogenannten „interaktiven" Algorithmen, wie man sie z. B. zahlreich auf dem Gebiet der Multi Criteria Analyse findet. Dies sind „tools" mit deren Hilfe der Analytiker interaktiv entweder sein Modell aufbauen kann oder interaktiv eine bestimmte Lösung (z. B. die gesuchte Kompromiss-Lösung) bestimmen kann.

Vorauszusehen ist, dass die Beziehung zwischen Mensch und Maschine (EDV-Anlage) in der Zukunft noch wesentlich enger werden wird (siehe z. B. Lee, 1983). Es ist daher zu erwarten, dass nicht nur die Verklammerung von Mathematik und Operations Research in dem im obigen Abbildung eingerahmten Bereich noch stärker wird, sondern auch, dass sich das OR in dem nicht eingerahmten Bereich sehr viel enger mit Gebieten wie der empirischen Sozialwissenschaft, mit künstlicher Intelligenz u. ä. verbinden wird. Insofern ist die heutige Situation durchaus vergleichbar mit der Entstehungszeit des Operations Research, in der die Erfindung des Radar nicht absehbare Chancen und Probleme schaffte.

Man kann sich zwar durchaus vorstellen, dass Einzelpersonen Algorithmen entwickeln. Bei der Lösung praktischer Probleme mit Hilfe von OR-Verfahren wird man jedoch mindestens Vertreter des jeweiligen Fachgebietes (Lagerhaltung, Logistik etc.), einen Fachmann auf dem algorithmischen und Modellierungsbereich (also einen OR-ler) und einen Vertreter der Informatik benötigen, um eine Lösung eines Problems zu erreichen, die gut, der Sicht des Problemstellers entsprechend und benutzerfreundlich ist.

Aus den soeben genannten Argumenten wäre es sicherlich sinnvoll, ein Lehrbuch in Operations Research sehr EDV-orientiert zu schreiben. Diesen Weg gingen auch bereits verschiedene Autoren (siehe z. B. Land and Powell, 1973). Wenn dies in dem Buch nicht geschieht, dann aus zwei Gründen:

1. Didaktisch ist es einfacher und effektiver, die grundlegenden Methoden des OR ohne Berücksichtigung der EDV-technisch implementierten Algorithmen darzustellen. Dadurch werden sie auch für den Studenten transparenter. Dies gilt nicht unbedingt für die oben genannten spezielleren fortgeschrittenen Texte, die oft gerade Fragen der Implementierung behandeln.

2. Die heutige Ausbildung von Mathematik-, Ingenieur- und Betriebswirtschaftsstudenten in der EDV ist noch sehr unterschiedlich. Da das Buch aber für alle Studenten ohne Rücksicht auf die Güte ihrer EDV-Vorbildung verständlich sein soll, wurde auf eine EDV-Orientierung zunächst verzichtet.

Zur Benutzung dieses Buches

Es wurde schon erwähnt, dass sich dieses Buch auf die Behandlung des mathematischen Werkzeugs des Operations Research beschränkt. Eine Gliederung könnte nun entweder nach Modell-Typen oder nach Methoden erfolgen. Um diesen Unterschied

klar zu machen, sei noch einmal auf Abbildung 1 verwiesen. „Mathematisches Realmodell" war dort als ein mathematisches Modell für ein spezielles verbales Modell
interpretiert worden. Im Laufe der Zeit haben sich allerdings Standardmodelle für
Problemtypen entwickelt, die im OR besonders oft betrachtet werden.

Hier sind z. B. Lagerhaltungs-, Reihenfolge- oder Zuordnungsmodelle zu nennen.
Viele dieser Modelltypen sind auf verschiedene Weisen mathematisch lösbar. Dies
schlägt sich dann in dem jeweils gewählten Rechenmodell nieder. Eine Typologie
der Rechenmodelle orientiert sich nicht am Problem oder Sachmodell, sondern an
der Methode, die für die Lösung eingesetzt werden soll, also an der mathematischen
Struktur (z. B. Lineares Programmieren, Dynamisches Programmieren etc.). Zur
Gliederung dieses Buches wurde die zuletzt genannte Typologie gewählt, da dafür
zum einen weniger „Problemwissen" vorausgesetzt werden muss und zum anderen
der Grad der Überlappung und Redundanz verringert werden kann. Eine Ausnahme
davon bilden die ersten beiden Kapitel:

Da die Zielsetzung des anwendungsorientierten ORs im wesentlichen in der Geschichte des Operations Research begründet ist, wurde ein kurzes Kapitel über die
Geschichte des OR vorangestellt. Kapitel 2 behandelt dann die Grundlagen rationaler Entscheidungsmodelle, also den Übergang vom „Problem" zum verbalen und
zum mathematischen Realmodell. Von Kapitel 3 an werden die Methoden, Theori-
en und Algorithmen besprochen, die zum wichtigsten Handwerkszeug des heutigen
Operations Research gehören.

Für die in den einzelnen Kapiteln behandelten Gebiete haben sich internationale
Terminologien und Symboliken herausgebildet, die zwar in sich konsistent und relativ homogen sind, die jedoch dazu geführt haben, dass die gleichen Symbole in
den verschiedenen Gebieten mit verschiedenem Inhalt belegt wurden. Wollte man
nun eine durchgehend konsistente Symbolik für das ganze Buch verwenden, so wi-
che diese zum Teil erheblich von der international üblichen ab. Um nun zum einen
dem Leser des Buches eine möglichst durchgehende Symbolik zu bieten, ihn aber
zum anderen so weit wie möglich in die international übliche Terminologie einzuführen, wurde folgender Kompromiss gewählt: Symbole, die ohne große Nachteile mit
der gleichen Bedeutung durch das gesamte Buch benutzt werden können, sind im
Symbolverzeichnis zusammengefasst. Symbole, Buchstaben etc., für die das nicht
möglich ist, werden jeweils in den einzelnen Kapiteln definiert. Diese haben dann
auch nur für dieses Kapitel Gültigkeit. Etwas ähnliches gilt für die Literaturanga-
ben. Neben dem Gesamtliteraturverzeichnis am Ende des Buches findet der Leser
am Ende jedes Kapitels die für das jeweilige Gebiet wichtigste Literatur in Kurzform
angeführt.

1 Die Geschichte des Operations Research

1.1 Der Ursprung im militärischen Bereich

Der Ursprung des Begriffes „Operational Research" ist zweifellos in den Jahren 1937 bis 1939 in England zu suchen. Er entstand 1937 zur Bezeichnung einer Gruppe von Wissenschaftlern in der englischen Armee, die den Auftrag hatte, „Forschung bezüglich der operationalen Nutzung des Radars durchzuführen" (Tomlinson, 1971, S. XI). Waddington (Waddington, 1973) berichtet in seinem 1946 geschriebenen, aber erst 1973 veröffentlichten Buch über zwei Quellen des Operations Research, nämlich eine innerhalb der britischen Wehrmacht kurz vor dem Ausbruch des 2. Weltkrieges und eine im zivilen Bereich in Großbritannien zu Beginn des 2. Weltkrieges. Die erste war primär mit der praktischen Erforschung der Funktion und der Einsatzmöglichkeiten des Radars befasst, die zweite waren britische Wissenschaftler, die ganz allgemein der Auffassung waren, dass viele naturwissenschaftliche Methoden, die zu dieser Zeit im militärischen Bereich nicht eingesetzt wurden, hier sehr nützliche Anwendungen finden könnten. Beide Ströme vereinigten sich jedoch sehr schnell: Im Jahre 1940 bestand bereits eine Gruppe, die den Namen „Operational Research" trug, im britischen Luftfahrtministerium. Kurz danach verfügten bereits Marine und Heer ebenfalls über derartige Arbeitsgruppen. Diese Gruppen beschäftigten sich primär mit dem schon erwähnten Radar und mit optimalen Strategien im Luftkampf und der U-Boot-Abwehr.

Interessanter als die historische Herkunft des Operational Research ist für das Verständnis seines Wesens die Art, in der „Operational Research" zu jener Zeit von anderen Disziplinen abgegrenzt wurde.

So sagt Waddington zum Beispiel, wenn er über Grundlagenforschung, angewandte Forschung und Operational Research spricht:

> „Es (Operational Research) ist tatsächlich eine (Natur)-Wissenschaft, die für praktische Zwecke eingesetzt wird. Es unterscheidet sich jedoch von den üblichen angewandten Wissenschaften dadurch, dass es im wesentlichen in Verbindung mit der Durchführung von Aktionen benutzt wird" (Waddington, 1973, S. VII).

Kürzer definiert er:

> „Es ist einfach die Verwendung allgemeiner (natur)-wissenschaftlicher Methoden zum Studium irgendeines Problems, das für einen „executive" wichtig sein mag" (Waddington, 1973, S. VIII).

„Executive" ist hier sinngemäß als „Person oder Institution im militärischen oder zivilen Bereich, die mit der Durchführung von Aktionen befasst ist" zu übersetzen.

Ehe wir die Betrachtung der ersten (militärischen) Phase des Operational Research bzw. des Operations Research, wie es von Anfang an in den USA bezeichnet wurde, abschließen, sei noch ein Blick auf die damals benutzten Methoden und auf die Zusammensetzung der OR-Gruppen erlaubt. Zunächst die Zusammensetzung der Gruppen: am meisten fällt bei Berichten aus jener – und auch aus späterer – Zeit die Erwähnung der interdisziplinären Zusammensetzung des OR-Teams auf. So berichtet Waddington:

> *„Ein erheblicher Anteil der OR-Gruppen sollte aus hochkarätigen Wissenschaftlern bestehen ... Andere sollten wegen ihrer analytischen Fähigkeiten ausgewählt werden, wie z. B. Mathematiker, Juristen, Schachspieler"* (Waddington, 1973, S. 8).

Trefethen gibt die Zusammensetzung der wohl ältesten OR-Gruppe des sogenannten „Blackett's circus" (nach einem der ersten bekannten Wissenschaftler auf diesem Gebiet, nämlich Prof. P. M. S. Blackett, benannt) wie folgt an: „Sie bestand aus drei Physiologen, zwei mathematischen Physikern, einem allgemeinen Physiker und zwei Mathematikern" (Trefethen, 1954, S. 6). Allgemeiner sagt er:

> *„Das Konzept des interdisziplinären Teams war von Anfang an eine Eigenschaft des Operational Research. Die Gruppen, die in England während des 2. Weltkrieges gebildet wurden, bestanden aus Vertretern der Naturwissenschaften, der Mathematik und der Statistik. Biologen trugen von Anfang an erheblich zum OR bei, wahrscheinlich weil sie daran gewöhnt waren, sich mit individuellen Unterschieden innerhalb einer großen Anzahl von Fällen zu beschäftigen, ohne dabei volle Kontrolle über die Experimentiersituation zu haben. Auf der anderen Seite fehlten Psychologen und Sozialwissenschaftler in den ersten Gruppen, obwohl die Arbeit von ihren Konzepten und Forschungsmethoden hätte profitieren können. Dies wurde nach dem Krieg erkannt"* (Trefethen, 1954, S. 8).

Aus dem bisher Gesagten kann der Leser bis zu einem gewissen Grade schon ableiten, mit welchen Methoden und Werkzeugen die OR-Gruppen der damaligen Zeit arbeiteten, nämlich mit den Methoden der Disziplin, deren Vertreter an der Lösung eines Problems mitarbeiteten. „Eigene" Methoden gab es kaum, und Gebiete, die heute als Standardwerkzeug des Operations Research betrachtet werden, wie z. B. Mathematisches Programmieren (Kapitel 3 und 4), Netzplantechnik (Kapitel 8), waren entweder noch nicht entwickelt, waren erst in ihren Anfängen (wie z. B. Spieltheorie, Kapitel 2) oder wurden nicht als OR-Methode betrachtet (wie z. B. die Theorie der Warteschlangen, Kapitel 9). Der Vorteil dieser Situation war sicherlich, dass zu lösende Probleme noch von vielen Seiten betrachtet wurden, anstatt durch eine „strukturierte" OR-Brille. Der Nachteil war offensichtlich, dass viele der heute vorhandenen Werkzeuge als effiziente Lösungsmethoden nicht zur Verfügung standen.

1.2   Weiterentwicklung im zivilen Bereich

Die Erfolge, die dem OR in den letzten Kriegsjahren im militärischen Bereich zugeschrieben wurden, führten dazu, dass nach Ende des Krieges sowohl die Privatwirtschaft als auch die Universitäten die Ideen des Operations Research sehr intensiv aufgriffen: Während von industriellen Großunternehmen OR-Ableitungen eingerichtet wurden, die sich primär aus Mathematikern, Wirtschaftsingenieuren und Betriebswirten zusammensetzen, konzentrierten sich die Hochschulen auf die Entwicklung von Methoden und die Abbildung primär betriebswirtschaftlicher Standardprobleme in Modellen, die dann mit diesen Methoden gelöst werden konnten. Die Entwicklung wurde ganz wesentlich angeregt durch zwei Erscheinungen:

Den Beginn der Elektronischen Datenverarbeitung und die Entwicklung der Simplex-Methode des Linearen Programmierens am Ende der vierziger Jahre durch Dantzig (Dantzig, 1949), Tucker (Tucker, 1950) und ihre Kollegen. Zwei Strömungen sind in den fünfziger und sechziger Jahren klar erkennbar: Man konzentriert sich auf die Entwicklung neuer, verfeinerter und leistungsfähiger (mathematischer) Methoden und man reflektiert darüber, was Operations Research ist und wie es zu definieren, abzugrenzen und durchzuführen ist. Beide Entwicklungen sind verständlich: Für viele Wissenschaftler stand nicht mehr ein zu lösendes reales Problem im Vordergrund, sondern der wissenschaftliche Fortschritt, gemessen an neuen Theorien, Algorithmen und Veröffentlichungen. Da die Methoden meist mathematischer Natur waren, trat bald auch die Bedeutung der Teamarbeit in den Hintergrund: Zur Entwicklung mathematischer Theorie braucht man kein interdisziplinäres Team! So ist aus dieser Sicht auch zu verstehen, wenn Müller-Merbach 1973 schreibt (Müller-Merbach, 1973b, S. 2):

> *„Dieses Merkmal (der Teamarbeit) ist jedoch weder typisch, indem es das Wesen des Operations Research gegen andere Begriffe pointierend-hervorhebend abgrenzt, noch entspricht es der Realität. Nach den Erfahrungen des Verfassers wird die meiste Planungsarbeit in der Praxis von Einzelpersonen durchgeführt.“*

Wir werden auf diesen Punkt später noch einmal zurückkommen. Aus den folgenden beispielhaft aufgeführten Definitionsversuchen lässt sich die Veränderung des Selbstverständnisses der Vertreter des Operations Research im Zeitablauf ablesen:

> *„Es (Operational Research) ist einfach die allgemeine Methode der Wissenschaften, angewandt im Studium irgendeines Problems, das für einen „executive“ wichtig sein kann“* (Waddington, 1973, Vorwort von 1946, S. VIII).

> *„Ein Ziel des Operations Research ist, ..., den Managern von Unternehmen eine wissenschaftliche Grundlage zur Verfügung zu stellen, auf Grund deren sie Probleme, die die Interaktion von Teilen der Organisation betreffen, im besten Interesse des Unternehmens als Ganzem lösen können“* (Churchman et al., 1957, S. 6).

„... die Anwendung mathematischer, statistischer und formallogischer Methoden bei der Analyse, Beschreibung und Prognose betrieblicher und zwischenbetrieblicher Vorgänge zum Zwecke der Entscheidungsfindung" (Zimmermann, 1963, S. 11).

„Mit annehmbarer Genauigkeit kann man Operations Research einfach als einen wissenschaftlichen Ansatz zur Problemlösung durch das Management definieren" (Wagner, 1969, S. 4).

Eines fällt bei der Betrachtung dieser Definitionen auf: In allen ist die Anwendung und in keiner die Entwicklung von wissenschaftlichen (mathematischen) Methoden erwähnt. Dies überrascht um so mehr, als in den letzten Jahrzehnten, wenigstens gemessen an der Zahl und dem Umfang der Veröffentlichungen, eben nicht die Anwendung, sondern die Entwicklung von Verfahren und Theorien im Vordergrund gestanden hat. Auf das sich in der Literatur bietende Bild von Operations Research passen sicherlich besser Definitionen, die OR als eine Teildisziplin der angewandten Mathematik ansehen.

Diese beiden „Bilder" von OR spiegeln sich in den schon in der Einleitung erwähnten zwei Auffassungen über das Operations Research wider. Man sollte allerdings dabei nicht vergessen, dass die Literatur oft nicht angemessen das Gesamtbild einer Disziplin widerspiegelt: über Anwendungen lässt sich gewöhnlich sehr viel schlechter schreiben als über Methoden und Theorien. Außerdem ist der Kreis der Autoren meist weniger unter den Anwendern als unter den „Theorie-Entwicklern" zu finden.

Die unausgewogene Entwicklung des Operations Research führte u. a. dazu, dass zahlreiche prominente Vertreter des OR bereits das Ende der Disziplin kommen sahen. Der bekannteste Ausspruch dieser Art ist der von Ackoff:

„American Operations Research is dead even though it is not yet buried" (Ackoff, 1979).

Ich glaube, dieser Schluss ist falsch: Es wäre jedoch sicher sinnvoll und wünschenswert, wenn man sich auf die ursprünglichen Ziele des OR wieder einmal besinnen und damit zu einer Art von Teamarbeit auf höherem Niveau gelangen würde. In diese Richtung weist auch die Definition des ORs, wie sie in

`http://www.ORChampions.org/explain/define_OR.htm`

zu finden ist. Mit dem Werkzeug des heutigen OR, ergänzt um die Ansätze und Hilfsmittel, die die EDV und Informatik auf der einen Seite und die Erkenntnisse empirisch-kognitiver Entscheidungstheorie auf der anderen Seite zur Verfügung stellen, können Teams, angepasst an die heutigen Verhältnisse, ähnliche Problemlösungs- und Entscheidungsvorbereitungsarbeit leisten wie in den „dynamischen frühen Jahren". Die wesentlichen Unterschiede zu damals sind, dass andere Disziplinen im Team vertreten sein sollten und dass man auf die leistungsfähigen OR-Methoden zurückgreifen kann, wie sie in beschränktem Umfang im vorliegenden Buch dargestellt werden. Dann würde man den Nutzen des OR vielleicht nicht nur im Bereich des Managements, sondern auch im Ingenieurwesen stärker zum Tragen bringen können. Gute Ansätze dazu sind jedenfalls vorhanden (siehe z. B. Zach, 1974; Wilde, 1978).

Für den deutschen Leser mag ein kurzer Blick auf die Geschichte des Operations Research in Deutschland ganz interessant sein:

In Deutschland begann die Geschichte des OR Mitte der fünfziger Jahre. 1956/57 wurde der Arbeitskreis Operational Research (AKOR) gegründet, der sich überwiegend aus Praktikern zusammensetzte, die am OR interessiert waren. Das starke Interesse am OR führte dazu, dass in den Folgejahren eine Vielzahl von deutschen Übersetzungen für „Operations Research" vorgeschlagen wurden: Ablauf- und Planungsforschung, Entscheidungsforschung, Operationsanalytik, Optimalplanung, Operationsforschung, Planungsforschung, Unternehmensforschung, Verfahrensforschung, um nur einige zu nennen.

Durch die 1961 vollzogene Gründung der Deutschen Gesellschaft für Unternehmensforschung (DGU), die überwiegend Mitglieder aus dem Hochschulbereich anzog, setzte sich „Unternehmensforschung" als deutsche „Übersetzung" für Operations Research durch. Keine sehr glückliche Wahl, wie sich später herausstellte, da „Unternehmen" meist als „Unternehmung" missgedeutet wurde und damit die „Unternehmensforschung" als eine Teildisziplin der Betriebswirtschaftslehre für andere Disziplinen wie dem Ingenieurwesen, der Mathematik etc. nicht relevant erschien.

In den sechziger Jahren erfolgte trotzdem eine stürmische Entwicklung in Deutschland. Lehrstühle für Unternehmensforschung wurden an den Hochschulen geschaffen, OR-Abteilungen in Großunternehmungen eingerichtet. Unternehmensberatungen boten Operations Research teilweise als eine Wunderdroge an. Mit anderen Worten: Es wurde zu viel versprochen, die Erwartungen wurden zu hoch gesteckt und Ende der sechziger Jahre trat eine gewisse Desillusionierung ein, die oft zum Schließen bestehender OR-Abteilungen führte. Man mache sich klar, dass zu dieser Zeit auf dem gesamten europäischen Kontinent, im Gegensatz zu den USA und Großbritannien, kein einziger Studiengang für Operations Research bestand. Gut ausgebildete Fachleute auf diesem Gebiet konnten ihre Ausbildung kaum in Deutschland erhalten haben. 1971 entstand dann aus AKOR und DGU die Deutsche Gesellschaft für Operations Research (DGOR), die Praktiker und Theoretiker vereinigte. In der 2. Hälfte der 70er vertrat eine Anzahl von Mitgliedern die Meinung, dass die DGOR die theoretischen Interessen des OR nicht mehr genügend vertrete. Sie gründeten eine neue Gesellschaft, die GMÖOR (Gesellschaft für Mathematik, Ökonomie und Operations Research). Für ungefähr 10 Jahre hatte also Deutschland wieder 2 OR-Gesellschaften. Ob nun sachliche oder persönliche Gründe für die Spaltung sorgten sei dahingestellt. Anfang der 90er Jahre näherten sich die beiden Gesellschaften Dank der vernünftigen und kooperativen Haltung beider Vorstände wieder an. Seit 1995 hielten sie ihre Konferenzen wieder gemeinsam ab und seit dem 1. 1. 1998 vertritt das OR in Deutschland wieder eine Gesellschaft, die GOR (Gesellschaft für Operations Research), der Zusammenschluss der beiden oben genannten Gesellschaften. Die GOR wächst seit dieser Zeit sehr erfreulich und entwickelt eine Vielzahl von Aktivitäten, die für Studenten, Wissenschaftler und

Praktiker von großem Interesse und Nutzen sind.

Bis Mitte der siebziger Jahre galten Großbritannien und vor allem die USA als die Länder, in denen OR entwickelt und betrieben wurde. Zwischen den europäischen Ländern bestand in dieser Beziehung kaum Kommunikation und das OR in den kontinentaleuropäischen Ländern entwickelte sich in ganz unterschiedlichen Richtungen und schaute insgesamt nach USA. Dies änderte sich grundlegend, als sich 1975 die europäischen OR-Gesellschaften zur EURO (Association of European Operational Societies) zusammenschlossen und dadurch die Kommunikation zwischen den europäischen OR-lern auf mehreren Wegen erheblich intensiviert wurde. Dies wirkte sich ausgesprochen fruchtbar auf das europäische OR, von dem man nun sprechen könnte, aus. Mittlerweile entspricht die Zahl der Mitglieder der jeweiligen OR-Gesellschaften in Europa der in den USA, wobei der Trend in der Periode 1975 bis 1980 in Europa aufwärts, in den USA abwärts ging [Zimmermann 1982]. Allerdings ist die Zahl der OR-ler pro Einwohner in den USA und in England noch immer fast doppelt so hoch wie im europäischen Durchschnitt. Seit 1975 besteht an der RWTH Aachen auch der erste kontinentaleuropäische Aufbaustudiengang in Operations Research, so dass man nun auch hier einen Studienabschluss (in diesem Fall den „Magister in Operations Research (M. O. R.)" in Analogie zum angelsächsischen Master of Operations Research) erreichen kann.

1.3   Literatur zur Geschichte des Operations Research

Ackoff 1979; Boothroyd 1978; Churchman *et al.* 1957; Dantzig 1949; Tomlinson 1971; Trefethen 1954; Waddington 1973; Zimmermann 1982.

2 Entscheidungs- und Spieltheorie

2.1 Entscheidungstheoretische Richtungen

Es wurde schon in der Einführung darauf hingewiesen, dass zum Operations Research nicht nur die mathematischen Methoden zur Lösung von Real- oder Rechenmodellen gehören, sondern auch das Modellieren von Problemen. Während sich die folgenden Kapitel 3 bis 7 primär mit den Lösungsmethoden beschäftigen, soll in diesem Kapitel das Gebiet des OR betrachtet werden, das sich primär mit der angemessenen Modellierung von Entscheidungsproblemen befasst. Die Formulierung angemessener Entscheidungsmodelle für zu lösende Problemstellungen ist eine Voraussetzung für das Finden optimaler oder befriedigender Problemlösungen.

Auch in anderen Disziplinen beschäftigt man sich mit der Modellierung und Betrachtung von Entscheidungen. Es ist daher nicht überraschend, dass sich eine Anzahl von Wissenschaften mit verschiedenen Aspekten der Entscheidungsfällung befasst haben. Vor allem sind hier neben den Wirtschaftswissenschaften die Psychologie, die Soziologie, die Philosophie, die Politologie und die Statistik zu nennen. Jede dieser Wissenschaften betrachtete das Phänomen „Entscheidung" von einer anderen Seite und setzte bei der Analyse von Entscheidungen andere Schwerpunkte. Dies hat dazu geführt, dass sich uns das Gebiet der Entscheidungstheorie heute noch nicht als eine einheitliche, in sich geschlossene Theorie präsentiert, sondern als ein Forschungsgebiet, das noch nach wie vor tagtäglich von verschiedenen Disziplinen sowohl neue Fragestellungen als auch neue Impulse zur Lösung dieser Fragestellungen erhält.

Als *Inhalt der Entscheidungstheorie* gilt gemeinhin die Analyse rationaler Entscheidungsfällung. Da jedoch Entscheidungsfällung sowohl ein „Willensakt" als auch ein Prozess ist (man denke an die Aktivitäten, die der eigentlichen Entscheidungsfällung vorausgehen), werden von verschiedenen Autoren die Grenzen der Entscheidungstheorie recht unterschiedlich gezogen:

Vier verschiedene Auffassungen über den *Inhalt* der Entscheidungstheorie lassen sich nennen:

1. Entscheidungstheorie als Analyse sowohl des Entscheidungsprozesses als auch des Wahlaktes (z. B. Gäfgen, 1974).

2. Entscheidungstheorie als Analyse des Wahlaktes und zwar einschließlich des Gebietes der Nutzen- oder Präferenzentheorie (z. B. Krelle, 1968).

3. Entscheidungstheorie als Analyse des Wahlaktes, jedoch ausschließlich der als eigener Bereich angesehenen Nutzen- oder Präferenzentheorie (z. B. Bamberg and Coenenberg, 1981; Laux, 1982).

4. Entscheidungstheorie als Analyse des Wahlaktes von Entscheidungen bei Ungewissheit (z. B. Schneeweiß, 1967).

Neben diesen vier Auffassungen über den Inhalt der Entscheidungstheorie lassen sich von der *Zielsetzung* her drei Richtungen unterscheiden: die *deskriptive Richtung*, die *normative* oder *präskriptive* Richtung und die *statistische Entscheidungstheorie*. Wir wollen im folgenden auf die ersten zwei Richtungen eingehen. Die statistische Entscheidungstheorie wird seltener dem Operations Research, sondern gewöhnlich der Statistik zugerechnet.

Ehe in detaillierterer Form auf entscheidungstheoretische Überlegungen eingegangen wird, sei noch auf die grundlegenden Unterschiede zwischen der normativen oder präskriptiven Entscheidungstheorie bzw. Entscheidungslogik auf der einen Seite und der empirisch-kognitiven oder deskriptiven Entscheidungstheorie auf der anderen Seite hingewiesen:

A. Im Sinne der Wissenschaftstheorie (z. B. Popper, 1976, S. 3 ff.) ist die *Entscheidungslogik (normative oder präskriptive Entscheidungstheorie)* eine *Formalwissenschaft*, d. h. eine Wissenschaft, die nicht den Anspruch stellt, wahre und neue Aussagen über die Realität zu machen. Sie geht vielmehr von gewissen Axiomen aus und baut damit verträgliche Modelle bzw. entwickelt logische Schlussfolgerungen aufgrund dieser Axiome. Ihre Ergebnisse (Modelle, Theorien) können dementsprechend auch nicht dadurch widerlegt werden, dass man eine Diskrepanz zwischen Realität und Theorie aufzeigt. Dies schließt natürlich nicht aus, dass sich Wissenschaftler bei der Auswahl der einer Theorie zugrundeliegenden Axiome von der Realität anregen und leiten lassen.

  Die *Entscheidungslogik* kann daher als eine *Explikation rationaler Entscheidung* bezeichnet werden, wobei der Begriff der Rationalität wiederum zunächst zu definieren ist. Das hier über die Entscheidungslogik Gesagte gilt übrigens auch für die im Abschnitt 2.3 zu behandelnde Spieltheorie.

B. Die *empirisch-kognitive oder deskriptive Entscheidungstheorie* versteht sich dagegen als eine „*Realwissenschaft*". Sie will also wahre – und möglichst neue – Aussagen über die Realität machen. Daher reicht es für sie auch nicht aus, in sich geschlossen und formal richtig zu sein, sondern sie muss die von ihr gewählten Axiome, ihre Theorien und Modelle an der Realität messen, d. h. empirisch überprüfen lassen.

Insoweit sind, trotz der erheblichen Bedeutung beider Theorien für das OR, die Erwartungen, die man an sie stellen kann, recht verschieden.

2.2   Grundmodelle der Entscheidungslogik

2.2.1   Das Grundmodell der Entscheidungsfällung

Die Entscheidungslogik sucht die Frage zu beantworten: „Wie sollte sich ein Mensch in bestimmten Situationen entscheiden?" Sie betrachtet als „Entscheidung" den Wahlakt und arbeitet mit „geschlossenen Modellen". Letzteres bedeutet, dass sie davon ausgeht, dass alle im Modell vorausgesetzten Informationen vorhanden und bekannt sind und nicht erst vom Entscheidungsträger beschafft werden müssen. Sie geht ferner davon aus, dass der „Entscheidungsfäller" jede im angewandten Lösungsalgorithmus zu verarbeitende Informationsmenge angemessen verarbeiten kann. Die *„Entscheidung" ist also der Wahlakt über die zu ergreifende Aktion*, Strategie, Handlungsweise etc. Ferner werden folgende Zusammenhänge unterstellt:

Entscheidungen werden gewöhnlich gefällt, um bestimmte Ergebnisse zu erreichen. Diese Resultate hängen nicht nur von den gefällten Entscheidungen ab, sondern auch von einer Reihe von Faktoren, die vom Entscheidungsfäller nicht zu beeinflussen sind. Faktoren, die vom Entscheidungsfäller zu beeinflussen sind, werden als Entscheidungsvariable, Strategien oder Aktionen (a_i, „action"), und die nicht in der Kontrolle des Entscheidungsfällenden stehenden Faktoren als nicht-kontrollierbare Faktoren, Parameter oder Zustände (s_j, „state") bezeichnet. Die Zusammenhänge zwischen Strategien, Zuständen und Ergebnissen (e_{ij}, „effect") können dann schematisch wie folgt dargestellt werden:

Zustände

		s_1	s_2	$\cdots$	$\cdots$	s_5	s_6	s_7
	a_1	e_{11}	e_{12}			e_{15}	e_{16}	e_{17}
Aktionen	a_2	e_{21}						e_{27}
	a_3	$\cdots$	$\cdots$					
	a_4	e_{41}	$\cdots$					e_{47}

Abbildung 2.1: Ergebnismatrix

In der Ergebnismatrix ist jeder möglichen Aktion eine Zeile, jedem Zustand eine Spalte zugeordnet. Ein Ergebnis e_{ij} wird durch das Zusammenwirken von Aktion a_i und Zustand s_j erzeugt. Die Ergebnisse sind objektiv in dem Sinne beschreibbar, dass ihre Eigenschaften nicht von der betrachtenden Person (Entscheidungsfäller) abhängen.

Als Beispiel könnten die *Strategien* aus verschiedenen zu produzierenden Mengen bestehen, die *Zustände* aus Kosten, Preisen und erzielbaren Umsätzen, und das *Ergebnis* wäre der daraus resultierende Gewinn.

Bei echten Entscheidungssituationen stehen mehrere Strategien zur Verfügung, aus denen eine (oder einige) durch die Entscheidung ausgewählt wird. Auch auf der Seite der Zustände handelt es sich gewöhnlich nicht nur um einen möglichen Zustand, sondern aus einer Anzahl möglicher Zustände kann ein bestimmter eintreten. Welcher der möglichen Zustände eintritt, kann jedoch nicht vom Entscheidungsfäller bestimmt werden. Vielmehr wird es von vielen anderen Einflüssen abhängen, die zunächst einmal unter dem Begriff „Zufall" zusammengefasst werden sollen.

Eine weitere Komplikation ist zu nennen: Der Entscheidungsfäller kann nur dann gezielt seine Entscheidungen treffen, wenn ihm gewisse Ergebnisse lieber sind als andere. Diese Wertschätzung möglicher Ergebnisse nennt man gewöhnlich *Nutzen*. Den Zusammenhang zwischen Ergebnis und Nutzen – also die Präferenz des Entscheidungsfällers für bestimmte Ergebnisse – bezeichnet man als „Präferenzenfunktion". Gewöhnlich wird eine reellwertige Funktion zugrunde gelegt. Mit Hilfe dieser Präferenzenfunktion werden die Ergebnisse vom Standpunkt des Entscheidungsfällers aus erst unterscheidbar. Sie können dadurch in einer Reihenfolge fallender oder steigender Wertschätzung geordnet werden.

Bezeichnet man den Nutzen des Ergebnisses e_{ij} mit u_{ij} (von „utility"), so ergibt sich als Entscheidungsmatrix Abbildung 2.2.

Zustände

		s_1	s_2	$\cdots$	$\cdots$	s_5	s_6	s_7
	a_1	u_{11}	u_{12}			u_{15}	u_{16}	u_{17}
Aktionen	a_2	u_{21}	u_{22}					u_{27}
	a_3	$\cdots$	$\cdots$					
	a_4	u_{41}	$\cdots$					u_{47}

Abbildung 2.2: Entscheidungsmatrix

2.2.2 Entscheidungssituationen

Nach dem Grade der über das Eintreten der Zustände vorliegenden Information unterscheidet man nun gewöhnlich folgende Entscheidungssituationen:

Entscheidungen bei Sicherheit

Bei dieser Situation steht (mit Sicherheit) fest, welcher Zustand eintreten wird. Die Entscheidungsmatrix reduziert sich dadurch auf eine Spalte, die die Nutzen der Ergebnisse, die mit den einzelnen Aktionen erreicht werden können, beinhaltet. Durch die eindeutige Zuordnung der Ergebnisse zu den Aktionen werden die Aktionen gleichzeitig mit den Ergebnissen durch die Nutzenfunktion geordnet. Dies ist allerdings dann nicht mehr der Fall, wenn mehrere Nutzenfunktionen bestehen; ein Fall, auf den näher im Zusammenhang mit dem sogenannten Vektormaximumproblem in Kapitel 3 eingegangen werden soll.

Entscheidungen bei Ungewissheit

Hier sind entweder die Eintrittswahrscheinlichkeiten der Zustände bekannt (Entscheidungen bei Risiko), oder aber es liegt keinerlei Information darüber vor, welcher Zustand zu erwarten ist (Entscheidungen bei Unsicherheit). Für Entscheidungen bei Risiko lässt sich die in Abbildung 2.2 gezeigte Entscheidungsmatrix wie folgt erweitern: Die p_j (von „probability" = Wahrscheinlichkeit) stellen die Eintrittswahr-

Wahrscheinlichkeiten

		p_1	p_2	$\cdots$	$\cdots$	p_5	p_6	p_7
		Zustände						
		s_1	s_2	$\cdots$	$\cdots$	s_5	s_6	s_7
Aktionen	a_1	u_{11}	u_{12}			u_{15}	u_{16}	u_{17}
	a_2	u_{21}	u_{22}					u_{27}
	a_3	$\cdots$	$\cdots$					
	a_4	u_{41}	$\cdots$					u_{47}

Abbildung 2.3: Entscheidungsmatrix für Entscheidungen bei Risiko

scheinlichkeiten der Zustände s_j dar.

Dadurch, dass statt des einen sicheren Zustandes nun einer von mehreren mit einer positiven Wahrscheinlichkeit eintreten kann, ergibt sich eine neue Komplikation: Obwohl die Ergebnisse durch die Nutzenfunktion geordnet sind, kann diese Ordnung nicht direkt auf die Aktionen übertragen werden, da keine eindeutige Zuordnung von Ergebnissen zu Aktionen vorliegt. Stattdessen ergibt sich für jede Aktion a_i eine Nutzenwahrscheinlichkeitsverteilung w_i. Wegen dieser nicht eindeutigen Zuordnung von Aktionen und Ergebnisnutzen wird die Ungewissheitssituation auch *„Entscheidungssituation mit mehrfachen Erwartungen"* genannt.

Die Konsequenz dessen, dass die Aktionen in der Risikosituation durch die ihnen zugeordneten Nutzenverteilungen, und nicht durch eine Menge reeller Zahlen (Nutzen) geordnet sind, ist, dass zur Bestimmung der optimalen Aktion vorab die Nutzenverteilungen vergleichbar gemacht werden müssen.

Zunächst jedoch zur Illustration der bisher dargestellten Zusammenhänge ein kleines Beispiel:

2.1 Beispiel

Es sei Winter und man müsse am Sonntag bereits entscheiden, auf welche Weise man am Montag früh ins Büro fahren wolle. Folgende Möglichkeiten stehen zur Verfügung:

1. Eigener PKW mit Sommerreifen. Abfahrt 8.00 Uhr. Ankunft im Büro bei trockenem Wetter 8.30 Uhr, bei Glatteis 9.15 Uhr.

2. Eigener PKW mit Winterreifen (am Sonntag zu montieren!). Abfahrt 8.00 Uhr. Ankunft im Büro bei trockenem Wetter 8.45 Uhr, bei Glatteis 9.00 Uhr.

3. Mit dem Zug. Abfahrt 7.30 Uhr. Ankunft (unabhängig vom Wetter) 8.30 Uhr.

Es ergibt sich folgende *Ergebnis-Matrix*:

Aktion \ Zustand	trockenes Wetter (s_1)		Glatteis (s_2)	
PKW (Sommerreifen) (a_1)	Abfahrt: 8.00 h Ankunft: 8.30 h	(e_{11})	Abfahrt: 8.00 h Ankunft: 9.15 h	(e_{12})
PKW (Winterreifen) (a_2)	Abfahrt: 8.00 h Ankunft: 8.45 h	(e_{21})	Abfahrt: 8.00 h Ankunft: 9.00 h	(e_{22})
Zug (a_3)	Abfahrt: 7.30 h Ankunft: 8.30 h	(e_{31})	Abfahrt: 7.30 h Ankunft: 8.30 h	(e_{32})

Die Ergebnisse werden für verschiedene Personen verschieden wünschenswert sein. Steht jemand sehr ungern früh auf, so wird er z. B. e_{31} und e_{32} sehr wenig mögen, obwohl er pünktlich im Büro erscheint. Möchte dagegen jemand nur sehr ungern unpünktlich im Büro erscheinen, so werden ihm die Ergebnisse e_{12} und e_{22} sehr wenig behagen.

Bewertet man nun die Ergebnisse mit einer Nutzenfunktion, wie sie die letztere Person haben könnte, und bezeichnet das „angenehmste" Ergebnis mit 6, das „unangenehmste" mit 1, so könnte sich z. B. folgende *Entscheidungsmatrix* ergeben:

Aktion \ Zustand	trockenes Wetter (s_1)	Glatteis (s_2)
PKW (Sommerreifen) (a_1)	6 (u_{11})	1 (u_{12})
PKW (Winterreifen) (a_2)	5 (u_{21})	2 (u_{22})
Zug (a_3)	4 (u_{31})	4 (u_{32})

Weiß man im obigen Beispiel, welcher Zustand herrschen wird, d. h. ob trockenes Wetter oder Glatteis vorhanden sein wird (Sicherheitsentscheidung), so ist die Bestimmung der Aktion, die zum Ergebnis mit höchstem Nutzen führt, nicht schwierig: Man bestimmt in der Spalte des eintretenden Zustandes j die Komponente höchsten Nutzens (u_{lj}). Damit liegt auch der Index der Zeile fest, in der die zu wählende optimale Aktion a_l zu finden ist.

Bei der Risikosituation mit den Wahrscheinlichkeiten p_1 und p_2 für „trockenes Wetter" bzw. „Glatteis" sind zunächst die drei – in diesem Fall – Zweipunktverteilungen w_1, w_2 und w_3 zu ordnen, ehe der Index der „optimale" Zeile oder Aktion bestimmbar ist. □

Eine „*optimale Entscheidung*" bei Sicherheit ist eine Entscheidung, die zum maximalen Nutzen führt.

Die *Rationalität* einer Entscheidung wird in der Entscheidungslogik im wesentlichen durch die Form der unterstellten Nutzenfunktion und die Art der Ordnung der Nutzenverteilungen bei Ungewissheitsentscheidungen bestimmt. Hierauf wird in den nächsten Abschnitten näher eingegangen.

2.2.3 Rationale Nutzenfunktionen bei Sicherheit

Die *Rationalität* einer Entscheidung wird im allgemeinen daran gemessen, inwieweit das System, nach dem der Entscheidende die Attraktivität, die Wertschätzung oder den „Nutzen" möglicher Ergebnisse bzw. der zu ihnen führenden Handlungen misst, in sich widerspruchsfrei ist. In der Nutzentheorie (oder Präferenztheorie) sollen zunächst Gesetzmäßigkeiten festgelegt werden, denen Werteordnungen unterliegen. Dabei werden nur sichere oder als sicher betrachtete Alternativen berücksichtigt.

Bezeichnet man mit $e - (x_1, \ldots, x_n) \in E$ ein mögliches Ergebnis, so werden die folgenden Axiome oder Forderungen aufgestellt, die im Rahmen der Nutzentheorie an eine rationale Nutzenfunktion zu stellen sind.

Dabei sind $x_l, \ldots, x_n$ die ein Ergebnis charakterisierenden Größen (Eigenschaften) und E die Menge aller in Frage kommenden Ergebnisse.

Im Beispiel 2.1 war

$$\text{z. B.} \quad \left\{ \begin{array}{l} \text{Abfahrt: } 8.00\,\text{h} \\ \text{Ankunft: } 8.30\,\text{h} \end{array} \right\} \text{ ein mögliches Ergebnis mit}$$

den charakterisierenden Größen: Abfahrt: 8.00 h, Ankunft: 8.30 h.

Am häufigsten wird gefordert, dass die folgenden „Rationalitätsaxiome" von der Nutzenfunktion erfüllt werden (Krelle, **1968**, S. 7 ff.):

1. Vollständigkeit der Ordnung (Linearitätsaxiom)
Betrachtet man zwei Ergebnisse e_i und e_j, $i \neq j$, so soll genau eins der folgenden Urteile möglich sein:

α) e_i wird e_j vorgezogen $\qquad \left\{ \begin{array}{l} \text{bzw.} \end{array} \right. \begin{array}{l} e_i \succ e_j \\ e_j \prec e_i \end{array}$

β) e_j wird e_i vorgezogen $\qquad \left\{ \begin{array}{l} \text{bzw.} \end{array} \right. \begin{array}{l} e_j \succ e_i \\ e_i \prec e_j \end{array}$

γ) e_i und e_j werden als $\qquad \left\{ \begin{array}{l} \text{bzw.} \end{array} \right. \begin{array}{l} e_j \sim e_i \\ e_i \sim e_j \end{array}$
gleichwertig angesehen

Es wird also gefordert, dass Ergebnisse immer vergleichbar sind und alle Ergebnisse in den Vergleich einbezogen werden.

2. Transitivität

Gegeben seien nun drei Ergebnisse $e_i, e_j, e_k; i \neq j, i \neq k, j \neq k$. Dann sollen gelten:

α) falls $e_i \succ e_j$ und $e_j \succ e_k$, dann auch $e_i \succ e_k$

β) falls $e_i \succ e_j$ und $e_j \sim e_k$, dann auch $e_i \succ e_k$

γ) falls $e_i \sim e_j$ und $e_j \succ e_k$, dann auch $e_i \succ e_k$

δ) falls $e_i \sim e_i$ und $e_j \sim e_k$, dann auch $ei \sim ek$

Führen wir zusätzlich das Symbol „$\succsim$" für „vorziehenswürdig oder gleich" ein, so kann das Transitivitätsaxiom auch verkürzt als

falls $e_i \succsim e_j$ und $e_j \succsim e_k$, dann auch $e_i \succsim e_k$

formuliert werden.

3. Reflexivität

Für zwei Ergebnisse e_i, e_j gilt:

falls $e_i = e_j$, dann auch $e_i \sim e_j$

Die Axiome 1 bis 3 definieren eine schwache Ordnung unter den Elementen der Menge E aller möglichen Ergebnisse. Sie sollen im weiteren Verlauf als gültig vorausgesetzt werden.

Als Nutzenfunktion $u : E \rightarrow \mathbb{R}$; $e_i \mapsto u(e_i) = u_i$; wird nun die Zuordnung einer reellen Zahl u_i (Nutzenindex) zu jedem Ergebnis e_i verstanden, so dass einerseits gleichbewertete Ergebnisse gleiche Nutzenindizes erhalten, andererseits für $e_i \succ e_j \Rightarrow u_i > u_j$ gilt.

Ferner werden an die Zuordnung u und an die Menge E zusätzliche Anforderungen derart gestellt, dass u auf E eine stetige Funktion von e ist, wobei $e = (x_1, \ldots, x_n)$ als ein Punkt im n-dimensionalen euklidischen Raum $\mathbb{R}^n$ aufgefasst wird.

4. Stetigkeit

Um dies zu erreichen – und somit Hilfsmittel der Mathematik benutzen zu können – wurden von Debreu die folgenden beiden zusätzlichen Forderungen aufgestellt (Debreu, 1959, S. 55):

α) Die Menge E aller in Frage kommenden Ereignisse ist im euklidischen Raum $\mathbb{R}^n$ zusammenhängend.

β) Für $e \in E$ sind offen im topologischen Sinne

★ die Menge der $e_i \in E$ mit $e_i \succ e$ und

★ und die Menge der $e_i \in E$ mit $e_i \prec e$

Die Axiome 1 bis 4 stellen nun eine ordinale Nutzenskala sicher, welche aber nur die Relationen vorgezogen ($\succ$) oder gleichgeschätzt ($\sim$) definiert, jedoch offen lässt, wie stark ein Ergebnis einem anderen Ergebnis vorzuziehen ist.

Damit der Nutzen eine weitergehende Bedeutung erhält (Nutzen als Stärke oder Wertschätzung eines bestimmten Ergebnisses), ist es notwendig, eine kardinale Nutzenskala zu fordern. Um dies sicherzustellen, wird nun ein weiteres Axiom postuliert, welches bestimmte Eigenschaften fordert, die Nutzendifferenzen zu erfüllen haben.

Die Nutzendifferenzen zwischen $u(e_i)$ und $u(e_j)$, oder anders formuliert, der beim Übergang von e_i zu e_j auftretende Nutzenzuwachs (falls $e_j \succsim e_i$) bzw. Nutzenverlust (falls $e_i \succsim e_i$) soll im folgenden mit „$u(e_j) - u(e_i)$" bezeichnet werden.

5. Schwache Ordnung von Nutzendifferenzen

Die Menge der Nutzendifferenzen $u(e_j) - u(e_i)$ mit $e_i, e_j \in E$ soll schwach geordnet sein. Wir fordern also, dass die Axiome 1 bis 3 ebenfalls für Nutzendifferenzen gelten, d. h. die ordinale Messbarkeit der Nutzendifferenzen muss gewährleistet sein. Zusätzlich werden für diese zweiwertigen Elemente (Nutzendifferenzen) noch die folgenden Axiome aufgestellt:

6. Konsistenz von Nutzendifferenzen und Ergebnis-Ordnung

$$u(e_j) - u(e_i) > u(e_k) - u(e_i) \text{ folgt } e_j \succ e_k \text{ und umgekehrt}$$
$$u(e_j) - u(e_i) = u(e_k) - u(e_i) \text{ folgt } e_j \succ e_k \text{ und umgekehrt}$$
$$u(e_j) - u(e_i) > u(e_j) - u(e_k) \text{ folgt } e_k \succ e_i \text{ und umgekehrt}$$
$$u(e_j) - u(e_i) = u(e_j) - u(e_k) \text{ folgt } e_k \succ e_i \text{ und umgekehrt}$$

7. Transitivität von Nutzendifferenzen

Dieses Axiom kann man sich leicht an einer Nutzenskala klarmachen. Fügt man zwei größere Abschnitte aneinander, so muss das Ergebnis ein größerer Gesamtabschnitt sein, als wenn man zwei kleinere Abschnitte aneinanderfügt.

Aus $u(e_j) - u(e_i) > u(e_l) - u(e_k)$ und

$\quad\quad u(e_m) - u(e_i) \geq u(e_n) - u(e_l)$ folgt

$\quad\quad u(e_m) - u(e_i) > u(e_n) - u(e_k)$

Aus $u(e_j) - u(e_i) \geq u(e_l) - u(e_k)$ und

$\quad\quad u(e_m) - u(e_j) > u(e_n) - u(e_l)$ folgt

$\quad\quad u(e_m) - u(e_i) > u(e_n) - u(e_k)$

Aus $u(e_j) - u(e_i) = u(e_l) - u(e_k)$ und

$u(e_m) - u(e_j) = u(e_n) - u(e_l)$ folgt   Werden noch zwei zusätzliche Axio-

$u(e_m) - u(e_i) = u(e_n) - u(e_k)$

me, welche aber keine wesentliche inhaltliche Bedeutung haben, gefordert, so kann gezeigt werden, dass dann die Existenz einer kardinalen, stetigen Nutzenfunktion gewährleistet ist (Alt, 1936; Schneeweiß, 1963).

2.2.4 Rationalität von Ungewissheitsentscheidungen

Ein relativ einfacher Weg zur Ordnung der bei Risiko für jede Aktion vorliegenden Nutzenverteilung ist der, die einzelnen Verteilungen durch reelle Zahlen zu charakterisieren (d. h. für die Verteilungen Maße zu definieren), die dann in der üblichen Weise geordnet werden können. Die elementare Entscheidungslogik schlägt in Form der „klassischen" Entscheidungsregeln und -prinzipien solche Vorgehensweisen vor. Hierbei versteht man unter einer „Regel" eine vollständig beschriebene Vorgehensweise, während ein „Prinzip" gewöhnlich eine Regel beschreibt, in der mindestens ein Parameter noch modifizierbar oder in Grenzen frei festlegbar ist.

Festlegen lassen sich Regeln und Prinzipien nur für eine Entscheidung darüber, welche von zwei Aktionen als die bessere anzusehen ist. Man kann dann entweder durch einen endlichen paarweisen Vergleich die optimale Aktion ermitteln oder aber aufgrund einer solchen Entscheidungsregel Optimierungsvorschriften entwickeln, die in anders gearteten Entscheidungsmodellen (z. B. solchen mit kontinuierlichen Lösungsräumen) Verwendung finden können. Fünf der am häufigsten erwähnten Regeln und Prinzipien werden im folgenden aufgeführt:

1. Die Minimax-Regel
Hier ist man primär auf Sicherheit bedacht: Man betrachtet lediglich die schlechtesten Ergebnisse der einzelnen Strategien und bezeichnet die Strategie als optimal, bei der das schlechteste Ergebnis am besten ist. Mathematisch schreibt man:

- $a_i \succsim a_j$, wenn $\min_k u_{ik} \geq \min_k u_{jk}$;
- $a_i, a_j =$ Aktionen, Strategien
- $u_{ik}, u_{jk} =$ Nutzen der Ergebnisse
- e_{ik}, e_{jk} $(k = 1, \ldots, n)$

Es handelt sich hierbei also um eine ausgesprochene „Pessimisten-Regel".

2. Das Hurwicz-Prinzip
Betrachtet man die Minimax-Regel als zu extrem, so könnte man neben dem jeweils schlechtesten Ergebnis auch das jeweils beste in Betracht ziehen und eine lineare Kombination dieser beiden Ergebnisse als Kriterium verwenden. Man kommt dann zu der Regel:

$$a_i \gtrsim a_j, \text{ wenn } (1 - \lambda) \min_k u_{ik} + \lambda \max_k u_{ik} \geq (1 - \lambda) \min_k u_{jk} + \lambda \max_k u_{jk}$$

wobei $0 \leq \lambda \leq 1$ als Optimismusparameter bezeichnet wird. Je nachdem, wie die Größe λ festgelegt wird, spiegelt das Hurwicz-Kriterium ein mehr oder weniger optimistisches Verhalten wider.

3. Die Laplace-Regel

Einen gewissen Anhaltspunkt für die Güte einer Strategie gibt auch die Summe ihrer möglichen Auszahlungen:

$$a_i \gtrsim a_j, \text{ wenn } \sum_k u_{ik} \geq \sum_k u_{jk}$$

4. Die Bayes-Regel

Eine der bekanntesten Regeln ist die Mittelwert-Regel. Bei ihr bildet man den Mittelwert oder den mathematischen Erwartungswert der Nutzen der Ergebnisse einer Strategie als die Summe der mit ihren Wahrscheinlichkeiten p_k gewichteten Nutzen und betrachtet die Strategie als optimal, deren Erwartungswert am höchsten ist:

$$a_i \gtrsim a_j, \text{ wenn } \sum_k u_{ik} p_k \geq \sum_k u_{jk} p_k$$

5. Das Hodges-Lehmann-Prinzip

Schließlich kann man die Regeln 1 und 4 kombinieren und kommt zu:

$$a_i \gtrsim a_j, \text{ wenn } \lambda \sum_k u_{ik} p_k + (1 - \lambda) \min_k u_{ik} \geq \lambda \sum_k u_{jk} p_k + (1 - \lambda) \min_k u_{jk}$$

Hier ist $0 \leq \lambda \leq 1$ der „Vertrauensparameter", da ein großer Wert von λ ein großes Vertrauen in die verwandten Wahrscheinlichkeiten ausdrückt, während man für kleine λ mehr dem Pessimistenkriterium zuneigt. Diese Regel spiegelt übrigens eine sehr verbreitete Haltung von Entscheidungsfällern wider: Sie orientieren sich am Mittelwert als einem Hinweis für das wahrscheinlich Eintretende, ohne jedoch den schlimmsten Fall ganz aus den Augen zu lassen.

2.2 Beispiel

Zu bestimmen sei die optimale Entscheidung (Aktion) in einer durch folgende Entscheidungsmatrix charakterisierten Situation:

s_j	s_1	s_2	s_3	s_4	s_5	$\sum_j u_{ij} p_j$	$\min_j u_{ij}$	$\max_j u_{ij}$	$\sum_j u_{ij}$
p_j a_i	0,2	0,4	0,2	0,1	0,1				
a_1	13	−3	6	−2	5	2,9	−3	13	19
a_2	2	12	−4	10	3	5,7	−4	12	23
a_3	10	5	5	−7	11	5,4	−7	11	24

Die letzten vier Spalten zeigen bereits charakteristische Werte der in den Zeilen der Aktionen stehenden Nutzenverteilungen, die in den vorher genannten Entscheidungsregeln und -prinzipien Verwendung finden.

In der folgenden Tabelle sind die Ordnungen der Aktionen a_l , a_2 und a_3 aufgeführt, die sich bei Anwendung verschiedener Regeln ergeben und zwar für:

(1) Minimax-Regel

(2) Laplace-Regel

(3) Bayes-Regel

(4) Hurwicz-Prinzip mit $\lambda = 0{,}4$

(5) Hurwicz-Prinzip mit $\lambda = 0{,}7$

(6) Hodge-Lehmann-Prinzip mit $\lambda = 0{,}4$

(7) Hodge-Lehmann-Prinzip mit $\lambda = 0{,}7$.

Regel/Prinzip	(Präferenzen)-Ordnung
(1)	$a_l \succ a_2 \succ a_3$
(2)	$a_3 \succ a_2 \succ a_1$
(3)	$a_2 \succ a_3 \succ a_1$
(4)	$a_l \succ a_2 \succ a_3$
(5)	$a_l \succ a_2 \succ a_3$
(6)	$a_2 \succ a_l \succ a_3$
(7)	$a_2 \succ a_3 \succ a_1$

Wie man sieht, sind die entstehenden Ordnungen sehr verschieden und jede der Aktionen a_i wird je nach benutzter Regel (Prinzip) als optimal betrachtet. Mit der Festlegung (Entscheidung) einer Entscheidungsregel wird eine bestimmte Präferenzenordnung impliziert.□

Über die Rationalität obiger „klassischer Entscheidungsregeln und -prinzipien" kann erst dann etwas ausgesagt werden, wenn der Begriff der Rationalität für Entscheidungen bei Ungewissheit definiert ist. Dies geschieht wiederum durch bestimmte Systeme von Axiomen. Dabei können zwei verschiedene Arten von Systemen unterschieden werden.

A. Axiomensysteme, in denen eine rationale Nutzenfunktion in einer Entscheidungssituation unter Sicherheit zugrunde gelegt wird.

B. Axiomensysteme für eine Risikoentscheidung, wobei an die Nutzenfunktion keinerlei einschränkende Forderungen gestellt werden.

Solche Axiomensysteme stammen z. B. von Marschak (1950), Friedman and Savage (1952), Hurwicz (1951), Chernoff (1954), Milnor (1954), Savage (1954), Markowitz und Bernoulli (1738), wobei die „Bernoulli-Axiome" 1944 von von Neumann und Morgenstern neu aufgegriffen wurden.

An dieser Stelle sollen exemplarisch die Axiomensysteme von Milnor (stellvertretend für A.) und Bernoulli (stellvertretend für B.) vorgestellt werden.

Das Axiomensystem von Milnor

Ausgehend von dem in dem einführenden Kapitel dargestellten Grundmodell der
Entscheidungstheorie postuliert Milnor (Milnor, 1964) die folgenden 10 Axiome, die
eine rationale Entscheidungsregel zu erfüllen hat.

1. Ordnung

Die Aktionen sollen in eine vollständige Rangordnung gebracht werden.

2. Symmetrie

Diese Rangordnung soll unabhängig von der Nummerierung der Zustände und Aktionen (Zeilen und Spalten der Entscheidungsmatrix) sein.

3. Strenge Dominanz

Die Aktion a_i wird a_j vorgezogen, wenn $u_{ik} > u_{jk}$ für alle k gilt.

4. Stetigkeit

Streben die Matrizen $U(x) = (u_{ij}(x))$ gegen den Grenzwert $\bar{u}_{ij}$, d. h.

$$\lim_{x \to \infty} (u_{ij}(x)) = \bar{u}_{ij}$$

und werden die Aktionen $a_k(x)$ den Aktionen $a_l(x)$ für alle x vorgezogen, so bleibt
diese Präferenzenordnung auch für die Grenzwerte erhalten.

Stetigkeit wird verlangt, damit eine kleine Änderung eines einzelnen Nutzenwertes
nicht einen Sprung im aggregierten Nutzwert nach sich zieht.

5. Linearität

Wird die Matrix (u_{ij}) durch die Matrix $\alpha \cdot (u_{ij}) + B$, $\alpha > 0$ ersetzt, so soll sich die
Ordnung nicht ändern.

6. Hinzufügen von Zeilen

Die Ordnung der alten Zeilen der Entscheidungsmatrix soll durch das Hinzufügen
neuer Zeilen nicht verändert werden (m. a. W., die Rangordnung zwischen bisher
berücksichtigten Aktionen wird durch die Hinzufügung neuer Aktionen nicht verändert).

7. Spaltenlinearität

Die Rangordnung zwischen den Aktionen soll unverändert bleiben, wenn allen Elementen einer Spalte eine Konstante hinzugefügt wird.

8. Spaltenverdopplung

Die Rangordnung zwischen den Aktionen soll nicht verändert werden, wenn eine
neue Spalte, die mit einer alten identisch ist, der Entscheidungsmatrix hinzugefügt
wird.

9. Konvexität

Sind die Aktionen a_i und a_j äquivalent, so wird eine Aktion mit der Auszahlung $\frac{1}{2}(u_{ik} + u_{jk})$ keiner von ihnen vorgezogen.

10. Hinzufügen spezieller Zeilen

Die Ordnung der alten Zeilen soll durch das Hinzufügen einer neuen Zeile nicht geändert werden, vorausgesetzt, dass kein Element dieser Zeile einem entsprechenden Element aller Zeilen vorgezogen wird.

Das Axiomensystem von Bernoulli

Das bekannteste Axiomensystem der zweiten Gruppe (Entscheidung unter Risiko) ist das von Bernoulli. Es strebt an, eine Entscheidungsregel zu bestimmen, die es erlaubt, aus einer Anzahl von Wahrscheinlichkeitsverteilungen eine oder mehrere als „beste" zu bestimmen. Dies wird mittels eines Präferenzfunktionals erreicht, welches eine Ordnung von Wahrscheinlichkeitsverteilungen ermöglicht. Es sollen nun zuerst einige Axiome beschrieben werden, an denen die Rationalität einer (noch zu bestimmenden) Entscheidungsregel und der danach gefällten Entscheidung gemessen wird. Dabei wird, da von einer Risikosituation ausgegangen wird, verlangt, dass sich die Axiome auf die Menge der Wahrscheinlichkeitsverteilungen W beziehen. Gewöhnlich geht man von folgender Grundannahme aus (Schneeweiß, 1967):

Auf der Menge $W = W[u(x)]$ der Wahrscheinlichkeitsverteilungen über die Nutzen existiert eine Präferenzrelation $\succsim$ folgender Art:

Ob die Wahrscheinlichkeitsverteilung $w_1 \in W$ einer anderen Verteilung $w_2 \in W$ vorgezogen wird ($w_1 \succ w_2$) oder nicht, hängt einzig von w_1 und w_2 ab und nicht von der Art, wie diese Wahrscheinlichkeitsverteilungen zustande gekommen sind. Für $w_1 = w_2$ gilt Indifferenz, d. h. $w_1 \sim w_2$. Aus dieser Annahme folgt, dass die Präferenzbeziehung zwischen zwei Aktionen unabhängig von allen anderen Aktionen des Entscheidungsproblems ist.

Die im folgenden ausführlich dargestellten Axiome werden von dem sogenannten Bernoulli-Prinzip erfüllt. Es sind:

  a) das ordinale Prinzip,

  b) das Dominanzprinzip,

  c) das Stetigkeitsprinzip und

  d) das Unabhängigkeitsprinzip.

a) Das ordinale Prinzip

Für Entscheidungen bei Sicherheit wurde eine schwache Ordnung unter den Elementen $e \in E$ gefordert. Gleiches soll nun für Wahrscheinlichkeitsverteilungen gelten:

Die Wahrscheinlichkeitsverteilungen aus W sind entsprechend der Präferenzordnung schwach geordnet.

(1) Aus $w_1 \not\sim w_2$ folgt $w_1 \succ w_2$ oder $w_1 \prec w_2$
(Forderung nach unbeschränkter Vergleichbarkeit aller Wahrscheinlichkeitsverteilungen)

(2) Aus $w_1 \succsim w_2$ und $w_2 \succsim w_3$ folgt $w_1 \succsim w_3$
(Transitivität der Präferenzrelationen)

Das ordinale Prinzip soll hier in einer anderen Form verwandt werden:

Es existiert ein Präferenzfunktional

$$\Psi : \begin{array}{l} W \to \mathbb{R} \\ w \mapsto \Psi[w], \end{array}$$

so dass für zwei Wahrscheinlichkeitsverteilungen gilt:

$$\Psi[w_1] \geq \Psi[w_2] \text{ äquivalent mit } w_1 \succsim w_2$$

Mit anderen Worten, jeder Wahrscheinlichkeitsverteilung $w \in W$ wird eine reelle Zahl $\Psi[w]$ derart zugeordnet, dass für je zwei $w_1, w_2 \in W$ $\Psi[w_1] \geq \Psi[w_2]$ äquivalent mit $w_1 \succsim w_2$ ist. Dabei ist das Funktional Ψ nur bis auf eine monotone Transformation bestimmt.

b) Das Dominanzprinzip

Sei x_W eine Zufallsvariable mit der Wahrscheinlichkeitsverteilung w und g eine Funktion, die jedem Nutzen U einen höheren Nutzen U^* zuordnet, d. h. $g(U) = U^*$. Ist w_g die Wahrscheinlichkeitsverteilung von $g(x_w)$, dann gilt: $w_g \sim w$[1].

Unabhängig von seiner Risikoneigung hat ein Entscheidungsträger von zwei Handlungsweisen die vorzuziehen, die bei gleicher Wahrscheinlichkeit einen höheren Zielbeitrag (Nutzendominanz) bzw. bei gleichem Zielumfang eine höhere Wahrscheinlichkeit (Wahrscheinlichkeitsdominanz) verspricht.

c) Das Stetigkeitsprinzip

Um das Stetigkeitsprinzip formulieren zu können, muss zuerst der Begriff des Sicherheitsäquivalents einer Wahrscheinlichkeitsverteilung eingeführt werden. Das Sicherheitsäquivalent einer Wahrscheinlichkeitsverteilung w ist ein sicherer Nutzen $\bar{U}$, der zu w indifferent ist ($\bar{U} \sim w$), d. h. ein sicherer Nutzen, der dem Entscheidenden gerade als gleichwertig mit einer (unsicheren) Alternative erscheint. Das Präferenzenfunktional Ψ nimmt für beide Größen denselben Wert an:

$$\Psi[w] = \Psi[\bar{U}]$$

Das *Stetigkeitsprinzip* fordert nun:

---

[1] w_g nennt man die durch g transformierte Wahrscheinlichkeitsverteilung von w.

Jede Wahrscheinlichkeitsverteilung besitzt (mindestens) ein Sicherheitsäquivalent.

Mit Hilfe des Begriffs des Sicherheitsäquivalents ist es möglich, die beiden Grundtypen des Verhaltens, Risikoaversion und Risikosympathie, zu charakterisieren. Ist nämlich das Sicherheitsäquivalent kleiner (bzw. größer) als der Erwartungswert einer Wahrscheinlichkeitsverteilung, so spricht man von Risikoaversion (bzw. Risikosympathie). Das Stetigkeitsprinzip verlangt also, dass man für jede Wahrscheinlichkeitsverteilung ein Sicherheitsäquivalent benennen kann. Sprünge in der Bewertung sind damit nicht zugelassen.

d) Das Unabhängigkeitsprinzip (Substitutionsprinzip)

Es seien w_1, w_2 und w_3 drei Nutzenwahrscheinlichkeitsverteilungen, wobei gilt: $w_1 \succsim w_2$. Nun bildet man die zusammengesetzten Verteilungen $w_1 \, p \, w_3 = B_1$ und $w_2 \, p \, w_3 = B_2$. B_1 ist dadurch definiert, dass mit der Wahrscheinlichkeit $p, (0 < p < 1)$ die Verteilung w_1 und mit der Wahrscheinlichkeit $(1 - p)$ die Verteilung w_3 gilt; entsprechend tritt bei B_2 mit der Wahrscheinlichkeit p die Verteilung w_2 und mit der Wahrscheinlichkeit $(1 - p)$ die Verteilung w_3 auf. Das Unabhängigkeitsprinzip besagt also, dass zwei zusammengesetzte Verteilungen $w_l \, p \, w_3$ und $w_2 \, p \, w_3$ stets in genau der gleichen Präferenzbeziehung stehen wie die Verteilungen w_l und w_2. Mit anderen Worten, wenn die Beziehung $w_l \succsim w_2$ gilt, so gilt auch $B_1 \succsim B_2$ bzw. $w_1 \, p \, w_3 \succsim w_2 \, p \, w_3$.

Das Bernoulli-Prinzip:

Für den Entscheidenden existiert eine (subjektive) Nutzenfunktion $u(x)$ mit der Eigenschaft, dass die verschiedenen Aktionen aufgrund des zugehörigen Erwartungswertes beurteilt werden. Das Präferenzfunktional des Entscheidenden nimmt die Gestalt

$$\Psi[w] = E_W[u(x)]$$

an.

In einer Entscheidungssituation ist also *diejenige Alternative zu wählen, für die der Erwartungswert des Nutzens $E_W[u(x)]$ am größten ist.*

Für den speziellen Nutzenbegriff, der diesem Konzept zugrunde liegt, sind verschiedene Bezeichnungen wie z. B. Neumann-Morgenstern-Nutzen, Bernoulli-Nutzen, Erwartungs-Nutzen oder Risiko-Nutzen gebräuchlich.

Das Bernoulli-Prinzip als Rationalitätspostulat macht keine Aussage über die Form der Nutzenfunktion, sondern nur über die Form des Präferenzfunktionals. Es schränkt jedoch die Menge der denkbaren Nutzenfunktionen, die für eine rationale Entscheidung bei Risiko denkbar sind, entsprechend der subjektiven Einstellung des Entscheidungsträgers zum Risiko ein.

Wie unterscheiden sich nun die „klassischen Entscheidungsregeln und -prinzipien" vom Bernoulli-Prinzip?

Im Unterschied zum Bernoulli-Prinzip ist bei den klassischen Regeln das Präferenzfunktional nicht abhängig von den ganzen Nutzenverteilungen, sondern nur von statistischen oder anderen Maßzahlen dieser Verteilungen (z. B. Erwartungswert, Varianz, Modus, Minimum, Maximum). Deshalb sind sie auch in den seltensten Fällen Bernoulli-rational. Detaillierte Untersuchungen, Ergebnisse und Beweise in dieser Richtung findet man bei Schneeweiß (Schneeweiß, 1967).

2.2.5 Entscheidungen bei mehreren Zielkriterien

Multi-Criteria-Entscheidungen beziehen sich auf Entscheidungssituationen mit mehreren Zielen, die häufig in einem Konfliktverhältnis zueinander stehen. Fast alle wichtigen Probleme in der Realität beinhalten mehrere Ziele. Da ist zum Beispiel der Stellenbewerber, der einen Arbeitsplatz mit folgenden Eigenschaften sucht: hoher Lohn, gute Aufstiegschancen, angenehmes Betriebsklima, geringe Gesundheitsgefahr bei der Arbeit, Nähe zur derzeitigen Wohnung, usw. Oder in einer Abteilung für Produktionsplanung wird versucht, geringe Gesamtkosten, wenig Überstunden, hohe Kapazitätsauslastung, kurze Durchlaufzeiten, hohe Lieferbereitschaft, geringe Lagerbestände, etc. zu erreichen. Ein Autokäufer sucht einen Wagen, der möglichst preiswert in der Anschaffung ist, wenig Kraftstoff benötigt, wenig reparaturanfällig ist, schnell fährt, hohen Komfort und hohen Prestigewert besitzt, eine moderne Form hat, wenig Parkraum benötigt usw. Die Liste von Multi-Criteria-Problemen im wirtschaftlichen oder privaten Alltag ließe sich beliebig fortsetzen. Alle besitzen jedoch trotz ihrer Verschiedenheit folgende charakteristische Merkmale:

a) *Mehrere Ziele:*

   Jedes Problem besitzt mehrere Ziele oder gewünschte Eigenschaften. Die Ziele, die für die jeweilige Problemstellung relevant sind, muss der Entscheidungsfäller angeben.

b) *Zielkonflikt:*

   Üblicherweise widersprechen sich die Ziele in dem Sinne, dass eine Verbesserung hinsichtlich eines Zieles das Ergebnis bzgl. eines anderen Zieles verschlechtert.

c) *Unvergleichbare Einheiten:*

   Gewöhnlich werden die Ziele mit unterschiedlichen Maßstäben gemessen, die untereinander nicht vergleichbar sind.

d) *Berechnung/Auswahl einer Lösung:*

Gelöst wird das Entscheidungsproblem durch die Berechnung oder die Auswahl einer besten Handlungsalternative, das ist die Alternative, die der Entscheidungsfäller im Hinblick auf alle Ziele gemeinsam am meisten bevorzugt. Wenn im voraus die Menge aller Alternativen im einzelnen angegeben ist und diese Menge endlich ist, dann besteht die Lösung des Problems in der Auswahl der besten Alternative. Ist dagegen die Menge aller Handlungsalternativen unendlich oder nur implizit durch irgendwelche Nebenbedingungen definiert, dann besteht die Lösung des Problems in der Berechnung der besten Alternative, d. h. in dem Auffinden und der expliziten Angabe der besten Alternative (siehe hierzu Abschnitt 3.7).

Wenn mehrere Ziele miteinander konkurrieren, also wenn ein Zielkonflikt vorliegt, benötigt der Entscheidungsfäller irgendein sinnvolles Kriterium, mit dem er die Alternativen beurteilen kann. Er muss für jede Alternative die Vor- und Nachteile der verschiedenen Zielgrößen gegeneinander abwägen.

Die Aufgabe der Multi-Criteria-Analyse besteht nun darin, den Entscheidungsfäller bei diesem Problem zu unterstützen. Die Unterstützung kann daraus bestehen, bei der Strukturierung und genauen Definition des Problems zu beraten, die Verarbeitung von Informationen zu erleichtern, dem Entscheidungsfäller Bewertungskriterien anzubieten, ihm begründete Handlungsvorschläge zu unterbreiten usw. Kurzum, die Multi-Criteria-Analyse soll dem Entscheidungsfäller möglichst während des gesamten Entscheidungsprozesses mit Methoden und Instrumenten helfen.

Für die Lösung eines multikriteriellen Problems ist die Unterscheidung in Probleme mit diskretem Lösungsraum (abzählbar vielen Lösungen) und stetigem Lösungsraum wichtig. Die ersteren Probleme haben einen kombinatorischen Charakter und werden gewöhnlich als „Multi-Attribut-Entscheidungsprobleme" (MADM) bezeichnet, während die letzteren meist voraussetzen, dass das Problem als mathematisches Programmierungsmodell formuliert werden kann. Sie werden gewöhnlich als „Multi-Objective-Entscheidungen" (MODM) bezeichnet. Hier sollen zunächst nur MADM-Probleme behandelt werden. MODM-Probleme werden in Kapitel 3 unter der deutschen Bezeichnung „Vektormaximumprobleme" besprochen.

Bei MADM-Verfahren ist die Menge der zulässigen Handlungsalternativen vorbestimmt, sie besteht aus einer endlichen, meist sehr kleinen Zahl von Alternativen, die oft sämtlich im voraus explizit bekannt sind. Man spricht deshalb vielfach von diskreten Lösungsräumen. Beurteilt wird jede Alternative hinsichtlich ihrer Attribute. Attribute verkörpern in der Sprache des MADM die Ziele des Entscheidungsfällers, Attribute müssen nicht notwendig in Zahlen beschreibbar sein.

Die abschließende Entscheidung für eine bestimmte der Alternativen wird gefällt, indem einerseits die Attribute untereinander verglichen werden und andererseits die Ausprägungen verschiedener Alternativen bezüglich jeweils eines Attributs. Beim Vergleich der Alternativen sind in der Regel „Tradeoffs" möglich, das heißt, eine Alternative A kann im Vergleich mit einer Alternative B einen schlechten Attributwert durch eine gute Ausprägung in einem anderen Attribut ausgleichen (Kompensation).

Die zur Lösung von MADM-Problemen zur Verfügung stehenden Methoden unterscheiden sich u. a. in den ihnen unterliegenden Annahmen, in ihren Vorgehensweisen und in der Art der von ihnen ermittelten Lösungen. Hier soll nur eine der verbreitesten Ansätze besprochen werden: Verfahren, die davon ausgehen, dass die relative Wichtigkeit der Attribute untereinander vom Entscheidungsfäller in Form von Gewichten auf kardinalem Skalenniveau angegeben werden kann. Für andere Ansätze wird der Leser auf (Zimmermann and Gutsche, 1991) verwiesen.

Es wird im folgenden also angenommen, dass die relative Wichtigkeit der Attribute untereinander durch Gewichte ausgedrückt wird. Zu jedem der insgesamt n Attribute C_j gehört eindeutig ein Gewicht w_j. Das *Gewicht* w_j (engl. „weight") ist eine nichtnegative Zahl, die auf kardinalem Skalenniveau die Bedeutung des zugehörigen Attributs C_j im Vergleich zu den übrigen Attributen wiedergeben soll. Meist werden die Gewichte w_j ($1 < j < n$) durch die zusätzliche Forderung $\sum_{j=1}^{n} w_j = 1$ auf das Intervall [0,1] normiert und zu einem Gewichtevektor $w \in \mathbb{R}^n$ mit $w^{\mathrm{T}} = (w_1, w_2, \ldots, w_n)$ zusammengefasst.

Vorausgesetzt wird, dass der Entscheidungsfäller die relative Wichtigkeit von je zwei Attributen beurteilt hat, also bei Attributen $C_1, C_2, \ldots, C_n$ durch $\frac{1}{2} \cdot n \cdot (n-1)$ viele Vergleiche ausgedrückt hat, um wieviel wichtiger Attribut C_i im Vergleich zu Attribut C_j ist ($1 \leq i, j \leq n$). Diese Beurteilungen dürfen im folgenden fehlerbehaftet („inkonsistent") sein.

Es sei $A = (a_{ij})^n \in \mathbb{R}^{n \times n}$ die vom Entscheidungsfäller angegebene Matrix der Paarvergleiche, wo a_{ij} die relative Wichtigkeit vom i-ten Attribut gegenüber dem j-ten Attribut ausdrückt. Beispielsweise könnte der Entscheidungsfäller als Paarvergleichsmatrix A für vier Attribute C_1, C_2, C_3 und C_4 die Matrix

$$A = \begin{pmatrix} 1 & 8 & 2 & \frac{16}{5} \\ \frac{1}{8} & 1 & \frac{1}{4} & \frac{2}{5} \\ \frac{1}{2} & 4 & 1 & \frac{8}{5} \\ \frac{5}{16} & \frac{5}{2} & \frac{5}{8} & 1 \end{pmatrix}$$

angeben. Im Falle völlig widerspruchsfreier („konsistenter") Schätzungen gilt für die Vergleichsmatrix A die *Konsistenzbedingung*

$$a_{ik} \cdot a_{kj} = a_{ij} \qquad \text{für alle } 1 \leq i, j, k \leq n, \tag{2.1}$$

d. h. die relative Wichtigkeit a_{ij} des i-ten Attributs gegenüber dem j-ten Attribut lässt sich ermitteln, indem man die relative Wichtigkeit a_{ik} des i-ten Attributs gegenüber irgendeinem dritten Attribut C_k multipliziert mit der relativen Wichtigkeit a_{ki} dieses Attributs C_k gegenüber dem j-ten Attribut. Zum Beispiel aus $a_{13} = 2$ und $a_{32} = 4$, d. h. daraus, dass Attribut C_1 doppelt so wichtig ist wie Attribut C_3 und Attribut C_3 viermal so wichtig ist wie Attribut C_2, daraus folgt, dass Attribut

C_1 achtmal so wichtig ist wie Attribut C_2 , da nämlich $a_{12} = a_{13} \cdot a_{32} = 2 \cdot 4 = 8$. Offenbar ist die obige Matrix völlig konsistent.

Gilt außerdem für die Werte a_{ij} der Paarvergleichsmatrix A die Beziehung

$$a_{ij} > 0 \qquad \text{für alle } 1 \leq i,j \leq n, \tag{2.2}$$

so folgt aus der Konsistenzbedingung zum einen, dass A eine *reziproke Matrix* ist, d. h. es gilt

$$a_{ij} = \frac{1}{a_{ji}} \qquad \text{für alle } 1 \leq i,j \leq n. \tag{2.3}$$

Zum anderen folgt aus (2.1) und (2.2) die Existenz eines Gewichtevektors $w = (w_1, w_2, \ldots, w_n)^T \in \mathbb{R}^n$ mit $w_j > 0$ für alle $1 \leq j \leq n$ derart, dass sich die Koeffizienten a_{ij} der Matrix A durch w darstellen lassen gemäß

$$a_{ij} = \frac{w_i}{w_j} \qquad \text{für alle } 1 \leq i, j \leq n \tag{2.4}$$

Stellt man zusätzlich mit

$$\sum_{j=1}^{n} w_j = 1 \tag{2.5}$$

eine Normierungsbedingung, so ist der Gewichtevektor w durch Gleichung (2.4) sogar eindeutig bestimmt.

Damit lässt sich die gesamte Information über die relative Wichtigkeit der Kriterien untereinander, die in der reziproken $(n \times n)$-Matrix A der Paarvergleiche enthalten ist, im Falle völliger Konsistenz der Vergleichswerte also schon durch einen einzigen n-dimensionalen Vektor ausdrücken, nämlich den Gewichtevektor w.

Wäre die Matrix A mit Hilfe völlig konsistenter Schätzungen gebildet worden, so ließe sich der Gewichtevektor w aus A durch Normierung der j-ten Spalte von A berechnen als

$$w_i = \frac{a_{ij}}{\sum_{k=1}^{n} a_{kj}} \qquad \text{für alle } i \text{ mit } 1 \leq i \leq n, \tag{2.6}$$

was sich aus (2.4) und (2.5) herleitet.

Für das obige Beispiel mit den vier Attributen ergibt sich der Gewichtevektor $w = \left(\frac{16}{31}, \frac{2}{31}, \frac{8}{31}, \frac{5}{31} \right)^T$. Mit Hilfe der Gewichte $w_j, 1 \leq j \leq 4$, lässt sich die völlige Konsistenz der Paarvergleichsmatrix gemäß Gleichung (2.1) rasch nachweisen. Doch leider unterlaufen dem menschlichen Entscheidungsfäller in seinen Paarvergleichen Fehler. Daher gelten die Konsistenzbedingungen (2.1) und alle darauf beruhenden Resultate wie etwa (2.4) nur näherungsweise.

Thomas L. Saaty schlug bereits Anfang der siebziger Jahre ein Verfahren vor, das es erlaubt, die Konsistenz der Matrix A zu messen und zu verbessern.

Saatys Vorgehen beruht auf der besonderen Eigenschaft einer völlig konsistenten reziproken Matrix $A \in \mathbb{R}^{n \times n}$, den Eigenwert n zu besitzen mit dem Gewichtevektor w als einem zugehörigen Eigenvektor. Gilt also exakt $A_{ij} = w_i/w_j$ für alle $1 \leq i, j \leq n$, dann ist $A \cdot w = n \cdot w$.

Im Falle der Inkonsistenz besitzt die vom Entscheidungsfäller angegebene Matrix A zwar nicht genau diese Eigenschaft, doch weil bekanntlich kleine Störungen der Koeffizienten von A nur kleine Veränderungen der Eigenwerte nach sich ziehen, berechnet Saaty den gesuchten Gewichtevektor w als Eigenvektor von A zum größten Eigenwert $\lambda_{\max}$ von A, wobei w zusätzlich der Bedingung $\sum_{j=1}^{n} w_j = 1$ genügen muss.

Kurz zusammengefasst lautet die Aufgabe und Lösung von Saaty:

Gegeben: Matrix $A \in \mathbb{R}^{n \times n}$ der paarweisen Attributvergleiche vom Entscheidungsfäller

Gesucht: Gewichtevektor $w \in \mathbb{R}^n$ mit $\sum_{j=1}^{n} w_j = 1$

Lösung nach Saaty:

1. Berechne den größten Eigenwert $\lambda_{\max}$ von A als das größte $\lambda \in \mathbb{R}$, das die Gleichung $\det(A - \lambda \cdot I) = 0$ mit $I =$ Einheitsmatrix der Dimension n erfüllt.

2. Bestimme eine Lösung $\widetilde{w} \in \mathbb{R}^n$ mit $\widetilde{w} \neq 0 \in \mathbb{R}^n$ des linearen Gleichungssystems $(A - \lambda \cdot I) \cdot \widetilde{w} = 0$ mit $\widetilde{w}_i \geq 0$ für alle $1 \leq i \leq n$.

3. Berechne die Komponenten von w als $w_j = \frac{\widetilde{w}_j}{\sum_{i=1}^{n} \widetilde{w}_i}$ für alle $1 \leq j \leq n$.

Im Falle konsistenter Matrizen gilt $\lambda_{\max} = n$ und alle übrigen Eigenwerte sind gleich 0, während für inkonsistente Matrizen $\lambda_{\max} > n$ gilt. Als Maßgröße für die Konsistenz wird der

$$\text{Konsistenzindex KI} = \frac{\lambda_{\max} - n}{n - 1}$$

verwendet.

Das oben geschilderte Vorgehen legte Saaty ebenfalls Anfang der siebziger Jahre seinem Verfahren AHP (Analytic Hierarchy Process) zugrunde. Für Einzelheiten hierüber sowie nummerische Beispiele dazu wird der Leser ebenfalls auf (Zimmermann and Gutsche, 1991) verwiesen.

2.3 Grundmodelle der Spieltheorie

2.3.1 Spielsituationen und Spielmodelle

Auch die Spieltheorie ist eine weitgehend formale, normative Theorie, wenn sie sich in ihren Grundmodellen auch an den strategischen Gesellschaftsspielen oder an Konkurrenzsituationen orientiert. Der Hauptunterschied zwischen Modellen der Entscheidungslogik und denen der Spieltheorie besteht darin, dass bei den letzteren an die Stelle des Zufalles, der die Zustände bei Ungewissheitsentscheidungsmodellen bestimmt, rationale Gegenspieler treten, deren Zielfunktionen sich gewöhnlich von denen ihrer Gegenspieler unterscheiden. Spielmodelle sind also Konfliktmodelle.

Bei Spielmodellen wird – im Gegensatz zu Entscheidungsmodellen – meist nicht zwischen Ergebnis und Nutzen unterschieden. Gewöhnlich werden Nutzenfunktionen vorausgesetzt, die dem Bernoulli-Prinzip entsprechen, und man geht davon aus, dass die „Gewinne" bereits entsprechend in Nutzen transformiert sind. Man spricht daher kurzerhand von „Auszahlungen" an Spieler, die weitgehend die gleiche Interpretation wie Nutzen in der Entscheidungstheorie haben.

Im Rahmen gewisser Spielregeln können die Spieler „Züge" wählen, die den Aktionen im Entscheidungsmodell entsprechen. Eine Strategie ist dabei eine Menge von Zügen eines Spielers[2]. Durch die Wahl aller Strategien sind der Spielverlauf und das Ergebnis eindeutig festgelegt. Klassifizierungen der Spielmodelle sind nach verschiedenen, von der Entscheidungstheorie abweichenden Kriterien möglich.

- Nach der *Zahl der beteiligten Personen* in Zweipersonenspiele und Mehrpersonenspiele.

- Nach der *Art der Gewinn-*(Auszahlungs-)*Verteilung* in Nullsummenspiele und Nichtnullsummenspiele.

- Nach dem *Grad der Kooperation* zwischen den Spielern. Diese Unterscheidung in kooperative und nichtkooperative Spiele bezieht sich insbesondere auf Mehrpersonenspiele, jedoch kann sie auch schon bei Zweipersonenspielen angewandt werden.

- Nach ihrer *Zufälligkeit*, d. h. ob die Gesamtheit der Spieler den Spielablauf vollständig kontrollieren oder ob zusätzlich Zufallseinflüsse bestehen.

- Nach dem *Informationsgrad* der Spieler. Gewöhnlich wird davon ausgegangen, dass alle Spieler über den bisherigen Verlauf des Spieles vollkommen informiert sind. Verschiedene Informationsgrade sind im wesentlichen Betrachtungsobjekt der Team-Theorie.

---

[2] Im folgenden sollen nur Spiele mit einstufigen Strategien betrachtet werden. Spiele mit mehrstufigen Strategien, sogenannte Spiele in extensiver Form, werden etwa in (Bitz, 1981, S. 220 ff.) besprochen.

	S_1		S_2		$\cdots$	S_{n-1}		S_n	
Z_1	$a_{1,1}$	$b_{1,1}$	$a_{1,2}$	$b_{1,2}$	$\cdots$	$a_{1,n-1}$	$b_{1,n-1}$	$a_{1,n}$	$b_{1,n}$
Z_2	$a_{2,1}$	$b_{2,1}$	$a_{2,2}$	$b_{2,2}$	$\cdots$	$a_{2,n-1}$	$b_{2,n-1}$	$a_{2,n}$	$b_{2,n}$
$\vdots$	$\vdots$	$\vdots$	$\vdots$	$\vdots$	$\vdots$	$\vdots$	$\vdots$	$\vdots$	$\vdots$
Z_{m-1}	$a_{m-1,1}$	$b_{m-1,1}$	$a_{m-1,2}$	$b_{m-1,2}$	$\cdots$	$a_{m-1,n-1}$	$b_{m-1,n-1}$	$a_{m-1,n}$	$b_{m-1,n}$
Z_m	$a_{m,1}$	$b_{m,1}$	$a_{m,2}$	$b_{m,2}$	$\cdots$	$a_{m,n-1}$	$b_{m,n-1}$	$a_{m,n}$	$b_{m,n}$

Abbildung 2.4: Auszahlungsmatrix

– Nach *Art und Menge der* den Spielern zur Verfügung stehenden *Strategien* in Spiele mit reinen bzw. gemischten Strategien oder in Spiele mit endlich vielen oder unendlich vielen Strategien.

– Nach der *Abhängigkeit* der optimalen Strategien *von* der Struktur der *Auszahlungen* in spielbedingte und persönlichkeitsbedingte Spiele.

V. Neumann und Morgenstern haben gezeigt, dass sich alle Zweipersonenspiele mit endlicher Spieldauer auf die folgende Normalform bringen lassen (von Neumann and Morgenstern, 1967, S. 93).

In Abbildung 2.4 bedeuten S_j, $j = 1, \ldots, n$, die Strategien des Spaltenspielers. Hieraus hat er zu wählen, ohne die Strategienwahl des Zeilenspielers zu kennen. Z_i, $i = 1, \ldots, m$, sind die entsprechenden Strategien des Zeilenspielers. Die Paare (a_{ij}, b_{ij}), $i = 1, \ldots, m$, $j = 1, \ldots, n$, sind die Auszahlungen für den Zeilen- bzw. Spaltenspieler bei Wahl der Strategie Z_i des Zeilenspielers und S_j des Spaltenspielers.

Wir wollen uns hier auf Spiele in Normalform beschränken. Zunächst sollen Zweipersonenspiele behandelt werden und zwar sowohl Nullsummenspiele, bei denen in Abbildung 2.4 $a_{ij} = -b_{ij}$ ist, als auch Nichtnullsummenspiele mit und ohne Kooperation der Spieler. In Abschnitt 2.3.4 soll die Zahl der Spieler erhöht werden. Nicht betrachtet werden sollen zufallsbedingte Spiele und Spiele mit verschiedenem Informationsgrad der Spieler.

2.3.2   Zweipersonen-Nullsummenspiele

Wie schon erwähnt, ist hier $a_{ij} = -b_{ij}$. Wir wollen daher Abbildung 2.4 vereinfachen und für die Auszahlung des Zeilenspielers a_{ij} schreiben. Die entsprechende Auszahlung an den Spaltenspieler ist dann $-a_{ij}$. Die Auszahlungs- oder Spielmatrix für diesen Spieltyp zeigt Abbildung 2.5.

	S_1	S_2	$\cdots$	S_{n-1}	S_n
Z_1	$a_{1,1}$	$a_{1,2}$	$\cdots$	$a_{1,n-1}$	$a_{1,n}$
Z_2	$a_{2,1}$	$a_{2,2}$	$\cdots$	$a_{2,n-1}$	$a_{2,n}$
$\vdots$	$\vdots$	$\vdots$	$\vdots$	$\vdots$	$\vdots$
Z_{m-1}	$a_{m-1,1}$	$a_{m-1,2}$	$\cdots$	$a_{m-1,n-1}$	$a_{m-1,n}$
Z_m	$a_{m,1}$	$a_{m,2}$	$\cdots$	$a_{m,n-1}$	$a_{m,n}$

Abbildung 2.5: Auszahlungsmatrix für Zweipersonen-Nullsummenspiele

Sattelpunktspiele und reine Strategien

Wir betrachten ein Spiel der in Abbildung 2.5 gezeigten Form. Wählt der Zeilenspieler die Strategie Z_l, so erhält er mindestens $\underline{a}_l = \min\{a_{lj} \mid j = 1, \ldots, n\}$. Dies sei die untere Schranke seiner Auszahlungen. Wendet er nun eine Minimax-Strategie (siehe Beispiel 2.2) an, so wird er die Strategie wählen, bei der die untere Schranke möglichst hoch ist:

$$\max\{\underline{a}_l \mid l = 1, \ldots, m\} = \underline{a}_{i_0} = a_*$$

2.3 Definition
a_* heißt untere Schranke des Spieles bei Verwendung reiner Strategien und Z_{i_0} Minimax-Strategie des Zeilenspielers.

Wählt der Spaltenspieler die Strategie S_k, so verliert er höchstens $\max\{a_{ik} \mid i = 1, \ldots, m\} = \overline{a}_k$. Er wird nun die Strategie wählen, für die

$$\min\{\overline{a}_k \mid k = 1, \ldots, n\} = \overline{a}_{j_0} = a^*$$

ist.

2.4 Definition
a^* heißt obere Schranke des Spieles bei Verwendung reiner Strategien, S_{j_0} ist die Minimax-Strategie des Spaltenspielers.

Anmerkung zu Definition 2.4: Wegen $b_{ij} = -a_{ij}$ handelt es sich nicht um eine Maximin-Strategie, wie man aufgrund der Darstellung vermuten könnte.

2.5 Satz

Falls sowohl der Zeilen- wie auch der Spaltenspieler eine Minimax-Strategie verwenden, so gilt

$$a_* \leq a_{i_0 j_0} \leq a^*$$

BEWEIS.

Sei Z_{i_0} Minimax-Strategie des Zeilenspielers, S_{j_0} die Minimax-Strategie des Spaltenspielers. Dann gilt:

$$
\begin{aligned}
a_* &= \max\{\underline{a}_i \mid i = 1, \ldots, m\} \\
&= \underline{a}_{i_0} \\
&= \min\{a_{i0j} \mid j = 1, \ldots, n\} \\
&\leq a_{i_0 j_0} \\
&\leq \max\{a_{ij_0} \mid i = 1, \ldots, m\} \\
&= \overline{a}_{j_0} \\
&= \min\{\overline{a}_j \mid j = 1, \ldots, n\} \\
&= a^*
\end{aligned}
$$
∎

2.6 Definition

Ist $a_{i_0 j_0}$ gleichzeitig Minimum einer Zeile und Maximum einer Spalte, d. h. ist $a_{ij_0} \leq a_{i_0 j_0} \leq a_{i_0 j}$ für alle i und j, so definiert das Paar von Minimax-Strategien (Z_{i_0}, S_{j_0}) einen *Sattelpunkt* des Spieles.

2.7 Satz

Existiert zu einem Spiel ein Sattelpunkt (i_0, j_0), so ist dies hinreichend und notwendig dafür, dass $a_* = a^*$ gilt.

BEWEIS.

Es sei $a_* = a^* = a_{i_0 j_0}$. Dann gilt

$$a_{i_0 j_0} = a_* = \underline{a}_{i_0} = \min\{a_{i_0 j} \mid j = 1, \ldots, n\},$$

d. h. $a_{i_0 j_0} \leq a_{i_0 j} \forall j$.

Ferner ist

$$a_{i_0 j_0} = a^* = \overline{a}_{j_0} = \max\{a_{ij_0} \mid i = 1, \ldots, m\},$$

d. h. $a_{i_0 j_0} \leq a_{ij_0} \forall i$.

Daraus ergibt sich

$$a_{ij_0} \leq a_{i_0 j_0} \leq a_{i_0 j}.$$

Dies ist nach Definition 2.6 ein Sattelpunkt.   ∎

2.8 Definition
Besitzt ein Spiel einen Sattelpunkt, so wird $W = a_* = a^*$ als *Wert* des Spiels bezeichnet.
Gilt für ein Spiel $W = 0$, so heißt das Spiel fair.

2.9 Beispiel
Betrachte die folgende Auszahlungsmatrix:

	S_1	S_2	S_3	S_4	S_5	$\underline{a}_i$	
Z_1	1,5	2	−1	0,5	3	−1	
Z_2	6	5	④	4,5	5	4	$= \underline{a}_{i_0} = a_*$
Z_3	2	−1	3,5	6	7	−1	
Z_4	1	4	3	7	2	1	
$\overline{a}_j$	6	5	4	7	7		

$$\overline{a}_{j_0} = a^*$$

Da $a_{i_0 j_0} = a_{23} = a_* = a^* = w$ ist, besteht ein Sattelpunkt und der Wert des Spieles ist 4.   □

2.10 Beispiel
Betrachte die folgende Auszahlungsmatrix:

	S_1	S_2	S_3	S_4	S_5	$\underline{a}_i$	
Z_1	−2	4	−1	3	0	2	
Z_2	4	5	①	0	2	0	$= \underline{a}_{i_0} = a_*$
Z_3	−1	2	3	8	4	−1	
Z_4	3	−3	2	5	6	−3	
$\overline{a}_j$	4	5	3	8	6		

$$\overline{a}_{j_0} = a^*$$

Es ist $a_{i_0 j_0} = 1, a_* = 0, a^* = 3$. Es liegt also kein Sattelpunkt vor.   □

2.11 Beispiel

Betrachte die folgende Auszahlungsmatrix:

	S_1	S_2	S_3	S_4	$\underline{a}_i$
Z_1	2	4	-2	5	-2
Z_2	4	1	⓪	2	$\boxed{0}$ $= \underline{a}_{i_0} = a_*$
Z_3	6	3	-1	3	-1
$\overline{a}_j$	6	4	$\boxed{0}$	5	

$$\overline{a}_{j_0} = a^*$$

Es ist $a_* = a^* = 0$ (Null), d. h. es liegt ein faires Sattelpunktspiel vor.   □

Spiele ohne Sattelpunkt und gemischte Strategien

Betrachten wir zunächst noch einmal Beispiel 2.10:
Gehen wir aus von dem Strategienpaar (Z_2, S_3): Der Spaltenspieler könnte sich verbessern, wenn er S_4 wählte. In diesem Fall riskiert er jedoch, dass der Zeilenspieler Z_3 wählt. Dann würde der Spaltenspieler 8 verlieren und er hätte besser S_1 gewählt. In diesem Falle würde jedoch sicherlich der Zeilenspieler Z_2 wählen. Man sieht also, dass die Spieler ihre Auszahlungen nur dadurch erhöhen können, dass sie den Gegenspieler über die Wahl ihrer Strategie im Unklaren lassen. Dies kann dadurch geschehen, dass die Auswahl der Strategien zufällig erfolgt.

Wir wollen mit p_i, $p_i \geq 0$, $\sum_{i=1}^{m} p_i = 1$ die Wahrscheinlichkeiten bezeichnen, mit der der Zeilenspieler seine Strategien Z_i, $i = 1, \ldots, m$ spielt und mit q_j, $q_j \geq 0$, $\sum_{j=1}^{n} q_j = 1$ die Wahrscheinlichkeiten, mit denen der Spaltenspieler seine Strategien S_j, $j = 1, \ldots, n$ wählt.

2.12 Definition
Die Wahrscheinlichkeitsverteilung p über $\{Z_1, \ldots, Z_m\}$ heißt *gemischte Strategie* des Zeilenspielers und die Wahrscheinlichkeitsverteilung q über $\{S_1, \ldots, S_n\}$ die gemischte Strategie des Spaltenspielers.

Wir haben bereits angenommen, dass Spaltenspieler und Zeilenspieler ihre Strategien unabhängig voneinander nur aufgrund der Kenntnis der Auszahlungsmatrix wählen. Für den Zeilenspieler ergibt sich damit eine erwartete Auszahlung (Erwartungswert der Auszahlungen) von

$$E(\boldsymbol{p}, \boldsymbol{q}) = \sum_{i=1}^{m} \sum_{j=1}^{n} p_i q_j a_{ij} \tag{2.7}$$

Der Spaltenspieler verliert diesen Betrag (Krelle, 1968, S. 211).

Wählen nun die jeweiligen Gegenspieler jeweils reine Strategien S_j bzw. Z_i, so ergeben sich obere bzw. untere Auszahlungsschranken für die Spieler von:

$$a_* = \max_{\boldsymbol{p}} \min_{S_j} E(\boldsymbol{p}, S_j) \quad \text{für den Zeilenspieler} \tag{2.8}$$

und

$$a^* = \min_{\boldsymbol{q}} \max_{Z_i} E(Z_i, \boldsymbol{q}) \quad \text{für den Spaltenspieler} \tag{2.9}$$

Es stellt sich dann die Frage, wann $a_* = a^*$ gilt.

Zunächst zwei nützliche Definitionen:

2.13 Definition
Das Paar der gemischten Strategien (p_0, q_0) heißt *Sattelpunkt* oder Gleichgewichtspunkt des Spieles, wenn

$$E(\boldsymbol{p}, \boldsymbol{q}_0) \leq E(\boldsymbol{p}_0, \boldsymbol{q}_0) \leq E(\boldsymbol{p}_0, \boldsymbol{q}).$$

2.14 Definition
$\boldsymbol{p}_0$ bzw. $\boldsymbol{q}_0$ heißen gemischte (optimale) Minimax-Strategien der Spieler und $a_* = a^* = W$ heißt der gemischte Wert des Spieles.

2.15 Satz (Hauptsatz für Zweipersonen-Nullsummenspiele)
Jedes Zweipersonen-Nullsummenspiel mit endlich vielen (reinen) Strategien besitzt einen gemischten Wert W.

Jeder Spieler hat mindestens eine gemischte Minimax-Strategie $\boldsymbol{p}_0$ bzw. $\boldsymbol{q}_0$, mit der er für sich den Wert W garantieren kann.

Den Beweis dieses Satzes wollen wir verschieben, bis wir die Theorie der Linearen Programmierung benutzen können. Er folgt in Abschnitt 3.10. Dort werden wir auch auf Wege eingehen, die Minimax-Strategien nummerisch zu bestimmen.

2.3.3 Zweipersonen-Nichtnullsummenspiele

In Abbildung 2.4 wurde die Auszahlungsmatrix eines allgemeinen Zweipersonenspieles gezeigt, deren Komponenten aus Paaren (den Auszahlungen für den Zeilenspieler einerseits und den Spaltenspieler andererseits) bestanden. Für den Fall

$a_{ij} = -b_{ij}$ erhielten wir daraus die Auszahlungsmatrizen von Zweipersonen-Null-summenspielen. Wir wollen diese Einschränkung jetzt fallen lassen und kommen damit zu Zweipersonen-Nichtnullsummenspielen oder Bimatrixspielen. Hier sind zwei Fälle zu unterscheiden:

A. Der *nicht-kooperative Fall*, in dem offene oder heimliche Absprachen zwischen den Spielern verboten sind.

B. Der *kooperative Fall*, in dem jede Art der Kooperation zwischen den Spielern erlaubt ist.

Wir wenden uns zunächst dem nicht-kooperativen Fall zu.

Nicht-kooperative Spiele

Im Gegensatz zu den Nullsummenspielen besteht nun kein einheitlicher Wert des Spieles. Stattdessen können die Mindestgewinne der Spieler wie folgt definiert werden:

2.16 Definition

Bei Bimatrixspielen ist der Mindestgewinn (bzw. die untere Schranke) des Zeilenspielers

$$a_{Z*} = \max_p \min_q E_Z(\boldsymbol{p}, \boldsymbol{q}) = \max \min \sum_{i=1}^{m} \sum_{j=1}^{n} p_i q_j a_{ij}$$

Analog ist der Mindestgewinn für den Spaltenspieler

$$a_{S*} = \max_q \min_p E_S(\boldsymbol{p}, \boldsymbol{q}) = \max \min \sum_{i=1}^{m} \sum_{j=1}^{n} p_i q_j b_{ij}$$

In Analogie zu den Nullsummenspielen können bei Nichtnullsummenspielen Gleichgewichtspunkte bestimmt werden.

2.17 Definition

Das Strategienpaar $(\boldsymbol{p}_0, \boldsymbol{q}_0)$ heißt Gleichgewichtspunkt oder Paar von Gleichgewichtsstrategien, wenn gilt:

$$E_Z(p, q_0) \leq E_Z(\boldsymbol{p}_0, \boldsymbol{q}_0) \quad \forall \boldsymbol{p}$$
$$E_S(p_0, q) \leq E_S(\boldsymbol{p}_0, \boldsymbol{q}_0) \quad \forall \boldsymbol{q}$$

Es entsteht nun sofort die Frage, ob es solche Gleichgewichtsstrategien überhaupt immer gibt. Der folgende Satz beantwortet dies.

2.18 Satz

Jedes Bimatrixspiel besitzt mindestens einen Gleichgewichtspunkt. (Beweis siehe Owen, 1971, S. 143 f.)

Allerdings haben die Gleichgewichtspaare bei Bimatrixspielen nicht den gleichen „stabilen" Charakter wie bei Nullsummenspielen. Der Unterschied soll zunächst an zwei Beispielen (Luce and Raiffa 1957, S. 94 ff.; Rapoport and Chammah 1965, S. 90 ff.), die in der Literatur große Beachtung und Verbreitung gefunden haben, gezeigt werden.

2.19 Beispiel (Das Gefangenendilemma (prisoners' dilemma))

Zwei eines Mordes Verdächtigte wurden festgenommen und getrennt inhaftiert. Die für beide Gefangenen jeweils zur Verfügung stehenden Strategien sind: Nichtgestehen (= Z_1 bzw. S_1) oder Gestehen (= Z_2 bzw. S_2). Gestehen beide nicht, so bekommen beide wegen unerlaubten Waffenbesitzes usw. nur eine geringfügige Haftstrafe von einem Jahr; gestehen beide, so bekommen sie wegen des Geständnisses zwar mildernde Umstände zugebilligt, jeder erhält dennoch eine Haftstrafe von 8 Jahren. Gesteht jedoch nur einer, so wird dieser zum Kronzeugen, erhält nur 3 Monate Haft, während der Nichtgeständige zu 10 Jahren Haft verurteilt wird.

	Gefangener B	
	nicht gestehen	gestehen
nicht gestehen	jeder 1 Jahr	10 Jahre für A 3 Monate für B
gestehen	3 Monate für A 10 Jahre für B	jeder 8 Jahre

Gefangener A

Dieser Sachverhalt kann nun durch die folgende Auszahlungsmatrix repräsentiert werden:[3]

	B	
	S_1	S_2
Z_1	(5,5)	(−4,6)
Z_2	(6, − 4)	(−3, − 3)

A

Betrachten wir zunächst die Struktur dieses Beispiels unter der Annahme, dass zwischen den Spielern keine Kooperation besteht.

---

[3] Den Spielen mit einer Auszahlungsmatrix vom Typ

$$\begin{pmatrix} (\beta,\beta) & (\delta,\alpha) \\ (\alpha,\delta) & (\gamma,\gamma) \end{pmatrix}, \alpha > \beta > \gamma > \delta$$

wurde in der Literatur viel Aufmerksamkeit geschenkt (Rapoport and Chammah, 1965).

Gleichgewichtsstrategien im Sinne von Sattelpunktstrategien der Nullsummenspiele sind hierbei nicht vorhanden. Der einzige Gleichgewichtspunkt des Spieles „prisoners dilemma" besteht aus einem Paar (Z_2, S_2) von Maximin-Strategien, welches jedoch zu dem unbefriedigenden Auszahlungspunkt $(-3, -3)$ führt. Dieser Gleichgewichtspunkt ist dominiert durch (Z_1, S_1), da hierbei für beide Spieler eine bessere Auszahlung möglich ist. Andererseits ist es im nichtkooperativen Fall für jeden Spieler gefährlich, das attraktive Paar (Z_1, S_1) anzupeilen, da weder Z_1 noch S_1 eine Maximin-Strategie darstellt und die Gefahr besteht, dass sich der Gegenspieler die Auszahlung 6 sichert und den anderen Spieler auf die minimale Auszahlung -4 herabdrückt. Aus diesem Grund wird man (Z_1, S_1) ebenfalls nicht ohne Weiteres als Lösung akzeptieren wollen. Es ist einsichtig, dass die in bezug auf die Auszahlungen unsymmetrischen Paare (Z_1, S_2) und (Z_2, S_1) auf keinen Fall als Lösungen in Frage kommen können. Lässt man gemischte Strategien zu, so kann gezeigt werden, dass ebenfalls kein günstigerer Gleichgewichtspunkt erreicht werden kann.   □

2.20 Beispiel (Der Ehekonflikt (battle of sexes))

Ein Mann (A) und seine Frau (B) wollen sich je einzeln eine Eintrittskarte für eine Abendveranstaltung besorgen. Für beide besteht nun die Auswahl zwischen einem Boxkampf (Strategie Z1 bzw. S1) und einer Ballettvorführung (Z2 bzw. S2). Der Mann zieht den Boxkampf, die Frau das Ballett vor. Übereinstimmend bewerten jedoch beide die Möglichkeit, jeweils getrennt voneinander die eine oder die andere Veranstaltung zu besuchen, ausgesprochen negativ. Die so skizzierte Spielsituation kann durch folgende Matrix verdeutlicht werden:

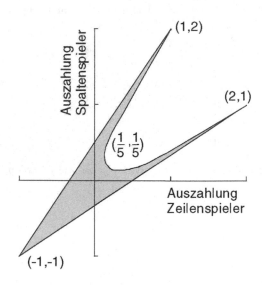

Abbildung 2.6:
Auszahlungsdiagramm für Ehekonflikt

		S_1	S_2
		B	
A	Z_1	$(2, 1)$	$(-1, -1)$
	Z_2	$(-1, -1)$	$(1, 2)$

□

Das Spiel „battle of Sexes" besitzt zwar Gleichgewichtspunkte (Z_1, S_1) und (Z_2, S_2) in dem Sinn, dass die Strategie eines Spielers jeweils besser ist als seine andere, jedoch sind diese beiden Paare unsymmetrisch und bevorzugen jeweils einseitig einen der beiden Spieler. Die anderen beiden Paare (Z_1, S_2) und (Z_2, S_1) sind dominiert und damit indiskutabel. Wie bereits bei dem ersten Spiel bringt der Übergang zur gemischten Erweiterung ebenfalls keine befriedigende Lösung. Als Lösung erhält man für den Zeilenspieler die gemischte Strategie $p_1 = \frac{2}{5}, p_2 = \frac{3}{5}$ und für den Spaltenspieler $q_1 = \frac{3}{5}, q_2 = \frac{2}{5}$[4]. Die neu hinzugekommene Gleichgewichtsauszahlung beträgt für jeden Spieler $\frac{1}{5}$. Damit sind jedoch die als kritisch betrachteten Strategien (Z_1, S_1) und (Z_2, S_2) besser.

Das im Abbildung 2.6 gezeigte „Auszahlungsdiagramm" zeigt durch Schattierung die zulässigen Strategien für Beispiel 2.20.

Solange nur die Auszahlungsmatrizen von Bimatrixspielen bekannt sind, kann die Theorie bisher keine allgemeinen „optimalen" spielbedingten Lösungen vorschlagen, d. h. keine Lösungen, die, wie bei den Nullsummenspielen, nur von den Auszahlungsmatrizen abhängen. Vorstellbar und vorgeschlagen worden sind „persönlichkeitsbedingte" Lösungen, d. h. Lösungen, bei denen die persönlichen Spieltemperamente der Gegenspieler mit ins Kalkül einbezogen werden. Ein zwar nicht allgemein, jedoch in speziellen Fällen als spielbedingte Lösung anwendbares Konzept stellt das Lösungskonzept von Nash (Nash, 1953; Bamberg and Coenenberg, 1981, S. 170 ff.) dar.

Führen die bisher genannten Konzepte nicht zu akzeptablen Lösungen, so kann nur die „Verhandlung" zwischen den Spielenden helfen. Wie wir sehen werden, kann diese „Kooperation" durchaus für beide Parteien zu einer Verbesserung des im nichtkooperativen Spiel erzielbaren Gewinnes führen.

Kooperative Spiele

Im kooperativen Fall bietet die Kommunikation die Chance, den gemeinsamen Interessenbereich zum gegenseitigen Vorteil auszuschöpfen.

Gewöhnlich werden die folgenden *Voraussetzungen* gemacht (Luce and Raiffa, 1957, S. 114):

- Alle vor dem Spiel von einem Spieler gemachten Aussagen werden unverzerrt an den anderen weitergegeben.

- Alle Abmachungen sind bindend und können durch Spielregeln erzwungen werden.

- Die Nutzenschätzungen der Auszahlungen werden durch die vor dem Spiel gemachten Abmachungen nicht verändert.

---

[4] Zur Bestimmung dieser Werte vgl. Kapitel 3.10

Es ist nun zwar unmöglich, die Strategien von Spielern ohne die Berücksichtigung ihrer Persönlichkeit festzulegen. Jedoch kann man sicher einige Annahmen über Verhaltensgrenzen machen:

So wird ein Spieler wohl kaum einen durch Kooperation zu erreichenden Spielwert akzeptieren, der niedriger ist als der, den er ohne Kooperation erreichen kann. Nash hat in seinem Vorschlag einer Verhandlungslösung solche plausiblen Annahmen über das Spielerverhalten in 6 Axiomen zusammengefasst (Nash, 1953, S. 136 f.):

1. *Individuelle Rationalität*

   Jeder Spieler erhält mindestens soviel, wie er sich ohne Kooperation sichern könnte.

2. *Zulässigkeit*

   Die ins Auge gefasste Lösung ist zulässig, d. h. Punkt des Auszahlungsdiagramms.

3. *Paretooptimalität*

   Jede angestrebte Lösung ist paretooptimal oder funktionaleffizient. d. h. die Auszahlung an einen der Spieler kann nicht erhöht werden, ohne die Auszahlung an den anderen Spieler verringern zu müssen.

4. *Unabhängigkeit von irrelevanten Alternativen*

   Enthält eine konvexe Teilmenge des Auszahlungsdiagramms sowohl die optimale Lösung $(\mathbf{p}^0, \mathbf{q}^0)$ als auch eine zweite Lösung $(\mathbf{p}^1, \mathbf{q}^1)$, so erhält man die gleiche optimale Lösung, wenn man nur die Teilmenge betrachtet.

5. *Unabhängigkeit von linearen Transformationen*

   Ist $W = a_{i_0 j_0}$ der Wert, den sich die Spieler sichern können, und wird die Auszahlung a_{ij} linear transformiert, d. h.

   $$a'_{ij} = k_1 a_{ij} + k_2, \; k_1 > 0,$$

   so muss

   $$W' = a'_{i_0 j_0} = k_1 a_{i_0 j_0} + k_2$$

   der Wert des Spiels mit den transformierten Auszahlungen sein.

6. *Symmetrie*

   Das Auszahlungsdiagramm sei symmetrisch; d. h. ist $(\boldsymbol{p}^1, \boldsymbol{q}^1)$ eine zulässige Lösung, so sei es auch $(\boldsymbol{q}^1, \boldsymbol{p}^1)$. Dann ist auch die optimale Lösung symmetrisch, d. h. es gilt $\boldsymbol{p}_0 = \boldsymbol{q}_0$.

Nash präsentiert auch ein Theorem über die Existenz von Verhandlungsstrategien, das wir als Satz 2.21 aufführen (Nash, 1953). Der Beweis dazu ist aufwändig. Er ist detailliert zu finden in Owen (Owen, 1971, S. 147 ff.).

2.21 Satz
Für Bimatrix-Spiele existiert für die Menge aller möglichen Verhandlungsprobleme eine eindeutig definierte Funktion, die alle Axiome 1 bis 6 erfüllt.

Für die Beispiele 2.19 und 2.20 ergibt sich durch das Zulassen von Kooperation zwischen den Spielern eine Erhöhung der Auszahlung an die Spieler gegenüber der nicht-kooperativen Version.

Abbildung 2.7 zeigt die Ausweitung des zulässigen Strategienraumes durch Kooperation für das Problem „Eheprobleme" (battle of sexes) (Luce and Raiffa, 1957, S. 93). Beim „battle of sexes" ergibt sich eine Erhöhung der Spielwerte (Erwartungswerte der Auszahlungen) auf 3/2 und beim „Gefangenendilemma" auf 5.

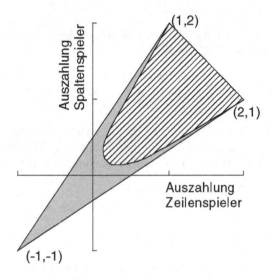

Abbildung 2.7: Auszahlungsdiagramm für kooperatives Bimatrix-Spiel

2.3.4   N-Personenspiele (Theorie der Koalitionsbildung)

Wie im Fall des Zweipersonenspiels können bei N-Personenspielen ($N \geq 3$) spielbedingte und persönlichkeitsbedingte Lösungen untersucht werden. Ebenso kann man hier auch zwischen Nullsummen- und Nichtnullsummenspielen mit oder ohne Kooperation unterscheiden.

Bei den nicht-kooperativen Spielen besteht kein wesentlicher Unterschied zwischen den Zweipersonen- und den N-Personenspielen, denn in diesem Fall stellt das N-Personenspiel nur eine direkte Verallgemeinerung des Zweipersonenspiels dar. Bei kooperativen Spielen jedoch taucht ein ganz grundlegender, qualitativer Unterschied auf, da Beziehungen zwischen mehreren Personen die Möglichkeit der Koalition zulassen.

Der Grundgedanke im Falle einer Kooperation kann wie folgt in zwei Stufen dargelegt werden:

(1) *Aushandlungsproblem*

Jeder Spieler bewertet zunächst

– was jede Koalition erreichen kann,

– welchen Teil innerhalb der jeweiligen Koalition der Spieler erreichen kann[5].

(2) *Koalitionsbildung*

Aufgrund obiger „Ordnung" der Koalitionen für jeden Spieler entscheiden sich dann die Spieler für Koalitionen.

In diesem Abschnitt soll die Theorie der Koalitionsbildung, die zu den persönlichkeitsbestimmten Lösungen von kooperativen N-Personenspielen zählt, näher erläutert werden.

Jeder der N Spieler hat vor Beginn des ersten Spiels jede der 2^{N-1} Koalitionen bewertet. (Das Aushandlungsproblem ist bereits gelöst.) Bei den Spielern mögen die folgenden Präferenzreihenfolgen bestehen, ausgedrückt in Indexziffern:

$$S^1\left(T_{11}\right) \geq S^1\left(T_{12}\right) \geq S^1\left(T_{13}\right) \geq \ldots$$
$$\vdots \qquad\qquad\qquad \vdots$$
$$S^N\left(T_{N1}\right) \geq S^N\left(T_{N2}\right) \geq S^N\left(T_{N3}\right) \geq \ldots$$

Hierbei sei T_{ij} eine Teilmenge der Menge $\{1, \ldots, N\}$ (Koalition), $S^k\left(T_{ij}\right)$ bezeichne die Indexziffer des Wertes der Koalition T_{ij} für den Spieler k.

Das weitere Vorgehen soll an folgendem Vierpersonenspiel (Krelle, 1968, S. 340) erläutert werden.

$$\boxed{\widehat{S^1(1234)}} > \quad S^1(123) \quad > \boxed{S^1(124)} > S^1(134) > S^1(12) > S^1(13) > S^1(14) > \ S^1(1)$$
$$\boxed{S^2(214)} > \widehat{S^2(2134)} > \ S^2(213) \ > S^2(234) > S^2(21) > S^2(23) > S^2(24) > \ S^2(2)$$
$$\widehat{S^3(3124)} > \quad S^3(314) \quad > \ S^3(324) \ > S^3(312) > S^3(32) > S^3(34) > S^3(31) > \boxed{S^3(3)}$$
$$\boxed{S^4(412)} > \widehat{S^4(4123)} > \ S^4(413) \ > S^4(423) > S^4(43) > S^4(42) > S^4(41) > \ S^4(4)$$

---

[5] Vgl. zum Problem der Ausgleichszahlungen (Bitz, 1981, S. 260 ff.)

Es können sich hierbei offensichtlich nur die Koalitionssysteme A: (124) gegen (3) (viereckig umrandet) oder B: (1234) (umkreist) bilden. Bei allen anderen Koalitionen ist entweder das erste oder das zweite System für alle in einer Koalition zusammengeschlossenen Koalitionsteilnehmer besser[6].

Krelle definiert den Begriff der Koalitionsdominanz wie folgt:

> „Ein Koalitionssystem A mit den Koalitionen $T_1, T_2, \ldots, T_n$ dominiert ein anderes Koalitionssystem B ($A \succ B$), wenn es in A $n-1$ Koalitionen gibt, etwa $T_1, \ldots, T_{n-1}$, bei denen der Wert der Teilnahme an einer dieser Koalitionen für jeden der Koalitionsteilnehmer größer ist als der Wert ihrer Teilnahme an den Koalitionen des Systems B, und wenn es für die Personen in der übrigen Koalition T_n dann günstiger ist, diese eine Koalition zu bilden, als allein oder in Restkoalitionen aufgespalten zu spielen" (Krelle, 1968, S. 341).

Zur Lösung eines Koalitionsproblems unterscheidet man:

α) *statische Lösungen* und

β) *dynamische Lösungen.*

Zu α)

Die *statische Lösung* eines Koalitionsproblems ist ein System, das von keinem anderen Koalitionssystem dominiert wird (stabile Lösung).

Dabei kann ein Koalitionssystem mehrere statische Lösungen haben (A und B des obigen Beispiels sind statische Lösungen).

Zu β)

Die dynamische Lösung eines Koalitionssystems stellt einen Dominanzzirkel von Koalitionssystemen dar. Dabei dominiert Koalitionssystem A das System B, dieses ein System C usw., bis das letzte wiederum das System A dominiert.

Das folgende Dreipersonenspiel besitzt als Lösung einen Zirkel der Koalitionssysteme A: (12) gegen (3), B: (13) gegen (2), C: (23) gegen (1) und D: (123).

Für die einzelnen Spieler gebe es folgende Präferenzordnung:

Spieler 1: $D \succ B \succ A \succ C$

Spieler 2: $A \succ C \succ D \succ B$

Spieler 3: $D \succ C \succ B \succ A$

Als Lösung besitzt dieses Spiel den Zirkel $A \succ C \succ B \succ A$ und zusätzlich die statische Lösung D.

---

[6] z.B. ist das System A besser für die Spieler 1, 2, 4 als ein System C: (134) gegen (2).

2.4   Deskriptive Entscheidungstheorie

Im Gegensatz zu den bisher besprochenen Gebieten der Entscheidungs- und Spieltheorie, die alle formalen Charakter haben, versteht sich die deskriptive Entscheidungstheorie, die auch als empirisch-kognitive Entscheidungstheorie bezeichnet
wird, als eine *Real*wissenschaft. Ihre wissenschaftlichen Aussagen stellen den Anspruch, Aspekte der Realität wahrheitsgetreu abzubilden. Dies bedingt, dass sich die
Wahrheit der Aussagen (die Abbildungstreue realer Entscheidungsprozesse) durch
Vergleich mit der Realität als wahr oder falsch überprüfen lassen.

Der kognitiv-deskriptive Entscheidungsbegriff unterscheidet sich vom abstrakten
axiomatischen entscheidungslogischen Begriff vor allem in dreierlei Hinsicht:

- Die Informationsbeschaffung und -verarbeitung wird relevanter Teil der Entscheidung.

- Eine Entscheidung wird nicht mehr als situations- und kontextunabhängig
betrachtet.

- Das Instrumentarium der Entscheidungsfällung, insbesondere der Mensch,
wird mit seinen Eigenschaften in Betracht gezogen.

Wird die Informationsfindung und -verarbeitung als Teil der Entscheidung angesehen, so muss zwangsläufig der Begriff der Entscheidung erweitert werden. Nicht
mehr nur der „Wahlakt" wird betrachtet, sondern der gesamte Entscheidungs- bzw.
Informationsverarbeitungsprozess.

In der normativen Entscheidungstheorie wird vorausgesetzt, dass die vier Komponenten des „Grundmodells der Entscheidungstheorie", d. h. Aktionenraum, Zustandsraum, Ergebnisraum und Nutzenraum, gegeben und – deterministisch oder
stochastisch – definiert sind. Man bezeichnet dies als „geschlossenes Modell".

Die Tatsache, dass in der deskriptiven Entscheidungstheorie die Entscheidung als
Informationsverarbeitungsprozess verstanden wird, hat drei Konsequenzen:

- Die vier oben genannten Komponenten der Entscheidung können nicht als bekannt, entscheidungsunabhängig und vollständig definiert angesehen werden.

- Die Art der Bestimmung der obigen Räume muss als eine wesentliche Komponente angesehen und in die Betrachtung einbezogen werden.

- Das Instrumentarium der Informationsverarbeitung (also der Mensch, die In-
formationstechnologie, die EDV usw.) wie auch das Zustandekommen von
Entscheidungsproblemen und Entscheidungsprämissen muss Berücksichtigung
finden.

Da der Mensch als wichtigstes „Instrument" der Entscheidungsfällung zu betrachten ist, werden seine Eigenschaften in bezug auf die Informationsverarbeitung und
sein situationsbedingtes Suchverhalten wichtige Betrachtungsgegenstände. Modelle
dieser Art werden als *offene Modelle* bezeichnet. Die Analyse mit offenen Modellen

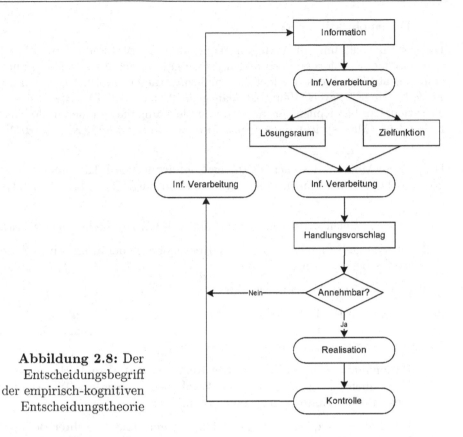

Abbildung 2.8: Der Entscheidungsbegriff der empirisch-kognitiven Entscheidungstheorie

muss zwangsläufig differenzierter und weniger abstrakt sein, als dies bei geschlossenen Modellen der Fall war.

Im Gegensatz zur Definition einer Entscheidung als Wahlakt, wie sie in der Entscheidungsmatrix in Abbildung 2.2 skizziert wurde, kann der Entscheidungsbegriff der empirisch-kognitiven Entscheidungstheorie eher durch Abbildung 2.8 charakterisiert werden.

Gemäß der realwissenschaftlichen Ausrichtung der empirisch-kognitiven Entscheidungstheorie muss auch der Rationalitätsbegriff im Lichte der menschlichen Möglichkeiten überprüft werden.

„Objektive" Rationalität im Sinne der normativen Entscheidungstheorie setzt voraus, dass der Entscheidungsfäller

- über volle Information bezüglich des Entscheidungsproblems verfügt,

- in der Lage ist, von vornherein eine „rationale" Nutzenfunktion zu bilden und

- alle relevanten Informationen simultan zu verarbeiten (Voraussetzungen geschlossener Modelle) sowie

– Fakten objektiv zu erkennen.

Die dem Individuum zur Verfügung stehenden Informationen bzw. die von ihm aufgenommenen Informationen bilden jedoch gewöhnlich die Realitäten nur unvollkommen ab. Der Mensch bildet sich aufgrund dieser Informationen ein *„inneres Modell"* seiner Umwelt. Heute ist man geneigt, auch ein Entscheidungsverhalten als rational zu bezeichnen, das unter Zugrundelegung dieses inneren Modells formal rational ist. Man spricht dann von *subjektiver Rationalität* (Kirsch, 7071, Bd. I, S. 63).

Das „innere Modell", das auch als „Image" bezeichnet wird, kann man sich aus drei Elementeklassen zusammengesetzt denken (Boulding, 1956; Kirsch, 7071, Bd. 1, S. 77):

1. Werten, Zielen, Kriterien, die vom Individuum zugrunde gelegt werden,

2. Überzeugungen, die die möglichen Konsequenzen der alternativen Handlungsweisen beschreiben und

3. den möglichen Verhaltensweisen.

Immer mehr wird jedoch akzeptiert, dass die Grenzen menschlicher Rationalität weitaus beschränkender sind, als meist angenommen wird. Simon fasst diese Beschränkungen wie folgt zusammen (Simon, 1957b, S. 8):

– Rationalität erfordert vollständige Kenntnis und Voraussicht der möglichen Konsequenzen, die sich bei jeder Wahl ergeben werden. Tatsächlich ist die Kenntnis der Konsequenzen stets fragmentarisch.

– Da diese Konsequenzen in der Zukunft liegen, muss bei ihrer Bewertung die Einbildungskraft den Mangel an tatsächlich erlebtem Gefühl ersetzen. Werte können jedoch nur unvollkommen antizipiert werden.

– Rationalität erfordert eine Wahl zwischen allen möglichen Verhaltensweisen. Tatsächlich werden jedoch jeweils nur sehr wenige aller möglichen Alternativen erwogen.

„Die Kapazität des menschlichen Verstandes für die Formulierung und Lösung komplexer Probleme ist sehr klein im Vergleich zu dem Umfang der Probleme, deren Lösung für die Verwirklichung eines objektiv rationalen Verhaltens in der Realität – oder wenigstens für eine vernünftige Annäherung an eine solche objektive Rationalität – erforderlich ist" (Simon, 1957b, S. 198).

Simon geht aufgrund dieser Erkenntnisse noch weiter und spricht von *beschränkter Rationalität* (bounded rationality) menschlichen Verhaltens, die durch folgende Einschränkungen charakterisiert wird (Klein, 1971, S. 67):

1. „Obwohl optimale Lösungen grundsätzlich erwünscht sind, werden im allgemeinen befriedigende Lösungen akzeptiert; welcher Standard als befriedigend gilt, hängt vom Anspruchsniveau des Entscheidungsträgers ab.

Das Anspruchsniveau wird durch den Antagonismus zwischen Erwartungs-
bildung und erreichbarer Befriedigung geprägt und ist selbst Bestandteil des
Entscheidungsprozesses.

2. Das Entscheidungsprogramm muss angeben, wie die Informationen zu erhalten sind, die es beim Entscheidungssubjekt voraussetzt. Handlungsalternativen und deren Konsequenzen werden nacheinander durch Suchprozesse ermittelt, deren Erfolg nicht garantiert ist. Für die Beschreibung der informations-
   gewinnenden Prozesse sind nur operationale Prozeduren zulässig.

3. Im Laufe der Zeit wird für wiederkehrende Situationen eine Sammlung von
   Aktionsprogrammen (eine „Programmbibliothek") entwickelt, die als Wahl-
   möglichkeiten dienen. Jedes Aktionsprogramm aus dieser Programmbibliothek ist für eine begrenzte Anzahl von Situationen und/oder die Ermittlung
   bestimmter Konsequenzen bestimmt. Es kann teilweise unabhängig von anderen ausgeführt werden – d. h. die einzelnen Aktionsprogramme können als
   selbständige „Unterprogramme" betrachtet werden, die nur lose miteinander
   verbunden sind.

4. Das Entscheidungsmodell darf vom Menschen nicht Informationsverarbei-
   tungsprozesse verlangen, deren zeitliche Dauer für ihn unerträglich ist. Hier
   bietet sich eine Unterteilung der Entscheidungstheorie an, die berücksichtigt,
   (a) welche Hilfsmittel dem Menschen für seine Berechnungen zur Verfügung
   stehen, und (b) ob die Situation eine Vorbereitung der Entscheidung gestattet oder nicht. Entscheidungsmodelle für Real-Time-Verhältnisse werden sich
   von Modellen, die zur Entscheidungsfindung ohne Zeitdruck dienen, erheblich
   unterscheiden."

Die beschränkte Rationalität menschlichen Entscheidungsverhaltens äußert sich gewöhnlich in der Vereinfachung komplexer Entscheidungsprobleme. Insbesondere drei
Aspekte sind zu nennen (siehe hierzu Gäfgen, 1974, S. 199 ff.):

- Einschränkung der Reichweite der Entscheidungen (in zeitlicher, technischer
  u. a. Hinsicht),

- Kondensation des Betrachtungsfeldes (Vergröberung der Alternativen etc.)
  und

- Zerlegung komplexer Entscheidung (selbst bei nicht gegebener Unabhängigkeit!).

Die Literatur auf dem Gebiet der empirischen Entscheidungstheorie hat, wie auch
die empirische Erforschung menschlichen Entscheidungsverhaltens und menschlicher Entscheidungsfähigkeit, in den letzten Jahren erheblich zugenommen. Da dieses Buch jedoch überwiegend formalen Charakter hat, sei der interessierte Leser
auf bestehende Literatur auf dem Gebiet empirischer Entscheidungsforschung verwiesen (z. B. Witte, 1981; Witte and Zimmermann, 1986; Hauschildt and Grün,
1993). Ausdrücklich zu betonen ist jedoch, dass dieses Gebiet schon jetzt für das

Operations Research eine sehr große Bedeutung hat und dass in Zukunft eine stärkere Interaktion zwischen formaler Entscheidungslogik und empirisch-kognitiver Entscheidungstheorie zu erhoffen und zu erwarten ist.

2.5 Entscheidungen in schlecht strukturierten Situationen

Das im folgenden beschriebene Gebiet hat sowohl formal-theoretische wie auch realtheoretische Züge. Es sei daher am Ende des Kapitels über Entscheidungstheorie behandelt.

2.5.1 Einführung

Um sich bei der Lösung von Entscheidungsproblemen leistungsfähiger Methoden und Verfahren bedienen zu können, ist es meist nötig, die Probleme in einem formalen (mathematischen) Modell abzubilden. Bei Problemen aus dem naturwissenschaftlichen oder ingenieurmäßigen Bereich ist dies meist mit Hilfe der klassischen Mathematik und – bei stochastischen Strukturen – mit Hilfe der Statistik möglich. Im Bereich der Sozialwissenschaften tauchen oft besondere Schwierigkeiten dadurch auf, dass der Mensch nicht in der Lage oder nicht willens ist, Zielvorstellungen oder Einschränkungen des Lösungsraumes in einer Weise zu akzentuieren, die es erlaubt, sie mit einer auf zweiwertiger Logik beruhenden Mathematik adäquat abzubilden. Das gleiche gilt, wenn Phänomene oder funktionale Zusammenhänge zu berücksichtigen sind, die nicht in dichotomer Weise beschreibbar sind.

Beispiele vager Zielvorstellungen sind die Forderungen nach „angemessenen Gewinnen", „befriedigendem Betriebsklima", „guter oder akzeptabler Rentabilität" etc. Beschränkungen des Lösungsraumes können Formen wie „Die Budgetvorgaben sollten nicht wesentlich überschritten werden", „Die Liquidität sollte nicht zu angespannt sein", „Unser Ruf darf durch die Aktionen keine wesentliche Einbuße erleiden", annehmen. Schließlich können Komponenten des Entscheidungsproblems durchaus Beschreibungen wie „beunruhigende Geschäftsentwicklung", „vielversprechende Zukunftsaussichten", „Junge Männer", „Gefährliche Praktiken" etc. enthalten. Aussagen der Art „Wenn die Gewinnerwartungen schlecht sind, dann ist die Investitionsneigung gering" oder „Bei vielversprechenden Erfolgsaussichten eines Produktes sind die Entwicklungsaufwendungen erheblich zu erhöhen" haben den gleichen Charakter wie die oben genannten Phänomene.

An dieser Stelle ist ausdrücklich darauf hinzuweisen, dass die Unschärfe, über die hier gesprochen wird, *nicht* auf stochastische Phänomene zurückzuführen ist. Sonst könnten sie ja durchaus adäquat mit Hilfe statistischer oder wahrscheinlichkeitstheoretischer Konzepte formuliert werden.

Dem Modellbauer stehen in diesen Fällen im wesentlichen drei Wege offen:

1. Er kann sich mit einer zwar zutreffenden, aber meist nicht eindeutigen und unscharfen verbalen Modellformulierung begnügen. Dies wird im allgemeinen die Anwendung leistungsfähiger mathematischer Analyse- und Lösungsmethoden unmöglich machen und gleichzeitig zu einer verbalen, unscharfen und stark interpretationsbedürftigen Lösung des Modells führen.

2. Er kann das schlecht strukturierte unscharfe Problem mit Hilfe scharfer mathematischer Methoden approximieren. Hierbei läuft er jedoch Gefahr, dass das approximierende Modell stark vom wirklichen Problem abweicht. Damit kann unter Umständen die Lösung des Modells nicht als Lösung des zugrunde liegenden Problems angesehen werden.

3. Er kann sich sowohl bei der Formulierung des Modells als auch bei der Bestimmung einer Lösung des Konzeptes der Unscharfen Mengen bedienen.

   Auf dieses Konzept wird im folgenden Abschnitt näher eingegangen werden. Den beiden erstgenannten Vorgehensweisen scheint es vor allem deshalb überlegen zu sein, weil die in der Unschärfe des wirklichen Problems liegende Information – im Gegensatz zu den meisten Approximationen – erhalten bleibt. Darüberhinaus wird wahrscheinlich die Aussage über die Lösung oder die Lösungsmöglichkeiten informativer und weniger vieldeutig sein, als dies beim Gebrauch verbaler Modelle der Fall wäre.

2.5.2 Zadeh's Min/Max-Theorie der Unscharfen Mengen

Die in diesem Kapitel benutzten Begriffe entsprechen im wesentlichen den von Bellman und Zadeh (Bellman and Zadeh, 1970) eingeführten. Als weiterführender Text sei auf (Zimmermann, 1983, 1993, 2001; Biethahn, 1998) verwiesen.

2.22 Definition

Ist X eine Menge (von Objekten, die hinsichtlich einer unscharfen Aussage zu bewerten sind), so heißt

$$A := \{(x, \mu_A(x)), x \in X\}$$

eine Unscharfe Menge auf X.

Hierbei ist $\mu_A : X \to \mathbb{R}$ eine reellwertige Funktion. Sie wird als Zugehörigkeitsfunktion (membership function) bezeichnet.

Gewöhnlich wird der Wertebereich von μ_A eingeschränkt auf das abgeschlossene Intervall [0,1]. Im Folgenden wollen wir uns auf diesen Fall beschränken, $\mu_A(x)$ gibt dann für jedes $x \in X$ den Grad des Führwahrhaltens einer unscharfen Aussage an.

Ist der Wertebereich von μ_A die zweielementige Menge $\{0,1\}$, so ist A eine gewöhnliche (scharfe) Menge. Die klassische Menge ist somit ein Sonderfall (ein Extrem) der Unscharfen Menge.

$A = \{(x, \mu_A(x)), x \in X\}$ ist in diesem Fall durch folgende Abbildung in eine klassische Menge überführbar:

$$E(A) = A = \{x \in X \mid \mu_A(x) = 1\}.$$

2.23 Beispiel

X sei die Menge aller möglichen Autobahn-Reisegeschwindigkeiten.

$$X = (80, 100, 120, 140, 160, 180)$$

Für eine bestimmte Person könnte der Begriff „sichere Autobahngeschwindigkeit" durch folgende Unscharfe Menge A gegeben sein:

$$A = \{(80, 0.5), (100, 0.7), (120, 1.0), (140, 0.9), (160, 0.6), (180, 0.0)\}.$$

$\square$

2.24 Definition (Normalisierte Unscharfe Mengen)
Die Zugehörigkeitsfunktion $\mu_A(\cdot)$ einer Unscharfen Menge A muss nicht unbedingt auf das Intervall $[0,1]$ abbilden. Ist $\sup_{x \in X} \mu_A(x) = 1$, so heißt die Unscharfe Menge A normalisiert. Für den Fall, dass $\sup_{x \in X} \mu_A(x) \neq 1$, aber > 0, kann eine Unscharfe Menge A immer dadurch normalisiert werden, dass man ihre Zugehörigkeitsfunktion $\mu_A(x)$ durch das $\sup_{x \in X} \mu_A(x)$ dividiert.

Bei den im folgenden erwähnten wichtigsten Operationen mit Unscharfen Mengen ist im allgemeinen vorauszusetzen, dass die Suprema der Zugehörigkeitsfunktionen der Unscharfen Mengen gleich sind. Es sei daher der Einfachheit halber vorausgesetzt, dass alle Unscharfen Mengen normalisiert sind.

2.25 Definition (Enthaltensein)
Eine Unscharfe Menge A ist genau dann in B enthalten, wenn gilt:

$$\mu_A(x) \leq \mu_B(x) \quad \forall x \in X.$$

Ist A in B und B in A enthalten, heißen die beiden Unscharfen Mengen gleich.

2.26 Definition (Durchschnitt)

Eine Zugehörigkeitsfunktion der Schnittmenge zweier Unscharfer Mengen A und B ist punktweise definiert durch:

$$\mu_{A \cap B}(x) = \min(\mu_A(x), \mu_B(x)) \quad \forall x \in X.$$

2.27 Definition (Vereinigung)

Die Zugehörigkeitsfunktion der Vereinigung zweier Unscharfer Mengen A und B ist definiert als:

$$\mu_{A \cup B}(x) = \max(\mu_A(x), \mu_B(x)) \quad \forall x \in X.$$

2.28 Definition (Produkt)

Die Zugehörigkeitsfunktion des algebraischen Produktes zweier Unscharfer Mengen A und B ist definiert als:

$$\mu_{AB}(x) = \mu_A(x) \cdot \mu_B(x) \quad \forall x \in X.$$

2.29 Definition (Summe)

Die Zugehörigkeitsfunktion der algebraischen Summe von A und B ist definiert als:

$$\mu_{A+B}(x) = \mu_A(x) + \mu_B(x) - \mu_A(x) \cdot \mu_B(x) \quad \forall x \in X.$$

Bei der Formulierung von Modellen sind bisher in der Literatur

- die *Vereinigung* zweier Unscharfer Mengen als Verknüpfung (der durch die Unscharfen Mengen beschriebenen Begriffe) durch das logische „inklusive oder" und

- der *Durchschnitt* als Verknüpfung mittels logischem „und" interpretiert worden.

2.5.3 Unscharfe Entscheidungen

In der Einführung wurde bereits eingehend diskutiert, dass nur im Grenzfall eine reale Situation durch ein deterministisches Modell adäquat beschrieben werden kann. Nur dann kann also auch ein deterministisches Modell zu einer Entscheidungs-situation erstellt werden.

Ein deterministisches Entscheidungsmodell im Sinne der Entscheidungslogik wird durch folgende Charakteristika beschrieben (siehe auch Abschnitt 2.2.1):

1. Eine *Menge* erlaubter oder *möglicher Aktionen*. Gewöhnlich wird diese Menge durch Bedingungsgleichungen oder -ungleichungen als Teilmenge des $\mathbb{R}^n$ definiert.

2. Eine *Zuordnungsvorschrift*, die den möglichen Aktionen Ergebnisse zuordnet und eine „Ordnung der Vorzugswürdigkeit" der Ergebnisse. Wünschenswert ist eine vollständige Ordnung.

Genau an diesen Charakteristika muss sich aber die Kritik an deterministischen Entscheidungsmodellen entzünden.

Zu 1.

Ein scharfes Abgrenzen erlaubter Aktionen von unerlaubten Aktionen ist gewöhnlich nicht möglich – oder nur mit einem unverhältnismäßig hohen Aufwand an Informationsbeschaffung.

Die Unschärfe kann sowohl in den Phänomenen selbst liegen, die ein Entscheidungs-modell beschreibt, als auch in dem subjektiven Bewerten des Entscheidenden be-züglich der Zulässigkeit von Entscheidungen. Konkret: Der Lagerverwalter einer Unternehmung wird beauftragt, eine solche Menge des gerade neu auf den Inlands-markt gebrachten importierten Gutes zu lagern, dass die mögliche Nachfrage völlig gedeckt werden kann. Da das Gut noch nicht eingeführt ist, liegen keine wahrschein-lichkeitstheoretischen Schätzungen über den Nachfrageverlauf vor. Die Forderung an den Lagerverwalter ist als scharfe Formulierung unsinnig. Es wäre der Situation adäquater zu fordern, dass er so viel lagern soll, dass die Nachfrage möglichst völlig gedeckt werden kann. Diese Unschärfe liegt offensichtlich in der realen Situation begründet. Hinzu kommt, dass der Entscheidende (hier der Lagerverwalter) seine ganz persönliche Erfahrung und subjektive Einstellung zu der Direktive einfließen lässt. Was nun wirklich die „geeignete Menge" ist, kann also bestenfalls durch eine Unscharfe Menge dargestellt werden.

Zu 2.

Vor allem die Bewertung der Ergebnisse ist vom Entscheidenden abhängig.

Die vereinfachende Annahme, dass jedem Ergebnis eindeutig ein reeller Zahlenwert als Nutzen zugeordnet werden kann, muss revidiert werden. Ferner spiegelt die klas-sische Differenzierung in Restriktionen einerseits und Zielfunktionen andererseits oft nicht den möglichen Wunsch des Entscheidenden wider, beide Komponenten eines Entscheidungsmodells gleichartig zu behandeln.

In der klassischen normativen Entscheidungstheorie kann bei Sicherheitssituationen die Entscheidung für eine optimale Handlungsalternative als die Entscheidung für die Alternative angesehen werden, die sowohl der Menge der zulässigen (möglichen oder erlaubten) Lösungen angehört als auch der Menge der Alternativen mit höchstem Nutzen. Sie ist also die Schnittmenge der beiden Mengen: „Zulässige Lösungen" *und* „optimale Lösungen". Die zweite Forderung wird allerdings (bei eindeutiger optimaler Lösung) oft dadurch berücksichtigt, dass man in der Menge der zulässigen Lösungen nach der mit maximalem Nutzen sucht.

Analog dazu kann man nun eine *Unscharfe Entscheidung* definieren:

2.30 Definition
Sind in einem Entscheidungsmodell sowohl die Zielfunktion als auch die den Lösungsraum beschränkenden Funktionen als Unscharfe Mengen darstellbar, so ist die Unscharfe Menge „Entscheidung" der Durchschnitt aller relevanten Unscharfen Mengen.

Um diese Schnittmenge errechnen zu können, ist zunächst festzulegen, wie die Schnittmenge zweier oder mehrerer Unscharfer Mengen bestimmt wird.

Zadeh schlug dafür in der von ihm konzipierten Theorie Unscharfer Mengen zunächst den Minimumoperator vor (siehe Def. 2.26). Wir wollen zunächst diesen Operator akzeptieren, obwohl dazu an späterer Stelle noch etwas gesagt werden wird.

Die Zugehörigkeitsfunktion μ_E der Entscheidung bei gegebener unscharfer Zielvorstellung Z und Lösungsraum L ergibt sich dann zu:

$$\mu_E(x) = \mu_{Z \cap L}(x) = \min(\mu_Z(x), \mu_L(x)), \, x \in X \tag{2.10}$$

2.31 Beispiel
Ein Vorstand wolle die „optimale", den Aktionären anzubietende Dividende bestimmen. Diese Dividende solle aus finanzpolitischen Gründen „attraktiv" sein. Die Zielvorstellung einer „attraktiven" Dividende sei durch die in Abbildung 2.9 gezeigte Zugehörigkeitsfunktion der Unscharfen Menge Z dargestellt.

Als Einschränkung gelte die Forderung, dass die Dividende aus lohnpolitischen Erwägungen heraus „bescheiden" sein müsse. Die Unscharfe Menge L der als bescheiden zu bezeichnenden Dividenden zeigt Abbildung 2.10.

Die Zugehörigkeitsfunktion der Unscharfen Menge Entscheidung (optimale Dividende) ist bei Benutzung des Minimum-Operators die stark ausgezogene Kurve in Abbildung 2.11.□

Stellt man die Zugehörigkeitsfunktionen der beiden Unscharfen Mengen Z und L algebraisch dar, so ergibt sich:

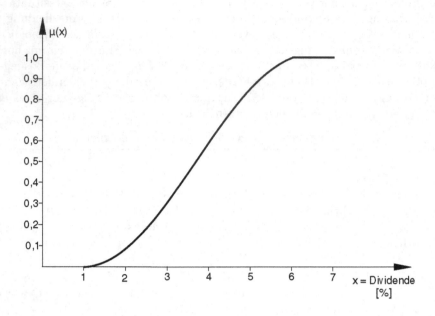

Abbildung 2.9: Attraktive Dividende

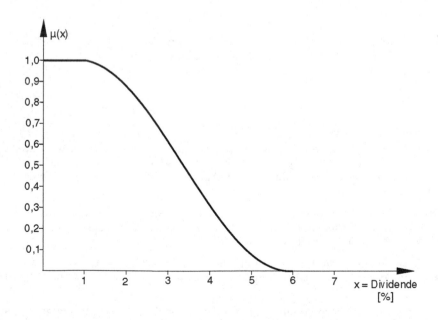

Abbildung 2.10: „Bescheidene" Dividende

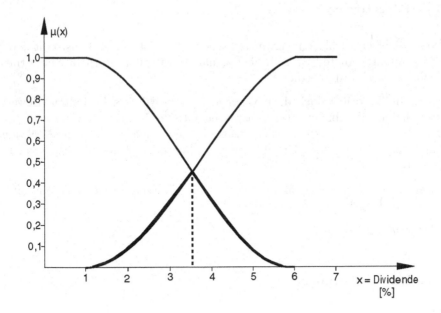

Abbildung 2.11: „Optimale" Dividende

$$\mu_L(x) = \begin{cases} 1 & \text{für } x \leq 1{,}2 \\ \frac{1}{100}[-29x^3 - 243x^2 + 16x + 2388] & \text{für } 1{,}2 < x < 6 \\ 0 & \text{für } x > 6 \end{cases}$$

$$\mu_Z(x) = \begin{cases} 1 & \text{für } x \geq 5{,}8 \\ \frac{1}{2100}[-29x^3 - 366x^2 - 877x + 540] & \text{für } 1 < x < 5{,}8 \\ 0 & \text{für } x \leq 1 \end{cases}$$

Die Zugehörigkeitsfunktion der „Entscheidung" ist dann nach (2.10):

$$\mu_E(x) = \min[\mu_Z(x), \mu_L(x)], \ x \in X.$$

Die „Entscheidung" ist hier offensichtlich wiederum eine Unscharfe Menge mit mehr als einem Element. Will man daraus eine spezielle Lösung als „optimale Entscheidung" selektieren, so könnte man z. B. die Lösung wählen, die in der Unscharfen Menge „Entscheidung" den höchsten Zugehörigkeitsgrad hat, d. h.

$$x_0 = \max_x \min[\mu_Z(x), \mu_L(x)], \ x \in X.$$

In unserem Beispiel wäre das die Dividende 3.5 % mit $\mu_E(x_0) = 0.338$ (siehe Abbildung 2.11).

2.5.4 Alternative Systeme

Das von Zadeh vorgeschlagene mathematische System ist in sich konsistent und für viele Anwendungsgebiete (wie z. B. die sogenannte Möglichkeitstheorie oder theory of possibility) auch gut geeignet.

Will man die Theorie jedoch dazu verwenden, menschliches Verhalten, Bewerten und Entscheiden abzubilden, so reicht mathematische Konsistenz allein nicht aus. Vielmehr muss das benutzte mathematische System auch menschliche Reaktionen adäquat nachbilden können. Um dies zu erreichen oder sicherzustellen, sind zwei Ansätze brauchbar:

A. Der *axiomatische* Weg ähnlich dem in der Nutzentheorie oder normativen Entscheidungstheorie beschrittenen.

B. Der *empirische* Weg.

Axiomatische Ableitungen

Verschiedene Formen von mathematischen Modellen für den „Schnittmengen-Operator" sind in der Zwischenzeit axiomatisch gerechtfertigt worden. Der Minimum-Operator wurde von Bellman und Giertz (Bellman and Giertz, 1973) axiomatisch abgeleitet.

Hamacher (1978) leitete einen anderen Operator ab. Er ging dabei davon aus, dass die „und"-Verbindung zweier durch Unscharfe Mengen darstellbarer Ziele oder Beschränkungen als die Schnittmenge der entsprechenden Unscharfen Mengen repräsentiert werden könne und die „oder"-Verbindung entsprechend durch die Vereinigung.

Im folgenden werden mit A, B und C drei Unscharfe Mengen in X mit den Zugehörigkeitsfunktionen μ_A, μ_B und μ_C bezeichnet, $x \in X$.

Hamacher fordert nun von seinen Operatoren primär die Erfüllung folgender Axiome, hier abgeleitet für den Durchschnitt:

Axiom 1: *Assoziativität*, d. h. $A \cap (B \cap C) = (A \cap B) \cap C$.

Axiom 2: *Stetigkeit*

Axiom 3: *Injektivität* in jedem Argument, d. h. wenn $(A \cap B) \neq (A \cap C)$, dann gilt $B \neq C$.

Axiom 4: Für die Zugehörigkeitsgrade gelte: Ist $\mu_A(x) = 0$ und $\mu_B(x) = 0$, dann ist auch $\mu_{A \cap B}(x) = 0$.

Es sei darauf hingewiesen, dass hinter jedem Axiom umfangreiche inhaltliche Erwägungen darüber stehen, welche Eigenschaft ein Operator im Entscheidungskontext haben sollte (Näheres siehe Hamacher (Hamacher, 1978)).

Die Axiome 1 bis 3 implizieren:

I. Gibt es ein $x \in (0,1)$ mit $\mu_A(x) = \mu_B(x) = \mu_{A \cap B}(x)$, dann gilt für jedes weitere x' mit dieser Eigenschaft: $\mu_A(x') = \mu_A(x)$.

II. $\bigwedge_{x \in (0,1)} \mu_A(x) = \mu_{A \cap B}(x) \equiv \mu_{B \cap B}(x) = \mu_B(x)$ entspr. falls A und B vertauscht.

III. $A \cap B$ ist streng monoton steigend bzgl. A und bzgl. B.

Die Axiome 1 bis 4 schließlich implizieren:

IV. $\lim_{\mu_A(x) \to 0} \mu_{A \cap B}(x) = \lim_{\mu_A(x) \to 0} \mu_{B \cap A}(x) = 0$

V. $\bigwedge_{x \in (0,1)} \mu_{A \cap A}(x) < \mu_A(x)$

VI. $\bigwedge_{x \in (0,1)} \mu_{A \cap B}(x) < \min\{\mu_A(x), \mu_B(x)\}$

Durch Axiom 3 wird der Minimum-Operator ausgeschlossen.

Hamacher hat nun weiterhin gezeigt (Hamacher, 1978, S. 83 ff.), dass dann, wenn D eine algebraische rationale Funktion und ein Polynom in x und y ist, folgendes gelten muss:

2.32 Satz

Es gibt eine Familie von Funktionen, welche die Axiome 1 bis 4 erfüllt und deren Mitglieder algebraische rationale Funktionen und Polynome in x und y sind und zwar

$$\mu_{A \cap B}(x) = \frac{\mu_A(x)\mu_B(x)}{\gamma + (1-\gamma)(\mu_A(x) + \mu_B(x) - \mu_A(x) \cdot \mu_B(x))} \quad \gamma \geq 0.$$

Der Beweis ist recht aufwändig (siehe Hamacher, 1978). Das gleiche gilt für die Vereinigung von Unscharfen Mengen im Sinne des „oder". Hierfür ermittelte Hamacher unter gleichen Voraussetzungen

$$\mu_{A \cap B}(x) = \frac{(\mu_A(x) + \mu_B(x) - \mu_A(x) \cdot \mu_B(x)) + \gamma' \mu_A(x)\mu_B(x)}{1 + \gamma' \mu_A(x) \cdot \mu_B(x)} \quad \gamma' \geq 0 \quad (2.11)$$

Für $\gamma = 0$ reduziert sich der Konjunktions-Operator von Satz 2.32 auf

$$\mu_{A \cup B}(x) = \frac{\mu_A(x) \cdot \mu_B(x)}{\mu_A(x) + \mu_B(x) - \mu_A(x) \cdot \mu_B(x)}$$

und für $\gamma = 1$ auf das Produkt:

$$\mu_{A \cup B}(x) = \mu_A(x) \cdot \mu_B(x).$$

Empirische Ansätze.

Für diejenigen, die die Theorie Unscharfer Mengen als Realtheorie zur Beschreibung bzw. Modellierung von Entscheidungen verwenden wollen, stellt sich die Frage, ob die behaupteten oder axiomatisch abgeleiteten Operatoren auch tatsächlich dem entsprechen, was ein Mensch mit der Verwendung von „und" oder „oder" bei der Beschreibung von Entscheidungsmodellen zum Ausdruck bringen will.

In den Jahren 1976 bis 1979 wurde das Verknüpfungsverhalten von Testpersonen empirisch untersucht. Getestet wurden u. a. folgende Operatoren: Minimum, Produkt, Maximum, Algebraische Summe, Arithmetisches Mittel, Geometrisches Mittel, ein spezieller sogenannter „γ-Operator" (Zimmermann and Zysno, 1980). Es wurden u. a. die folgenden Resultate erzielt:

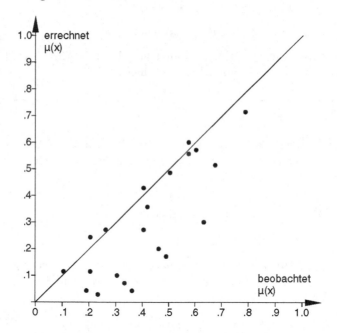

Abbildung 2.12: Minimum-Operator: beobachtete und errechnete Zugehörigkeitsgrade

Der „γ-Operator" hatte dabei folgende Form:

$$\mu_\gamma \;=\; \left(\textstyle\prod_{i=1}^{m} \mu_i\right)^{(1-\gamma)} \left(1 - \textstyle\prod_{i=1}^{m}(1-\mu_i)\right)^{\gamma} \qquad 0 \le \mu \le 1$$
$$0 \le \gamma \le 1 \qquad\qquad (2.12)$$

$$m \;=\; \text{Anzahl der zu verknüpfenden Mengen}$$

Es zeigte sich, dass der γ-Operator die besten Ergebnisse lieferte. (Beachte: Der

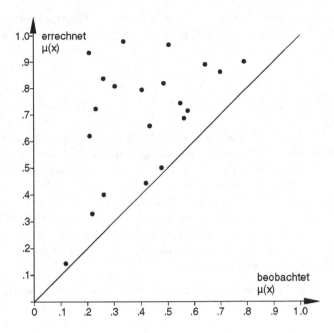

Abbildung 2.13: Maximum-Operator: beobachtete und errechnete Zugehörigkeitsgrade

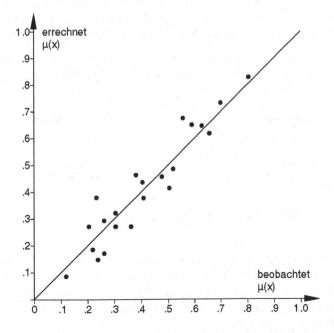

Abbildung 2.14: γ-Operator: beobachtete und errechnete Zugehörigkeitsgrade

γ-Operator ist zusammengesetzt aus dem auch als Schnittmengenoperator interpretierten Produkt und der als Vereinigungsoperator interpretierten algebraischen Summe.)

Interpretation

Es wurde bereits darauf hingewiesen, dass Modelle der empirisch-kognitiven Entscheidungstheorie mit realtheoretischem Anspruch den Kontext der Entscheidung mit einbezogen haben. Dies gilt auch für die mathematischen Modelle „und" und „oder". Es ist sehr unwahrscheinlich, dass Menschen mit „und" immer das gleiche meinen, wie es z. B. der Minimum- oder Produktoperator implizieren würde. Stattdessen kann davon ausgegangen werden, dass der Mensch bei der Verknüpfung von „subjektiven Kategorien", wie man unscharfe Vorstellungen von Zielen oder Einschränkungen bezeichnen könnte, bei Entscheidungen eine Vielzahl situationsbedingter Verknüpfungsoperatoren benutzt.

Unsere Sprache enthält im wesentlichen zwei, „und" und „oder". Diesen beiden Operatoren sind von den Logikern formale Eigenschaften zugeordnet worden, um z. B. die Wahrheitswerte von zusammengesetzten Aussagen überprüfen zu können. Hierdurch hat das (logische) „und" limitationalen, das (inklusive) „oder" substitutionalen Charakter erhalten.

Ist nun ein Mensch gezwungen, den von ihm benutzten Operator zu verbalisieren, so benutzt er den dem wirklich benutzten Operator am nächsten stehenden verbalen Operator und „approximiert" dadurch verbal seine wirkliche Verknüpfung.

Nennt man die Familie der wirklichen „latenten" Operatoren „Kompensatorisches und", so lassen sich diese Zusammenhänge wie folgt darstellen:

Abbildung 2.15: Kompensatorisches „und"

Der Parameter γ in (2.12) führt also eine situationsbedingte Anpassung gemäß dem Grad der von dem Entscheidungsfäller gewünschten Kompensation zwischen den Zugehörigkeitsgraden verschiedener Kriterien herbei. In umfangreicheren empirischen Tests hat sich gezeigt, dass er sich zur Beschreibung menschlicher Entscheidungen sehr gut eignet.

In der Zwischenzeit sind eine sehr große Zahl mathematischer Modelle zur Darstellung der Operatoren „und" und „oder" entwickelt worden. Man kann sie in drei große Klassen einteilen:

1.) t-Normen als Modelle für das logische und. Sie bilden alle unterhalb des „min-Operators" ab.

2.) t-Conormen (oder S-Normen) als Modelle für das logische oder. Diese bilden alle über dem „max-Operator" ab.

3.) Sogenannte mittelnde oder kompensatorische Operatoren als Modelle für das linguistische und. Dies sind gewöhnlich Konvex-Kombinationen zwischen einer t-Norm und der dazu dualen S-Norm.

Der oben beschriebene γ-Operator gehört z. B. zu dieser Klasse. Detailliert sind diese Modelle in (Zimmermann, 2001) beschrieben. Eine besondere Rolle nimmt der sogenannte OWA-Operator ein (Yager, 1993), der direkt die Aggregation auf dem Gebiet der Multi Criteria Analyse nachempfindet. In (Zimmermann, 2001) ist auch ein Kapitel über das Gebiet „Fuzzy Control" enthalten, einer Technik, die sich vor allem in Deutschland in der ersten Hälfte der 90er Jahre großer Beliebtheit erfreute. In dieser Zeit entstanden zahlreiche Anwendungen dieses Modells, sowohl auf technischen Gebieten, wie auch im Management. In der Regelungstechnik ist es inzwischen zur Standardtechnik geworden. Im Management wird es oft zur Erstellung wissensbasierter Systeme benutzt, wenn auf Flexibilität besonderer Wert zu legen ist. Man kann zwar diese Technologie nicht unbedingt zum Operations Research rechnen, wenn auch seit den 70er Jahren gerade im OR viel davon Gebrauch gemacht wurde.

An dieser Stelle sei darauf hingewiesen, dass die Wahrscheinlichkeitstheorie und die Fuzzy Set Theorie nicht die einzigen Unsicherheitstheorien sind, die heutzutage bestehen. Neben verschiedenen Versionen der Wahrscheinlichkeitstheorie gibt es heute über zwanzig Theorien, wie z. B. die Evidenztheorie, die Möglichkeitstheorie, die „Grey Set Theorie", die „Intuitionistic Set Theorie", die „Rough Set Theorie" etc. Alle diese Theorien sind in sich schlüssige Theorien, die jeweils auf gewissen Axiomen beruhen. Will man Unsicherheit in der Praxis adäquat modellieren, so ist es wichtig, die Theorie anzuwenden, deren Axiome mit den Gegebenheiten der zu modellierenden Praxis übereinstimmen. Der interessierte Leser sei auf (Zimmermann, 1999) verwiesen, wo näher auf die damit verbundenen Probleme eingegangen wird.

2.6   Aufgaben zu Kapitel 2

1.) Eine Entscheidungssituation werde durch folgende Entscheidungsmatrix beschrieben:

P_j	0,1	0,3	0,5	1,0
s_j	1	2	3	4
a_1	5	2	3	2
a_2	3	4	2	8
a_3	−2	6	3	−4

Bestimmen Sie die optimale Strategie (Entscheidung) nach der Minimax-Regel sowie nach den Regeln von Hurwicz, Savage, Bayes und Hodges-Lehmann.

2.) Die Unternehmensgruppen X und Y stellen die einzigen Anbieter für Bohnerwachs dar. Beide Unternehmensgruppen planen grundlegende Umstellungen ihrer Werbeprogramme und ziehen dabei jeweils drei alternative Programme a_1, a_2 und a_3 bzw. b_1, b_2 und b_3 in Betracht. Je nachdem, für welches Programm A und B sie sich entscheiden, ist mit den in folgender Matrix angegebenen prozentualen Verschiebungen der Marktanteile zugunsten von A (+) bzw. von B (−) zu rechnen.

	b_1	b_2	b_3
a_1	3	−1	−3
a_2	−4	−2	4
a_3	2	0	1

Beide Unternehmen streben einen möglichst hohen Marktanteil an.

a) Der Unternehmensleitung A ist durch einen diskreten Hinweis bekannt geworden, dass die Konkurrenz ihr Programm b_1 realisieren wird. Wie wird A darauf reagieren, wenn der diskrete Hinweis das Konkurrenzprogramm b_2 (b_3) signalisierte?

b) Ermitteln Sie für beide Unternehmensgruppen die Minimax-Strategien und stellen Sie fest, ob ein Sattelpunkt vorliegt!

c) Erläutern Sie die Bedeutung eines Sattelpunktes auch im Hinblick auf die zu a) und b) gewonnenen Ergebnisse!

3.) Gegeben sei die folgende Auszahlungsmatrix:

$$\begin{pmatrix} 6 & -6 & -2 \\ 3 & 3 & -2 \\ 2 & 2 & 2 \end{pmatrix}$$

Existiert ein Sattelpunkt zu diesem Zweipersonen-Nullsummenspiel? Wenn ja, bestimmen Sie ihn.

4.) Bestimmen Sie optimale Strategien für das durch folgende Auszahlungsmatrix charakterisierte Zweipersonen-Nullsummenspiel:

	1	2	3	4	5
1	9	3	1	8	0
2	6	5	4	6	7
3	2	4	3	3	8
4	5	6	2	2	1

5.) Bestimme den Wert des Spiels und die optimalen Strategien der Spieler für das durch folgende Auszahlungsmatrix charakterisierte Zweipersonen-Nullsummenspiel:

	1	2	3
1	-1	2	1
2	1	-2	2
3	3	4	-3

2.7 Ausgewählte Literatur zu Kapitel 2

Bamberg and Coenenberg 1981; Bitz 1981; Biethahn 1998; Bühlmann *et al.* 1975; Dinkelbach 1982; Ferschl 1975; Fishburn 1964; Fourer 2001; Gäfgen 1974; Gzuk 1975; Hamacher 1978; Hauschildt and Grün 1993; Hwang and Masud 1979; Kirsch 7071; Krelle 1968; Laux 1982; Luce and Raiffa 1957; Milnor 1964; von Neumann and Morgenstern 1967; Owen 1971; Popper 1976; Schneeweiß 1967; Szyperski and Winand 1974; Witte 1972; Witte and Zimmermann 1986 Yager 1993; Zimmermann 1964; Zimmermann 1975b; Zimmermann and Rödder 1977; Zimmermann 1980a; Zimmermann and Gutsche 1991; Zimmermann 1993; Zimmermann 1999; Zimmermann 2001

3 Lineares Programmieren

Lineares Programmieren ist der am besten entwickelte Teil der „Mathematischen Programmierung". Entsprechend dem angelsächsischen Gebrauch des Begriffs „mathematical programming" soll unter Mathematischer Programmierung das Gebiet des OR verstanden werden, das sich mit der Optimierung von Funktionen unter Nebenbedingungen befasst. Die Grundproblemstellung ist also:

Bestimme (zulässige) x so, dass $f(x)$ maximal wird und die Nebenbedingungen $g_i(x)$ eingehalten werden. In mathematischer Formulierung:

$$\text{maximiere } f(x),$$

$$\text{so dass} \quad g_i(x) \left\{ \begin{array}{c} \leq \\ = \\ \geq \end{array} \right\} b_i, \quad i = 1, \ldots, m.$$

Dem Leser sollte klar sein, dass es sich hierbei um die Struktur eines Entscheidungsproblems handelt, wie es in Kapitel 2 beschrieben und diskutiert wurde. Im Sinne der Entscheidungstheorie stellt f die Nutzenfunktion oder eine auf ihr basierende Ordnungsvorschrift dar. Im Mathematischen Programmieren wird sie gemeinhin als Zielfunktion bezeichnet.

Die Komponenten x_i, $j = 1, \ldots, n$, der Vektoren x sind die Entscheidungsvariablen und die Nebenbedingungen g_i definieren den Lösungsraum oder Strategienraum. Die in f und $g_i(x) = b_i$ enthaltenen Konstanten entsprechen einem Zustand(-svektor) des „Grundmodells" der Entscheidungsfällung aus Kapitel 2.

Die Theorie der Mathematischen Programmierung und die auf ihr basierenden Algorithmen wurden weitgehend im OR entwickelt und bilden das größte geschlossene Gebiet im Rahmen der mathematischen Werkzeuge des OR.

Betrachtet man das Gebiet der Mathematischen Programmierung vom methodischen Standpunkt her, so liegt eine Gliederung nach dem mathematischen Charakter der Funktionen f und g_i nahe. Auch hier soll danach unterschieden werden, und zwar zunächst in die zwei Hauptgebiete der Linearen und der Nichtlinearen Programmierung. In Kapitel 3 sollen die speziellen Unterstrukturen, die im Prinzip in beiden Hauptgebieten denkbar sind, im Rahmen des Linearen Programmierens behandelt werden. Die jeweilige Verallgemeinerung auf nichtlineare Fälle wird teilweise angedeutet werden, teilweise wird auf vorhandene Spezialliteratur verwiesen werden müssen.

3.1 Einführung

3.1 Beispiel

Ein Betrieb produziere zwei Produkte, die durch drei Fertigungsstufen (Teilefertigung, Vormontage, Endmontage) zu laufen haben. Es sei bekannt, dass durch den Verkauf der Produkte ein Gewinn (Deckungsbeitrag) von EUR 12,–/Stck. für Produkt 1 und von 8,– €/Stck. für Produkt 2 zu erreichen sei.

In den drei Fertigungsstufen stehen folgende drei Kapazitäten für den betrachteten Zeitraum zur Verfügung:

Teilefertigung: 80 Maschinenstunden (MStd.)

Vormontage: 100 Maschinenstunden (MStd.)

Endmontage: 75 Maschinenstunden (MStd.)

Diese drei Abteilungen werden durch die 2 Produkte wie folgt belastet:

Produkt 1: Teilefertigung: 4 MStd./Stck.

  Vormontage: 2 MStd./Stck.

  Endmontage: 5 MStd./Stck.

Produkt 2: Teilefertigung: 2 MStd./Stck.

  Vormontage: 3 MStd./Stck.

  Endmontage: 1 MStd./Stck.

Wie sieht das optimale Produktionsprogramm aus, d. h. wieviel soll von den beiden Produkten hergestellt werden, so dass

1.) der Gesamtgewinn maximiert wird,

2.) die vorhandenen Kapazitäten nicht überfordert werden?

Graphische Darstellung des Problems und seiner Lösung

Bezeichnet man die von den 2 Produkten herzustellenden Mengen mit x_1 bzw. x_2, so kann das Problem wie folgt formuliert werden:

3.2 Modell

$$
\begin{aligned}
\text{maximiere } z &= 12x_1 + 8x_2 \\
\text{so dass} \quad 4x_1 + 2x_2 &\leq 80 \\
2x_1 + 3x_2 &\leq 100 \\
5x_1 + x_2 &\leq 75 \\
x_1, x_2 &\geq 0
\end{aligned}
$$

Die letzte Nebenbedingung (Nichtnegativitätsbedingung) hat hier eine „reale" Bedeutung: Die Produktionsmengen können sinnvollerweise nicht negativ sein. Auf die algorithmische Bedeutung dieser Bedingung wird später eingegangen werden.

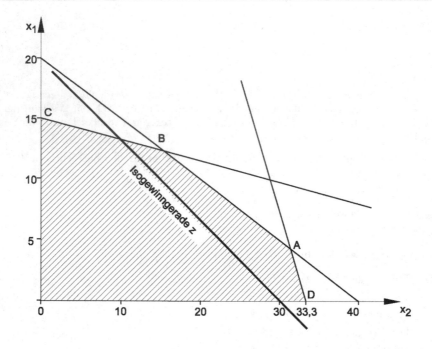

Abbildung 3.1: Mögliche Produktionsprogramme

Abbildung 3.1 zeigt den Lösungsraum des Modells (schraffiert), d. h. die Menge der zulässigen Lösungen bzw. der Produktmengenkombinationen, die keine der Nebenbedingungen
verletzen.

Die fett gezeichnete Gerade z stellt die *„Isogewinngerade"* für einen Gesamtgewinn von $z =$
240 dar. Zu ihr parallele Geraden entsprechen höheren bzw. niedrigeren Gewinnniveaus.
Durch den Punkt A ($x_1 = 5$, $x_2 = 30$) läuft die Isogewinngerade, die dem höchsten Gewinn
der Produktkombinationen entspricht, die im Lösungsraum liegen (siehe Abbildung 3.2).
Diese Lösung ($x_1 = 5$, $x_2 = 30$) ist damit „optimale Lösung", d. h. „zulässige" Lösung mit
maximalem Gewinn.

Das optimale Produktionsprogramm sollte also aus 5 Stücken Produkt 1 und 30 Stücken
Produkt 2 bestehen. Der durch dieses Programm erzielbare Gewinn ist 300,– €.   □

Die soeben angedeutete Art, graphisch das Problem darzustellen und die optimale
Lösung zu bestimmen, ist natürlich nur im zweidimensionalen Fall möglich. Dies ist
jedoch der Fall, für den wir in der Praxis solche Hilfsmittel nicht benötigen. Für
größere Probleme sind verschiedene Algorithmen entwickelt worden. Ehe jedoch das
bekannteste Verfahren, die Simplex-Methode, dargestellt wird, soll auf einige Punkte
hingewiesen werden, die sich bereits anschaulich aus der graphischen Darstellung
ergeben:

1.) Der Lösungsraum ist ein konvexes Polyeder.

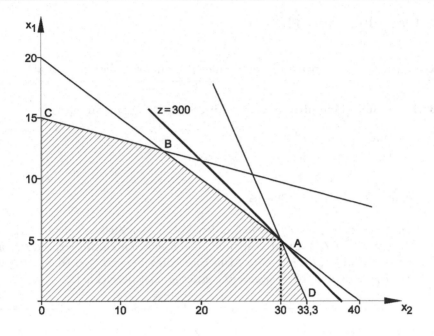

Abbildung 3.2: Optimales Produktionsprogramm

2.) Lösungen gleichen Wertes der Zielfunktion liegen auf Hyperebenen (im zweidimensionalen Fall auf Geraden).

3.) Hyperebenen verschiedener Zielfunktionswerte verlaufen parallel zueinander.

4.) Optimale Lösungen liegen, falls vorhanden, am Rande des Lösungsraumes, und zwar

   (a) in einer Ecke, falls die Zielfunktion nicht parallel zu einer Restriktion läuft (in diesem Fall ergibt es genau eine eindeutig optimale Lösung) oder

   (b) zwischen optimalen Ecken, wenn die Zielfunktion parallel zu einer Nebenbedingung läuft (in diesem Fall gibt es unendlich viele optimale Lösungen).

5.) Im Falle 4a) haben alle der optimalen Lösung benachbarten Ecken einen niedrigeren Zielfunktionswert.

3.2   Grundlegende Theorie

Das Grundmodell der Linearen Programmierung kann definiert werden als

---

3.3 Definition (Grundmodell der Linearen Programmierung)

$$\text{maximiere} \quad z = \boldsymbol{c}^{\mathrm{T}}\boldsymbol{x}$$
$$\text{so dass} \quad \boldsymbol{A}\boldsymbol{x} \leq \boldsymbol{b}$$
$$\boldsymbol{x} \geq \boldsymbol{0}$$
$$\boldsymbol{c},\, \boldsymbol{x} \in \mathbb{R}^n,\, \boldsymbol{b} \in \mathbb{R}^m,\, \boldsymbol{b} \geq 0,\, \boldsymbol{A}_{m,n}\,.$$

Man nennt $z = \boldsymbol{c}^{\mathrm{T}}\boldsymbol{x}$ die *Zielfunktion*, $\boldsymbol{c}$ den Vektor der Zielkoeffizienten, $\boldsymbol{A}_{m,n}$ (eine Matrix mit m Zeilen und n Spalten) die *Koeffizienten-Matrix*, $\boldsymbol{b}$ den Kapazitätenvektor oder „*Rechte Seite*". Die Beschränkungen $x \geq 0$ (d. h. $x_i \geq 0$, $i = 1, \ldots, n$) werden als *Nichtnegativitätsbedingungen* bezeichnet.

Der Lösungsraum des Modells in Definition 3.3 $L(P) := \{\boldsymbol{x} \in \mathbb{R}^n \mid \boldsymbol{A}\boldsymbol{x} \leq \boldsymbol{b},\, \boldsymbol{x} \geq \boldsymbol{0}\}$ ist stets abgeschlossen (im topologischen Sinne) und konvex. Ist er zusätzlich noch beschränkt, d. h. kann eine n-dimensionale Kugel $B(\boldsymbol{0})$ um den Nullpunkt so gefunden werden, dass gilt: $L(P) \subset B(\boldsymbol{0})$, dann heißt $L(P)$ ein *konvexes Polyeder*, und es existiert stets ein Optimalpunkt, wenn $L(P)$ überhaupt Punkte enthält.

Ist $L(P)$ (im folgenden kurz als L bezeichnet) nicht beschränkt, d. h. ist L in einer Richtung nicht geschlossen (siehe Abbildung 3.3), so sind 2 Fälle zu unterscheiden:

1.) Die „Isogewinnebenen" können in Richtung der „Öffnung von L" parallel verschoben werden und verlaufen nie mehr durch eine Ecke von L. In diesem Fall existiert kein Optimalpunkt, da die Zielfunktionswerte stetig und unbeschränkt wachsen (*Unbeschränkte Lösung*).

2.) Die „Isogewinnebenen" werden nicht in Richtung der „Öffnung von L" parallel verschoben. In diesem Fall läuft eine dieser Ebenen vor dem Verlassen von L durch eine Ecke, die dann die *Optimallösung* darstellt.

Um das in Definition 3.3 genannte Modell mit Hilfe der im folgenden beschriebenen Methoden lösen zu können, muss es zunächst in Gleichungsform überführt werden. Zu diesem Zwecke definiert man einen Vektor sogenannter *Schlupfvariablen*, die für jeden Punkt in L die nicht in Anspruch genommenen Ressourcen darstellen. Für Beispiel 3.1 wäre dies:

$$\boldsymbol{s} := \begin{pmatrix} s_1 \\ s_2 \\ s_3 \end{pmatrix} = \begin{pmatrix} 80 - (4x_1 + 2x_2) \\ 100 - (2x_1 + 3x_2) \\ 75 - (5x_1 + x_2) \end{pmatrix} \geq 0$$

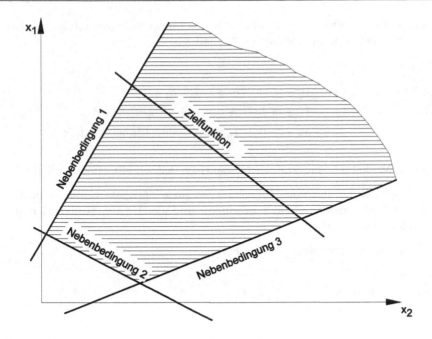

Abbildung 3.3: Nicht geschlossener Lösungsraum

Durch Einführung nichtnegativer Schlupfvariablen werden also Ungleichungsrestriktionen des Modells in einfacher zu handhabende Gleichungen überführt, ohne dabei das Modell selbst zu ändern. Modell 3.2 und das folgende Modell 3.4 sind insofern äquivalent.

Es ist unmittelbar einsichtig, dass

1.) die Schlupfvariablen s_1, s_2 und s_3 genau dann nicht-negativ sind, wenn die (strukturellen) Variablen x_1 und x_2 die drei Nebenbedingungen erfüllen;

2.) eine Schlupfvariable genau dann gleich Null ist, wenn die entsprechende Nebenbedingung von den Variablen x_1 und x_2 als Gleichung erfüllt wird.

Nach Einführung der Schlupfvariablen wird aus Modell 3.2 das folgende Modell 3.4:

3.4 Modell

$$
\begin{array}{lrcr}
\text{maximiere } z = 12x_1 + 8x_2 & & & \\
\text{so dass} \quad 4x_1 + 2x_2 + s_1 & & = & 80 \\
2x_1 + 3x_2 + \quad + s_2 & & = & 100 \\
5x_1 + \ x_2 + \quad\quad + s_3 & = & 75 \\
x_1, x_2, s_1, s_2, s_3 & \geq & 0
\end{array}
$$

Das allgemeine, in 3.3 definierte Grundmodell des Linearen Programmierens wird durch Einführung der Schlupfvariablen zu Modell 3.5:

3.5 Modell

$$\text{maximiere } z = c^{\mathrm{T}}x + 0^{\mathrm{T}}s \qquad c,\ x \in \mathbb{R}^n;\, b,\ s \in \mathbb{R}^m;$$

$$\text{so dass} \qquad Ax + I_m s = b \qquad A_{m,n} \text{ eine } (m \times n)\text{-Matrix,}$$

$$x,\ s \geq 0 \qquad I_m \text{ die } m\text{-dim. Einheitsmatrix.}$$

Modell 3.3 und Modell 3.5 sind zwar nicht identisch, jedoch gilt offensichtlich:

Ist $(x^{\mathrm{T}}, s^{\mathrm{T}})$ optimale Lösung von Modell 3.5, so ist x optimale Lösung von Modell 3.3. Die Zielfunktionswerte beider Lösungen sind gleich (Aequivalenz der Modelle@Äquivalenz der Modelle).

Betrachten wir nun das Modell 3.5 in der Form:

$$\text{maximiere} \quad z = c^{\mathrm{T}}x$$

$$\text{so dass} \quad Dx = b, \qquad D = (A, I_m)$$

$$x \geq 0$$

wobei der Vektor x bereits die Schlupfvariablen enthalte und der Vektor c mit Nullen aufgefüllt werde.

3.6 Definition

Jede nichtsinguläre $(m \times m)$-Teilmatrix B von D heißt *Basis* des Modells 3.5 in der soeben gezeigten Form.

3.7 Bemerkung

Da jede $(m \times m)$-Teilmatrix B von D mit $\det B \neq 0$ Basis von 3.5 ist, ist jedes aus m voneinander unabhängigen Spalten bestehende Teilsystem von D eine Basis von 3.5. Es gibt also für 3.5 höchstens $\binom{n+m}{m}$ Basen. Darüber hinaus gibt es für 3.5 die offensichtliche Basis $B = I_m$, die aus den Spalten der Schlupfvariablen gebildet wird. $\qquad\qquad\qquad\qquad\qquad\qquad\qquad\qquad\qquad\qquad\qquad\qquad\qquad\qquad\qquad\quad$ □

3.8 Definition

Ist B Basis von 3.5, so wird sie dann *zulässige Basis* von 3.5 genannt, wenn $B^{-1}b \geq 0$ ist.

Für eine Basis B bezeichnen wir nun mit N den aus den „Nichtbasisspalten" beste-henden Rest der Matrix D und mit x_B, x_N, c_B, c_N die entsprechend aufgeteilten Vektoren x und c. Wir können das Modell 3.5 dann auch schreiben als:[1]

$$\text{maximiere } z = (c_B^T, c_N^T) \begin{pmatrix} x_B \\ x_N \end{pmatrix}$$

$$\text{so dass} \quad (B, N) \begin{pmatrix} x_B \\ x_N \end{pmatrix} = b$$

$$x_B, x_N \geq 0.$$

Multiplizieren wir nun das Nebenbedingungssystem von links mit der Basisinversen B^{-1}, so erhalten wir:

$$(I_m, B^{-1}N) \begin{pmatrix} x_B \\ x_N \end{pmatrix} = B^{-1}b,$$

bzw. für x_B die Darstellung

$$I_m \cdot x_B = B^{-1}b - B^{-1}Nx_N,$$

bzw.

$$x_B(x_N) = B^{-1}b - B^{-1}Nx_N,$$

bzw. komponentenweise

$$x_{B_i} = b_i^* - \sum_{j=m+1}^{m+n} a_{ij}^* x_j \qquad i = 1, \ldots, m \tag{3.1}$$

wobei

b_i^* i-te Komponente des Vektors $b^* = B^{-1}b$ $(i = 1, \ldots, m)$ und

a_{ij}^* Element der i-ten Zeile und j-ten Spalte der Matrix $B^{-1}N$ $(i = 1, \ldots, m, j = m+1, \ldots, m+n)$.

3.9 Bemerkung
Enthält $D_{m,m+n}$ als Teilmatrix die Einheitsmatrix I_m, so steht an ihrer Stelle auf jeder Iterationsstufe in dem umgeformten System $(I_m, B^{-1}N) \begin{pmatrix} x_B \\ x_N \end{pmatrix} = B^{-1}b$ die Basisinverse B^{-1}. □

---

[1] Zur Vereinfachung der Schreibweise nehmen wir an, dass B aus den ersten m Spalten von D besteht.

3.10 Definition
(3.1) wird *Basisdarstellung* aller Lösungen, die $Dx = b$ genügen, bezüglich B genannt.

Die Werte, die die im Vektor x_B enthaltenen Variablen annehmen, sind offensichtlich, abgesehen von B^{-1}, b und N, von den Werten *abhängig*, die den Nichtbasisvariablen des Vektors x_N zugewiesen werden. Im folgenden soll die Schreibweise $x_B(x_N)$ für x_B gewählt werden, wenn Variationen der Werte von x_N diskutiert werden:

$$x_B(x_N) = B^{-1}b - B^{-1}Nx_N.$$

3.11 Definition
Der spezielle Vektor

$$x = \begin{pmatrix} x_B(0) \\ 0 \end{pmatrix} = \begin{pmatrix} B^{-1}b \\ 0 \end{pmatrix} \in \mathbb{R}^n$$

heißt *Basislösung* von Modell 3.5 bezüglich B. Es handelt sich also um die Lösung, für die alle Nichtbasisvariablen Null gesetzt sind. Diese Lösung soll im folgenden kurz mit x_B bezeichnet werden.

Gilt

$$x_B(0) = B^{-1}b \geq 0,$$

dann heißt $x_B(0)$ *zulässige Basislösung* des Modells 3.5.

In Abbildung 3.1 entspricht jede Ecke des Lösungsraumes L einer zulässigen Basislösung von Modell 3.4.

Da optimale Lösungen des Modells 3.5 nur an Ecken zu finden sind, genügt es im folgenden, die endliche Anzahl an Basislösungen nach einer optimalen abzusuchen.

3.3   Das Simplex-Verfahren

3.3.1   Elemente des Simplex-Algorithmus

Grundidee

Das 1947 von George Dantzig[2] entwickelte Simplex-Verfahren geht von einer zulässigen Basislösung zu Modell 3.5 aus. Der Algorithmus erzeugt sich sequentiell durch sogenanntes Basistauschen, d. h. durch Übergang von einer zulässigen Basislösung zu einer benachbarten, eine endliche Folge sich jeweils in bezug auf den Zielfunktionswert nicht verschlechternder zulässiger Basislösungen. Beim Übergang von einer Basis zu der nächsten wird jeweils eine Basisvariable durch eine Nichtbasisvariable ersetzt.

Die zur Bestimmung der aus der Basis zu eliminierenden Variablen benutzte Regel (Eliminationsregel) stellt dabei sicher, dass die nächste Basislösung zulässig ist. Die zur Bestimmung der neu in die Basis aufzunehmenden Variablen benutzte Regel (Aufnahmeregel) garantiert (bei Nichtentartung[3]) eine Verbesserung des Wertes der Zielfunktion.

Ausgangsbasislösung

Beim Grundtyp 3.5 des Linearen Programmierens hat das Gleichungssystem der Nebenbedingungen die Form:

$$\boldsymbol{Ax} + \boldsymbol{I}_m \boldsymbol{s} = \boldsymbol{b} \qquad (\boldsymbol{b} \geq 0)$$
$$\boldsymbol{x}, \boldsymbol{s} \geq 0.$$

Es liegt nahe, als Ausgangsbasis die Spalten der Schlupfvariablen, d. h. die Einheitsmatrix $\boldsymbol{I}_m$, zu wählen, da für sie die lineare Unabhängigkeit gesichert ist und da die Basislösung $(\boldsymbol{x}^{\mathrm{T}}, \boldsymbol{s}^{\mathrm{T}}) = (\boldsymbol{0}^{\mathrm{T}}, \boldsymbol{b}^{\mathrm{T}})$ unmittelbar abzulesen ist.

Aufnahmeregel

Es sei $\boldsymbol{B}$ die vorliegende Basis und $\boldsymbol{B}'$ die noch unbekannte Basis, zu der durch Austausch einer Basisvariablen übergegangen werden soll. Für die Werte der Zielfunktion der beiden Basislösungen soll gelten:

$$z = \boldsymbol{c_B}^{\mathrm{T}} \boldsymbol{x_B} < \boldsymbol{c_{B'}}^{\mathrm{T}} \boldsymbol{x_{B'}} = z'.$$

Substituiert man $\boldsymbol{x_B}$ in der Basisdarstellung 3.1, so ergibt sich:

$$z = \boldsymbol{c_B}^{\mathrm{T}} \boldsymbol{x_B} + \boldsymbol{c_N}^{\mathrm{T}} \boldsymbol{x_N} = \boldsymbol{c_B}^{\mathrm{T}} \boldsymbol{B}^{-1} \boldsymbol{b} - (-\boldsymbol{c_N}^{\mathrm{T}} + \boldsymbol{c_B}^{\mathrm{T}} \boldsymbol{B}^{-1} \boldsymbol{N}) \boldsymbol{x_N},$$

bzw. in Komponentenschreibweise

---

[2] (siehe Dantzig, 1949)
[3] Man spricht bei einer Basis $\boldsymbol{B}$ von „Entartung", wenn mindestens eine Basisvariable x_{B_i} gleich Null ist.

$$z = \sum_{i=1}^{m} c_{B_i} \cdot b_i^* - \sum_{j=m+1}^{m+n} \left(-c_j + \sum_{i=1}^{m} c_{B_i} \cdot a_{ij}^* x_j \right)$$

$$= z^* - \sum_{j=m+1}^{m+n} \Delta z_j \cdot x_j \qquad\qquad (3.2)$$

wobei

$$z^* = \sum_{i=1}^{m} c_{B_i} \cdot b_i^* \quad \text{Zielfunktionswert der aktuellen Basislösung und}$$

$$\Delta z_j = -c_j + \sum_{i=1}^{m} c_{B_i} \cdot a_{ij}^* \quad \text{,,Kriteriumselement'' der Variablen } x_j$$

$$(j = m+1, \ldots, m+n).$$

Das Kriteriumselement Δz_j gibt an, um wieviel der Zielfunktionswert z sich verschlechtert, wenn die Nichtbasisvariable x_j um Eins erhöht wird. Offensichtlich ist eine *Erhöhung* von z nur durch solche Nichtbasisvariablen x_j möglich, für die $\Delta z_j < 0$ besteht. Existieren mehrere Nichtbasisvariablen x_j mit $\Delta z_j < 0$, so wählt man zweckmäßigerweise diejenige Variable, die die maximale marginale Zielfunktionswertverbesserung verspricht:

$$\Delta z_l = \min_{j} \{ \Delta z_j \} < 0. \qquad\qquad (3.3)$$

Die neue Basis B' wird dann aus $m-1$ Spalten der alten Basis B und der der Nichtbasisvariablen x_l bestehen.

Eliminationsregel

Es sei B eine nicht-entartete zulässige Basis von Modell 3.5. Ohne Beschränkung der Allgemeingültigkeit sei angenommen, dass B die ersten m Spalten von A enthalte. Gemäß (3.1) gilt für die Komponenten x_{B_i} von $x_B(x_N)$:

$$x_{B_i} = b_i^* - \sum_{j=m+1}^{m+n} a_{ij}^* \cdot x_j, \quad i = 1, \ldots, m.$$

Ist nun x_l die Nichtbasisvariable, die gemäß Aufnahmekriterium Basisvariable werden soll, dann gilt für die bisherigen Basisvariablen, wenn $x_l = \theta$:

$$x_{B_i} = b_i^* - a_{il}^* \cdot \theta, \quad i = 1, \ldots, m.$$

Unabhängig vom Wert von θ können die Nichtnegativitätsbedingungen von einem x_{B_i} nur verletzt werden, wenn das dazugehörige $a_{il}^* > 0$ ist.

Falls es mindestens ein $a_{il}^* > 0$ gibt, so existiert auch (mindestens) ein Index $i_0 \in \{1, \ldots, m\}$, so dass

$$\theta := \min_i \left\{ \frac{b_i^*}{a_{il}^*} \;\middle|\; i = 1, \ldots, m, a_{il}^* > 0 \right\} = \frac{b_{i_0}^*}{a_{i_0 l}^*} \tag{3.4}$$

Für $i = i_0$ gilt dann:

$$x_{i_0} = b_{i_0}^* - a_{i_0 l}^* \theta = 0.$$

Ist i_0 eindeutig, so ist damit eindeutig der Index der Basisvariablen bestimmt, bei deren Elimination die Zulässigkeit der nächsten Basislösung (Nichtnegativität) nicht verletzt wird. Ist i_0 nicht eindeutig bestimmbar, so gilt das soeben Gesagte zwar für alle i_0 gemäß (3.4). In der nächsten Basislösung wird es jedoch mindestens ein $x_{B_i} = 0$, $i = 1, \ldots, m$, geben. Solche Basislösungen werden als „entartet" oder „degeneriert" bezeichnet. Liegt eine derartige Lösung vor, so ist die Wahl der zu eliminierenden Variablen nicht mehr eindeutig. Der Grund für eine Entartung ist die lineare Abhängigkeit in Modell 3.4. So ist eine notwendige und hinreichende Bedingung für die Existenz und Nichtentartung aller möglichen Basislösungen von $\boldsymbol{Ax} = \boldsymbol{b}$ die lineare Unabhängigkeit jeder Untermenge von m Spalten aus der Matrix $(\boldsymbol{A},\boldsymbol{b})$. Eine notwendige und hinreichende Bedingung für die Nichtentartung einer Basislösung ist die lineare Unabhängigkeit von $\boldsymbol{b}$ und jeder Untermenge von $m - 1$ Spalten von $\boldsymbol{B}$.

Die Entartung kann in der Simplex Methode zum „Kreiseln" (cycling) führen, d. h. es besteht die Möglichkeit, dass in einer „überbestimmten" Ecke des Lösungsraumes (die sozusagen aus mehreren überlagerten Ecken besteht), aufeinanderfolgende Iterationen wieder zu der Ausgangslösung des „Kreiselns" führen. In der Praxis hat sich gezeigt, dass dies kaum zu Problemen führt (siehe Hadley, 1962, S. 113). Bei der manuellen Anwendung der Simplexmethode kann man aus den möglicherweise zu eliminierenden Variablen beliebig eine auswählen. Finden die Rechnungen allerdings (wie üblich) auf einer EDV-Anlage statt, so muss das Programm eine eindeutige Vorschrift zur Wahl der zu eliminierenden Variablen enthalten. Hierzu existieren einfache Regeln (wie z. B. aus den zur Elimination anstehenden Variablen diejenige mit dem niedrigsten Index zu wählen). Es gibt auch anspruchsvollere Methoden, wie z. B. „Bland's Rule" (siehe Dantzig and Thapa, 1997), Charnes' Pertubations-Regel (Hadley, 1962, S. 175) und andere.

Eine ähnliche Situation existiert, wenn in der Δz_j-Spalte des Simplextableaus unter mehr als den m Basisvariablen eine Null erscheint. Die Aufnahme einer Nichtbasisvariablen mit einem Δz_j von Null bedeutet, dass in der nächsten Iteration der Zielfunktionswert nicht erhöht wird. Hier handelt es sich um sogenannte „alternative Optima", d. h. zwei benachbarte Basislösungen haben den gleichen Zielfunktionswert. Gilt dies für die optimalen Basislösungen, so ist die optimale Lösung des Modells nicht eindeutig und alle (Nichtbasis-)Lösungen zwischen diesen beiden Basen sind auch optimal. Bildlich gesprochen heißt dies, dass die Zielfunktion parallel zu der zwischen diesen Basislösungen verlaufenden Nebenbedingung läuft. Im Vorgriff auf Abschnitt 3.4 sei bereits darauf hingewiesen, dass wann immer das primale Modell alternative Optima besitzt, das dazu duale Modell entartete Lösungen besitzt.

Basistausch

Nachdem durch die Verwendung des Aufnahme- und des Eliminationskriteriums festgelegt worden ist, welche Variablen in der nächsten Basis enthalten sind, wird das System

$$(I_m | B^{-1} N) \begin{pmatrix} x_B \\ x_N \end{pmatrix} = b^*$$

so umgeformt werden, ohne dabei dessen Rang zu verändern, dass die Spalte der aufzunehmenden Variablen x_l zum Einheitsvektor wird. Dies geschieht durch sogenannte elementare oder erlaubte Matrixoperationen. Hierzu bedient man sich aus Zweckmäßigkeitsgründen sogenannter Simplex-Tableaus. Abbildung 3.4 zeigt eine sehr häufig benutzte Form solcher Tableaus, die auch hier verwendet werden soll. (In Abbildung 3.4 bedeuten leere Felder, dass sie per def. mit Null besetzt sind.)

Hierbei sei im Simplex-Tableau die Zeile der zu eliminierenden Variablen x_k als Pivotzeile, die Spalte der aufzunehmenden Variablen x_l als Pivotspalte und das gemeinsame Element von Pivotzeile und -spalte als Pivotelement a_{kl}^* bezeichnet.

Im Simplex-Tableau bedeuten somit:

$a_{ij}^* :=$ das Element der i-ten Zeile und j-ten Spalte: $i = 1, \ldots, m, \, j = 1, \ldots, n$

$a_{il}^* := i$-tes Element der Pivotspalte,

$a_{kj}^* := j$-tes Element der Pivotzeile,

$a_{kl}^* :=$ das Pivotelement,

$b_i^* :=$ das i-te Element der rechten Seite.

Die entsprechenden Elemente des nächsten Tableaus werden durch $(\bar{b}_i)^*$, z. B. $\bar{a}_{ij}^*$, bezeichnet.

Die erlaubten Operationen können als spezielle Zeilentransformationen, als Matrixoperationen oder komponentenweise definiert werden. Hier seien die Zeilenoperationen und die komponentenweisen Umformungen skizziert.

Zeilentransformationen (Pivotisieren/())

a) Dividiere die Pivotzeile durch das Pivotelement.

b) Multipliziere die in a) gewonnene Zeile mit dem i-ten Element der Pivotspalte $(i = 1, \ldots, m, \, i \neq k)$.

c) Subtrahiere die so gewonnenen Zeilen von den jeweiligen Zeilen des vorliegenden Tableaus.

Komponentenweise Umformung (Kreisregel)

Die Pivotspalte wird im neuen Tableau zum Einheitsvektor e_k mit der 1 an der k-ten Stelle.

c_j	c_1 ... c_k ... c_m	c_{m+1} ... c_l ... c_{m+n}			
c_{B_i} $\diagdown$ x_j / x_{B_i}	x_1 ... x_k ... x_m	x_{m+1} ... x_l ... x_{m+n}	b_i^*	θ_i	(falls $a_{il}^* > 0$)
c_1 x_1	1	$a_{1,m+1}^*$ ... $a_{1,l}^*$ ... $a_{1,m+n}^*$	b_1^*	$\dfrac{b_1^*}{a_{1,l}^*}$	
$\vdots$ $\vdots$	$\ddots$	$\vdots$ $\vdots$ $\vdots$	$\vdots$	$\vdots$	
c_k x_k	1	$a_{k,m+1}^*$ ... $a_{k,l}^*$ ... $a_{k,m+n}^*$	b_k^*	$\dfrac{b_k^*}{a_{k,l}^*}$	$\leftarrow \min\{\theta_i\}$
$\vdots$ $\vdots$	$\ddots$	$\vdots$ $\vdots$ $\vdots$	$\vdots$		
c_m x_m	1	$a_{m,m+1}^*$ ... $a_{m,l}^*$ ... $a_{m,m+n}^*$	b_m^*	$\dfrac{b_m^*}{a_{m,l}^*}$	
Δz_j		Δz_{m+1} ... Δz_l ... Δz_{m+n}	z^*		

$$\uparrow \quad \min \Delta z_j$$

Abbildung 3.4: Simplex-Tableau

Die Elemente der k-ten Zeile des neuen Tableaus erhält man, indem man die Elemente der Pivotzeile des vorliegenden Tableaus durch das Pivotelement a_{kl}^* dividiert.

Alle übrigen Elemente $\overline{a}_{ij}^*$, $i \neq k$, $j \neq l$, des neuen Tableaus erhält man aus den Elementen a_{ij}^* des vorliegenden Tableaus auf folgende Weise:

$$\overline{a}_{ij}^* = a_{ij}^* - \frac{a_{kj}^*}{a_{kl}^*} \cdot a_{il}^*, \quad \begin{array}{l} i = 1, \ldots, m, \, i \neq k \\ j = 1, \ldots, m+n, \, j \neq l \end{array} \tag{3.5}$$

$$\overline{b}_i^* = b_i^* - \frac{a_{il}^*}{a_{kl}^*} \cdot b_k^*, \quad i = 1, \ldots, m, \, i \neq k \tag{3.6}$$

In Abbildung 3.4 sind die Elemente des Tableaus die in (3.5) oder (3.6) enthalten sind als „Rechteck" angedeutet. Dies erklärt die Bezeichnung „Kreisregel".

Im Simplex-Tableau wird ebenfalls die Kriteriumszeile mittransformiert (vgl. (3.2)):

$$\Delta \overline{z}_j = \Delta z_j - \frac{a_{kj}^*}{a_{kl}^*} \cdot \Delta z_l, \quad j = 1, \ldots, m+n, j \neq l \tag{3.7}$$

$$\overline{z}^* = z^* - \frac{b_k^*}{a_{kl}^*} \cdot \Delta z_l.$$

Abbruch-Kriterium

Bei Befolgung des Aufnahme- und Eliminationskriteriums bricht der Algorithmus offensichtlich spätestens nach $\binom{n+m}{m}$ Schritten ab, da dann alle vorhandenen Basislösungen untersucht wurden. Gewöhnlich führt jedoch das folgende Abbruchkriterium (Optimalitätsbedingung) nach weitaus weniger Iterationen zum Erfolg:

Eine optimale Basislösung ist gefunden, wenn für alle Nichtbasisvariablen gilt:

$$\Delta z_j \geq 0, \quad j = m+1, \ldots, m+n. \tag{3.8}$$

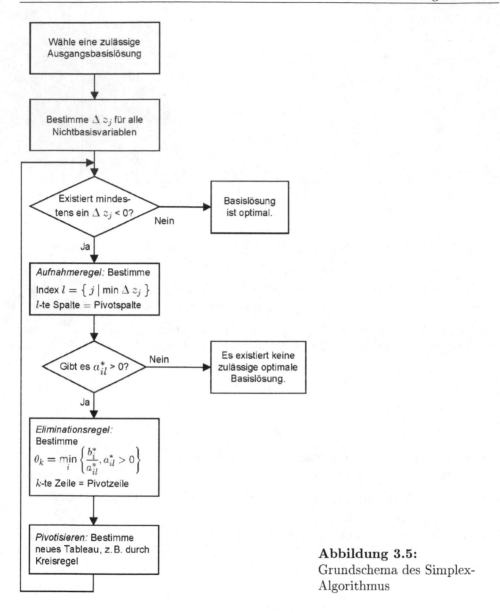

Abbildung 3.5:
Grundschema des Simplex-Algorithmus

Unter Verwendung der beschriebenen Regeln kann der Simplex-Algorithmus wie in Abbildung 3.5 gezeigt beschrieben werden:

Algorithmen können auf verschiedene Weisen dargestellt werden. Am üblichsten ist die schrittweise Beschreibung oder die Darstellung in der Form von Flussdiagrammen.

Diese Form hat zwar den Vorteil, dass der Leser keiner speziellen Kenntnisse zu

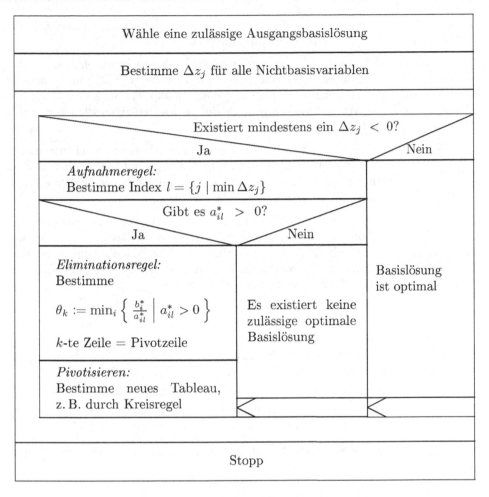

Abbildung 3.6: Grundschema des Simplex-Algorithmus

ihrem Verständnis bedarf, sie hat jedoch den Nachteil, dass sie bei umfangreichen Algorithmen sehr unübersichtlich werden können. Wir wollen uns daher in diesem Buch der moderneren Darstellungsform durch Struktogramme bedienen, die diesen Nachteil in wesentlich geringerem Maße hat.

Um dem Benutzer des Buches das Lesen von Struktogrammen zu erleichtern, sind im folgenden die für die Darstellung der Aufbaulogik mittels „Nassi-Shneidermann-Diagrammen" oder „Struktogrammen" wichtigsten Symbole am Beispiel des Grundalgorithmus des Simplex-Verfahrens erklärt, der sowohl in Form eines Flussdiagramms (Abbildung 3.5) wie auch als Struktogramm (Abbildung 3.6) dargestellt wird.

stellt eine elementare Arbeitsanweisung (Operation) dar, z. B. die Zeilen A oder B in Abbildung 3.6;

stellt eine Sequenz dar, d. h. zwei oder mehrere elementare Arbeitsanweisungen, die linear durchzuführen sind, und zwar jede genau einmal; im Flussdiagramm entspricht dies den elementaren Arbeitsanweisungen, die durch einen einzigen Pfeil verbunden sind;

durch dieses Symbol wird eine Wiederholungsanweisung dargestellt; dabei ist die Sequenz Y in Abhängigkeit vom Wahrheitswert einer Bedingung X keinmal, einmal oder mehrmals auszuführen. Sie ist in Abbildung 3.6 nicht enthalten;

stellt eine Auswahl (bedingte Verzweigung) von genau einer auszuführenden elementaren Arbeitsanweisung bzw. Sequenz Y oder Z dar, abhängig vom Wahrheitswert einer Bedingung X; sie entspricht dem Rhombus im Flussdiagramm und ist in den Zeilen C und D in Abbildung 3.6 enthalten;

durch dieses Symbol wird eine Wiederholungsanweisung dargestellt, wobei hier die Beschränkung bzw. Sprungbedingung in der Sequenz X selbst enthalten ist. In Abbildung 3.6 ist eine solche Sequenz durch die Zeilen E und F abgegrenzt, und in Abbildung 3.5 entspricht sie dem Inhalt der großen Schleife $B - -G$;

stellt einen Sprung hinter das Ende einer Wiederholungssequenz dar (Zeile H in Abbildung 3.6). In Abbildung 3.5 entspricht dies den beiden „Nein-Ausgängen" der Rhomben C und D.

Zur Demonstration des Simplex-Algorithmus sei im folgenden das Beispiel 3.1 damit gelöst:

c_{B_i}	x_{B_i} \ x_j	c_j	12	8				b_i^*	θ_i	
			x_1	x_2	x_3	x_4	x_5			
	x_3		4	2	1			80	20	
	x_4		2	3		1		100	50	
	x_5		[5]	1			1	75	15	← Pivotzeile
	Δz_j		−12	−8					0	

↑
Pivotspalte

☐ Pivotelement

Ausgangstableau zu Beispiel 3.1

Die Basisvariablen sind die Variablen x_3, x_4 und x_5 (d. h. die Schlupfvariablen), die Null gesetzten Nichtbasisvariablen sind x_1 und x_2. In der Spalte x_{B_i} sind die Basisvariablen, in der Spalte c_{B_i} deren Zielkoeffizienten aufgeführt. Die Basislösung $\boldsymbol{x_B} = \boldsymbol{b^*} = \boldsymbol{B}^{-1}\boldsymbol{b}$ findet man in der Spalte b_i^*. Die Spalte θ_i ist eine Arbeitsspalte, in der durch Bestimmung des minimalen θ_i die Pivotzeile bestimmt wird. Die Zeile Δz_j ist ebenfalls eine Arbeitszeile, die der Bestimmung der Pivotspalte dient. Das Pivotelement ist hier das Element $a_{3,1} = 5$. Durch Anwendung der Kreisregel oder durch elementare Zeilentransformation erhält man als 2. Tableau:

c_{B_i}	x_{B_i}	c_j	12	8					
		x_j	x_1	x_2	x_3	x_4	x_5	b_i^*	θ_i
	x_3			$\frac{6}{5}$	1		$-\frac{4}{5}$	20	$\frac{50}{3}$	← Pivotzeile
	x_4			$\frac{13}{5}$		1	$-\frac{2}{5}$	70	$\frac{350}{13}$
12	x_1		1	$\frac{1}{5}$			$-\frac{1}{5}$	15	75
	Δz_j			$-\frac{28}{5}$			$\frac{12}{5}$	180	

↑
Pivotspalte

2. Simplex-Tableau

c_{B_i}	x_{B_i}	c_j	12	8					
		x_j	x_1	x_2	x_3	x_4	x_5	b_i^*	θ_i
8	x_2			1	$\frac{5}{6}$		$-\frac{2}{3}$	$\frac{50}{3}$	–
	x_4				$-\frac{13}{6}$	1	$\frac{4}{3}$	$\frac{80}{3}$	20	← Pivotzeile
12	x_1		1		$-\frac{1}{6}$		$\frac{1}{3}$	$\frac{35}{3}$	35
	Δz_j				$\frac{14}{3}$		$-\frac{4}{3}$	$273\frac{1}{3}$	

↑
Pivotspalte

3. Simplex-Tableau

Nach nochmaliger Iteration ergibt sich Tableau 4 wie folgt:

c_j		12	8				
c_{B_i} $\diagdown$ x_{B_i} $\diagup$ x_j		x_1	x_2	x_3	x_4	x_5	b_i^*
8	x_2		1	$-\frac{1}{4}$	$\frac{1}{2}$		30
	x_5			$-\frac{13}{8}$	$\frac{3}{4}$	1	20
12	x_1	1		$\frac{3}{8}$	$-\frac{1}{4}$		5
Δz_j				$\frac{5}{2}$	1		300

4. Simplex-Tableau (Endtableau)

Da nun alle $\Delta z_j \geq 0$, ist Optimalität erreicht und die Iterationen können beendet werden.

3.3.2   Erweiterungen des Simplex-Algorithmus

Wahl der Ausgangslösung bei anderen Modell-Formen

Hat das zu lösende Modell nicht die Form des Beispiels 3.1, das umgeformt in das Gleichungssystem des Modells 3.4 die Wahl der Schlupfvariablen als Ausgangsbasis anbietet, so bleiben zwei mögliche Wege: Man bestimmt willkürlich eine entsprechende Anzahl (m) von Variablen als Basisvariable und löst das System dafür. Dies würde allerdings bedeuten, dass man sicherstellt, dass die zugehörigen Spalten voneinander linear unabhängig sind. Außerdem wäre die Bestimmung der Ausgangsbasislösung sehr rechenaufwendig. Ein anderer möglicher Weg ist, sich wie folgt des Simplex-Algorithmus zu bedienen:

3.12 Modell
Das Modell habe die Form

$$\begin{aligned} \text{maximiere} \quad & z = \boldsymbol{c}^{\mathrm{T}}\boldsymbol{x}, \quad & \boldsymbol{c}, \boldsymbol{x} \in \mathbb{R}^n \\ \text{so dass} \quad & \boldsymbol{A}\boldsymbol{x} = \boldsymbol{b} \quad & \boldsymbol{b} \in \mathbb{R}^m \\ & \boldsymbol{x} \geq 0 \quad & \boldsymbol{A}_{m,n} \end{aligned}$$

ohne dass die Matrix $\boldsymbol{A}$ als eine Teilmatrix eine Einheitsmatrix enthalte.

Man ergänze nun Modell 3.12 wie folgt zu Modell 3.13:

3.13 Modell

$$\text{maximiere } z = (\boldsymbol{c}^{\mathrm{T}}, \boldsymbol{c}_H{}^{\mathrm{T}}) \begin{pmatrix} \boldsymbol{x} \\ \boldsymbol{x}_H \end{pmatrix} \qquad \boldsymbol{c}, \boldsymbol{x} \in \mathbb{R}^n$$
$$\qquad\qquad\qquad\qquad\qquad\qquad \boldsymbol{c}_H, \boldsymbol{x}_H, \boldsymbol{b} \in \mathbb{R}^m$$
$$\text{so dass} \qquad (\boldsymbol{A}|\boldsymbol{I}_m) \begin{pmatrix} \boldsymbol{x} \\ \boldsymbol{x}_H \end{pmatrix} = \boldsymbol{b} \qquad \boldsymbol{A}_{m,n}$$
$$\boldsymbol{x}, \boldsymbol{x}_H \geq 0.$$

Modell 3.13 hat als naheliegende Ausgangsbasis die Einheitsmatrix $\boldsymbol{I}_m$ mit der Einheitsbasislösung $\boldsymbol{x}_H = \boldsymbol{b} \geq 0$. Die Modelle 3.12 und 3.13 sind jedoch nicht identisch, solange in Modell 3.13 $\boldsymbol{x}_H \neq 0$ besteht.

Die Komponenten x_{H_i} des Vektors $\boldsymbol{x}_H$ werden als *Hilfsvariablen* bezeichnet, da sie lediglich eine rechentechnische Hilfe für den Simplex-Algorithmus darstellen. Beim ersten Basistausch muss zwangsläufig eine Hilfsvariable eliminiert werden. Ist das nicht möglich, so existiert keine zulässige Basislösung zu 3.12. Die Wiederaufnahme einer Hilfsvariablen kann nur über das Aufnahmekriterium des Simplex-Algorithmus verhindert werden: Man wählt zu diesem Zweck alle c_{H_i} sehr „ungünstig" im Sinne der Optimierungsvorschrift, also bei zu maximierender Zielfunktion z.B. $c_{H_i} = -M, i = 1, \ldots, m$, wobei M eine im Vergleich zu allen c_j sehr große reelle Zahl ist. Dabei ist es bei Rechnungen per Hand zweckmäßig, M nicht als spezielle Zahl, sondern einfach als „M" einzuführen.

Ist eine Elimination aller Hilfsvariablen möglich, dann gilt für alle $x_{H_i} = 0$. Ist dies nicht erreichbar, so existiert bei nicht-entarteten Modellen ebenfalls keine zulässige Lösung zu Modell 3.12.

Hat das Ausgangsmodell die Form:

3.14 Modell

$$\text{maximiere} \quad z = \boldsymbol{c}^{\mathrm{T}}\boldsymbol{x} \quad \boldsymbol{c}, \boldsymbol{x} \in \mathbb{R}^n$$
$$\text{so dass} \quad \boldsymbol{A}\boldsymbol{x} \geq \boldsymbol{b} \quad \boldsymbol{b} \in \mathbb{R}^m$$
$$\boldsymbol{x} \geq 0 \quad \boldsymbol{A}_{m,n}$$

so bietet sich ein ähnliches Vorgehen an. Zunächst überführt man Modell 3.14 durch Einführung von Schlupfvariablen $s_i \geq 0$ in

3.15 Modell

$$\text{maximiere } z = \boldsymbol{c}^{\mathrm{T}}\boldsymbol{x}$$
$$\text{so dass} \quad (\boldsymbol{A}| - \boldsymbol{I}_m) \begin{pmatrix} \boldsymbol{x} \\ \boldsymbol{s} \end{pmatrix} = \boldsymbol{b}$$
$$\boldsymbol{x}, \boldsymbol{s} \geq 0.$$

Um eine bequeme Ausgangsbasis zu erhalten, fügt man die entsprechenden Hilfsvariablen hinzu und kommt zu

3.16 Modell

$$\text{maximiere } z = (c^T, 0^T, c_H{}^T) \begin{pmatrix} x \\ s \\ x_H \end{pmatrix}$$

$$\text{so dass} \qquad (A| - I_m | I) \begin{pmatrix} x \\ s \\ x_H \end{pmatrix} = b$$

$$x, s, x_H \geq 0$$

Auf Modell 3.16 kann nur unmittelbar das bereits beschriebene Verfahren der Hilfsvariableneliminierung angewandt werden.

Zur Illustration des Vorgehens sei Beispiel 3.1 wie folgt zu Beispiel 3.17 ergänzt:

3.17 Beispiel

Es habe sich ergeben, dass ein Liefervertrag vorliege, der vorschreibe, dass insgesamt mindestens 10 Stück zu fertigen seien:

$$x_1 + x_2 \geq 10$$

Aus technischen Gründen sei ferner das Verhältnis der Produktionsmengen der Produkte 1 und 2 durch folgende Gleichung festgelegt:

$$3x_1 + x_2 = 45$$

Damit ergibt sich als Gesamtmodell

$$
\begin{aligned}
\text{maximiere } z = {} & 12x_1 + 8x_2 \\
\text{so dass} \qquad 4x_1 & + 2x_2 \leq 80 \\
2x_1 & + 3x_2 \leq 100 \\
5x_1 & + x_2 \leq 75 \\
x_1 & + x_2 \geq 10 \\
3x_1 & + x_2 = 45 \\
& x_1, x_2 \geq 0
\end{aligned}
$$

Dieses Modell wird zunächst in ein dazu äquivalentes Gleichungssystem überführt:

3.18 Modell

$$
\begin{aligned}
\text{maximiere } z = {} & 12x_1 + 8x_2 \\
\text{so dass} \qquad 4x_1 & + 2x_2 + x_3 && = 80 \\
2x_1 & + 3x_2 && + x_4 && = 100 \\
5x_1 & + x_2 && + x_5 && = 75 \\
x_1 & + x_2 && - x_6 && = 10 \\
3x_1 & + x_2 && && = 45 \\
& x_1, \ldots, x_6 \geq 0
\end{aligned}
$$

Um eine bequeme Ausgangsbasis zu haben, werden Hilfsvariablen $x_{H4} = x_7$ und $x_{H5} = x_8$ zu den Restriktionen 4 und 5 hinzugefügt:

3.19 Modell

$$
\begin{aligned}
\text{maximiere } z = 12x_1 + 8x_2 \qquad\qquad\quad & - Mx_7 - Mx_8 \\
\text{so dass} \qquad 4x_1 + 2x_2 + x_3 \qquad\qquad\qquad\qquad & = 80 \\
2x_1 + 3x_2 \qquad + x_4 \qquad\qquad\qquad\qquad & = 100 \\
5x_1 + x_2 \qquad\qquad + x_5 \qquad\qquad\quad & = 75 \\
x_1 + x_2 \qquad\qquad\qquad - x_6 + x_7 \qquad\quad & = 10 \\
3x_1 + x_2 \qquad\qquad\qquad\qquad\quad + x_8 & = 45 \\
x_1, \ldots, x_8 & \geq 0
\end{aligned}
$$

Die Variablen x_3, x_4, x_5, x_7 und x_8 bilden nun eine bequeme Ausgangsbasis. Die folgenden Tableaus zeigen die Lösung dieses Problems mit der Simplex-Methode.

c_{B_i}	c_j	12	8					$-M$	$-M$		
	x_{B_i} \ x_j	x_1	x_2	x_3	x_4	x_5	x_6	x_7	x_8	b_i^*	θ_i
	x_3	4	2	1			0			80	20
	x_4	2	3		1		0			100	50 ← Pivotzeile
	x_5	5	1			1	0			75	15
$-M$	x_7	☐1	1				-1	1		10	10
$-M$	x_8	3	1				0		1	45	15
	Δz_j	$(-12-4M)$	$(-8-2M)$				M			$-55M$	

↑
Pivotspalte

1. Simplex-Tableau

c_{B_i}	c_j	12	8				$-M$	$-M$			
	x_{B_i} \ x_j	x_1	x_2	x_3	x_4	x_5	x_6	x_7	x_8	b_i^*	θ_i
	x_3		-2	1			4	-4		40	10
	x_4		1		1		2	-2		80	40
	x_5		-4			1	5	-5		25	5
12	x_1	1	1				-1	1		10	–
$-M$	x_8		-2				☐3	-3	1	15	5 ↰ PZ
	Δz_j		$(4+2M)$				$(-12-3M)$	$(12+4M)$		$120-15M$	

↑
Pivotspalte

2. Simplex-Tableau

c_j		12	8					$-M$	$-M$		
c_{B_i}	x_j / x_{B_i}	x_1	x_2	x_3	x_4	x_5	x_6	x_7	x_8	b_i^*	θ_i
	x_3		$\frac{2}{3}$	1				0	$-\frac{4}{3}$	20	30
	x_4		$\boxed{\frac{7}{3}}$		1			0	$-\frac{2}{3}$	70	30
	x_5		$-\frac{2}{3}$			1		0	$-\frac{5}{3}$	0	–
12	x_1	1	$\frac{1}{3}$					0	$\frac{1}{3}$	15	45
	x_6		$-\frac{2}{3}$				1	-1	$\frac{1}{3}$	5	–
	Δz_j		-4					M	$(4+M)$	180	

$\uparrow$ Pivotspalte $\leftarrow$ Pivotzeile

3. Simplex-Tableau

Im 3. Simplex-Tableau sind beide Hilfsvariablen x_7 und x_8 Nichtbasisvariablen und damit Null. Jedoch ist das Optimalitätskriterium $\Delta z_j \geq 0$ nicht für die Variable x_2 erfüllt. Ihr Tausch gegen die Variable x_4 liefert das optimale Simplex-Tableau mit der optimalen Basislösung

$$x_1 = 5, \ x_2 = 30, \ x_3 = 0, \ x_4 = 0, \ x_5 = 20, \ x_6 = 25, \ x_7 = x_8 = 0$$

und dem optimalen Zielfunktionswert

$$z^{\text{opt}} = 300.$$

c_j		12	8					$-M$	$-M$	
c_{B_i}	x_j / x_{B_i}	x_1	x_2	x_3	x_4	x_5	x_6	x_7	x_8	b_i^*
	x_3			1	$-\frac{2}{7}$			0	$-\frac{8}{7}$	0
8	x_2		1		$\frac{3}{7}$			0	$-\frac{2}{7}$	30
	x_5				$\frac{2}{7}$	1		0	$-\frac{13}{7}$	20
12	x_1	1			$-\frac{1}{7}$			0	$\frac{3}{7}$	5
	x_6				$\frac{2}{7}$		1	-1	$\frac{1}{7}$	25
	Δz_j				$\frac{12}{7}$			M	$(\frac{20}{7}+M)$	300

$\square$

Optimales Simplex-Tableau

Minimierung der Zielfunktion

Bisher wurde vorausgesetzt, dass die lineare Zielfunktion zu maximieren sei. Soll sie minimiert werden, so erreicht man dies mit dem bisher beschriebenen Algorithmus nach vorheriger Multiplikation der Zielfunktion mit -1 ($\min z \equiv - \max -z$).

Nicht vorzeichenbeschränkte Variable

Es wurde bereits erwähnt, dass die Nichtnegativitätsbedingungen aus algorithmischen Gründen (Eliminationskriterium!) notwendig sind. In der Praxis gibt es jedoch durchaus Probleme, die mit linearem Programmieren gelöst werden können und bei denen die Entscheidungsvariablen x_j negative Werte annehmen können.

Man stelle sich z. B. vor, dass man ein Problem der Personalplanung lösen möchte. Der Personalbestand in der j-ten Periode sei mit P_j bezeichnet. Die Personaländerung ist dann offensichtlich $x_j = P_j - P_{j-1}$. Je nachdem, ob nun eine Erhöhung oder Erniedrigung der Beschäftigtenzahl von einer zur darauffolgenden Periode vorgenommen wird, ist x_j positiv oder negativ. Würde in einem solchen Fall $x_j \geq 0$ gefordert, so würde von vornherein ein Personalabbau ausgeschlossen werden.

Um nun trotzdem den oben beschriebenen Simplex-Algorithmus zur Lösung des Problems benutzen zu können, führt man die folgende Substitution durch:

$$x_j = y_j - z_j$$

mit

$$
\begin{aligned}
y_j &= \max\{x_j, 0\} \geq 0 \\
z_j &= \max\{-x_j, 0\} \geq 0
\end{aligned}
\tag{3.9}
$$

Von den Variablen y_j und z_j kann nur eine in der Basislösung positiv positiv sein, da die Spalten von y_j und z_j voneinander linear abhängig sind.

In Abschnitt 3.3 dieses Buches wurde aus didaktischen Gründen die „lange Form" des Simplex-Tableaus verwendet. In der sogenannten „kurzen Form" wird die Einheitsmatrix der Basis nicht mitgeführt. Trotzdem werden auch in dieser Form Rechnungen durchgeführt, die eigentlich nicht notwendig sind. Da nach Definition 3.11 zur Berechnung der Basislösung, außer dem b-Vektor, nur die Basisinverse benötigt wird, bedient man sich beim rechnergestützten Lösen von LPs mit der Simplexmethode gewöhnlich Verfahren, wie z. B. dem „Revidierten Simplex Verfahren", das lediglich die benötigte Basisinverse (u. U. sogar in der Produktform) aktualisiert. Der interessierte Leser sei diesbezüglich auf Literatur verwiesen, die mehr algorithmenorientiert ist. Es sei an dieser Stelle auch noch einmal ausdrücklich darauf hingewiesen, dass hier didaktische Erwägungen zur Einführung in die Simplex Methode im Vordergrund stehen. In der Praxis benutzte Software benutzt gewöhnlich Versionen von Algorithmen die wesentlich über den Rahmen einer Einführungsvorlesung hinaus gehen. So listet z. B. Fourer (2001) 47 Softwareprodukte zur Lösung u. a. von Linearen Programmen auf, die sich zum Teil erheblich in den von ihnen benutzten Algorithmen unterscheiden.

In diesem Zusammenhange sei auch darauf hingewiesen, dass die Elimination der Hilfsvariablen aus Modell 3.13 oft in einer vorgelagerten Phase des Simplexverfahrens geschieht, in der die Zielfunktionskoeffizienten der Hilfsvariablen -1 gesetzt werden und alle anderen 0. Maximiert man diese Zielfunktion, so nimmt sie dann

den Wert 0 an, wenn alle Hilfsvariablen eliminiert worden sind. Zu diesem Zeitpunkt schaltet man auf die Zielfunktion des Modells 3.12 um. Dieses Vorgehen wird
gewöhnlich als „*Zwei Phasen Methode*" bezeichnet.

3.4 Dualität im Linearen Programmieren

3.4.1 Dualitätstheorie

Dualitätstheorien sagen gewöhnlich etwas über Paare von Systemen aus. Im Rahmen
des Linearen Programmierens beziehen sich Dualitätsaussagen immer auf Modell-
paare, deren Beziehungen zueinander in eineindeutiger Weise definiert sind. Solche
Betrachtungen, wie wir sie im folgenden anstellen wollen, dienen vor allem:

- zur Konstruktion alternativer Algorithmen für LP-Modelle,

- zur Verringerung des Lösungsaufwandes,

- zur Interpretation gewisser Eigenschaften von LP-Modellen und deren optimalen Endtableaus,

- als Grundlage zur Algorithmen- und Theorienbildung bei verschiedenen Nichtlinearen Programmierungs-Modelltypen.

Da man formal alle Strukturvarianten von LP-Modellen ineinander überführen
kann, genügt es, die Zuordnungsvorschrift für das Grundproblem der Linearen Programmierung anzugeben.

3.20 Definition
Für das primale LP-Modell

$$\text{maximiere} \quad z = \boldsymbol{c}^\mathrm{T}\boldsymbol{x}, \quad \boldsymbol{c}, \boldsymbol{x} \in \mathbb{R}^n, \boldsymbol{b} \in \mathbb{R}^m$$

$$\text{so dass} \quad \boldsymbol{A}\boldsymbol{x} \leq \boldsymbol{b} \qquad \boldsymbol{A}_{m,n}$$

$$\boldsymbol{x} \geq 0$$

heißt das duale LP-Modell

$$\text{minimiere} \quad Z = \boldsymbol{b}^\mathrm{T}\boldsymbol{y}, \quad \boldsymbol{b}, \boldsymbol{y} \in \mathbb{R}^m, \boldsymbol{c} \in \mathbb{R}^n$$

$$\text{so dass} \quad \boldsymbol{A}^\mathrm{T}\boldsymbol{y} \geq \boldsymbol{c} \qquad \boldsymbol{A}_{n,m}{}^\mathrm{T}$$

$$\boldsymbol{y} \geq 0$$

Die *Zuordnungsregeln* von dualem zu primalem Modell können wie folgt beschrieben
werden:

1.) Die n-dimensionalen Vektoren x des primalen Lösungsraumes werden in die m-dimensionalen Vektoren des dualen Lösungsraumes überführt.

2.) Der Zielvektor c des primalen Modells wird zum „Kapazitäten-Vektor" des dualen Modells.

3.) Der Kapazitäten-Vektor b des primalen Modells wird zum Zielvektor des dualen Modells.

4.) Bei primaler Maximierungsvorschrift ist die duale Zielfunktion zu minimieren.

5.) Die transponierte primale Koeffizienten-Matrix A^{T} ist die Koeffizienten-Matrix des dualen Modells.

6.) Bei $\leq$-Beschränkungen des primalen Modelles sind die dualen Variablen vorzeichenbeschränkt $(y \geq 0)$.

7.) Bei primalen Gleichungsnebenbedingungen sind die entsprechenden dualen Variablen vorzeichenunbeschränkt.

Angewandt auf das Modell aus Beispiel 3.1 ergeben sich folgende zueinander duale LP-Modelle:

3.21 Beispiel
Für das primale Modell

$$\begin{aligned}
\text{maximiere } z = {}& 12x_1 + 8x_2, \\
\text{so dass} \quad 4x_1 + {}& 2x_2 \leq 80 \\
2x_1 + {}& 3x_2 \leq 100 \\
5x_1 + {}& x_2 \leq 75 \\
x_1, {}& x_2 \geq 0
\end{aligned}$$

lautet das duale Modell

$$\begin{aligned}
\text{minimiere } Z = {}& 80y_1 + 100y_2 + 75y_3, \\
\text{so dass} \quad 4y_1 + {}& 2y_2 + 5y_3 \leq 12 \\
2y_1 + {}& 3y_2 + y_3 \leq 8 \\
& y_1, y_2, y_3 \geq 0
\end{aligned}$$

$\square$

Die für uns wichtigen Ergebnisse der Dualitätstheorie seien in folgenden Sätzen zusammengefasst:

3.22 Satz
Das duale Modell des dualen Modells ist das primale.

BEWEIS.
Das duale Modell in Def. 3.20 ist:

$$\text{minimiere} \quad Z = \boldsymbol{b}^{\mathrm{T}} \boldsymbol{y},$$
$$\text{so dass} \quad \boldsymbol{A}^{\mathrm{T}} \boldsymbol{y} \geq \boldsymbol{c}$$
$$\boldsymbol{y} \geq 0.$$

Um das duale Modell dazu zu bestimmen, stellt man zweckmäßigerweise zunächst die Normalform her:

Das obige Modell ist äquivalent zu:

$$-\text{maximiere} \quad -Z = -\boldsymbol{b}^{\mathrm{T}} \boldsymbol{y},$$
$$\text{so dass} \quad -\boldsymbol{A}^{\mathrm{T}} \boldsymbol{y} \leq -\boldsymbol{c}$$
$$\boldsymbol{y} \geq 0.$$

Wendet man hierauf die Zuordnungsregeln an, so erhält man:

$$-\text{minimiere} \quad -z = -\boldsymbol{c}^{\mathrm{T}} \boldsymbol{x},$$
$$\text{so dass} \quad \left(-\boldsymbol{A}^{\mathrm{T}}\right)^{\mathrm{T}} \boldsymbol{x} \geq -\boldsymbol{b}$$
$$\boldsymbol{x} \geq 0.$$

d. h.

$$\text{maximiere} \quad z = \boldsymbol{c}^{\mathrm{T}} \boldsymbol{x},$$
$$\text{so dass} \quad \boldsymbol{A} \boldsymbol{x} \leq \boldsymbol{b}$$
$$\boldsymbol{x} \geq 0. \qquad \blacksquare$$

Satz 3.22 erlaubt uns, die folgenden Sätze nur in einer Richtung zu formulieren. Sie sind dann gleichermaßen auf das jeweilige primale oder duale Modell anwendbar.

3.23 Satz (schwache Dualität)
Ist $\boldsymbol{x}$ zulässige Lösung für das primale Modell und $\boldsymbol{y}$ zulässige Lösung für das duale Modell aus Definition 3.20, so gilt

$$z = \boldsymbol{c}^{\mathrm{T}} \boldsymbol{x} \leq \boldsymbol{b}^{\mathrm{T}} \boldsymbol{y} = Z.$$

BEWEIS.
Es gilt $\boldsymbol{A} \boldsymbol{x} \leq \boldsymbol{b}$, $x \geq 0$ und $\boldsymbol{A}^{\mathrm{T}} \boldsymbol{y} \geq \boldsymbol{c}$, $y \geq 0$.

Damit gilt auch

$$\boldsymbol{x}^{\mathrm{T}} \boldsymbol{A}^{\mathrm{T}} \boldsymbol{y} \geq \boldsymbol{x}^{\mathrm{T}} \boldsymbol{c} = \boldsymbol{c}^{\mathrm{T}} \boldsymbol{x} = z. \tag{3.10}$$

Es gilt

$$\boldsymbol{A} \boldsymbol{x} \leq \boldsymbol{b} \iff \boldsymbol{x}^{\mathrm{T}} \boldsymbol{A}^{\mathrm{T}} \leq \boldsymbol{b}^{\mathrm{T}}.$$

Damit ist

$$x^{\mathrm{T}} A^{\mathrm{T}} y \leq b^{\mathrm{T}} y = Z. \tag{3.11}$$

(3.10) und (3.11) zusammen ergeben

$$z = c^{\mathrm{T}} x \leq x^{\mathrm{T}} A^{\mathrm{T}} y \leq b^{\mathrm{T}} y = Z$$
$$\implies z \leq Z. \qquad \blacksquare$$

3.24 Satz (starke Dualität)
Gilt für ein Paar (x_0, y_0) zulässiger Lösungen zu dem primalen bzw. dualen LP-Modell $c^{\mathrm{T}} x_0 = b^{\mathrm{T}} y_0$, so ist

$$c^{\mathrm{T}} x_0 = \max\{c^{\mathrm{T}} x \mid Ax \leq b, x \geq 0\}$$

und

$$b^{\mathrm{T}} y_0 = \min\{b^{\mathrm{T}} y \mid A^{\mathrm{T}} y \geq c, y \geq 0\},$$

d. h. (x_0, y_0) ist ein Paar optimaler Lösungen.

BEWEIS.
Wegen Satz 3.23 gilt für jedes zulässige x

$$c^{\mathrm{T}} x \leq b^{\mathrm{T}} y_0 = c^{\mathrm{T}} x_0,$$

also ist

$$c^{\mathrm{T}} x_0 = \max\{c^{\mathrm{T}} x \mid Ax \leq b, x \geq 0\}.$$

Entsprechend gilt

$$b^{\mathrm{T}} y_0 = \min\{b^{\mathrm{T}} y \mid A^{\mathrm{T}} y \leq c, y \geq 0\}. \qquad \blacksquare$$

Die Umkehrung von Satz 3.24, d. h. dass für ein Paar (x_0, y_0) optimaler Lösungen $c^{\mathrm{T}} x_0 = b^{\mathrm{T}} y_0$ ist, gilt ebenfalls (vgl. Satz 3.26).

3.25 Satz
(x, x_s), (y, y_s) seien zulässige Lösungen des dualen Paares aus Definition 3.20. x_s bzw. y_s seien die jeweiligen Vektoren der Schlupfvariablen in den Lösungsvektoren. Es gilt dann:

$$(x, x_s), (y, y_s)$$

sind genau dann optimale Lösungen, wenn die „*Complementary Slackness-Beziehung*" oder der „*Dualitätssatz des Linearen Programmierens*"

$$x^{\mathrm{T}} \cdot y_s + x_s{}^{\mathrm{T}} \cdot y = 0$$

gilt.

BEWEIS.
Die Zulässigkeit der Lösungen impliziert:

$$Ax + I_m x_s = b$$
$$x, x_s \geq 0 \qquad \text{und}$$
$$A^T y - I_n y_s = c$$
$$y, y_s \geq 0.$$

Nach Transponieren und Multiplikation mit y bzw. x erhält man

$$x^T A^T y + x_s{}^T I_m y = b^T y \tag{3.12}$$
$$y^T Ax - y_s{}^T I_n x = c^T x. \tag{3.13}$$

Da

$$x^T A^T y = y^T Ax,$$

ergibt die Subtraktion (3.13) von (3.12)

$$x_s{}^T y + y_s{}^T x = b^T y - c^T x. \tag{3.14}$$

Aus (3.14) folgt, dass genau dann

$$x_s{}^T y + y_s{}^T x = 0, \qquad \text{wenn}$$
$$b^T y = c^T x.$$

Dies ist jedoch nach Satz 3.24 gerade die Optimalitätsbedingung für Lösungen der beiden zueinander dualen Paare.   ∎

3.26 Satz
Wenn eines der zueinander dualen Modelle in Definition 3.20 eine optimale Lösung hat, so hat auch das dazu duale Modell eine optimale Lösung und die optimalen Zielfunktionswerte stimmen überein.

BEWEIS.
Wir wollen den Beweis konstruktiv führen, indem wir aus einer gegebenen optimalen Lösung des Primalen die optimale Lösung des Dualen ableiten: Bezeichnen wir mit x_s den Vektor der Schlupfvariablen des primalen Modells, so lässt sich dies schreiben als:

$$Ax + I_m x_s = b$$
$$x, x_s \geq 0.$$

Wir nehmen an, dass x_B eine optimale primale Basislösung bzgl. der Basis B sei. c_B sei der Vektor, der aus den Zielkoeffizienten der Basisvariablen bestehe. Da x_B optimal ist, gilt (vgl. (3.8) und (3.2)):

$$c_j \leq c_B{}^{\mathrm{T}} B^{-1} a_j \qquad j = 1, \ldots, m+n.$$
$$a_j = j\text{-te Spalte von } (A|I_m)$$

Eine Lösung zu dem dualen Problem in Basisschreibweise ist:

$$y^{\mathrm{T}} = c_B{}^{\mathrm{T}} B^{-1}. \tag{3.15}$$

Die Nebenbedingungen des dualen Problems sind wegen der obigen Ungleichungen erfüllt.

Für die Δz_j der primalen Schlupfvariablen gilt:

$$-0 + c_B{}^{\mathrm{T}} B^{-1} e_i \geq 0, \tag{3.16}$$

wobei e_i der Einheitsvektor der i-ten Schlupfvariablen im Ausgangstableau ist. (3.15) und (3.16) zusammen ergeben

$$c_B{}^{\mathrm{T}} B^{-1} = y^{\mathrm{T}} \geq 0^{\mathrm{T}}, \tag{3.17}$$

d. h. y ist eine zulässige duale Lösung.

Die duale Optimalität für y ergibt sich durch Substitution von (3.17) in die duale Zielfunktion:

$$Z = y^{\mathrm{T}} b = c_B{}^{\mathrm{T}} B^{-1} b = c_B{}^{\mathrm{T}} x_B = \text{maximiere } z \qquad \blacksquare$$

Durch Kontradiktion kann entsprechend der folgende Satz bewiesen werden:

3.27 Satz
Hat das primale Modell keine zulässige Lösung, so hat das duale Modell keine optimale Lösung.

Berücksichtigt man Satz 3.22, so kann man eine Erkenntnis aus dem Beweis zu Satz 3.25 wie folgt formulieren:

3.28 Satz
In dem primalen optimalen Endtableau sind die Δz_j unter den primalen Schlupfvariablen die Werte der Strukturvariablen der optimalen dualen Lösung. Die entsprechenden Werte der dualen Schlupfvariablen findet man in der Δz_j-Zeile unter den primalen Strukturvariablen.

3.29 Beispiel
Zunächst sei Beispiel 3.17 dualisiert:

Primale Normalform (nach Aufspalten der „="-Nebenbedingungen in je eine „≤"- und eine „≥"-Restriktion und Überführen von „≥"-Restriktionen in „≤"-Nebenbedingungen):

$$\text{maximiere } z = 12x_1 + 8x_2$$

$$
\begin{aligned}
\text{so dass} \quad 4x_1 + 2x_2 &\leq 80 \\
2x_1 + 3x_2 &\leq 100 \\
5x_1 + x_2 &\leq 75 \\
-x_1 - x_2 &\leq -10 \\
3x_1 + x_2 &\leq 45 \\
3x_1 - x_2 &\leq -45 \\
x_1, x_2 &\geq 0
\end{aligned}
\tag{3.18}
$$

Dazu duales Modell:

$$\text{minimiere } Z = 80y_1 + 100y_2 + 75y_3 - 10y_4 + 45y_5 - 45y_6$$

$$
\begin{aligned}
\text{so dass} \quad 4y_1 + 2y_2 + 5y_3 - y_4 + 3y_5 - 3y_6 &\geq 12 \\
2y_1 + 3y_2 + y_3 - y_4 + y_5 - y_6 &\geq 8 \\
y_1, \ldots, y_6 &\geq 0
\end{aligned}
\tag{3.19}
$$

Die optimalen Endtableaus dieser beiden zueinander dualen Modelle seien nun gegenübergestellt (wobei die Spalten der Hilfsvariablen aus Gründen der Übersichtlichkeit weggelassen worden sind):

		primale Strukturvariable		primale Schlupfvariable						
c_j		12	8					$-M$	$-M$	
c_{B_i}	$y_{B_j}\backslash^{y_i}$	x_1	x_2	x_3	x_4	x_5	x_6	x_7	x_8	b_i^*
8	x_2		1	$\frac{3}{2}$					2	30
	x_4			$-\frac{7}{2}$	1				-4	0
	x_5			1		1			3	20
12	x_1	1		$-\frac{1}{2}$					-1	5
	x_7			0				1	1	0
	x_6			1			1		1	25
Δz_j				6					4	300

Werte der dualen Schlupfvariablen | Werte der dualen Strukturvariablen | primaler Zielfunktionswert

Abbildung 3.7: Optimales Endtableau des primalen Modells

		duale Strukturvariable						duale Schlupfvariable		
c_j		80	100	75	10	45	-45			
c_{B_i} y_{B_j} y_i		y_1	y_2	y_3	y_4	y_5	y_6	y_7	y_8	b_j^*
80	y_1	1	$\frac{7}{2}$	-1	-1	0		$\frac{1}{2}$	$-\frac{3}{2}$	6
-45	y_6		4	-3	-1	-1	1	1	-2	4
ΔZ_i		0	0	20	25	0		5	30	300

Werte der primalen Schlupfvariablen — Werte der primalen Strukturvariablen — dualer Zielfunktionswert

$\square$

Abbildung 3.8: Optimales Endtableau des dualen Modells

Ökonomische Interpretation der dualen Lösung

Dualitätsbetrachtungen sind zum einen von algorithmischem Wert: So genügt z. B. das Lösen des jeweils einfacher zu lösenden Modells eines dualen Paares, um sowohl die duale wie auch die primale Lösung zu kennen.

Im nächsten Abschnitt wird außerdem gezeigt werden, wie aufgrund von Dualitätsbetrachtungen Algorithmen (dualer Simplex-Algorithmus) entworfen werden können.

Zum anderen erlaubt die duale Lösung wertvolle Erkenntnisse über die Struktur des primalen Problems. Diese kann man zwar auch direkt aus der „Complementary Slackness-Beziehung" ableiten. Wir wollen dies jedoch hier auf andere Weise tun. Stellen wir eine Dimensionsbetrachtung in Beispiel 3.29 bzw. im dualen Paar (Def. 3.20) an.

1.) Die Dimension der Zielkoeffizienten (c_j) ist EUR/Stck. (Stückdeckungsbeitrag),

2.) Die Entscheidungsvariablen x_j haben die Dimension Stck.,

3.) die verfügbaren Kapazitäten b_i waren in MStd. (Maschinenstunden) angegeben und

4.) die technologischen Koeffizienten a_{ij} schließlich haben die Dimension MStd/Stck.

Aus dem dualen Restriktionssystem $\boldsymbol{A}^{\mathrm{T}}\boldsymbol{y} \geq \boldsymbol{c}$ ist zu ersehen, dass die Dimension der dualen Variablen y_i gleich der Dimension

$$\left[\frac{c_j}{a_{ji}}\right] = \left[\frac{\text{EUR/Stck.}}{\text{MStd./Stck.}}\right] = \left[\frac{\text{EUR}}{\text{MStd.}}\right]$$

sein muss, oder allgemeiner

$$\frac{\text{Dimension des Zielfunktionswertes}}{\text{Dimension der Komponenten des Vektors } \boldsymbol{b}}.$$

Man erinnere sich, dass Variablen des dualen Modells Restriktionen des primalen Modells (und umgekehrt) zugeordnet sind. Die dualen Strukturvariablen, auch *Schattenpreise* oder Opportunitätskosten genannt, geben in der Tat an, um wieviel der optimale Wert der Zielfunktion sich verändert, wenn die Komponente des b-Vektors marginal geändert wird, der die entsprechende duale Strukturvariable zugeordnet ist.

Der im dualen Endtableau in Abbildung 3.8 abzulesende Wert von $y_1 = 6$ bedeutet zum Beispiel: Wenn b_1 in (3.18) von 80 auf 81 geändert würde, so würde als Folge davon der optimale Zielfunktionswert von EUR 300 (siehe Abbildung 3.8) auf EUR 306 steigen.

Die Interpretation des strukturellen Teiles der dualen optimalen Lösung als „Schattenpreise" beruht auf ihrer Eigenschaft, die „Knappheit" der jeweils zugeordneten Nebenbedingung bzw. der darin formulierten Ressourcenbeschränkung anzugeben: Je höher der Schattenpreis desto knapper die entsprechende Ressource, d. h. desto mehr könnte der optimale Wert der Zielfunktion – unter Berücksichtigung aller anderen Systemzusammenhänge – durch eine „Lockerung" der Nebenbedingung verbessert werden. Dies heißt auch: Ist der duale Preis Null, so ist durch eine Lockerung der entsprechenden Nebenbedingung eine Zielfunktionswertverbesserung nicht möglich, die durch die entsprechende Nebenbedingung abgebildete Ressource (z. B. Maschine) ist kein Engpass. Die primale Nebenbedingung wird von der optimalen primalen Lösung nicht als Gleichung erfüllt und ihre Schlupfvariable ist positiv. Hier wird auch die direkte Verbindung zur „Complementary Slackness-Bedingung" offensichtlich: In Satz 3.25 wird gefordert, dass das Produkt von primaler Schlupfvariable und entsprechender dualer Strukturvariable des optimalen Lösungspaares Null ist. Es muss also entweder die primale Schlupfvariable Null sein (Engpass) oder der „Schattenpreis" (Ressource ist nicht einschränkend, d. h. also kein Engpass).

Gültigkeit behält dieser „Schattenpreis" natürlich nur solange, wie durch die Änderungen von Komponenten des Vektors b im Ausgangsmodell die im Endtableau bestehende Basis ihre primale und duale Zulässigkeit nicht verliert. Betrachtungen darüber, welche Auswirkungen Änderungen von Komponenten des Vektors b oder des Vektors c über den Bereich primaler und dualer Zulässigkeit der bestehenden Basis hinaus haben, werden in Abschnitt 3.5 angestellt werden. Auf Besonderheiten der Schattenpreise bei primaler und dualer Entartung weisen Domschke and Klein (2004) hin.

3.4.2 Die duale Simplex-Methode

Bei der in den letzten Abschnitten beschriebenen (primalen) Simplexmethode wurde von einer primal zulässigen Basislösung ausgegangen, und es wurden Basistausche in der Weise vorgenommen, dass die primale Zulässigkeit erhalten blieb und die duale Zulässigkeit (primale Optimalität) erreicht wurde.

In manchen Situationen ist eine dual aber nicht primal zulässige Basislösung bekannt. In diesen Fällen wäre es sicher nicht sinnvoll, erst die primale Zulässigkeit herzustellen (und dabei die duale Zulässigkeit zu zerstören), um dann durch weitere Iterationen eine primal und dual zulässige Basislösung zu bestimmen. Zwei sinnvollere Wege stehen zur Verfügung: Man kann auf das dualisierte Problem (für das ja eine zulässige Lösung bekannt ist) die normale (primale) Simplex-Methode anwenden. Oder aber man kann die gleichen Operationen im primalen Tableau durchführen, die man bei der ersten Vorgehensweise im dualen Tableau vornehmen würde. Dies ist im wesentlichen der Inhalt der „Dualen Simplex-Methode".

3.30 Algorithmus
Es gilt also für die duale Simplex-Methode:

Ausgangsbasislösung
Begonnen wird mit einer dual zulässigen und primal unzulässigen Lösung, d. h. einer Basislösung, für die gilt:

$$\Delta z_j \geq 0 \quad j = 1, \ldots, m+n \qquad \text{duale Zulässigkeit} \tag{3.20}$$

und es gibt Komponenten des Lösungsvektors mit

$$x_{B_i} = b_i^* < 0. \tag{3.21}$$

Eliminationsregel
Aus der Menge der dual zulässigen Lösungen soll eine primal zulässige bestimmt werden.

Eliminiert wird also eine Basisvariable, für die (3.21) gilt. Gilt (3.21) für mehrere Basisvariable, so wird aufgrund heuristischer Überlegungen die gewählt, für die gilt:

$$x_k = \min_i \{b_i^*\} < 0. \tag{3.22}$$

Aufnahmeregel
Bei der Suche nach einer primal zulässigen Basislösung soll die duale Zulässigkeit bewahrt bleiben. Das heißt es muss sichergestellt werden, dass (3.20) auch für die nächste Basislösung gilt.

Da in der k-ten Zeile (Pivotzeile) nach der Pivotisierung nur dann ein $b_k^* > 0$ erscheinen kann, wenn das Pivotelement $a_{kl}^* < 0$ ist, kann ein dualer Simplex-Schritt nur dann durchgeführt werden, wenn es in der Pivotzeile negative Koeffizienten gibt. Andernfalls bricht der Algorithmus ab, da es keine primal und dual zulässige Lösung für das betrachtete Problem gibt.

Nach (3.7) ergeben sich die Δz_j des neuen Tableaus ($= \Delta \overline{z}_j$) zu

$$\Delta \overline{z}_j = \Delta z_j - \frac{a_{kj}^*}{a_{kl}^*} \cdot \Delta z_l \qquad j = 1, \ldots, m+n, j \neq l \tag{3.23}$$

und es muss gelten:

$$\Delta \overline{z}_j \geq 0 \qquad j = 1, \ldots, m+n. \tag{3.24}$$

Da $a_{kl}^* < 0$ und auch $\Delta \overline{z}_j \geq 0$, ist (3.24) genau dann erfüllt, wenn

$$\frac{\Delta z_j}{a_{kj}^*} \leq \frac{\Delta z_l}{a_{kl}^*} \qquad j = 1, \ldots, m+n, a_{kj}^* < 0.$$

Die aufzunehmende Variable x_l wird also so bestimmt, dass

$$\zeta := \frac{\Delta z_l}{a_{kl}^*} = \max \left\{ \frac{\Delta z_j}{a_{kj}^*} \mid j = 1, \ldots, m+n, a_{kj}^* < 0 \right\}. \tag{3.25}$$

Abbruchregel („Optimalitätskriterium")

Der Algorithmus bricht ab, wenn

- primale Zulässigkeit erreicht worden ist, oder

- wenn eine weitere Iteration nicht durchgeführt werden kann, da $a_{kj}^* \geq 0$, $j = 1, \ldots, m+n$.

3.31 Beispiel

Wir wollen das duale Modell zu Beispiel 3.1 lösen. Dies bietet auch die Möglichkeit, die Tableaus des dualen Modells mit denen des primalen Modells zu vergleichen.

Duales Modell:

$$\text{minimiere } Z = 80y_1 + 100y_2 + 75y_3$$
$$\text{so dass} \qquad 4y_1 + 2y_2 + 5y_3 \geq 12$$
$$2y_1 + 3y_2 + y_3 \geq 8$$
$$y_1, y_2, y_3 \geq 0$$

Um den Maximierungsalgorithmus anwenden zu können, multiplizieren wir die Zielfunktion mit -1. Da wir die Schlupfvariablen y_4 und y_5 als Ausgangsbasis verwenden wollen, multiplizieren wir nach deren Hinzufügen auch die beiden Restriktionen mit -1. Wir erhalten:

$$\text{maximiere } -Z = -80y_1 - 100y_2 - 75y_3$$
$$\text{so dass} \qquad -4y_1 - 2y_2 - 5y_3 + y_4 \qquad = -12$$
$$2y_1 - 3y_2 - y_3 \qquad + y_5 = -8$$
$$y_1, \ldots, y_5 \geq 0$$

Das erste Simplex-Tableau lautet entsprechend:

b_{B_j}	b_i y_{B_j} / y_j	-80 y_1	-100 y_2	-75 y_3	y_4	y_5	c_j^*	
	y_4	-4	-2	$\boxed{-5}$	1		-12	$\leftarrow$ Pivotzeile
	y_5	-2	-3	-1		1	-8	
	ΔZ_i	80	100	75			0	
	ζ_i	-20	-50	-15	$-$	$-$		

$$\uparrow$$
$$\text{Pivotspalte}$$

Ausgangs-Tableau

Man sieht, dass die Lösung $y_1 = y_2 = y_3 = 0, y_4 = -12, y_5 = -8$ dual, aber nicht primal zulässig ist. Wendet man die soeben beschriebenen Eliminations- und Aufnahmeregeln an und iteriert mit dem Pivotelement $a_{13} = -5$, so ergibt sich als 2. Tableau:

b_{B_j}	b_i y_{B_j} / y_j	-80 y_1	-100 y_2	-75 y_3	y_4	y_5	c_j^*	
-75	y_3	$\frac{4}{5}$	$\frac{2}{5}$	1	$-\frac{1}{5}$		$\frac{12}{5}$	
	y_5	$\boxed{-\frac{6}{5}}$	$-\frac{13}{5}$		$-\frac{1}{5}$	1	$-\frac{28}{5}$	$\leftarrow$ Pivotzeile
	ΔZ_i	20	70		15		-180	
	ζ_i	$-\frac{50}{3}$	$-\frac{350}{13}$	$-$	-75	$-$		

$$\uparrow$$
$$\text{Pivotspalte}$$

2. Tableau

Soll nun $y_5 = -28/5$ eliminiert werden, um primale Zulässigkeit herzustellen, so ist y_1 in die Basis aufzunehmen. Als neues Tableau ergibt sich:

b_{B_j}	y_{B_j}	b_i / y_j	-80 y_1	-100 y_2	-75 y_3	y_4	y_5	c_j^*	
-75	y_3			$-\frac{4}{3}$	1	$-\frac{1}{3}$	$\frac{2}{3}$	$-\frac{4}{3}$	$\leftarrow$ Pivotzeile
-80	y_1		1	$\frac{13}{6}$		$\frac{1}{6}$	$-\frac{5}{6}$	$\frac{14}{3}$	
	ΔZ_i			$\frac{80}{3}$		$\frac{35}{3}$	$\frac{50}{3}$	$-\frac{820}{3}$	
	ζ_i		$-$	-20	$-$	-35	$-$		

$$\uparrow$$
Pivotspalte

3. Tableau

Ein weiterer Pivotschritt, bei dem die Variable y_3 gegen y_2 ausgetauscht wird, liefert schließlich ein dual und primal zulässiges Tableau.

b_{B_j}	y_{B_j}	b_i / y_j	-80 y_1	-100 y_2	-75 y_3	y_4	y_5	c_j^*
-100	y_2			1	$-\frac{3}{4}$	$\frac{1}{4}$	$-\frac{1}{2}$	1
-80	y_1		1		$\frac{13}{8}$	$-\frac{3}{8}$	$\frac{1}{4}$	$\frac{5}{2}$
	ΔZ_i				20	5	30	-300

Optimales Simplex-Tableau

Das optimale Endtableau des hierzu dualen Modells ist das 4. Tableau zu Beispiel 3.1. $\square$

3.5 Postoptimale Analysen

Bisher war das Hauptziel der vorgestellten Algorithmen, optimale primale und duale Lösungen eines eindeutig definierten Modells zu bestimmen. Der Simplex-Algorithmus erlaubt jedoch auch weitergehende Analysen, und zwar vor allem:

- Sensitivitätsanalysen der optimalen Basis

- Parametrisches Programmieren.

3.5.1 Sensitivitätsanalysen

Die bisher ermittelten primal und dual zulässigen Basen und Basislösungen wurden als Lösungen zu Modellen mit fest vorgegebenen Parametern, nämlich den Koeffizienten der Vektoren c und b und der Matrix A angesehen. Diese Koeffizienten stellten z. B. Preise, Kosten, Gewinne, Maschinenkapazitäten, vorhandene Finanzmittel, benötigte Bearbeitungszeiten auf Maschinen etc. dar. Dies sind zum großen

Teil Größen, die sich entweder im Zeitablauf ändern, oder aber die gar nicht genau angebbar oder vorhersagbar sind. Es interessiert daher in vielen Fällen, wie weit diese Größen um ihren angegebenen oder angenommenen Wert herum schwanken dürfen, ohne dass die errechnete Optimallösung ihre primale oder duale Zulässigkeit verliert. Dieser Bereich möglicher Schwankungen ist auch der Bereich, für den die Schattenpreise bzw. Opportunitätskosten jeweils ihre Gültigkeit besitzen.

Verletzt werden kann die primale oder die duale Zulässigkeit einer Basislösung. Duale Zulässigkeit besteht, wenn nach (3.20) gilt:

$$\Delta z_j \geq 0, j = 1, \ldots, m + n.$$

Primale Zulässigkeit besteht, wenn nach Definition 3.11 gilt

$$\boldsymbol{x_B}(0) = \boldsymbol{B}^{-1}\boldsymbol{b} \geq \boldsymbol{0}.$$

Betrachten wir zunächst die Zielfunktion von Beispiel 3.17 und stellen uns die Frage, wie weit der Zielkoeffizient $c_1 = 12$ variiert werden kann, ohne dass die duale Zulässigkeit der im Endtableau gezeigten optimalen Lösung verletzt wird. c_1 werde ersetzt durch $c_1' = (c_1 + \lambda)$. Die Δz_j-Zeile wird dann

	x_1	x_2	x_3	x_4	x_5	x_6	x_7	x_8
$\Delta z_j'$				$\left(\frac{12}{7} - \frac{\lambda}{7}\right)$			M	$\left(\frac{20}{7} + M + \frac{3}{7}\lambda\right)$

$\Delta z_4'$ und $\Delta z_8'$ enthalten nun λ. Da M eine sehr große Zahl ist, kann $\Delta z_8'$ nie negativ werden. Wird λ jedoch größer als 12, so wird $\Delta z_4 < 0$ und die duale Zulässigkeit wäre verletzt. Negative λ führen offensichtlich nicht zu einer solchen Verletzung. Die Basis mit den Variablen x_1, x_2, x_3, x_5, x_6 ist also primal und dual zulässig für den Bereich $-\infty < \lambda \leq 12$. Eine entsprechende Analyse kann für jeden der anderen Zielkoeffizienten durchgeführt werden.

Betrachten wir nun die rechte Seite $\boldsymbol{b}$ des Restriktionssystems. Die duale Zulässigkeit kann durch eine Variation von $\boldsymbol{b}$ nicht verletzt werden, da $\boldsymbol{b}$ nicht in Δz_j erscheint.

Die primale Zulässigkeit wird dann verletzt, wenn eine Komponente des Vektors $\boldsymbol{x_B}(0)$ negativ wird. Eine Variation von b_2 in Beispiel 3.17 kann wiederum dadurch untersucht werden, dass man $b_2' = b_2 + \lambda$ setzt und λ variiert. In Abhängigkeit von λ ergibt sich die Basislösung zu:

$$\boldsymbol{x_B'}(0) = \boldsymbol{B}^{-1}\boldsymbol{b_b'} = \begin{pmatrix} 1 & \frac{2}{7} & 0 & 0 & -\frac{8}{7} \\ 0 & \frac{3}{7} & 0 & 0 & -\frac{2}{7} \\ 0 & \frac{2}{7} & 1 & 0 & -\frac{13}{7} \\ 0 & -\frac{1}{7} & 0 & 0 & \frac{3}{7} \\ 0 & \frac{2}{7} & 0 & 0 & \frac{1}{7} \end{pmatrix} \cdot \begin{pmatrix} 80 \\ 100 + \lambda \\ 75 \\ 10 \\ 45 \end{pmatrix} = \begin{pmatrix} 57\frac{1}{7} + \frac{2}{7}\lambda \\ 30 + \frac{3}{7}\lambda \\ 20 + \frac{2}{7}\lambda \\ 5 - \frac{1}{7}\lambda \\ 25 + \frac{2}{7}\lambda \end{pmatrix}$$

Zur Ermittlung der Basisinversen siehe Bemerkung 3.9.

Für $\lambda = 0$ entspricht diese Lösung der im 4. Simplex-Tableau gezeigten. Bei $\lambda > 35$ wird die 4. Komponente von x_B, d. h. $x_1(\lambda)$, negativ. Auf der anderen Seite würden die 2. und 3. Komponente negativ, sobald $\lambda < -70$. Also ist die im optimalen Simplex-Tableau enthaltene Basislösung primal zulässig für $-70 \leq \lambda \leq 35$ bzw. für $30 \leq b_2 \leq 135$. Entsprechende Analysen könnten für alle anderen Komponenten des b-Vektors vorgenommen werden.

3.5.2   Parametrisches Programmieren

Beim Parametrischen Programmieren bleibt die Betrachtung nicht auf die Basis beschränkt, die für $\lambda = 0$ primal und dual zulässig ist, sondern man bestimmt auch benachbarte Basislösungen und ihre Gültigkeitsbereiche (Kritische Bereiche). Grundsätzlich können dabei die Koeffizienten sowohl der Zielfunktion als auch der rechten Seite lineare Funktionen eines oder mehrerer Parameter sein. Praktische Verbreitung hat allerdings bisher nur das Einparametrische Programmieren gefunden, weswegen wir uns hier auch darauf beschränken wollen. Wir betrachten also Modelle der Form:

3.32 Modell

$$\text{maximiere} \quad z = (c^{\mathrm{T}} + v^{\mathrm{T}}\lambda)x, \; x, c, v \in \mathbb{R}^n$$
$$\text{so dass} \quad Ax = b, \qquad\qquad \lambda \in \mathbb{R}^1$$
$$x \geq 0, \qquad\qquad b \in \mathbb{R}^m$$
$$A_{m,n}$$

bzw.

3.33 Modell

$$\text{maximiere} \quad z = c^{\mathrm{T}}x, \qquad\quad x, c \in \mathbb{R}^n$$
$$\text{so dass} \quad Ax = \tilde{b} = (b + v\lambda), \; b, v \in \mathbb{R}^m$$
$$x \geq 0, \qquad\qquad \lambda \in \mathbb{R}^1$$
$$A_{m,n}.$$

Im Detail wollen wir nur Modell 3.33 betrachten; für Modell 3.32 gilt dann analoges. In der Sensitivitätsanalyse hatten wir bereits untersucht, für welches Intervall (der reellen Achse) von λ eine für $\lambda = 0$ ermittelte optimale Basis primal und dual zulässige Lösungen liefert.

Hier sind wir darüber hinaus daran interessiert, ob und welche optimalen Basislösungen sich für weitere reelle Intervalle von λ ergeben.

Grundlegende Betrachtungen

Hat man für Modell 3.33 für $\lambda = 0$ die optimale Lösung ermittelt, so gilt für die zur optimalen Basis gehörenden Variablen sowie für den Zielfunktionswert:

$$x_B = B^{-1}b = b^*, \quad z = c_B{}^T x_B = z^*$$

und für $\lambda > 0$ (bzw. $\lambda < 0$)

$$\tilde{x}_B = B^{-1}\tilde{b} = B^{-1}b + B^{-1}v\lambda = b^* + v^*\lambda \tag{3.26}$$

$$\tilde{z} = c_B{}^T \tilde{x}_B = c_B{}^T(b^* + v^*\lambda) = z^* + v_0^*\lambda$$

In Komponentenschreibweise liefert $\tilde{x}_B$:

$$\tilde{x}_{B_i} = b_i^* + v_i^*\lambda, \quad i = 1, \ldots, m \tag{3.27}$$

Wie bereits im Rahmen der Sensitivitätsanalysen ausgeführt, kann durch ein Anwachsen von λ die duale Zulässigkeit nicht verletzt werden, wohl aber die primale Zulässigkeit, und zwar dann, wenn bei $\lambda > 0$ ein v_i^* negativ ist oder bei $\lambda < 0$ ein v_i^* positiv ist. Es ist zunächst zu bestimmen, für welche Komponente des Vektors x_B bei wachsendem λ, ($\lambda > 0$) bzw. abnehmendem λ ($\lambda < 0$) Unzulässigkeit eintritt und bei welchen Werten $\lambda_{\max}$ bzw. $\lambda_{\min}$ dies geschieht.

Verallgemeinern wir die im Rahmen der Sensitivitätsüberlegungen beispielhaft durchgeführten Betrachtungen, so können wir schreiben:

$$\lambda_{\max} = \min_i \left\{ -\frac{b_i^*}{v_i^*} \,|\, v_i^* < 0 \right\} = -\frac{b_l^*}{v_l^*} > 0 \tag{3.28}$$

und

$$\lambda_{\min} = \max_i \left\{ -\frac{b_i^*}{v_i^*} \,|\, v_i^* > 0 \right\} = -\frac{b_k^*}{v_k^*} < 0 \tag{3.29}$$

Die folgenden Überlegungen gelten für $\lambda > 0$. Für $\lambda < 0$ gilt analoges. Die bisherige Basis B ist zulässig für $\lambda \in [0, \lambda_{\max}]$. Für $\lambda > \lambda_{\max}$ wird die l-te Komponente des Vektors $\tilde{x}_B$ negativ und damit die Lösung $\tilde{x}_B$ primal unzulässig. Da jedoch die duale Zulässigkeit erhalten bleibt, kann durch eine Iteration mit der dualen Simplex-Methode eine neue primal und dual zulässige Basis B' erreicht werden. Ist eine Iteration mit dem dualen Simplex-Algorithmus nicht möglich, so existiert für $\lambda > \lambda_{\max}$ keine primal zulässige Basis B'. Indiziert man die Größen des r-ten Parameterintervalls ($r = 1, 2, 3, \ldots$) mit r, so liegt die gleiche Situation wie am Anfang ($r = 1$) vor, wenn man für $r \geq 2$ die Parametersubstitution $\lambda_r = \lambda - \sum_{i=1}^{r-1} \lambda_{i,\max}$ durchführt, und es kann $\lambda_{r,\max}$ nach (3.28) ermittelt werden. Wegen der speziellen Struktur der „rechten Seite": $\tilde{b} = b + v\lambda_r$ ist nach endlich vielen Parametersubstitutionen die gesamte positive reelle Achse ausgeschöpft, d. h. es gibt insgesamt nur endlich viele reelle Parameterintervalle und zugehörige primal und dual zulässige Basislösungen. Das Struktogramm in Abbildung 3.9 zeigt den Algorithmus für das Einparametrische Lineare Programmieren mit parametrischer rechter Seite.

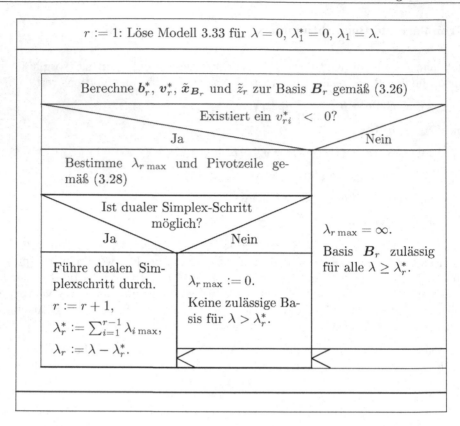

Abbildung 3.9: Algorithmus für $\lambda > 0$

Um die Nebenrechnungen (3.26) zu sparen, wird λ als Variable in das Tableau aufgenommen, so dass in der betreffenden Spalte der Vektor $-v^*$ abgelesen werden kann. Darüber hinaus wird das Tableau auf der rechten Seite um die Spalte b_r^* ergänzt, in der die optimale Basislösung für den jeweiligen Wert $\lambda_r^* = \sum_{i=1}^{r-1} \lambda_{i,\max}$ angegeben wird.

3.34 Beispiel

Wir wollen folgendes Modell betrachten:

$$
\begin{aligned}
\text{maximiere } z = \;& 2x_1 + 3x_2 - x_3 \\
\text{so dass } \quad & 2x_1 + 3x_2 - x_3 \leq 3 + \lambda \\
& -x_1 - x_2 - 2x_3 \geq 2 - \lambda \\
& x_1 + x_2 + x_3 = 3 \\
& x_1, x_2, x_3 \geq 0
\end{aligned}
\tag{3.30}
$$

Als optimales Endtableau für $\lambda_1^* = 0$ ergibt sich:[4]

c_{B_i}	x_{B_i} $\diagdown$ c_j x_j	2 x_1	3 x_2	-1 x_3	x_4	x_5	-M x_6	-M x_7	λ	b_i^*	$b_{1,i}^*$	θ_i	$\lambda_1^* = 0$
	x_4	$\boxed{-1}$			1	$-\frac{4}{3}$	$\frac{4}{3}$	$-\frac{5}{3}$	$\frac{1}{3}$	$\frac{2}{3}$	$\frac{2}{3}$	2	← Pivotzeile
-1	x_3	0		1	$-\frac{1}{3}$	$\frac{1}{3}$	$\frac{1}{3}$	$\frac{1}{3}$	$\frac{5}{3}$	$\frac{5}{3}$	$\frac{5}{3}$	5	
3	x_2	1	1		$\frac{1}{3}$	$-\frac{1}{3}$	$\frac{2}{3}$	$-\frac{1}{3}$		$\frac{4}{3}$	$\frac{4}{3}$	–	
	Δz_j	1			$\frac{4}{3}$	*	*		$-\frac{4}{3}$	$\frac{7}{3}$	$\frac{7}{3}$		
	ζ_j	1	–	–	–	1	–	–					

$\uparrow$ Pivotspalte

Die Spalte θ_i ist eine Arbeitsspalte; in ihr werden die Quotienten $-b_{ri}^*/v_{ri}^*$ für $v_{ri}^* < 0$ gemäß (3.28) gebildet. Die Zeile ζ_j ist ebenfalls eine Arbeitszeile; sie dient der Bestimmung der aufzunehmenden Variablen x_l gemäß (3.25). Wegen $\lambda_l^* = 0$ ist $b_{1,i}^* = b_i^*$. Die parametrische Basislösung lautet mit $\lambda_{1,\max} = 2$:

$$\left.\begin{aligned} x_4(\lambda_1) &= \tfrac{2}{3} - \tfrac{1}{3}\lambda_1 \\ x_3(\lambda_1) &= \tfrac{5}{3} - \tfrac{1}{3}\lambda_1 \\ x_2(\lambda_1) &= \tfrac{4}{3} + \tfrac{1}{3}\lambda_1 \\ z(\lambda_1) &= \tfrac{7}{3} + \tfrac{4}{3}\lambda_1 \end{aligned}\right\} \quad 0 \le \lambda_1 \le 2$$

In der Pivotzeile kommen die Elemente a_{11}^* und a_{15}^* als Pivotelemente in Frage. Willkürlich wird a_{11}^* gewählt.

Ein dualer Simplex-Schritt liefert folgendes Tableau:

c_{B_i}	x_{B_i} $\diagdown$ c_j x_j	2 x_1	3 x_2	-1 x_3	x_4	λ x_5	-M x_6	-M x_7	λ	b_i^*	$b_{2,i}^*$	θ_i	$\lambda_2^* = 2$
2	x_1	1			-1	$\frac{4}{3}$	$-\frac{4}{3}$	$\frac{5}{3}$	$-\frac{1}{3}$	$-\frac{2}{3}$	0	–	
-1	x_3			1	0	$\boxed{-\frac{1}{3}}$	$\frac{1}{3}$	$\frac{1}{3}$	$\frac{1}{3}$	$\frac{5}{3}$	1	5	← Pivotzeile
3	x_2		1		1	-1	1	-1	0	2	2	–	
	Δz_j				1	0	*	*	-1	3	5		
	ζ_j	–	–	–	–	0	–	–					

$\uparrow$ Pivotspalte

Mit $\lambda_2 = \lambda - \lambda_{1,\max} = \lambda - 2$ lautet die parametrische Basislösung (wobei $\lambda_{2,\max} = 3$):

---

[4] Die mit * gekennzeichneten Eintragungen sind wegen $M \gg 1$ sehr groß, die entsprechenden Hilfsvariablen kommen für eine Aufnahme in die Basis nicht in Betracht.

$$\left.\begin{aligned}
x_1(\lambda_2) &= \quad \tfrac{1}{3}\lambda_2 \\
x_3(\lambda_2) &= 1 - \tfrac{1}{3}\lambda_2 \\
x_2(\lambda_2) &= 2 \\
z(\lambda_2) &= 5 + \quad \lambda_2
\end{aligned}\right\} \quad 0 \leq \lambda_2 \leq 3$$

In der Pivotzeile kommt als Pivotelement nur das Element a_{25}^* in Frage. Nach einem dualen Simplex-Schritt erhält man das Tableau:

c_{B_i} $\diagdown$	c_j x_{B_i} $\diagdown$ x_j	2 x_1	3 x_2	-1 x_3	x_4	x_5	$-M$ x_6	$-M$ x_7	λ	b_i^*	$\lambda_3^*=5$ $b_{3,i}^*$	θ_i	
2	x_1	1		4	$\boxed{-1}$		0	3	1	6	1	1	$\leftarrow$ Pivotzeile
	x_5			-3	0	1	-1	-1	-1	-5	0	$-$	
3	x_2		1	-3	1		0	-2	-1	-3	2	$-$	
	Δz_j		0	1			$*$	$*$	-1	3	8		
	ζ_j	$-$	$-$	$-$	1	$-$	$-$	$-$					

$$\underset{\uparrow}{}$$
$$\text{Pivotspalte}$$

Die parametrische Basislösung in obigem Tableau lautet mit $\lambda_3 = \lambda - (\lambda_{1,\max} + \lambda_{2,\max}) = \lambda - 5$ (wobei $\lambda_{3,\max} = 1$):

$$\left.\begin{aligned}
x_1(\lambda_3) &= 1 - \lambda_3 \\
x_5(\lambda_3) &= \quad \lambda_3 \\
x_2(\lambda_3) &= 2 + \lambda_3 \\
z(\lambda_3) &= 8 + \lambda_3
\end{aligned}\right\} \quad 0 \leq \lambda_3 \leq 1$$

Ein dualer Simplex-Schritt mit a_{14}^* als Pivotelement liefert das Tableau:

c_{B_i} $\diagdown$	c_j x_{B_i} $\diagdown$ x_j	2 x_1	3 x_2	-1 x_3	x_4	x_5	$-M$ x_6	$-M$ x_7	λ	b_i^*	$b_{4,i}^*$
	x_4	-1		4	1		0	-3	-1	-6	1
	x_5	0		-3		1	-1	-1	-1	-5	0
3	x_2	1	1	1			0	1	0	3	3
	Δz_j	1	4	$*$		$*$		$*$	0	9	9

Da die transformierte Spalte $-v^*$ kein positives Element enthält, kann bei wachsendem λ keine primale Unzulässigkeit mehr eintreten. Die parametrische Basislösung lautet mit $\lambda_4 = \lambda - \sum_{i=1}^{3} \lambda_{i,\max} = \lambda - 6$:

$$\left.\begin{aligned}
x_4(\lambda_4) &= \quad \lambda_4 \\
x_5(\lambda_4) &= 1 + \lambda_4 \\
x_2(\lambda_4) &= 3 \\
z(\lambda_4) &= 9
\end{aligned}\right\} \quad 0 \leq \lambda_4 < \infty$$

Insgesamt haben wir somit folgende parametrische Lösung erhalten:

Parameter- intervall	optimale Basislösung					
	x_1	x_2	x_3	x_4	x_5	$\tilde{z}$
$-\infty < \lambda \le -4$	keine zulässige Lösung					
$-4 \le \lambda \le 2$	0	$\frac{4}{3} + \frac{\lambda}{3}$	$\frac{5}{3} - \frac{\lambda}{3}$	$\frac{2}{3} - \frac{\lambda}{3}$	0	$\frac{7}{3} + \frac{4}{3}\lambda$
$-2 \le \lambda \le 5$	$-\frac{2}{3} + \frac{\lambda}{3}$	2	$\frac{5}{3} - \frac{\lambda}{3}$	0	0	$3 + \lambda$
$5 \le \lambda \le 6$	$6 - \lambda$	$-3 + \lambda$	0	0	$-5 + \lambda$	$3 + \lambda$
$6 \le \lambda < \infty$	0	3	0	$-6 + \lambda$	$-5 + \lambda$	9

$\square$

3.6 Ganzzahliges Lineares Programmieren

3.6.1 Einführung

Wird gefordert, dass in einem linearen Programmierungsmodell gewisse Variablen nur ganzzahlige Werte annehmen, so spricht man von Ganzzahliger Linearer Programmierung. Je nachdem, ob alle Variablen als ganzzahlig definiert sind oder nicht, unterscheidet man zwischen Rein-Ganzzahligem Linearen Programmieren oder Gemischt-Ganzzahligem Linearen Programmieren.

Die Forderung nach Ganzzahligkeit von Variablen kann auf die nicht beliebige Teilbarkeit der hinter den Entscheidungsvariablen stehenden Faktoren (Menschen, Gebäude, Projekte, Maschinen) zurückgehen. Das folgende Beispiel charakterisiert eine Aufgabe dieser Art:

3.35 Beispiel

$$\begin{aligned} \text{maximiere } z &= 5x_1 + 3x_2 \\ \text{so dass} \quad 3x_1 + 8x_2 &\le 24 \\ 6x_1 - 2x_2 &\le 6 \\ x_1, x_2 &\ge 0 \end{aligned} \qquad (3.31)$$

$$x_1, x_2 \text{ ganzzahlig.} \qquad (3.32)$$

Das bereits besprochene Simplex-Verfahren reicht für die direkte Lösung ganzzahliger Modelle nicht aus, da es von einem konvexen Lösungsraum ausgeht (eine Eigenschaft, die ganzzahlige Lösungsräume nicht haben) und nur die Ecklösungen auf der Suche nach einer optimalen Lösung überprüft. Abbildung 3.10 illustriert die Problematik anhand Beispiel 3.35.

Das Modell (3.31) (ohne die Ganzzahligkeitsbedingung) stellt die sogenannte *LP-Relaxation* von Modell (3.31), (3.32) dar. Der Vorteil der LP-Relaxation ist, dass sie sich mit der

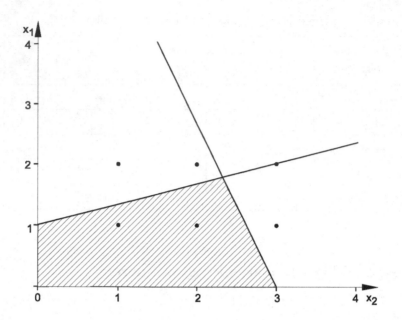

Abbildung 3.10: Ein ganzzahliges LP

Simplex-Methode lösen lässt. Die optimale Lösung zu (3.31) ist $x_1 = 16/9, x_2 = 7/3$ – eine offensichtlich nicht ganzzahlige Lösung!

Abgesehen von einer nicht beliebigen Teilbarkeit der hinter den Entscheidungsvariablen stehenden Faktoren kann die Darstellung logischer Bedingungen das Einführen von Variablen, die nur die Werte Null oder Eins annehmen können, erfordern. Beispielhaft seien hier sogenannte Ausschließlichkeits-(Multiple Choice-)Bedingungen genannt. Ist z. B. aus n sich gegenseitig ausschließenden Alternativen A_j genau eine zu wählen, so lässt sich das ausdrücken durch

$$y_1 + y_2 + \ldots + y_j + \ldots + y_n = 1, \qquad y_j \in \{0,1\}, \, j = 1, \ldots, n$$

wobei die binären Variablen y_j folgende Bedeutung besitzen:

$$y_j = \begin{cases} 1, & \text{wenn Alternative } A_j \text{ gewählt wird} \\ 0, & \text{sonst.} \end{cases}$$

$\square$

3.36 Beispiel

Ein Unternehmen fertige zwei Produkte, die alternativ auf zwei Fertigungslinien hergestellt werden können. Fertigungslinie 1 sei durch die Restriktionen

$$2x_1 + 10x_2 \leq 20$$
$$2x_1 + 2x_2 \leq 12$$

charakterisiert und Fertigungslinie 2 durch

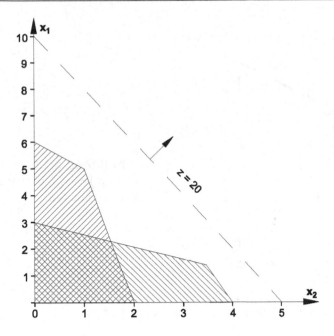

Abbildung 3.11: Alternative Restriktionen

$$4x_1 + 10x_2 \leq 40$$
$$4x_1 + 2x_2 \leq 6.$$

Zu maximieren sei der Deckungsbeitrag $z = 2x_1 + 4x_2$. x_1 und x_2 bezeichnen die Mengen der herzustellenden Produkte. Die Restriktionssysteme der beiden Fertigungslinien sollen alternativ wirksam sein (d. h. Lösungsraum ist die Vereinigung und nicht der Durchschnitt der zwei Restriktionsgruppen). Abbildung 3.11 verdeutlicht diese Zusammenhänge.

Führt man nun die zwei Variablen y_1 und y_2, $y_j \in \{0,1\}$, $j = 1, 2$, ein, so kann die Aufgabe wie folgt modelliert werden:

$$
\begin{aligned}
\text{maximiere } z = 2x_1 &+ 4x_2 \\
\text{so dass} \quad 2x_1 + 10x_2 &\leq 20 + 100y_1 \\
2x_1 + 2x_2 &\leq 12 + 100y_1 \\
4x_1 + 10x_2 &\leq 40 + 100y_2 \\
4x_1 + 2x_2 &\leq 6 + 100y_2 \\
y_1 + y_2 &= 1 \\
x_1, x_2 &\geq 0 \\
y_1, y_2 &\in \{0,1\}.
\end{aligned}
$$

□

Durch das Einführen von $(0,1)$-Variablen lassen sich ebenfalls unstetige Funktionen darstellen. Abbildung 3.12 zeigt als Beispiel eine Gesamtkostenfunktion $f(x)$ mit Fixkostenanteil, wobei $f(x)$ nur für $x = 0$ und das Intervall $[a, b]$ definiert ist:

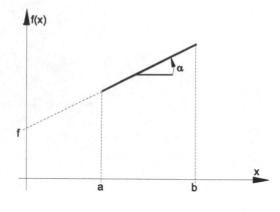

Abbildung 3.12:
Gesamtkostenfunktion mit
Fixkostenanteil

$$f(x) = \begin{cases} 0, & \text{für } x = 0 \\ f + c \cdot x, & \text{für } a \leq x \leq b \end{cases}$$

wobei $c = \tan \alpha$.

Die Darstellung in Form der Gemischt-Ganzzahligen Linearen Programmierung lautet:

$$f(x,y) = f \cdot y + c \cdot x \tag{i}$$
$$a \cdot y \leq x \leq b \cdot y, y \in \{0,1\}. \tag{ii}$$

Die Ungleichungen (ii) bilden die Komplikationen

$$x = 0 \iff y = 0 \tag{iii}$$

und

$$x \in [a,b] \iff y = 1 \tag{iv}$$

ab, so dass im Fall (iii) $f(x,y) = 0$ und im Fall (iv) $f(x,y) = f + c \cdot x$.

Seit Anfang der sechziger Jahre ist eine große Anzahl von Algorithmen entwickelt worden, um Ganzzahlige Lineare Programmierungsmodelle zu lösen. Diese Entwicklung ist auch heute noch nicht abgeschlossen. An dieser Stelle soll einer der ersten Algorithmen, das sogenannte Schnittebenen-Verfahren von Gomory, dargestellt werden. In Kapitel 7 werden Verfahren besprochen, die im allgemeinen effizienter sind und die sich vor allem besser zur Lösung von Modellen eigenen, wie sie in Beispiel 3.36 angedeutet wurden.

3.6.2 Das Schnittebenen-Verfahren von Gomory

Die Konstruktion von Schnittebenen

Ohne Einschränkung der Allgemeingültigkeit betrachten wir zunächst noch einmal Modell 3.12, bei dem unter Umständen Schlupfvariablen bereits im Vektor x enthalten seien.

$$
\begin{aligned}
\text{maximiere} \quad & z = c^{\mathrm{T}} x \quad && c, x \in \mathbb{R}^n \\
\text{so dass} \quad & Ax = b, \quad && b \in \mathbb{R}^m \\
& x \geq 0 \quad && A_{m,n}
\end{aligned}
\tag{3.33}
$$

Eine primal und dual zulässige Basis zu (3.33) liege bereits vor. Die Indizierung der Variablen sei so, dass die ersten $i = 1, \dots, m$ Variablen Basisvariablen sind und die letzten $j = m + 1, \dots, n$ Nichtbasisvariablen.

Die i-te Basisvariable besitzt dann nach (3.1) folgende Basisdarstellung:

$$
x_{B_i} = b_i^* - \sum_{j=m+1}^{n} a_{ij}^* x_j
\tag{3.34}
$$

Nichtganzzahlige Werte b_i^* und a_{ij}^* werden nun in jeweils einen ganzzahligen Anteil $\lfloor \star \rfloor$ und einen nichtnegativen gebrochenen Anteil aufgespalten:

$$
\begin{aligned}
b_i^* &= \lfloor b_i^* \rfloor + h_i, \quad && \lfloor b_i^* \rfloor, \lfloor a_{ij}^* \rfloor \in \mathbb{Z} \\
a_{ij}^* &= \lfloor a_{ij}^* \rfloor + h_{ij}, \quad && 0 \leq h_i, h_{ij} < 1.
\end{aligned}
\tag{3.35}
$$

Setzt man (3.35) in (3.34) ein, so erhält man:

$$
x_{B_i} = \lfloor b_i^* \rfloor + h_i - \sum_{j=m+1}^{n} \left(\lfloor a_{ij}^* \rfloor + h_{ij} \right) x_j
$$

bzw.

$$
x_{B_i} = \underbrace{\lfloor b_i^* \rfloor - \sum_{j=m+1}^{n} \lfloor a_{ij}^* \rfloor x_j}_{\text{I}} + \underbrace{h_i - \sum_{j=m+1}^{n} h_{ij} x_j}_{\text{II}}.
\tag{3.36}
$$

In (3.36) ist der Teil I nach Definition ganzzahlig. Ist auch II ganzzahlig, so ist dies eine notwendige und hinreichende Bedingung dafür, dass x_{B_i} ganzzahlig ist.

Wegen $h_{ij}, x_j \geq 0$ gilt:

$$
h_{ij} x_j \geq 0
$$

und deshalb auch

$$h_i - \sum_{j=m+1}^{n} h_{ij}x_j \leq h_i < 1. \tag{3.37}$$

Wegen

$$h_i - \sum_{j=m+1}^{n} h_{ij}x_j < 1$$

ist somit

$$h_i - \sum_{j=m+1}^{n} h_{ij}x_j \leq 0 \text{ bzw. } - \sum_{j=m+1}^{n} h_{ij}x_j \leq -h_i \tag{3.38}$$

eine notwendige Bedingung für die Ganzzahligkeit von II.

Fügt man in (3.38) eine „Gomory-Variable" $x_G \geq 0$ als „Schlupfvariable" hinzu, so erhält man die *Gomory-Restriktion*:

$$x_G - \sum_{j=m+1}^{n} h_{ij}x_j = -h_i. \tag{3.39}$$

Da in (3.34) alle Nichtbasisvariablen x_j, $j = m + 1, \ldots, n$, Null sind, gilt in (3.39):

$$x_G = -h_i.$$

Fügt man (3.39) als Restriktion dem optimalen Simplex-Tableau für Modell (3.33) hinzu, so wird die duale Zulässigkeit der Basislösung nicht berührt. Allerdings wird wegen $-h_i < 0$ die primale Zulässigkeit verletzt. Führt man nun eine duale Simplex-Iteration mit der zusätzlichen Gomory-Restriktion als Pivotzeile durch, so wird zwangsläufig zweierlei passieren:

1. Die „primale Unzulässigkeit" der hinzugefügten Zeile wird beseitigt.

2. Die Gomory-Variable wird Nichtbasisvariable und kann nun als „Hilfsvariable" betrachtet werden.

Ist eine duale Simplex-Iteration nicht möglich, so ist der Lösungsraum von Modell (3.31), (3.32) leer; es existiert im Lösungsraum von (3.31) also keine ganzzahlige Lösung.

Aufgrund der bisherigen Überlegungen kann nun der Schnittebenen-Algorithmus von Gomory leicht beschrieben werden:

3.37 Algorithmus

1. Schritt: Löse(3.33) (LP-Relaxation) mit der Simplex-Methode und gehe zu Schritt 2.

2. Schritt: Sind in der optimalen Basislösung alle Ganzzahligkeitsbedingungen erfüllt, ist eine optimale ganzzahlige Lösung gefunden, STOPP; sonst gehe zu Schritt 3.

3. Schritt: Spalte die Komponenten b_i^* der „rechten Seite" (Basislösung) im optimalen Tableau für die Variablen, die ganzzahlig sein sollen, nach (3.35) auf. Der Index t für die Zeile, für die eine Gomory-Restriktion gebildet werden soll, werde ermittelt aus
$$h_t = \max_i \{h_i \mid h_i \text{ aus Aufspaltung nach (3.35)}\}.$$
Ist h_t nicht eindeutig bestimmbar, wähle den kleinsten Zeilenindex. Gehe zu Schritt 4.

4. Schritt: Spalte die a_{ij}^* der Zeile t des Tableaus gemäß (3.36) auf:
$$a_{tj}^* = \lfloor a_{tj}^* \rfloor + h_{tj}, \quad \lfloor a_{tj}^* \rfloor \text{ ganzzahlig, } 0 \leq h_{tj} \leq 1.$$
Bilde die Gomory-Restriktion nach (3.39) und gehe zu Schritt 5.

5. Schritt: Füge Gomory-Restriktion dem aktuellen Tableau hinzu und iteriere mit der dualen Simplex-Methode. Ist eine solche Iteration nicht möglich, dann ist keine ganzzahlige Lösung vorhanden, STOPP. Andernfalls gehe nach erfolgter Iteration zu Schritt 2.

3.38 Beispiel

Wir betrachten Beispiel 3.35.

1. Schritt: Das optimale Endtableau der LP-Relaxation ist:

c_{B_i}	c_j x_j x_{B_i}	5 x_1	3 x_2	x_3	x_4	b_i^*	h_i
3	x_2		1	$\frac{1}{9}$	$-\frac{1}{18}$	$\frac{7}{3}$	$\frac{1}{3}$
5	x_1	1		$\frac{1}{27}$	$\frac{4}{27}$	$\frac{16}{9}$	$\frac{7}{9}$
	Δz_j			$\frac{14}{27}$	$\frac{31}{45}$	$\frac{143}{9}$	

Optimales Tableau für relaxiertes Modell

2. Schritt: x_1 und x_2 sind nicht ganzzahlig.

3. Schritt:
$$h_t = \max \left\{ \frac{1}{3}, \frac{7}{9} \right\} = \frac{7}{9}$$
$$t = 2$$

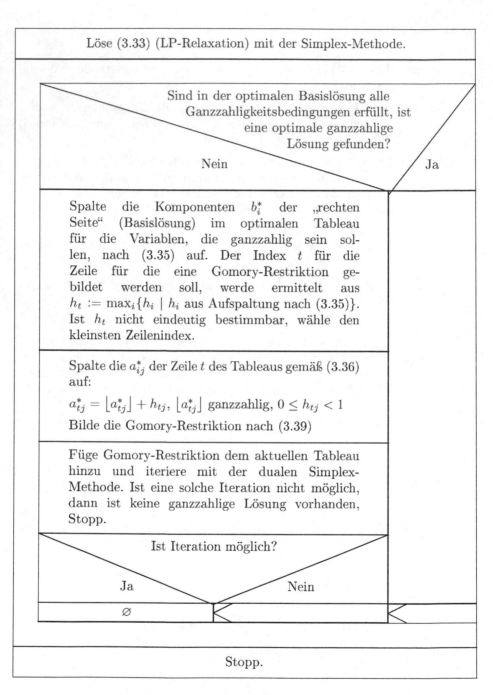

Löse (3.33) (LP-Relaxation) mit der Simplex-Methode.

Sind in der optimalen Basislösung alle Ganzzahligkeitsbedingungen erfüllt, ist eine optimale ganzzahlige Lösung gefunden?

Nein   Ja

Spalte die Komponenten b_i^* der „rechten Seite" (Basislösung) im optimalen Tableau für die Variablen, die ganzzahlig sein sollen, nach (3.35) auf. Der Index t für die Zeile für die eine Gomory-Restriktion gebildet werden soll, werde ermittelt aus $h_t := \max_i\{h_i \mid h_i$ aus Aufspaltung nach (3.35)$\}$. Ist h_t nicht eindeutig bestimmbar, wähle den kleinsten Zeilenindex.

Spalte die a_{ij}^* der Zeile t des Tableaus gemäß (3.36) auf:

$$a_{tj}^* = \lfloor a_{tj}^* \rfloor + h_{tj}, \ \lfloor a_{tj}^* \rfloor \text{ ganzzahlig}, \ 0 \le h_{tj} < 1$$

Bilde die Gomory-Restriktion nach (3.39)

Füge Gomory-Restriktion dem aktuellen Tableau hinzu und iteriere mit der dualen Simplex-Methode. Ist eine solche Iteration nicht möglich, dann ist keine ganzzahlige Lösung vorhanden, Stopp.

Ist Iteration möglich?

Ja   Nein

$\varnothing$

Stopp.

Abbildung 3.13: Der Gomory-Algorithmus

4. Schritt:

$$x_{G_1} - \frac{1}{27}x_3 - \frac{4}{27}x_4 = -\frac{7}{9}$$

5. Schritt: Das ergänzte Tableau lautet:

c_{B_i}	c_j x_{B_i}⟍x_j	5 x_1	3 x_2	x_{G_1}	x_3	x_4	b_i^*
3	x_2		1		$\frac{1}{9}$	$-\frac{1}{18}$	$\frac{7}{3}$
5	x_1	1			$\frac{1}{27}$	$\frac{4}{27}$	$\frac{16}{9}$
	x_{G_1}			1	$-\frac{1}{27}$	$-\frac{4}{27}$	$-\frac{7}{9}$
	Δz_j				$\frac{14}{27}$	$\frac{31}{54}$	$\frac{143}{9}$

Nach einem dualen Simplex-Schritt erhält man:

c_{B_i}	c_j x_{B_i}⟍x_j	5 x_1	3 x_2	x_{G_1}	x_3	x_4	b_i^*	h_i
3	x_2		1	$-\frac{3}{8}$	$\frac{1}{8}$		$\frac{21}{8}$	$\frac{5}{8}$
5	x_1	1		1	0		1	0
	x_4			$-\frac{27}{4}$	$\frac{1}{4}$	1	$\frac{21}{8}$	–
	Δz_j			$\frac{31}{3}$	$\frac{3}{8}$		$\frac{103}{8}$	

2. Schritt: x_2 ist nicht ganzzahlig.

3. Schritt:

$$h_t = \max\left\{\frac{5}{8}\right\} = \frac{5}{8}$$
$$t = 1$$

4. Schritt:

$$x_{G_2} - \frac{5}{8}x_{G_1} - \frac{1}{8}x_3 = -\frac{5}{8}$$

5. Schritt: Das weiterhin ergänzte Tableau ist

c_{B_i}	c_j x_{B_i}⟍x_j	5 x_1	3 x_2	x_{G_1}	x_{G_2}	x_3	x_4	b_i^*
3	x_2		1	$-\frac{3}{8}$		$\frac{1}{8}$		$\frac{21}{8}$
5	x_1	1		1		0		1
	x_4			$-\frac{27}{4}$		$\frac{1}{4}$	1	$\frac{21}{4}$
	x_{G_2}			$-\frac{5}{8}$	1	$-\frac{1}{8}$		$-\frac{5}{8}$
	Δz_j			$\frac{31}{8}$		$\frac{3}{8}$		$\frac{103}{8}$

Eine weitere duale Simplex-Iteration liefert das optimale Endtableau des ganzzahligen Problems:

c_j		5	3					
c_{B_i} $\diagdown$ x_{B_i}	x_j	x_1	x_2	x_{G_1}	x_{G_2}	x_3	x_4	b_i^*
3	x_2		1	-1	1			2
5	x_1	1		1	0			1
	x_4			-8	2		1	4
	x_3			5	-8	1		5
Δz_j				2	3			11

2. Schritt: x_1 und x_2 ganzzahlig. STOPP.   □

3.7 Vektormaximummodelle

3.7.1 Grundmodell

3.39 Einführendes Beispiel

Ein Unternehmen produziere zwei Güter 1 und 2 mit gegebenen Kapazitäten. Produkt 1 ergebe einen Deckungsbeitrag von EUR 2,– pro Stück und Produkt 2 ergebe einen Stückdeckungsbeitrag von EUR 1,–. Während Produkt 2 exportiert werden kann und dann einen Devisenerlös von EUR 2,– pro Stück erziele, erfordere Produkt 1 importiertes Rohmaterial im Werte von EUR 1,– pro Stück. Zur Bestimmung des optimalen Produktionsprogrammes seien zwei Zielsetzungen relevant:

(b) Maximierung des positiven Einflusses auf die Zahlungsbilanz (d. h. Maximierung der Differenz zwischen Exporten und Importen) (Ziel 1).

(b) Deckungsbeitragsmaximierung (Ziel 2).

Die Restriktionen ergeben sich aufgrund der knappen Kapazitäten. Damit kann das Problem wie folgt als lineares Vektormaximummodell formuliert werden:

$$\text{maximiere} \quad \boldsymbol{z}(\boldsymbol{x}) = \begin{pmatrix} z_1(\boldsymbol{x}) \\ z_2(\boldsymbol{x}) \end{pmatrix} = \begin{pmatrix} -1 & 2 \\ 2 & 1 \end{pmatrix} \begin{pmatrix} x_1 \\ x_2 \end{pmatrix}$$

$$\begin{aligned} \text{so dass} \quad -x_1 + 3x_2 &\leq 21 \\ x_1 + 3x_2 &\leq 27 \\ 4x_1 + 3x_2 &\leq 45 \\ 3x_1 + x_2 &\leq 30 \\ x_1, x_2 &\leq 0. \end{aligned}$$

Die beiden „*individuellen Optima*" der Zielfunktionen werden bei den Lösungen $\boldsymbol{x}^1 = (0,7)^{\mathrm{T}}$ bzw. $\boldsymbol{x}^4 = (9,3)^{\mathrm{T}}$ mit den Werten $z_1^0 = z_1(\boldsymbol{x}^1) = 14$ bzw. $z_2^0 = z_2(\boldsymbol{x}^4) = 21$ gefunden (siehe Abbildung 3.14). Für $\boldsymbol{x}^4$ ist $z_1(\boldsymbol{x}^4) = -3$ und für $\boldsymbol{x}^1$ ist $z_2(\boldsymbol{x}^1) = 7$.

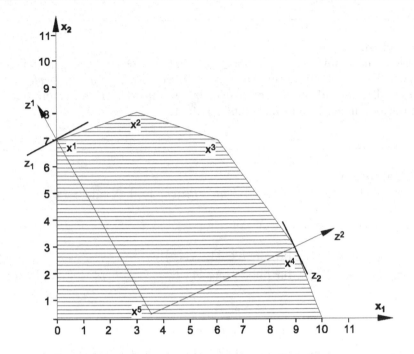

Abbildung 3.14: Ein Vektormaximummodell

Eine „*Kompromisslösung*" für dieses Problem sollte damit offensichtlich die Forderungen $z_1 \geq -3$ und $z_2 \geq 7$ erfüllen. Die Lösung für die $z_1 = -3$ und $z_2 = 7$ wird als „pessimistische Lösung" bezeichnet. Sie ist in Abbildung 3.14 als x^5 gekennzeichnet. □

Beispiel 3.39 ist eine Illustration des sogenannten Vektormaximummodells, d. h. eines mathematischen Programmierungsmodells mit mehreren Zielfunktionen bzw. einer vektorwertigen Zielfunktion, das wie folgt definiert werden kann:

3.40 Definition

Vektormaximummodelle (VMM) sind Modelle der Form

$\quad$ „maximiere" $\{z(x) \mid x \in X\}$

$\quad$ mit $\qquad X \subset \mathbb{R}^n,\ n \in \mathbb{N}$, konvex

$z(x) = [z_1(x), \ldots, z_p(x)]^{\mathrm{T}}$ sei eine vektorwertige Funktion mit $p > 1$, wobei jedes $z_k(x)$ konkav für $x \in X$ sei. X wird durch z auf den Bildraum (Funktionalraum) $Z \subset \mathbb{R}^p$ abgebildet.

3.41 Definition

Existiert ein x^* mit $z_k(x^*) = \max_{x \in X} z_k(x)$, $\forall k = 1, \ldots, p$, d.h. fallen die individuellen optimalen Lösungen zusammen, so spricht man von *perfekter Lösung*. In diesem Fall handelt es sich nicht um ein Vektormaximummodell im eigentlichen Sinne, da kein Zielkonflikt auftritt.

3.42 Definition

Ein Vektor (Lösung) x heißt *funktional effizient* bzgl. X und $z_1(x), \ldots, z_p(x)$, wenn gilt:

Es existiert kein Vektor $x^* \in X$ mit

$$z_k(x^*) \geq z_k(x) \qquad \text{für alle } k \in \{1, \ldots, p\} \tag{3.40}$$

$$z_{k_0}(x^*) > z_{k_0}(x) \qquad \text{für mindestens ein } k_0 \in \{1, \ldots, p\}. \tag{3.41}$$

Die Menge aller funktional effizienten Lösungen heißt *vollständige Lösung* des VMM.

Im vorigen Beispiel besteht die vollständige Lösung z. B. aus den Lösungen auf den Strecken x^1, x^2; x^2, x^3; x^3, x^4.

Die Ermittlung der vollständigen Lösung stellt lediglich eine Verkleinerung des Lösungsraumes dar (falls keine perfekte Lösung existiert). Eine *Kompromisslösung* aus der Menge der effizienten Lösungen kann unter Umständen mit Hilfe eines Ersatzmodells erfolgen. Als *Ersatzmodell* wird in diesem Zusammenhang bezeichnet:

$$\text{maximiere } f(z(x))$$
$$x \in X$$

wobei f eine stetige Funktion ist, die jedem Vektor $z(x)$ ein Abbildung im $\mathbb{R}^1$ zuordnet. Es muss ferner gelten:

Es existiert ein $\tilde{x} \in X$, so dass

$$f(z(\tilde{x})) = \max_{x \in X} f(z(x)) \text{ und}$$

$\tilde{x}$ funktional effiziente Lösung des VMM ist.

3.7.2 Lösungswege

Lösungsansätze zum VMM gehen in zwei Richtungen:

1. *Zielprogrammierungsmodelle*
   (Goalprogramming models), in denen die Ersatzzielfunktion $f(z(x))$ die Gestalt einer Abstands- bzw. Abweichungsfunktion annimmt (Kuhn and Tucker, 1951; Charnes and Cooper, 1961; Ijiri, 1965; Fandel, 1972; Ignizio, 1976).

2. *Nutzenmodelle*,
   die von der Idee einer Gesamtnutzenfunktion ausgehen und die gewichteten Zielkomponenten $z_k(x)$ zur gemeinsamen Präferenzfunktion $f(x) = f(z(x))$ zusammenfassen (Churchman and Ackoff, 1954; Geoffrion *et al.*, 1972).

Zu 1. Zielprogrammierungsmodelle

Es sei d eine auf $\mathbb{R}^p$ definierte Funktion, die jedem Paar von Zielvektoren $z(x_1) = y_1$, $z(x_2) = y_2$ einen Wert in $\mathbb{R}^1$ zuordnet. Die Funktion $d = d(y_1, y_2)$ mit den Eigenschaften:

(1) $d(y_1, y_2) = d(y_2, y_1) \geq 0$

(2) $d(y_1, y_2) = 0 \implies y_1 = y_2$

(3) $d(y_1, y_2) \geq d(y_1, y_3) + d(y_3, y_2))$

wird als *Abstandsfunktion* bezeichnet.

In dem hier besprochenen Zusammenhang wird als spezielle Form meist die Vektornorm betrachtet mit $q \in \mathbb{N} : y_1 = (y_1^1, y_2^1, \ldots, y_p^1)^{\mathrm{T}}$

$$d_q(y_1, y_2) = \|y_1 - y_2\|^q = \left(\sum_{k=1}^{q} |y_k^1 - y_k^2|^q \right)^{1/q}$$

Ist nun $\overline{y} = (\overline{y}_1, \ldots, \overline{y}_p)^{\mathrm{T}} \cdot (1, 2, 3)^{\mathrm{T}}$ eine erstrebenswerte Kombination von Niveaus der Zielkomponenten, dann heißen die Lösungen y^* d_q-optimal, für die

$$d_q(\overline{y}, y^*) = \min_{y \in Y} d_q(\overline{y}, y)$$

gilt.

Das Ersatzmodell lautet dann:

minimiere $d_q(\overline{y}, y)$
$$y = z(x)$$
$$x \in X.$$

Wichtige Forderung ist dabei, dass die Optimallösung des Ersatzmodells eine funktional effiziente Lösung des VMM ist, was für eine spezielle Wahl der erstrebenswerten Kombination unter Umständen nicht gegeben ist.

Offensichtlich hängt die Form des Ersatzmodelles sowohl von der gewählten Abstandsnorm wie auch von der Art des Lösungsraumes ab. Hier soll einer der ältesten Ansätze mit einem linearen Ersatzmodell (Charnes and Cooper, 1961) zur Illustration skizziert werden:

Es existiere ein „normales" LP-Restriktionensystem

$$Ax \leq b$$
$$x \geq 0$$

Die „Zielfunktionen" bestehen in der Forderung, bestimmte Ziele (Niveaus) mindestens – oder möglichst genau – zu erreichen. Fassen wir die Zielfunktionen in einer Matrix C zusammen und fordern

$$Cx \geq y \quad \text{bzw.} \quad Cx = y,$$

dann lautet das Gesamtmodell:

Bestimme ein x^* , so dass

$$Cx^* \geq \overline{y} \text{ bzw. } Cx^* = \overline{y}$$
$$Ax^* \leq b \tag{3.42}$$
$$x^* \geq 0.$$

Gibt es hierzu keine zulässige Lösung, so wird die Lösung als „optimal" bezeichnet, die das ursprüngliche Restriktionensystem erfüllt und die zusätzlichen (Ziel-)Restriktionen „möglichst wenig" verletzt. Das Ersatzmodell lautet also mit $(Cx)_k$, k-te Komponente des Vektors Cx:

$$\text{minimiere } \sum_{k=1}^{p} |(Cx)_k - \overline{y}_k|$$
$$\text{so dass} \quad Ax \leq b \tag{3.43}$$
$$x \geq 0$$

(entspricht gleicher Zielgewichtung).

Modell (3.43) kann wiederum einfach mit der Simplex-Methode gelöst werden.

Zu 2. Nutzenmodelle

Die diesen Modellen zugrundeliegende Idee ist die einer Gesamtnutzenfunktion, zu der die einzelnen Zielfunktionen $z_k(x)$ aggregiert werden, so dass sich ein für alle Zielkomponenten geltendes übergeordnetes Entscheidungskriterium ergibt. Häufig wird dabei von einer gewichteten, additiven Zusammenfassung ausgegangen. Das Modell der Definition 3.40 wird also überführt in das „äquivalente" Modell (Ersatzmodell)

$$\max \left\{ \sum_{k=1}^{p} w_k z_k(x) \mid x \in X \right\}, \tag{3.44}$$

wobei gewöhnlich $w_k \geq 0$ für alle $k \in \{1, \ldots, p\}$ ist.

Sind die $z_k(x)$ lineare Funktionen und ist der Lösungsraum ein konvexes Polyeder, so ist (3.44) ein lineares Programmierungsmodell. Zwischen den Nutzenmodellen als Ersatzmodelle für ein Vektormaximummodell und dem Vektormaximummodell bestehen z. B. die in folgenden Sätzen (Dinkelbach, 1969, S. 160) beschriebenen engen Zusammenhänge:

3.43 Satz

Ist x^* funktional effizienter Punkt des Modells aus Definition 3.40, dann existiert ein Vektor $w \in \mathbb{R}^p$, so dass x^* Lösung des Modells:

$$\max\left\{\sum_{k=1}^{p} w_k z_k(x) \mid x \in X\right\}$$
$$w = (w_1, \dots, w_p)^T \in \mathbb{R}^p, \ w \geq 0, \ \sum_{k=1}^{p} w_k = 1 \tag{3.45}$$

ist.

BEWEIS.

Es werden zwei Hilfssätze benötigt, die hier ohne Beweis angeführt werden (Beweise dazu siehe z. B. Dinkelbach, 1969, S. 160).

1. Hilfssatz:

Sind C und C' zwei konvexe Teilmengen des (euklidischen Raumes) $\mathbb{R}^p$, die keine inneren Punkte gemeinsam haben, und besitzt C' innere Punkte, dann existieren $\alpha \in \mathbb{R}^1$ und $w' \in \mathbb{R}^p$ mit $w' \neq 0$, so dass für $(c, c') \in C \times C'$ gilt:

$$\sum_{k=1}^{p} w'_k c_k \leq \alpha \leq \sum_{k=1}^{p} w'_k c'_k \tag{3.46}$$

2. Hilfssatz:

Ist $C \in \mathbb{R}^p$ konvex und $C' = \{c' \in \mathbb{R}^p \mid c_k \geq 0, \ k = 1, \dots, p\}$ und haben C und C' keine inneren Punkte gemeinsam, dann existiert ein Vektor:

$$w \in \mathbb{R}^p \text{ mit } w \geq 0 \text{ und } \sum_{k=1}^{p} w_k = 1$$

so dass für $(c, c') \in C \times C'$ gilt:

$$\sum_{k=1}^{p} w_k c_k \leq 0 \leq \sum_{k=1}^{p} w_k c'_k. \tag{3.47}$$

C sei die konvexe Hülle von

$$H = \{c = z(x) - z(x^*) \in \mathbb{R}^p \mid x \in X\}.$$

Ferner sei c beliebig aus C, dann gilt:

$$c = \sum_{i=1}^{m} \lambda_i c_i \text{ mit } \sum_{i=1}^{m} \lambda_i = 1 \text{ und } c_i = z(x_i) - z(x^*) \in H.$$

Da X konvex, $z(x)$ konkav über X und x^* funktional effizienter Punkt von Modell 3.40 ist, gilt:

$$0 \geq z \left(\sum_{i=1}^{m} \lambda_i x_i \right) - z(x^*)$$

$$\geq \sum_{i=1}^{m} \lambda_i z(x_i) - z(x^*)$$

$$= c.$$

C und $C' = \{c' \in \mathbb{R}^p \mid c_k \geq 0, \ k = 1, \ldots, p\}$ haben also keine gemeinsamen inneren Punkte und aus Hilfssatz 2 folgt direkt Satz 3.43. ∎

3.44 Satz

1. Sind alle Komponenten von w echt positiv und ist x^* Lösung des Modells (3.45), dann ist x^* funktional effizienter Punkt des Vektormaximum-modells 3.40.

2. Ist $x*$ eindeutige Lösung des Modells (3.45), dann ist x^* funktional effizienter Punkt des Vektormaximummodells.

BEWEIS.
Dieser Satz folgt direkt aus der Definition einer funktional effizienten Lösung in Definition 3.42.

Gälte Satz 3.44 nicht, so würde dies zu einem Widerspruch mit

$$\sum_{k=1}^{p} w_k z_k(x) > \sum_{k=1}^{p} w_k z_k(x^*) \quad \text{bzw.}$$

$$\sum_{k=1}^{p} w_k z_k(x) \geq \sum_{k=1}^{p} w_k z_k(x^*)$$

führen. ∎

3.45 Satz
Sind $z_k(x)$, $k = 1, \ldots, p$, streng konkav über X, dann ist x^* genau dann funktional effizienter Punkt des Modells 3.40, wenn x^* Lösung des Modells (3.45) ist.

BEWEIS.
Da mit $z_k(x)$ auch $\sum_{k=1}^{p} w_k z_k(x)$ streng konkav ist, ist x^* eindeutige Lösung zu 3.40 und die Sätze 3.43 und 3.44 gelten. ∎

Die Angabe eines Ersatzmodells stellt hohe Anforderungen an den Entscheidungsfäller, denen er aufgrund seiner beschränkten Rationalität (vgl. Kap. 2) häufig nicht genügen kann. Daher wurden interaktive Verfahren entwickelt, die auf den vorgestellten Ansätzen aufbauen und die notwendigen Informationen, wie z. B. die Gewichte der Zielfunktionen, schrittweise erfragen, wobei dem Entscheidungsfäller meist mögliche Kompromissalternativen vorgeschlagen werden. Übersichten der Verfahren findet man z. B. bei Isermann oder Hwang, Masud (Isermann, 1979; Hwang and Masud, 1979).

3.8 Stochastisches und Unscharfes Lineares Programmieren

Bisher wurde davon ausgegangen, dass in dem in Definition 3.3 eingeführten Modell:

$$\text{maximiere} \quad z = c^{\mathrm{T}} x$$
$$\text{so dass} \quad A x \leq b$$
$$x \geq 0$$
$$\text{mit} \quad c, x \in \mathbb{R}^n, \, b \in \mathbb{R}^m, \, A_{m,n}$$

die in c, b und A enthaltenen Koeffizienten reelle Zahlen seien, die zwar vom Entscheidungsfäller nicht zu beeinflussen sind, die jedoch einen exakten Wert annehmen und genau bekannt sind. Entsprechend wurde angenommen, dass die Maximierungsvorschrift uneingeschränkt über dem Lösungsraum gelte und dass der durch das Restriktionssystem definierte Lösungsraum scharf die Menge der zulässigen von der der unzulässigen Lösungen trenne. Diese Annahmen sind bei der Modellierung tatsächlicher Probleme oft nicht gerechtfertigt: Nimmt man z. B. an, dass die Koeffizienten von c zu erzielende Marktpreise seien, b aus den Kapazitäten von Maschinen bestehe und A die technologischen Koeffizienten (d. h. z. B. benötigte Bearbeitungszeit pro Stück auf einer bestimmten Maschine) enthalte, dann ist nicht schwer zu erkennen, dass die Komponenten von c, b und A streng genommen keine Konstanten, sondern Zufallsvariable sind. Deuten wir diese Tatsache dadurch an, dass wir den zufälligen Charakter durch $\tilde{\ }$ ausdrücken, so wird Modell 3.3 nun zu:

$$\text{maximiere} \quad \tilde{z} = \tilde{c}^{\mathrm{T}} x$$
$$\text{so dass} \quad \tilde{A} x \leq \tilde{b} \tag{3.48}$$
$$x \geq 0.$$

Hierbei stellen nun $\tilde{c}$, $\tilde{b}$ und $\tilde{A}$ Vektoren bzw. Matrizen der in 3.3 gegebenen Dimensionen dar, deren Komponenten jedoch durch Verteilungsfunktionen darzustellende Zufallsvariable sind. Haben darüber hinaus die Restriktionen bzw. die Optimierungsvorschrift nicht den strengen mathematischen Charakter wie in Modell 3.3 angenommen, sondern sind unscharfe Aussagen im Sinne der in Abschnitt 2.2 dargestellten Theorie unscharfer Mengen, so ist Modell 3.3 eine noch weniger akzeptable

Darstellung des wahren Problems. Wir wollen uns zunächst (3.48) zuwenden und anschließend das sogenannte „Unscharfe Programmieren" betrachten.

3.8.1 Stochastisches Lineares Programmieren

(3.48) ist in dieser Form keine sinnvolle Formulierung eines Modells. Selbst ein als $Ax \leq \tilde{b}$ definierter Lösungsraum hätte keinen Sinn, da zwar die linke Seite bestimmt ist, durch den Zufallscharakter der rechten Seite jedoch nicht sichergestellt werden kann, dass $Ax \leq \tilde{b}$ für eine beliebige Realisation von $\tilde{b}$ erfüllt ist.

Zwei Auswege aus diesem Dilemma sind denkbar:

A. Man beschränkt sich auf die Lösung des sogenannten „Verteilungsproblems" (im Englischen wait-and-see approach).

B. Man bestimmt sinnvolle deterministische Ersatzmodelle zu (3.48).

A. Das Verteilungsproblem

Eine Möglichkeit, an (3.48) heranzugehen, ist die, zu jeder Realisation der Zufallsvariablen $(\tilde{c}, \tilde{A}, \tilde{b}) : (c, A, b)$ das deterministische Modell:

$$
\begin{aligned}
\text{maximiere} \quad & z = c^{\mathrm{T}} x \\
\text{so dass} \quad & Ax \leq b \\
& x \geq 0 \\
\text{mit} \quad & c, x \in \mathbb{R}^n,\ b \in \mathbb{R}^m,\ A_{m,n}
\end{aligned}
\tag{3.49}
$$

zu lösen (falls eine solche Lösung existiert).

Man unterstellt also, in der Lage zu sein, „abzuwarten und zu sehen", welche Werte von $\tilde{c}, \tilde{A}$ und $\tilde{b}$ die Umwelt realisiert. Die Optimallösungen von (3.49) mit ihrer Verteilung dienen dem Entscheidenden als Entscheidungshilfe. Das Verteilungsproblem ist allgemein nicht gelöst. Nur für spezielle Zufallsvariable können Bereiche angegeben werden, in denen Lösungen optimal bleiben und die Wahrscheinlichkeit dieser Bereiche. Für praktische Probleme ist das Verteilungsmodell als Entscheidungshilfe bisher kaum verwendbar.

Weil sehr verwandt mit dem Verteilungsmodell, soll die Methode der Bestimmung einer oberen und unteren Grenze der Zielfunktion ebenfalls in diesem Abschnitt behandelt werden.

Nehmen die Zufallsvariablen $\tilde{a}_{ij}$, $\tilde{b}_i$, $\tilde{c}_j$ nur Werte auf endlichen Intervallen an, stellt sich die Frage, ob nicht ein Abschätzen der optimalen Zielfunktionswerte für alle möglichen Realisationen nach unten bzw. oben möglich ist. Der Entscheidende wüsste dann, was sich „schlimmstenfalls" und „bestenfalls" als Wert der Zielfunktion ergeben könnte, jedoch unter der Voraussetzung, dass er die jeweils optimale Alternative gewählt hätte.

Die oberen und unteren Grenzen der Koeffizienten $\tilde{a}_{ij}$, $\tilde{b}_i$ und $\tilde{c}_j$ des Modells seien wie folgt bekannt:

$$a_{ij} \leq \tilde{a}_{ij} \leq A_{ij}$$
$$b_i \leq \tilde{b}_i \leq B_i \qquad (3.50)$$
$$c_j \leq \tilde{c}_j \leq C_j.$$

Genauer müsste es in der ersten Ungleichung heißen: für jede mögliche Realisation $\tilde{a}_{ij}^0$ von $\tilde{a}_{ij}$ gelte: $a_{ij} \leq a_{ij}^0 \leq A_{ij}$. Im folgenden benutzen wir jedoch die ungenau kürzere Schreibweise wie in (3.50).

Man wolle den möglichen Bereich der Werte der optimalen Lösungen bestimmen, d. h. ein Intervall für $\tilde{z}^5$ des Modells

maximiere $\qquad z = \sum_{j=1}^{n} \tilde{c}_j x_j$

so dass $\qquad \sum_{j=1}^{n} \tilde{a}_{ij} x_j \leq \tilde{b}_i, \quad i = 1, \ldots, m \qquad (3.51)$

$$x_j \geq 0, \quad j = 1, \ldots, n.$$

3.46 Satz
Es gilt $z^0 \leq \tilde{z} \leq Z^0$ für $\tilde{z}$ aus (3.51), wenn z^0 und Z^0 definiert sind als optimale Zielfunktionswerte der folgenden zwei Modelle:

maximiere $z = \sum_{j=1}^{n} c_j x_j$

so dass $\qquad \sum_{j=1}^{n} A_{ij} x_j \leq b_i, \quad i = 1, \ldots, m \qquad (3.52)$

$$\boldsymbol{x} \geq \boldsymbol{0}$$

maximiere $Z = \sum_{j=1}^{n} C_j x_j$

so dass $\qquad \sum_{j=1}^{n} a_{ij} x_j \leq B_i, \quad i = 1, \ldots, m$

$$\boldsymbol{x} \geq \boldsymbol{0}.$$

BEWEIS.
Man betrachte zunächst die Lösungsräume definiert durch:

$$\sum_{j=1}^{n} a_{ij} x_j \leq B_i, \quad i = 1, \ldots, m. \qquad (I)$$

$$\sum_{j=1}^{n} \tilde{a}_{ij} x_j \leq \tilde{b}_i, \quad i = 1, \ldots, m. \qquad (II)$$

---

[5] z sei die Zufallsvariable, deren Verteilung sich ergibt aus den Zielfunktionswerten bei Realisation der Zufallsvariablen $\tilde{a}_{ij}$, $\tilde{b}_i$, $\tilde{c}_j$ und jeweils optimaler Wahl von $\boldsymbol{x}$.

Der Lösungsraum (II) ist in (I) enthalten, denn ist $\boldsymbol{x}'$ zulässig in (II)

$$\Longrightarrow \sum_{j=1}^{n} \tilde{a}_{ij} x'_j \leq \tilde{b}_i \quad \forall i = 1, \ldots, m$$

$$\overset{\boldsymbol{x} \geq 0}{\Longrightarrow} \sum_{j=1}^{n} a_{ij} x'_j \leq \sum_{j=1}^{n} \tilde{a}_{ij} x'_j \text{ und } \tilde{b}_i \leq B_i \quad \forall i = 1, \ldots, m$$

$$\Longrightarrow \sum_{j=1}^{n} a_{ij} x'_j \leq B_i \quad \forall i = 1, \ldots, m$$

$$\Longrightarrow \boldsymbol{x}' \text{ ist zulässig in (I)).}$$

Man betrachte nun:

$$\sum_{j=1}^{n} A_{ij} x_j \leq b_i, \quad i = 1, \ldots, m \tag{III}$$

Entsprechend Vorherigem gilt: der Lösungsraum (III) ist in (II) enthalten. Wir definieren nun folgende Werte:

$z_1 = $ maximiere $\sum_{j=1}^{n} c_j x_i$, s. d. (III)

$z_2 = $ maximiere $\sum_{j=1}^{n} c_j x_j$, s. d. (II)

$z_3 = $ maximiere $\sum_{j=1}^{n} \tilde{c}_j x_j$, s. d. (II)

$z_4 = $ maximiere $\sum_{j=1}^{n} C_j x_j$, s. d. (II)

$z_5 = $ maximiere $\sum_{j=1}^{n} C_j x_j$, s. d. (I)

Es gelten dann folgende Zusammenhänge:

$z_1 \leq z_2$, da (III) in (II) enthalten ist.

$z_2 \leq z_3$, da $\sum_{j=1}^{n} c_j x_j \leq \sum_{j=1}^{n} \tilde{c}_j x_j$

$\tilde{z}_3 \leq z_4$, da $\sum_{j=1}^{n} \tilde{c}_j x_j \leq \sum_{j=1}^{n} C_j x_j$

$z_4 \leq z_5$, da (II) in (I) enthalten ist,

d. h. es gilt $z^0 := z_1 \leq \tilde{z}_3 = \tilde{z} \leq z_5 =: Z^0$. ∎

B. Deterministische Äquivalente

a) Das 2-Stufen-Kompensations-Modell

In diesem Modell wird unterstellt, dass nach Festlegung einer „hier-und-jetzt"-Entscheidung $\boldsymbol{x}$ und Realisation der Zufallsvariablen $\tilde{\boldsymbol{A}}$, $\tilde{\boldsymbol{b}}$ zu $\boldsymbol{A}$, $\boldsymbol{b}$ eine Kompensation der Verletzung der Restriktionen „in zweiter Stufe" möglich ist. So können z. B. Kapazitätsverletzungen durch späteren Zukauf auf dem Markt ausgeglichen werden.

Diejenige „hier-und-jetzt"-Entscheidung wird als optimal angesehen, für die der erwartete Deckungsbeitrag der Zielfunktion verringert um die zu erwartenden zusätzlich durch Kompensation entstehenden Kosten maximal wird. In seiner einfachsten Struktur wird das Modell im folgenden hergeleitet:

Ausgegangen wird von dem stochastischen Modell:

$$
\begin{aligned}
&\text{maximiere} \quad \tilde{z} = \tilde{c}^{\mathrm{T}} \boldsymbol{x} \\
&\text{so dass} \quad \tilde{\boldsymbol{A}} \boldsymbol{x} = \tilde{\boldsymbol{b}} \\
&\qquad\qquad \boldsymbol{x} \geq \boldsymbol{0}.
\end{aligned}
\tag{3.53}
$$

$\tilde{c}_j$ sei der vom Zufall behaftete Deckungsbeitrag für Produkt j bei Nichtverletzen der Restriktionen. Bei Realisation von $\tilde{\boldsymbol{A}}$, $\tilde{\boldsymbol{b}}$ zu $\boldsymbol{A}$, $\boldsymbol{b}$ und bereits gefällter Entscheidung $\boldsymbol{x}'$ sei

- der Vektor $\boldsymbol{y}^+$ definiert durch $\max(\boldsymbol{A}\boldsymbol{x}' - b, 0)$,
- der Vektor $\boldsymbol{y}^-$ definiert durch $\max(\boldsymbol{b} - \boldsymbol{A}\boldsymbol{x}', 0)$
- $(\boldsymbol{y}^+, \boldsymbol{y}^-)^{\mathrm{T}}$ ist somit ein Zufallsvektor.

Eine Kompensation der Restriktionenverletzung in Höhe von y_i^+ bzw. y_i^- ($i = 1, \ldots, m$) verursache zusätzliche Kosten in Höhe von

$q_i^+ y_i^+$ bzw. $q_i^- y_i^-$, wobei q_i^+ und $q_i^- \geq 0$.

An die Stelle von (3.53) tritt dann das Maximierungsmodell:

$$
\begin{aligned}
&\text{maximiere} \quad E(\tilde{c}\boldsymbol{x} - (\boldsymbol{q}^+, \boldsymbol{q}^-)(\boldsymbol{y}^+, \boldsymbol{y}^-)) \\
&\qquad\qquad \boldsymbol{x} \geq \boldsymbol{0}.
\end{aligned}
\tag{3.54}
$$

In dieser Interpretation wird also das Risiko der Restriktionenverletzung abgefangen durch die Möglichkeit der Kompensation.

Jedes $\boldsymbol{x} \geq \boldsymbol{0}$ wird künstlich zulässig gemacht. Die insgesamt anfallenden Kosten werden jedoch wieder lediglich mittels ihres Erwartungswertes bemessen.

b) Modelle mit Wahrscheinlichkeitsrestriktionen (Chance-constrained models)

Bei diesen Modellen wird von einer nicht-stochastischen Zielfunktion ausgegangen. Anders als in a) lässt man hier nur solche Entscheidungen $\boldsymbol{x}$ als zulässig gelten, bei denen

- mit vorgegebenen Wahrscheinlichkeiten α_i die einzelnen Restriktionen erfüllt sind oder

- mit vorgegebener Wahrscheinlichkeit α das gesamte Restriktionensystem erfüllt ist.

Diese Interpretation von $\tilde{\boldsymbol{A}}\boldsymbol{x} \geq \tilde{\boldsymbol{b}}$ führt also zu folgenden deterministischen Ersatzrestriktionssystemen.

$$\text{Prob}\left((\tilde{A}x - \tilde{b})_i \geq 0\right) \geq \alpha_i, \quad i = 1, \ldots, m \tag{3.55}$$

bzw.

$$\text{Prob}(\tilde{A}x - \tilde{b} \geq 0) \geq \alpha.$$

Die Zahlen $\alpha, \alpha_1, \ldots, \alpha_m \in [0,1]$ sind vom Entscheidungsträger vorzugebende Wahrscheinlichkeiten, mit denen er die Einhaltung der Restriktionen garantiert wissen möchte.

Eine besondere Ausprägung der Modelle mit Wahrscheinlichkeitsrestriktionen ist unter dem Schlagwort *„fette Lösung"* bekannt geworden (Dantzig, 1955a).

Ist eine Verletzung der Restriktionen auf jeden Fall zu vermeiden (keine späteren Kompensationsmöglichkeiten und sehr hohe Vertragsstrafen bei Nichteinhaltung von Produktionsmengen), sollte der Entscheidende ein Modell verwenden, in dem nur solche Lösungen zulässig sind, die bei jeder möglichen Realisation von $\tilde{A}, \tilde{b}$ zulässig bleiben.

An die Stelle von $\tilde{A}x \leq \tilde{b}$ treten also die deterministischen Restriktionen:

$$x \in M := \bigcap_{A,b} \{x \mid Ax \leq b\} \tag{3.56}$$

wobei A, b alle möglichen Realisationen der Zufallsvariablen $\tilde{A}, \tilde{b}$ sind.

Als Durchschnitt konvexer Mengen ist M konvex.

Bemerkung:

Kann auch nur eines der $\tilde{b}_i$ auf dem ganzen $\mathbb{R}^1$ realisieren, ist $M = \emptyset$. Sinnvollerweise werden also nur solche Probleme mittels (3.56) behandelt, bei denen sowohl $\tilde{a}_{ij}$ als auch $\tilde{b}_i$ nur auf endlichen Intervallen variieren können.

3.8.2 Unscharfes Lineares Programmieren

In Abschnitt 2.5 war bereits auf die Problematik vager Problembeschreibungen hingewiesen worden. Dort war auch bereits ein Modell für Entscheidungen bei unscharfen Beschreibungen des Lösungsraumes oder der Ziele vorgeschlagen worden (Definition 2.30). Hier soll dieses Modell an die spezielle durch ein LP-Modell beschriebene Entscheidungssituation angepasst werden.

Gehen wir wiederum von einem Linearen Programmierungsmodell aus:

$$
\begin{aligned}
\text{minimiere} \quad & z = c^{\mathrm{T}}x \\
\text{so dass} \quad & Ax \leq b \\
& x \geq 0 \\
& c, x \in \mathbb{R}^n, b \in \mathbb{R}^m, A_{m,n}.
\end{aligned}
\tag{3.57}
$$

Wir wollen nun annehmen, dass weder Nebenbedingungen streng im Sinne des „$\leq$"
einzuhalten sind, noch dass eine „strenge" Optimierung gefordert wird. Ein solches
Modell könnte dann wie folgt beschrieben werden:

3.47 Modell

$$
\begin{aligned}
\text{Bestimme} \quad & x \in \mathbb{R}^n \\
\text{so dass} \quad & c^{\mathrm{T}} x \lesssim z^0 \\
& Ax \underset{\sim}{\leq} b \\
& x \geq 0,
\end{aligned}
$$

wobei das Zeichen „$\lesssim$" als „ungefähr oder möglichst nicht größer als" zu interpretieren ist. In Modell 3.47 seien wiederum c und x Vektoren mit n Komponenten. b
sei ein Vektor mit m Komponenten, z^0 eine Konstante und A eine $m \times n$ Matrix.

Zur Vereinfachung der Schreibweise fassen wir die Zielfunktion als die erste Zeile

der neuen $m+1$-Zeilen Matrix $A := \begin{pmatrix} c^{\mathrm{T}} \\ A \end{pmatrix}$ auf, die neue rechte Seite ergibt sich zu

$b := \begin{pmatrix} z^0 \\ b \end{pmatrix}$. Das Modell lautet dann:

$$
\begin{aligned}
\text{Bestimme} \quad & x \in \mathbb{R}^n \\
\text{so dass} \quad & Ax \lesssim b \\
& x \geq 0.
\end{aligned}
\tag{3.58}
$$

Jede Zeile von (3.58) kann nun durch eine unscharfe Menge modelliert werden, und
die „optimale Lösung" wäre in Analogie zu (3.57) die Lösung x, die im Durchschnitt
aller unscharfen Mengen den höchsten Zugehörigkeitsgrad aufweist.

Für die unscharfe Zielfunktion und die unscharfen Restriktionen sollen die Zugehörigkeitsfunktionen f_i, $i = 1, \ldots, m+1$ nun folgende Eigenschaften haben:
Sie sollen X so in das Intervall $[0,1]$ abbilden, dass

$$
f_i\left((Ax)_i\right) = \begin{cases} 0, & \text{wenn } (Ax)_i \leq b_i \text{ „stark" verletzt wird,} \\ 1, & \text{wenn } (Ax)_i \leq b_i \text{ nicht verletzt wird.} \end{cases}
\tag{3.59}
$$

Dazwischen sollen die Funktionen in jedem Argument monoton steigen. In unserem
speziellen Falle wollen wir lineare Zugehörigkeitsfunktionen der folgenden Form annehmen:

$$
f_i(x) = f_i((Ax)_i) = \begin{cases} 0, & \text{für } (Ax)_i \geq b_i + p_i, \\ \frac{b_i + p_i - (Ax)_i}{p_i}, & \text{für } b_i \leq (Ax)_i \leq b_i + p_i, \\ 1, & \text{für } (Ax)_i \leq b_i. \end{cases}
\tag{3.60}
$$

Hierbei ist t_i die „Verletzung" der i-ten Bedingung für $0 \leq t_i \leq p_i$, und $p_i > 0$ die maximale Verletzung, die der Entscheidungsfäller in der i-ten Zeile akzeptiert.

Akzeptieren wir den Minimumoperator als „und"-Verknüpfung für den vorliegenden Fall und suchen wir die Lösung mit maximalem Zugehörigkeitsgrad zur unscharfen Menge „Entscheidung", so kann nun (3.58) geschrieben werden als

$$\max_{x \geq 0} \mu(\boldsymbol{x}) = \max_{x \geq 0} \min_{i=1}^{m+1} f_i \left((\boldsymbol{Ax})_i \right), \tag{3.61}$$

wobei $\boldsymbol{x} \in \mathbb{R}^n$, f_i definiert wie in (3.60) und $\boldsymbol{A}$ eine $(m+1) \times n$-Matrix sind. Eine dazu äquivalente Formulierung ist

$$\begin{aligned}
&\text{maximiere } \lambda \\
&\text{so dass} \quad \lambda \boldsymbol{p} + \boldsymbol{Ax} \leq \boldsymbol{b} + \boldsymbol{p} \\
&\quad\quad\quad\quad \lambda \quad\quad\quad \leq 1 \\
&\quad\quad\quad\quad\quad \lambda, \boldsymbol{x} \leq 0.
\end{aligned} \tag{3.62}$$

3.48 Beispiel

Bei dem Bestreben, ihre Transportkosten zu senken, ergab sich bei einer Firma folgendes Problem: Wieviele Lastwagen der Größen 1 bis 4 sollten im eigenen Fuhrpark gehalten werden und wieviele sollten hinzugemietet werden um sicherzustellen, dass alle Kundenwünsche prompt erfüllt werden können und gleichzeitig die Transportkosten minimiert werden?

Im einzelnen waren folgende Bedingungen zu erfüllen:

1. Die Kapazität des Fuhrparks sollte insgesamt mindestens so groß sein wie die Summe der prognostizierten Umsatzmengen (Mengennebenbedingung).

2. Eine vorgegebene Anzahl von Kunden müsste jeden Tag besucht werden können (Routennebenbedingung).

3. Von der kleinsten Transportgröße 1 sollten mindestens 6 Stück vorhanden sein, um auch andere Botenfahrten erledigen zu können.

Ohne die Ganzzahligkeitserfordernis der Lösung zu berücksichtigen, ergab sich zunächst das folgende Lineare Programm, wobei x_j die Anzahl der zu haltenden Lastwagen vom Typ j ist.

$$\begin{aligned}
&\text{minimiere } z = 41.400x_1 + 44.300x_2 + 48.100x_3 + 49.100x_4 \\
&\text{so dass} \quad\quad 0{,}84x_1 + \quad 1{,}44x_2 + \quad 2{,}16x_3 + \quad 2{,}40x_4 \geq 170{,}00 \\
&\quad\quad\quad\quad\quad 16x_1 + \quad\quad 16x_2 + \quad\quad 16x_3 + \quad\quad 16x_4 \geq 1300 \\
&\quad\quad\quad\quad\quad\quad x_1 \quad\quad\quad\quad\quad\quad\quad\quad\quad\quad\quad\quad \geq 6 \\
&\quad\quad\quad\quad\quad\quad\quad\quad\quad\quad\quad\quad\quad\quad\quad\quad x_j \geq 0 \quad j = 1, \ldots, 4
\end{aligned}$$

Hierzu ergab sich die optimale Lösung $x_1 = 6$, $x_2 = 16{,}29$, $x_4 = 58{,}96$ und die dadurch entstehenden (minimalen) Transportkosten waren 3.864.975 EUR.

Das Management war zwar mit den errechneten Transportkosten zufrieden, hatte jedoch gewisse Bedenken bezüglich der vorgeschlagenen Lösung, da man die Nebenbedingungen aufgrund einer Prognose aufgestellt hatte. Die vorgeschlagene Lösung hält die Restriktionen genau ein. Man befürchtete nun, dass die errechneten Transportkapazitäten nicht ausreichen würden.

Man wollte in den Nebenbedingungen „etwas Luft haben". Aufgrund weiterer Nachfragen stellte sich heraus, dass man eigentlich auch nicht unbedingt ein Kostenminimum anstrebte, sondern dass im Budget Transportkosten in Höhe von 4,2 Millionen EUR ausgewiesen waren, die man auf keinen Fall überschreiten wollte. Man war sehr daran interessiert, „merkbar" unter diesem Kostenansatz zu bleiben.

Aufgrund dieser Information wurde auf folgende Weise ein unscharfes Lineares Modell formuliert:

1. Für die Nebenbedingungen wurden die Zugehörigkeitsfunktionen so formuliert, dass sie den Wert Null annahmen, sobald die Mindestanforderungen erreicht oder unterschritten wurden, und den Wert Eins, sobald die gewünschte „Luft", d. h. gewünschte Reservekapazität, voll vorgesehen bzw. überschritten wurde. (Die in (3.60) erwähnten Intervalle p_i entsprechen also den Reservekapazitäten.)

2. Für die Zielfunktion wurde für die Erreichung oder Überschreitung des Budgetansatzes ein Zugehörigkeitskoeffizient von 0 festgelegt, für eine Unterschreitung der Minimalkosten ein Wert von 1.

   Damit ergaben sich folgende Formen der Zugehörigkeitsfunktionen:

	$f_i((\boldsymbol{Ax})_i) = 0$	$f_i((\boldsymbol{Ax})_i) = 1$
Zielfunktion	4.200.000	3.900.000
1. Nebenbedingung	170	180
2. Nebenbedingung	1.300	1.400
3. Nebenbedingung	6	12

Die entsprechende Formulierung in Form (3.62) ist dann:

$$\text{maximiere } \lambda$$

$$
\begin{aligned}
\text{so dass} \quad 300.000\lambda \;+\; 41.400x_1 \;+\; 44.300x_2 \;+\; 48.100x_3 \;+\; 49.100x_4 &\le 4.200.000 \\
10\lambda \;-\; 0{,}84x_1 \;-\; 1{,}44x_2 \;-\; 2{,}16x_3 \;-\; 2{,}4x_4 &\le -170 \\
100\lambda \;-\; 16x_1 \;-\; 16x_2 \;-\; 16x_3 \;-\; 16x_4 &\le 1.300 \\
6\lambda \;-\; x_1 \qquad\qquad\qquad\qquad\qquad\quad &\le 6 \\
\lambda &\le 1 \\
\lambda, x_j \ge \quad j = 1,\dots,4.
\end{aligned}
$$

Als optimale Lösung ergab sich

$$x_1^0 = 9{,}51$$
$$x_2^0 = 13{,}63$$
$$x_3^0 = 0$$
$$x_4^0 = 61{,}77$$

und Kosten in Höhe von EUR 4.020.449,–. Durch die zusätzlichen Kosten wird zusätzliche Kapazität gegenüber der Minimalanforderung in den einzelnen Restriktionen bereitgestellt, ohne das Budget auszunutzen.   □

Erweiterungen des Modells (3.62) sind nun nicht schwierig:

Sind außer den m unscharfen Nebenbedingungen auch noch k scharfe Nebenbedingungen der Form $A'x \leq b'$ zu berücksichtigen, so wird aus Formulierung (3.62) das folgende Modell:

$$
\begin{aligned}
&\text{maximiere } \lambda \\
&\text{so dass} \quad \lambda p + Ax \leq b + p \\
&\qquad\qquad\quad A'x \leq b' \\
&\qquad \lambda \qquad\quad \leq 1 \\
&\qquad\quad \lambda, x \geq 0 \\
&\quad x \in \mathbb{R}^n,\, p \in \mathbb{R}^{m+1},\, b' \in \mathbb{R}^k,\, B_{m+l,n},\, A'_{k,n},\, \lambda \in \mathbb{R}^1.
\end{aligned}
\tag{3.63}
$$

Gemischt-Unscharfe Probleme mit mehreren Zielfunktionen

Treten zu der schon bisher berücksichtigten unscharfen Zielfunktion weitere scharfe hinzu, so sind in (3.62) bzw. (3.63) lediglich weitere Zeilen hinzuzufügen. Hier ergibt sich lediglich die zusätzliche Schwierigkeit der Bestimmung oberer und unterer Anspruchsniveaus. Eine naheliegende Vorgehensweise soll an dem nummerischen Beispiel (3.39) illustriert werden, welches zu Beginn des Abschnitts 3.7.1 Vektormaximummodelle ausführlich erläutert wurde.

3.49 Beispiel

Das Ausgangsmodell lautet:

$$
\begin{aligned}
&\text{„maximiere“ } z(x) = \begin{pmatrix} -1 & 2 \\ 2 & 1 \end{pmatrix} \begin{pmatrix} x_1 \\ x_2 \end{pmatrix} \\
&\text{so dass} \quad -x_1 + 3x_2 \leq 21 \\
&\qquad\qquad\quad\; x_1 + 3x_2 \leq 27 \\
&\qquad\qquad 4x_1 + 3x_2 \leq 45 \\
&\qquad\qquad 3x_1 + \;\; x_2 \leq 30 \\
&\qquad\qquad\quad\; x_1, x_2 \geq 0.
\end{aligned}
$$

Die beiden individuellen Maxima der Zielfunktion 1 bzw. 2 sind 14 bzw. 21 für die Lösungen $(0,7)^T$ bzw. $(9,3)^T$. Die Lösung $(9,3)^T$ ergibt für Zielfunktion 1 einen Wert von -3, $(0,7)^T$ für Zielfunktion 2 den Wert 7. Dies sind die niedrigsten Werte, die für die beiden Zielfunktionen rechtfertigbar sind, da dann die jeweils andere ihr Maximum erreicht. Wir wollen nun den Zugehörigkeits- oder Zufriedenheitsgrad bezüglich der beiden Zielfunktionen jeweils mit 0 für die niedrigst-rechtfertigbaren Werte (also -3 bzw. 7) und 1 für die individuellen Maxima (also 14 bzw. 21) festlegen und sie dazwischen linear ansteigen lassen.

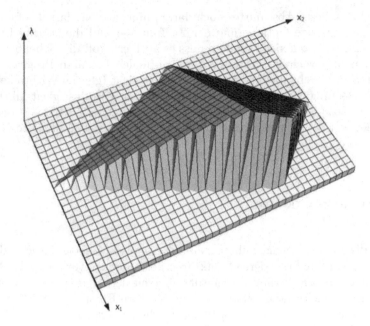

Abbildung 3.15: Ein unscharfes LP-Modell

Die zweite Restriktion soll nun als unscharfe Nebenbedingung formuliert werden:

$$x_1 + 3x_2 \lesssim 24$$

mit $p = 3$ als der höchsten akzeptablen „Verletzung". Das Modell in der Form (3.63) sieht dann wie folgt aus:

$$
\begin{aligned}
\text{maximiere} \quad & \lambda \\
\text{so dass} \quad & 17\lambda - x_1 + 2x_2 \leq 3 \\
& 14\lambda + 2x_1 + x_2 \leq -7 \\
& 3\lambda + x_1 + 3x_2 \leq 27 \\
& -x_1 + 3x_2 \leq 21 \\
& 4x_1 + 3x_2 \leq 45 \\
& 3x_1 + x_2 \leq 30 \\
& \lambda \leq 1 \\
& \lambda, x_j \geq 0.
\end{aligned}
$$

Vergleicht man Abbildung 3.15 mit Abbildung 3.14, so sieht man, dass die Zielfunktion λ über der vollständigen Lösung x^1 bis x^4 in Abbildung 3.14 eine Ordnung bildet. Der höchste Wert wird bei der Kompromisslösung x^3 in Abbildung 3.14 angenommen. Die optimale Lösung dieses Modells ist

$$x_1^0 = 4.88$$
$$x_2^0 = 6.69$$

und der erreichte λ-Wert ist $\lambda^0 = 0.68$. □

Es sei zum Schluss dieses Abschnittes noch darauf hingewiesen, dass das fuzzy Modell nicht nur die strenge Optimierung der Zielfunktion und die strenge Bindung der Nebenbedingungen relaxiert, sondern dass es auch erlaubt, die Nebenbedingungen verschieden zu gewichten: Während beim normalen Linearen Programmieren definitionsgemäß alle Nebenbedingungen gleiches Gewicht (gleiche Wichtigkeit) haben und die Verletzung irgendeiner Nebenbedingung zur Unzulässigkeit führt, wird das Gewicht im fuzzy Modell durch die Steigung der Zugehörigkeitsfunktionen bestimmt. Je kleiner also in (3.60) das p_i ist, desto höher ist das implizierte Gewicht der i-ten Nebenbedingung.

3.9 Spezielle Strukturen

Die bisher in diesem Kapitel angeführten, auf der Simplex-Methode basierenden Algorithmen nutzten keine besonderen Strukturen des Modells – vor allem der Matrix $\boldsymbol{A}$ – aus. Durch die Beschränkung der Einsatzfähigkeit der Algorithmen auf speziell strukturierte LP-Modelle kann gewöhnlich eine größere Effizienz der Algorithmen und unter Umständen ein geringerer Speicherplatzbedarf erreicht werden. Wir wollen hier *beispielhaft* für solche Ansätze das sogenannte „Transportmodell" betrachten, eine der ältesten Modifikationen des normalen Simplex-Algorithmus. Zugrunde liegt folgende Problemstellung:

Es bestehen m Ausgangsorte A_i, in denen die Mengen a_i, $i = 1,\ldots,m$, lagern. Daneben existieren n Bestimmungsorte B_j mit den Bedarfsmengen b_j, $j = 1,\ldots,n$. Eine Belieferung darf nur direkt von einem Ausgangsort an einen Bestimmungsort erfolgen. Von den $m \cdot n$ bestehenden Transportrouten sind die Transportkosten pro transportierte Mengeneinheit (Einheitstransportkosten) c_{ij}, $i = 1,\ldots,m$, $j = 1,\ldots,n$, bekannt und konstant. Es wird ferner davon ausgegangen, dass die Summe der auszuliefernden Mengen gerade gleich ist der Summe der nachgefragten Mengen, also $\sum_{i=1}^{m} a_i = \sum_{j=1}^{n} b_j$. Negative Liefermengen sind nicht zugelassen.

Abbildung 3.16 illustriert die Problemstruktur für $m = 3$ und $n = 4$.

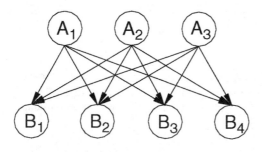

Abbildung 3.16: Die Struktur des Transportproblems

Das Ziel ist, einen Transportplan aufzustellen, mit Hilfe dessen alle Anforderungen erfüllt werden, und der die Gesamttransportkosten minimiert. Bezeichnet man die Transportmengen zwischen dem i-ten Ausgangsort und dem j-ten Bestimmungsort mit x_{ij}, so kann man das „Transportproblem" wie folgt modellieren:

3.50 Transportmodell

$$
\left.
\begin{array}{ll}
\text{minimiere} & z = \sum_{i=1}^{m} \sum_{j=1}^{n} c_{ij} x_{ij} \\
\text{so dass} & \sum_{j=1}^{n} x_{ij} = a_i,\ i = 1, \ldots, m \\
& \sum_{i=1}^{m} x_{ij} = b_j,\ j = 1, \ldots, n \\
& x_{ij} \geq 0,\ \ i = 1, \ldots, m, j = 1, \ldots, n
\end{array}
\right\}
\tag{3.64}
$$

wobei $\displaystyle\sum_{j=1}^{m} a_i = \sum_{j=1}^{n} b_j$ und $a_i, b_i \geq 0$.

$\square$

Dieses Modell entspricht dem LP-Modell aus Definition 3.3 und könnte somit auch mit der Simplex-Methode gelöst werden. Die Matrix $\boldsymbol{A}$ aus Modell (3.64) hat jedoch hier folgende Struktur, wobei leere Felder mit Null besetzt sind:

$$
\begin{array}{cccccccccccc}
x_{11} & x_{12} & \ldots & x_{1n} & x_{21} & x_{22} & \ldots & x_{2n} & \ldots & x_{m1} & x_{m2} & \ldots & x_{mn}
\end{array}
$$

$$
\left.\left(
\begin{array}{cccccccccccc}
1 & 1 & \cdots & 1 & & & & & & & & \\
& & & & 1 & 1 & \cdots & 1 & & & & \\
& & & & & & & & \ddots & & & \\
& & & & & & & & & 1 & 1 & \cdots & 1 \\
1 & & & & 1 & & & & & 1 & & \\
& 1 & & & & 1 & & & & & 1 & \\
& & \ddots & & & & \ddots & & \cdots & & & \ddots \\
& & & 1 & & & & 1 & & & & 1
\end{array}
\right)
\right\}
\begin{array}{l}
m \text{ Zeilen} \\[3em]
n \text{ Zeilen}
\end{array}
$$

$$
\underbrace{}_{m \cdot n \text{ Spalten}}
$$

Die m Nebenbedingungen, die sicherstellen, dass jeweils der gesamte Bestand am Ausgangsort ausgeliefert wird, entsprechen den oberen m Zeilen, die den Bestimmungsorten entsprechenden den unteren n Zeilen von $\boldsymbol{A}$. In Kurzschreibweise lässt sich $\boldsymbol{A}$ darstellen als:

$$
\boldsymbol{A} =
\left(
\begin{array}{ccccc}
\boldsymbol{1}_n{}^{\mathrm{T}} & & & & \\
& \boldsymbol{1}_n{}^{\mathrm{T}} & & & \\
& & \ddots & & \\
& & & \boldsymbol{1}_n{}^{\mathrm{T}} & \\
& & & & \ddots \\
& & & & & \boldsymbol{1}_n{}^{\mathrm{T}} \\
\boldsymbol{I}_n & \boldsymbol{I}_n & \cdots & \boldsymbol{I}_n & \cdots & \boldsymbol{I}_n
\end{array}
\right)
\tag{3.65}
$$

In (3.65) bilden die Vektoren $\mathbf{1}_n{}^\mathrm{T} = (1, 1, \ldots, 1)$ n-komponentige $\mathbf{1}$-Vektoren und die Matrizen $\boldsymbol{I}_n$ n-reihige Einheitsmatrizen.

Die Folgen der speziellen Struktur von $\boldsymbol{A}$ sind:

1. Die Elemente von $\boldsymbol{B}^{-1}$ sind alle $+1$, -1 oder 0.

2. Da $\boldsymbol{x_B} = \boldsymbol{B}^{-1}\boldsymbol{b}$, müssen alle Komponenten einer Basislösung $\boldsymbol{x_B}$ dann ganzzahlig sein, wenn $\boldsymbol{b}$ ganzzahlig ist.

3. Die Bestimmung des Pivotelements vereinfacht sich.

4. Das Pivotisieren mit den Regeln (3.5) und (3.6) reduziert sich auf Additions- und Subtraktions-Operationen. (Dadurch auch keine Rundungsfehler!)

5. Da die Struktur von $\boldsymbol{A}$, $\boldsymbol{B}$ und $\boldsymbol{B}^{-1}$ bekannt ist, ist ein vereinfachtes, „symbolisches" Tableau möglich.

6. Auf jeder Stufe (Iteration) sind lediglich die Basis, die Basislösung und die Δz_j der Nichtbasisvariablen zu bestimmen.

Unter Ausnutzung der strukturellen Eigenschaften und ihrer Konsequenzen kann zunächst das „Simplex-Tableau" wesentlich verkleinert werden. Üblich ist das in Abbildung 3.17 gezeigte Tableau.

	B_1	B_2	B_3	B_4	
A_1	x_{11}	x_{12}	x_{13}	x_{14}	a_1
A_2	x_{21}	x_{22}	x_{23}	x_{24}	a_2
A_3	x_{31}	x_{32}	x_{33}	x_{34}	a_3
	b_1	b_2	b_3	b_4	

Abbildung 3.17: Das Transporttableau für $m = 3$, $n = 4$

Würde Modell (3.64) in einem Simplex-Tableau gelöst, so hätte dies $(m + n)$ Zeilen, $m \cdot n$ Spalten für die „Strukturvariablen" und $(m + n)$ Spalten für die notwendigen Hilfsvariablen. Das Transporttableau hat dagegen nur m Zeilen und n Spalten. Jedes „Kästchen" entspricht einer Strukturvariablen des zugrundeliegenden LP's, und die Hilfsvariablen werden gar nicht benötigt.

Bei der Lösung sind zwei Stufen zu unterscheiden: Die Ermittlung einer zulässigen Ausgangsbasislösung und die verbessernden Iterationen zur Bestimmung einer optimalen Basislösung.

1. Bestimmung einer Ausgangslösung

Ein Weg hierzu ist die Verwendung der sogenannten „*Nordwesteckenregel*":

a) Beginne in der nordwestlichen Ecke und lege $x_{11} = \min\{a_1, b_1\}$ fest.

b) Falls $x_{11} = a_1$, dann wähle $x_{21} = \min\{a_2, b_1 - x_{11}\}$.

Falls $x_{11} = b_1$, dann wähle $x_{12} = \min\{a_1 - x_{11}, b_2\}$.

Ist das Minimum unter (a) nicht eindeutig, d. h. $x_{11} = a_1 = b_1$, dann wähle zusätzlich entweder $x_{12} = 0$ oder $x_{21} = 0$ als Basiseintragung.

c) Fahre in dieser Weise fort, bis $x_{m,n}$ festgelegt ist. Die so ermittelte Lösung ist eine zulässige Basislösung für Modell (3.64).

2. Verbesserung der Ausgangslösung|)

Ein effizientes Verfahren zur Verbesserung der Ausgangsbasislösung ist die sogenannte MODI-Methode (siehe Vajda, 1962, S. 3 ff.) (modified distribution method), auch als U-V-Methode bezeichnet. Sie benutzt zur Ermittlung der aufzunehmenden Variablen und zum Optimalitätsnachweis die zugehörige (die Complementary Slackness-Bedingung erfüllende) Lösung des zu Modell (3.64) dualen Modells

$$\text{maximiere} \quad Z = \sum_{i=1}^{m} a_i u_i + \sum_{j=1}^{n} b_j v_j$$
$$\text{so dass} \quad u_i + v_j \leq c_{ij} \tag{3.66}$$
$$i = 1, \ldots, m, \; j = 1, \ldots, n.$$

(In (3.66) sind die dualen (Struktur-)Variablen u_i, v_j wegen der Gleichungsrestriktionen des primalen Problems unbeschränkt. Ferner kann einer dualen Variablen, da das Gleichungssystem des primalen Problems unterbestimmt ist, ein beliebiger (fester) Wert zugeordnet werden.

Aufgrund der Complementary Slackness-Bedingung gilt für die Basisvariablen

$$u_i + v_j = c_{ij}. \tag{3.67}$$

Da die Basis $(m+n-1)$ Basisvariable enthält, ist System (3.67) unterbestimmt. Man legt gewöhnlich $u_1 = 0$ oder $v_1 = 0$ fest und löst dann (3.67) für alle Basisvariablen.

Die für die Auswahl der aufzunehmenden Basisvariablen benötigten Δz_{ij} (siehe (3.2) und (3.3)) ergeben sich (als duale Schlupfvariablen in (3.66) zu

$$\Delta z_{ij} = c_{ij} - (u_i + v_j). \tag{3.68}$$

Eine optimale Lösung ist dann erreicht, wenn für alle Nichtbasisvariablen $\Delta z_{ij} \geq 0$ gilt. Ansonsten wird analog (3.3) diejenige Nichtbasisvariable x_{rs} aufgenommen, für die

$$\Delta z_{rs} = \min_{ij}\{\Delta z_{ij}\} < 0. \tag{3.69}$$

Die im Basistausch zu eliminierende Basisvariable wurde im Simplex-Algorithmus nach (3.4) bestimmt. Dazu war die Kenntnis der Koeffizienten a_{il}^{*} der Spalte der aufzunehmenden Nichtbasisvariablen (der Pivotspalte) notwendig. Da diese Koeffizienten im Transporttableau nicht vorhanden sind, müssen sie auf andere Weise bestimmt werden. Man bestimmt sich dazu im Transport-Tableau einen Pfad aus jenen Basiseintragungen, deren Wert sich bei Erhöhung des Wertes der aufzunehmenden Nichtbasisvariablen ändert, damit die Gleichungen in (3.64) eingehalten werden (stepping stone path). Dieser Pfad ist eindeutig, und die ihm entsprechenden Basisvariablen seien mit x_{ij}^B bezeichnet. Durch Hinzufügen der Eintragung der Nichtbasisvariablen x_{rs} entsteht eine Schleife.

Die Abhängigkeiten $x_{ij}^B(x_{rs})$ der Basisvariablen im Stepping Stone-Pfad von der Nichtbasisvariablen x_{rs} besitzen folgende Besonderheiten:

1. Die Werte der Variablen x_{ij}^B ändern sich entweder um $+x_{rs}$ oder um $-x_{rs}$.

2. Die Änderungen zweier im Pfad aufeinander folgender Basiseintragungen erfolgen jeweils mit alternierendem Vorzeichen.

Es reicht daher aus, die Änderungen im Transporttableau durch eine Folge von „+" und „−" zu markieren.

Sobald bei Erhöhung der Nichtbasisvariablen eine der mit „−" markierten Variablen einen Wert kleiner Null annimmt, würde natürlich Unzulässigkeit eintreten. Die aus der betrachteten Basis ausscheidende Variable x_{kl}^B kann nun nach (3.4) vereinfachend wie folgt bestimmt werden:

$$\theta = \min_{ij}\{x_{ij}^B\} = x_{kl}^B \tag{3.70}$$

wobei das Minimum über alle x_{ij}^B in der Schleife gebildet wird, die mit „−" markiert sind. Hierdurch wird nicht nur die zu ersetzende Variable bestimmt, sondern θ gibt auch den Wert an, den die aufzunehmende Variable annimmt und um den alle Variablen in der Schleife im Sinne der Markierung zu ändern sind (Pivotisierung).

Das soeben beschriebene Vorgehen, das als eine Grundversion der „Transportmethode" anzusehen ist, kann wie folgt beschrieben werden:

3.51 Algorithmus

1. Schritt: Ermittle eine zulässige Ausgangsbasislösung z. B. mit Hilfe der „Nordwesteckenregel".

2. Schritt: Bestimme mit Hilfe des MODI-Verfahrens die Δz_{ij} für alle Nichtbasisvariablen. Sind alle $\Delta z_{ij} \geq 0$, gehe zu Schritt 6. Gibt es $\Delta z_{ij} < 0$, wähle die Nichtbasisvariable mit $\min\{\Delta z_{ij}\} < 0$ als aufzunehmende Nichtbasisvariable und gehe zu Schritt 3.

3. Schritt: Bestimme durch alternierende Markierung im Tableau den *Stepping-Stone-Pfad* und gehe zu Schritt 4.

4. Schritt: Bestimme gemäß (3.70) $\min\{x_{ij}^B\} = x_{kl}^B$ in der Menge der in der Schleife mit „−" markierten Basisvariablen. x_{kl}^B ist die zu ersetzende Basisvariable und $\theta - x_{kl}^B$. Gehe zu Schritt 5.

5. Schritt: „Pivotisiere", indem alle Variablen x_{ij} in der Schleife im Sinne der Markierung um θ erhöht oder erniedrigt werden. Gehe zu Schritt 2.

6. Schritt: Die Basislösung ist optimal und zulässig. Ist sie nicht entartet, so enthält sie $(m + n - 1)$ von Null verschiedene Transportmengen, andernfalls weniger.

Zur Übersicht ist der Algorithmus noch einmal im folgenden Struktogramm der Abbildung 3.18 dargestellt.

3.52 Beispiel

Es sei der optimale Transportplan für folgendes Modell zu finden:

An den drei Ausgangsorten A_1, A_2, A_3 lagern die Mengen $a_1 = 20$, $a_2 = 25$, $a_3 = 40$ eines Produktes P, an den vier Bestimmungsorten B_1, B_2, B_3, B_4 existieren Nachfragen von $b_1 = 10$, $b_2 = 25$, $b_3 = 15$, $b_4 = 35$.

Die Einheitstransportkosten c_{ij} seien durch die Einträge in folgender Matrix gegeben:

	B_1	B_2	B_3	B_4
A_1	1	8	4	7
A_2	9	0	5	7
A_3	3	6	8	1

$$(3.71)$$

Die Anwendung der Nordwesteckenregel ergibt folgende Ausgangsbasislösung (leere Felder entsprechen Nichtbasisvariablen und sind mit Null zu besetzen):

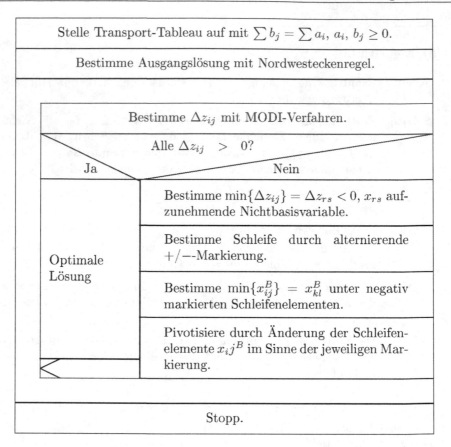

Abbildung 3.18: Der Transport-Algorithmus

	B_1	B_2	B_3	B_4	a_i
A_1	10	10			20
A_2		15	10		25
A_3			5	35	40
b_j	10	25	15	35	85

(3.72)

Zur Bestimmung der Δz_{ij} ist (nach (3.67)) folgendes Gleichungssystem (für die Basisvariablen) mit $v_1 = 0$ zu lösen:

$$u_1 + v_1 = c_{11} = 1$$
$$u_1 + v_2 = c_{12} = 8$$
$$u_2 + v_2 = c_{22} = 0$$
$$\implies$$
$$u_2 + v_3 = c_{23} = 5$$
$$u_3 + v_3 = c_{33} = 8$$
$$u_3 + v_4 = c_{34} = 1$$

$$u_1 = 1$$
$$u_2 = -7$$
$$u_3 = -4$$
$$v_1 = 0$$
$$v_2 = 7$$
$$v_3 = 12$$
$$v_4 = 5$$

Nun errechnet man nach (3.68) für alle Nichtbasisvariablen $\Delta z_{ij} = c_{ij} - (u_i + v_j)$. Zur Schematisierung der Berechnungen lege man ein Tableau ähnlich dem Transporttableau an. In der linken oberen Ecke der Felder werden in Klammern die Einheitstransportkosten c_{ij} vermerkt. Sodann werden alle die Felder, die Basisvariablen entsprechen (da die zugehörigen Δz_{ij}-Werte aufgrund der Complementary Slackness-Bedingungen per def. Null sind), mit Null besetzt (hier fett gedruckt). In die rechte Spalte und untere Zeile des Tableaus werden nun die gemäß (3.67) zu berechnenden Werte u_i und v_j eingetragen. Mit Kenntnis dieser Werte lassen sich leicht für die Nichtbasisvariablen die Werte $\Delta z_{ij} = c_{ij} - (u_i + v_j)$ ermitteln.

Mit den Einheitstransportkosten liefert die Ausgangsbasislösung (3.72) folgendes Tableau der angehörigen dualen Lösung mit den Variablen u_i, v_j, Δz_{ij}:

	B_1	B_2	B_3	B_4	u_i
A_1	(1) **0**	(8) **0**	(4) -9	(7) 1	1
A_2	(9) 16	(0) **0**	(5) **0**	(7) 9	-7
A_3	(3) 7	(6) 3	(8) **0**	(1) **0**	-4
v_j	0	7	12	5	

$$(3.73)$$

Die mit der Nordwesteckenregel gefundene Basislösung ist nicht optimal, da $\Delta z_{13} < 0$. x_{13} wird daher in die Basislösung aufgenommen. Die x_{13} als Nichtbasisvariable enthaltende Schleife zur Basislösung (3.72) ist in (3.74) gezeigt:

	B_1	B_2	B_3	B_4	a_i
A_1	10	10$^-$ → + $\downarrow$		20
A_2		15$^+$ ← 10$^-$		45
A_3			5	35	40
b_j	10	25	15	35	85

$$(3.74)$$

In dieser Schleife ist aus der Menge der mit „$-$" markierten Felder x_{12} und x_{23} kein eindeutiges $\min\{x_{ij}\}$ bestimmbar, da $x_{12} = x_{23} = 10$, es ist jedoch eindeutig $\theta = 10$.

„Pivotisiert" man nun, indem man die Elemente in der Schleife im Sinne der Markierung um 10 verändert, so erhält man den folgenden, verbesserten Transportplan:

	B_1	B_2	B_3	B_4	a_i
A_1	10		10		20
A_2		25	0		25
A_3			5	35	40
b_j	10	25	15	35	

Dies stellt eine „entartete Basislösung" dar, da weniger als $m + n - 1 = 3 + 4 - 1 = 6$ Variablen größer Null sind. Welche der Variablen x_{23} oder x_{12} als Basisvariable (mit Wert Null) und welche als Nichtbasisvariable behandelt werden soll, kann in diesem Fall frei entschieden werden. Hier sei x_{23} Basisvariable. Die Nebenrechnungen liefern folgendes Tableau der Dualvariablen:

	B_1	B_2	B_3	B_4	u_i
A_1	(1) 0	(8) 9	(4) 0	(7) 10	1
A_2	(9) 7	(0) 0	(5) 0	(7) 9	2
A_3	(3) -2	(6) 3	(8) 0	(1) 0	-4
v_j	0	-2	3	-4	

Da nur $z_{31} < 0$ ist, ist die aufzunehmende Nichtbasisvariable x_{31}. Die sich daraus ergebende Schleife ist $(x_{31}, x_{11}, x_{13}, x_{33})$. (3.70) liefert $\theta = 5$.

Nach Umformung ergibt sich folgender neuer Transportplan:

	B_1	B_2	B_3	B_4	a_i
A_1	5		15		20
A_2			0		25
A_3		25		35	40
b_j	10	25	15	35	85

Zur Überprüfung der Optimalität berechnen wir wiederum folgendes Tableau der Dualvariablen:

	B_1	B_2	B_3	B_4	u_i
A_1	(1) 0	(8) 9	(4) 0	(7) 8	1
A_2	(9) 7	(0) 0	(5) 0	(7) 7	2
A_3	(3) 0	(6) 5	(8) 2	(1) 0	3
v_j	0	-2	3	-2	

Wie man sieht, sind nun alle $\Delta z_{ij} \geq 0$. Damit ist die Basislösung $x_{11} = 5$, $x_{13} = 15$, $x_{22} = 25$, $x_{31} = 5$, $x_{23} = 0$, $x_{34} = 35$ optimal und der entsprechende Transportplan lautet:

5 Einheiten von P nach A_1 nach B_1,

15 Einheiten von P nach A_1 nach B_3,

25 Einheiten von P nach A_2 nach B_2,

5 Einheiten von P nach A_3 nach B_1,

35 Einheiten von P nach A_3 nach B_4,

und 0 Einheiten auf den übrigen Routen. $\quad\square$

Das Beispiel macht die Effizienz der Transportmethode deutlich:

Um die optimale Lösung zu finden, wurden drei Iterationen benötigt, die im Gegensatz zur normalen LP-Iteration nur Additionen und Substraktionen umfassten! Man mache sich klar, dass das entsprechende Lineare Programm sieben Zeilen und 19 Spalten (zwölf strukturelle Variable und sieben Hilfsvariable) umfasst hätte.

Weitere Effizienzsteigerungen sind möglich durch den Einsatz heuristischer Verfahren zur Bestimmung einer besseren Ausgangsbasislösung, als dies mit der Nordwesteckenregel der Fall ist. Hierauf soll in Kapitel 6 näher eingegangen werden.

3.10 Lineares Programmieren und Spieltheorie

Zwischen der Theorie der Zweipersonen-Nullsummenspiele und der Linearen Programmierung bestehen Beziehungen, denen wir uns kurz zuwenden wollen. In diesem Zusammenhang kann auch Satz 2.15 mit Hilfe des Linearen Programmierens bewiesen werden.

Nach (2.8) kann sich der *Zeilenspieler* als untere Auszahlungsschranke

$$a_* = \max_{\boldsymbol{p}} \min_{s_j} E(\boldsymbol{p}, s_j)$$

und nach (2.9) der *Spaltenspieler* die obere Auszahlungsschranke

$$a^* = \min_{\boldsymbol{q}} \max_{z_i} E(\boldsymbol{q}, z_i)$$

sichern. Hier sind sind $\boldsymbol{p}$ und $\boldsymbol{q}$ die gemischten Strategien (Wahrscheinlichkeitsvektoren) der beiden Spieler und s_j bzw. z_i die Auszahlungsvektoren der j-ten bzw. i-ten Strategie.

Benutzen beide Spieler ihre optimalen Minimax-Strategien $\boldsymbol{p}^0$ bzw. $\boldsymbol{q}^0$, so gilt nach Satz 2.15 in Verbindung mit Definitionen 2.13 und 2.14 $a_* = a^* = W$, wobei W der Wert des Spieles ist.

Für den Zeilenspieler (Maximierungsspieler) lässt sich die Suche nach einer optimalen Strategie wie folgt beschreiben:

maximiere a_*

so dass $\quad a_* \leq \sum_{i=1}^{m} a_{ij}p_i, \qquad j = 1, \dots, n$

$$\sum_{i=1}^{m} p_i = 1 \tag{3.75}$$

$$p_i \geq 0, \qquad i = 1, \dots, m$$

Der Spaltenspieler will seinen Verlust minimieren. Er sucht also seine optimale Strategie q^0 als Lösung folgenden Problems:

minimiere a^*

so dass $\quad a^* \geq \sum_{j=1}^{n} a_{ij}q_j, \qquad i = 1, \dots, m$

$$\sum_{j=1}^{n} q_j = 1 \tag{3.76}$$

$$q_j \geq 0, \qquad j = 1, \dots, n$$

Wir wollen nun annehmen, dass $a_* = a^* = W > 0$. Ist dies nicht der Fall, so kann es durch eine einfache Transformation $a'_{ij} = a_{ij} + c$, $c > 0$ und c genügend groß erreicht werden.

Es sollen nun in (3.75) neue Variable $x_i = \frac{p_i}{a_*}, i = 1, \dots, m$, und in (3.76) $y_j = \frac{q_j}{a^*}, j = 1, \dots, n$ eingeführt werden. (3.75) bzw. (3.76) lassen sich dann schreiben als folgende Modelle:

Zeilenspieler:

minimiere $\qquad \frac{1}{a_*} = \sum_{i=1}^{m} x_i$

so dass $\quad \sum_{i=1}^{m} a_{ij}x_i \geq 1, \quad j = 1, \dots, n$

$$x_i \geq 0, \quad i = 1, \dots, m \tag{3.75a}$$

Spaltenspieler:

maximiere $\qquad \frac{1}{a^*} = \sum_{j=1}^{n} y_j$

so dass $\quad \sum_{j=1}^{n} a_{ij}y_j \leq 1, \quad i = 1, \dots, m$

$$y_j \geq 0, \quad j = 1, \dots, n \tag{3.76a}$$

Nach Satz 2.15 ist $a_* = a^* = W$. (3.75a) und (3.76a) sind zueinander duale lineare Programme, die die Entscheidungen der Zeilen- bzw. Spaltenspieler abbilden. Damit ist auch ein Weg zur nummerischen Bestimmung optimaler Strategien in Zweipersonen-Nullsummenspielen gewiesen: Man löse die entsprechenden Modelle (3.75a) oder (3.76a) und man erhält nach entsprechender Rücksubstitution die Wahrscheinlichkeitsvektoren, die die optimalen Strategien der beiden Spieler darstellen. Dies wird in Beispiel 3.54 illustriert.

Zunächst soll Satz 2.15 bewiesen werden, was mit Hilfe des nun bekannten Linearen Programmierens einfacher ist, als dies auf andere Weise in Kapitel 2 der Fall gewesen wäre:

3.53 Satz (Hauptsatz der Spieltheorie, vgl. 2.15)
Jedes Zweipersonen-Nullsummenspiel mit endlich vielen (reinen) Strategien besitzt einen Wert W. Jeder Spieler hat mindestens eine gemischte Minimax-Strategie $\mathbf{p}^0$ bzw. $\mathbf{q}^0$, mit der er für sich den Wert W garantieren kann.

BEWEIS.
Wir beweisen zunächst die Existenz der optimalen Lösung eines der zueinander dualen Programme (3.75a) und (3.76a).

O. B. d. A. sei $a_{ij} > 0$ für alle $i = 1, \ldots, m$ und $j = 1, \ldots, n$ (sonst transformiere gemäß $a_{ij}' = a_{ij} + c$ mit $c > 0$ genügend groß).

Dann ist der Zulässigkeitsbereich

$$Z := \left\{ y \in \mathbb{R}^n \,\middle|\, \sum_{j=1}^{n} a_{ij} y_j \leq 1, \, y \geq 0 \right\}$$

von Modell (3.76a) offenbar abgeschlossen und im n-dimensionalen Würfel

$$\left\{ y \in \mathbb{R}^n \,\middle|\, 0 \leq y_j \leq \frac{1}{a_{ij}} \text{ für alle } j = 1, \ldots, n \right\}$$

enthalten. Also ist Z kompakt.

Als lineare Funktion ist die Zielfunktion $\frac{1}{a^*} = \sum_{j=1}^{n} y_j$ von Modell (3.76a) insbesondere stetig und nimmt nach einem bekannten Satz der Analysis auf dem kompakteren Z ihr Maximum an. Wegen $0 \in Z$ ist $Z \neq \varnothing$.

Damit besitzt Modell (3.76a) eine optimale Lösung y^0.

Nun folgt nach Satz 3.26 die Existenz einer optimalen Lösung x^0 für das Modell (3.75a) und die Gleichheit der optimalen Zielfunktionswerte:

$$\frac{1}{a^*} = \frac{1}{a_*}$$

Daher besitzt das gegebene Spiel einen gemischten Wert $W = a^* = a_*$, den der Zeilenspieler mit der Minimax-Strategie $\mathbf{p}^0 = x^0 \cdot W$ und der Spaltenspieler mit der Minimax-Strategie $\mathbf{q}^0 = y^0 \cdot W$ erwarten kann. ∎

3.54 Beispiel
Die Auszahlungsmatrix eines Zweipersonen-Nullsummenspieles sei gegeben durch

$$A = \begin{pmatrix} 1 & -1 & 3 \\ 3 & 5 & -3 \\ 6 & 2 & -2 \end{pmatrix}$$

Um sicherzustellen, dass $W \geq 0$, wird zu jeder Komponenten von $A\,c = 4$ addiert:

$$A' = \begin{pmatrix} 5 & 3 & 7 \\ 7 & 9 & 1 \\ 10 & 6 & 2 \end{pmatrix}$$

Die optimale Strategie des Spaltenspielers ergibt sich nach (3.76a) als Lösung des zu (3.75b) dualen linearen Programmes:

$$\begin{aligned} \text{minimiere } & \tfrac{1}{a_*} = \textstyle\sum_{i=1}^{3} x_i \\ \text{so dass } \quad & 5x_1 + 7x_2 + 10x_3 \geq 1 \\ & 3x_1 + 9x_2 + 6x_3 \geq 1 \\ & 7x_1 + x_2 + 2x_3 \geq 1 \\ & x_i \geq 0, i = 1, \dots, 3. \end{aligned} \qquad (3.75\text{b})$$

Die optimale Strategie des Spaltenspielers ergibt sich nach (3.76a) als Lösung des zu (3.75b) dualen linearen Programmes:

$$\begin{aligned} \text{maximiere } & \tfrac{1}{a^*} = \textstyle\sum_{j=1}^{3} y_j \\ \text{so dass } \quad & 5y_1 + 3y_2 + 7y_3 \leq 1 \\ & 7y_1 + 9y_2 + y_3 \leq 1 \\ & 10y_1 + 6y_2 + 2y_3 \leq 1 \\ & y_j \geq 0, j = 1, \dots, 3. \end{aligned} \qquad (3.76\text{b})$$

Die optimalen Lösungen zu (3.75a) und (3.76a) sind

$$\begin{aligned} x_1 &= \tfrac{2}{15}, & x_2 &= \tfrac{1}{15}, & x_3 &= 0 \\ y_1 &= 0, & y_2 &= \tfrac{1}{10}, & y_3 &= \tfrac{1}{10} \\ \tfrac{1}{a_*} &= \tfrac{1}{a^*} = \tfrac{1}{5} \end{aligned}$$

Daraus ergeben sich die optimalen Strategien der Spieler zu

$$\begin{aligned} p_1 &= \tfrac{2}{3}, & p_2 &= \tfrac{1}{3}, & p_3 &= 0 \\ q_1 &= 0, & q_2 &= \tfrac{1}{2}, & q_3 &= \tfrac{1}{2} \end{aligned}$$

und der Wert für das Spiel mit der Auszahlungsmatrix A' beträgt $a_* = a^* = W' = 5$.

Für das Spiel mit der Auszahlungsmatrix A erhält man dann den Wert $W = W' - 4 = 1$. $\square$

3.11 Dantzig-Wolfe'sche Dekomposition und Column Generation

3.11.1 Problemstellung und Theorie

Zahlreiche große lineare Programmierungsmodelle der Praxis weisen eine sehr schwache Besetzung der Koeffizientenmatrix zwischen $1\,\%$ und $5\,\%$ auf. Alle anderen Elemente sind Null. Außerdem sind oft spezielle Strukturen zu finden. Eine sehr verbreitete Struktur ist die blockangulare, bei der – abgesehen von den Nichtnegativitätsbedingungen – der weitaus größte Teil der Nebenbedingungen in mehrere voneinander unabhängige Gleichungssysteme $B^j x^j = b^j$ derart zerfallen, dass jede Variable nur in einem dieser Teilsysteme auftritt und nur wenige Gleichungen alle Variablen enthalten. Das Modell hat also folgende Gestalt:

$$
\begin{aligned}
&\text{maximiere } x_0 \\
&\text{so dass} \quad x_0 - {c^1}^{\mathrm{T}} x^1 - {c^2}^{\mathrm{T}} x^2 - \ldots - {c^r}^{\mathrm{T}} x^r = 0 \\
&\qquad\qquad A^1 x^1 + A^2 x^2 + \ldots + A^r x^r = b^0 \\
&\qquad\qquad B^1 x^1 \qquad\qquad\qquad\qquad = b^1 \\
&\qquad\qquad\qquad\quad B^2 x^2 \qquad\qquad\qquad = b^2 \\
&\qquad\qquad\qquad\qquad\ddots \qquad\qquad\quad \vdots \\
&\qquad\qquad\qquad\qquad\qquad\quad B^r x^r = b^r \\
&\qquad\qquad\qquad\qquad\qquad\quad x \geq 0
\end{aligned} \tag{3.77}
$$

mit $A^j \in \mathbb{R}^{m_0 \times n_j}$, $B^j \in \mathbb{R}^{m_j \times n_j}$, $c^j \in \mathbb{R}^{n_j}$, $x^j \in \mathbb{R}^{n_j}$, $b^j \in \mathbb{R}^{m_j}$ für alle $0 \leq j \leq r$ und Entscheidungsvariablen $x_0 \in \mathbb{R}^1$, vorzeichenunbeschränkt und $x = (x^1, x^2, \ldots, x^r)^{\mathrm{T}} \in \mathbb{R}^{\sum_{j=1}^r n_j}$.

Deutlicher tritt die Struktur von (3.77) in der folgenden Abbildung 3.19 hervor:

x^1	x^2	$\cdots$	x^r	RHS
c^1	c^2	$\cdots$	c^r	
A^1	A^2	$\cdots$	A^r	b^0
B^1				b^1
	B^2			b^2
		$\ddots$		$\vdots$
			B^r	b^r

Abbildung 3.19: Ein Lineares Programm mit blockangularer Struktur.

In Abbildung 3.19 sind im schattierten Bereich von Null verschiedene Koeffizienten zu finden, während alle anderen Koeffizienten Null sind.

Solche blockangularen Strukturen treten z. B. bei Produktionsplanungsmodellen von Unternehmen auf, die ihre Produkte in verschiedenen Zweigwerken herstellen, wobei jedes Produkt nur in einem der Werke produziert wird. Für die Produktionskapazitäten jedes Zweigwerkes gilt dann ein eigener Block von Restriktionen der Form $B^j x^j = b^j$ für alle $j = 1, \ldots, r$. Investitions- oder Finanzierungsnebenbedingungen

mögen z. B. für alle Zweigwerke gemeinsam gelten und bilden so den Gleichungs-
block $\boldsymbol{A}^1 \boldsymbol{x}^1 + \boldsymbol{A}^2 \boldsymbol{x}^2 + \ldots + \boldsymbol{A}^r \boldsymbol{x}^r = \boldsymbol{b}^0$.

Für Modelle mit derartigen Strukturen sind spezielle Lösungsmethoden, sogenannte Dekompositionsverfahren entwickelt worden, die Rechenzeit und Speicherplatz
sparen. Die bekannteste und älteste Methode geht auf Dantzig und Wolfe zurück
und lässt sich wie folgt skizzieren:

Das Modell (3.77) hat sehr viele Nebenbedingungen (nämlich 1 + die Zahl der
gemeinsamen Nebenbedingungen + die Zahl der Nebenbedingungen in allen Teil-
problemen) und damit eine sehr große Basis. Die Zahl der Variablen entspricht der
Zahl der Variablen in der gemeinsamen Zielfunktion. Es wird nun vorausgesetzt,
dass die r Lösungsräume der Teilprobleme konvexe Polyeder sind deren Innenräu-
me sich durch konvexe Kombinationen der (endlich vielen) Ecken darstellen lassen.
Man betrachtet nun die (Teil)-Lösungsräume P^j als konvexe Hüllen der jeweiligen
Eckpunkte:

$$
P^j = \left\{ \sum_{k=1}^{N_j} \lambda_{kj} \overline{x}_k^j \;\middle|\; \lambda_{kj} \geq 0 \text{ für alle } k = 1, \ldots, N_j \text{ und } \sum_{k=1}^{N_j} \lambda_{kj} = 1 \right\} \quad (3.78)
$$

Damit ist jeder Vektor $\boldsymbol{x}^j \in \mathbb{R}^{N_j}$ mit $\boldsymbol{x}^j \geq 0$ und $\boldsymbol{B}^j \boldsymbol{x}^j = \boldsymbol{b}^j$ darstellbar als
Konvexkombination der Eckpunkte von P^j gemäß

$$
\boldsymbol{x}^j = \sum_{k=1}^{N_j} \lambda_{kj} \overline{\boldsymbol{x}}_k^j
$$

Setzt man dies in Modell (3.77) ein, so ergibt sich das sogenannte „Masterpro-
blem„ (3.79) mit den Entscheidungsvariablen λ_{kj} für $k = 1, \ldots, N_j, j = 1, \ldots, r$:

$$
\begin{aligned}
\text{maximiere } & x_0 \\
\text{so dass } \quad & x_0 - \sum_{j=1}^{r} \boldsymbol{c}^{j\,\mathrm{T}} \left(\sum_{k=1}^{N_j} \lambda_{kj} \overline{\boldsymbol{x}}_k^j \right) = 0 \\
& \sum_{j=1}^{r} \boldsymbol{A}^j \left(\sum_{k=1}^{N_j} \lambda_{kj} \overline{\boldsymbol{x}}_k^j \right) = \boldsymbol{b}^0 \\
& \sum_{k=1}^{N_j} \lambda_{kj} = 1 \quad \text{für alle} \quad j = 1, \ldots, r \\
& \lambda_{kj} \geq 0 \quad \text{für alle} \quad j = 1, \ldots, r, \\
& \hspace{6.5em} k = 1, \ldots, N_j
\end{aligned} \quad (3.79)
$$

Das Modell 3.79 enthält nun soviele Variable wie insgesamt Ecken der Teillösungsräume vorhanden sind und $1 + m_0 + k$ Nebenbedingungen (ohne Nichtnegativitätsbedingungen). Die Zahl der Variablen ist also gegenüber Modell 3.78 erheblich
gestiegen, dafür ist die Zahl der Nebenbedingungen erheblich gesunken. Die Zahl
der Multiplikationen bzw. Divisionen hängt beim revidierten Simplexalgorithmus
quadratisch von der Zahl der Nebenbedingungen und linear von der Zahl der Variablen ab. Der Rechenaufwand ist also für Modell 3.79 erheblich geringer als für
Modell 3.78, wenn nicht für alle Nichtbasisvariablen die dualen Preise berechnet

werden müssen (um die aufzunehmende Variable zu bestimmen und die Optimalität festzustellen). Dazu kommt, dass in Modell 3.79 die Ecken x_k^j nicht gegeben sind. Man könnte das Modell 3.79 deshalb auch gar nicht explizit hinschreiben.

Das Modell 3.79 lässt sich allerdings mit Hilfe der revidierten Simplexmethode auch ohne Kenntnis aller Eckpunkte lösen, nämlich über die jeweils aktuelle Basisinverse und die aktuellen Basisvariablen. Hierfür spricht auch, dass in LP-Modellen mit sehr viel mehr Variablen als Nebenbedingungen viele Variablen nie in die Basis aufgenommen werden und daher ihre Spalten aus der Koeffizientenmatrix gar nicht benötigt werden. Die Spalten der Koeffizientenmatrix von Modell 3.79 werden nur erzeugt, wenn sie tatsächlich zum Pivotisieren gebraucht werden. (Dieses Vorgehen wird oft auch als „column generation" bezeichnet.)

Die Verbindung der Modelle 3.78 und 3.79 wird durch das *Dekompositionsprinzip* hergestellt:

1. Modell 3.78 besitzt genau dann eine optimale Lösung, wenn dies auch für Modell 3.79 gilt.

2. Falls solche Lösungen existieren, stimmen die optimalen Zielfunktionswerte überein.

3. Aus dem optimalen Lösungsvektor zu 3.79 lässt sich die optimale Lösung zu 3.49 bestimmen und umgekehrt.

3.11.2   Der Dekompositionsalgorithmus von Dantzig und Wolfe

Schritt 0: Bestimmung einer zulässigen Ausgangslösung zu Modell 3.79:

Es ist eine zulässige Ausgangslösung zu Modell 3.79 zu bestimmen. Hierzu kann die in Modell 3.13 beschriebene Methode verwandt werden.

Schritt 1: Prüfung der aktuellen Basislösung auf Optimalität:

Hierzu dient im Prinzip die in Abschnitt 3.3.1 beschriebene Methode. Der wesentliche Unterschied besteht darin, dass hier die Δz_j nicht einen Index j haben, sondern 2 Indizes, k und j, wobei k der Zählindex der jeweiligen Ecke im Teilproblem und j der Zählindex des Teilproblems ist. Um mit der Symbolik der Veröffentlichungen auf diesem Gebiet überein zu stimmen sei definiert:

$$\pi = \left(1, \pi^0, \pi^1\right)^{\mathrm{T}} = c_B B^{-1} \in \mathbb{R}^{1+m_0+r}$$

sei der Vektor mit $\pi^0 \in \mathbb{R}^m, \pi^1 \in \mathbb{R}^r$. B ist wie immer die aktuelle Basismatrix und c_B der Vektor der Zielkoeffizienten der Basisvariablen. Dann ist das Kriteriumselement Δz_{kj} der Variablen λ_{kj} des Modelles 3.79 gegeben durch

$$\Delta z_{kj} = -0 + c_B{}^{\mathrm{T}} \cdot B^{-1} \cdot [(kj)\text{-te Spalte der Nebenbedingungsmatrix von 3.79}]$$

$$= \pi^{\mathrm{T}} \cdot \begin{pmatrix} -c^{j^{\mathrm{T}}} \bar{x}_k^j \\ A^j \bar{x}_k^j \\ e_j \end{pmatrix}$$

$$= (-1) \cdot c^{j^{\mathrm{T}}} \bar{x}_k^j + \pi^{0^{\mathrm{T}}} \cdot A^j \bar{x}_k^j + \pi^{1^{\mathrm{T}}} \cdot e_j$$

$$= \left[\pi^{0^{\mathrm{T}}} \cdot A^j - c^{j^{\mathrm{T}}} \right] \bar{x}_k^j + \pi_j^1.$$

$$(3.80)$$

Dabei ist $e_j = j$-ter Einheitsvektor des $\mathbb{R}^r$
und $\pi_j^1 = j$-te Komponente des Vektors π^1

Die aktuelle Basislösung zu Modell 3.79 ist genau dann optimal, wenn alle Kriteriumselemente nichtnegativ sind, oder – anders gesagt – wenn das minimale Δz_{kj} über alle Indexpaare k und j nichtnegativ sind. Anstatt dies nun für alle Nichtbasisvariablen zu überprüfen, bestimmt man für jedes der sehr viel kleineren Teilprobleme zunächst die optimale Ecke, indem man die r Teilmodelle der folgenden Form löst:

$$L_j := \pi_j^1 + \text{minimiere } \left[\pi^{0^{\mathrm{T}}} A^j - c^{j^{\mathrm{T}}} \right] x^j$$
$$\text{so dass} \qquad\qquad B^j x^j = b^j \qquad\qquad (3.81)$$
$$x^j \geq 0$$

Liefert ein Teilmodell (3.81) eine Ecke $\bar{x}^j$ des Polyeders P^j als optimale Lösung mit negativem Zielfunktionswert L_j, dann führt eine Aufnahme des zu dieser Ecke gehörenden Entscheidungsvariablen-Vektors λ_j in die Basis von Model 3.79 zu einer Erhöhung des Zielfunktionswertes dieses Modells. Existieren mehrere Teilprobleme mit dieser Eigenschaft, so nimmt man nach der bereits in 3.3.1 beschriebenen heuristischen Dantzig-Regel die Entscheidungsvariable auf, deren Teilproblem den niedrigsten negativen Zielfunktionswert zeigt. Gilt für alle r Teilprobleme $L_j \geq 0$, so ist die gerade vorliegende Basislösung des Modells 3.79 optimal. Dann gehe zu Schritt 3.

Schritt 2: Pivotisieren

In Schritt 1 wurde die aufzunehmende Variable für Modell 3.79 bestimmt. Bevor man die entsprechende Spalte dem Tableau hinzufügt, muss sie aktualisiert werden. Dies geschieht durch die Multiplikation der entsprechenden Spalte aus dem Ausgangstableau mit der aktuellen Basisinversen. Die Bestimmung der zu eliminierenden Variablen und die Pivotisierung erfolgt nun nach der schon in 3.3.1 beschriebenen Methode des Simplex- oder Revidierten Simplexverfahrens. Gibt es kein nichtnegatives Element der Pivotspalte, dann existiert keine optimale (endliche) Lösung für Modell 3.79, ansonsten gehe zu Schritt 1.

Schritt 3: Bestimmung der optimalen Lösung zu 3.78 aus der optimalen Lösung von 3.79

Die optimale Lösung des Mastermodells 3.79 besteht aus den Werten der optimalen Lösung von 3.79. Dies sind die Gewichte mit denen die entsprechenden Ecken der Teilmodelle konvex zu kombinieren sind, um zu der optimalen Lösung von 3.78 zu gelangen. Alle übrigen Gewichte sind Null. Die optimalen Werte der Entscheidungsvariablen des Modells 3.78 ergeben sich also zu

$$x^{j*} = \sum_{k=1}^{N_j} \lambda_{kj}^* \bar{x}_k^j \qquad \text{für } j = 1, \ldots, r \qquad (3.82)$$

3.55 Algorithmus

0. Schritt: Nach der Transformation von Modell 3.78 in Modell 3.79 bestimme dafür eine zulässige *Ausgangslösung* und gehe zu Schritt 1.

1. Schritt: *Prüfung auf Optimalität:*
Löse r Teilmodelle (3.81) und bestimme deren optimale Zielfunktionswerte. Sind diese alle nicht negativ ist die optimale Lösung von 3.79 erreicht. Gehe zu Schritt 3.
Ist dies nicht der Fall, bestimme die in Modell 3.79 aufzunehmende Nichtbasisvariable aufgrund der negativen Zielfunktionswerte der Teilmodelle und gehe zu Schritt 2.

2. Schritt: *Pivotisieren:*
Aktualisiere die Ausgangsspalte der aufzunehmenden Variablen durch Rechtsmultiplikation mit der aktuellen Basisinversen, bestimme die zu eliminierende Basisvariable und pivotisiere nach den Regeln der Simplex- oder revidierten Simplexmethode. Besteht kein nichtnegatives Element der Pivotspalte besteht keine zulässige Lösung zu dem Modell. STOPP.
Andernfalls gehe zu Schritt 1.

3. Schritt: *Bestimmung der optimalen Lösung zum Ausgangsmodell 3.78:*
Bestimme die optimale Lösung zu Modell aufgrund der optimalen Lösung zu Modell 3.79 mit Hilfe (3.82).

3.56 Beispiel

Gegeben sei das lineare Programmierungsmodell

$$
\begin{aligned}
\text{maximiere} \quad & x_{11} + 8x_{12} + 0{,}5x_{21} + 1{,}5x_{22} \\
\text{so dass} \quad & x_{11} + 4x_{12} + 3{,}5x_{21} + 0{,}5x_{22} = 1 \\
& 2x_{11} + 3x_{12} \leq 6 \\
& 5x_{11} + x_{12} \leq 5 \\
& 3x_{21} - x_{22} \leq 12 \\
& -3x_{21} + x_{22} \leq 0 \\
& x_{21} \leq 4 \\
& x_{11}, x_{12}, x_{21}, x_{22} \geq 0
\end{aligned}
$$

Mittels fünf reellen Schlupfvariablen s_1, s_2, s_3, s_4 und s_5 lässt sich dieses LP äquivalent umformen zu

$$
\begin{aligned}
\text{maximiere} \quad & x_0 \\
\text{so dass} \quad & x_0 - x_{11} - 8x_{12} - 0{,}5x_{21} - 1{,}5x_{22} = 0 \\
& x_{11} + 4x_{12} + 3{,}5x_{21} + 0{,}5x_{22} = 1 \\
& 2x_{11} + 3x_{12} + s_1 = 6 \\
& 5x_{11} + x_{12} + s_2 = 5 \\
& 3x_{21} - x_{22} + s_3 = 12 \\
& -3x_{21} + x_{22} + s_4 = 0 \\
& x_{21} + s_5 = 4 \\
& x_{11}, x_{12}, s_1, s_2, x_{21}, x_{22}, s_3, s_4, s_5 \geq 0
\end{aligned}
$$

Mit

$$
c^{1\,\mathrm{T}} = (1, 8, 0, 0), \qquad c^{2\,\mathrm{T}} = (0{,}5, 1{,}5, 0, 0, 0)
$$

$$
A^1 = (1, 4, 0, 0), \qquad A^2 = (3{,}5, 0{,}5, 0, 0, 0)
$$

$$
B^1 = \begin{pmatrix} 2 & 3 & 1 & 0 \\ 5 & 1 & 0 & 1 \end{pmatrix}, \qquad
B^2 = \begin{pmatrix} 3 & -1 & 1 & 0 & 0 \\ -3 & 1 & 0 & 1 & 0 \\ 1 & 0 & 0 & 0 & 1 \end{pmatrix}
$$

$$
b^0 = 1, \; b^1 = \begin{pmatrix} 6 \\ 5 \end{pmatrix}, \qquad b^{2\,\mathrm{T}} = (12, 0, 4)
$$

$$
x^{1\,\mathrm{T}} = (x_{11}, x_{12}, s_1, s_2), \; x^{2\,\mathrm{T}} = (x_{21}, x_{22}, s_3, s_4, s_5)
$$

hat das umgeformte Optimierungsproblem tatsächlich die Gestalt der Dekompositionsaufgabe 3.77.

Das Polyeder $P^1 = \{ x^1 \in \mathbb{R}^4 \mid B^1 x^1 = b^1, \, x^1 \geq 0 \}$ lässt sich durch die orthogonale Projektion

$$
P^1_+ = \left\{ \begin{pmatrix} x_{11} \\ x_{12} \end{pmatrix} \in \mathbb{R}^2 \,\middle|\, 2x_{11} + 3x_{12} \leq 6, 5x_{11} + x_12 \leq 5, x_{11} \geq 0, x_{12} \geq 0 \right\}
$$

in der x_{11}-x_{12}-Ebene veranschaulichen. Ebenso lässt sich das Polyeder $P^2 = \{ x^2 \in \mathbb{R}^5 \mid B^2 x^2 = b^2, x^2 \geq 0 \}$ durch die orthogonale Projektion

$$P_+^2 = \left\{ \begin{pmatrix} x_{21} \\ x_{22} \end{pmatrix} \in \mathbb{R}^2 \;\middle|\; 3x_{21} - x_{22} \le 12, -3x_{21} + x_{22} \le 0, x_{21} \le 4, x_{21} \ge 0, x_{22} \ge 0 \right\}$$

in der x_{21}-x_{22}-Ebene veranschaulichen.

Schritt 0: Ermittle eine erste zulässige Basislösung zum Masterproblem 3.79

Da hier $1 + m_0 + r = 1 + 1 + 2 = 4$ ist, müssen neben x_0 noch drei Gewichte λ_{kj} in die Startbasis aufgenommen werden. Angesichts der Abbildungen von P_+^1 und P_+^2 bieten sich die folgenden drei Extrempunkte dafür an:

$$\boldsymbol{x}^1 = \bar{\boldsymbol{x}}_1^1 = \begin{pmatrix} 0 \\ 0 \\ 6 \\ 5 \end{pmatrix} \in P^1 \text{ mit Gewicht } \lambda_{11} \text{ und Koeffizientenspalte}$$

$$\bar{a}(\lambda_{11}) = \begin{pmatrix} -\boldsymbol{c}^{1\mathrm{T}} \bar{\boldsymbol{x}}_1 \\ \boldsymbol{A}^1 \bar{\boldsymbol{x}}_1^1 \\ \boldsymbol{e}_1 \end{pmatrix} = \begin{pmatrix} -(1,8,0,0) \cdot \begin{pmatrix} 0 \\ 0 \\ 6 \\ 5 \end{pmatrix} \\ (1,4,0,0) \cdot \begin{pmatrix} 0 \\ 0 \\ 6 \\ 5 \end{pmatrix} \\ \begin{pmatrix} 1 \\ 0 \end{pmatrix} \end{pmatrix} = \begin{pmatrix} 0 \\ 0 \\ 1 \\ 0 \end{pmatrix}$$

$$\boldsymbol{x}^2 = \bar{\boldsymbol{x}}_1^2 = \begin{pmatrix} 0 \\ 0 \\ 12 \\ 0 \\ 4 \end{pmatrix} \in P^2 \text{ mit Gewicht } \lambda_{12} \text{ und Koeffizientenspalte}$$

$$\bar{a}(\lambda_{12}) = \begin{pmatrix} -\boldsymbol{c}^{2\mathrm{T}} \bar{\boldsymbol{x}}_1^2 \\ \boldsymbol{A}^2 \bar{\boldsymbol{x}}_1^2 \\ \boldsymbol{e}_2 \end{pmatrix} = \begin{pmatrix} -(1/2,3/2,0,0,0) \cdot \begin{pmatrix} 0 \\ 0 \\ 12 \\ 0 \\ 4 \end{pmatrix} \\ (7/2,1/2,0,0,0) \cdot \begin{pmatrix} 0 \\ 0 \\ 12 \\ 0 \\ 4 \end{pmatrix} \\ \begin{pmatrix} 1 \\ 0 \end{pmatrix} \end{pmatrix} = \begin{pmatrix} 0 \\ 0 \\ 0 \\ 1 \end{pmatrix}$$

$$x^2 = \bar{x}_2^2 = \begin{pmatrix} 4 \\ 12 \\ 12 \\ 0 \\ 0 \end{pmatrix} \in P^2 \text{ mit Gewicht } \lambda_{22} \text{ und Koeffizientenspalte}$$

$$\bar{a}(\lambda_{22}) = \begin{pmatrix} -c^{2\mathrm{T}}\bar{x}_2^2 \\ A^2\bar{x}_2^2 \\ e_2 \end{pmatrix} = \begin{pmatrix} -(1/2,3/2,0,0,0) \cdot \begin{pmatrix} 4 \\ 12 \\ 12 \\ 0 \\ 0 \end{pmatrix} \\ (7/2,1/2,0,0,0) \cdot \begin{pmatrix} 4 \\ 12 \\ 12 \\ 0 \\ 0 \end{pmatrix} \\ \begin{pmatrix} 1 \\ 0 \end{pmatrix} \end{pmatrix} = \begin{pmatrix} -20 \\ 20 \\ 0 \\ 1 \end{pmatrix}$$

Daraus ergibt sich das Starttableau, wenn man zusätzlich eine Hilfsvariable h einführt, um eine vollständige Ausgangs-Einheitsmatrix zu erzeugen. Dann lässt sich in späteren Iterationen sehr einfach die aktuelle Basisinverse B^{-1} ablesen, und zwar steht die i-te Spalte von B^{-1} im aktuellen Tableau in der Spalte, in der sich im Starttableau der i-te Einheitsvektor e_i befand.

Unter BV stehen die Namen der aktuellen Basisvariablen, unter RHS ihre aktuellen Werte.

BV	x_0	h	λ_{11}	λ_{12}	λ_{22}	RHS	
x_0	1	0	0	0	-20	0	($\stackrel{\triangle}{=}$ Zielfunktionszeile)
h	0	1	0	0	⑳	1	($\stackrel{\triangle}{=}$ verbindende Restriktion)
λ_{11}	0	0	1	0	0	1	($\stackrel{\triangle}{=} \sum \lambda_{k1} = 1$)
λ_{12}	0	0	0	1	1	1	($\stackrel{\triangle}{=} \sum \lambda_{k2} = 1$)

Die Hilfsvariable h wird aus der Basis eliminiert, wenn wie eingangs motiviert das zu x_2^2 gehörige Gewicht λ_{22} in die Basis aufgenommen wird.

BV	x_0	h	λ_{11}	λ_{12}	λ_{22}	RHS
x_0	1	1	0	0	0	1
λ_{22}	0	1/20	0	0	1	1/20
λ_{11}	0	0	1	0	0	1
λ_{12}	0	$-1/20$	0	1	0	19/20

Die aktuelle Basisinverse B^{-1} ist gegeben durch

$$B^{-1} = \begin{pmatrix} 1 & 1 & 0 & 0 \\ 0 & 1/20 & 0 & 0 \\ 0 & 0 & 1 & 0 \\ 0 & -1/20 & 0 & 1 \end{pmatrix}$$

und der Vektor $\pi = c_B \cdot B^{-1} = (1,0,0,0)^{\mathrm{T}} \cdot B^{-1}$ der Dualvariablen durch $\pi^{\mathrm{T}} = (1,1,0,0)$, also $\pi^0 = 1$ und $\pi^1 = (0,0)^{\mathrm{T}}$.

Schritt 1 (1. Iteration): Prüfe die aktuelle Basislösung auf Optimalität
Löse die zwei Unterprobleme 3.83 und 3.84.

$$
\begin{aligned}
L_1 &= \pi_1^1 + \text{minimiere } \left[\pi^{0\mathrm{T}} A^1 - c^{1\mathrm{T}} \right] x^1 \\
&\qquad \text{so dass} \quad x^1 \in P^1 \\
&= 0 \;+ \text{minimiere } [1 \cdot (1,4,0,0) - (1,8,0,0)]\, x^1 \\
&\qquad \text{so dass} \quad x^1 \in P^1 \\
&= \qquad\;\; \text{minimiere } (0,-4,0,0) x^1 \\
&\qquad \text{so dass} \quad x^1 \in P^1 \\
&= \qquad\;\; \text{minimiere } -4 x_{12} \\
&\qquad \text{so dass} \quad x^1 \in P^1 \\
&= -8 \quad \text{für } x^1 = \bar{x}_2^1 = \begin{pmatrix} 0 \\ 2 \\ 0 \\ 3 \end{pmatrix}
\end{aligned}
\tag{3.83}
$$

Die Lösung von 3.83 kann graphisch erfolgen.

$$
\begin{aligned}
L_2 &= \pi_2^1 + \text{minimiere } \left[\pi^{0\mathrm{T}} A^2 - c^{2\mathrm{T}} \right] x^2 \\
&\qquad \text{so dass} \quad x^2 \in P^2 \\
&= 0 \;+ \text{minimiere } [1 \cdot (7/2, 1/2, 0, 0, 0) - (1/2, 3/2, 0, 0, 0)]\, x^2 \\
&\qquad \text{so dass} \quad x^2 \in P^2 \\
&= \qquad\;\; \text{minimiere } (3,-1,0,0,0) x^2 \\
&\qquad \text{so dass} \quad x^2 \in P^2 \\
&= \qquad\;\; \text{minimiere } 3 x_{21} - x_{22} \\
&\qquad \text{so dass} \quad x^2 \in P^2 \\
&= 0 \quad \text{für } x^2 = \bar{x}_1^2 = \begin{pmatrix} 0 \\ 0 \\ 12 \\ 0 \\ 4 \end{pmatrix}
\end{aligned}
\tag{3.84}
$$

Die Lösung von 3.84 ist mehrdeutig!

Daraus ergibt sich

$$s = \arg\min \{L_j \mid L_j < 0 \text{ und } j = 1, 2\}$$
$$= \arg\min \{-8\} = 1$$

Daher ist die Ecke $\bar{x}_2^1$ bzw. das zugehörige Gewicht λ_{21} neu in die Basis aufzunehmen.

Schritt 2 (1. Iteration): Pivotisieren

Die Pivotspalte $\bar{a}$ zu λ_{21} lautet

$$\bar{a} = B^{-1} \begin{pmatrix} -c^{1T}\bar{x}_2^1 \\ A^1\bar{x}_2^1 \\ e_1 \end{pmatrix} = B^{-1} \cdot \begin{pmatrix} -(1,8,0,0) \cdot \begin{pmatrix} 0 \\ 2 \\ 0 \\ 3 \end{pmatrix} \\ (1,4,0,0) \cdot \begin{pmatrix} 0 \\ 2 \\ 0 \\ 3 \end{pmatrix} \\ \begin{pmatrix} 1 \\ 0 \end{pmatrix} \end{pmatrix}$$

$$= \begin{pmatrix} 1 & 1 & 0 & 0 \\ 0 & 1/20 & 0 & 0 \\ 0 & 0 & 1 & 0 \\ 0 & -1/20 & 0 & 1 \end{pmatrix} \cdot \begin{pmatrix} -16 \\ 8 \\ 1 \\ 0 \end{pmatrix} = \begin{pmatrix} -8 \\ 8/20 \\ 1 \\ -8/20 \end{pmatrix}$$

und wird in das letzte Simplex-Tableau eingefügt.

BV	x_0	h	λ_{11}	λ_{21}	λ_{12}	λ_{22}	RHS
x_0	1	1	0	-8	0	0	1
λ_{22}	0	1/20	0	$\boxed{8/20}$	0	1	1/20
λ_{11}	0	0	1	1	0	0	1
λ_{12}	0	$-1/20$	0	$-8/20$	1	0	19/20

neu eingefügte Spalte dient als Pivotspalte

BV	x_0	h	λ_{11}	λ_{21}	λ_{12}	λ_{22}	RHS
x_0	1	2	0	0	0	20	2
λ_{21}	0	1/8	0	1	0	20/8	1/8
λ_{11}	0	$-1/8$	1	0	0	$-20/8$	7/8
λ_{12}	0	0	0	0	1	1	1

Die aktuelle Basisinverse B^{-1} und der aktuelle Vektor π der Dualvariablen sind daher gegeben durch

$$B^{-1} = \begin{pmatrix} 1 & 2 & 0 & 0 \\ 0 & 1/8 & 0 & 0 \\ 0 & -1/8 & 1 & 0 \\ 0 & 0 & 0 & 1 \end{pmatrix}$$

und

$$\boldsymbol{\pi} = \boldsymbol{c_B} \boldsymbol{B}^{-1} = (1,0,0,0)^{\mathrm{T}} \boldsymbol{B}^{-1}$$
$$= (1,2,0,0)^{\mathrm{T}},$$

also $\boldsymbol{\pi}^0 = 2$ und $\boldsymbol{\pi}^1 = (0,0)^{\mathrm{T}}$.

Schritt 1 (2. Iteration): Prüfe die aktuelle Basislösung auf Optimalität
Löse die beiden Teilprobleme 3.85 und 3.86.

$$
\begin{aligned}
L_1 &= \boldsymbol{\pi}_1^1 + \text{minimiere } \left[\boldsymbol{\pi}^{0\mathrm{T}} \boldsymbol{A}^1 - \boldsymbol{c}^{1\mathrm{T}} \right] \boldsymbol{x}^1 \\
&\qquad \text{so dass} \quad \boldsymbol{x}^1 \in P^1 \\
&= 0 \;+\; \text{minimiere } \left[2 \cdot (1,4,0,0) - (1,8,0,0) \right] \boldsymbol{x}^1 \\
&\qquad \text{so dass} \quad \boldsymbol{x}^1 \in P^1 \\
&= \qquad \text{minimiere } (1,0,0,0) \boldsymbol{x}^1 \\
&\qquad \text{so dass} \quad \boldsymbol{x}^1 \in P^1 \\
&= \qquad \text{minimiere } x_{11} \\
&\qquad \text{so dass} \quad \boldsymbol{x}^1 \in P^1 \\
&= 0 \qquad \text{für } \boldsymbol{x}^1 = \bar{\boldsymbol{x}}_1^1 = \begin{pmatrix} 0 \\ 0 \\ 6 \\ 5 \end{pmatrix}
\end{aligned}
\tag{3.85}
$$

Die Lösung von 3.85 kann graphisch erfolgen und ergibt eine Mehrdeutigkeit.

$$
\begin{aligned}
L_2 &= \boldsymbol{\pi}_2^1 + \text{minimiere } \left[\boldsymbol{\pi}^{0\mathrm{T}} \boldsymbol{A}^2 - \boldsymbol{c}^{2\mathrm{T}} \right] \boldsymbol{x}^2 \\
&\qquad \text{so dass} \quad \boldsymbol{x}^2 \in P^2 \\
&= 0 \;+\; \text{minimiere } \left[2 \cdot (7/2, 1/2, 0, 0, 0) - (1/2, 3/2, 0, 0, 0) \right] \boldsymbol{x}^2 \\
&\qquad \text{so dass} \quad \boldsymbol{x}^2 \in P^2 \\
&= \qquad \text{minimiere } (13/2, -1/2, 0, 0, 0) \boldsymbol{x}^2 \\
&\qquad \text{so dass} \quad \boldsymbol{x}^2 \in P^2 \\
&= \qquad \text{minimiere } 13/2 x_{21} - 1/2 x_{22} \\
&\qquad \text{so dass} \quad \boldsymbol{x}^2 \in P^2 \\
&= 0 \qquad \text{für } \boldsymbol{x}^2 = \bar{\boldsymbol{x}}_1^2 = \begin{pmatrix} 0 \\ 0 \\ 12 \\ 0 \\ 4 \end{pmatrix}
\end{aligned}
\tag{3.86}
$$

Alle $r = 2$ Kriteriumselemente L_j sind nichtnegativ, also ist die aktuelle Basislösung für das Masterproblem 3.79 optimal.

Schritt 3: Bestimme die optimale Lösung zum ursprünglichen LP

Die optimalen Gewichte λ_{kj}^* zum Masterproblem 3.79 lauten, vgl. letztes Simplex-Tableau,

$$\lambda_{11}^* = \frac{7}{8}, \lambda_{21}^* = \frac{1}{8}, \lambda_{12}^* = 1 \text{ und } x_0^* = 2,$$

alle übrigen Gewichte besitzen als Nichtbasisvariablen den Wert Null.

Daher ist

$$\boldsymbol{x}^{1*} = \lambda_{11}^* \cdot \bar{\boldsymbol{x}}_1^1 + \lambda_{21}^* \cdot \bar{\boldsymbol{x}}_1^2$$

$$= \frac{7}{8} \begin{pmatrix} 0 \\ 0 \\ 6 \\ 5 \end{pmatrix} + \frac{1}{8} \begin{pmatrix} 0 \\ 2 \\ 0 \\ 3 \end{pmatrix} = \begin{pmatrix} 0 \\ 1/4 \\ 21/4 \\ 19/4 \end{pmatrix}$$

$$\boldsymbol{x}^{2*} = \lambda_{12}^* \cdot \bar{\boldsymbol{x}}_1^2 = 1 \cdot (0, 0, 12, 0, 4)^{\mathrm{T}} = (0, 0, 12, 0, 4)^{\mathrm{T}}$$

$$\boldsymbol{x}_0^* = 2.$$

Insbesondere ist im Hinblick auf das ursprüngliche LP:

$$x_{11}^* = \left(\boldsymbol{x}^{1*}\right)_{1.\ \text{Komp.}} = 0, \qquad\qquad x_{12}^* = \left(\boldsymbol{x}^{1*}\right)_{2.\ \text{Komp.}} = \frac{1}{4}$$

$$x_{21}^* = \left(\boldsymbol{x}^{2*}\right)_{1.\ \text{Komp.}} = 0, \qquad\qquad x_{22}^* = \left(\boldsymbol{x}^{2*}\right)_{2.\ \text{Komp.}} = 0$$

und optimaler Zielfunktionswert $= x_0^* = 2$. $\square$

3.11.3 Dantzig-Wolfe'sche Dekomposition und Column Generation

Die Vorteile der Dekomposition nach Dantzig-Wolfe bezüglich der benötigten Rechenzeit zur Lösung großer Linearer Programme lassen sich besonders dann ausnutzen, wenn auf den benutzten Rechenanlagen eine Parallelverarbeitung möglich ist. Das ursprüngliche LP wird in eine Anzahl kleinerer, unabhängiger Teilprobleme aufgespalten, deren Lösungen das gewünschte Ergebnis liefern, wenn sie geeignet koordiniert werden. Die Koordination erfolgt gewöhnlich in einer iterativen Prozedur, hier im Masterproblem 3.79. In jeder Iteration können die voneinander unabhängigen Teilprobleme (3.81) gleichzeitig auf parallelen Prozessoren gelöst werden. Dadurch sinkt die Rechenzeit erheblich.

Zur Bestimmung der aufzunehmenden Variablen wurden hier die Zielfunktionswerte der Teilmodelle verwandt. Da die Aufnahmeregeln heuristischen Charakter haben, sind jedoch auch andere Vorgehensweisen möglich und denkbar. In der moderneren Literatur, und auch in den existierenden kommerziellen Softwarepaketen findet man zahlreiche solche Vorschläge, meist unter dem Namen „Column Generation". Wir werden darauf noch einmal im Zusammenhang mit der Ganzzahligen Programmierung in Kapitel 9 zurück kommen.

3.12 Nicht-Simplex Verfahren zur Lösung Linearer Programme

3.12.1 Das Grundverfahren von Karmarkar

Das Simplex-Verfahren ist noch immer die am meisten benutzte Methode zur Lösung Linearer Programmierungsmodelle. Sie ist in vielerlei Weise fortentwickelt und verfeinert worden und bildet in der einen oder anderen Weise auch heute noch die Basis der weitaus meisten Programmpakete für das Lineare Programmieren. Zwei voneinander nicht ganz unabhängige Eigenschaften der Simplex-Methode haben jedoch viele Wissenschaftler gestört:

1. Bei der Simplex-Methode bewegt man sich „außen" um das konvexe Polyeder des Lösungsraumes von Basislösung zu benachbarter Basislösung herum. Bei „großen" Lösungsräumen erschiene es plausibler, von einer Ausgangsbasis direkt „durch" den Lösungsraum zur optimalen Lösung zu gehen.

2. Der Lösungsaufwand der Simplex-Methode ist schlecht abschätzbar. Er hängt sicher von der Zahl der „Ecken" des Lösungsraumes und von dem „Optimierungspfad" von der Ausgangsecke zur optimalen Ecke ab. Man weiß zwar, dass im Durchschnitt zwischen n (Zahl der Variablen) und $2n$ Iterationen nötig sind, um ein Problem zu lösen. Es konnte jedoch lange nicht gezeigt werden, dass LP-Modelle im schlimmsten Fall mit einem Aufwand zu lösen sind, der polynomial von der Problemgröße abhängt.

Dies führte dazu, dass schon in den sechziger Jahren versucht wurde, Verfahren zu entwickeln, die mit Hilfe von Gradientenverfahren „durch" den Lösungsraum zu optimieren versuchten. Zwei dieser Verfahren sind das Duoplex-Verfahren (Künzi, 1963) und das Triplex-Verfahren (Künzi and Kleibohm, 1968). Diese Verfahren haben sich allerdings nie durchgesetzt. Erst 1979 gelang es Khachiyan zu zeigen, dass LP-Probleme auch im schlimmsten Fall in polynomialer Zeit gelöst werden können. Der von ihm in diesem Zusammenhang vorgeschlagene Algorithmus war allerdings erheblich schlechter als das Simplex-Verfahren. Erst 1984 schlug Karmarkar (Karmarkar, 1984) eine Methode vor, mit der nicht nur die Polynomialität gezeigt werden konnte, sondern die auch als effizient im Vergleich mit der Simplex-Methode angesehen werden konnte. Karmarkars Vorschläge haben in der Zwischenzeit zu zahlreichen Lösungsverfahren geführt, die für spezielle Problemstrukturen effizienter als der Simplex-Algorithmus sind. Sie im einzelnen zu besprechen würde den Rahmen dieses Buches sprengen. Es soll daher Karmarkars Prinzip an einer Variante illustriert werden, die 1984/85 in Aachen entwickelt und getestet wurde (Nickels *et al.*, 1985).

Idee des Verfahrens von Karmarkar

Ein gegebenes LP

$$\max \ \boldsymbol{c}^{\mathrm{T}}\boldsymbol{x}$$
$$\mathrm{s.\,d.} \ \ \boldsymbol{Ax} \leq \boldsymbol{b} \tag{3.87}$$
$$\boldsymbol{x} \geq 0$$

mit $\boldsymbol{A} \in \mathbb{R}^{m \times n}$, $\boldsymbol{b} \in \mathbb{R}^m$, $\boldsymbol{c} \in \mathbb{R}^n$ und Entscheidungsvariablen $\boldsymbol{x} \in \mathbb{R}^n$ im $\mathbb{R}^n$ lässt sich in ein Problem im $\mathbb{R}^{n+1}$ überführen, das bezüglich der Lösungen äquivalent zu (3.87) ist:

$$\min \ \ \overline{\boldsymbol{c}}^{\mathrm{T}}\overline{\boldsymbol{x}}$$
$$\mathrm{s.\,d.} \ \ \overline{\boldsymbol{A}}\overline{\boldsymbol{x}} = 0$$
$$\textstyle\sum_{j=1}^{n+1} \overline{x}_j = 1 \tag{3.88}$$
$$\overline{\boldsymbol{x}} \geq 0$$

Vorausgesetzt wird, dass eine zulässige Lösung $\boldsymbol{x}^0 \in \mathbb{R}^n$ für das Problem (3.87) bekannt ist, deren transformierter Wert in (3.88) durch

$$\overline{\boldsymbol{x}}^0 = \frac{1}{n+1}\,(1,\dots,1)^{\mathrm{T}} \in \mathbb{R}^{n+1}$$

gegeben ist.

Es sei nun der k-te Iterationspunkt $\overline{\boldsymbol{x}}^k$ als zulässige Lösung von (3.88) gegeben. Mittels einer Transformation T_k wird der Zulässigkeitsbereich von (3.88) derart in den Einheitssimplex

$$L = \left\{ \overline{\boldsymbol{x}} \in \mathbb{R}^{n+1} \ \middle| \ \sum_{j=1}^{n+1} \overline{x}_j = 1,\, \overline{\boldsymbol{x}} \geq 0,\, \overline{x}_{n+1} > 0 \right\}$$

abgebildet, dass sich die Transformation $T_k(\overline{\boldsymbol{x}}^k)$ des Iterationspunktes $\overline{\boldsymbol{x}}^k$ im Mittelpunkt

$$\left(\frac{1}{n+1}, \frac{1}{n+1}, \dots, \frac{1}{n+1} \right)^{\mathrm{T}} \in \mathbb{R}^{n+1}$$

dieses Einheitssimplex des $\mathbb{R}^{n+1}$ befindet. Dann wird eine Kugel um $T_k(\overline{\boldsymbol{x}}^k)$ als Mittelpunkt mit festem, von k unabhängigem Radius in den so transformierten Lösungsraum gelegt. Vom Zentrum $T_k(\overline{\boldsymbol{x}}^k)$ der Kugel aus geht man in Richtung des negativen projizierten Gradienten der Zielfunktion mit einer geeigneten Schrittweite α, d. h., man geht in Richtung des steilsten Abstiegs der Zielfunktion. Optimal bezüglich der Konvergenzgeschwindigkeit ist eine Schrittweite von $\alpha = 0{,}5$ unabhängig von der Nummer k der Iteration (vgl. Beisel and Mendel, 1987, S. 185). Man erreicht dann den Punkt $T_k(\overline{\boldsymbol{x}}^{k+1})$ im $(n+1)$-dimensionalen Einheitssimplex

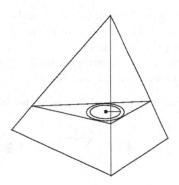

Abbildung 3.20: Durchschnitt
eines Einheitssimplex im $\mathbb{R}^4$ mit
einem Linearen Raum im $\mathbb{R}^2$

und durch Rückwärtstransformation mit T_k^{-1} den neuen Iterationspunkt $\overline{x}^{k+1}$. Der Punkt $\overline{x}^{k+1}$ ist zwar nicht notwendigerweise besser als $\overline{x}^k$, d.h., es ist nicht unbedingt $\overline{c}^{\mathrm{T}}\overline{x}^{k+1} < \overline{c}^{\mathrm{T}}\overline{x}^k$, doch nach endlich vielen Schritten wird – ausgehend von $\overline{x}^k$ – der Zielfunktionswert $\overline{c}^{\mathrm{T}}\overline{x}^k$ echt verringert.

Alle Häufungspunkte der erzeugten Folge $\{\overline{x}^k\}_{k\in\mathbb{N}}$ sind Optimallösungen von (3.88).

Grundversion der Projektionsmethode

a) Normierung der Problemstellung

Das Verfahren von Karmarkar dient zunächst in seiner Grundversion dazu, folgendes sogenannte Standard LP-Problem zu lösen:

$$
\begin{aligned}
\min \quad & \boldsymbol{c}^{\mathrm{T}}\boldsymbol{x} - c^* \\
\text{s.d.} \quad & \boldsymbol{A}\boldsymbol{x} = \boldsymbol{b} \\
& \boldsymbol{x} \geq \boldsymbol{0} \\
\text{mit} \quad & \boldsymbol{b} \in \mathbb{R}^m,\, \boldsymbol{c} \in \mathbb{R}^n,\, \boldsymbol{A} \in \mathbb{R}^{m \times n}
\end{aligned}
\tag{3.89}
$$

Hierbei werden folgende einschränkende Bedingungen zusätzlich vorausgesetzt:

(i) $\boldsymbol{c}^*$ sei so gewählt, dass der optimale Zielfunktionswert von (3.89) gleich 0 ist,

(ii) eine zulässige Ausgangslösung $\boldsymbol{x}^0 > \boldsymbol{0}$ sei bekannt und existiere.

Wie sich das Verfahren von Karmarkar dahingehend erweitern lässt, dass es auch für allgemeine LP-Probleme eingesetzt werden kann, wird im Anschluss an die Beschreibung der Grundversion dargestellt.

Um nun das Verfahren von Karmarkar anwenden zu können, muss das Problem (3.89) als erstes einer sogenannten projektiven Transformation unterworfen werden, mit der es gelingt, den Lösungsraum von (3.89), der eine Teilmenge des $\mathbb{R}^n$ darstellt, in einen Einheitssimplex im $\mathbb{R}^{n+1}$ einzubetten, wobei die Ausgangslösung ins Zentrum dieses Simplex abgebildet wird.

Ein *Einheitssimplex* im $\mathbb{R}^{n+1}$ ist dabei wie folgt definiert:

$$L = \left\{ \overline{x} \in \mathbb{R}^{n+1} \,\middle|\, \sum_{j=1}^{n+1} \overline{x}_j = 1, \, \overline{x} \geq 0, \overline{x}_{n+1} > 0 \right\} \tag{3.90}$$

Aus Problem (3.89) ergibt sich nun mittels einer solchen Projektion folgendes Problem:

$$
\begin{aligned}
\min \quad & \overline{c}^T \overline{x} \\
\text{s.d.} \quad & \overline{A}\overline{x} = 0 \\
& x \geq 0 \\
& \textstyle\sum_{j=1}^{n+1} \overline{x}_j = 1
\end{aligned}
\tag{3.91}
$$

Es lässt sich zeigen, dass Problem (3.89) und (3.91) (Karmarkar, 1984; Beisel and Mendel, 1987) äquivalent in dem Sinne sind, dass jede zulässige Lösung des ersteren genau einer zulässigen Lösung von (3.91) entspricht und dass die Werte der beiden Zielfunktionen genau dann gleich sind und den Wert 0 annehmen, wenn die Lösungen Optimallösungen der Probleme darstellen (Beisel and Mendel, 1987). Das bedeutet, dass aus einer Optimallösung für (3.91) mit dem Zielfunktionswert 0 eine Optimallösung für (3.89) ermittelt werden kann. Falls allerdings der Optimalwert von (3.91) größer 0 ist, besitzt (3.89) keine Lösung. Die Transformationsvorschrift, durch die die beiden Probleme ineinander überführt werden und mit der es gelingt, die Äquivalenz zu zeigen, ist wie folgt definiert:

$$
\begin{aligned}
T : \mathbb{R}^n_+ &\to \mathbb{R}^{n+1} \\
x &\mapsto \overline{x} = \frac{1}{e^T D^{-1} x + 1}\left((D^{-1}x)^T, 1 \right)^T,
\end{aligned}
\tag{3.92}
$$

wobei

$$D = \operatorname{diag}(x^0) = \begin{pmatrix} x_1^0 & & 0 \\ & \ddots & \\ 0 & & x_n^0 \end{pmatrix}$$

und $e \in \mathbb{R}^n$ mit $e^T = (1, \ldots, 1)$ sind und $x^0 > 0$ eine zulässige Lösung von (3.89) darstellt. Hiermit gilt für $x \in \mathbb{R}^n$, $x \geq 0$:

$$T(\boldsymbol{x}) \geq 0 \text{ und}$$

$$(T(\boldsymbol{x}))_j := \overline{x}_j = \frac{x_j/x_j^0}{\sum_{j=1}^n x_j/x_j^0 + 1} \text{ für alle } j = 1, \ldots, n$$

und

$$(T(\boldsymbol{x}))_{n+1} := \overline{x}_{n+1} = 1 - \sum_{j=0}^n \overline{x}_j > 0.$$

Wie man zeigen kann, gilt nun (Beisel and Mendel, 1987; Karmarkar, 1984):

$$T(\mathbb{R}^n) \subseteq L$$

Damit wird also jede Teilmenge des $\mathbb{R}^n$ mittels T in eine Teilmenge des Einheitssimplex L abgebildet.

Ferner ist T eine umkehrbar eindeutige Abbildung, d. h., es existiert eine inverse Abbildung $S = T^{-1}$, mit $S(T(\boldsymbol{x})) = \boldsymbol{x}$ für alle $\boldsymbol{x} \in \mathbb{R}^n$, die sich wie folgt ergibt:

$$\begin{aligned} S : L &\to \mathbb{R}^n_+, \\ \overline{\boldsymbol{x}} &\mapsto \boldsymbol{x} = \tfrac{1}{\overline{x}_{n+1}} \, \boldsymbol{D} \, P(\overline{\boldsymbol{x}}) \end{aligned} \tag{3.93}$$

P ist die Projektion auf den $\mathbb{R}^n$, die die ersten n Komponenten eines Vektors $\overline{\boldsymbol{x}} \in \mathbb{R}^{n+1}$ auf den Vektor des $\mathbb{R}^n$ abbildet, der aus diesen Komponenten besteht, also:

$$\begin{aligned} P : \qquad \mathbb{R}^{n+1} &\to \mathbb{R}^n \\ \overline{\boldsymbol{x}} = (\overline{x}_1, \ldots, \overline{x}_n, \overline{x}_{n+1}) &\mapsto (\overline{x}_1, \ldots, \overline{x}_n) = x. \end{aligned} \tag{3.94}$$

Somit gilt also:

$$x_j = \frac{\overline{x}_j x_j^0}{\overline{x}_{n+1}} \quad \text{für } j = 1, \ldots, n$$

Mittels T, S lässt sich nun das Problem (3.89) in das Problem (3.91) überführen.

b) Der Algorithmus von Karmarkar

Das von Karmarkar vorgeschlagene Verfahren wird nun auf Problem (3.91) wie folgt angewendet (Nickels *et al.*, 1985; Murty, 1988; Beisel and Mendel, 1987; Karmarkar, 1984):

Ausgehend von der zulässigen Lösung $x = T(x^0)$ wird iterativ eine Folge von Punkten $\overline{x}^k$ im Lösungsraum bestimmt, die gegen eine Optimallösung von (3.91) konvergiert. Hierzu wird jeweils der Punkt $\overline{x}_k$ mittels einer Transformation T_k, die der Abbildung T sehr ähnlich ist, in den Mittelpunkt des Einheitssimplex abgebildet. Dies geschieht mit der Intention, in den solcherart deformierten modifizierten Lösungsraum des Problems P_k (s. u.) jeweils eine Kugel mit einem konstanten Radius zu legen, auf deren Rand in Richtung des negativen projizierten Gradienten, vom Zentrum ausgehend, eine neue Lösung für das deformierte Problem P_k bestimmt wird. Anschließend wird der Punkt $\overline{y}_{k+1}$ mittels der Umkehrabbildung S_k in den Punkt $\overline{x}_{k+1}$ überführt, und die Prozedur wiederholt sich.

Die hierzu verwendeten Abbildungen T_k und $(T_k)^{-1} = S_k$ sind dabei wie folgt definiert:

Für $k \in \mathbb{N}$ und $\overline{x}_k \in L$, beliebig aber fest, $\overline{x} \in L$, sei:

$$
\begin{aligned}
T_k : \quad L \quad &\to \quad \mathbb{R}^{n+1} \\
\overline{x} \quad &\mapsto \quad \overline{y} = \frac{D_k^{-1} \overline{x}}{e^{\mathrm{T}} D_k^{-1} \overline{x}}
\end{aligned}
\tag{3.95}
$$

wobei

$$
D_k = \mathrm{diag}(\overline{x}^k), e \in \mathbb{R}^{n+1}, e^{\mathrm{T}} = (1, \ldots, 1)
$$

sind.

$$
\begin{aligned}
S_k : \quad L \quad &\to \quad \mathbb{R}^{n+1} \\
\overline{x} \quad &\mapsto \quad \frac{D_k \overline{x}}{e^{\mathrm{T}} D_k \overline{x}}
\end{aligned}
\tag{3.96}
$$

Hiermit ergibt sich in jedem Iterationsschritt das deformierte Problem P_k zu:

$$
\begin{aligned}
(P_k) : \min \ &\overline{c}_k{}^{\mathrm{T}} \overline{y} \\
\text{s. d. } \ &B_k \overline{y} = 0 \\
&\overline{y} \geq 0
\end{aligned}
\tag{3.97}
$$

mit

$$
\overline{c}_k = D_k \overline{c}, \ B_k = \begin{pmatrix} \overline{A} D_k \\ e^{\mathrm{T}} \end{pmatrix}
$$

Die Deformation des Problems geschieht hierbei mit der Intention, eine Schwäche herkömmlicher Projektionsverfahren zu überwinden. Diese ist dadurch bedingt, dass bei herkömmlichen Projektionsverfahren sehr schnell Punkte erreicht werden, die in der Nähe bzw. auf dem Rand des Lösungsraumes liegen. Hierdurch lassen sich nur noch kleine Schrittweiten in den nächsten Iterationsstufen realisieren, was sehr schnell zu Rundungsfehlern führen kann, die sich auf die Qualität bzw. auf die Genauigkeit der Lösung sowie auf die Rechenzeit äußerst negativ auswirken können. Dies wird durch die Transformation in den Mittelpunkt des Einheitssimplex verhindert, da in dem solcherart modifizierten Problem in jedem Schritt gleich große Schrittweiten realisiert werden können.

Diese in allen Iterationen konstante Schrittweite α bedingt darüber hinaus die polynomiale Beschränktheit des Verfahrens und hat somit Einfluss auf die Effizienz des Verfahrens.

Die Wahl einer solchen Schrittweite und der Nachweis der Polynomialität des Verfahrens wird von Karmarkar anhand einer logarithmischen Potentialfunktion vorgenommen, für die nachweislich in jedem Iterationsschritt eine konstante Mindestverbesserung erreicht werden kann. Allerdings lässt sich das nicht für die Zielfunktion des Problems (3.89) beweisen. Es gilt jedoch, dass nach endlich vielen Iterationsschritten eine echte Verbesserung des Zielfunktionswertes von (3.89) erreicht wird.

Der Algorithmus kann nun wie folgt beschrieben werden:

3.57 Algorithmus

0. Schritt (Initialisiere)

$$T^0 = \mathrm{id}, a^0 = \overline{x}^0 = (1/(n+1), \ldots, 1/(n+1))^{\mathrm{T}}$$
$$k = 0$$

1. Schritt (Transformation T_k)

$$a^0 = T_k(\overline{x}^k)$$
$$B_k = \begin{pmatrix} \overline{A}D_k \\ e^{\mathrm{T}} \end{pmatrix}, \overline{c}_k = D_k = D_k\overline{c}$$

2. Schritt (Projizierter Gradient)

$$\mathrm{grad}^k = c^{\mathrm{T}}D_k \left[I - B_k{}^{\mathrm{T}}(B_kB_k{}^{\mathrm{T}})^{-1}B_k\right]$$
$$\widehat{\mathrm{grad}}^k = \frac{\mathrm{grad}^k}{\| \mathrm{grad}^k \|}$$

3. Schritt (Verbesserung der Zielfunktion)

Setze:

$$\overline{y}^{k+1} = a^0 - \alpha \widehat{\mathrm{grad}}^k$$

(α konstant vorgegeben)

4. Schritt (Rücktransformation)

Bestimme $\overline{x}^{k+1} = S_k(\overline{y}^{k+1})$.

5. Schritt (Abbruch-Kriterium)

Wenn der Wert der Zielfunktion nicht klein genug ist, gehe zu (2. Schritt), sonst gehe zu (6. Schritt).

6. Schritt

$\overline{x}^{k+1}$ ist die Optimallösung von (3.91).
Bestimme $x^{\mathrm{opt}} = S(\overline{x}^{k+1})$ als Optimallösung von (3.89).

Im 2. Schritt wird der projizierte Gradient, das heißt, die Projektion des Gradienten der Zielfunktion von P_k bestimmt, um im Lösungsraum des modifizierten Problems P_k die Richtung des steilsten Abstiegs der Zielfunktion festzulegen. Diese Berechnung erfordert den größten Aufwand des gesamten Verfahrens, da in jedem Schritt die Inverse von $(B_k B_k{}^T)$ bestimmt werden muss. Zur Bestimmung dieser Matrix sind in der Literatur unterschiedliche Verfahren vorgeschlagen und getestet worden, auf die hier nicht weiter eingegangen werden soll.

Im 5. Schritt des Verfahrens ist dann ein Optimum erreicht, wenn weniger als eine Minimalverbesserung möglich ist, wie sie in nachfolgendem Theorem angegeben wird (Karmarkar, 1984; Nickels *et al.*, 1985).

3.58 Satz

Für jedes beliebige $q \in \mathbb{N}$ lässt sich mittels obigen Algorithmus in $\mathcal{O}\left(n(q + \ln(n))\right)$ Schritten ein für (3.91) zulässiges x bestimmen, für das

(a) entweder gilt $c^T \bar{x} = 0$

(b) oder $\frac{\bar{c}^T \bar{x}}{\bar{c}^T a_0} \leq 2^{-q}$.

Falls es also mit obigem Verfahren gelingt, eine Optimallösung von (3.91) zu bestimmen, deren Zielfunktionswert 0 ist, so kann mittels der Umkehrfunktion S die Optimallösung von (3.89) ermittelt werden. Andernfalls ist der Nachweis der Nichtexistenz eines solchen Optimums erbracht.

Lösung allgemeiner LP-Probleme

Zum Abschluss des Abschnitts soll gezeigt werden, wie es gelingt, jedes allgemeine LP-Problem mittels des Verfahrens von Karmarkar zu lösen. Hierzu ist zu zeigen, wie die Bedingungen (i) und (ii) nach (3.89)erfüllt werden können, um jedes LP-Problem der Form (3.91) in die sogenannte Standardform (3.89) zu überführen bzw. eine solche iterativ anzunähern.

Als erstes soll gezeigt werden, wie man verfährt, wenn keine zulässige Lösung $x^0 > 0$ bekannt ist.

In diesem Fall wird mittels eines Hilfsproblems zunächst eine zulässige Ausgangslösung ermittelt, die die Bedingung (i) erfüllt.

Dazu sei $\tilde{x} > 0$ ein beliebiger Vektor $\tilde{x} \in \mathbb{R}^n$. Sei weiter res $= A\tilde{x} - b$, dann muss in einer Phase (1) folgendes Problem gelöst werden:

$$\text{Min } \lambda$$
$$\text{s.d. } Ax - \lambda \, \text{res} = b \tag{3.98}$$
$$x, \lambda \geq 0$$

Offensichtlich ist $x = \tilde{x}$, $\lambda = l$ eine zulässige Lösung für (3.98) mit folgenden Eigenschaften

1. $x = \tilde{x}$, $\lambda = 1$ ist strikt positiv,

2. wenn eine zulässige Lösung für (3.89) existiert, dann ist der Optimalwert von (3.98) gleich 0.

Da alle Lösungen, die mittels des Verfahrens von Karmarkar ermittelt werden, strikt positiv sind, kann die Optimallösung von (3.98) als zulässige Ausgangslösung für (3.89) verwendet werden.

Um das Verfahren von Karmarkar für allgemeine LP-Probleme der Form (3.91) anwenden zu können, ist es ferner nötig zu zeigen, wie man verfährt, wenn der optimale Zielfunktionswert nicht bekannt ist. Hierzu wird von Karmarkar das sogenannte Verfahren der „gleitenden Zielfunktion" vorgeschlagen (Karmarkar, 1984; Murty, 1988). Hierzu nimmt er an, dass eine untere Schranke l und eine obere Schranke u für den Zielfunktionswert von (3.91) bekannt sind. Als Testwerte werden dann

$$ l' = l + \frac{1}{3}(u - l) \text{ und } u' = l + \frac{2}{3}(u - l) \tag{3.99} $$

gesetzt, und das Verfahren von Karmarkar beginnt, indem $c^* = l'$ gesetzt wird. Mit diesem Wert wird das Verfahren solange fortgesetzt, bis

1. entweder die Potentialfunktion nicht mehr um einen konstanten Wert verbessert werden kann. In dem Fall ist l' kleiner als das tatsächliche Optimum, es wird $l = l'$ gesetzt, und l' und u' werden gemäß obiger Definitionen neu ermittelt, und das Verfahren von Karmarkar beginnt mit diesem neuen $c^* = l'$ von neuem

2. oder der Wert der Zielfunktion von (3.91) unter u' sinkt. In diesem Fall wird $u = u'$ gesetzt, und das Verfahren von Karmarkar startet mit diesen neuen Setzungen von vorne.

Von Karmarkar ist nachgewiesen worden, dass eine dieser Situationen nach endlich vielen Schritten, deren Anzahl polynomial beschränkt ist, eintritt, so dass die Polynomialität des Verfahrens auch für den Fall eines unbekannten Zielfunktionswertes gewährleistet bleibt.

Für das oben beschriebene Verfahren sind eine Reihe von Modifikationen entwickelt worden. Diese betreffen sowohl Methoden der Aktualisierung und Speicherung der Inversen, die Möglichkeit der Berücksichtigung dünn besetzter Matrizen, weitere Verfahren zur Annäherung des unbekannten optimalen Zielfunktionswertes sowie Tests mit größeren Schrittweiten, die im Durchschnitt zu einer Verringerung des Rechenaufwandes beitragen. Auf diese Weiterentwicklungen wird hier nicht weiter eingegangen. Dazu sei auf die nachfolgend aufgeführte Literatur verwiesen (Lisser *et al.*, 1987; Nickels *et al.*, 1985; Adler *et al.*, 1989).

Effizienz des Verfahrens

Festhalten lässt sich, dass mit der Verfahrensidee von Karmarkar und diversen Weiterentwicklungen vielversprechende Rechenergebnisse erzielt werden konnten. In Aachen wurde unter anderem das Simplex-Verfahren, das im Marsten Code (Nickels *et al.*, 1985) und APEX IV von Control Data implementiert war, mit einem modifizierten Projektionsverfahren nach Karmarkar, das in Fortran IV implementiert wurde und bei dem keine Methoden zur Berücksichtigung dünn besetzter Matrizen verwandt wurden, verglichen. Hierzu wurden 8 Testprobleme herangezogen: P 4, P 8 stellen Assignment Probleme dar, P 3 hat tridiagonale Struktur und P 7 ist ein Transportproblem.

Diese Vergleiche der Verfahren wurden zur Zeit der Entwicklung auf Großrechnern durchgeführt, da zu dieser Zeit leistungsfähige LP-Codes (wie z. B. APEX) nur auf Großrechnern liefen. Die Verhältnisse der Rechenzeiten dürften aber auf den heute geläufigen PCs nicht anders sein.

Die Dimensionen der Testprobleme werden in Abbildung 3.21 gezeigt.

Problem-Nr.	m	n	Schlupf-variablen in n	Anzahl Gleichheits-restrikt.	Dichte
P 1	15	21	14	1	0,14
P 2	34	86	34	–	0,10
P 3	40	40	–	40	0,10
P 4	40	400	–	40	0,07
P 5	80	321	80	–	0,03
P 6	200	441	200	–	0,02
P 7	80	1200	–	1200	0,03
P 8	80	1600	–	1600	0,03

Abbildung 3.21: Testprobleme

Das Konvergenzverhalten des Karmarkar-Verfahrens wird in Abbildung 3.22 charakterisiert.

Es zeigt sich, dass die Anzahl an Iterationen kaum abhängig von der Dimension der Probleme ist. Darüber hinaus ist auffällig, dass bei konstantem m und variierender Anzahl Spalten die CPU-Zeiten nahezu konstant bleiben. Demzufolge ist ein Verfahren nach Karmarkar insbesondere bei Problemen mit vielen Variablen und wenigen Restriktionen als vorteilhaft zu erachten.

	P 1	P 2	P 3	P 4	P 5	P 6	P 7	P 8
IT 1	2	5	2	2	2	3	2	2
CPU 1	0.012	0.136	0.085	0.113	0.524	6.139	0.587	0.650
IT 2	6	14	1	14	14	12	10	14
CPU 2	0.024	0.319	0.030	0.628	2.468	32.698	3.381	4.550
IT	8	19	3	16	16	15	12	
CPU	0.036	0.455	0.115	0.741	2.992	38.837	3.968	5.200

IT 1	Anzahl der Iterationen (Phase 1)
IT 2	Anzahl der Iterationen (Phase 2)
CPU 1	CPU-Zeit in Sek. (Phase 1)
CPU 2	CPU-Zeit in Sek. (Phase 2)
IT	Gesamtzahl der Iterationen
CPU	gesamte CPU-Zeit in Sek.

Abbildung 3.22: Konvergenzverhalten des modifizierten Karmarkar-Verfahrens

Des weiteren fällt auf, dass es mit einem „Karmarkar-Verfahren" gelingt, ziemlich schnell eine sehr gute Lösung zu generieren, die nur noch 1 % vom Optimum abweicht. Dazu ist im Durchschnitt nur die Hälfte der Iterationen nötig, die man zum exakten Erreichen des Optimums aufwenden muss. APEX hingegen benötigt 75 % der Gesamtiterationszahl, um eine Lösung zu finden, die immer noch bis zu 25 % vom Optimum abweicht.

CPU	P 1	P 2	P 3	P 4	P 5	P 6	P 7	P 8
MKAR	0.036	0.453	0.115	0.741	2.992	38.837	3.968	5.200
MARS	0.092	1.249	0.690	9.473	7.474	18.347	7.086	–
APEX	0.074	0.151	0.081	0.405	0.419	0.478	1.524	1.213

MKAR	Modifiziertes Karmarkar-Verfahren
MARS	Marsten-Code mit primalem Algorithmus und der 2-Phasen-Methode
APEX	APEX IV

Abbildung 3.23: CPU-Zeiten der 3 LP-Codes

Außer experimentellen Versuchen etwas über die Effizienz bzw. die Komplexität von

Verfahren zur Lösung von LP-Problemen auszusagen wurde auch versucht, über eine Abschätzung der Zahl der Ecken der Lösungsräume zu Aussagen zu kommen (siehe z. B. Bartels, 1973). Praktisch brauchbare Ergebnisse ließen sich aber auch auf diese Weise kaum ermitteln.

3.12.2   Stärken und Schwächen von Interior Point Verfahren.

In den letzten 10 bis 15 Jahren sind über 1000 Veröffentlichungen auf dem Gebiet der Interior Point Verfahren erschienen. Insgesamt kann man diese Verfahren in vier Familien aufteilen (den Hertog and Roos, 1991):

– *Projektive Methoden*, wie sie ursprünglich von Karmarkar vorgeschlagen wurden, wie sie auch in diesem Buch detaillierter beschrieben wurden und wie sie z. B. von Anstreicher (1990) studiert wurden.

– *Reine affine Skalierungsmethoden*, wie sie schon 1967 von Dakin vorgeschlagen und später von zahlreichen Autoren weiter entwickelt wurden (siehe z. B. Barnes, 1986).

– *Pfadfolgende Methoden*, die Methoden bezeichnen, die in kleinen Schritten das Optimum anstreben und wie sie von zahlreichen Autoren, wie z. B. Monteiro and Adler (1989) vorgeschlagen werden und

– *Affine Potential-Reduktionsmethoden*. Diese wurden z. B. von Freund (1991) und anderen vorgeschlagen. Sie benutzen eine primale Skalierung, projizierte Gradienten der Potentialfunktion, in die die Werte der primalen Struktur-variablen und der dualen Schlupfvariablen eingehen und sie setzen nicht die Kenntnis des Optimalwertes der Zielfunktion voraus.

Im Rahmen dieses Lehrbuches ist es offensichtlich nicht möglich, die Vielzahl der Interior Point Verfahren im Detail zu beschreiben. Sie unterscheiden sich primär in der Art der vorgenommenen Transformationen und Rücktransformationen, der Suchrichtung und der Schrittlänge. Daraus resultieren verschiedene obere Schranken für den Rechenaufwand im schlechtesten Falle. Allerdings sagt dies noch nicht allzu viel über ihren durchschnittlichen Rechenaufwand bei praktischen Anwendungen aus, der wiederum erheblich von der Struktur des zu lösenden Modells abhängen kann. Moderne, kommerziell erhältliche LP-Software (siehe z. B. Fourer, 2001) enthält daher sehr oft verschiedene LP-Solver (Simplex-basiert und Interior Point) sowie Presolver und andere Algorithmen.

Hier sei nur versucht, einen grundsätzlichen Vergleich von Simplex Verfahren und Interior Point Verfahren durchzuführen (siehe auch Illes and Terlaky, 2002):

Dieser Vergleich ist aus verschiedenen Gründen nicht ganz einfach: Zum einen sind die Verfahren zu verschiedenen Zeiten entstanden und befinden sich daher in verschiedenem Entwicklungsstand. Zum anderen gibt es sowohl auf der Seite der

Simplex-Verfahren, als auch auf der Seite der Interior Point Verfahren eine Vielzahl von Algorithmen, die auch in ihren Eigenschaften sehr voneinander abweichen. Schon allein die „Standardverfahren" des Simplex Algorithmus (Primale, Duale, Primal-Duale, Criss-Cross Simplex Verfahren) weichen z. B. in ihrer Effizienz je nach Problemart sehr voneinander ab. Darüber hinaus hat sich das Problemumfeld in den letzten Jahrzehnten sehr geändert. Während in den 50er Jahren noch Probleme mit einigen Hundert Variablen als groß angesehen wurden, kann mein heute schon auf Laptops Modelle mit mehreren zehntausend Variablen in Minuten lösen.

Das Ausgangsmotiv für die Entwicklung von Interior Point Verfahren (IPV) waren sicher *Komplexitätsbetrachtungen.* Es konnte lange nicht gezeigt werden, dass der Simplex Algorithmus LP Probleme in polynomialer Zeit (worst-case Aussage) lösen konnte. Es bestand lange Zeit eine sehr große Abweichungen zwischen solchen worst-case Aussagen und dem praktischen Verhalten des Simplex Algorithmus. Für dieses wurde gezeigt, dass die Zahl der Pivot Schritte $\min(n,m)$ ist. Allerdings ist dies nur eine unvollständige Aussage, da auch der Rechenaufwand pro Iteration zu berücksichtigen ist. Wie schon am Anfang dieses Unterkapitels ausgeführt wurde, konnte Kashian mit seinem ellipsoiden Verfahren zeigen, dass eine Lösung des LP-Problems in polynomialer Zeit möglich ist und seit Karmarkar existieren hierfür auch zahlreiche Verfahren, die dies auch in ihrem Durchschnittsverhalten schaffen.

IPV zeigen ein polynomiales worst-case Verhalten. Die beste bisher bekannte Schranke für die Zahl der Iterationen ist $\mathcal{O}\left(\sqrt{nL}\right)$. Eine optimale Basis kann mit fast n Schritten ermittelt werden, die insgesamt $\mathcal{O}\left(n^3\right)$ arithmetische Operationen erfordern (siehe z. B. Illes and Terlaky, 2002). Diese Aussagen müssen allerdings für spezielle Problemstrukturen spezifiziert werden. Insofern ist eine allgemein gültige Aussage darüber, welche Verfahren effizienter sind, nicht zu machen. In vorhandenen Software Paketen sind für Simplex Verfahren zahlreiche moderne Heuristiken implementiert wurden, die die Effizienz deutlich erhöhen und die Flexibilität schaffen, automatisch zwischen primaler und dualer Simplex Methode zu wechseln. Die duale Simplex Methode hat sich vor allem auch bei der Ganzzahligen Linearen Programmierung bestens bewährt. Demgegenüber sind IPV sehr effizient wenn Probleme mit sehr mager besetzten Matrizen zu lösen sind. Aus diesen Gründen enthalten moderne Software Pakete sowohl Simplex Verfahren als auch IPV.

Redundanz und Entartung: Es wurde schon früher erwähnt, dass (absolute) Redundanz die Basis und ihre Inverse beim Simplex Verfahren unnötig vergrößern kann. Bei den erwähnten Duoplex- und Triplexverfahren bestand außerdem die Gefahr, dass der Gradient eine absolut redundante Nebenbedingung schnitt und dass dadurch eine unzulässige Lösung ermittelt wurde, von der aus man schlecht wieder in den Lösungsraum gelangte. Dies ist bei IPV nicht möglich, da sich diese Verfahren streng im zulässigen Raum bewegen.

Es wurde ebenfalls bereits erwähnt, dass in der Praxis Entartung kaum eine Rolle beim Verlauf des Simplex-Verfahrens spielt. Probleme können allerdings auftreten, wenn man – ausgehend von einer entarteten optimalen Ba-

sis – Sensitivitätsanalysen oder Parametrisches Programmieren unternimmt.
Bei IPV stellt Entartung keinerlei Problem dar.

Lösungspfad: Beim Simplex-Verfahren kann der Iterationspfad auf verschiedene
Weisen festgelegt werden. Meist sind dies heuristische Ansätze (wie auch die
Auswahlregel von Dantzig). Der Lösungspfad kann auch dadurch verkürzt
werden, dass man mit einer Basislösung startet, die schon in der Nähe der optimalen Basislösung liegt (sogenannter *Warmstart*). Bei der Simplex-Methode
ist dies einfach möglich, auch dann wenn (wie beim Parametrischen Programmieren) sich z. B. Teile des *b*- oder *c*-Vektors ändern. Bei IPV ist dies nicht so
einfach möglich. Durch die relativ aufwendigen Iterationsschritte sind solche
Warmstarts nicht zu empfehlen.

Zusammenfassend kann man wohl sagen, dass in der praktischen Anwendung keiner
der existierenden Ansätze dominiert. Theoretische Erwägungen scheinen zwar für
IPV zu sprechen, bisher ist es jedoch noch nicht gelungen eine klare Überlegenheit
der IPV über Simplex-Verfahren zu erreichen. Für sehr große Probleme mit mager besetzten Matrizen scheinen IPV besser geeignet zu sein, dafür haben Simplex
Verfahren größere Vorteile beim ganzzahligen Programmieren.

3.13   Lineares Programmieren und Software

Modellierungssprachen dienen dazu, Modelle der linearen und gemischt-ganzzahligen Programmierung in Software umzusetzen. Moderne Systeme unterstützen heute den gesamten Prozess, ausgehend von der Entwicklung des Modells, dem Ana-
lysieren und Testen des Modells und seiner Daten, bis hin zur Umsetzung in eine
Software, die auch von Nicht-Experten zur Optimierung praktischer Problemstellungen eingesetzt werden kann.

Die Modellierungssprache *OPL Studio* der Firma ILOG wird nachfolgend exemplarisch an folgender Aufgabenstellung beschrieben[6]:

> Ein Unternehmen stellt verschiedene Farbprodukte her. Dem Unterneh-
> men liegt eine Reihe von Produktionsaufträgen für den kommenden Mo-
> nat vor. Aufgrund von Lieferengpässen in der Zulieferung weiß man be-
> reits, dass nicht alle Kundenaufträge bedient werden können. Pro Pro-
> duktionsauftrag (gegeben durch die Anzahl der jeweiligen Produkte)
> sind daher neben dem Verkaufspreis und den Produktionskosten auch
> Opportunitätskosten für den Fall der Nicht-Bedienung des Auftrags zu
> berücksichtigen.

---

[6] Die Modellierungssprache OPL ist in ihrer Syntax eng an die Programmiersprache C++ ange-
lehnt, siehe z. B. Stroustrup (1991).

Die hergestellten Farben entstehen durch Mischen verschiedener Vorprodukte und Rohstoffe, in diesem Beispiele durch Wasser, zwei Pigmentmischungen und zwei verschiedene Mischungen. Diese unterscheiden sich in ihrer Zusammensetzung, d. h. den enthaltenen Inhaltsstoffen (hier Wasser (H_2O), Lösungsmittel, Weißpigment, Buntpigment, Bindemittel, Konservierungsmittel und Additive). Jedes Produkt ist durch die in ihm enthaltenen Inhaltsstoffe beschrieben, genauer durch die Angabe von unteren und oberen Schranken für den jeweiligen Anteil.

Eine Modellierungsprache hilft bei der strukturellen Beschreibung eines Problems. Es zwingt den Modellierer dazu, die wesentlichen Komponenten des Modells, also Entscheidungsvariablen, Zielfunktion und Nebenbedingungen, exakt zu spezifizieren.

Für die Entscheidungsvariablen sollten zuerst folgende Fragen beantwortet werden:

- Welche Entscheidungsvariablen enthält das Modell überhaupt?

- Welchen Typ haben diese (kontinuierlich, ganzzahlig/diskret oder binär?

- Lassen sich Entscheidungsvariablen gleich Typs zu logischen Gruppen zusammenfassen (Felder oder Matrizen von Entscheidungsvariablen, indiziert über verschiedene Indexmengen)?

OPL Studio kennt als entsprechend kontinuierliche Entscheidungsvariablen (`float`) und ganzzahlige (`int`) Entscheidungsvariablen. Binäre Entscheidungsvariablen sind ganzzahlige Variablen mit Wertebereich $\{0, 1\}$. Eine Indizierung der Variablen kann durch ein *Range* (z. B. `1..10`) oder eine Indexmenge (beispielsweise `enum`) erfolgen. Auch mehrdimensionale Indexmengen sind möglich.

Im vorliegenden Beispiel gibt es binäre Entscheidungsvariablen x für die Entscheidung, ob der jeweilige Auftrag angenommen werden soll oder nicht, kontinuierliche Variablen einerseits für die Produktionsmengen pm der Produkte und andererseits für die Mengen der Vorprodukte und Rohstoffe in jedem der Endprodukte y.

Ein wesentlicher Vorteil, den die Verwendung einer modernen Modellierungssprache bietet, ist die Trennung von Modell und Daten: Die inhaltliche Logik des MILP-Modells kann unabhängig von konkreten Daten formuliert werden. Damit erreicht man, dass

- das Modell übersichtlicher wird,

- sich ein Modell in einfacher Weise mit verschiedene Daten testen lässt,

- nachträgliche Änderungen und Erweiterungen leichter implementiert werden können

- und sich die unterliegenden Daten separat z. B. in einer Datenbank speichern lassen, so dass sich die Datenbasis des Optimierungsproblems ständig aktuell halten lässt. Dies ist insbesondere dann notwendig, wenn Optimierungsmodelle in regelmäßigen Zyklen angewandt werden, wie z. B. bei einer rollierenden

Planung.

Im vorliegenden Beispiel sind die relevanten Eingangsdaten in einer Textdatei abgelegt, siehe Abb. 3.24.

```
// grundlegende Objekte
Produkte = { Farbe1 Farbe2 Farbe3 };
Vorprodukte = { Wasser PigmentMischung1 PigmentMischung2
   Mischung1 Mischung2 };
Inhaltsstoffe = { H2O Loesungsmittel WeissPigment BuntPigment
   Bindemittel Konservierungsmittel Additive };


// Daten zu den Vorprodukten
beschaffungskosten = [ 0.01, 1.58, 1.62, 2.10, 2.25 ];
verfuegbareMenge = [ 100000, 12500, 3000, 20050, 18750 ];
// Daten zu den Endprodukten
verkaufspreis =    [ 10.95, 13.25, 17.20 ];
produktionskosten = [ 1.45, 1.55, 1.70 ];


// für jedes Vorprodukt der Anteil der  Inhaltsstoffe
anteil =
 [ [99.9, 1.1,  1.4, 38.0, 36.0 ], // H2O
   [ 0.0, 0.0,  0.0,  2.8,  1.1 ],  // Loesungsmittel
   [ 0.0, 95.3, 75.2,  0.1,  0.4 ],  // WeissPigment
   [ 0.0, 3.6, 23.4,  0.1,  0.4 ],  // BuntPigment
   [ 0.0, 0.0,  0.0, 10.0, 12.0 ], // Bindemittel
   [ 0.0, 0.0,  0.0,  2.0,  1.8 ],  // Konservierungsmittel
   [ 0.0, 0.0,  0.0,  1.1,  2.4 ] ]; // Additive


// für jedes Produkt der min./max. Anteil der  Inhaltsstoffe
minAnteil =
 [ [ 42.0, 41.0, 45.0 ], // H2O
   [  0.0,  0.0,  1.0 ], // Loesungsmittel
   [ 15.0, 18.0,  3.0 ], // WeissPigment
   [  0.5,  0.0,  1.2 ], // BuntPigment
   [ 7.5,  7.5,  7.5 ], // Bindemittel
   [  0.5,  0.3,  0.25 ], // Konservierungsmittel
   [  1.0,  1.1,  1.0 ] ];// Additive
maxAnteil =
 [ [ 45.0, 43.5, 49.0 ], // H2O
   [  1.8,  1.3,  1.5 ], // Loesungsmittel
   [ 16.0, 20.0,  4.5 ], // WeissPigment
   [  0.8,  2.0, 10.0 ], // BuntPigment
   [  9.5,  9.5,  9.5 ], // Bindemittel
   [  2.0,  3.0,  2.0 ], // Konservierungsmittel
   [  1.5,  1.9,  2.7 ] ];// Additive
```

```
// Daten zu den Kundenaufträgen
numKundenauftraege = 5;
// je Kundenauftrag jeweils Opportunitätskosten und Mengen der
    bestellten Produkte
auftraege =
[ < 10000, [ 1500, 2300,    0 ] >,
  <  2000, [ 12000, 100,    0 ] >,
  <  3000, [    0, 5500, 1300 ] >,
  < 20000, [ 3300, 17000, 1900 ] >,
  <  5000, [  700, 13000, 4500 ] > ];
```

Abbildung 3.24: Eingangsdaten

Einige wenige Kommentare zur Syntax sind angebracht (eine vollständige Beschreibung würde den Rahmen dieses Abschnitts sprengen): Kommentare sind jeweils durch die Zeichen // eingeleitet. Aufzählenden Datentypen werden durch die Aufzählung der Elemente in Mengenklammern { A B C } beschrieben. Eindimensionale Felder, zur Beschreibung von Koeffizienten mit einem Index, werden in der Form [1,2,3] repräsentiert. Koeffizienten mit zwei oder mehr Indizes werden durch mehrdimensionale Matrizen der Form [[1,2],[3,4]] angegeben.

Das Modell zu obiger gemischt-ganzzahliger Problemstellung ist in Abb. 3.25 zu sehen.

```
// elementare Objekte
enum Produkte ...;
enum Vorprodukte ...;
enum Inhaltsstoffe ...;


// Beschreibung der Kundenaufträge
struct Kundenauftrag {
  float+ opportunitaetskosten; // in Euro/kg
  int+ menge[Produkte];        // jeweils in kg
};
int numKundenauftraege = ...;
range rangeKundenauftraege 1..numKundenauftraege;
Kundenauftrag auftraege[rangeKundenauftraege] = ...;


// Beschreibung der Vorprodukte
float+ beschaffungskosten[Vorprodukte] = ...; // in Euro/kg
float+ verfuegbareMenge[Vorprodukte] = ...;   // in kg


// Beschreibung der Produkte
float+ verkaufspreis[Produkte] = ...;      // in Euro/kg
float+ produktionskosten[Produkte] = ...;  // in Euro/kg
```

```
// Beschreibung der Zusammensetzung von (Vor)Produkten, jeweils in
   [0..1]
float+ anteil[Inhaltsstoffe, Vorprodukte] = ...;
float+ minAnteil[Inhaltsstoffe, Produkte] = ...;
float+ maxAnteil[Inhaltsstoffe, Produkte] = ...;


// Entscheidungsvariablen :
//    Erfüllung eines Kundenauftrags (ja/nein)
var int+ x[rangeKundenauftraege] in 0..1;
//    hergestellte Menge des Produkts
var float+ pm[Produkte];
// Menge von Vorprodukt in dem Produkt
var float+ y[Vorprodukte, Produkte];


// das eigentliche MILP
maximize
  sum ( p in Produkte )                      // Verkaufserloes
    sum ( k in rangeKundenauftraege )
      verkaufspreis[p] * auftraege[k].menge[p] * x[k]
  - sum( v in Vorprodukte )                  // Kosten der Beschaffung
      sum ( p in Produkte)
          beschaffungskosten[v] * y[v,p]
  - sum(p in Produkte)                       // Kosten der Produktion
      produktionskosten[p] * pm[p]
  - sum ( k in rangeKundenauftraege )  // Opportunitätskosten für
    nicht  erfüllte  Aufträge
      ( auftraege[k].opportunitaetskosten ) * ( 1 - x[k] )
subject to
{
  // Stelle genug für alle ausgewählten Produktionsauftraege  her
  forall ( p in Produkte )
    pm[p]
      - sum ( k in rangeKundenauftraege ) auftraege[k].menge[p]
        * x[k] >= 0;
  // Gesamtmenge eines Produkts ist Summe seiner Vorprodukte
  forall ( p in Produkte )
    pm[p] = sum (v in Vorprodukte) y[v,p];
  // minimaler und maximaler Anteil der  Inhaltsstoffe  am Endprodukt
  forall( p in Produkte, i in Inhaltsstoffe )
    sum( v in Vorprodukte )
        anteil[i,v] * y[v,p] >= minAnteil[i,p] * pm[p];
  forall( p in Produkte, i in Inhaltsstoffe )
    sum( v in Vorprodukte )
        anteil[i,v]*y[v,p] <= maxAnteil[i,p]*pm[p];
  // Verfügbarkeit der Vorprodukte berücksichtigen
```

```
    forall( v in Vorprodukte )
       sum( p in Produkte )
          y[v,p] <= verfuegbareMenge[v];
};
```

Abbildung 3.25: Modell

Im ersten Teil der Modellformulierung geht es um die Angabe der elementaren Objekte, hier also der Produkte, Vorprodukte, Inhaltsstoffe und Kundenaufträge. Ein Kundenauftrag ist durch seine nicht-negativen (`float+`) Opportunitätskosten und die Bestellmengen definiert. Die Bestellmengen werden jeweils durch ein Feld von nicht-negativen ganzen Zahlen `int+`) über den Produkten angegeben. Die Kundenaufträge werden über dem Bereich (`range`) von 1 bis `numKundenauftraege` durchnummeriert, so dass alle Kundenaufträge als Feld durch `Kundenauftrag auftraege[rangeKundenauftraege]` beschrieben sind. Eine Formulierung `float+ anteil[Inhaltsstoffe, Vorprodukte]` besagt, dass das Feld `anteil` für jeden Paar aus Inhaltsstoff und Vorprodukt den entsprechenden Anteil speichert.

Zielfunktionen werden immer durch eines der zwei Schlüsselwort `maximize` oder `minimize` eingeleitet. Ein weiterer entscheidender Vorteil von Modellierungssprachen ist, dass Terme nicht komplett ausgeschrieben werden müssen, sondern als Summen über eine oder mehrere Indexvariablen geschrieben werden können. Dies erleichtert die Angabe komplizierter Zielfunktionen. Im Beispiel besteht die Zielfunktion aus vier Termen, jeweils für den Verkaufserlös, die Kosten der Beschaffung und Produktion sowie die Opportunitätskosten.

Nebenbedingungen lassen sich in der Modellierungssprache nach Typen zusammenfassen. So besagt der erste Typ von Nebenbedingungen, dass von jedem Produkt mindestens so viel hergestellt werden muss, wie es durch die angenommenen Kundenaufträge impliziert wird.

Als eine optimale Lösung des obigen Modells erhält die in Abb. 3.26 gezeigten Informationen.

```
Optimal Solution with Objective Value: 342874.4924
x[1] = 1
x[2] = 1
x[3] = 0
x[4] = 1
x[5] = 0

pm[Farbe1] = 16800.0000
pm[Farbe2] = 19400.0000
pm[Farbe3] = 1900.0000

y[Wasser,Farbe1] = 2846.4217
y[Wasser,Farbe2] = 3611.1852
y[Wasser,Farbe3] = 421.1284
```

```
y[PigmentMischung1,Farbe1] = 2612.5647
y[PigmentMischung1,Farbe2] = 3614.0573
y[PigmentMischung1,Farbe3] = 0.0000
y[PigmentMischung2,Farbe1] = 0.0000
y[PigmentMischung2,Farbe2] = 0.0000
y[PigmentMischung2,Farbe3] = 109.5667
y[Mischung1,Farbe1] = 5046.0814
y[Mischung1,Farbe2] = 298.5447
y[Mischung1,Farbe3] = 790.4498
y[Mischung2,Farbe1] = 6294.9321
y[Mischung2,Farbe2] = 11876.2127
y[Mischung2,Farbe3] = 578.8551
```

Abbildung 3.26: Optimale Lösung

Die Aufträge 1, 2 und 4 angenommen werden sollten und die übrigen trotz Opportunitätskosten von 700 Euro abgelehnt werden. Neben den direkt hieraus implizierten Produktionsmengen der Produkte erhält man über die Werte von pm zusätzlich die Information, wie die entsprechenden Endprodukte in der geforderten Qualität aus den Rohstoffen und Vorprodukten zu mischen sind.

Neben den bereits erwähnten Vorteilen, die sich aus einer Trennung von Modell und Daten ergeben, lassen sich folgende Vorteile beim Einsatz einer Modellierungssprache herausstellen:

– Viele Modellierungssprachen lassen sich an Datenbanken und Spreadsheets (wie MS-Excel) anbinden, um Eingangsdaten zu importieren und Ergebnisse der Optimierung zu speichern.

– Sie gestatten die implizite Formulierung von Termen (z. B. von Summen über vorab definierte Indexmengen) und die Gruppierung von Nebenbedingungen über entsprechende Quantoren.

– Sie bieten Hilfestellung bei der Analyse von Daten und Modellen, wenn beispielsweise Optimierungsprobleme unzulässig oder unbeschränkt sind.

– Zum Teil werden gestatten Modellierungssprachen auch eine prozedurale Programmierung, so dass durch wiederholtes Lösen von LPs auch Branch-and-Bound-, Branch-and-Cut- oder Branch-and-Prize-Verfahren implementiert werden können.

3.14   Aufgaben zu Kapitel 3

1. In 4 Betrieben wird ein Gut hergestellt, welches zu drei Verkaufsstellen transportiert werden soll. Die Kapazitäten der Betriebe betragen:

$K_1 = 10,\ K_2 = 19,\ K_3 = 11,\ K_4 = 9.$

Die Verkaufsstellen haben den folgenden Bedarf:

$B_1 = 13,\ B_2 = 12,\ B_3 = 17.$

(Die Angaben beziehen sich auf 1000 Stück.).

Weiterhin ist die folgende Entfernungstabelle gegeben:

c_{ij}	B_1	B_2	B_3
K_1	8	9	12
K_2	4	8	5
K_3	5	9	7
K_4	1	2	6

Es ist der optimale Transportplan zu ermitteln.

2. Lösen Sie das LP:

$$\text{minimiere } 5x_1 + 3x_2 + 4x_3 + 3x_4 + 4x_5 + 3x_6$$

$$\begin{array}{rcl}
\text{so dass} \quad x_1 + x_2 + x_3 & = & 20 \\
x_4 + x_5 + x_6 & = & 30 \\
x_1 \qquad\quad + x_4 & = & 10 \\
x_2 \qquad\quad + x_5 & = & 20 \\
x_3 \qquad\quad + x_6 & = & 20 \\
x_j \geq 0 \quad j = 1, \ldots, 6
\end{array}$$

Hinweis: Prüfen Sie nach, ob ein Transportproblem vorliegt.

3. Eine AG besitzt drei Erzbergwerke und zwei Hochöfen an verschiedenen Orten. Die Erzförderung pro Tag betrage 1500 t, 2000 t, 1000 t. Die Verhüttungskapazität der beiden Hochöfen wird mit 2000 t bzw. 2500 t pro Tag angesetzt. Die Transportkosten sind folgender Tabelle zu entnehmen:

c_{ij}	H_1	H_2
E_1	100	80
E_2	120	90
E_3	140	150

Transportkosten pro t.

(a) Wie lautet der lineare Ansatz (Matrixschreibweise!) dieses Transportproblems, wenn Vollausnutzung der Kapazität und Minimierung der Transportkosten angestrebt werden?

(b) Lösen Sie das Transportproblem mit dem Transportalgorithmus unter den Bedingungen von a).

4. Gegeben sei die lineare Optimierungsaufgabe

$$\text{maximiere } 5x_1 - 2x_2 + x_3 + 2x_4$$
$$\text{so dass } \quad 2x_1 - x_2 + x_3 + x_4 \leq 10$$
$$x_1 \qquad - x_3 + 5x_4 \leq 5$$
$$x_j \geq 0 \quad j = 1, \dots, 4$$

mit dem zugehörigen unvollständigen Endtableau

	x_1	x_2	x_3	x_4	x_5	x_6
x_3	$-\frac{1}{3}$	1			$\frac{1}{3}$	$-\frac{2}{3}$
x_1	$-\frac{1}{3}$	0			$\frac{1}{3}$	$\frac{1}{3}$
	0	0			2	1

(a) Vervollständigen Sie das obigen Endtableau!

(b) Führen Sie die folgenden postoptimalen Modifikationen durch

(b1) im Ausgangstableau wird die rechte Seite $\boldsymbol{b} = (10,5)^{\mathrm{T}}$ durch $\overline{\boldsymbol{b}} = (10,6)^{\mathrm{T}}$ ersetzt,

(b2) es wird eine zusätzliche Strukturvariable x_5 eingeführt mit $c_5 = 3$, $\boldsymbol{a}_5 = (1,1)^{\mathrm{T}}$

und ermitteln Sie die neue optimale Lösung!

5. Ein Schweinezüchter möchte 200 Doppelzentner (DZ) Futtermischung aus drei Kraftfutterarten F_1, F_2 und F_3 herstellen, die jeweils unterschiedlich teuer sind und sich durch verschiedenen Eiweiß-, Fett- und Kohlehydratgehalt auszeichnen.

	Gehalt an			
	Eiweiß	Fett	Kohlehydrate	Preis
F_1	10 %	20 %	20 %	8 GE/DZ
F_2	10 %	20 %	30 %	10 GE/DZ
F_3	20 %	10 %	40 %	12 GE/DZ

Der Züchter will eine Mischung verfüttern, die mindestens 15 % Eiweiß, 15 % Fett und 30 % Kohlehydrate enthält. Der Anteil an Fett soll ferner 18 % nicht übersteigen. Während von Kraftfuttersorte F_1 höchstens 100 DZ geliefert werden können, soll aufgrund eines vorhandenen hohen Bestandes die Kraftfuttersorte F_2 mit mindestens 80 DZ in der Mischung vertreten sein. Formulieren Sie die obige Problemstellung als Lineares Programmierungsmodell.

6. Gegeben sei das folgende Modell

$$\begin{aligned}
\text{minimiere } z = \; & 2x_1 - x_2 \\
\text{so dass} \quad & -x_1 + x_2 \leq 3 \\
& x_1 + x_2 \geq 2 \\
& 2x_1 + x_2 \leq 8 \\
& x_1 \qquad \geq 1 \\
& x_1,\, x_2 \geq 0
\end{aligned} \qquad \text{(P)}$$

(a) Bestimmen Sie das zu (P) duale Modell (D)!

(b) Lösen Sie das duale Modell (D) und ermitteln Sie daraus die optimale Lösung von (P)!

7. Lösen Sie das folgende Modell mit dem Simplex-Algorithmus *und* mit dem dualen Simplex-Algorithmus:

$$\begin{aligned}
\text{minimiere } z = \; & x_1 + x_2 \\
\text{so dass} \quad & 2x_1 + x_2 \geq 4 \\
& x_1 + 7x_2 \geq 7 \\
& x_1,\, x_2 \geq 0
\end{aligned}$$

8. (a) Lösen Sie folgendes LP mit dem dualen Algorithmus

$$\begin{aligned}
\text{minimiere } z = \; & 5x_1 + 6x_2 + 15x_3 \\
\text{so dass} \quad & x_1 + 2x_2 + x_3 \geq 32 \\
& 2x_1 + x_2 + 4x_3 \leq 42 \\
& 4x_1 + 2x_2 + 4x_3 \geq 56 \\
& x_1,\, x_2,\, x_3 \geq 0
\end{aligned}$$

(b) Lösen Sie dasselbe LP-Modell, indem Sie zuerst das duale Modell bilden und dann dieses Problem mit dem Simplex-Algorithmus lösen!

9. Lösen Sie die folgende Aufgabe mittels dualem Simplex-Algorithmus.

$$\begin{aligned}
\text{minimiere } z = \; & 3x_1 + x_2 \\
\text{so dass} \quad & 2x_1 + 4x_2 \geq 4 \\
& 3x_1 + x_2 \geq 6 \\
& x_1,\, x_2 \geq 0
\end{aligned}$$

10. Lösen Sie die folgende Optimierungsaufgabe:

$$\begin{aligned}
\text{minimiere } z = \; & -x_1 + 2x_2 + x_3 \\
\text{so dass} \quad & x_1 + x_2 + x_3 \geq 4 \\
& 2x_1 - 2x_2 + x_3 = 1 \\
& -x_1 + 2x_2 + 3x_3 \geq 3
\end{aligned}$$

Dualisieren Sie die Aufgabe und lösen Sie das zugehörige duale Problem.

11. Lösen Sie die folgende Aufgabe mit Hilfe der primalen Simplex-Methode

    (a) maximiere $z = x_1 - 2x_2$
    $$\text{so dass} \quad x_1 + x_2 \geq 2$$
    $$3x_1 + 4x_2 \leq 4$$
    $$x_1 \leq 4$$
    $$x_2 \geq 1$$
    $$x_1, x_2 \geq 0$$

    (b) Dualisieren Sie die obige Aufgabe und lösen Sie die duale Aufgabe eben-
        falls mit Hilfe der primalen Simplex-Methode.

12. Lösen Sie das folgende parametrische Modell:

    maximiere $z = 4x_1 + 5x_2$
    $$\text{so dass} \quad 3x_1 + 4x_2 \leq 60 - 12\lambda$$
    $$3x_1 + 2x_2 \leq 30 + 6\lambda$$
    $$x_1, x_2 \geq 0, \lambda \in \mathbb{R}$$

13. Lösen Sie das parametrische Modell:

    maximiere $z = x_1 + x_2$
    $$\text{so dass} \quad -x_1 + 3x_2 \leq 6 + \tfrac{1}{3}\lambda$$
    $$-2x_1 + x_2 \geq 3 - \lambda$$
    $$2x_1 + x_2 \leq 5 + 0{,}5\lambda$$
    $$x_1, x_2 \geq 0$$

    Hinweis:

    (a) Untersuchen Sie, ob das Modell für $\lambda = 0$ eine zulässige Lösung besitzt.
        Wenn nicht, bestimmen Sie ein zulässiges $\overline{\lambda}$, indem Sie λ als unbeschränk-
        te Variable betrachten.

    (b) Führen Sie eine parametrische Analyse durch und geben Sie die optima-
        len Lösungen und den optimalen Zielfunktionswert als Funktion von λ
        an.

14. Lösen Sie das folgende LP mit dem Algorithmus von Gomory

    maximiere $z = 0{,}5x_1 + x_2$
    $$\text{so dass} \quad -x_1 + x_2 \leq 1$$
    $$2x_1 + x_2 \leq 6$$
    $$x_1 \leq \tfrac{5}{2}$$
    $$x_1, x_2 \geq 0 \quad \text{und ganzzahlig.}$$

15. Gegeben sei das folgende Modell

$$\text{maximiere } z = 2x_1 + 5x_2$$
$$\text{so dass} \qquad 2x_1 - x_2 \leq 9$$
$$2x_1 + 8x_2 \leq 31$$
$$x_1, x_2 \geq 0 \text{ und ganzzahlig.}$$

(a) Bestimmen Sie die 1. Gomory-Restriktion.

(b) Stellen Sie diese Restriktion graphisch dar (in einem (x_1, x_2)-Koordinatensystem).

(c) Führen Sie einen Iterationsschritt durch.

3.15 Ausgewählte Literatur zu Kapitel 3

Anstreicher 1990; Barnes 1986; Bartels 1973; Burkhard 1972; Chung 1963; Chvátal 1983; Dantzig 1963; Dantzig and Thapa 1997; den Hertog and Roos 1991; Dinkelbach 1969; Domschke and Klein 2004; Fandel 1972; Fourer 2001; Freund 1991; Garfinkel and Nemhauser 1972; Goldfarb and Xiao 1991; Hadley 1962; Hamacher 1978; Hu 1969, Hwang and Masud 1979, Ignizio 1976; Ignizio 1982; Illes and Terlaky 2002; Isermann 1979; Johnsen 1968; Khachiyan 1979; Kall 1976a; Kallrath 2003; Kreko 1968; Llewellyn 1960; Monteiro and Adler 1989; Müller-Merbach 1970a; Müller-Merbach 1972; Niemeyer 1968; Peng *et al.* 2002; Roos *et al.* 1997; Saaty 1970; Salkin and Saha 1975; Schmitz and Schönlein 1978; Sengupta 1972; Simmonard 1966; Terlaky 2001; Todd 1989; Vogel 1970; Zimmermann and Zielinski 1971; Zimmermann 1975a; Zimmermann and Rödder 1977; Zimmermann 1983; Zimmermann and Gal 1975

4 Nichtlineare Programmierung

4.1 Einführung

Die Nichtlineare Programmierung beschäftigt sich mit der Bestimmung optimaler Lösungen zu dem Grundmodell der mathematischen Programmierung

$$\text{maximiere } f(\boldsymbol{x})$$

$$\text{so dass} \quad g_i(\boldsymbol{x}) \left.\begin{cases} \leq \\ = \\ \geq \end{cases}\right\} b_i, \quad i = 1, \ldots, m,$$

wobei allerdings im Gegensatz zur Linearen Programmierung angenommen wird, dass mindestens die Zielfunktion f oder eine der Nebenbedingungen g_i eine nichtlineare Funktion ist. Führt man sich die Vielfalt möglicher mathematischer Funktionstypen und ihrer Kombinationen in Modellen vor Augen, so ist es nicht verwunderlich, dass es, wiederum im Gegensatz zur Linearen Programmierung, bis jetzt weder eine geschlossene „Theorie des Nichtlinearen Programmierens" noch ein Lösungsverfahren, das alle nichtlinearen Programmierungsaufgaben löst, gibt oder je geben wird. Es können insbesondere folgende Beobachtungen gemacht werden:

1. Die in Abschnitt 3.1 genannten Eigenschaften, die von der Simplex-Methode ausgenutzt werden, können teilweise oder vollständig nicht mehr vorausgesetzt werden:

   a) Der Lösungsraum ist nicht notwendig ein konvexes Polyeder. Er kann nichtkonvex sein, braucht nicht einmal kompakt oder zusammenhängend zu sein. Selbstverständlich muss der Lösungsraum auch kein Polyeder sein (sondern z. B. eine Kugel u. ä.).

   b) Ist eine Zielfunktion nichtlinear, so liegen Lösungen gleichen Wertes nicht mehr unbedingt auf Hyperebenen, die zueinander parallel verlaufen.

   c) Daraus ergibt sich, dass optimale Lösungen nicht mehr unbedingt an den Ecken (falls vorhanden) des Lösungsraumes liegen. Sie können genauso gut im Innern des Lösungsraums oder am Rand zwischen Ecken liegen.

   d) Im allgemeinen Fall gibt es nicht nur das globale Optimum, sondern auch lokale Optima.

2. Man hat sich im Operations Research weniger darum bemüht, eine möglichst allgemeingültige Theorie zu entwickeln, sondern eher um Lösungsverfahren, die spezielle Typen von Modellen der Nichtlinearen Programmierung lösen. Die Vielfalt der inzwischen angebotenen Verfahren ist außerordentlich groß. Im Rahmen dieses Buches können davon exemplarisch nur einige behandelt werden, die entweder mathematisch besonders interessant sind oder vom Gesichtspunkt der Anwendung her sehr leistungsfähig sind.

3. Die Verfahren basieren zum großen Teil auf:

   a) klassischen Optimierungsansätzen wie der Differentialrechnung (Gradientenverfahren etc.),

   b) kombinatorischen Ansätzen, die für diskrete Problemstellungen zum großen Teil im OR entwickelt wurden,

   c) Algorithmen, welche die effizienten Verfahren des Linearen Programmierens ausnutzen. Wir werden uns zunächst einigen allgemeingültigen Überlegungen zuwenden und anschließend exemplarisch einige besonders wichtige Modelltypen und Verfahren darstellen.

4.2 Optimierung ohne Nebenbedingungen

4.2.1 Grundlegende Begriffe und Konzepte

Zunächst sollen einige für die nichtlineare Programmierung grundlegende Begriffe bereitgestellt werden. Wir betrachten das folgende Optimierungsproblem

$$
\begin{aligned}
&\text{minimiere } f(\boldsymbol{x}) \\
&\text{so dass } \quad \boldsymbol{x} \in M
\end{aligned}
\tag{4.1}
$$

Dabei sei f eine auf dem $\mathbb{R}^n$ definierte reellwertige Funktion und $M \subseteq \mathbb{R}^n$, $M \neq \varnothing$. Ein Punkt $\boldsymbol{x} \in M$ heißt *zulässige Lösung* von (4.1).

Ein Punkt $\hat{\boldsymbol{x}} \in M$ heißt *globaler Minimalpunkt* von f auf M oder auch *optimale Lösung* von (4.1), falls

$$
f(\hat{\boldsymbol{x}}) \leq f(\boldsymbol{x}) \quad \text{für alle } \boldsymbol{x} \in M
\tag{4.2}
$$

gilt. $f(\hat{\boldsymbol{x}})$ nennt man in diesem Falle auch das globale Minimum von f auf M.

Ist f nicht notwendig eine lineare Funktion und M nicht notwendig ein konvexes Polyeder, dann handelt es sich bei Problem (4.1) um kein lineares Optimierungsproblem im Sinne von Definition 3.3. In diesem Falle benötigt man zusätzlich den Begriff des lokalen Minimalpunktes bzw. des lokalen Minimums.

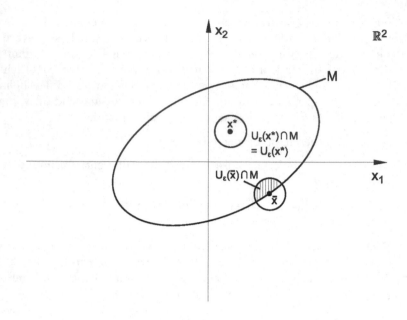

Abbildung 4.1: Nichtlineares konvexes Programmierungsproblem

Es sei

$$U_\varepsilon(\bar{x}) := \{x \in \mathbb{R}^n \mid |x - \bar{x}| < \varepsilon\}$$

eine ε-Umgebung $U_\varepsilon(\bar{x})$ des Punktes $\bar{x} \in \mathbb{R}^n$ mit $\varepsilon > 0$. Da $|x - \bar{x}|$ den Euklidischen Abstand eines Punktes $x \in \mathbb{R}^n$ vom Punkt $\bar{x}$ bezeichnet, stellt $U_\varepsilon(\bar{x})$ die Menge aller Punkte im Inneren einer Kugel im $\mathbb{R}^n$ mit dem Mittelpunkt $\bar{x}$ und dem Radius ε dar.

Der Punkt $\bar{x} \in M$ heißt *lokaler Minimalpunkt* von f auf M, wenn es eine ε-Umgebung $U_\varepsilon(\bar{x})$, $\varepsilon > 0$, derart gibt, dass

$$f(\bar{x}) \le f(x) \qquad \text{für alle } x \in M \cap U_\varepsilon(\bar{x}) \tag{4.3}$$

gilt. $f(\bar{x})$ heißt dann lokales Minimum von f auf M.

Ist x^* ein innerer Punkt von M, so gibt es ein $\varepsilon > 0$ mit $U_\varepsilon(x^*) \cap M = U_\varepsilon(x^*)$.

Bei Problemen der Linearen Programmierung gilt, dass jeder lokale Minimalpunkt gleichzeitig ein globaler Minimalpunkt ist. Diese Eigenschaft gilt in der Nichtlinearen Programmierung nicht generell. Wir werden aber später in Abschnitt 4.3 die Klasse der konvexen Programmierungsprobleme betrachten, für die lokale und globale Minimalpunkte übereinstimmen.

Beim Simplexverfahren der Linearen Programmierung sind wir von einem Eckpunkt

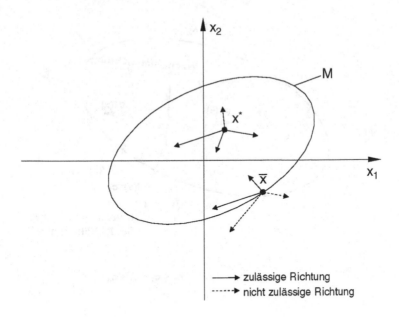

Abbildung 4.2: Zulässige und nicht zulässige Richtungen

zu einem (benachbarten) nächsten Eckpunkt in Richtung nicht abnehmender Zielfunktionswerte f fortgeschritten.

Will man zur Lösung nichtlinearer Optimierungsprobleme ebenso eine Folge von Punkten konstruieren, deren Zielfunktionswerte nicht fallen (möglichst wachsen), muss man zunächst Richtungen definieren, längs derer man ausgehend von einem Punkt $\bar{x} \in M$ mindestens ein endliches Stück vorwärtsgehen kann, ohne den zulässigen Bereich M zu verlassen.

Ein Vektor $d \in \mathbb{R}^n$ heißt *zulässige Richtung* in $\bar{x} \in M$, wenn ein $\varepsilon^* > 0$ existiert, so dass $\bar{x} + \varepsilon \cdot d \in M$ für alle ε, $0 \leq \varepsilon \leq \varepsilon^*$. Die Menge aller zulässigen Richtungen im Punkt $\bar{x}$ sei mit $Z(\bar{x})$ bezeichnet. Ist $\bar{x} = x^*$ ein innerer Punkt von M (siehe Abb. 4.2), dann ist jede Richtung zulässige Richtung in x^*, $Z(x^*) = \mathbb{R}^n$. Ist $\bar{x}$ ein Randpunkt von M, dann gibt es i. a. sowohl zulässige als auch nicht zulässige Richtungen in $\bar{x}$.

Nachfolgend setzen wir die einmalige, stetige Differenzierbarkeit der Funktion f im Punkt $\bar{x} \in \mathbb{R}^n$ voraus. Bezeichnet man die ersten partiellen Ableitungen von f nach den Komponenten $x_1, x_2, \ldots, x_n$ von x mit $\frac{\partial f}{\partial x_1}, \frac{\partial f}{\partial x_2}, \ldots, \frac{\partial f}{\partial x_n}$, so wird der *Gradient* von f in $\bar{x} \in \mathbb{R}^n$ als Spaltenvektor wie folgt dargestellt:

$$\mathrm{grad} f(\bar{x}) = \left(\frac{\partial f}{\partial x_1}(\bar{x}), \frac{\partial f}{\partial x_2}(\bar{x}), \ldots, \frac{\partial f}{\partial x_n}(\bar{x}) \right)^{\mathrm{T}} \tag{4.4}$$

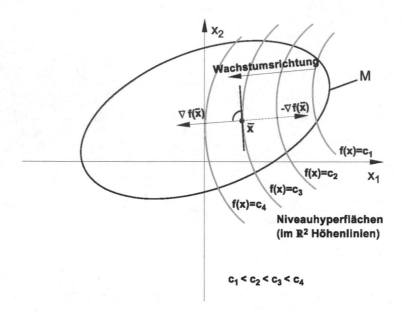

Abbildung 4.3: Richtungen des steilsten Anstiegs und Abstiegs von f.

Dabei bezeichnet $\frac{\partial f}{\partial x_i}(\bar{x})$ die partielle Ableitung $\frac{\partial f}{\partial x_i}$ als Funktion von x an der Stelle $x = \bar{x}$, $i = 1, \ldots, n$.

Partielle Ableitungen $\frac{\partial f}{\partial x_i}$ werden gelegentlich auch mit f_{x_i}, der Gradient $\mathrm{grad} f(\bar{x})$ auch mit $\nabla f(\bar{x})$ bezeichnet. Von der letzteren Bezeichnung wollen wir nachfolgend Gebrauch machen.

Der Gradient $\nabla f(\bar{x})$ steht senkrecht auf der durch den Punkt $\bar{x}$ gehenden Niveauhyperfläche $f(x) = c$ und zeigt in die Richtung des steilsten Anstiegs der Funktion $f(x)$ (siehe Abb. 4.3).

Folglich ist die Richtung $-\nabla f(\bar{x})$ die Richtung des steilsten Abstiegs der Funktion $f(x)$ im Punkte $x = \bar{x}$.

Mit diesen Bezeichnungen und unter der Voraussetzung der stetigen Differenzierbarkeit von f gilt:
Wenn mit $\bar{x}$, $d \in \mathbb{R}^n$ die Ungleichung

$$d^{\mathrm{T}} \cdot \nabla f(\bar{x}) < 0 \tag{4.5}$$

gilt, dann gibt es ein $\varepsilon' > 0$ mit

$$f(\bar{x} + \varepsilon \cdot d) < f(\bar{x}) \qquad \text{für } 0 < \varepsilon \leq \varepsilon'.$$

Schreitet man also von $\bar{x}$ ausgehend in Richtung d fort, nehmen unter der Bedingung (4.5) die Zielfunktionswerte f ab. Ist zudem d eine zulässige Richtung und

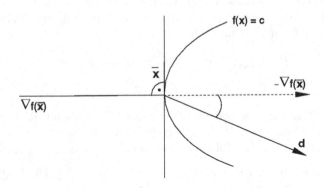

Abbildung 4.4:
Abstiegsrichtung von
f ausgehend von $\bar{x}$

$\bar{x} \in M$, dann gelangt man von $\bar{x}$ aus in Richtung $\boldsymbol{d}$ zu einer besseren zulässigen Lösung. Die Bedingung (4.5) sagt, dass das Skalarprodukt der Vektoren $\boldsymbol{d}$ und $\nabla f(\bar{x})$ negativ ist, d. h. dass die Vektoren $\boldsymbol{d}$ und $-\nabla f(\bar{x})$ einen spitzen Winkel bilden (siehe auch Abb. 4.4).

Abstiegsrichtungen müssen also einen spitzen Winkel mit dem negativen Gradienten bilden.

Die oben eingeführten Konzepte zeigen, wie man ein nummerisches Verfahren zu Lösung nichtlinearer Optimierungsprobleme konstruieren kann. Man verschaffe sich eine zulässige Lösung $\bar{x}$ und eine zulässige Richtung $\boldsymbol{d}$. Wenn $\boldsymbol{d}$ eine Abstiegsrichtung ist, gehe man in Richtung $\boldsymbol{d}$ ein Stück bis zu einer besseren zulässigen Lösung $\tilde{x}$. Danach übernimmt $\tilde{x}$ die Rolle des $\bar{x}$ und der beschriebene Schritt wird wiederholt. Ist die Zielfunktion f differenzierbar, kann man als Abstiegsrichtung die Richtung des negativen Gradienten oder eine Richtung wählen, die mit diesem einen negativen Winkel bildet. Ist $\bar{x}$ ein innerer Punkt von M, muss man dabei keine weiteren Bedingungen beachten. Ist $\bar{x}$ ein Randpunkt von M, muss die gewählte Abstiegsrichtung zulässig sein. Im Falle $M = \mathbb{R}^n$, den wir nachfolgend in diesem Abschnitt im Detail betrachten, ist jede Richtung von jedem Punkt $\bar{x} \in \mathbb{R}^n$ zulässig, so dass wir diesbezüglich keine Probleme haben.

In beiden Fällen interessiert aber noch die Frage, wann dieser iterative Prozess abgebrochen werden kann. Hierzu ist es nützlich, notwendige und hinreichende Bedingungen für einen Minimalpunkt zu kennen. Auf der Grundlage solcher Bedingungen kann dann das Terminierungskriterium des entsprechenden nummerischen Verfahrens technisch geeignet realisiert werden.

4.1 Satz (Notwendige Bedingung für einen lokalen Minimalpunkt)
Es seien f eine stetig differenzierbare Funktion und $\bar{x}$ ein lokaler Minimalpunkt von f auf M. Dann gilt:

$$\boldsymbol{d}^{\mathrm{T}} \cdot \nabla f(\bar{\boldsymbol{x}}) \geq 0 \qquad \text{für alle } \boldsymbol{d} \in Z(\bar{\boldsymbol{x}}). \tag{4.6}$$

Diese Bedingung bedeutet, dass es keine zulässige Richtung gibt, längs derer der Zielfunktionswert im Vergleich zu $f(\bar{\boldsymbol{x}})$ abnimmt. Ein Punkt $\bar{\boldsymbol{x}} \in M$, der diese Bedingung (4.6) erfüllt, heißt *stationärer Punkt von f auf M*.

Ist $\bar{\boldsymbol{x}}$ ein innerer Punkt von M, so gilt $Z(\bar{\boldsymbol{x}}) = \mathbb{R}^n$. Die Ungleichung (4.6) kann dann nur gelten, wenn $\nabla f(\bar{\boldsymbol{x}}) = 0$ ist. Dann gilt:

4.2 Satz
Seien f eine stetige differenzierbare Funktion und $\bar{\boldsymbol{x}}$ ein innerer Punkt von M, der gleichzeitig Minimalpunkt von f auf M sei. Dann gilt:

$$\nabla f(\bar{\boldsymbol{x}}) = 0.$$

Dieser Satz ist besonders für die Klasse der nichtlinearen Optimierungsprobleme ohne Nebenbedingungen von Interesse, die wir nachfolgend untersuchen wollen. In diesem Fall gilt nämlich $M = \mathbb{R}^n$, d. h. jeder Punkt von M ist innerer Punkt.

Abschließend definieren wir noch die Matrix der zweiten partiellen Ableitungen einer zweimal stetig differenzierbaren Funktion f, die auch Hesse-Matrix H genannt wird

$$\boldsymbol{H}(\boldsymbol{x}) = \begin{pmatrix} \frac{\partial^2 F}{\partial x_1^2} & \frac{\partial^2 F}{\partial x_1 \partial x_2} & \cdots & \frac{\partial^2 F}{\partial x_1 \partial x_n} \\ \frac{\partial^2 F}{\partial x_2 \partial x_1} & \frac{\partial^2 F}{\partial x_2^2} & \cdots & \frac{\partial^2 F}{\partial x_2 \partial x_n} \\ \vdots & & & \vdots \\ \frac{\partial^2 F}{\partial x_n \partial x_1} & \frac{\partial^2 F}{\partial x_n \partial x_2} & \cdots & \frac{\partial^2 F}{\partial x_n^2} \end{pmatrix}$$

Die Eigenschaft der positiven Definitheit der Hesse-Matrix $\boldsymbol{H}(\bar{\boldsymbol{x}})$ im Punkt $\bar{\boldsymbol{x}}$ ist wichtiger Bestandteil hinreichender Bedingungen für einen lokalen Minimalpunkt $\bar{\boldsymbol{x}}$ (siehe z. B. Neumann and Morlock, 2002).

4.2.2 Gradienten-Verfahren

Nachfolgend setzen wir $M = \mathbb{R}^n$ voraus, betrachten also das unrestringierte (freie) Optimierungsproblem

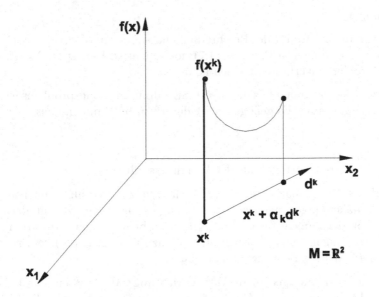

Abbildung 4.5: Abstiegsrichtung und Schrittweite

minimiere $f(\boldsymbol{x})$, so dass $\boldsymbol{x} \in \mathbb{R}^n$ (4.7)

mit einer reellwertigen, einmal stetig differenzierbaren Funktion f.

Dann ist jeder Vektor $\boldsymbol{d} \in \mathbb{R}^n$ eine zulässige Richtung in einem beliebigen Punkt $\bar{\boldsymbol{x}} \in \mathbb{R}^n$.

Die Idee nummerischer Verfahren ist nun, ausgehend von einem Startpunkt $\boldsymbol{x}^0 \in \mathbb{R}^n$, eine Folge $\{\boldsymbol{x}^k\}$, $\boldsymbol{x}^k \in \mathbb{R}^n$, $k = 1, 2, \ldots$ von Näherungslösungen zu konstruieren, die sich einem lokalen Minimalpunkt von f annähern. Dazu benötigen wir für beliebiges k, also im Punkt x^k eine zulässige Richtung $\boldsymbol{d}^k$, die gleichzeitig eine Abstiegsrichtung ist.

In Abbildung 4.5 sieht man, dass nachdem die Richtung $\boldsymbol{d}^k$ (Abstiegsrichtung) gewählt wurde, die Aufgabe übrigbleibt, eine eindimensionale Strahlminimierung durchzuführen. Das bedeutet, es ist eine Optimierungsaufgabe

minimiere$_{\alpha \geq 0}$ $f(\boldsymbol{x}^k + \alpha \boldsymbol{d}^k)$ (4.8)

zu lösen. Es sei $\alpha = \alpha_k$ die exakte optimale Lösung dieser Aufgabe. Dann wählt man

$$\boldsymbol{x}^{k+1} = \boldsymbol{x}^k + \alpha_k \cdot \boldsymbol{d}^k$$ (4.9)

als den auf $\boldsymbol{x}^k$ folgenden nächsten Iterationspunkt.

Bemerkungen:

1. Bis zu diesem Punkt der Beschreibung haben wir unser nummerisches Verfahren zur Lösung von Problem (4.7) noch nicht so weit spezialisiert, dass man es Gradientenverfahren nennen könnte.

2. Eine exakt optimale Lösung α_k des Strahlminimierungsproblems ist eigentlich nicht notwendig. Es genügt ein α_k^* derart zu bestimmen, dass

$$f(\boldsymbol{x}^k + \alpha_k^* \boldsymbol{d}^k) < f(\boldsymbol{x}^k), \tag{4.10}$$

   also die strenge Monotonie des Verfahrens gilt.

3. Auf die Problematik geeigneter Verfahren zur Strahlminimierung soll hier nicht näher eingegangen werden. Wichtig ist, dass man erkennt, dass unabhängig von der Dimension n des Ausgangsproblems in jeder Iteration „lediglich" eine eindimensionale Optimierung durchzuführen ist, nachdem man eine geeignete Abstiegsrichtung gewählt hat.

Was ist nun aber eine geeignete Abstiegsrichtung? Wir wissen aus 4.2.1, dass in jedem Punkt $\boldsymbol{x}^k$ die negative Gradientenrichtung $\boldsymbol{d}^k = -\nabla f(\boldsymbol{x}^k)$ die Richtung des steilsten Abstiegs bestimmt. Wenn man sich also „greedy" verhält, wählt man diese Richtung und erhält das Gradientenverfahren:

1. Starte mit $\boldsymbol{x}^0 \in \mathbb{R}^n$.

2. Für $k \geq 0$, ganzzahlig setze man

$$\boldsymbol{x}^{k+1} = \boldsymbol{x}^k - \alpha_k \cdot \nabla f(\boldsymbol{x}^k), \tag{4.11}$$

   wobei α_k eine exakt optimale Lösung des entsprechenden Strahlminimierungsproblems (Schrittweitenalgorithmus) sei.

Für die so erzeugte Punktfolge $\{x^k\}$ gilt strenge Monotonie, d. h.

$$f(\boldsymbol{x}^{k+1}) < f(\boldsymbol{x}^k) \tag{4.12}$$

mit $\boldsymbol{x}^{k+1}$ gemäß (4.11). Die Frage ist, wann man das grob skizzierte Verfahren abbricht. Nach Satz 4.2 aus 4.2.1 ist $\nabla f(\boldsymbol{x}^k) = 0$ eine notwendige Bedingung für einen lokalen Minimalpunkt von f auf dem $\mathbb{R}^n$. Deshalb kann man z. B. für ein vorgegebenes positives ε, $\varepsilon > 0$

$$|\nabla f(\boldsymbol{x}^k)| < \varepsilon \tag{4.13}$$

als Abbruchkriterium für das Gradientenverfahren benutzen.

Man kann sich andererseits vorstellen, dass für eine in der Umgebung eines lokalen Minimums sehr flach verlaufende Funktion f, große Unterschiede in den $\boldsymbol{x}^k, \boldsymbol{x}^{k+1}, \dots$ auftreten, obwohl die Gradienten dieser Punkte betragsmäßig sehr klein sind. Man beobachtet auch tatsächlich häufig schlechtes Konvergenzverhalten des Gradientenverfahrens in der Nähe des Optimums (sogenannter Zick-Zack-Kurs).

Das wirft die Frage auf, ob der „steilste Abstieg" tatsächlich eine gute Suchrichtung für ein Verfahren darstellt.

Hierzu betrachten wir das spezielle Optimierungsproblem

$$\begin{aligned} &\text{minimiere } f(\boldsymbol{x}) \\ &\text{so dass} \quad f(\boldsymbol{x}) = \tfrac{1}{2}\boldsymbol{x}^{\mathrm{T}}\boldsymbol{A}\boldsymbol{x}, \ \boldsymbol{x} \in \mathbb{R}^n \end{aligned} \tag{4.14}$$

wobei $\boldsymbol{A}$ eine positiv definite Matrix sei.

Für das Gradientenverfahren mit exakter eindimensionaler Minimierung kann man für beliebige $k \geq 0$, ganzzahlig die folgende Abschätzung beweisen:

$$f(\boldsymbol{x}^{k+1}) \leq \left(\frac{\lambda_n - \lambda_1}{\lambda_n + \lambda_1}\right)^2 \cdot f(\boldsymbol{x}^k) \tag{4.15}$$

Dabei bezeichnen λ_1 den kleinsten und λ_n den größten Eigenwert der Matrix $\boldsymbol{A}$. Diese Abschätzung (4.15) ist scharf in dem Sinne, dass es Startwerte $\boldsymbol{x}^0$ und Matrizen $\boldsymbol{A}$ gibt, die das Gleichheitszeichen in (4.15) für alle k erzwingen.

Für schlecht konditionierte Matrizen gilt

$$\frac{\lambda_n - \lambda_1}{\lambda_n + \lambda_1} \approx 1.$$

Damit erklärt sich das in praktischen Rechnungen beobachtete Konvergenzverhalten des Gradientenverfahrens auch theoretisch.

Trotz der Popularität des Gradientenverfahrens bei Ingenieuren und Wirtschaftswissenschaflern ist man also gut beraten, die Nachteile des steilsten Abstiegs zu vermeiden und stattdessen Suchrichtungen zu verwenden, die zusätzlich Informationen über das Krümmungsverhalten der Funktion f ansammeln.

Eine Möglichkeit dazu sind die Verfahren der konjugierten Richtungen, z.B. das Verfahren von Fletcher und Reeves bzw. die Quasi-Newton-Verfahren. Zum Verfahren von Fletcher und Reeves verweisen wir auf (Neumann and Morlock, 2002) und wenden uns nunmehr den Newton- und den Quasi-Newton-Verfahren zu.

4.2.3 Das Newton- und die Quasi-Newton-Verfahren

Das Newton-Verfahren

Das Newton-Verfahren ist in der nummerischen Mathematik als Standardmethode zu Lösung nichtlinearer Gleichungen sehr gut bekannt.

In der Nichtlinearen Optimierung bezeichnet man mit dem gleichen Namen ein Verfahren, welches eine Folge $\{\boldsymbol{x}^k\}_{k=0,1,\ldots}$ von Punkten des $\mathbb{R}^n$ nach folgender Vorschrift generiert

$$x^{k+1} = x^k - \left[H(x^k)\right]^{-1} \cdot \nabla f(x^k), \qquad (4.16)$$

wobei $x^0 \in \mathbb{R}^n$ ein beliebiger Startpunkt und $H(x^k)$ die Hesse-Matrix der zweimal stetig differenzierbaren Funktion $f(x)$ an der Stelle $x = x^k$ bezeichnet.

Ein Vergleich mit der Formel (4.11) zeigt, dass diese Newton-Verfahren keine explizite Schrittweitenbestimmung entlang einer Suchrichtung vornimmt.

Vielmehr kann man als Suchrichtung d^k

$$d^k = -\left[H(x^k)\right]^{-1} \cdot \nabla f(x^k) \qquad (4.17)$$

interpretieren.

Man erhält das Newton-Verfahren, indem man die Funktion f an der Stelle x^k nach der Taylorformel bis zur Ordnung 2 entwickelt und das Restglied vernachlässigt.

Für eine quadratische Funktion

$$f(x) = \tfrac{1}{2}x^{\mathrm{T}}Ax - b^{\mathrm{T}} \cdot x + c \qquad (4.18)$$

mit einer positiv definiten Matrix A liegt die globale Minimalstelle x^* bekanntermaßen bei $x^* = A^{-1}b$.

Mit

$$\nabla f(x) = Ax - b, \text{ und}$$
$$H(x) = A$$

sieht man leicht, dass das Newton-Verfahren (4.16) die optimale Lösung x^* in nur einem Iterationsschritt ausgehend von einem beliebigen Startpunkt x^0 erzeugt.

$$x^* = A^{-1}b = x^0 - A^{-1} \cdot (Ax^0 - b) \qquad (4.19)$$

Neben dem Verzicht auf eine Schrittweitenbestimmung besitzt das Newton-Verfahren einen weiteren großen Vorteil, die hohe Konvergenzgeschwindigkeit in Form quadratischer Konvergenz.

Es gilt der folgende Satz, den wir ohne Beweis angeben.

4.3 Satz (Quadratische Konvergenz des Newton-Verfahrens)
Es sei x^* eine optimale Lösung für das Optimierungsproblem

$$\text{minimiere } f(x)$$
$$x \in \mathbb{R}^n$$

ohne Nebenbedingungen, d.h. es gelten $\nabla f(x^*) = 0$ und $H(x^*)$ positiv definit.

Falls der Startpunkt x^0 hinreichend nahe bei x^* liegt, konvergiert das Newton-Verfahren (4.16) quadratisch gegen x^*, d.h. mit

$$x^{k+1} = x^k - \left[H(x^k)\right]^{-1} \cdot \nabla f(x^k)$$

gilt:

$$\left\| x^{k+1} - x^* \right\| < \gamma \cdot \left\| x^k - x^* \right\|^2 \tag{4.20}$$

wobei $\|\cdot\|$ die Euklidische Norm im $\mathbb{R}^n$ und γ eine positive Konstante bezeichnen.

Da es keine Verfahren gibt, die nur Vorteile besitzen, ist es nicht verwunderlich, dass auch das Newton-Verfahren eine Reihe von Nachteilen aufweist. Das sind:

- Das Berechnen der Hesse-Matrix – also der zweiten partiellen Ableitung der Funktion f – ist i.a. sehr aufwändig.

- Die Bestimmung der Suchrichtung d^k erfordert die Lösung des linearen Gleichungssystems

$$H(x^k) \cdot d^k = -\nabla f(x^k) \tag{4.21}$$

- Für gewisse k kann die Hesse-Matrix singulär oder schlecht konditioniert sein, was Sicherheitsvorkehrungen erfordert.

- Die schnelle quadratische Konvergenz gilt nur lokal, ist also abhängig vom gewählten Startpunkt x^0.

- Bei ungünstig gewählten Startwerten kann es sein, dass $H(x^k)$ nicht positiv definit und damit das gemäß (4.17) berechnete d^k keine Abstiegsrichtung ist.

Quasi-Newton-Verfahren haben nun das Ziel, Nachteile der Newton-Verfahren aufzuheben, ohne auf schnelle Konvergenz zu verzichten.

Quasi-Newton-Verfahren

Die Grundidee des Quasi-Newton-Verfahrens ist, eine geeignete Näherung der inversen Hesse-Matrix in (4.21) zu verwenden. Damit vermeidet man sowohl das Berechnen zweiter partieller Ableitungen als auch das Invertieren einer Matrix.

Bei Quasi-Newton-Verfahren wir die Suchrichtung d^k gemäß

$$d^k = -Q_k \cdot \nabla f(x^k) \tag{4.22}$$

berechnet, wobei – wie man durch Vergleich mit (4.17) sieht – Q_k eine „geeignete" Näherung von $\left[H(x^k)\right]^{-1}$ darstellt.

„Geeignete Näherung" definiert man durch Eigenschaften, die die Quasi-Newton-Matrix Q_k besitzen soll.

a) Q_k sei positiv definit, für $k = 1, 2, \ldots$, sofern Q_0 positiv definit ist.

b) Q_{k+1} erfüllt die Quasi-Newton-Bedingung

$$Q_{k+1} \cdot (\nabla f(x^{k+1}) - \nabla f(x^k)) = x^{k+1} - x^k. \tag{4.23}$$

c) Q_{k+1} entsteht unter Verwendung von Q_k, sowie von Vektoren $u_k, v_k \in \mathbb{R}^n$ und Skalaren $\beta_k, \gamma_k \in \mathbb{R}^1$ durch eine sogenannte Rang-2-Korrekturformel:

$$Q_{k+1} = Q_k + \beta_k u_k u_k{}^{\mathrm{T}} + \gamma_k v_k v_k{}^{\mathrm{T}} \tag{4.24}$$

(Man beachte die Dyadischen Produkte $u_k u_k{}^{\mathrm{T}}$, $v_k v_k{}^{\mathrm{T}}$ in Formel (4.24).)

d) Falls $f(x) = \frac{1}{2} \cdot x^{\mathrm{T}} \cdot A \cdot x + b^{\mathrm{T}} x$ eine quadratische Funktion mit positiv definiter Matrix A und α_k eine exakte Schrittweite ist, dann sind die durch das Quasi-Newton-Verfahren erzeugten Suchrichtungen $d^0, d^1, \ldots, d^k, \ldots$ (gemäß (4.22)) konjugierte Richtungen, d. h. es gilt

$$\left(d^k\right)^{\mathrm{T}} \cdot A \cdot d_l = 0 \qquad \text{für alle } 0 \le k < l.$$

Die Forderungen a) bis d) kann man wie folgt interpretieren:

a) Da die Hesse-Matrix in einem Minimum von f positiv definit ist und Q_k die Inverse der Hesse-Matrix approximiert, macht die Forderung nach positiver Definitheit von Q Sinn. Dadurch erzwingt man, dass es längs der Suchrichtung d^k tatsächlich „bergab" geht:

$$\left(d^k\right)^{\mathrm{T}} \cdot \nabla f(x^k) = -\nabla f(x^k)^{\mathrm{T}} Q_k \nabla f(x^k) < 0$$

b) Ist $f(x) = \frac{1}{2} x^{\mathrm{T}} A x - b^{\mathrm{T}} x + c$ quadratisch und A positiv definit, dann gilt für $Q_k = A^{-1}$ die Quasi-Newton-Bedingung

$$Q_{k+1} \cdot (\nabla f(\boldsymbol{x}^{k+1}) - \nabla f(\boldsymbol{x}^k)) = \boldsymbol{A}^{-1} \cdot (\boldsymbol{A}\boldsymbol{x}^{k+1} - \boldsymbol{b} - \boldsymbol{A}\boldsymbol{x}^k + \boldsymbol{b}),$$
$$= \boldsymbol{x}^{k+1} - \boldsymbol{x}^k$$

Dies motiviert die Forderung von (4.23) für allgemeinere f.

c) Forderung c) bewirkt, dass man die Quasi-Newton-Matrizen $\boldsymbol{Q}_k$ relativ einfach nummerisch berechnen kann, während

d) Forderung d) die Endlichkeit des Verfahrens nach maximal n Iterationen für quadratische Probleme garantiert.

Man kann Verfahren, die die Eigenschaften a) bis d) besitzen, allgemein angeben. Wir wollen uns hier darauf beschränken, die beiden bekanntesten und gebräuchlichsten Algorithmen anzugeben.

Angenommen, $\boldsymbol{x}^k$ und $\boldsymbol{Q}_k$ seien gegeben. Dann sind natürlich auch $f(\boldsymbol{x}^k)$ und $\nabla f(\boldsymbol{x}^k)$ bekannt. Nach dem Quasi-Newton-Verfahren gilt:

$$\boldsymbol{x}^{k+1} = \boldsymbol{x}^k - \boldsymbol{Q}_k \cdot \nabla f(\boldsymbol{x}^k).$$

Damit sind $f(\boldsymbol{x}^{k+1})$ und $\nabla f(\boldsymbol{x}^{k+1})$ bekannt.

Wir bezeichnen:

$$\boldsymbol{q}_k = \nabla f(\boldsymbol{x}^{k+1}) - \nabla f(\boldsymbol{x}^k)$$
$$\boldsymbol{p}_k = \boldsymbol{x}^{k+1} - \boldsymbol{x}^k$$

Damit ist man in der Lage, die beiden gebräuchlichsten Quasi-Newton-Verfahren durch die entsprechenden Rang-2-Korrekturformeln anzugeben:

Es handelt sich dabei um Spezialisierung von (4.24). Ein Quasi-Newton-Verfahren gemäß Rang-2-Korrekturformel

$$Q_{k+1} = Q_k + \frac{\boldsymbol{p}_k \boldsymbol{p}_k^{\mathrm{T}}}{\boldsymbol{p}_k^{\mathrm{T}} \boldsymbol{q}_k} - \frac{\boldsymbol{Q}_k \boldsymbol{q}_k \boldsymbol{q}_k^{\mathrm{T}} \boldsymbol{Q}_k}{\boldsymbol{q}_k^{\mathrm{T}} \boldsymbol{Q}_k \boldsymbol{q}_k} \tag{4.25}$$

heißt DFP (Davidon-Fletcher-Powell)-Verfahren.

Verwendet man die Formel

$$Q_{k+1} = Q_k + \left(1 + \frac{\boldsymbol{q}_k^{\mathrm{T}} \boldsymbol{Q}_k \boldsymbol{q}_k}{\boldsymbol{p}_k^{\mathrm{T}} \boldsymbol{q}_k}\right) \frac{\boldsymbol{p}_k \boldsymbol{p}_k^{\mathrm{T}}}{\boldsymbol{p}_k^{\mathrm{T}} \boldsymbol{q}_k} - \frac{1}{\boldsymbol{p}_k^{\mathrm{T}} \boldsymbol{q}_k} \cdot (\boldsymbol{p}_k \boldsymbol{q}_k^{\mathrm{T}} \boldsymbol{Q}_k + \boldsymbol{Q}_k \boldsymbol{q}_k \boldsymbol{p}_k^{\mathrm{T}}) \tag{4.26}$$

nennt man das Quasi-Newton-Verfahren BFGS (Broyden-Fletcher-Goldfarb-Shanno)-Verfahren.

Die wichtigsten Eigenschaften dieser beiden Verfahren sind in Satz 4.4 formuliert.

4.4 Satz

Es sei Q_0 positiv definit, $x^0 \in \mathbb{R}^n$ ein beliebiger Startpunkt und $\{x^k\}$ eine Iterationsfolge des DFP- bzw. BFGS-Quasi-Newton-Verfahrens mit $p_k^{\mathrm{T}} q_k > 0$ für alle k.

a) Dann ist Q_k positiv definit für alle k und es gilt die Quasi-Newton-Gleichung (4.23).

b) Ist darüber hinaus $f(x) = \frac{1}{2} x^{\mathrm{T}} A x - b^{\mathrm{T}} x + c$, also quadratisch mit positiv definiter Matrix A, dann gibt es ein $l \leq n$, so dass die Suchrichtungen $d^0, d^1, \ldots, d^{n-1}$ bezüglich A konjugiert sind, $x^l = A^{-1} b$ ist die optimale Lösung und falls $l = n$ ist, gilt $Q_n = A^{-1}$.

Da die Zielfunktion $f(x)$ natürlich nicht notwendig quadratisch ist, kann man nicht von der Endlichkeit des Verfahrens ausgehen, benötigt also Konvergenzaussagen. Der nachfolgende Satz 4.5 zeigt, dass ein Quasi-Newton-Verfahren mit exakter Schrittweitenbestimmung lokal superlinear konvergiert. Man verliert also die schnelle quadratische Konvergenz des Newton-Verfahrens, hat aber mit der superlinearen Konvergenz immer noch ein sehr gutes Konvergenzverhalten.

4.5 Satz

Es sei x^* ein lokales Minimum von f, $H(x)$ sei positiv definit in x^* und Lipschitz-stetig, d. h.

$$\|H(x) - H(x^*)\| \leq \lambda \cdot \|x - x^*\|$$

mit einer Lipschitz-Konstanten $\lambda > 0$ und für alle $x \in U_\varepsilon(x^*)$.

Dann konvergiert das Quasi-Newton-Verfahren mit exakter Schrittweitenbestimmung lokal superlinear gegen x^*, d. h. falls Q_0 positiv definit ist und x^0 hinreichend nahe bei x^* liegt, gilt:

$$\lim_{k \to \infty} \frac{\|x^{k+1} - x^*\|}{\|x^k - x^*\|} = 0 \tag{4.27}$$

d. h. es gibt eine *Nullfolge* $\{\gamma_k\}$ mit

$$\|x^{k+1} - x^*\| \leq \gamma_k \cdot \|x^k - x^*\| \tag{4.28}$$

für alle k.

Das Hauptproblem der o. g. Quasi-Newton-Verfahren ist die Gefahr, dass die Matrizen Q_k nicht positiv definit bleiben (im Verlaufe der Iteration), siehe Voraussetzung $p_k^{\mathrm{T}} q_k > 0$ für alle k. In diesem Falle werden die Suchrichtungen unnütz.

Ein Ausweg ist, anstelle die Quasi-Newton-Matrizen $\boldsymbol{Q}_k$, deren Inverse $\boldsymbol{B}_k := \boldsymbol{Q}_k^{-1}$ zu iterieren. Man erhält dann z. B. das inverse BFGS-Verfahren, für das man die positive Definitheit der $\boldsymbol{B}_k$ garantieren kann (siehe z. B. Neumann and Morlock, 2002).

Für die Quasi-Newton- bzw. inversen Quasi-Newton-Verfahren gibt es sehr gute Implementierungen, die von ihren Autoren frei im Internet verfügbar gemacht werden.

4.3 Konvexe Programmierung und Kuhn-Tucker-Theorie

Es wurde schon erwähnt, dass bei nichtkonvexen Lösungsräumen – selbst bei linearer Zielfunktion – nicht garantiert werden kann, dass ein gefundenes lokales Optimum gleichzeitig das globale Optimum ist. Daher liegt es nahe, zunächst die Gesamtheit der Nichtlinearen Programmierungsmodelle, für die man nach Lösungsalgorithmen sucht, auf die Menge der Modelle einzuschränken, bei der diese Gefahr nicht besteht, d. h. auf Modelle mit konvexem Lösungsraum und konvexer oder konkaver Zielfunktion.

Da die mathematische Terminologie auf diesem Gebiet nicht ganz eindeutig ist, zunächst einige Definitionen und Sätze, die wir im folgenden benötigen werden:

4.6 Definition
Eine Menge $M \in \mathbb{R}^n$ heißt konvex, wenn mit je zwei Punkten $\boldsymbol{x}_1, \boldsymbol{x}_2 \in M$ auch jede konvexe Linearkombination von $\boldsymbol{x}_1$ und $\boldsymbol{x}_2$ zu M gehört.

Das folgende Abbildung zeigt konvexe Mengen (Fall a) und Fall b)) und nichtkonvexe Mengen (Fall c) und Fall d)).

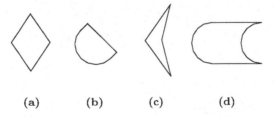

(a)   (b)   (c)   (d)

Abbildung 4.6: Konvexe und nichtkonvexe Mengen

4.7 Definition

Ist M eine konvexe Menge in $\mathbb{R}^n$, so heißt eine auf M definierte Funktion $f(\boldsymbol{x})$ dann konvex, wenn für beliebige $\boldsymbol{x}_1$, $\boldsymbol{x}_2 \in M$ gilt:

$$f(\lambda \boldsymbol{x}_1 + (1-\lambda)\boldsymbol{x}_2) \leq \lambda f(\boldsymbol{x}_1) + (1-\lambda)f(\boldsymbol{x}_2)$$
$$0 \leq \lambda \leq 1.$$

4.8 Definition

Ist M eine konvexe Menge in $\mathbb{R}^n$, so heißt eine auf M definierte Funktion $f(\boldsymbol{x})$ dann konkav, wenn für beliebige $\boldsymbol{x}_1$, $\boldsymbol{x}_2 \in M$ und $0 \leq \lambda \leq 1$ gilt:

$$f(\lambda \boldsymbol{x}_1 + (1-\lambda)\boldsymbol{x}_2 \geq \lambda f(\boldsymbol{x}_1) + (1-\lambda)f(\boldsymbol{x}_2).$$

4.9 Satz

Ist $f(\boldsymbol{x})$ eine konvexe Funktion, dann ist jedes Minimum von $f(\boldsymbol{x})$ gleich dem globalen (absoluten) Minimum dieser Funktion.

BEWEIS.
Es sei $\boldsymbol{x}_1 \in M$ relatives Minimum der Funktion $f(\boldsymbol{x})$. Dieses Minimum ist dann ein globales Minimum, wenn gilt $f(\boldsymbol{x}_1) \leq f(\boldsymbol{x})$ für alle $\boldsymbol{x} \in M$. Nehmen wir nun an, es gebe ein $\boldsymbol{x}_2 \in M$, für das gilt $f(\boldsymbol{x}_2) < f(\boldsymbol{x}_1)$. Für ein relatives Minimum $\boldsymbol{x}_1$ gibt es eine ε-Umgebung U_ε, $e \in \mathbb{R}$, $e > 0$

$$U_\varepsilon = \{\boldsymbol{x} \in \mathbb{R}^n \mid |\boldsymbol{x} - \boldsymbol{x}_1| < \varepsilon\},$$

so dass für alle $\boldsymbol{x} \in U_\varepsilon \cap M$

$$f(\boldsymbol{x}) \geq f(\boldsymbol{x}_1).$$

Es sei nun $\lambda \in \left(0, \frac{\varepsilon}{|\boldsymbol{x}_1 - \boldsymbol{x}_2|}\right)$ und $\boldsymbol{x}_3 := (1-\lambda)\boldsymbol{x}_1 + \lambda \boldsymbol{x}_2$.

Es gilt dann $\boldsymbol{x}_3 \in U_\varepsilon \cap M$ und damit $f(\boldsymbol{x}_3) \geq f(\boldsymbol{x}_1)$. Ist jedoch f eine konvexe Funktion auf M, so folgt für $f(\boldsymbol{x}_2) < f(\boldsymbol{x}_1)$:

$$\begin{aligned}
f(\boldsymbol{x}_3) &= f((1-\lambda)\boldsymbol{x}_1 + \lambda \boldsymbol{x}_2) \\
&\leq (1-\lambda)f(\boldsymbol{x}_1) + \lambda f(\boldsymbol{x}_2) \\
&< (1-\lambda)f(\boldsymbol{x}_1) + \lambda f(\boldsymbol{x}_1) \\
&= f(\boldsymbol{x}_1).
\end{aligned}$$

Dies ist ein Widerspruch zu $f(\boldsymbol{x}_3) \geq f(\boldsymbol{x}_1)$.   ∎

4.10 Satz
Ist $f : \mathbb{R}^n \to \mathbb{R}$ konvexe Funktion und $a \in \mathbb{R}$, dann ist die Menge M, $M :=$ $\{x \in \mathbb{R}^n \mid f(x) \leq a\}$, konvex.

BEWEIS.
Es seien x_1 und $x_2 \in M$. Also ist $f(x_1) \leq a$ und $f(x_2) \leq a$. Nach Definition muss für eine konvexe Menge M dann gelten:

$$x_3 := \lambda x_1 + (1 - \lambda) x_2 \in M, \text{d. h. } f(x_3) \leq a.$$

Durch Einsetzen in Definition 4.7 erhält man direkt:

$$\begin{aligned} f(x_3) &= f(\lambda x_1 + (1 - \lambda) x_2) \\ &\leq \lambda f(x_1) + (1 - \lambda) f(x_2) \\ &\leq \lambda a + (1 - \lambda) a \\ &= a. \end{aligned}$$ ∎

Nun können wir das Modell, für das in der konvexen Programmierung optimale Lösungen gesucht werden, wie folgt definieren.

4.11 Modell

$$\begin{aligned} \text{minimiere} \quad & f(x) \\ \text{so dass} \quad & g_i(x) \leq 0, \quad i = 1, \ldots, m \\ & x \geq 0, \end{aligned}$$

wobei $f(x)$ eine konvexe Funktion sei und der Lösungsraum nach Satz 4.10 eine konvexe Menge ist.

Diese Konvexitätsvoraussetzungen werden für die folgenden Definitionen 4.12 und 4.13 sowie für Sätze 4.14 und 4.15 zunächst nicht gemacht.

4.12 Definition
Man nennt die Funktion

$$\begin{aligned} L(x,u) = f(x) + u^{\mathrm{T}} g(x), \qquad & x \in \mathbb{R}^n \\ & u \in \mathbb{R}^m \\ & g = (g_i(x))_{i=1}^m \end{aligned}$$

die *Lagrange-Funktion* zu Modell 4.11.

4.13 Definition

Ein Vektor $(\boldsymbol{x}_0, \boldsymbol{u}_0)^{\mathrm{T}}$ des $\mathbb{R}^{n+m}$ mit $\boldsymbol{x}_0 \geq 0$, $\boldsymbol{u}_0 \geq 0$ wird dann *Sattelpunkt* von $L(\boldsymbol{x}, \boldsymbol{u})$ genannt, wenn für alle $\boldsymbol{x} \in \mathbb{R}^n$, $\boldsymbol{x} \geq 0$, $\boldsymbol{u} \in \mathbb{R}^m$ mit $\boldsymbol{u} \geq 0$ gilt:

$$L(\boldsymbol{x}_0, \boldsymbol{u}) \leq L(\boldsymbol{x}_0, \boldsymbol{u}_0) \leq L(\boldsymbol{x}, \boldsymbol{u}_0).$$

4.14 Satz (Kuhn-Tucker-Bedingungen)

Die Funktionen $f(\boldsymbol{x})$ und $g_i(\boldsymbol{x})$ in Definition 4.12 seien partiell differenzierbar. Bezeichnen wir die ersten Ableitungen von $L(\boldsymbol{x}, \boldsymbol{u})$ nach $\boldsymbol{x}$ mit $\boldsymbol{L}_x$ und die nach $\boldsymbol{u}$ mit $\boldsymbol{L}_u$, so sind die folgenden Bedingungen notwendig dafür, dass $(\boldsymbol{x}_0, \boldsymbol{u}_0)^{\mathrm{T}}$ ein Sattelpunkt der in Definition 4.12 genannten Lagrange-Funktion ist:

$$\boldsymbol{L}_x(\boldsymbol{x}_0, \boldsymbol{u}_0) \geq 0$$
$$\boldsymbol{L}_u(\boldsymbol{x}_0, \boldsymbol{u}_0) \leq 0$$
$$\boldsymbol{x}_0^{\mathrm{T}} \boldsymbol{L}_x(\boldsymbol{x}_0, \boldsymbol{u}_0) = 0$$
$$\boldsymbol{u}_0^{\mathrm{T}} \boldsymbol{L}_u(\boldsymbol{x}_0, \boldsymbol{u}_0) = 0$$
$$\boldsymbol{u} \geq 0, \boldsymbol{x} \geq 0$$

Beweis hierzu siehe z. B. [Horst 1979, S. 173].

4.15 Satz

Ist $(\boldsymbol{x}_0, \boldsymbol{u}_0)^{\mathrm{T}}$, $\boldsymbol{x}_0 \geq 0$, $\boldsymbol{u}_0 \geq 0$ ein Sattelpunkt von L, so ist $\boldsymbol{x}_0$ eine optimale Lösung von Modell 4.11.

BEWEIS.

Die erste Ungleichung in Definition 4.13 ergibt für alle

$$\boldsymbol{u} \geq 0, \boldsymbol{u} \in \mathbb{R}^m : f(\boldsymbol{x}_0) + \boldsymbol{u}^{\mathrm{T}} \boldsymbol{g}(\boldsymbol{x}_0) \leq f(\boldsymbol{x}_0) + \boldsymbol{u}_0^{\mathrm{T}} \boldsymbol{g}(\boldsymbol{x}_0). \tag{4.29}$$

Es gilt also $\boldsymbol{u}^{\mathrm{T}} \boldsymbol{g}(\boldsymbol{x}_0) \leq \boldsymbol{u}_0^{\mathrm{T}} \boldsymbol{g}(\boldsymbol{x}_0)$.

Dies ist jedoch nur möglich, wenn $\boldsymbol{g}(\boldsymbol{x}_0) \leq 0$, d. h. wenn $\boldsymbol{x}_0$ zulässige Lösung von Modell 4.11. Es gilt daher

$$\boldsymbol{u}_0^{\mathrm{T}} \boldsymbol{g}(\boldsymbol{x}_0) \leq 0.$$

Setzen wir in (4.29) $\boldsymbol{u} := 0$, so ergibt sich $\boldsymbol{u}_0^{\mathrm{T}} \boldsymbol{g}(\boldsymbol{x}_0) \geq 0$. Daraus folgt

$$\boldsymbol{u}_0^{\mathrm{T}} \boldsymbol{g}(\boldsymbol{x}_0) = 0. \tag{4.30}$$

Die zweite Ungleichung in Definition 4.13 ergibt

$$f(\boldsymbol{x}_0) + \boldsymbol{u}_0^{\mathrm{T}} \boldsymbol{g}(\boldsymbol{x}_0) \leq f(\boldsymbol{x}) + \boldsymbol{u}_0^{\mathrm{T}} \boldsymbol{g}(\boldsymbol{x}) \text{ für alle } \boldsymbol{x} \in \mathbb{R}^n, \boldsymbol{x} \geq \boldsymbol{0}.$$

Wegen (4.30) gilt also

$$f(\boldsymbol{x}_0) \leq f(\boldsymbol{x}) + \boldsymbol{u}_0^{\mathrm{T}} \boldsymbol{g}(\boldsymbol{x}). \tag{4.31}$$

Für alle zulässigen Lösungen von Modell 4.11 gilt $\boldsymbol{g}(\boldsymbol{x}) \leq \boldsymbol{0}$ und damit $f(\boldsymbol{x}_0) \leq f(\boldsymbol{x})$. Damit ist $\boldsymbol{x}_0$ eine optimale und zulässige Lösung von Modell 4.11. ∎

Für Satz 4.14 wurde nicht vorausgesetzt, dass $L(\boldsymbol{x}, \boldsymbol{u})$ konvex in $\boldsymbol{x}$ und konkav in $\boldsymbol{u}$ ist. Ist dies jedoch der Fall, so stellen die Kuhn-Tucker-Bedingungen notwendige und hinreichende Bedingungen für einen Sattelpunkt von L dar.

Damit die Umkehrung von Satz 4.15 gilt, wird außer den Konvexitätsvoraussetzungen des Modells 4.11 eine weitere zusätzliche Bedingung benötigt.

4.16 Definition (Slater-Bedingung)

Betrachten wir Modell 4.11 und teilen die Indexmenge $I = \{1, \ldots, m\}$ so in $I = I_1 \uplus I_2$ auf, dass I_2 die linearen Nebenbedingungen enthält.

Gibt es einen Punkt $\boldsymbol{x} \in \mathbb{R}^n$ so, dass $g_i(\boldsymbol{x}) < 0$ für alle $i \in I_1$ gilt, d.h. $\boldsymbol{x}$ ist ein innerer Punkt bezüglich der nichtlinearen Nebenbedingungen, so erfüllt Modell 4.11 die Slater-Bedingungen.

4.17 Satz

Erfüllt Modell 4.11 die Slater-Bedingungen, so sind die Kuhn-Tucker-Bedingungen 4.14 notwendige und hinreichende Bedingungen für eine optimale Lösung von Modell 4.11.

[Ausführlicher Beweis siehe z.B. Bazaraa and Shetty (1979, S. 168 ff.) oder Künzi and Krelle (1962, S. 107 ff., S. 122 ff.)]

Die Kuhn-Tucker-Bedingungen sind zunächst nur Bedingungen, aufgrund deren die Optimalität einer Kandidatenlösung überprüft werden kann. Sie sind darüber hinaus auch die Grundlage weiterer theoretischer Arbeiten, wie z.B. der Dualitätstheorie in der Nichtlinearen Programmierung. In besonderen Fällen können sie sogar algorithmisch, d.h. also zur *Bestimmung* optimaler Lösungen Verwendung finden. Einer dieser Fälle ist das sogenannte Quadratische Programmieren, dem der nächste Abschnitt gewidmet ist.

4.4   Quadratisches Programmieren

4.4.1   Grundlagen

Betrachtet werden Modelle, bei denen die Zielfunktion quadratisch und die Nebenbedingungen linear sind. Das Grundmodell der Quadratischen Programmierung
lässt sich also schreiben als
4.18 Modell

$$\text{minimiere } f(\boldsymbol{x}) = \boldsymbol{c}^\mathrm{T}\boldsymbol{x} + \tfrac{1}{2}\boldsymbol{x}^\mathrm{T}\boldsymbol{Q}\boldsymbol{x}$$

so dass $\boldsymbol{A}\boldsymbol{x} \leq \boldsymbol{b}$

$$\boldsymbol{x} \geq 0$$

wobei $\boldsymbol{c}, \boldsymbol{x} \in \mathbb{R}^n, \boldsymbol{A}_{m \times n}, \boldsymbol{Q}_{n \times n}.$

Die Matrix $\boldsymbol{Q}$ ist symmetrisch und positiv semidefinit.

4.19 Definition
Eine Matrix $\boldsymbol{Q}$ wird dann positiv semidefinit genannt, wenn gilt $\boldsymbol{x}^\mathrm{T}\boldsymbol{Q}\boldsymbol{x} \geq 0$ für
alle $\boldsymbol{x} \in \mathbb{R}^n$.

4.20 Satz
Ist die Matrix $\boldsymbol{Q}$ positiv semidefinit, so ist die Zielfunktion von Modell 4.18
konvex.

BEWEIS.
Nach Definition 4.7 gilt für eine konvexe Funktion $f(\boldsymbol{x})$:

$$f(\lambda\boldsymbol{x}_1 + (1-\lambda)\boldsymbol{x}_2) \leq \lambda f(\boldsymbol{x}_1) + (1-\lambda)f(\boldsymbol{x}_2)$$
$$0 \leq \lambda \leq 1 \tag{4.32}$$

Eine quadratische Funktion kann geschrieben werden als

$$\lambda f(\boldsymbol{x}_1) = \lambda\left(\boldsymbol{c}^\mathrm{T}\boldsymbol{x}_1 + \tfrac{1}{2}\boldsymbol{x}_1{}^\mathrm{T}\boldsymbol{Q}\boldsymbol{x}_1\right) \tag{4.33}$$

oder

$$(1-\lambda)f(\boldsymbol{x}_2) = (1-\lambda)\left(\boldsymbol{c}^\mathrm{T}\boldsymbol{x}_2 + \tfrac{1}{2}\boldsymbol{x}_2{}^\mathrm{T}\boldsymbol{Q}\boldsymbol{x}_2\right). \tag{4.34}$$

Es ist dann

$$f(\lambda\boldsymbol{x}_1 + (1-\lambda)\boldsymbol{x}_2) = \boldsymbol{c}^\mathrm{T}[\lambda\boldsymbol{x}_1 + (1-\lambda)\boldsymbol{x}_2]$$
$$+ \tfrac{1}{2}[\lambda\boldsymbol{x}_1 + (1-\lambda)\boldsymbol{x}_2]^\mathrm{T}\boldsymbol{Q}[\lambda\boldsymbol{x}_1 + (1-\lambda)\boldsymbol{x}_2]. \tag{4.35}$$

Subtrahiert man (4.33) und (4.34) von (4.35), so erhält man:

$$(f[\lambda\boldsymbol{x}_1 + (1-\lambda)\boldsymbol{x}_2] - [\lambda f(\boldsymbol{x}_1) + (1-\lambda)f(\boldsymbol{x}_2)])$$

$$= [\lambda\boldsymbol{x}_1 + (1-\lambda)\boldsymbol{x}_2]^{\mathrm{T}}\boldsymbol{Q}[\lambda\boldsymbol{x}_1 + (1-\lambda)\boldsymbol{x}_2] - [\lambda\boldsymbol{x}_1{}^{\mathrm{T}}\boldsymbol{Q}\boldsymbol{x}_1 + (1-\lambda)\boldsymbol{x}_2^{\mathrm{T}}\boldsymbol{Q}\boldsymbol{x}_2]$$

$$\tag{4.36}$$

$$= [(\lambda\boldsymbol{x}_1^{\mathrm{T}}\boldsymbol{Q} + (1-\lambda)\boldsymbol{x}_2^{\mathrm{T}}\boldsymbol{Q})(\lambda\boldsymbol{x}_1 + (1-\lambda)\boldsymbol{x}_2)] - \lambda\boldsymbol{x}_1{}^{\mathrm{T}}\boldsymbol{Q}\boldsymbol{x}_1 - (1-\lambda)\boldsymbol{x}_2{}^{\mathrm{T}}\boldsymbol{Q}\boldsymbol{x}_2$$

$$= \lambda^2\boldsymbol{x}_1{}^{\mathrm{T}}\boldsymbol{Q}\boldsymbol{x}_1 + (1-\lambda)\boldsymbol{x}_2{}^{\mathrm{T}}\boldsymbol{Q}\lambda\boldsymbol{x}_1 + \lambda\boldsymbol{x}_1{}^{\mathrm{T}}\boldsymbol{Q}(1-\lambda)\boldsymbol{x}_2 + (1-\lambda)^2\boldsymbol{x}_2{}^{\mathrm{T}}\boldsymbol{Q}\boldsymbol{x}_2$$

$$\quad - \lambda\boldsymbol{x}_1{}^{\mathrm{T}}\boldsymbol{Q}\boldsymbol{x}_1 - (1-\lambda)\boldsymbol{x}_2{}^{\mathrm{T}}\boldsymbol{Q}\boldsymbol{x}_2$$

$$= \lambda(\lambda-1)[(\boldsymbol{x}_1 - \boldsymbol{x}_2)^{\mathrm{T}}\boldsymbol{Q}(\boldsymbol{x}1 - \boldsymbol{x}_2)]. \tag{4.37}$$

Um (4.32) zu genügen, muss (4.37) nicht-positiv oder der Ausdruck in eckigen Klammern nicht-negativ sein. Die quadratische Funktion $\boldsymbol{x}^{\mathrm{T}}\boldsymbol{Q}\boldsymbol{x}$ ist also dann konvex, wenn die quadratische Matrix $\boldsymbol{Q}$ positiv semidefinit ist. ∎

In ähnlicher Weise kann gezeigt werden, dass eine negativ semidefinite Form konkav, eine negativ definite Form streng konkav und eine positiv definite Form streng konvex ist.

Kommen wir zurück zu Modell 4.18. Da die Lagrange-Funktion

$$L(\boldsymbol{x}, \boldsymbol{u}) = \boldsymbol{c}^{\mathrm{T}}\boldsymbol{x} + \tfrac{1}{2}\boldsymbol{x}^{\mathrm{T}}\boldsymbol{Q}\boldsymbol{x} + \boldsymbol{u}^{\mathrm{T}}(\boldsymbol{A}\boldsymbol{x} - b) \tag{4.38}$$

konvex in $\boldsymbol{x}$ und konkav in $\boldsymbol{u}$ ist, sind die Kuhn-Tucker-Bedingungen notwendig und hinreichend für eine optimale Lösung.

Es gilt also nach Satz 4.14:

$$\boldsymbol{L}_x = \boldsymbol{c} + \boldsymbol{Q}\boldsymbol{x} + \boldsymbol{A}^{\mathrm{T}}\boldsymbol{u} \geq 0$$

$$\boldsymbol{L}_u = \boldsymbol{A}\boldsymbol{x} - \boldsymbol{b} \leq 0 \tag{4.39}$$

$$\boldsymbol{L}_x \cdot \boldsymbol{x}_0 = 0$$

$$\boldsymbol{L}_u \cdot \boldsymbol{u}_0 = 0 \tag{4.40}$$

Durch Hinzufügen von Schlupfvariablen zu (4.39) erhält man als notwendige und hinreichende Bedingungen:

$$\boldsymbol{c} + \boldsymbol{Q}\boldsymbol{x} + \boldsymbol{A}^{\mathrm{T}}\boldsymbol{u} - \boldsymbol{s}_1 = 0$$

$$-\boldsymbol{b} + \boldsymbol{A}\boldsymbol{x} + \boldsymbol{s}_2 = 0 \tag{4.41}$$

und Beachtung von (4.40).

4.4.2   Der Algorithmus von Wolfe

1959 veröffentlichte Wolfe einen Algorithmus (Wolfe, 1959), der direkt (4.41) ausnutzt und mit Hilfe der Simplex-Methode eine zulässige Lösung zu (4.41) und damit eine optimale Lösung zu Modell 4.18 bestimmt. Er kann wie folgt beschrieben werden:

4.21 Algorithmus

1. Schritt

Formuliere die Kuhn-Tucker-Bedingungen für Modell 4.41.

2. Schritt

Füge linearen Bedingungen (4.39) Schlupfvariable hinzu und überprüfe, ob eine zulässige Basislösung unter Beachtung von (4.40) vorliegt. In diesem Fall ist die Lösung bereits optimal für Modell 4.41. Wenn nicht, gehe zu Schritt 3.

3. Schritt

Füge, wo notwendig, Hilfsvariablen zur Erlangung einer Ausgangslösung von (4.41) und (4.40) hinzu. Gehe zu Schritt 4.

4. Schritt

Iteriere mit M-Methode, bis zulässige Lösung erreicht oder feststeht, dass Lösungsraum leer ist. Beachte dabei (4.40) durch beschränkten Basiseintritt: Ist x_j in Lösung, darf s_{1j} nicht aufgenommen werden, ist u_i in Lösung, darf s_{2i} nicht aufgenommen werden und umgekehrt.

4.22 Beispiel

Wir betrachten das folgende Programm:

$$
\begin{aligned}
\text{minimiere } z = -20x_1 + 10x_2 + 3x_1^2 + 2x_2^2 \\
\text{so dass} \qquad 2x_1 - \quad x_2 &\leq \quad 6 \\
-x_1 + \quad x_2 &\leq \ 10 \\
2x_1 + 3x_2 &\geq \quad 8 \\
x_1, x_2 &\geq \quad 0
\end{aligned}
$$

Formuliere die KTB für Modell 4.18

Füge linearen Bedingungen Schlupfvariable hinzu.

Liegt eine zulässige Basislösung unter
Beachtung von (4.40)
Ja   vor?   Nein

Lösung optimal.

Füge, wo notwendig, Hilfsvariablen zur Erlangung einer Ausgangslösung von (4.41) und (4.40) hinzu.

Iteriere mit M-Methode, bis zulässige Lösung erreicht oder feststeht, dass Lösungsraum leer ist. Beachte dabei (4.40) durch beschränkten Basiseintritt: Ist x_j in Lösung, darf s_{1j} nicht aufgenommen werden und umgekehrt.

Stopp.

Abbildung 4.7: Algorithmus von Wolfe

1. Schritt

Es ist:

$$\boldsymbol{c}^{\mathrm{T}} = (-20, 10); \qquad\qquad \boldsymbol{b}^{\mathrm{T}} = (6, 10, -8)$$

$$\boldsymbol{Q} = \begin{pmatrix} 6 & 0 \\ 0 & 4 \end{pmatrix}; \qquad\qquad \boldsymbol{A} = \begin{pmatrix} 2 & -1 \\ -1 & 1 \\ -2 & -3 \end{pmatrix}$$

Die Kuhn-Tucker-Bedingungen lauten also:

$$\mathbf{L}_x = \begin{cases} -20 + 6x_1 + 2u_1 - u_2 - 2u_3 \geq 0 \\ 10 + 4x_2 - u_1 + u_2 - 3u_3 \geq 0 \end{cases}$$

$$\mathbf{L}_u = \begin{cases} -6 + 2x_1 - x_2 \leq 0 \\ -10 - x_1 + x_2 \leq 0 \\ 8 - 2x_1 - 3x_2 \leq 0 \end{cases} \tag{4.42}$$

$$\mathbf{L}_x \cdot \boldsymbol{x}_0 = 0$$
$$\mathbf{L}_u \cdot \boldsymbol{u}_0 = 0 \tag{4.43}$$

2. Schritt

Hinzufügen von Schlupfvariablen und Umordnen des Systems:

$$
\begin{aligned}
6x_1 + + 2u_1 - u_2 - 2u_3 - s_{11} \phantom{+ s_{12} + s_{21} + s_{22} + s_{23}} &= 20\\
-4x_2 + u_1 - u_2 + 3u_3 + s_{12} \phantom{+ s_{21} + s_{22} + s_{23}} &= 10\\
2x_1 - x_2 + s_{21} \phantom{+ s_{22} + s_{23}} &= 6\\
-x_1 + x_2 \phantom{+ u_1 - u_2 + 3u_3 + s_{21}} + s_{22} \phantom{+ s_{23}} &= 10\\
2x_1 + 3x_2 \phantom{+ u_1 - u_2 + 3u_3 + s_{21} + s_{22}} + s_{23} &= 8
\end{aligned}
$$

$$x_j, u_i, s_{ij} \ge 0,\ j = 1,2;\ i = 1,2,3$$

3. Schritt

Eine zulässige Lösung liegt noch nicht vor. Daher Hinzufügen von Hilfsvariablen h_1 und h_2. Damit ergibt sich folgendes Tableau:

	c_i	x_1	x_2	u_1	u_2	u_3	s_{11}	s_{12}	s_{21}	s_{22}	s_{23}	h_1	h_2	b	θ
h_1	$-M$	6	0	2	-1	-2	-1					①		20	$\frac{10}{3}$
s_{12}	0	0	-4	1	-1	3		①						10	
s_{21}	0	2	-1						①					6	3
s_{22}	0	-1	1							①				10	
h_2	$-M$	2	3								-1		①	8	4
ΔZ_j		$-8M$	$-3M$	$-2M$	M	$2M$	M	0	0	0	M	0	0		

Zunächst erfolgt ein normaler Basistausch, da x_1 aufzunehmen ist und s_{11} nicht in der Basis enthalten ist. s_{21} verlässt die Basis. Dies ergibt das folgende Tableau:

	c_i	x_1	x_2	u_1	u_2	u_3	s_{11}	s_{12}	s_{21}	s_{22}	s_{23}	h_1	h_2	b	θ_1	θ_2
h_1	$-M$		3	2	-1	-2	-1		-3			1		2	$\frac{2}{3}$	1
s_{12}	0		-4	1	-1	3		1						10		10
x_1	0	1	$-\frac{1}{2}$						$\frac{1}{2}$					3		
s_{22}	0		$\frac{1}{2}$						$\frac{1}{2}$	1				13	26	
h_2	$-M$		4						-1		-1		1	2	$\frac{1}{2}$	
ΔZ_j		0	$-7M$	$-2M$	M	$2M$	M	0	$4M$	0	M	0	0			

Nun müsste x_2 aufgenommen werden. In diesem Falle würde h_2 die Basis verlassen und s_{12} in Basis bleiben. Dies würde jedoch (4.43) verletzen. Daher Aufnahme von u_1. h_1 verlässt die Basis. Das neue Tableau lautet:

	c_i	x_1	x_2	u_1	u_2	u_3	s_{11}	s_{12}	s_{21}	s_{22}	s_{23}	h_2	b	θ
u_1	0		$\frac{3}{2}$	1	$-\frac{1}{2}$	-1	$-\frac{1}{2}$		$-\frac{3}{2}$				1	
s_{12}	0		$-\frac{11}{2}$		$-\frac{1}{2}$	4	$\frac{1}{2}$	1	$\frac{3}{2}$				9	$\frac{9}{4}$
x_1	0	1	$-\frac{1}{2}$						$\frac{1}{2}$				3	
s_{22}	0		$\frac{1}{2}$						$\frac{1}{2}$	1			13	
h_2	$-M$		4						-1		-1	1	2	
ΔZ_j		0	$-4M$	0	0	0	0	0	M	0	M	0		

x_2 kann nicht wegen s_{12} aufgenommen werden. Daher Aufnahme von u_3:

	c_i	x_1	x_2	u_1	u_2	u_3	s_{11}	s_{12}	s_{21}	s_{22}	s_{23}	h_2	b	θ
u_1	0		$\frac{1}{8}$	1	$-\frac{5}{8}$		$-\frac{3}{8}$	$\frac{1}{4}$	$-\frac{9}{8}$				$\frac{13}{4}$	26
u_3	0		$-\frac{11}{8}$		$-\frac{1}{8}$	1	$\frac{1}{8}$	$\frac{1}{4}$	$\frac{3}{8}$				$\frac{9}{4}$	
x_1	0	1	$-\frac{1}{2}$						$\frac{1}{2}$				3	
s_{22}	0		$\frac{1}{2}$						$\frac{1}{2}$	1			13	26
h_2	$-M$		4						-1		-1	1	2	$\frac{1}{2}$
ΔZ_j		0	$-4M$	0	0	0	0	0	M	0	M	0		

Optimales Tableau:

	c_i	x_1	x_2	u_1	u_2	u_3	s_{11}	s_{12}	s_{21}	s_{22}	s_{23}	b
u_1	0			1	$-\frac{5}{8}$		$-\frac{3}{8}$	$-\frac{1}{4}$	$-\frac{35}{32}$		$\frac{1}{32}$	3,18
u_3	0			$-\frac{1}{8}$	1		$\frac{1}{8}$	$\frac{1}{4}$	$\frac{1}{32}$		$-\frac{11}{32}$	2,93
x_1	0	1							$\frac{3}{8}$		$-\frac{1}{8}$	3,25
s_{22}	0								$\frac{5}{8}$	1	$\frac{1}{8}$	12,75
x_2	0		1						$-\frac{1}{4}$		$-\frac{1}{4}$	0,50
ΔZ_j		0	0	0	0	0	0	0	0	0	0	

Die Lösung zu diesem System ist:

$$x_1 = 3{,}25 \quad u_1 = 3{,}1875 \quad s_{22} = 12{,}75$$
$$x_2 = 0{,}50 \quad u_3 = 2{,}9375$$

Damit ist die optimale Lösung unseres Beispiels

$$x_1 = 3{,}25 \quad x_2 = 0{,}5.$$

4.5   Separables Konvexes Programmieren

4.5.1   Grundlagen

In diesem Abschnitt soll wiederum die Simplex-Methode zur Lösung nichtlinearer Modelle verwendet werden. Allerdings sollen die zu lösenden Modelle nicht die Struktur der Quadratischen Programmierung haben, sondern sie sollen entweder aus separablen Funktionen bestehen oder in solche überführbar sein. Hierbei versteht man unter einer separablen Funktion eine, die als Summe von Funktionen jeweils einer Variablen ausgedrückt werden können.

So lässt sich z. B. die Funktion $F = x_1^3 + x_1^2 + 4x_2 + 5x_3^2$ schreiben als

$$H = h_1(x_1) + h_2(x_2) + h_3(x_3)$$

mit

$$h_1 = x_1^3 + x_1^2; \ h_2 = 4x_2; \ h_3 = 5x_3^2.$$

Die Funktion $f = x_1 x_2$ ist zunächst nicht separabel. Führt man jedoch die zwei Variablen $h_1 := \frac{1}{2}(x_1 + x_2)$, $h_2 = \frac{1}{2}(x_1 - x_2)$ ein, so ist $f = h_1^2 - h_2^2$ eine separable Funktion.

Betrachtet werde also das

4.23 Modell (der Separablen Programmierung)

$$\text{minimiere } z = \sum_{j=1}^{n} f_j(x_j)$$
$$\text{so dass } \quad \sum_{j=1}^{n} g_{ij}(x_j) \leq b_i \quad i = 1, \ldots, m$$
$$x_j \geq 0.$$

Approximierende Modelle

$h(x)$ sei eine stetige, nicht unbedingt konvexe Funktion, wie sie in der nächsten Abbildung gezeigt wird.

Wir legen im Intervall $0 \leq x \leq \alpha$ Stützstellen x_j, $j = 1, \ldots, n$, fest. Betrachten wir nun das Intervall $x_1 \leq x \leq x_2$, so lässt sich in diesem Bereich die Funktion $h(x)$ approximieren durch $\hat{h}(x) = \lambda h(x_1) + (1 - \lambda)h(x_2)$, $0 \leq \lambda \leq 1$. Schreibt man für $\lambda = \lambda_1$ und für $(1 - \lambda) = \lambda_2$, so gilt:

$$\hat{h}(x) = \lambda_1 h(x_1) + \lambda_2 h(x_2),$$

für

$$\lambda_1 + \lambda_2 = 1, \lambda_i \geq 0.$$

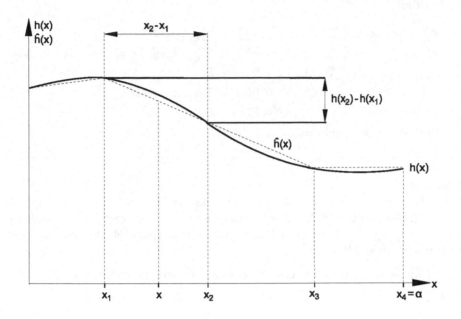

Abbildung 4.8: Nichtlineare Funktion und ihre lineare Approximation

Allgemein kann man die Funktion $h(x)$ im Bereich $0 \leq x \leq \alpha$ approximieren durch die Funktion

$$\hat{h}(x) = \sum_{k=1}^{r} \lambda_k h(x_k),$$

wobei

(1) $x = \sum_{k=1}^{r} \lambda_k x_k$,

(2) $\sum_{k=1}^{r} \lambda_k = 1, \lambda_k \geq 0, k = 1, \ldots, r$,

(3) nicht mehr als zwei $\lambda_k > 0$ sind,

(4) positive λ benachbart sind.   (4.44)

Enthält Modell 4.23 auch lineare Restriktionen oder sind Teile von Restriktionen oder der Zielfunktion linear, so brauchen diese offensichtlich nicht approximiert werden. Der Klarheit halber definieren wir eine Indexmenge

$$L = \{j \mid f_j \text{ und } g_{ij} \text{ linear für } i = 1, \ldots, m\}.$$

Modell 4.23 lässt sich nun approximieren durch folgendes Modell:

4.24 Modell

$$\text{minimiere } \hat{Z} = \sum_{j \in L} f_j(x_j) + \sum_{j \notin L} \sum_{k=1}^{r_j} \lambda_{jk} f_j(x_{jk})$$

$$\text{so dass} \qquad \sum_{j \in L} g_{ij}(x_j) + \sum_{j \notin L} \sum_{k=1}^{r_j} \lambda_{jk} g_{ij}(x_{jk}) \le b_i, i = 1, \dots, m$$

$$\sum_{k=1}^{r_j} \lambda_{jk} = 1, \text{für } j \notin L$$

$$\lambda_{jk} \ge 0, \text{für } k = 1, \dots, r_j, j \notin L$$

$$x_j \ge 0, \text{für } j \in L$$

Höchstens zwei benachbarte $\lambda_{jk} > 0$, $k = 1, \dots, r_j$, $j \notin L$.

4.25 Satz

Man betrachte Modell 4.23. L sei die Indexmenge $L = \{j \mid f_j \text{ und } g_{ij} \text{ linear für } i = 1, \dots, m\}$. Für $j \notin L$ sei f_j streng konvex und g_{ij} sei konvex für $i = 1, \dots, m$. Um Modell 4.23 durch Modell 4.24 approximieren zu können, muss gelten:

1. Für jedes $j \notin L$ sind höchstens zwei λ_{jk} positiv und benachbart.

2. Ist $\hat{x}_j = \sum_{k=1}^{r_j} \lambda_{jk} x_{jk}$ für alle $j \notin L$, so ist der Vektor $\hat{x}$, dessen j-te Komponente $\hat{x}_j$ für $j = 1, \dots, n$ ist, zulässige Lösung von Modell 4.23.

BEWEIS.
Zu 1:

Falls für $j \notin L$ λ_{jl} positiv sind, müssen sie benachbart sein. Nehmen wir an, dass λ_{jl} und $\lambda_{jp} > 0$ existierten und x_{jl} und x_{jp} seien nicht benachbart. Es würde dann eine Stützstelle $x_{jk} \in (x_{jl}, x_{jp})$ existieren, die geschrieben werden kann als $x_{jk} = \alpha_1 x_{jl} + \alpha_2 x_{jp}$ mit $\alpha_1, \alpha_2 > 0$ und $\alpha_1 + \alpha_2 = 1$. Betrachten wir die optimale Lösung zu Modell 4.23. Es seien $u_i \ge 0$ für $i = 1, \dots, m$ die optimalen Lagrange-Multiplikatoren für die ersten m Nebenbedingungen und für alle $j \notin L$ v_j die entsprechenden Multiplikatoren für die Nebenbedingungen $\sum_{k=1}^{r_j} \lambda_{jk} = 1$. Dann sind die folgenden notwendigen Kuhn-Tucker-Bedingungen von dieser optimalen Lösung zu erfüllen:

$$f_j(x_{jl}) + \sum_{i=1}^{m} u_i g_{ij}(x_{jl}) + v_j = 0 \tag{4.45}$$

$$f_j(x_{jp}) + \sum_{i=1}^{m} u_i g_{ij}(x_{jp}) + v_j = 0 \tag{4.46}$$

$$f_j(x_{jk}) + \sum_{i=1}^{m} u_i g_{ij}(x_{jk}) + v_j \ge 0 \text{ für } k = 1, \dots, r_j. \tag{4.47}$$

Bei strenger Konvexität von f_j und Konvexität von g_{ij} gilt nach (4.45) und (4.46):

$$f_j(x_{jk}) + \sum_{i=1}^{m} u_i g_{ij}(x_{jk}) + v_j < \alpha_1 f_j(x_{jl}) + \alpha_2 f_j(x_{jp})$$

$$+ \sum_{i=1}^{m} u_i [\alpha_1 g_{ij}(x_{jl}) + \alpha_2 g_{ij}(x_{jp})] + v_j = 0.$$

Das widerspricht jedoch (4.47); daher müssen x_{jl} und x_{jp} benachbart sein und 1. ist bewiesen.

Zu 2:

Alle g_{ij} für $j \notin L$ sind definitionsgemäß konvex für $i = 1, \ldots, m$. Weiterhin erfüllen alle $\hat{x}_j$ für $j \in L$ und λ_{jk} für $k = 1, \ldots, r_j$ und $j \notin L$ die Nebenbedingungen von Modell 4.24. Wir erhalten daher:

$$g_i(\hat{x}) = \sum_{j \in L} g_{ij}(\hat{x}) + \sum_{j \notin L} g_{ij}(\hat{x}_j)$$

$$= \sum_{j \in L} g_{ij}(\hat{x}) + \sum_{j \notin L} g_{ij} \left(\sum_{k=1}^{r_j} \lambda_{jk} x_{jk} \right)$$

$$\leq \sum_{j \in L} g_{ij}(\hat{x}) + \sum_{j \in L} \sum_{k=1}^{r_j} \lambda_{jk} g_{ij}(x_{jk})$$

$$\leq b_i \quad \text{für } i = 1, \ldots, m$$

Ferner ist $\hat{x}_j \geq 0$ für $j \in L$ und $\hat{x}_j = \sum_{k=1}^{r_j} \lambda_{jk} x_{jk} \geq 0$ für $j \notin L$, da $\lambda_{jk}, x_{jk} \geq 0$ für $j \notin L$, da $\lambda_{jk}, x_{jk} \geq 0$ für $k = 1, \ldots, r_j$. Daher ist $\hat{x}$ zulässig für Modell 4.23 und 2. ist bewiesen. ∎

4.5.2 λ- und δ-Methoden des Separablen Programmierens

4.26 Beispiel

Zu lösen sei:

$$\begin{aligned}
\text{minimiere } z &= x_1^2 - 6x_1 + x_2^2 - 8x_2 - \tfrac{1}{2}x_3 \\
\text{so dass} \quad x_1 + x_2 + x_3 &\leq 5 \\
x_1^2 - x_2 &\leq 3 \\
x_1, x_2, x_3 &\geq 0 \ .
\end{aligned}$$

Lösung.

$L = \{3\}$, da bezüglich x_3 keine nichtlinearen Komponenten vorliegen. Ferner müssen $0 \leq x_1, x_2 \leq 5$ sein.

Als Stützstellen sollen für beide Variablen die Werte 0, 2, 4, 5 benutzt werden. Die entsprechenden Funktionalwerte für die nichtlinearen Terme sind in folgender Tabelle zusammengefasst:

x_{i1} bzw. x_{i2}	f_1	f_2	g_1
0	0	0	0
2	-8	-12	4
4	-8	-16	16
5	-5	-15	25

$$f_1 = x_1^2 - 6x_1, \quad f_2 = x_2^2 - 8x_2, \quad g_1 = x_1^2$$

Nach Hinzufügen der Schlupfvariablen x_4 und x_5 ergibt sich als erstes Simplex-Tableau:

	c_j	0	-8	-8	-5	0	-12	-16	-15	$-0{,}5$	0	0		
	c_i	λ_{11}	λ_{21}	λ_{31}	λ_{41}	λ_{12}	λ_{22}	λ_{32}	λ_{42}	x_3	x_4	x_5	b	θ
x_4	0	0	2	4	5	0	2	4	5	1	1	0	5	$\frac{5}{4}$
x_5	0	0	4	16	25	0	-2	-4	-5	0	0	1	3	
λ_{11}	0	1	1	1	1	0	0	0	0	0	0	0	1	
λ_{12}	0	0	0	0	0	1	1	①	1	0	0	0	1	1
Δz_j		0	8	8	5	0	12	16	15	0,5	0	0		

Erste Basis ist x_4, x_5, λ_{11}, λ_{12}. Aufzunehmen – und aufnehmbar – ist λ_{32}, da durch dessen Aufnahme λ_{12} aus der Basis eliminiert wird.

	c_i	λ_{11}	λ_{21}	λ_{31}	λ_{41}	λ_{12}	λ_{22}	λ_{32}	λ_{42}	x_3	x_4	x_5	b	θ
x_4	0	0	②	4	5	-4	-2	0	1	1	1	0	1	$\frac{1}{2}$
x_5	0	0	4	16	25	4	2	0	-1	0	0	1	7	$\frac{7}{4}$
λ_{11}	0	1	1	1	1	0	0	0	0	0	0	0	1	1
λ_{32}	0	0	0	0	0	1	1	1	1	0	0	0	1	
Δz_j		0	8	8	5	-16	-4	0	-1	0,5	0	0		

Nun müsste eigentlich λ_{31} aufgenommen werden. Dies ist nicht möglich wegen λ_{11}. Deshalb Aufnahme von λ_{21}.

	c_i	λ_{11}	λ_{21}	λ_{31}	λ_{41}	λ_{12}	λ_{22}	λ_{32}	λ_{42}	x_3	x_4	x_5	b	θ
λ_{21}	-8	0	1	2	$\frac{5}{2}$	-2	-1	0	$\frac{1}{2}$	$\frac{1}{2}$	$\frac{1}{2}$	0	$\frac{1}{2}$	$\frac{1}{2}$
x_5	0	0	0	8	15	12	6	0	-3	-2	-2	1	5	$\frac{5}{6}$
λ_{11}	0	1	0	-1	$-\frac{3}{2}$	2	①	0	$-\frac{1}{2}$	$-\frac{1}{2}$	$-\frac{1}{2}$	0	$\frac{1}{2}$	$\frac{1}{2}$
λ_{32}	-16	0	0	0	0	1	1	1	1	0	0	0	1	1
Δz_j		0	0	-8	-15	0	4	0	-5	$-\frac{7}{2}$	-4	0		

Endtableau:

c_i	λ_{11}	λ_{21}	λ_{31}	λ_{41}	λ_{12}	λ_{22}	λ_{32}	λ_{42}	x_3	x_4	x_5	b
λ_{21}	-8	1	1	1	1	0	0	0	0	0	0	0	1
x_5	0	-6	0	14	24	0	0	0	0	1	1	1	2
λ_{22}	-12	1	0	-1	$-\frac{3}{2}$	2	1	0	$-\frac{1}{2}$	$-\frac{1}{2}$	$-\frac{1}{2}$	0	$\frac{1}{2}$
λ_{32}	-16	-1	0	1	$\frac{3}{2}$	-1	0	1	$\frac{3}{2}$	$\frac{1}{2}$	$\frac{1}{2}$	0	$\frac{1}{2}$
Δz_j	-4	0	-4	-9	-8	0	0	-3	$-\frac{3}{2}$	-2	0	

Die Lösung zu Beispiel 4.26 ist also

$$\lambda_{21} = 1, \ \lambda_{22} = 0{,}5, \ \lambda_{32} = 0{,}5, \ x_5 = 2.$$

Die approximierende Lösung zu unserem Beispiel ist damit:

$$x_1 = 2\lambda_{21} + 4\lambda_{31} + 5\lambda_{41} = 2$$
$$x_2 = 2\lambda_{22} + 4\lambda_{32} + 5\lambda_{42} = 3$$
$$x_3 = 0.$$

■

Da die Zielfunktion und die Nebenbedingungen die Bedingungen von Satz 4.25 erfüllen, hätten wir in diesem Fall die gleiche Lösung erhalten, wenn wir den beschränkten Basiseintritt nicht berücksichtigt hätten.

Die bisher beschriebene Methode wird gewöhnlich als die λ-*Methode* bezeichnet. Alternativ dazu könnte als approximierendes Modell auch das sogenannte δ-*Modell* verwendet werden:

Hierzu werden neue Variable eingeführt, und zwar sei in Modell 4.24:

$$\Delta f_{jk} = f(x_{jk}) - f(x_{j,k-1})$$
$$\Delta x_{jk} = x_{jk} - x_{j,k-1} \qquad k = 1, \ldots, r_j$$
$$\Delta g_{ijk} = g_{ij}(x_{jk}) - g_{ij}(x_{j,k-1})$$

Liegt nun x_j im Bereich $x_{j,k-1} \leq x_j \leq x_{jk}$, so ist $x_j = x_{j,k-1} + (\Delta x_{jk})\delta_{jk}$; $0 \leq \delta_{jk} \leq 1$, wobei

$$\delta_{jk} = \frac{x_j - x_{j,k-1}}{\Delta x_{jk}}.$$

Die approximierenden Polygonzüge in Modell 4.24 können nun für $j \notin L$ geschrieben werden als

Zielfunktion: $\qquad z = \hat{f}_j(x_j) = f_{j,k-1} + (\Delta f_{jk})\delta_{jk}$

Nebenbedingungen: $\hat{g}_{ij}(x_j) = g_{ij,k-1} + (\Delta g_{ij})\delta_{jk}$

Wird nun sichergestellt, dass gilt:

$$(\delta_{ju} = 1) \iff (\delta_{jk} > 0); u = 1, \ldots, k - 1$$

so können wir schreiben:

$$x_j = \sum_{k=1}^{r_j} (\Delta x_{jk})\delta_{jk} + x_{jo};$$

$$\hat{g}_{ij}(x_j) = \sum_{k=1}^{r_j} (\Delta g_{ij})\delta_{jk} + g_{o,ij};$$

$$\hat{f}_j(x_j) = \sum_{k=1}^{r_j} (\Delta f_{jk})\delta_{jk} + f_{oj};$$

Statt Modell 4.24 kann dann als sogenanntes δ-*Modell* als Approximation zu Modell 4.23 geschrieben werden:

4.27 Modell

minimiere $\hat{z} = \sum_{j=1}^{n} \sum_{k=1}^{r_j} (\Delta f_{jk})\delta_{jk}$

so dass $\displaystyle\sum_{j=1}^{n} \sum_{k=1}^{r_j} (\Delta g_{ijk})\delta_{jk} \leq b_i - \sum_{j=1}^{n} (g_{oij}); \quad i = 1, \ldots, m$

$$0 \leq \delta_{jk} \leq 1.$$

Der rechnerische Aufwand bei diesem Modell ist etwas geringer, da hier die zusätzlichen Einschränkungen bezüglich x nicht benötigt werden. Weder das λ-Modell noch das δ-Modell garantieren allerdings ein globales Optimum in Fällen, in denen die Konvexitätsbedingungen nicht eingehalten sind. Ein Ansatz, der dies garantiert, wird in Abschnitt 5.3.3 beschrieben.

4.6 Strafkostenverfahren

Die Lösung eines nichtlinearen Modelles ist dann im allgemeinen erheblich einfacher, wenn der zulässige Bereich der Optimierungsaufgabe nicht durch zusätzliche Nebenbedingungen eingeschränkt ist. Diese Tatsache nutzen die Strafkostenverfahren aus, indem sie ein „Programmierungsmodell" (Optimierung unter Nebenbedingungen) in eine Folge von „Optimierungsmodellen" (ohne Nebenbedingungen) überführen. Die hierfür entwickelten Verfahren sind fast alle für die Benutzung auf elektronischen Rechenanlagen hin konzipiert. Sie sind in ihrer mathematischen Struktur nicht besonders anspruchsvoll und verwenden weitgehend „klassische" Optimierungsansätze. Da sie jedoch zur Zeit zu den effizientesten Verfahren zur Lösung allgemeiner nichtlinearer Programmierungsmodelle zählen, seien sie hier kurz skizziert:

Man unterscheidet Barriere-Verfahren, auch Verfahren mit innerer Strafkostenfunktion genannt, von Penalty-Verfahren, auch Verfahren mit äußerer Strafkostenfunktion genannt. Barriere-Verfahren arbeiten im Inneren des Lösungsraumes, Penalty-Verfahren außerhalb des primalen Lösungsraumes (also im dual zulässigen Raum).

Beide Verfahren überführen eine nichtlineare Programmierungsaufgabe in eine Folge nichtbeschränkter nichtlinearer Optimierungsaufgaben.

4.6.1 Penalty-Verfahren

Penalty-Verfahren überführen das

4.28 Modell

minimiere $f(\boldsymbol{x})$

so dass $\quad g_i(\boldsymbol{x}) \leq 0, \quad i = 1, \dots, m$ $\qquad$ (4.48)

$\qquad g_j(\boldsymbol{x}) = 0, \quad j = 1, \dots, p$ $\qquad$ (4.49)

in eine Folge von unbeschränkten Modellen der Form:

minimiere $f(\boldsymbol{x}) + s_k \cdot p_k(\boldsymbol{x}), k \in \mathbb{N},$ $\qquad$ (4.50)

deren Lösungen unter zusätzlichen Voraussetzungen gegen das Optimum des Ausgangsmodells konvergieren.

Bezeichnen wir mit M den durch (4.48) und (4.49) definierten Lösungsraum, so kann eine Strafkostenfunktion $p_k(\boldsymbol{x}) = 0$, $\boldsymbol{x} \in M$, $p_k(\boldsymbol{x}) > 0$, $\boldsymbol{x} \notin M$ definiert werden. s_k ist eine Folge von Gewichten, $s_k > 0$.

4.29 Definition

Eine Folge $s_k \cdot p_k(\boldsymbol{x})$, $k \in \mathbb{N}$ von Funktionen heißt eine Folge von Strafkostenfunktionen für den zulässigen Bereich M, wenn für jedes $k \in \mathbb{N}$ die folgenden Vorschriften gelten:

(1) $s_k p_k(\boldsymbol{x})$ ist stetig in $\mathbb{R}^n$

(2) $s_k p_k(\boldsymbol{x}) = 0$ für alle $x \in M$

(3) $s_{k+1} p_{k+1}(\boldsymbol{x}) > s_k p_k(\boldsymbol{x}) > 0$ für alle $x \notin M$

(4) $s_k p_k(\boldsymbol{x}) \to \infty$ für $k \to \infty$ und $\boldsymbol{x} \in M$.

Startpunkt für die sequentielle Annäherung an das beschränkte Optimum könnte z. B. das unbeschränkte Minimum von $f(\boldsymbol{x})$ sein. Die Lösung eines der Probleme kann dann die Ausgangslösung des Folgeproblems sein.

Ist z. B. das zu lösende Modell

minimiere $f(\boldsymbol{x})$

so dass $\quad g_i(\boldsymbol{x}) \leq 0, \quad i = 1, \dots, p$

und eine mögliche Strafkostenfunktion

$$p(\boldsymbol{x}) = \sum_{i=1}^{p} \max[0, g_i(\boldsymbol{x})]^2,$$

so wird dann eine Folge von Modellen der Art:

minimiere $f(\boldsymbol{x}) + s_k p(\boldsymbol{x}), s_k \to \infty,$

berechnet.

Für $g_1(x) = x - b$ und $g_2(x) = a - x$ ergibt sich dann folgendes Bild:

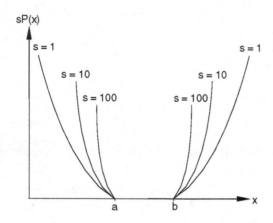

Abbildung 4.9:
Strafkostenfunktionen

4.30 Satz
Hat für jedes $k \in \mathbb{N}$ das abgeleitete Modell 4.28 eine optimale Lösung $\boldsymbol{x}_0^k$, so ist jeder Häufungspunkt der Folge $(\boldsymbol{x}_0^k), k \in \mathbb{N}$ eine optimale Lösung von Modell 4.28.

(Beweis: siehe z. B. Fiacco and McCormick (1964, S. 360 ff.))

4.6.2 Barriere-Verfahren

Betrachtet man wiederum als zu lösende Aufgabe:

minimiere $f(\boldsymbol{x})$
so dass $g_i(\boldsymbol{x}) \leq 0, \quad i = 1, \dots, p$

so wird bei diesen Verfahren eine Barrierefunktion der Art:

$$b(\boldsymbol{x}) = -\sum_{i=1}^{p} \frac{1}{g_i(\boldsymbol{x})}$$

definiert, und das abgeleitete Modell hat dann die Form

$$\text{minimiere } f(\boldsymbol{x}) + \frac{1}{s_k} b(\boldsymbol{x}), s_k \to \infty.$$

Begonnen wird bei einem zulässigen Punkt $\boldsymbol{x}^0$ mit $g_i(\boldsymbol{x}^0) < 0, i = 1, \ldots, p$, d. h. $\boldsymbol{x}_0$ ist aus dem Inneren des Lösungsraumes.

Für $g_1(\boldsymbol{x}) = x - a$ und $g_2(\boldsymbol{x}) = x - b$ zeigt die Abbildung 4.10 Strafkostenfunktionen für Barriere-Verfahren.

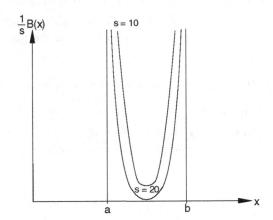

Abbildung 4.10:
Barriere-Verfahren

Vergleicht man Penalty- und Barriere-Verfahren, so ist festzustellen, dass die ersteren auch bei Gleichungsrestriktionen verwendet werden können, jedoch nur unzulässige Lösungen generieren. Die letzteren können bei Gleichungsnebenbedingungen nicht angewendet werden, generieren jedoch zulässige Lösungen und sind i. a. effizienter (d. h. konvergieren schneller) als die Penalty-Verfahren. Es liegt nahe, diese beiden Ansätze zu kombinieren. Bei der wohl bekanntesten Verfahrensfamilie dieses Gebietes, den sogenannten SUMT-Verfahren (Sequential Unconstrained Minimization Technique) wird genau dies getan.

4.6.3   SUMT-Verfahren

Von den ursprünglichen „Erfindern" von SUMT (Fiacco and McCormick, 1964) wird folgende Strafkostenfunktion vorgeschlagen:

4.31 Modell

minimiere $f(\boldsymbol{x})$

so dass $\quad g_i(\boldsymbol{x}) \geq 0, \quad i = 1, 2, \ldots, l$ $\hspace{4cm}$ (4.51)

$\qquad\quad g_i(\boldsymbol{x}) = 0, \quad i = l+1, l+2, \ldots, m.$ $\hspace{2.5cm}$ (4.52)

Es existiere wenigstens eine Lösung mit $g_i(\boldsymbol{x}) > 0$, $i = 1, 2, \ldots, l$. Die Strafkosten-funktion ist dann:

$$P(\boldsymbol{x}, s_k) = f(\boldsymbol{x}) + \frac{1}{s_k} \sum_{i=1}^{l} \frac{1}{g_i(\boldsymbol{x})} + s_k \sum_{i=l+1}^{m} g_i^2(\boldsymbol{x}) \text{ mit } s_k > 1. \qquad (4.53)$$

Start-Lösung: sei $\boldsymbol{x}^0$ mit $g_i(\boldsymbol{x}^0) > 0$, $i = 1, 2, \ldots, l$ gegeben.

Nächster Schritt: benutze in (4.53) ein $s_k, 1 < s_k < s_{k+1}$, etc.

Stopp: Wenn $\boldsymbol{x}^k$ die Nebenbedingungen von Modell 4.31 bis auf eine vorgegebene Toleranz ε erfüllt.

4.32 Beispiel (aus Bracken and McCormick (1968, S. 18))

$$\begin{aligned} \text{minimiere} \quad & f(x_1, x_2) = (x_1 - 2)^2 + (x_2 - 1)^2 \\ \text{so dass} \quad & g_1(x_1, x_2) = \frac{x_1^2}{4} - x_2 + 1 \geq 0 \\ & g_2(x_1, x_2) = x_1 - 2x_2 + 1 \geq 0 \end{aligned}$$

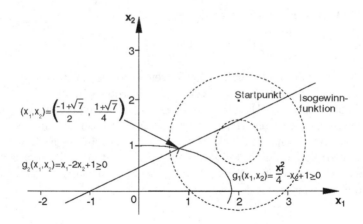

Abbildung 4.11: Der Pfad des SUMT-Verfahrens

Als Strafkostenfunktion werde (4.53) benutzt. Als optimale Lösung ergibt sich dann:

$$\begin{aligned} x_1 &= 0{,}8229 \\ x_2 &= 0{,}9114 \\ f(\boldsymbol{x}) &= 1{,}3935. \end{aligned}$$

Die folgende Tabelle gibt einen Überblick über die Folge gelöster abgeleiteter Modelle:

r	x_1	x_2	$f(x)$
1,0	0,7489	0,5485	1,7691
$4,0 \cdot 10^{-2}$	0,8177	0,8323	1,4258
$1,6 \cdot 10^{-3}$	0,8224	0,8954	1,3976
$6,4 \cdot 10^{-5}$	0,8228	0,9082	1,3942
$2,56 \cdot 10^{-6}$	0,8229	0,9108	1,3936
$1,024 \cdot 10^{-7}$	0,8229	0,9113	1,3935
$4,096 \cdot 10^{-9}$	0,8229	0,9114	1,3935

Startpunkt: $(x_1, x_2) = (2{,}0; 2{,}0)$

Theoretisches Optimum: $(x_1, x_2) = (0{,}8229; 0{,}9114), f = 1{,}3935$.

4.33 Beispiel (aus Himmelblau (1972, S. 327 ff.))

$$\begin{aligned}
\text{minimiere} \quad & f(x) = -12 - x_2^2 + 4x_1 \\
\text{so dass} \quad & h_1(x) = 25 - x_1^2 - x_2^2 = 0 \\
& g_2(x) = -34 - x_1^2 - x_2^2 + 10x_1 + 10x_2 \geq 0 \\
& g_3(x) = x_1 \geq 0 \\
& g_4(x) = x_2 \geq 0
\end{aligned}$$

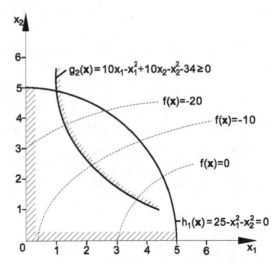

Abbildung 4.12:
Modell-Struktur

Start-Punkt: $x^0 = (1,1)^{\mathrm{T}}, f(x^0) = -9$.

Da x^0 Außenpunkt ist, generiert SUMT erst einen Innenpunkt (unzulässig bezüglich $h_1(x)$):

$$P' := -g_2(x) + r \sum_{i=3}^{4} \frac{1}{g_i(x)}.$$

Für $r = 1$ $p' := -(10x_1 - x_1^2 + 10x_2 - x_2^2 - 34) + 1 \cdot \left(\frac{1}{x_1} + \frac{1}{x_2}\right)$. Damit $P'(x^0) = 18$. Es erfolgt nun eine Minimierung von P' über Newton-Verfahren.

Partielle Ableitungen von P':

$$\frac{\partial P'}{\partial x_1} = -10 + 2x_1 - \frac{1}{x_1^2}$$

$$\frac{\partial P'}{\partial x_2} = -10 + 2x_2 - \frac{1}{x_2^2}$$

$$\frac{\partial^2 P'}{\partial x_1^2} = 2 + \frac{2}{x_1^3}$$

$$\frac{\partial^2 P'}{\partial x_2^2} = 2 + \frac{2}{x_2^3}$$

$$\frac{\partial^2 P'}{\partial x_1 \partial x_2} = 0$$

Daraus wird die Richtung und Schrittlänge bestimmt:

$$S^0 = -[\nabla^2 P']^{-1} \nabla P'$$

$$= \begin{pmatrix} 4 & 0 \\ 0 & 4 \end{pmatrix}^{-1} \begin{pmatrix} -9 \\ -9 \end{pmatrix} = \begin{pmatrix} 2{,}25 \\ 2{,}25 \end{pmatrix}.$$

Damit ist $x^1 = x^0 + S^0 = \begin{pmatrix} 3{,}25 \\ 3{,}25 \end{pmatrix}$ (erfüllt alle Ungleichungsbedingungen) und

$$f(x) = -9{,}5625$$

nun reguläre Strafkostenfunktion

$$P = f(x) + \frac{h_1^2(x)}{\sqrt{r}} + r\left(\frac{1}{x_1} + \frac{1}{x_2} + \frac{1}{10x_1 - x_1^2 + 10x_2 - x_2^2 - 34}\right).$$

Für $r = 1$ hat diese Funktion den Wert 529,716 für x^1.

Nun Bewertung der Ableitungen für x^1:

$$\frac{\partial P}{\partial x_1} = -46{,}505 \qquad\qquad \frac{\partial P}{\partial x_2} = -57{,}006$$

$$\frac{\partial^2 P}{\partial^2 x_1} = 69{,}084 \qquad\qquad \frac{\partial^2 P}{\partial^2 x_2} = 69{,}084$$

$$\frac{\partial^2 P}{\partial x_1 \partial x_2} = 84{,}525 = \frac{\partial^2 P}{\partial x_2 \partial x_1}$$

Da die Hesse-Matrix nicht positiv definit ist, da

$$\det \begin{vmatrix} 69{,}084 & 84{,}525 \\ 84{,}525 & 69{,}084 \end{vmatrix} < 0,$$

geht die Suche entlang dem negativen Gradienten von P und

$$x^2 = x^1 + S^1.$$

Dies ergibt $x^2 = [49{,}755; 60{,}256]^{\mathrm{T}}$.

Eine Fibonacci-Suche zur Minimierung von P wird durchgeführt, bis man

$$x = [3{,}516; 3{,}577]^{\mathrm{T}}$$

findet.

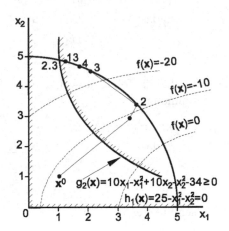

Abbildung 4.13:
Suchpfad von SUMT

Die weiteren Ergebnisse, von der 13. Iteration an, gibt folgende Tabelle

Stufe Nr.	r	$E(x,r)$	$f(x)$	$P(x,r)$	x_1	x_2	$h_1(x)$
13	1	$-31{,}583$	$-29{,}400$	$-29{,}400$	$1{,}150$	$4{,}918$	$-1{,}01 \times 10^{-1}$
23	1/4	$-32{,}270$	$-31{,}807$	$-30{,}959$	$1{,}073$	$4{,}909$	$-2{,}53 \times 10^{-1}$
33	1/16	$-32{,}065$	$-31{,}902$	$-31{,}547$	$1{,}037$	$4{,}904$	$-1{,}26 \times 10^{-1}$
42	1/64	$-32{,}011$	$-31{,}948$	$-31{,}788$	$1{,}019$	$4{,}902$	$-6{,}34 \times 10^{-2}$
51	1/256	$-31{,}997$	$-31{,}970$	$-31{,}895$	$1{,}010$	$4{,}900$	$-3{,}17 \times 10^{-2}$
55	1/1024	$-31{,}993$	$-31{,}944$	$-31{,}944$	$1{,}006$	$4{,}899$	$-1{,}58 \times 10^{-2}$
62	1/4096	$-31{,}993$	$-31{,}987$	$-31{,}969$	$1{,}004$	$4{,}899$	$-7{,}94 \times 10^{-3}$
68	1/16384	$-31{,}992$	$-31{,}990$	$-31{,}981$	$1{,}002$	$4{,}899$	$-3{,}95 \times 10^{-3}$

Im Originalbeispiel definiert und bestimmt sich der Autor Werte einer „dualen Zielfunktion" $E(x,r)$, die er zusätzlich als ein Abbruch-Kriterium verwendet.

Abbildung 4.13 verdeutlicht den Lösungspfad.

4.7   Aufgaben zu Kapitel 4

(1) Lösen Sie die Aufgabe:

$$\text{maximiere } z = 6x_1 + 3x_2 - x_1^2 + 4x_1x_2 - 4x_2^2$$
$$\text{so dass} \qquad x_1 + x_2 \leq 3$$
$$4x_1 + x_2 \leq 9$$
$$x_1, x_2 \geq 0$$

(2) Lösen Sie die folgende Aufgabe mit Hilfe der λ-Methode des Separablen Programmierens:

$$\text{maximiere } z = 4x_1 + 6x_2 - x_1^3 - 2x_2^2$$
$$\text{so dass} \qquad x_1 + 3x_2 \leq 8$$
$$5x_1 + 2x_2 \leq 14$$
$$x_1, x_2 \geq 0$$

(3) Lösen Sie die Aufgabe

$$\text{maximiere } z = -(x_1 - 1)^2 - (x_2 - 2)^2 + 5$$

alternativ für die folgenden Restriktionssysteme:

(a)
$$x_1 + 2x_2 \leq 6$$
$$8x_1 + 6x_2 \leq 23$$
$$6x_1 + x_2 \leq 12$$
$$x_1, x_2 \geq 0$$

(b)
$$x_1 + 2x_2 \leq 37$$
$$6x_1 + x_2 \leq 12$$
$$x_1, x_2 \geq 0$$

(c)
$$x_1 + 2x_2 \leq 5$$
$$16x_1 + 12x_2 \leq 37$$
$$24x_1 + 4x_2 \leq 27$$
$$x_1, x_2 \geq 0$$

(4) Lösen Sie mit Separabler Programmierung:

$$\text{maximiere } z = 6x_1 + 8x_2 - x_1^2 - x_2^2$$
$$\text{so dass} \qquad 4x_1^2 + x_2^2 \leq 16$$
$$3x_1^2 + 5x_2^2 \leq 15$$
$$x_1, x_2 \geq 0$$

4.8 Ausgewählte Literatur zu Kapitel 4

Abadie 1967; Abadie 1970; Avriel 1976; Avriel 1980; Bazaraa and Shetty 1979; Beale 1968; Beightler and Phillips 1976; Boot 1964; Bracken and McCormick 1968; Collatz and Wetterling 1971; Duffin *et al.* 1967; Fiacco and McCormick 1964; Hadley 1964; Hillier and Liebermann 1967; Himmelblau 1972; Horst 1979; Künzi *et al.* 1979; Land and Powell 1973; Mangasarian 1969; Martos 1975; Müller-Merbach 1973b; Neumann and Morlock 2002; Powell 1982; Shapiro 1979; Sposito 1975; Wilde 1978; Zach 1974; Zangwill 1969

5   Entscheidungsbaumverfahren

5.1   Einführung

In Abschnitt 2.4 wurde im Zusammenhang mit dem Begriff der „beschränkten Rationalität" darauf hingewiesen, dass Menschen, wenn sie sich von der Komplexität eines zu lösenden Problems überfordert fühlen, dazu neigen, u. a. komplexe Probleme in kleinere Teilprobleme zu zerlegen. Hierfür gibt es wohl primär zwei Gründe:

1. Die für die adäquate Charakterisierung des Teilproblems notwendige Datenmenge ist kleiner und daher eher „abspeicherbar". Die Strukturen können besser erkannt werden.

2. Als grobe Faustregel kann gelten, dass bei wachsender Problemgröße der Lösungsaufwand (z. B. die Zahl der auszuführenden Rechenoperationen) nichtlinear, oft exponentiell, steigt. Durch die Zerlegung eines komplexen Problems in Teilprobleme wird bis zu einem gewissen Grade eine Linearisierung des Anstiegs des Lösungsaufwandes erreicht.

Das folgende Beispiel mag helfen, die Zusammenhänge zu visualisieren (in Anlehnung an Weinberg, 1968, S. 5).

5.1 Beispiel

Man verfüge über 37.000,– EUR, die man in fünf verschiedenen Projekten investieren wolle. Erforderliche Investitionen und erwartete Gewinne pro Projekt ergeben sich aus folgender Tabelle:

Projekt	Investitionen	Gewinn (pro Jahr)
1	17.000	11.000
2	16.000	14.000
3	21.000	16.000
4	8.000	8.000
5	12.000	7.000

Wie sollte man die Mittel verteilen, um den jährlichen Gewinn zu maximieren? Es ergibt sich folgendes Modell:

$$\text{maximiere } z = 11x_1 + 14x_2 + 16x_3 + 8x_4 + 7x_5$$
$$\text{so dass} \quad 17x_1 + 16x_2 + 21x_3 + 8x_4 + 12x_5 \leq 37 \tag{5.1}$$
$$1 \geq x_j \geq 0, \text{ ganzzahlig.}$$

Da (5.1) ein ganzzahliges Programmierungsproblem mit 5 Variablen ist, wollen wir nach Wegen suchen, seine Lösung durch das Lösen „einfacherer" Modelle zu finden. Hierzu bieten sich zwei Wege an:

- Streichen der Restriktion,
- Streichen einer Variablen,

beides in der Hoffnung, dass die optimale Lösung des „vereinfachten" Problems gleichzeitig die Lösung von (5.1) ist (gleiches könnte man z. B. durch Einführen weiterer Restriktionen erreichen, d. h. also durch Verkleinerung des Lösungsraumes).

Zum Beispiel: Zerlegung von (5.1) in zwei Teilmodelle durch Fixierung einer Variablen:

$$x_1 = 0$$
$$\text{maximiere } z_1 = 14x_2 + 16x_3 + 8x_4 + 7x_5 \tag{5.2}$$
$$\text{so dass} \qquad 16x_2 + 21x_3 + 8x_4 + 12x_5 \leq 37$$

und

$$x_1 = 1$$
$$\text{maximiere } z_2 = 11 + 14x_2 + 16x_3 + 8x_4 + 7x_5 \tag{5.3}$$
$$\text{so dass} \qquad 16x_2 + 21x_3 + 8x_4 + 12x_5 \leq 20.$$

(5.2) und (5.3) enthalten je eine Variable weniger als (5.1) und sie unterscheiden sich durch

- den minimalen Lösungswert,
- die rechte Seite der Restriktion.

Da die Lösungen von (5.2) und (5.3) noch nicht ohne weiteres ersichtlich sind, erfolgt eine weitere Zerlegung des Teilmodells in

$$x_2 = 0$$
$$\text{maximiere } z_3 = 11 + 16x_3 + 8x_4 + 7x_5 \tag{5.3a}$$
$$\text{so dass} \qquad 21x_3 + 8x_4 + 12x_5 \leq 20$$
und

$$x_2 = 1$$
$$\text{maximiere } z_4 = 25 + 16x_3 + 8x_4 + 7x_5 \tag{5.3b}$$
$$\text{so dass} \qquad 21x_3 + 8x_4 + 12x_5 \leq 4$$

Eine „vollständige" Zerlegung von (5.1) in Unterprobleme könnte zu 2^5 Unterproblemen führen, wie sie im folgenden Baum dargestellt sind.   □

Jeder Pfad vom Ursprung des Baumes zu einem der Endknoten stellt eine vollständige Lösung zu (5.1) dar. Allerdings sind in diesem Fall nicht alle diese Lösungen zulässig, da die Nebenbedingung von (5.1) in mehreren Fällen verletzt wird.

Der Entscheidungsbaum visualisiert jedoch die Struktur des Problems. Man könnte nun jede dieser Lösungen bewerten (sogenannte Roll-back-Analyse), den optimalen zulässigen Endknoten bestimmen und von ihm ausgehend den Pfad zum Ursprung des Baumes zurückverfolgen. Dieser Pfad würde dann die optimale Lösung zu (5.1) darstellen.

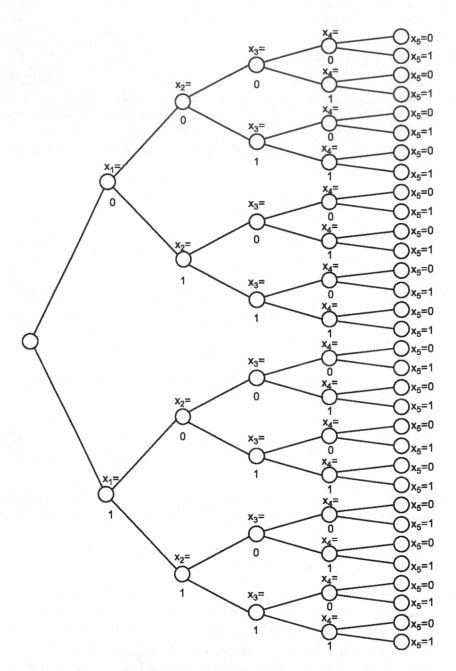

Abbildung 5.1: Entscheidungsbaum

Entscheidungsbaumverfahren haben nun das Ziel, Probleme (Modelle), die sich durch solche Entscheidungsbäume darstellen lassen, zu lösen, *ohne* jedoch den ganzen Entscheidungsbaum generieren oder bewerten zu müssen. Sie streben also danach, über den Effizienzgewinn durch Zerlegung (Dekomposition) hinaus, die optimale Lösung durch Absuchen eines möglichst kleinen Teiles des Entscheidungsbaumes zu finden.

Hierzu sind verschiedene Wege eingeschlagen worden: die „implizite Enumeration" (Balas, 1965), die „begrenzte Enumeration" (Müller-Merbach, 1966), der „Branch and Bound-Ansatz" (Dakin, 1965) und das „Dynamische Programmieren" (Bellman, 1957). Zwei davon, nämlich das Dynamische Programmieren und Branch and Bound-Verfahren, sollen im folgenden beispielhaft näher betrachtet werden.

Um Missverständnisse auszuschließen, sei noch einmal darauf hingewiesen, dass eine Zerlegung in Teilentscheidungen durchaus keine Dynamisierung in dem Sinne zu bedeuten hat, dass die Teilentscheidungen zeitlich nacheinander durchzuführen sind. Die Interpretation der Menge der Teilentscheidungen als „Entscheidungsprozess" hat vielmehr rein didaktischen Charakter.

5.2 Dynamisches Programmieren

5.2.1 Grundlegende Theorie

Dynamisches Programmieren ist eine algorithmische Vorgehensweise, um Modelle der folgenden Struktur zu lösen:

5.2 Modell

maximiere $f(\boldsymbol{x})$

so dass $\quad g_i(\boldsymbol{x}) < b_i$, $i = 1, \ldots, m$

$f(\boldsymbol{x})$ monoton nicht fallend und separierbar in $\boldsymbol{x}$.

Für unsere Darstellungen wollen wir zunächst annehmen, dass nur eine Nebenbedingung vorhanden und eine additive Verknüpfung der Terme (Funktionen jeweils einer Variablen) der Zielfunktion möglich ist.

Für die Lösung von Modell 5.2 wird nun ein rekursives sequentielles Verfahren vorgeschlagen. Hierbei wird gewöhnlich folgende Terminologie benutzt:

Zustandsvariable: z_i, $i = 1, \ldots, n$.
Beschreibt den Zustand des Entscheidungsprozesses auf der Stufe i.

Stufe: Teil des Lösungsprozesses, bei dem bezüglich *einer* Entscheidungsvariablen unter Zugrundelegung der *Gesamtzielfunktion* optimiert wird.

Transformation t_i: Funktion, die den Entscheidungsprozess von Zustand i in den Zustand $i - 1$ transformiert.

Entscheidungsvariable: x_i, $i = 1, \ldots, n$ ist Entscheidungsvariable in bisherigem Sinne.

Stufenerlös: $f_i(\boldsymbol{x}_i, \boldsymbol{z}_i)$, $i = 1, \ldots, n$. Der durch die Transformation des Entscheidungsprozesses $t_i(\boldsymbol{x}_1, \boldsymbol{z}_i)$ erzeugte Beitrag zur Gesamtzielfunktion des Modells.

Gesamterlös: $F^r = \sum_{i=1}^r f_i(\boldsymbol{x}_i, \boldsymbol{z}_i)$, der Wert der Zielfunktion bezüglich der Stufen bzw. Variablen $\boldsymbol{x}_1$ bis $\boldsymbol{x}_r$, $r \in \{1, \ldots, n\}$.

Betrachtet man Modell 5.2 als das „Sachmodell", so kann man als das „Rechenmodell" des Dynamischen Programmierens das folgende Modell ansehen:

5.3 Modell

$$\text{maximiere } F_n = F(f_n(\boldsymbol{x}_n, \boldsymbol{z}_n), f_{n-1}(\boldsymbol{x}_{n-1}, \boldsymbol{z}_{n-1}), \ldots, f_1(\boldsymbol{x}_1, \boldsymbol{z}_1))$$
$$\text{so dass } \quad \boldsymbol{z}_i = t_{i+1}(\boldsymbol{x}_{i+1}, \boldsymbol{z}_{i+1}).$$

Benutzen wir Beispiel 5.1 zur Illustration: Der Gesamterlös ist der durch die Investitionen in den realisierten Projekten erzielte Gewinn. Dieser ergibt sich als Summe der Stufenerlöse, d. h. der Gewinne der einzelnen Projekte. Jede Stufe entspricht also der Teilentscheidung über eines der Projekte. Der Zustand des Entscheidungsprozesses wird durch die Zustandsvariable $z_i = $ „noch zur Verfügung stehende Investitionsmittel" beschrieben und die Transformationsfunktion ist $t_i = (z_{i+1} - x_{i+1} \cdot I_{i+1})$, wobei I_i, $i = 1, \ldots, 5$ die für die Realisation der Projekte 1 bis 5 benötigten Mittel sind, $z_5 = 37.000$ EUR, die am Anfang zur Verfügung stehenden Mittel.

Um nun durch stufenweise rekursive Optimierung das Gesamtoptimum zu erreichen, bedient man sich des folgenden Satzes:

5.4 Satz
Die folgenden zwei Modelle sind äquivalent, wenn F eine monotone, separable Funktion in f_n ist:

$$\text{maximiere } F_n = F[f_n(\boldsymbol{x}_n, \boldsymbol{z}_n), f_{n-1}(\boldsymbol{x}_{n-1}, \boldsymbol{z}_{n-1}), \ldots, f_1(\boldsymbol{x}_1, \boldsymbol{z}_1)] \tag{5.4}$$
$$\text{so dass } \quad \boldsymbol{z}_i = t_{i+1}(\boldsymbol{x}_{i+1}, \boldsymbol{z}_{i+1}) \quad \forall i = 1, \ldots, n-1$$

$$\text{und} \quad F_n^0(\boldsymbol{z}_n) = \max_{\boldsymbol{x}_n} F[f_n(\boldsymbol{x}_n, \boldsymbol{z}_n), F_{n-1}^0(t_n(\boldsymbol{x}_n, \boldsymbol{z}_n))]$$
$$\text{so dass } \quad \boldsymbol{z}_{n-1} = t_n(\boldsymbol{x}_n, \boldsymbol{z}_n)$$
$$\text{wobei} \quad F_i^0(\boldsymbol{z}_i) = \max_{\boldsymbol{x}_i} F[f_i(\boldsymbol{x}_i, \boldsymbol{z}_i), F_{i-1}^0(t_i(\boldsymbol{x}_i, \boldsymbol{z}_i))] \quad \forall i = 2, \ldots, n$$
$$F_1^0(\boldsymbol{z}_1) = \max_{\boldsymbol{x}_1} f_1(\boldsymbol{x}_1, \boldsymbol{z}_1) \text{ rekursiv definiert ist.}$$

$$\tag{5.5}$$

BEWEIS.

Der Beweis sei für ein zweistufiges Modell geführt. Für mehrstufige Prozesse laufen sie entsprechend bei Monotonie und Separabilität der Zielfunktion.

Das zu lösende Modell ist

$$\text{maximiere}_{\boldsymbol{x}_1, \boldsymbol{x}_2} \quad F_2(\boldsymbol{z}_2) = F[f_2(\boldsymbol{x}_2, \boldsymbol{z}_2), f_1(\boldsymbol{x}_1, \boldsymbol{z}_1)]$$
$$\text{so dass} \qquad\qquad \boldsymbol{z}_1 = t_2(\boldsymbol{x}_2, \boldsymbol{z}_2).$$

Substituiert man nun $\boldsymbol{z}_1$, so erhält man

$$F_2^0(\boldsymbol{z}_2) = \max_{\boldsymbol{x}_1, \boldsymbol{x}_2} F(f_2(\boldsymbol{x}_2, \boldsymbol{z}_2), f_1(\boldsymbol{x}_1, t_2(\boldsymbol{x}_2, \boldsymbol{z}_2))).$$

Es sei nun

$$F_2^{0'}(\boldsymbol{z}_2) = \max_{\boldsymbol{x}_2}[F(f_2(\boldsymbol{x}_2, \boldsymbol{z}_2)), \max_{\boldsymbol{x}_1} f_1(\boldsymbol{x}_1, t_2(\boldsymbol{x}_2, \boldsymbol{z}_2))].$$

Wegen der Definition von $F_2^0(\boldsymbol{z}_2)$ als Maximum gilt sicherlich $F_2^{0'}(\boldsymbol{z}_2) \leq F_2^0(\boldsymbol{z}_2)$. Die Äquivalenz der in Satz 5.4 genannten Probleme ist dann gegeben, wenn $F_2^{0'}(\boldsymbol{z}_2) = F_2^0(\boldsymbol{z}_2)$. Eine hinreichende Bedingung hierfür ist, dass F eine monotone nichtfallende Funktion in f_1 für alle Werte von f_2 ist.

Bei Monotonie gilt:

$$f_1(\boldsymbol{x}_1', t_2(\boldsymbol{x}_2, \boldsymbol{z}_2)) \geq f_1(\boldsymbol{x}_1'', t_2(\boldsymbol{x}_2, \boldsymbol{z}_2)) \text{ (für feste } \boldsymbol{x}_2 \text{ und } \boldsymbol{z}_2 \text{ und } \boldsymbol{x}_1' \geq \boldsymbol{x}_2').$$

Daher ist

$$F[f_2(\boldsymbol{x}_1, \boldsymbol{z}_2), f_1(\boldsymbol{x}_1', t_2(\boldsymbol{x}_2, \boldsymbol{z}_2))] \geq F[f_2(\boldsymbol{x}_2, \boldsymbol{z}_2), f_1(\boldsymbol{x}_1'', t_2(\boldsymbol{x}_2, \boldsymbol{z}_2))].$$

Für alle Werte von $\boldsymbol{x}_2$ und $\boldsymbol{z}_2$ gilt jedoch:

$$f_1(\boldsymbol{x}_1^*, t_2(\boldsymbol{x}_2, \boldsymbol{z}_2)) = \max_{\boldsymbol{x}_1} f_1(\boldsymbol{x}_1, t_2(\boldsymbol{x}_2, \boldsymbol{z}_2)) \geq f_1(\boldsymbol{x}_1, t_2(\boldsymbol{x}_2, \boldsymbol{z}_2)).$$

Daher muss bei Monotonie für alle x_1 auch gelten:

$$F[f_2(\boldsymbol{x}_2, \boldsymbol{z}_2), f_1(\boldsymbol{x}_1^*, t_2(\boldsymbol{x}_2, \boldsymbol{z}_2))] \geq F[f_2(\boldsymbol{x}_2, \boldsymbol{z}_2), f_1(\boldsymbol{x}_1, t_2(\boldsymbol{x}_2, \boldsymbol{z}_2))].$$

Dies gilt auch für den Maximalwert:

$$F[f_2(\boldsymbol{x}_2, \boldsymbol{z}_2), f_1(\boldsymbol{x}_1^*, t_2(\boldsymbol{x}_2, \boldsymbol{z}_2))] \geq \max_{\boldsymbol{x}_1} F[f_2(\boldsymbol{x}_2, \boldsymbol{z}_2), f_1(\boldsymbol{x}_1, t_2(\boldsymbol{x}_2, \boldsymbol{z}_2))].$$

Das wiederum heißt:

$$F_2^{0'}(\boldsymbol{z}_2) = \max_{\boldsymbol{x}_2} F[f_2(\boldsymbol{x}_2, \boldsymbol{z}_2), f_1(\boldsymbol{x}_1^*, t_2(\boldsymbol{x}_2, \boldsymbol{z}_2))]$$
$$\geq \max_{\boldsymbol{x}_2} \max_{\boldsymbol{x}_1} F[f_2(\boldsymbol{x}_2, \boldsymbol{z}_2), f_1(\boldsymbol{x}_1, t_2(\boldsymbol{x}_2, \boldsymbol{z}_2))] = F_2^0(\boldsymbol{z}_2).$$

Für mehrstufige dynamische Programmierungsmodelle erhält man als rekursive Zielfunktion:

$$F_i^0(\boldsymbol{z}_i) = \max_{\boldsymbol{x}_i} f_i(\boldsymbol{x}_i, \boldsymbol{z}_i) \circ F_{i-1}^0(t_i(\boldsymbol{x}_i, \boldsymbol{z}_i)), \quad \forall i = 2, \ldots, n$$
$$F_1^0(\boldsymbol{z}_1) = \max_{\boldsymbol{x}_1} f_1(\boldsymbol{x}_1, \boldsymbol{z}_1).$$

Der Operator „∘" steht hier für jede Verknüpfung, für die $F_i(z_i)$ eine monoton nicht-fallende Funktion von f_i, $i = 1, \ldots, n$ ist. Wir wollen hierfür stets eine additive Verknüpfung annehmen.   ∎

5.5 Definition
Jeder Vektor x_i für den

$$F_i^0(z_i) = \max_{x_i} f_i(x_i, z_i) \circ F_{i-1}^0(t_i(x_i, z_i)), \quad i < n$$

wird eine *optimale Teilpolitik* von (5.5) genannt.

5.6 Satz (Optimierungsprinzip von Bellman (Bellman, 1957, S. 83))
Eine optimale Politik (Lösung) besteht unabhängig vom Ausgangszustand und von der Ausgangsentscheidung nur aus optimalen Teilpolitiken.

5.7 Beispiel (Teichrow (siehe 1964, S. 610))

Ein Unternehmen produziere ein Gut, dessen Nachfrage in den nächsten drei Quartalen 5, 10 bzw. 15 Einheiten sei. Die Produktionskostenfunktionen seien quadratisch und die Lagerkosten seien $2L$ ($L =$ Lagerbestand am Ende einer Periode). Was sollten die Produktionsmengen der nächsten drei Quartale sein, wenn die Nachfragen auf jeden Fall zu erfüllen sind und im Moment kein Bestand vorhanden ist?

Bezeichnet man die Produktionsmenge der Periode i mit p_i, $i = 1, \ldots, 3$, so kann die Problemstellung wie folgt modelliert werden:

$$\begin{aligned}
\text{minimiere } f &= p_1^2 + p_2^2 + p_3^2 + 2(p_1 - 5) + 2(p_1 + p_2 - 15) \\
\text{so dass} \quad p_1 &\geq 5 \\
p_1 + p_2 &\geq 15 \\
p_1 + p_2 + p_3 &\geq 30
\end{aligned}$$

Die Entscheidungsvariablen x_i entsprechen offensichtlich den Produktionsmengen der Quartale. Als Zustand z_i sei der Bestand am Anfang der i-ten Periode gewählt. (in diesem Fall kommt man also mit einer Zustandsvariablen trotz dreier Restriktionen aus. Der Grund hierfür ist, dass sich alle Restriktionen auf die gleiche Größe, nämlich den Bestand, beziehen.)

Die Transformationsfunktion ist:

$$z_i = z_{i-1} + x_{i-1} - n_{i-1} (n_i = \text{ Nachfrage im } i\text{-ten Quartal}).$$

Da der Anfangsbestand $z_1 = 0$ festgelegt ist, soll die Optimierung rekursiv mit der 3. Stufe beginnen. Daher ergibt sich als rekursive Zielfunktion (wenn die Indizes nach der Periode und nicht nach der Stufe gewählt werden) zu:

$$F_1^0(z_1) = \min_{x_1} f_1(x_1, z_1) + F_2^0(x_2, x_3, z_1).$$

Wir beginnen mit der Stufenoptimierung für Periode 3:

1. Stufe

Da offensichtlich ein Restbestand nicht kostenminimal wäre, ist die optimale Produktionsmenge der 3. Periode:

$$x_3 = 15 - z_3.$$

Damit ist $f_3(x_3, z_3) = F_3(x_3^0, z_3) = 2z_3 + (x_3^0)^2$

$$F_3^0 = 2z_3 + (15 - z_3)^2, \quad x_3, z_3 \geq 0.$$

Aus der Transformationsfunktion erhält man

$$z_3 = z_2 + x_2 - 10.$$

2. Stufe

Stufenerlös: $f_2 = 2z_2 + x_2^2$

Rek.-Funk.: $F_2^0 = \min_{x_2 \geq 0}[f_2(x_2, z_2) + F_3^0(x_3^0, z_3)]$

$$= \min_{x_2 \geq 0}[2z_2 + x_2^2 + 2(z_2 + x_2 - 10) + (25 - z_2 - x_2)^2]$$

Durch Nullsetzen der 1. Ableitung von F_2 nach x_2 ergibt sich:

$$x_2^0 = 12 - \frac{z_2}{2}.$$

Damit ist

$$F_2^0 = 3z_2 + 4 + \left(12 - \frac{z_2}{2}\right) + \left(13 - \frac{z_2}{2}\right)^2.$$

Transformation:

$$z_2 = z_1 + x1 - 5.$$

3. Stufe

Stufenerlös: $f_1 = 2z_1 + x_1^2$

$$F_2 = \min_{x_1 \geq 0}[(2z_1 + x_1^2) + F_2(z_2, x_2^0, x_3^0)]$$

$$\frac{\partial F_1}{\partial x_1} = 2x_1 + 3 - \left(12 - \frac{z_1 + x_1 - 5}{2}\right) - \left(13 - \frac{z_1 + x_1 - 5}{2}\right) = 0$$

$$x_1^0 = 9 - \frac{z_1}{3}.$$

Damit ist

$$F_1^0(z_1) = 4z_1 + 16 + \left(9 - \frac{z_1}{3}\right)^2 + \left(10 - \frac{z_1}{3}\right)^2 + \left(11 - \frac{z_1}{3}\right)^2.$$

Da vorausgesetzt wurde, dass $z_1 = 0$, ergibt sich für diesen Anfangszustand durch rekursives Einsetzen eine optimale Gesamtlösung (-Politik) von:

$$x_1^0 = 9 \quad \rightarrow \quad z_2 = 4$$
$$x_2^0 = 10 \quad \rightarrow \quad z_3 = 4$$
$$x_3^0 = 11$$

□

Zwei für das Dynamische Programmieren typische Eigenschaften zeigt Beispiel 5.7:

1. Im Unterschied zu normalen Algorithmen der Nichtlinearen Programmierung erhält man beim Dynamischen Programmieren zunächst keine optimale Lösung, sondern eine *optimale Lösungsfunktion*, d. h. eine optimale Politik als Funktion des Anfangs- oder Endzustandes.

2. Die Stufen werden zweimal durchlaufen. Beim ersten Durchlauf wird der optimale Zielfunktionswert und die optimale Lösungsfunktion ermittelt. Für einen gegebenen Endzustand kann dann bei einem Durchlauf durch die Stufen im entgegengesetzten Sinne eine optimale Lösung ermittelt werden. Die erste rekursive Stufenoptimierung beginnt übrigens jeweils in der Stufe (Anfangs- oder Endstufe), in der der Zustand festliegt. In obigem Beispiel hätte man also auch bei Periode 1 beginnen können.

Weniger typisch für Dynamische Programmierungsmodelle ist zum einen, dass mehrere Nebenbedingungen zu berücksichtigen sind und dass die jeweilige Stufenoptimierung unter Verwendung der Differentialrechnung durchgeführt wird. Die Berücksichtigung mehrerer Nebenbedingungen, die zu mehreren Zustandsvariablen führen, ist zwar möglich (siehe z. B. Nemhauser, 1966, S. 116 ff.), führt jedoch gewöhnlich zu sehr hohem rechnerischen Aufwand. Andere Formen der Stufenoptimierung werden im nächsten Abschnitt erläutert, nachdem das grundsätzliche Vorgehen beim Dynamischen Programmieren in Abbildung 5.2 schematisch dargestellt wurde. Hierbei ist i, $i = 1, \ldots, n$, der Stufenindex. Die Art der Zuordnung der jeweiligen Variablen- und Periodenindizes zum Stufenindex bestimmt, ob eine Vorwärts- oder Rückwärtsrekursion durchgeführt wird. z_n^o ist der optimale oder relevante Endzustand.

5.2.2 Verschiedene Formen der Stufenoptimierung

Es wurde schon erwähnt, dass die Stufenoptimierung beim Dynamischen Programmieren auf die verschiedensten Weisen durchgeführt werden kann. Welche Optimierungsmethode oder welches heuristische Verfahren angewendet wird, hängt von der Struktur des Problems und von den Anforderungen an die schließlich zu bestimmende Optimallösung ab.

Besonders beliebt ist die Anwendung der Dynamischen Programmierung bei diskreten Problemen. Dies ist wohl weniger darauf zurückzuführen, dass es hier besonders effizient ist, sondern vielmehr darauf, dass die zur Lösung ganzzahliger Probleme zur Verfügung stehenden anderen Methoden besonders ineffizient sind.

Wir wollen an einem Beispiel von Teichrow (1964, S. 615) illustrieren, wie mit Hilfe einer geschickten teilweisen Enumeration für die Stufenoptimierung ein globales Optimum mit Hilfe der Dynamischen Programmierung erreicht werden kann.

5.8 Beispiel

Man nehme in Beispiel 5.7 an, dass die Nachfrage in den drei Quartalen konstant fünf Einheiten sei. In diesem Falle führt die Stufenoptimierung mit Hilfe der Differentialrechnung,

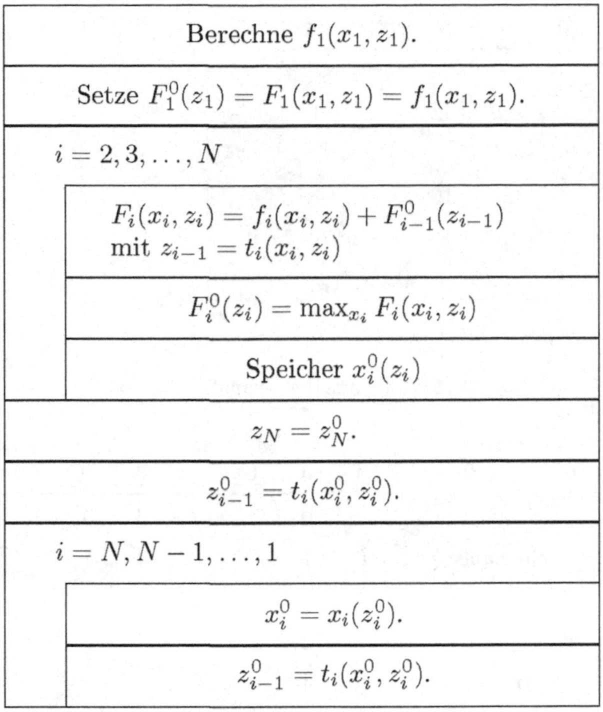

Berechne $f_1(x_1, z_1)$.
Setze $F_1^0(z_1) = F_1(x_1, z_1) = f_1(x_1, z_1)$.
$i = 2, 3, \ldots, N$
$F_i(x_i, z_i) = f_i(x_i, z_i) + F_{i-1}^0(z_{i-1})$ mit $z_{i-1} = t_i(x_i, z_i)$
$F_i^0(z_i) = \max_{x_i} F_i(x_i, z_i)$
Speicher $x_i^0(z_i)$
$z_N = z_N^0$.
$z_{i-1}^0 = t_i(x_i^0, z_i^0)$.
$i = N, N - 1, \ldots, 1$
$x_i^0 = x_i(z_i^0)$.
$z_{i-1}^0 = t_i(x_i^0, z_i^0)$.

Abbildung 5.2: Dynamisches Programmieren für Maximierung einer additiv verknüpften Zielfunktion

wie sie in Beispiel 5.7 durchgeführt wurde, nicht zum Ziel: die sich ergebenden Produktionsmengen würden negativ.

Die allgemeine Form der rekursiven Zielfunktion ändert sich nicht. Die Transformationsfunktion erhält für alle drei Stufen die Form

$$z_i = z_{i-1} + x_{i-1} - 5.$$

Dadurch ergibt sich für die *erste Stufe* (3. Periode):

$$x_3^0 = 5 - z_3$$
$$f_3(x_3^0, z_3) = 2z_3 + (5 - z_3)^2$$
$$F_3^0(x_3^0, z_3) = f_3(x_3^0, z_3)$$

Die folgende Tabelle zeigt nun die Werte von $f_3(z_3, x_3)$, für die $x_3 \geq 0$ also zulässig und $z_3 \geq 0$ ist und für die nicht offensichtlich suboptimale Lösungen erwartet werden müssen, da $z_i \geq 0$.

$x_3 \rightarrow$ $z_3 \downarrow$	0	1	2	3	4	5
0						25
1		nicht zulässig			18	
2				13		
3			10			
4		9		nicht optimal		
5	10			da $z_4 \neq 0$		

$$f_3(z_3, x_3) = F_3^0(z_3, x_3^0)$$

(5.6)

Für zulässige $0 \leq z_3 \leq 5$ zeigt (5.7) die aus der Transformation $z_3 = z_2 + x_2 - 5$ stammenden Werte für z_2 und x_2:

$x_2 \rightarrow$ $z_2 \downarrow$	0	1	2	3	4	5	6	7	8	9	10
0						0	1	2	3	4	5
1		nicht zulässig			0	1	2	3	4	5	
2				0	1	2	3	4	5		
3			0	1	2	3	4	5			
4		0	1	2	3	4	5				
5	0	1	2	3	4	5					
6	1	2	3	4	5						
7	2	3	4	5			nicht optimal				
8	3	4	5								
9	4	5									
10	5										

$$z_3(z_2, x_2, x_3^0) = z_2 + x_2 - 5$$

(5.7)

Die Stufenerlöse $f_2(z_2, x_2) = 2z_2 + x_2^2$ zeigt (5.8).

$z_2\downarrow$ $\;x_1\rightarrow$	0	1	2	3	4	5	6	7	8	9	10
0						25	36	49	64	81	100
1		nicht	zulässig		18	27	38	51	66	83	
2				13	20	29	40	53	68		
3			10	15	22	31	42	55			
4		9	12	17	24	33	44				
5	10	11	14	19	26	35					
6	12	13	16	21	28						
7	14	15	18	23			nicht	optimal			
8	16	17	20								
9	18	19									
10	20										

(5.8)

$$f_2(z_2, x_2) = 2z_2 + x_2^2$$

Nun lässt sich $F_2(z_2, x_2, x_3^0) = f_2 + F_3^0(x_3^0, z_3)$ errechnen:

$z_2\downarrow$ $\;x_1\rightarrow$	0	1	2	3	4	5	6	7	8	9	10
0						50	54	62	74	90	110
1		nicht	zulässig		43	45	51	61	75	93	
2				38	38	42	50	62	78		
3			35	33	35	41	51	65			
4		34	30	30	34	42	54				
5	35	29	27	29	35	45					
6	30	26	26	30	38						
7	27	25	27	33			nicht	optimal			
8	26	26	30								
9	27	29									
10	30										

(5.9)

$$F_2(z_2, x_2, x_3^0) = f_2 + F_3^0(x_3^0, z_3)$$

Die Bestimmung der optimalen $F_2^0(z_2, x_2^0, x_3^0)$ und x_2^0 kann nun in (5.9) dadurch geschehen, dass zeilenweise das minimale F_2 und das dazugehörende x_2 bestimmt wird. Die abzuspeichernden F_2 und x_2 als Funktion der jeweiligen z_2 zeigt (5.10):

F_2^0	x_2^0	z_2
50	5	0
43	4	1
38	4,3	2
33	3	3
30	3,2	4
27	2	5
26	2,1	6
25	1	7
26	1	8
27	0	9
30	0	10

$$(5.10)$$

$F_2^0(z_2, x_2^0, x_3^0)$, x_2 und z_2

Schließlich erfolgt die Verbindung zu Stufe 1 durch die Transformation

$$z_2 = z_1 + x_1 - 5.$$

(5.11) zeigt die zulässigen z_1 und x_1:

$z_1\downarrow$ \ $x_1\rightarrow$	0	1	2	3	4	5	6	7	8	9	10
0						0	1	2	3	4	5
1	nicht	zulässig			0	1	2	3	4	5	
2				0	1	2	3	4	5		
3			0	1	2	3	4	5			
4		0	1	2	3	4	5				
5	0	1	2	3	4	5					
6	1	2	3	4	5						
7	2	3	4	5			nicht	optimal			
8	3	4	5								
9	4	5									
10	5										

$$(5.11)$$

Zulässige z_1 und x_1

Die Stufenerlöse $f_1(z_1, x_1)$ sind in (5.12), die Werte der rekursiven Zielfunktion in (5.13) zu sehen.

$z_1\downarrow$ $x_1\rightarrow$	0	1	2	3	4	5	6	7	8	9	10
0						25	36	49	64	81	100
1		nicht	zulässig		18	27	38	51	66	83	
2				13	20	29	40	53	68		
3			10	15	22	31	42	55			
4		9	12	17	24	33	44				
5	10	11	14	19	26	35					
6	12	13	16	21	28						
7	14	15	18	23			nicht	optimal			
8	16	17	20								
9	18	19									
10	20										

(5.12)

$$f_1(z_1, x_1) = 2z_1 + x_1^2$$

$z_1\downarrow$ $x_1\rightarrow$	0	1	2	3	4	5	6	7	8	9	10
0						75	79	87	97	111	126
1		nicht	zulässig		68	70	76	84	96	110	
2				63	63	67	73	83	95		
3			60	58	60	64	72	82			
4		60	55	55	57	63	71				
5	60	55	52	52	56	62					
6	55	52	49	51	57						
7	52	49	48	50			nicht	optimal			
8	49	48	47								
9	57	56									
10	57										

(5.13)

$$F_1(z_1, x_1, x_2^0, x_3^0) = f_1(z_1, x_1) + F_2^0(z_2, x_2^0, x_3^0)$$

Analog zu Stufe 2 können F_1^0 und x_1^0 aus (5.13) durch Bestimmung der zeilenweisen Minima abgelesen werden. Sie sind in (5.14) gezeigt.

F_1^0	x_1^0	z_1
75	5	0
68	4	1
63	3,4	2
58	3	3
55	2,3	4
52	2,3	5
49	2	6
48	2	7
47	2	8
56	1	9
57	0	10

$$\text{(5.14)}$$

$$F_1^0(z_1, x_2^0, x_3^0) \text{ und } x_1^0(z_1)$$

Über Zustand z_1 können nun verschiedene Annahmen gemacht werden. Geht man davon aus, dass $z_1 = 0$, so ergibt sich aus (5.14) $x_1^0(0) = 5$. Aus (5.11) ergibt sich für $x_1^0 = 5$, $z_1 = 0$ ein $z_2 = 0$.

Für $z_2 = 0$ ist (aus (5.10)) $x_2 = 5$. Für Stufe 3 ergibt sich entsprechend $x_3^0 = 5$, $z_3 = 0$. Auf gleiche Weise lassen sich alle optimalen Entscheidungen x_i^0, $i = 1, 2, 3$ für alle $0 \le z_1 \le 10$ bestimmen.   □

5.2.3 Rechnerische Effizienz des Dynamischen Programmierens

Die Beschränkungen der Anwendung des Dynamischen Programmierens wurden schon erwähnt: Muss man mehr als eine oder zwei Zustandsvariable auf den einzelnen Stufen berücksichtigen, so wird i. a. die Stufenoptimierung recht aufwändig. Der für die Stufenoptimierung notwendige Rechenaufwand bestimmt im übrigen ganz wesentlich den Gesamtrechenaufwand.

Nemhauser (1966) hat einmal einen Vergleich der Zahl der Rechenoperationen bei der vollständigen Enumeration und dem Dynamischen Programmieren durchgeführt, der recht eindrucksvoll ist und daher im folgenden auszugsweise wiedergegeben werden soll:

Er geht von Problemen mit n Variablen aus, von denen jede Variable j Werte annehmen kann. Dabei kommt er zu der in Abbildung 5.3 gezeigten Anzahl benötigter Additions- und Vergleichsoperationen:

n \ j	2	10	100	1000
Enumeration				
2	15	2×10^3	2×10^6	2×10^9
3	47	3×10^4	3×10^8	3×10^{12}
5	319	5×10^6	5×10^{12}	5×10^{18}
10	2×10^4	10^{12}	10^{23}	10^{34}
50	2×10^{16}	5×10^{52}	5×10^{103}	5×10^{154}
	J			
Dynamisches Programmieren				
2	9	289	3×10^4	3×10^6
3	15	479	5×10^4	5×10^6
5	27	959	9×10^4	9×10^6
10	66	1809	$1,9 \times 10^5$	$1,9 \times 10^7$
50	346	9409	10^6	10^8

Abbildung 5.3: Anzahl der benötigten Rechenoperationen

5.2.4 Stochastische Dynamische Programmierung

Bisher wurde angenommen, dass alle eingehenden Daten und Relationen deterministisch sind. Dies ist sicher nicht immer der Fall, besonders dann nicht, wenn das Dynamische Programmierungsmodell ein dynamisches Problem abbildet, dessen Planungshorizont in die Zukunft reicht. In Kapitel 2 ist bereits darauf hingewiesen worden, dass bei praktischen Anwendungen die Art in der man die Unsicherheit in das Modell aufnimmt eine Modellierungsentscheidung ist. Der Modellierer kann sich entweder auf deterministische Modelle beschränken und eine „wait-and-see"-Strategie verfolgen, oder er kann eine der zahlreichen zur Verfügung stehenden Unsicherheitstheorien verwenden. Für das Dynamische Programmieren sind sowohl Modellierungen mit der Fuzzy Set Theorie vorgeschlagen worden (siehe z. B. Zimmermann, 2001) als auch Modelle, die sich der Wahrscheinlichkeitstheorie bedienen. Wir wollen hier zur Illustration eine Form verwenden, die sich der letzteren Theorie bedient und die durch die gemachten einschränkenden Annahmen relativ effizient anzuwenden ist. Als Annahmen sollen insbesondere gelten:

- als Optimierungskriterium soll der Erwartungswert der Erlöse (Zielfunktionswerte) gelten,

- die modellierten Zufälligkeiten sollen sich auf die Stufentransformationen beziehen,

- die die Zufälligkeiten abbildenden Verteilungen der verschiedenen Stufen sollen von einander unabhängig sein, und

– die Gesamterlöse sollen sich additiv aus den Stufenerlösen zusammen setzen.

Dies entspricht einem Modell, das den langfristigen Unsicherheits-Planungsaspekt durch den Erwartungswert der Erlöse abbildet und sich für die kurzfristige (Stufen-) Betrachtung der „wait-and-see" Vorgehensweise bedient.

In Modell 5.2 ändern sich also primär die Stufentransformationen und die Stufen- bzw. der Gesamterlös. Bezeichnet man mit $W(n)$ die Verteilung der Zufallseinflüsse auf der Stufe n so ergibt sich als Stufentransformation

$$z_i = t_{i+1}(x_{i+1}, z_{i+1}, w_{i+1})$$

und als Stufenerlös

$$E_i(f_i(x_i, z_i, w_i)),$$

wobei $E(x)$ den Erwartungswert kennzeichnet. Das hier betrachtete Modell der stochastischen Dynamischen Programmierung lautet also:

5.9 Modell

maximiere $E(F_n) = E(F(f_n(x_n, z_n, w_n), f_{n-1}(x_{n-1}, z_{n-1}, w_{n-1}), \ldots, f_1(x_1, z_1, w_1))$

so dass $\qquad z_i = t_{i+1}(x_{i+1}, z_{i+1}, w_{i+1})$

Die Optimierung solcher Modelle kann im allgemeinen nur retrograd vorgenommen werden. Dies sei an folgendem sehr einfachen Beispiel illustriert, bei dem auf die sonst übliche Diskontierung und ähnliche Erweiterungsmöglichkeiten aus didaktischen Gründen verzichtet werden soll (für eine realitätsnähere Formulierung siehe z. B. Neuvians and Zimmermann (1970)):

5.10 Beispiel

Es sei eine optimale Ersatzpolitik für Ersatzinvestitionen für einen Maschinenpark innerhalb einer 5-Jahresperiode zu bestimmen. Es stehen jeweils zwei Entscheidungsalternativen zur Verfügung:

(E) = Maschine wird ersetzt

(F) = Maschine wird weiterhin behalten

Die Wahrscheinlichkeiten für die weitere Funktionsfähigkeit der Maschinen, W_i, seien als Funktion des Lebensalters i bekannt, desgleichen die Wartungskosten der Maschine, K_i, und der Wiederverkaufspreis, V_i. Ist E_i die Wahrscheinlichkeit dafür, dass die Maschine am Ende der i Jahre aus wirtschaftlichen Gründen, auf Grund hier nicht detaillierter Indikatoren, ersetzt werden muss, so soll gelten:

$$E_i = \frac{W_{i-1} - W_i}{W_{i-1}}$$

Aus der nächsten Tabelle ersieht man die Werte für die einzelnen Jahre:

n	W_i	E_i	K_i	V_i
0	1	0	0	100
1	1	0	4	60
2	0,8	0,2	10	40
3	0,5	0,375	17	30
4	0,2	0,6	26	20
5	0,1	0,5	38	10
6	0	1	–	0

Betrachtet man zunächst nur eine Maschine, die zum Zeitpunkt 0 angeschafft wurde, so kann man die optimale Strategie zu jedem Zeitpunkt durch retrograde Analyse bestimmen. Eine Strategie heißt in diesem Fall optimal, wenn sie zu einem minimalen Erwartungswert der Kosten führt, wobei Verkaufserlöse als negative Kosten betrachtet werden. Bei der retrograden Berechnung der Erwartungswerte setzt man optimale Entscheidungen in nachgelagerten Stufen voraus. Abbildung 5.4 zeigt das entsprechende Entscheidungsnetz.

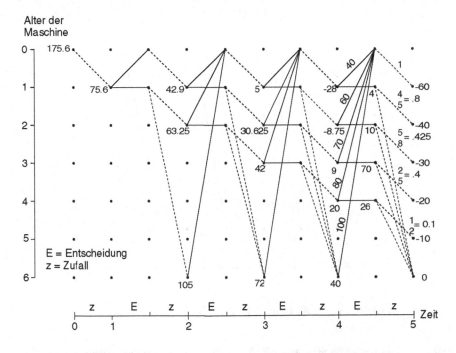

Abbildung 5.4: Bewertetes Entscheidungsnetz für 5 Jahre.

Das Netz ist zunächst dadurch gebildet worden, dass – ausgehend von einer 1 Jahr alten Maschine – die zwei Entscheidungsmöglichkeiten (Behalten bzw. Ersetzen) mit ihren Auswirkungen (Maschine wird ein Jahr älter bzw. Maschine ist 0 Jahre alt) dargestellt sind.

Der Zustand der Maschine wird allerdings zusätzlich durch die Überlebenswahrscheinlichkeit bzw. die Ersatznotwendigkeit bestimmt. (Angedeutet durch unterbrochene Linien). An jedem Entscheidungsknoten ergeben sich also zwei Entscheidungsmöglichkeiten, deren Bewertung wie folgt geschieht:

Behalten: $K_i + E(F_{i+1})$
Ersetzen: $V_0 + E(F_{i+1})$

Auf der letzten (fünften) Stufe sind diese Erwartungswerte die Wiederverkaufwerte der Maschine multipliziert mit den Überlebenswahrscheinlichkeiten der Maschinen bei ihrem jeweils gegebenen Alter. Die in Abbildung 5.4 an den Entscheidungsknoten zu findenden Zahlen stellen jeweils die optimalen retrograden Bewertungen dar, auf Grund deren die optimale Stufenentscheidung bestimmt wurde. Zum Anfang des Planungshorizontes ergibt ergeben sich also Kosten der optimalen Ersatzpolitik von 175,6. Abbildung 5.5 zeigt die optimalen (Stufen)-Politiken für eine Maschine.

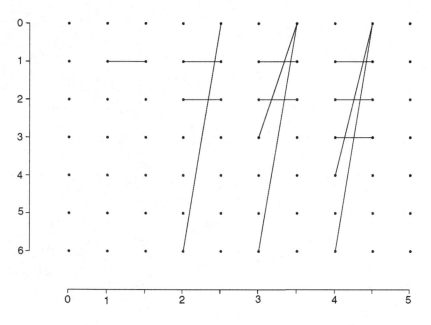

Abbildung 5.5: Optimale Politiken für 1 Maschine

Bestimmt man die möglichen Strategien für Maschinen verschiedenen Alters, so erhält man folgende Darstellung aus Abb. 5.6 (analoge Vorgehensweise wie für eine Maschine).

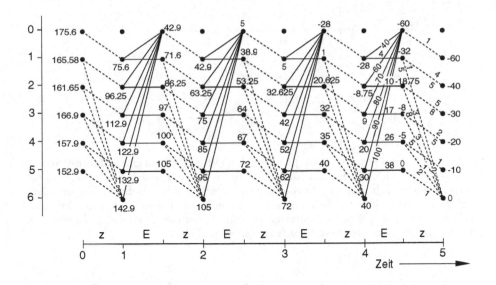

Abbildung 5.6: Strategien bei 6 Maschinen verschiedenen Alters

Es ergeben sich daraus die folgenden in Abbildung 5.7 dargestellten optimalen Strategien.

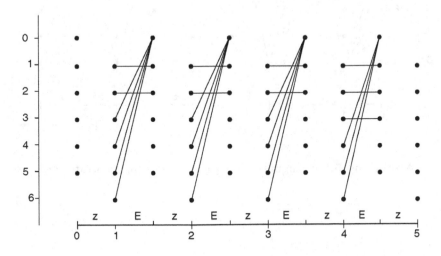

Abbildung 5.7: Optimale Strategien bei Maschinen verschiedenen Alters

Diese könnte man für einen 4-Jahres-Planungshorizont auch wie folgt darstellen, wobei, wie weiter vorne definiert, B = Behalten und E = Ersetzen bedeutet.

Alter \ Zeit	1	2	3	4
1	B	B	B	B
2	B	B	B	B
3	E	E	E	B
4	E	E	E	E
5	E	E	E	E
6	E	E	E	E

Der Leser sei daran erinnert, dass die optimalen (Stufen)-Strategien aufgrund von Erwartungswerten der zufallsbedingten Kosten erfolgten. Es interessiert daher die „Spanne" der zu erreichenden optimalen Ergebnisse, d. h. die besten und schlechtesten „optimalen" Ergebnisse, die aufgrund der Zufallseinflüsse zu erzielen sind. Die folgenden Abbildungen 5.8a und 5.8b zeigen die optimalen Strategien zusammen mit den erreichbaren Ergebnissen für den schlechtesten und den besten (zufallsbedingten) Fall.

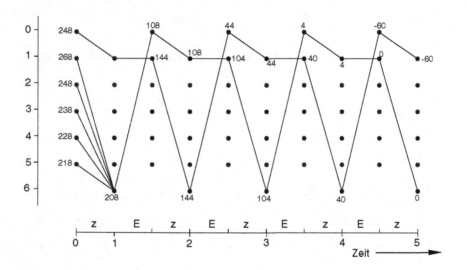

Abbildung 5.8a: Ungünstigstes Ergebnis optimaler Strategien

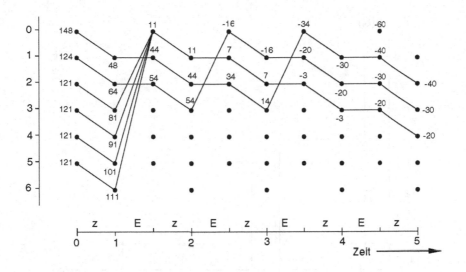

Abbildung 5.8b: Günstigstes Ergebnis optimaler Strategien

Wir haben hier einen Fall diskreter Wahrscheinlichkeiten dargestellt. Daher lassen sich auch die Wahrscheinlichkeiten der verschiedenen optimalen Zielfunktionswerte errechnen, indem man die Pfadwahrscheinlichkeiten durch Multiplikation der Zweigwahrscheinlichkeiten bestimmt. Für einen Beginn des Planungszeitraumes mit einer neuen Maschine ergibt sich dadurch die in Abbildung 5.9 dargestellte Verteilung der optimalen Kosten.

Zusammenfassend kann für die in Beispiel 5.10 dargestellte Modellierung eines stochastischen dynamischen Programmierungsmodells folgende Beobachtung gemacht werden: Die Zustände des Systems auf den verschiedenen Stufen wird nicht nur durch die Stufen-Entscheidungen sondern auch durch Zufallseinflüsse auf den verschiedenen Stufen bestimmt. Dadurch existieren keine durchgehenden optimalen Politiken, wie beim deterministischen dynamischen Programmieren, sondern nur von den jeweils auf der vorausgehenden Stufe erreichten Zustand abhängige optimale Stufenentscheidungen. Die „globale" Gültigkeit dieser Entscheidungen basiert auf dem Erwartungswertkriterium. Die „wait-and-see" Strategie für kurzfristige Entscheidungen findet ihren Niederschlag darin, dass jeweils auf jeder Stufe der real erreichte Zustand abgewartet wird, ehe die nächste Stufenentscheidung gefällt wird. □

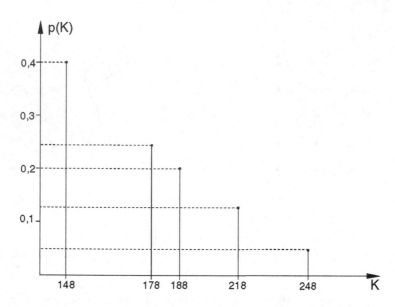

Abbildung 5.9: Wahrscheinlichkeitsverteilung der optimalen Kosten für eine Maschine

5.3 Branch and Bound-Verfahren

5.3.1 Grundlagen

Branch and Bound-Verfahren sind ebenfalls Entscheidungsbaumverfahren; sie unterscheiden sich jedoch vom Dynamischen Programmieren in ihrer rechentechnischen Organisation. Während das Dynamische Programmieren stufenweise vorgeht und parallel eine ganze „Entscheidungsbaumebene" von Knoten (Teilmodellen) bewertet, wird beim Branch and Bound sequentiell ein Teilmodell nach dem anderen untersucht, wobei die Wahl des nächsten zu überprüfenden Knotens relativ frei ist. Beim Branch and Bound empfiehlt es sich daher nicht, in Stufen oder Ebenen zu denken, sondern in Knoten bzw. den ihnen entsprechenden Teilmodellen.

Beim Branch and Bound wird anstelle der Berechnung eines Modells P eine Folge von P_k, $k = 1, 2, \ldots$, mit den Lösungsräumen X_k betrachtet mit dem Ziel,

a) entweder eine optimale Lösung von P_k zu bestimmen oder

b) zu zeigen, dass der optimale Zielfunktionswert von P_k nicht besser als der beste bisher bekannte Zielfunktionswert ist, oder

c) nachzuweisen, dass der Lösungsraum X_k von P_k leer ist.

Die Verringerung des Lösungsaufwandes geschieht zum einen durch geschicktes Verzweigen (Branching) nach Knoten (Teilmodellen) zum anderen durch das Terminieren (Bounding) eines Zweiges des Entscheidungsbaumes *vor* seiner vollständigen Bewertung mit Hilfe oberer und unterer Schranken für den Wert der Zielfunktion oder über den Nachweis der Unzulässigkeit. Die Grundelemente eines Branch and Bound-Verfahrens sind somit:

Initialisierung: Erstens wird das zu Beginn (an der Wurzel des Entscheidungsbaumes) zu betrachtende Modell P_1 definiert. Dieses kann das ursprüngliche Problem oder eine Erweiterung (Relaxation) davon sein. Zweitens ist bei Maximierungsproblemen eine aktuelle untere Schranke $\underline{z}$, bei Minimierungsproblemen eine aktuelle obere Schranke $\overline{z}$ für den optimalen Zielfunktionswert anzugeben. Diese ist entweder gleich einem z. B. auf einer bekannten zulässigen Lösung basierenden Wert oder $-\infty$ bzw. $+\infty$.

Verzweigung (Branching): Hierunter wird sowohl die Auswahl eines (noch nicht untersuchten) Teilmodells (Verzweigungsknoten) als auch das Erzeugen von Teilmodellen aus einem (untersuchten, aber nicht terminierten) (Teil-)Modell verstanden. Die Verzweigung wird durch Verzweigungsregeln gesteuert. Sie definieren zum einen, wie aus einem Modell die Teilmodelle der Folgeknoten zu generieren sind, zum anderen, welcher Knoten als nächster zu überprüfen ist (Knotenauswahlregel). Die Knotenauswahlregeln können beim Branch and Bound – im Gegensatz zum Dynamischen Programmieren – sehr unterschiedliche Formen annehmen:

1. Sie können sich an den Schranken (Bounds) der einzelnen aktiven (noch nicht überprüften) Knoten orientieren.

2. Es können extern festgelegte Regeln sein.

3. Sie können von den Schranken unabhängig sein. Als üblichste ist hier die sogenannte LIFO-Regel (last in first out) zu nennen, nach der – soweit möglich – vom zuletzt erzeugten (berechneten) Knoten aus verzweigt wird und nach der im Falle eines Rückwärtsschrittes vom zuletzt generierten, noch aktiven Knoten aus verzweigt wird.

Die Knotenauswahlregel kann durchaus während eines Branch and Bound-Prozesses geändert werden. So könnte man z. B. zuerst, um möglichst schnell zu einer realistischen unteren bzw. oberen Schranke $\underline{z}$ bzw. $\overline{z}$ zu kommen, LIFO wählen und dann auf eine schrankenabhängige Regel übergehen.

Terminierung (Bounding): Die Terminierung eines Knotens erfolgt, wenn entweder

- nachgewiesen wird, dass der Lösungsraum X_k von Teilmodell P_k leer ist oder

- etwa im Falle eines Maximierungsproblems für den Zielfunktionswert von P_k eine obere Schranke $\overline{z_k}$ angegeben werden kann, die nicht größer ist als die aktuelle untere Schranke $\underline{z}$.

In diesen Fällen erübrigt sich eine weitere Verzweigung des Knotens. Die Schranken werden gewöhnlich vom optimalen Zielfunktionswert für P_k abgeleitet. Dabei ist die Zahl der benutzten Schranken beliebig. Je schärfer sie sind, desto eher wird man terminieren können, um so höher kann unter Umständen aber auch der Rechenaufwand an einem Knoten sein.

Abbildung 5.10 skizziert nochmals das grundlegende Vorgehen beim Branch and Bound. Dabei wird unterstellt, dass die Art, in der ein Modell P_k in Teilmodelle (ein Lösungsraum X_k in Teilräume) zerlegt wird, im vorhinein festliegt und während des Branch and Bound-Prozesses nicht geändert wird.

Branch and Bound-Verfahren sind heute in fast allen großen EDV-Paketen, die zur Lösung ganzzahliger Programmierungsprobleme eingesetzt werden können, implementiert. Allerdings benutzen sie weiter entwickelte Branch and Bound-Ansätze, als sie hier beschrieben werden können. Der interessierte Leser sei auf (Mevert and Suhl, 1976; Land and Powell, 1979; Tomlin, 1970) verwiesen.

Im folgenden sollen zwei Anwendungen für Branch and Bound vorgestellt werden:

– die Lösung eines Fertigungssteuerungsproblems sowie

– die Bestimmung globaler Optima im Separablen Programmieren.

Diese Beispiele mögen die bisherigen allgemeinen Darstellungen verdeutlichen und zugleich die Anwendungsbreite von Brand and Bound-Verfahren demonstrieren.

5.3.2   Branch and Bound zur Lösung eines Fertigungssteuerungsmodells

Eine große Zahl von Problemen auf dem Gebiet der Fertigungssteuerung hat kombinatorischen Charakter. So treten sowohl bei der Werkstattfertigung als auch bei der Fließfertigung und der Projektplanung zahlreiche Reihenfolgeprobleme auf. Es ist daher nicht verwunderlich, dass Branch and Bound-Verfahren sowohl als exakt optimierende als auch als heuristische Lösungsmethoden gerade hier große Verbreitung gefunden haben (siehe Baker, 1974; Müller-Merbach, 1970a; Shwimer, 1972). Das Prinzip bleibt dabei immer das gleiche; geändert, verbessert und angepasst werden die Schrankenberechnung und die Verzweigungsregeln. Das Vorgehen sei hier exemplarisch am „Einmaschinenmodell" illustriert. In Anlehnung an Baker (Baker, 1974, S. 23) sei dieses Modell wie folgt beschrieben.

Auf einer Maschine oder Fertigungsstraße seien n Produkte zu fertigen oder Operationen auszuführen. Die Produkte bzw. Operationen seien voneinander unabhängig (also nicht aufeinander aufbauend). Selbstverständlich kann es sich dabei auch um vorliegende Aufträge handeln, die auf den gleichen Anlagen (z. B. Schweißerei, Dreherei etc.) abzuwickeln seien. Für alle Produkte i (Aufträge) seien Lieferdaten l_i vereinbart worden und die Bearbeitungsdauer t_i jedes der n Aufträge sei bekannt.

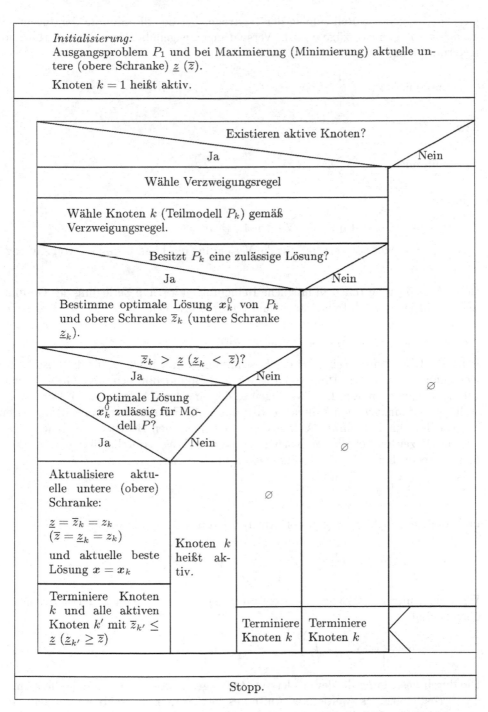

Abbildung 5.10: Grundlegendes Vorgehen beim Branch and Bound-Verfahren

Gesucht ist nun die Reihenfolge der Aufträge, bei der die Summe der – eventuell gewichteten – Lieferverzüge v_i, d. h. Verspätungen gegenüber dem vereinbarten Liefertermin, minimiert wird:

$$\text{minimiere } V = \sum_{i=1}^{n} v_i(\pi)$$

bzw.

$$\text{minimiere } V = \sum_{i=1}^{n} w_i \cdot v_i(\pi) \tag{5.15}$$

wobei

π eine Permutation der Zahlen $1, \ldots, n$

w_i Gewicht (Bewertung) für die Verletzung des Liefertermins l_i von Auftrag i.

Bei n Aufträgen bestehen $n!$ mögliche Reihenfolgen π. Eine Zerlegung des Gesamtmodells in je $(n-1)!$ Teilmodelle kann dadurch erfolgen, dass z. B. der erste oder der letzte zu bearbeitende Auftrag festgelegt wird. Wir wollen hier davon ausgehen, dass jeweils der letzte Auftrag festgelegt wird.

Folgende Überlegungen sind bei der Bestimmung von Schranken für die Lösung des Reihenfolgemodells mit Hilfe von Branch and Bound hilfreich. Der Gesamtlieferverzug V hängt von den Lieferverzügen v_i der einzelnen Aufträge i ab. Der Fertigstellungszeitpunkt f_j von Auftrag j wird durch die Summe der Bearbeitungszeiten der vor ihm durchgeführten Aufträge und seiner eigenen Bearbeitungsdauer t_j bestimmt. Bezeichnet σ' die Indexmenge der vor Auftrag j durchgeführten Aufträge, dann berechnet sich der Fertigstellungszeitpunkt f_j zu

$$f_j = \sum_{i \in \sigma'} t_i + t_j$$

und somit der Lieferverzug v_j von Auftrag j von

$$v_j = \max\{0, f_j - l_j\} = \max\left\{0, \sum_{i \in \sigma'} t_i + t_j - l_j\right\}. \tag{5.16}$$

Wird ein Auftrag j als letzter (n-ter) durchgeführt, so ist sein Lieferverzug direkt berechenbar:

$$v_j^n = \max\left\{0, \sum_{i=1}^{n} t_i - l_j\right\}, \quad j = 1, \ldots, n.$$

Die durch Festlegung des jeweils letzten Auftrages gewonnenen Teilmodelle können durch Festlegung des zweitletzten Auftrages wiederum in disjunkte Teilmodelle zerlegt werden. Die Indexmenge σ' bezeichnet dann alle in ihrer Reihenfolge noch nicht festgelegten Aufträge.

Eine untere Schranke $\underline{z}$ für den Gesamtlieferverzug V lässt sich nun über die Summe der Lieferverzüge der (retrograd) bereits in ihrer Reihenfolge festgelegten Aufträge angeben. Sie seien durch die Indexmenge σ bezeichnet. Ihr Gesamtlieferverzug ergibt sich zu:

$$V_\sigma = \sum_{j \in \sigma} v_j \quad \text{bzw.} \quad V_\sigma = \sum_{j \in \sigma} w_j \cdot v_j. \tag{5.17}$$

Greift man einen der noch nicht festgelegten Aufträge ($j \in \sigma'$) heraus und setzt ihn in der Reihenfolge vor die bereits in σ befindlichen Aufträge, so ist die gewichtete Verzögerung für die um einen Auftrag erweiterte Reihenfolge σ:

$$v_{j\sigma} = V_\sigma + w_j \cdot \max\left\{0, \sum_{i \in \sigma'} t_i - l_j\right\}. \tag{5.18}$$

Die Berechnung der Größen via erlaubt bereits ohne Festlegung eines Auftrages aus σ' eine Verschärfung der unteren Schranke aus V_σ über

$$\underline{V}_\sigma = \min\left\{v_{j\sigma} \mid j \in \sigma'\right\}.$$

Will man die optimale Reihenfolge mit Branch and Bound bestimmen, so bietet sich aufgrund des schon in diesem Abschnitt Gesagten folgendes Vorgehen an:

1. Jedem Knoten P_k wird ein Modell zugeordnet, in dessen Rahmen für die noch nicht festgelegten Aufträge $i \in \sigma'$, eine optimale Reihenfolge zu bestimmen ist.

2. Zu minimieren ist der gewichtete Gesamtlieferverzug $V = \sum_{i=1}^n w_i v_i$. Als Schranke kann z. B. (5.17) oder (5.18) benutzt werden oder auch schärfere, aber aufwendiger zu errechnende Größen (siehe z. B. Shwimer, 1972).

3. Es wird zunächst nach LIFO verzweigt, indem von dem zuletzt erzeugten Knoten der mit der niedrigsten Schranke gewählt wird. Sobald eine vollständige Reihenfolge und deren Gesamtverzug bestimmt worden ist, wird vom Knoten mit der minimalen Schranke verzweigt.

4. Terminiert wird aufgrund der jeweils aktuellen Schranke, d. h. sobald $\underline{z}_k \geq \overline{z}$.

Damit ergibt sich der in Abbildung 5.11 dargestellte Algorithmus.

5.11 Beispiel

Es seien fünf Aufträge auf einer Fertigungskapazität so zu produzieren, dass die Summe ihrer gleichgewichteten Lieferverzüge minimiert werde. Folgende Informationen seien gegeben (Baker, 1974, S. 61):

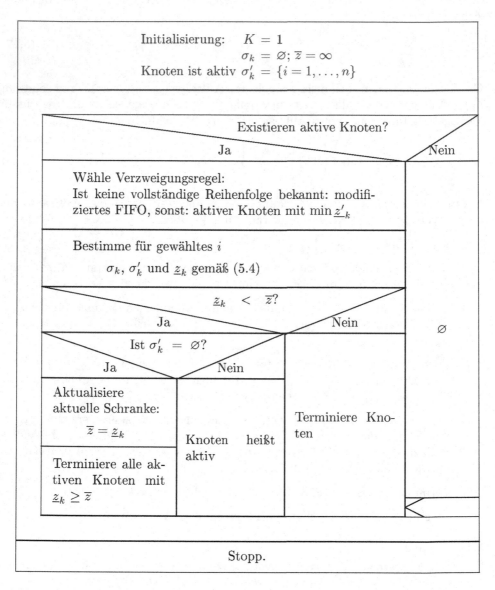

Abbildung 5.11: Branch and Bound-Algorithmus zur Lösung eines Fertigungs-
steuerungsmodells

Auftrag i	Bearbeitungszeit t_i	Lieferdatum l_j
1	4	5
2	3	6
3	7	8
4	2	8
5	2	17
	$\sum t_i = 18$	

Initialisierung

Es ist $P_1 : \sigma = \phi$, $\sigma' = \{1,2,3,4,5\}$, $z = \infty$

Verzweigt werden kann nach jedem der Aufträge 1 bis 5 an letzter Position der Reihenfolge. Dadurch ergeben sich aktive Knoten P_2 bis P_6 mit den Schranken $\underline{z}_k = v_j^n, j = 1, \ldots, 5, k = 2, \ldots, 6$, die sich aus folgender Tabelle ergeben:

Knoten	letzter Auftrag j	l_j	$V_\sigma = \underline{z}_k = 18 - l_j$
P_2	1	5	13
P_3	2	6	12
P_4	3	8	10
P_5	4	8	10
P_6	5	17	1

Da noch keine vollständige Reihenfolge mit dem dazugehörigen Gesamtverzug bekannt ist, wird zunächst nach LIFO verzweigt und dazu der Knoten mit der niedrigsten unteren Schranke $\underline{z}_k$, nämlich Knoten 6, gewählt. Dieser wird aufgespalten in Knoten P_7 bis P_{10}, die den Teilmodellen mit den Aufträgen 1 bis 4 an zweitletzter Position entsprechen. Die sich ergebenden unteren Schranken sind

$$\underline{z}_7 = 12, \ \underline{z}_8 = 11, \ \underline{z}_9 = 9, \ \underline{z}_{10} = 9.$$

Wir wählen nun Knoten 9 zur weiteren Verzweigung. Von den Knoten P_{11}, P_{12}, P_{13} hat P_{13} die niedrigste untere Schranke. Es wird aufgespalten in Teilmodelle P_{14} und P_{15}. Geht man bei Knoten P_{15} weiter nach LIFO vor, so erreicht man Knoten P_{16} und damit zum ersten Male einen Knoten mit $\sigma' = \phi$, d. h. eine vollständige Reihenfolge mit dem dazugehörigen Gesamtlieferverzug – in diesem Falle von $\underline{z}_{16} = 11$. Es wird daher $\overline{z} = 11$ gesetzt und die Knoten P_2, P_3, P_7, P_8, P_{11}, P_{12}, P_{14} werden inaktiviert. Außerdem wird als zu verzweigender Knoten jetzt jeweils der aktive Knoten gewählt, der die niedrigste untere Schranke hat. Dies ist zunächst Knoten P_{10}. Seine Folgeknoten können allerdings sofort aufgrund der aktuellen Schranke von $\overline{z} = 11$ terminiert werden.

Abbildung 5.12 zeigt den Baum, in dem zusätzlich zu den bisher erwähnten Knoten nur noch die enthalten sind, die überprüft werden mussten, um aufgrund der Schranke von P_{16} die Optimalität der Reihenfolge $(1,2,4,3,5)$ nachzuweisen, und deren Folgeknoten aufgrund dieser Schranke von $\overline{z} = 11$ terminiert werden konnten. Knoten P_7 bis P_{10} und deren hier nicht gezeigten Folgeknoten mussten also überprüft werden, um die Optimalität der Lösung des Knotens P_5 zu bestätigen, eine beim Branch and Bound häufig zu findende Erscheinung. Das Beispiel zeigt, dass bei einem Branch and Bound-Verfahren eine „gute" Verzweigungsregel es oft ermöglicht, bereits sehr früh eine optimale Lösung zu ermitteln,

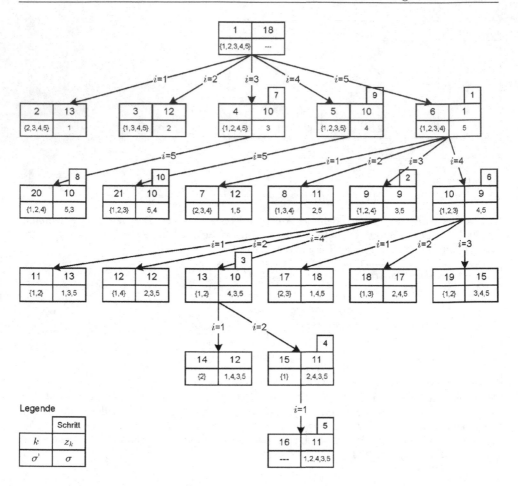

Abbildung 5.12: Branch and Bound-Lösung von Beispiel 5.11

und der größte Teil des Rechenaufwandes dann durch den Optimalitätsnachweis bestimmt wird. □

5.3.3   Die Bestimmung globaler Optima im Separablen Programmieren

In Abschnitt 4.5 wurde bereits darauf hingewiesen, dass sowohl das λ-Verfahren als auch das δ-Verfahren der Separablen Programmierung nur dann das Finden der globalen Optimums garantiert, wenn Zielfunktion und Lösungsraum konvex sind. Wir wollen nun zeigen, wie mit Hilfe von Branch and Bound-Verfahren auch dann ein globales Optimum eines separablen Modells bestimmt werden kann, wenn diese Konvexitätsbedingungen nicht erfüllt werden.

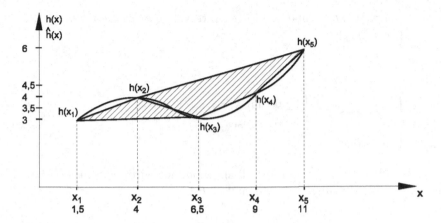

Abbildung 5.13: Stetige nichtlineare nichtkonvexe Funktion und ihre stückweise lineare Approximation

Wir suchen also ein globales Optimum für Modell 4.23 bzw. für dessen Approximation durch Modell 4.24 (λ-Modell der Separablen Programmierung).

Betrachten wir zunächst noch einmal die stückweise lineare Approximation stetiger nichtlinearer Funktionen. Ist $h(x)$ eine stetige Funktion, so lässt sie sich im Bereich $0 \leq x \leq \delta$ mit den Stützstellen x_k, $k = 1, \ldots, r$, wobei $x_1 = 0$ und $x_r = \delta$, stückweise linear approximieren durch

$$\hat{h}(x) = \sum k = 1^r h(x_k) \cdot \lambda_k \tag{5.19}$$

$$x = \sum_{k=1}^{r} x_k \cdot \lambda_k \qquad \text{(Referenzzeile)} \tag{5.20}$$

$$\sum \lambda_k = 1,\ \lambda_k \geq 0,\ k = 1, \ldots, r \qquad \text{(Konvexitätsbedingung)} \tag{5.21}$$

$$\text{Nicht mehr als zwei } \lambda_k > 0 \text{ und positive } \lambda_k \text{ aufeinanderfolgend (Nachbarschaftsbedingung)} \tag{5.22}$$

Abbildung 5.13 zeigt die stückweise lineare Approximation einer (beliebigen) stetigen nichtlinearen Funktion $h(x)$ mit den Stützstellen $x_1, \ldots, x_5$ durch das Polygon $\hat{h}(x)$. Alle Punkte des Streckenzuges $\hat{h}(x)$ ergeben sich durch Konvexkombinationen *benachbarter* Punkte $(x_k, h(x_k))$, $(x_{k+1}, h(x_{k+1}))$, $k = 1, \ldots, 4$. Würde die Bedingung (5.22) fallen gelassen, so wären sämtliche Punkte des in Abbildung 5.13 durch Schraffierung hervorgehobenen konvexen Polyeders zulässig.

Die Nachbarschaftsbedingung (5.22) lässt sich mit Hilfe binärer Variablen abbilden (vgl. Dantzig, 1960). Hierzu führe man für jedes Intervall $[x_k, x_{k+1}]$, $k = 1, \ldots, r - 1$, eine $(0,1)$-Variable y_i, $i = 1, \ldots, r - 1$, ein, wobei die Variablen y_i folgende Bedeutung besitzen:

$$y_i = \begin{cases} 1, & \text{falls } h(x) \text{ über dem } i\text{-ten Intervall approximiert wird} \\ 0, & \text{sonst} \end{cases}$$

bzw.

$$y_i = \begin{cases} 1, & \Longleftrightarrow \lambda_k \begin{cases} \geq 0 & \text{für } k = i, i+1 \\ = 0 & \text{sonst} \end{cases} \\ 0, & \text{sonst} \end{cases} \tag{5.23}$$

Da $h(x)$ stets über genau einem Intervall angenommen wird, besteht ferner folgende Multiple Choice-Bedingung (vgl. Abschnitt 3.6.1):

$$\sum_{i=1}^{r-1} y_i = 1 \tag{5.24}$$

Über (5.23) sind die kontinuierlichen Variablen λ_k mit den binären Variablen y_i verknüpft. Die darin definierten Implikationen lassen sich auf folgende Weise abbilden:

$$\begin{aligned} \lambda_l &\leq y_l \\ \lambda_k &\leq y_{i-1} + y_i, \quad i, k = 2, \dots, r-1 \\ \lambda_r &\leq y_{r-1}. \end{aligned} \tag{5.25}$$

(5.25) besagt, dass eine Stützstellenvariable λ_k nur dann positiv (und wegen (5.21) nicht größer als Eins) sein darf, wenn entweder die linke oder die rechte Intervallvariable y_i Eins ist, mit der Einschränkung, dass für die Stützpunktvariable λ_l (λ_r) kein linkes (rechtes) Intervall existiert.

Die in Abbildung 5.13 gezeigte approximierende Funktion $\hat{h}(x)$ mit fünf Stützstellen kann somit wie folgt dargestellt werden:

$$\begin{array}{llll}
(5.19) & -\hat{h} & + \ 3\lambda_1 + 4\lambda_2 + 3{,}5\lambda_3 + 4{,}5\lambda_4 + \ 6\lambda_5 & = 0 \\[4pt]
(5.20) & -x + 1{,}5\lambda_1 + 4\lambda_2 + 6{,}5\lambda_3 + \ 9\lambda_4 + 11\lambda_5 & & = 0 \\[4pt]
(5.21) & \lambda_1 + \ \lambda_2 + \ \lambda_3 + \ \lambda_4 + \ \lambda_5 & & = 1 \\[8pt]
 & \lambda_1 & -y_1 & \leq 0 \\[4pt]
 & \lambda_2 & -y_1 - y_2 & \leq 0 \\[4pt]
(5.25) & \lambda_3 & -\, y_2 - y_3 & \leq 0 \\[4pt]
 & \lambda_4 & -\, y_3 - y_4 & \leq 0 \\[4pt]
 & \lambda_5 & -\, y_4 & \leq 0 \\[8pt]
(5.24) & & y_1 + y_2 + y_3 + y_4 & = 1 \\[8pt]
 & \lambda_1, \dots, \lambda_5 \geq 0, \ y_i \in \{0,1\}, \ i = 1, \dots, 4 &
\end{array} \tag{5.26}$$

Zur Behandlung von (5.26) kann im Prinzip das in Abschnitt 7.2.2 beschriebene Branch and Bound-Verfahren nach Dakin angewandt werden. Allerdings ist es wenig effizient. Denn beim Verzweigen von $y_{i*} = 0$ wird das Intervall i^* zwar auf den ersten Eindruck ausgeschlossen, aber dadurch, dass in der LP-Relaxation sämtliche Konvexkombinationen von Punkten aus den restlichen, noch nicht nach $y_i = 0$ verzweigten Intervallen zulässig sind, können auch weiterhin Punkte aus dem Intervall i^* zulässig sein. Aus diesem Grunde wurden für die Behandlung derartiger nichtkonvexer Optimierungsprobleme sogenannte Special Ordered Sets, d. h. Mengen von Variablen mit einer speziellen Ordnung dieser Variablen eingeführt (siehe (Beale and Tomlin, 1970) und (Tomlin, 1970); siehe auch (Land and Powell, 1979)). Dabei ist zu unterscheiden zwischen S1-Sets, in denen höchstens eine Variable positiv sein darf, und S2-Sets, in denen höchstens zwei Variable positiv sein dürfen mit der zusätzlichen Bedingung, dass im Falle von zwei positiven Variablen diese aufeinanderfolgen müssen.

Sind mehrere Special Ordered Sets vorhanden, so müssen ihre Indexmengen disjunkt sein.

Offensichtlich bilden die Multiple Choice-Bedingungen (5.24) S1-Sets, deren Variablen sich zu Eins addieren. Die Ganzzahligkeitsbedingung für die Variablen y_i ist dann aufgrund der S1-Set-Bedingung automatisch erfüllt. S2-Sets definieren gerade die Bedingungen (5.22), wobei sich die Set-Variablen wegen (5.21) zu Eins addieren. Besteht also die Möglichkeit, S2-Sets zu definieren, so kann man in (5.26) auf das Einführen der binären Variablen y_i und der Beziehungen (5.24) sowie (5.25) verzichten. Stattdessen sind die jeweils zu einer Variablen x_i gehörenden Variablen λ_{jk} zu S2-Sets zu erklären.

Die Behandlung von Special Ordered Sets unterscheidet sich vom Vorgehen von Dakin in der Art der Verzweigung an einem Knoten k. Es wird die LP-Relaxation gelöst, jedoch werden nicht einzelne Variablen, sondern Teilmengen von Variablen eines Special Ordered Sets unter Beachtung ihrer Reihenfolge auf Null gesetzt. Bezeichnet v den Verzweigungspunkt eines Special Ordered Sets, so wird im Falle eines S1-Set $\{y_1, \ldots, y_r\}$ an Knoten k wie folgt zu den Knoten l und m verzweigt:

$$y_{v+1} = \ldots = y_r = 0 \qquad \overset{\displaystyle k}{\diagup \quad \diagdown} \qquad y_1 = \ldots = y_v = 0$$
$$\qquad\qquad l \qquad\qquad m$$

Im Falle eines S2-Set $\{\lambda_1, \ldots, \lambda_r\}$ ergibt sich unter dem Verzweigungspunkt v die Trennung:

$$\lambda_{v+1} = \ldots = \lambda_r = 0 \qquad \overset{\displaystyle k}{\diagup \quad \diagdown} \qquad \lambda_1 = \ldots = \lambda_{v-1} = 0$$
$$\qquad\qquad l \qquad\qquad m$$

Der Vorteil dieser Art von Verzweigung besteht darin, dass sie der Transformation (5.20) Rechnung trägt und zu einem zweckmäßigen Verzweigen bzgl. der Variablen x_j führt. Das prinzipielle Vorgehen soll am folgenden Beispiel illustriert werden.

5.12 Beispiel

Zu lösen sei das Modell:

$$
\begin{aligned}
\text{maximiere } z = 2{,}25x_1 &- 3x_1^2 + & x_1^3 + 2|x_2 - 0{,}5| &+ 0{,}3x_3 \\
\text{so dass} \qquad 2x_1^2 &+ 3x_2^2 + & 3x_3 &\geq & 8 \\
1{,}5x_1 &+ x_2 + 0{,}5x_3 &\geq & 2{,}5 \\
x_1 &- x_2 - & x_3 &= & 0 \\
x_1, x_2, x_3 & & &\geq & 0
\end{aligned}
$$

Für das approximierende Modell (siehe Modell 4.24 in Abschnitt 4.5.1) werden folgende Approximationen gewählt:

x_{lk}	0	0,25	0,5	0,75	1	1,25	1,5	1,75	2,0
$z(x_{lk})$	0	0,39	0,5	0,42	0,25	0,08	0	0,11	0,5
$g(x_{lk})$	0	0,13	0,5	1,13	2,0	3,13	4,5	6,13	8,0
x_{2k}	0	0,25	0,5	0,75	1	1,25	1,5	1,75	2,0
$z(x_{2k})$	1	0,5	0	0,5	1	1,5	2,0	2,5	3,0
$g(x_{2k})$	0	0,19	0,75	1,69	3,0	4,69	6,75	9,19	12,0

wobei

$$
\left.
\begin{aligned}
z(x_1) &= 2{,}25x_1 - 3x_1^2 + x_1^3 \\
g(x_1) &= 2x_1^2
\end{aligned}
\right\} \quad 0 \leq x_1 \leq 2
$$

$$
\left.
\begin{aligned}
z(x_2) &= 2|x_2 - 0{,}5| \\
g(x_2) &= 3x_2^2
\end{aligned}
\right\} \quad 0 \leq x_2 \leq 2
$$

Die dritte Nebenbedingung sowie x_3 sind linear und brauchen daher nicht linearisiert zu werden.

In der Form (5.26) kann nun das gemischt-ganzzahlige Modell, wie in Abbildung 5.15 gezeigt, formuliert werden. Vereinbart man S2-Sets, so schrumpft das Modell auf den in Abbildung 5.15 durch Rasterung hervorgehobenen Teil zusammen.

Die Lösung mit dem Programmsystem APEX III liefert bei Vereinbarung von S2-Sets den in Abbildung 5.14 gezeigten Entscheidungsbaum. Die Knoten sind dabei in der Reihenfolge ihrer Berechnung nummeriert.

An den Pfeilen sind jeweils die beim Verzweigen zusätzlich eingeführten Bedingungen für die Variablen λ_{jk} und die daraus für den ursprünglichen Lösungsraum mit den Variablen x_1, x_2 und x_3 resultierenden Trennungen angegeben.

In Abbildung 5.14 ist auf folgende Punkte hinzuweisen:

1. Beim Verzweigen am Knoten k wird der Lösungsraum X_k stets so getrennt, dass das Intervall einer Variablen x_j in zwei aneinandergrenzende Intervalle geteilt wird.

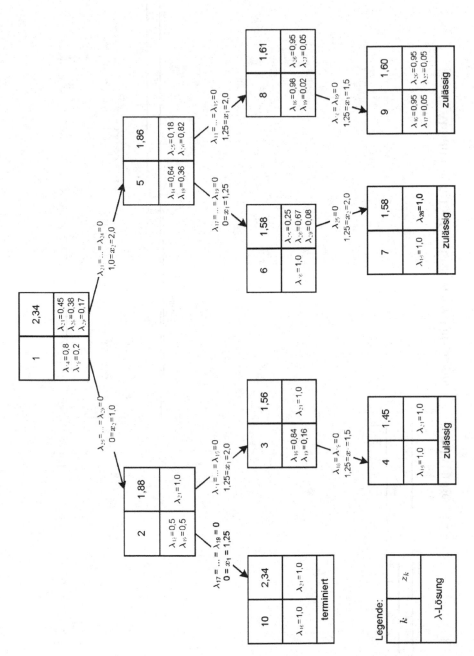

Abbildung 5.14: Entscheidungsbaum

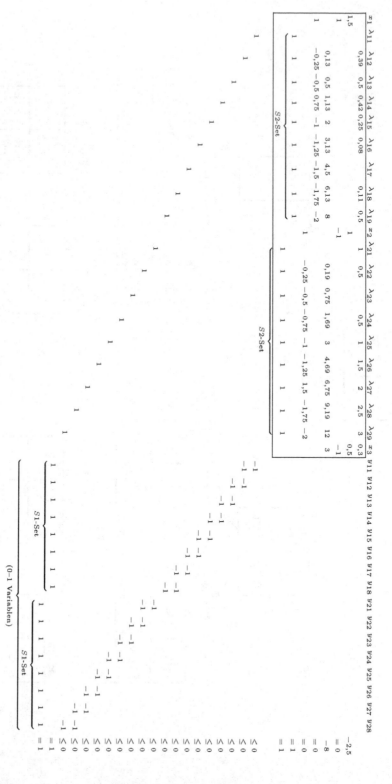

Abbildung 5.15: Gemischt-ganzzahlige Formulierung(en) von Beispiel 5.12

2. Die Wahl des Verzweigungsknotens erfolgt bis zur Bestimmung der ersten zulässigen Lösung nach der LIFO-Regel.

Anschließend orientiert sich die Knotenauswahl an einer oberen Schranke für den Zielfunktionswert, die sich aus dem optimalen Zielfunktionswert plus einer berechneten Penalty ergibt. Die gleichen oberen Schranken werden für eine Terminierung von Knoten verwendet.

3. Die optimale Lösung liefert Knoten P_9 mit

$$x_1^0 = 1{,}26; \quad x_2^0 = 1{,}26; \quad x_3^0 = 0; \quad z^{\text{opt}} = 1{,}60$$

wobei die Variablen λ_{jk} folgende Werte besitzen:

$$\lambda_{16}^0 = 0{,}95; \quad \lambda_{17}^0 = 0{,}05; \quad \lambda_{26}^0 = 0{,}95; \quad \lambda_{27}^0 = 0{,}5. \qquad \square$$

5.4   Aufgaben zu Kapitel 5

1. Das Straßenbauamt habe den Auftrag, eine Straße von A nach P zu bauen. Nach Durchführung der nötigen Vermessungsarbeiten ergibt sich ein Netz möglicher Trassenführungen. Die einzelnen möglichen Trassen sind mit den dort anfallenden Baukosten bewertet. Die folgende Abbildung zeigt das bewertete Netz möglicher Wege (Dynamisches Programmieren.)

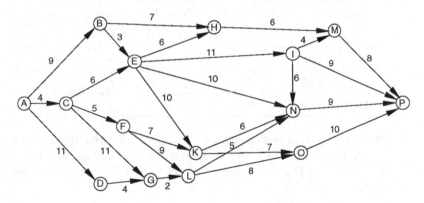

Netz der möglichen Trassen

Gesucht ist die Verbindung von A nach P, die insgesamt die geringsten Baukosten verursacht. Dokumentieren Sie Ihre Rechenschritte. (Hinweis: Definieren Sie zunächst die Stufen.)

2. Lösen Sie das folgende Lagerhaltungsmodell mittels Dynamischer Programmierung:

Die Einkaufsabteilung einer Unternehmung muss für vier aufeinanderfolgende Dreimonatsperioden bestimmte Mengen Rohmaterial bereithalten, damit das

Produktionsprogramm des nächsten Jahres erfüllt werden kann. Die Lagerkapazität S ist begrenzt. Die Preise des Rohstoffes unterliegen einer Saisonschwankung und sind bekannt.

Die Daten dieses Problems sind:

Zeitabschnitt n	1	2	3	4
verlangte Menge d_n	6	4	5	2
Preis p_n	11	18	13	17

Lagerkapazität $S = 7$

Zu Beginn des ersten Zeitabschnitts befinden sich im Lager 2 Einheiten. Am Ende der 4 Zeitabschnitte soll es auf 0 absinken.

Welche Mengen sind zu den verschiedenen Zeitpunkten einzukaufen, um möglichst geringe Kosten zu haben?

3. Bestimmen Sie einen optimalen (kostenminimalen) Produktionsplan für die wie folgt zu beschreibende Situation:

Die Produktionskosten der k-ten Einheit ergebe sich aus folgender Tabelle:

Produktion von	Produktionskosten der k-ten Einheit			
k Einheiten	Periode 1	Periode 2	Periode 3	Periode 4
$1 < k < 5$	1	2	1	4
$6 \leq k \leq 10$	3	3	6	4
$11 \leq k \leq 15$	6	5	7	8
$16 \leq k \leq 20$	10	8	12	9

Die Lagerhaltungskosten seien $L_i = l_i b_i$, wobei b_i der Bestand am Ende der i-ten Periode und l_i die Lagerhaltungskosten per Einheit Bestand. Es sei $l_1 = 1$, $l_2 = 2$, $l_3 = 1$. Der Anfangsbestand sei $b_0 = 0$. Die zu erfüllenden Nachfragen seien $N_1 = 10$, $N_2 = 3$, $N_3 = 17$, $N_4 = 23$.

4. Das Rote Kreuz möchte bei einer Sammlung seine freiwilligen Helfer in drei Stadtteilen einsetzen. Der Einsatzleiter schätzt, dass $f_j(x_j)$ EUR Spenden im Stadtteil j zu erreichen sind, wenn darin x_j Helfer um Spenden bitten. Wie viele Freiwillige sollten in die jeweiligen Stadtteile gesandt werden, wenn man von folgenden Schätzungen für die $f_j(x_j)$ ausgeht:

j/x_j	1	2	3	4	5	6	7
1	5	10	15	25	35	50	55
2	3	6	12	18	30	30	30
3	20	35	45	55	60	65	65

$$f_j(x_j)$$

Wie würden sich die Größen der Einsatzteams ändern, wenn 8, 9, 11 oder 12 Freiwillige zur Verfügung stünden?

5. Nehmen Sie an, dass in Aufgabe 4 der Einsatzleiter unter einem Mangel an freiwilligen Helfern leidet. Er möchte daher so wenig wie möglich Helfer einsetzen, um F EUR an Spenden zu sammeln. Wie viele Helfer muss er auf welche Weise einsetzen für $F = 80$, $F = 90$, bzw. $F = 100$?

6. Bestimmen Sie die optimale Lösung zu folgender Aufgabe für $B = 8$ bzw. $B = 6$.

$$\text{maximiere } F = \sum_{i=1}^{3} f_j(x_j)$$
$$\text{so dass} \quad 2x_1 + 3x_2 + 4x_3 \leq B$$
$$x_i = 0, 1, 2, 3$$

und

x_i / i	1	2	3
1	3	2	8
2	5	11	9
3	9	14	15

$$f_i(x_i)$$

7. Bestimmen Sie mit Branch and Bound eine optimale Lösung zu folgender Aufgabe:

$$\text{maximiere } z = 2x_1 - x_2 + x_3 - 3x_4$$
$$\text{so dass} \quad x_1 - 0{,}5x_2 + x_3 - 1{,}5x_4 \leq 1{,}5$$
$$x_1 \leq 2$$
$$x_2 \leq 1$$
$$x_1, x_2 \text{ ganzzahlig}, \ x_j \geq 0, \ j = 1, \ldots, 4$$

8. Bestimmen Sie mit Branch and Bound eine optimale Lösung zu folgender Aufgabe:

$$\begin{aligned}
\text{minimiere } z = \quad & 5x_1 + 7x_2 + 10x_3 + 3x_4 + \ x_5 \\
\text{so dass} \quad\quad & -x_1 + 3x_2 - \ 5x_3 - \ x_4 + 4x_5 \le -2 \\
& 2x_1 - 6x_2 + \ 3x_3 + 2x_4 - 2x_5 \le \ 0 \\
& \quad\quad x_2 - \ 2x_3 + \ x_4 + \ x_5 \le -1 \\
& x_j \in \{0,1\},\, j = 1,\dots,5
\end{aligned}$$

9. Bestimmen Sie das globale Optimum zu

$$\begin{aligned}
\text{minimiere } z = \quad & x_1 + 2x_2 + \ x_3 \\
\text{so dass} \quad\quad & 6x_1 + 4x_2 + 2x_3 - 3x_1^2 - 2x_2^2 - \tfrac{1}{3}x_3^2 \ge 7{,}25 \\
& x_j \ge 0,\, j = 1,2,3
\end{aligned}$$

5.5   Ausgewählte Literatur zu Kapitel 5

Aris 1964; Beale 1979; Bellman 1957; Bellman and Dreyfus 1962; Burkhard 1972; Dakin 1965; Dreyfus and Law 1977; Garfinkel and Nemhauser 1972; Gessner and Wacker 1972; Hadley 1964; Künzi *et al.* 1968; Land and Powell 1979; Lawler and Wood 1966; Mevert and Suhl 1976; Müller-Merbach 1970a; Nemhauser 1966; Saaty 1970; Salkin 1975; Schneeweiß 1974; Tomlin 1970; Weinberg 1968.

6   Heuristische Verfahren

6.1   Komplexität von Algorithmen, Modellen und Problemen

Es wurde schon mehrmals erwähnt, dass im OR nicht nur die Güte einer berechneten Lösung relevant ist, sondern auch der Aufwand der zu treiben ist, eine bestimmte Lösung zu bestimmen. Bei optimierenden Verfahren ist die Optimalität der Lösung garantiert, so dass früher die wesentlichen Merkmale für den Vergleich von Algorithmen der benötigte Speicherplatz und die notwendige Rechenzeit bis zur Lösung des Modells waren. Bereits in Abschnitt 3.12 wurde darauf im Zusammenhang mit dem Linearen Programmieren hingewiesen. Bei dem Vergleich bestehender optimierender Algorithmen aufgrund von auf EDV-Anlagen durchgeführten Rechnungen gab es allerdings oft weitere Unsicherheiten, die z. B. in verschiedenen benutzten Rechenanlagen und in der Güte des verwandten Computercodes bestanden. Bei heuristischen Verfahren kommen dazu noch die Lösungsgüte und andere Kriterien. Speicherplatz ist inzwischen oft nicht mehr eine kritische Größe, die anderen Kriterien bleiben jedoch im Prinzip bestehen. Seit dem Entstehen der Komplexitätstheorie in den 70er Jahren kann man jedoch Aussagen über die Komplexität von Algorithmen, Modellen oder Problemen auch ohne „Proberechnungen" machen. Ehe wir einige Grundlagen dieser Theorie darstellen, sei jedoch noch darauf hingewiesen, dass es sich hier um einen speziellen Komplexitätsbegriff handelt, der z. B. mit dem in der empirisch-kognitiven Entscheidungstheorie oder in anderen Gebieten verwandten nicht übereinstimmt.

Dem hier benutzten Komplexitätsbegriff liegt primär der notwendige Rechenaufwand bis zur Erreichung der zu bestimmenden Lösung zugrunde. Dieser Aufwand steigt sicherlich mit der Größe des zu lösenden Modells. Ausschlaggebend ist, wie schnell der Lösungsaufwand mit steigender Problemgröße wächst. Bezeichnet man z. B. die Größe des Modells mit n (dies könnte die Zahl der benötigten elementaren Rechenoperationen sein), so bezeichnet man den Zusammenhang des Wachstums der Problemgröße mit dem des Rechenaufwandes gewöhnlich mit $\mathcal{O}\left(f(n)\right)$.

Aufgrund dieser Kenngröße kann man Modelle, Algorithmen oder Probleme in verschiedene Komplexitätsklassen einteilen. Die wichtigsten davon sind:

6.1 Definition
Algorithmen bei denen der Rechenaufwand mit der Problemgröße proportional steigen gehören zur *Klasse* $\mathcal{P}$. Bei ihnen ist also $R(n) \leq c \cdot f(n)$, wobei c eine positive reelle Zahl und $f(n)$ ein Polynom ist.

Benötigt z. B. ein Algorithmus zur Lösung eines Modells der Größe n $f(n) = 4n^4 - 30n - 50$ elementare Rechenoperationen so spricht man von einem polynomialen Anstieg des Rechenaufwandes $f(n) = n$ oder von einer Komplexität $\mathcal{O}\left(n^4\right)$.

6.2 Definition
Algorithmen, deren Lösungsaufwand mit der Problemgröße exponential ansteigt, gehören zu der *Klasse* $\mathcal{NP}$.

Für sie ist z. B. der Lösungsaufwand für die Lösung eines Modells der Größe n $f(n) = 4^n + 3n - 10$. Man spricht dann von einer Komplexität von $\mathcal{O}\left(4^n\right)$.

Man geht gewöhnlich davon aus, dass Probleme (Modelle) der Klasse $\mathcal{P}$ effizient oder gut lösbar sind, während Probleme der Klasse $\mathcal{NP}$ als hart oder schwer lösbar gelten. Hierbei wird allerdings gewöhnlich „worst-case-behaviour", d. h. der schlimmste Fall, zugrunde gelegt. So war es z. B. bis Anfang der 80er Jahre nicht möglich zu zeigen, dass Lineare Programme zur Klasse $\mathcal{P}$ gehören, obwohl sie gewöhnlich mit linear von der Zahl der Nebenbedingungen und Variablen abhängigem Lösungsaufwand gelöst werden konnten. Erst Khachiyan (1979) zeigte die Zugehörigkeit des LPs zu $\mathcal{P}$, obwohl sein Algorithmus nie mit dem Simplexalgorithmus konkurrieren konnte.

Zur Klasse $\mathcal{NP}$ gehören die meisten der ganzzahligen und kombinatorischen Probleme, auf die im nächsten Kapitel eingegangen werden wird. Man sollte jedoch betonen, dass die Klasse $\mathcal{NP}$ durchaus nicht homogen ist, sondern sich in eine Anzahl Unterklassen aufteilen lässt. An dieser Stelle ist für uns allerdings besonders wichtig, dass sich besonders Probleme der Klasse $\mathcal{NP}$ für die Anwendung heuristischer Verfahren anbieten.

6.2 Eigenschaften und Arten heuristischer Verfahren

Die in der Literatur verwendeten Definitionen heuristischer[1] Verfahren sind nicht nur sehr zahlreich, sondern auch inhaltlich sehr divergent. Sie reichen von „programs

---

[1] Der Begriff „heuristisch" kommt aus dem Griechischen und bedeutet soviel wie „zum Finden geeignet".

that perform tasks requiring intelligence when performed by human beings" (Newell, 1969) bis hin zur Gleichsetzung von heuristischen Verfahren mit Näherungsverfahren (Müller-Merbach, 1973a, S. 290). Sie beziehen sich teilweise auf die Eigenschaften der Verfahren, teils auf die Eigenschaften der mit ihnen bestimmten Lösungen und teils auf die Art der mit ihnen zu lösenden Probleme oder Modelle. So bezeichnen z. B. manche Autoren Methoden zur Lösung schlecht strukturierter Probleme als heuristische Verfahren (z. B. Witte, 1979), während andere das Verfahren vollkommen losgelöst vom Problemtyp sehen (z. B. Zehnder, 1969). Streim (1975) zählt elf sehr voneinander abweichende Definitionen auf. Darüber hinaus sind in der Zwischenzeit, vor allem in Zusammenhang mit der „künstlichen Intelligenz", noch weitere Definitionen vorgeschlagen worden.

Im folgenden wird die Bezeichnung des Lösungsverfahrens grundsätzlich von der Art des zu lösenden Problems getrennt, denn die Frage der Modellierung eines Problems hängt nicht unbedingt mit der Frage der Lösung des Problems zusammen, sondern beeinflusst vielmehr die Art der benötigten Modellsprache. Bei schlechtstrukturierten Problemen wird man z. B. eventuell auf die in Kapitel 3 besprochenen Unscharfen Mengen zurückgreifen, während man bei besser strukturierten Problemen mit klassischen Modellen arbeiten kann.

Für die weitere Behandlung heuristischer Verfahren wird daher unterstellt, dass das Problem ausreichend genau und vollständig modelliert und damit mittels formaler (mathematischer) Methoden nach einer speziellen, z. B. optimalen Lösung gesucht werden kann.

In Deutschland scheint sich, wenigstens auf dem Gebiet des Operations Research, der Begriff der heuristischen Verfahren durchzusetzen, den Streim (1975, S. 145 ff.) formuliert hat. Diesem Begriff liegt die Vorstellung zugrunde, dass die heuristischen Lösungsverfahren allgemein von einer Lösung des Modells ausgehen und im Verlaufe des Verfahrens den Lösungsraum nach „besseren" Lösungen absuchen. Dies gilt natürlich nicht für alle Optimierungsverfahren (man denke z. B. an die klassische Verwendung der Differentialrechnung zur Bestimmung stationärer Lösungen!). Beschränkt man sich jedoch zunächst der Anschaulichkeit halber auf solche „Suchverfahren" und einigt sich ferner darauf, dass heuristische Verfahren dadurch gekennzeichnet sind, dass sie den Aufwand zum Finden einer akzeptablen Problemlösung im allgemeinen geringer halten, als es ohne ihre Anwendung der Fall wäre, so kann man heuristische Verfahren wie folgt kennzeichnen:

1. *Ausschluss potentieller Lösungen*

   Heuristische Verfahren suchen nicht den gesamten Lösungsraum ab, sondern sie schließen zur Reduktion des Lösungsaufwandes Teile des Lösungsraumes von der Suche aus, ohne die Garantie dafür zu bieten, dass in den ausgeschlossenen Teilen des Lösungsraumes nicht die eigentlich gesuchte Lösung zu finden ist. Dadurch entfällt auch die Garantie, eine existierende, z. B. optimale oder zulässige Lösung wirklich zu finden.

2. *Nicht-willkürliche Suchprozesse*

Die Suche im „Restlösungsraum" geschieht nicht willkürlich oder zufällig, sondern nach definierten intelligenten (heuristischen) Regeln.

3. *Fehlende Lösungsgarantie*

Bei heuristischen Verfahren kann die Konvergenz gegen eine bestimmte Lösung nicht bewiesen werden. Daher fehlt diesen Verfahren auch eine Lösungsgarantie.

Gewöhnlich haben heuristische Verfahren weitere Eigenschaften, die sie jedoch mit anderen Methoden teilen:

4. *Subjektive Stoppregeln*

Wegen der fehlenden Konvergenzeigenschaften heuristischer Verfahren ist es notwendig, diese Verfahren mit Stoppregeln zu versehen. Diese können natürlich auf der Grundlage von Verfahrens- oder Problemeigenschaften formuliert werden. Oft ist es jedoch wünschenswert, diese Stoppregeln von den Wünschen des Verfahrenbenutzers abhängig zu machen.

5. *Steuerungsmöglichkeiten*

Heuristische Verfahren sind in ihrer Effizienz überwiegend sehr problemstrukturabhängig. Oft ist nicht vorherzusagen, welche genaue Struktur ein Problem hat und wie danach das heuristische Verfahren genau vorgehen sollte. Daher sind heuristische Verfahren oft nicht eindeutig in ihrem Ablauf bestimmt, sondern sie sehen alternative Vorgehensweisen vor, die während des Lösungsvorgangs vom Benutzer aufgrund seiner jeweiligen Einsicht gesteuert werden können. Diese Steuerungsmöglichkeit hat im wesentlichen zwei Vorteile: Zum einen kann das Verfahren während des Lösungsvorganges an die Problemstruktur angepasst werden, zum anderen erhöht die Steuerungsmöglichkeit durch den Benutzer häufig die Akzeptanz des Verfahrens durch den Benutzer.

Da oft heuristische Verfahren und Näherungsverfahren gleichgesetzt werden, hier noch einige Bemerkungen zum Verhältnis dieser beiden Verfahrenstypen zueinander: Eine Anzahl von Suchverfahren, wie z. B. Fibonacci-Suchverfahren, Gradientenverfahren etc., konvergieren in der Regel erst im Unendlichen. Da jedes Verfahren jedoch nach endlich vielen Rechenschritten abgebrochen werden muss, ist auch bei diesen Verfahren keine Lösungsgarantie gegeben. Sie unterscheiden sich jedoch gewöhnlich von den heuristischen Verfahren dadurch, dass sie eine beliebig genaue Annäherung an die gesuchte Lösung erlauben bzw. dass man beim Abbruch eine ε-Umgebung angeben kann, in der die gesuchte Lösung liegen muss. Diese Art von Verfahren sollte man im Gegensatz zu den heuristischen Verfahren als Näherungsverfahren bezeichnen.

Bei den Methoden und Ansätzen, die in den bisherigen Kapiteln betrachtet wurden, bot sich als Ordnungskriterium fast immer die mathematische Struktur des zu lösenden Modells an. Bei Heuristiken sind die Gliederungsgesichtspunkte erheblich vielfältiger. Wichtig scheint eine Klassifizierung heuristischer Verfahren jedoch besonders aus zwei Gründen zu sein: Zum einen als Hilfe für den Benutzer, der nach einer Heuristik für eine bestimmte Problemstellung sucht, und zum anderen für den Entwerfer von Heuristiken, der aus der Vielfalt heuristischer Möglichkeiten und Komponenten eine möglichst gute, problemorientierte Heuristik zusammenbauen möchte. Wir wollen hier heuristische Verfahren zunächst grob nach den Kriterien der Zielsetzung und der Anwendbarkeit gliedern. In den Abschnitten 6.3 und 6.4 soll dann eine weitergehende Strukturierung nach ihrem inneren Aufbau und ihrer Vorgehensweise vorgenommen werden:

Zielsetzung

Je nachdem, ob man mit einem heuristischen Verfahren eine Ausgangslösung bestimmen will, die dann evtl. durch andere Verfahren verbessert wird, oder ob man eine vorliegende Lösung verbessern will, unterscheidet man zwischen *konstruktiven Verfahren* (auch Eröffnungsverfahren genannt (Müller-Merbach, 1973a)) und *verbessernden Verfahren* (auch als iterative Verfahren bezeichnet (Müller-Merbach, 1973a)). Bei den konstruktiven Verfahren steht meist das Streben nach Zulässigkeit einer zu bestimmenden Lösung im Vordergrund. Bei den verbessernden Verfahren geht man gewöhnlich von einer zulässigen Lösung aus und sucht nach besseren zulässigen Lösungen (ähnlich wie bei der primalen Simplex-Methode!).

Anwendbarkeit

A. Allgemein anwendbare Heuristiken

Dies sind Verfahren – man sollte sie vielleicht lieber Prinzipien nennen – von denen man sich ganz allgemein verspricht, dass sie das Lösen von Problemen erleichtern oder verbessern. Verbessern heißt hier gewöhnlich, den Rechenaufwand vermindern oder die auf einmal zu verarbeitende oder zu speichernde Datenmenge zu reduzieren. Es ist daher nicht verwunderlich, dass ein großer Teil dieser Vorschläge aus der Beobachtung menschlichen Entscheidungsverhaltens und insbesondere aus der deskriptiven Entscheidungstheorie in das Operations Research gelangt sind (siehe z. B. Newell and Simon, 1972).

Als wichtigste solcher Heuristiken sind zu nennen:

a) *Dekomposition*

Zerlege das zu lösende Problem oder Modell in Teilmodelle und versuche über die Lösungen der Teilmodelle zur Lösung des Gesamtmodells zu kommen. Dieses Prinzip beruht primär auf zwei Überlegungen: Zum einen ist offensichtlich der Speicherbedarf für ein Teilproblem kleiner als für das Gesamtproblem, zum anderen wächst der Lösungsaufwand im allgemeinen überproportional mit der Problemgröße. Lässt sich das zu lösende Gesamtmodell in voneinander unabhängige Teile zerlegen, so ist Dekomposition ohne Nachteile durchführbar. Werden allerdings zwischen den Teilmodellen bestehende Interdependenzen vernachlässigt, so ist nicht zu erwarten, dass die optimale Lösung des Gesamtmodells die Vereinigung der optimalen Teillösungen ist (Norman, 1972).

b) *Induktives Vorgehen*

Hierbei versucht man, von der Lösung eines verkleinerten Modells auf die Lösung des größeren Gesamtmodells zu schließen. So ist es z. B. sicherlich einfacher, die optimalen Standorte zur Belieferung eines gegebenen Kundenstammes unter der Annahme zu bestimmen, dass nur sehr wenige Auslieferungsstandorte vorzusehen sind. Aufgrund der Lösung zu einem solchen Problem lässt sich dann einfacher eine Heuristik entwickeln, um viele Standorte optimal zu bestimmen.

c) *Analogschlüsse*

Man versucht hierbei, die Strukturen der Lösungen kleinerer Teilmodelle auszunutzen, die wichtige Eigenschaften mit dem zu lösenden Modell gemeinsam haben (Norman, 1972).

d) *Inkrementalanalyse* (Übergang von globaler zu lokaler Betrachtungsweise)

Dieses Prinzip wird in sehr vielfältiger Weise angewandt: Beispielsweise sucht man Verbesserungen einer existierenden Lösung durch Variation nur einer oder einiger weniger Entscheidungsvariablen bei „Einfrieren" aller anderen zu erreichen, oder man strebt durch Betrachtung nur kleiner Umgebungen einer vorliegenden Lösung eine Verbesserung der Gesamtzielfunktion an, oder man sucht die jeweiligen Zustandsräume nur in sehr lokalem Umfang nach besseren Zuständen ab.

e) *Stufenweise Verfeinerung der Modellstruktur*

Diskretisiert man entweder Entscheidungs- oder Zustandsvariable eines Modells aus lösungstechnischen Gründen (man denke z. B. an das in Abschnitt 4.5 behandelte separable Programmieren), so ist der Lösungsaufwand sicherlich von der Feinheit der vorgenommenen Diskretisierung (d. h. der relativen Anzahl der Stützstellen) abhängig. Es hat sich oft als heuristisch sinnvoll erwiesen, zunächst das Modell sehr grob zu diskretisieren und zu lösen, um Vermutungen über den Teil des Lösungsraumes anstellen zu können, in dem die gesuchte Lösung zu finden ist. Nur für diesen Teil wählt man dann eine feinere Diskretisierung und tastet sich somit durch wiederholtes Lösen mit jeweils feiner werdender Diskretisierung an die gesuchte Lösung heran.

f) *Modellmanipulation*

Hierbei geht es um Veränderungen des zu lösenden Modells um es leidlich lösbar zu machen und unter Umständen wenigstens eine brauchbare Ausgangslösung im Sinne eines Eröffnungsverfahrens zu erhalten. Im einzelnen sind exemplarisch zu nennen:

– Veränderung der *Zielfunktion* (z. B. Linearisierung).

– *Relaxation* gewisser Nebenbedingungen (z. B. der Ganzzahligkeitsbedingung).

– *Approximation* von Wahrscheinlichkeitsverteilungen (z. B. durch Wahl entweder einer rechnerisch leicht zu handhabenden Verteilung oder durch Ersatz der Verteilungen durch die Erwartungswerte).

– *Aggregation* von entweder Variablen oder Nebenbedingungen, um deren Anzahl zu verringern.

– *Beschränkung* des Lösungsraumes durch Einführung weiterer Restriktionen (z. B. obere oder untere Schranken, Schnittebenen, konvexe Hüllen etc.).

Die hier genannten allgemeinen heuristischen Prinzipien finden sich auch in vielen speziellen Heuristiken wieder. Norman (1972) hat z. B. deren Anwendung und Auswirkung im Zusammenhang mit dem dynamischen Programmieren sehr anschaulich dargestellt.

B. Spezielle Heuristiken

Spezielle Heuristiken sind meist Kombinationen heuristischer Prinzipien zu heuristischen Algorithmen, die für spezielle Problemtypen entworfen wurden. Man kann hier unterscheiden zwischen formal orientierten Heuristiken und materiell orientierten Heuristiken. Die ersteren stellen die mathematische Struktur des zu lösenden Problems in den Vordergrund (z. B. Ganzzahliges Lineares Programmieren), die letzteren setzen sich die Lösung gewisser inhaltlicher Problemtypen (Tourenplanungsprobleme, Fertigungssteuerungsprobleme etc.) zum Ziel. Es ist verständlich, dass bei beiden Arten Lösungsvorschläge besonders für die Problemtypen vorliegen, für die keine zufriedenstellenden exakten Algorithmen vorliegen. Welche Problemtypen im einzelnen für heuristische Verfahren besonders relevant sind, wollen wir im folgenden untersuchen.

6.3 Anwendungsbereiche heuristischer Verfahren

Vier der wichtigsten Anwendungsgebiete heuristischer Verfahren werden im folgenden beschrieben (siehe auch Müller-Merbach, 1981).

*(1) Probleme, für die keine genügend effizienten konvergierenden Algorithmen exis-
tieren.*

Was „genügend effizient" bedeutet, hängt von der jeweiligen Problemstellung ab.
Dies können Probleme sein, für die überhaupt keine konvergierenden Verfahren bekannt sind. Wesentlich häufiger trifft man jedoch auf Problemstrukturen, die zwar
im Prinzip mit bekannten konvergierenden Algorithmen lösbar wären, bei denen
jedoch der dafür zu treibende Aufwand nicht vertretbar erscheint. Zu nennen sind
hier einmal Probleme, für die zwar der Lösungsaufwand nicht allzu groß ist, bei
denen jedoch die für die Lösung zur Verfügung stehende Zeit zu kurz ist, um konvergierende Algorithmen einzusetzen (man denke an Echtzeit-Steuerungsprobleme,
bei denen Lösungen oft in Sekunden oder Bruchteilen davon zur Verfügung stehen
müssen). Die wesentlich größere Klasse besteht jedoch aus Problemen, bei denen
der Lösungsaufwand sehr stark mit der Problemgröße steigt und dadurch den Pro-
blemlösungsaufwand für Probleme realistischer Größe prohibitiv werden lässt.

Bis Anfang der siebziger Jahre war diese Rechtfertigung vom mathematischen
Standpunkt aus wenig überzeugend. Man vertrat vielmehr die Auffassung, dass
die existierenden konvergierenden Algorithmen noch nicht effizient genug waren.
Deshalb beschäftigten sich bis zu dieser Zeit auch kaum Mathematiker mit dem
Entwurf heuristischer Algorithmen. Dies änderte sich, als im Rahmen der Komplexitätstheorie festgestellt wurde, dass es Problemtypen gibt, für die effiziente,
konvergierende Algorithmen nicht zu erwarten sind. Die Grenze zwischen „effizient
lösbar" und „nicht effizient lösbar" wird heute meist zwischen Problemen gezogen,
die mit polynominal beschränktem Aufwand lösbar sind ($\mathcal{P}$) und Problemen, für
die noch kein polynominal beschränkter Algorithmus existiert ($\mathcal{NP}$).

Falls es daher gelingt, ein NP-vollständiges Problem mit polynominalem Aufwand
zu lösen, geht die Klasse $\mathcal{NP}$ vollständig in die Klasse $\mathcal{P}$ über.

Allerdings ist für NP-vollständige Probleme der Entwurf effizienter Algorithmen
nicht zu erwarten. Daher ist auch für einen Mathematiker die Beschäftigung mit
Heuristiken naheliegend und attraktiv. Zur Gruppe der NP-vollständigen Probleme gehören vor allem viele kombinatorischen Probleme wie das Rundreiseproblem
sowie viele Probleme aus der Tourenplanung und der Produktionssteuerung (siehe
Matthäus, 1975, 1978; Liesegang and Schirmer, 1975).

*(2) Verbesserung der Effizienz von konvergierenden Verfahren durch Ermittlung ei-
ner guten Startlösung.*

Durch die Wahl einer guten Ausgangslösung kann häufig die Zahl der notwendigen Iterationen zur Bestimmung der optimalen Lösung erheblich reduziert werden.
Dieser Aufgabe dienen die sogenannten Eröffnungsverfahren.

(3) Heuristische Verfahren als Elemente konvergierender Algorithmen.

Vor allem bei iterativen Algorithmen, bei denen im Rahmen einer „Vorschauregel"
entweder bestimmt wird, welche Lösung als nächstes bewertet und bestimmt werden
soll (man denke z. B. an die Benutzung des Δz_j in der Simplex-Methode), oder nach

welcher Variablen als nächstes verzweigt werden soll, um zu einer vollständigen Lösung zu gelangen (man denke an die in Abschnitt 5.3 benutzten Verzweigungs- und Terminierungsregeln im Branch and Bound), werden heuristische Verfahren eingesetzt. Für die Lösung der letztgenannten Problemgruppe werden häufig verschiedene Formen der Relaxation verwendet.

(4) Heuristische Verfahren als Lehrmittel.

Das Verständnis komplizierter konvergierender Algorithmen setzt oft eine fundierte mathematische Vorbildung voraus, die häufig bei deren Benutzern nicht (mehr) vorhanden ist. Woolsey and Swanson (1975, S. 169) äußerten einmal mit gewissem Recht:

> *„People would rather live with a problem they cannot solve than accept a solution they cannot understand."*

Da Heuristiken in der Regel leichter verständlich sind und geringere Ansprüche an die mathematische Vorbildung des Benutzers stellen, kann der Ersatz eines konvergierenden Algorithmus durch eine Heuristik durchaus zur Steigerung der Akzeptanz eines Lösungsverfahrens durch den Benutzer führen.

Nicht selten werden Probleme auch modellhaft ohne das Ziel gelöst, das gefundene Ergebnis direkt umzusetzen. Dem Entscheidungsfäller soll mittels der gefundenen Lösung vielmehr ein Gefühl für die Lösungsstruktur vermittelt werden. Man benutzt hier eine geeignete Lösungsmethode eher simulativ (man denke z. B. an Planspiele). Auch in diesen Fällen hat sich der Einsatz von Heuristiken, vor allem aufgrund ihres relativ geringen Aufwandes und aufgrund ihrer besseren Verständlichkeit, sehr gut bewährt.

6.4 Die Entwicklung heuristischer Verfahren

6.4.1 Grundlagen des Verfahrensentwurfes

Es wurde schon darauf hingewiesen, dass heuristische Verfahren zum einen in ihrem Aufbau und in ihrer Effizienz sehr problemabhängig sind und zum anderen für eine Vielzahl von Problemen und Problemstrukturen relevant sind. Im Gegensatz z. B. zum Simplex-Verfahren ist der Aufbau heuristischer Verfahren nicht auf die Lösung *einer* wohldefinierten mathematischen Struktur auszurichten. Sucht man überhaupt nach einer Gemeinsamkeit der Mehrzahl heuristischer Algorithmen, so kann dies nur ein sehr grobes Ablaufschema sein. Viele Autoren, siehe vor allem (Müller-Merbach, 1981; Streim, 1975; Norman, 1972) sind sich darin einig, dass ein solches Schema das eines iterativen Vorgehens sein sollte. Hierbei wird unter einer Iteration ein wiederholtes Durchlaufen einer Teilmenge der Rechenvorschriften des Algorithmus verstanden. Innerhalb einer solchen Iteration kann entweder einer bis dahin unvollständigen Lösung (Teillösung) eine weitere Variable hinzugefügt werden (Eröffnungsverfahren), oder aber man kann von einer bekannten vollständigen Lösung zu einer anderen, besseren Lösung übergehen (Verbesserungsverfahren). Stellt man den gesamten Lösungsvorgang als einen Entscheidungsbaum dar, wie dies bereits in Kapitel 5 explizit bei den Entscheidungsbaumverfahren durchgeführt wurde, so umfasst eine Iteration gewöhnlich den Übergang (einschließlich Bewertung, Verzweigung, Terminierung) von einem Knoten zu einem anderen. Zur vollständigen Beschreibung einer solchen Iteration ist es also im allgemeinen ausreichend, zu spezifizieren:

a) auf welche Weise *verzweigt* werden soll, d. h. wie die einzelnen Knoten zu definieren sind (Aufnahme einer Variablen; Partition des Lösungsraumes; Bestimmung einer Umgebung, in der nach einer weiteren Lösung oder Variablen gesucht werden soll),

b) auf welche Weise die potentiellen Lösungen oder Variablen zum Zwecke der Aufnahme *bewertet* werden sollen,

c) in welcher *Reihenfolge* die Knoten durchlaufen werden sollen sowie

d) Anfangs- und Stoppregeln für die Iterationen.

e) Schließlich müssen, da bei heuristischen Verfahren Teile des Lösungsraumes ausgeschlossen werden, über a) bis d) hinaus noch *Ausschlussregeln* spezifiziert werden.

Für den Entwurf eines Verfahrens ist es notwendig, sich zunächst der Möglichkeiten der für a) bis e) bestehenden algorithmischen Ausprägungen samt ihrer Vor- und Nachteile bewusst zu werden (Analyse) und sie dann im Hinblick auf die zu lösende Problemgruppe und den vorliegenden Informationsgrad (Ausgangslösung vorhanden oder nicht) zu einem guten heuristischen Algorithmus zusammenzufügen.

In Anlehnung an Müller-Merbach (1976) werden nachfolgend zunächst die möglichen Ausprägungen in Form einer begrenzten Morphologie beschrieben und dann einige hilfreiche Hinweise für die Phase der Synthese gegeben.

6.4.2 Analyse und Synthese heuristischer iterativer Verfahren

Zunächst werden für die vier Elemente einer Iteration (Verzweigung, Bewertung, Reihenfolgebestimmung und Ausschlussregel) wesentliche Variationsmöglichkeiten aufgezeigt, ohne dabei nach Vollständigkeit zu streben. Anschließend wird auf die Stoppregeln kurz eingegangen. Die Regeln für die Anfangslösung ergeben sich aus der Verzweigungspolitik und müssen daher im folgenden nicht näher behandelt werden. Auch sei nochmals darauf hingewiesen, dass eine Baumstruktur des Lösungsverfahrens zugrunde gelegt wird, wie sie bei den Entscheidungsbaumverfahren vorgestellt wurde. Folgendes Abbildung, das sich stark an Müller-Merbach (1981, S. 8) anlehnt, verdeutlicht dies:

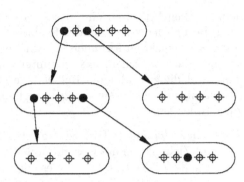

Abbildung 6.1: Struktur hier betrachteter Heuristiken

Die Ellipsen deuten dabei die Umgebungen an, die in Betracht gezogen werden und die den Knoten eines Entscheidungsbaumes entsprechen. (Dies können Teillösungen oder Teilmengen der Menge aller Lösungen sein.) Die ausgeschlossenen Lösungen oder Variablen sind durch Durchkreuzung angedeutet, die in Betracht gezogenen als leere Kreise und die akzeptierten durch volle Kreise.

(1) Verzweigung

Die drei „Freiheitsgrade" des Entwurfs bezüglich der Verzweigungsregeln, Ausgangslösung, Zahl der Folgeknoten und Verhältnis der den Knoten entsprechenden Umgebungen sind vollkommen voneinander unabhängig. So wird man bei den Eröffnungsverfahren oder konstruktiven Verfahren dazu neigen, eine kleinere oder sich verkleinernde Zahl von Folgeknoten zu wählen als bei verbessernden Verfahren, bei denen man bereits von einer vollständigen (z. B. zulässigen) Lösung ausgeht und diese dann versucht, iterativ zu verbessern. Ganz allgemein gilt: je geringer die Zahl der pro Knoten zugelassenen oder untersuchten Folgeknoten, desto mehr nähert sich die Baumstruktur einer Pfadstruktur an (nur jeweils ein Folgeknoten!) und desto schneller, d. h. mit desto geringerem Lösungsaufwand wird das Ende des Lösungsverfahrens erreicht werden. Dafür wird auch im allgemeinen der Teil des nicht in Betracht gezogenen Lösungsraumes und damit die Chance, gute Lösungen ausgeschlossen zu haben, mit fallender Zahl zugelassener Folgeknoten wachsen. Die Zahl der Folgeknoten kann fix sein, sie kann mit dem Lösungsfortschritt steigend oder fallend sein oder sie kann in Abhängigkeit von dem jeweils betrachteten Stufenlösungs- oder Zustandsraum variabel gehalten werden. Auf die verschiedenen Möglichkeiten werden wir noch einmal zu sprechen kommen, wenn wir die heuristischen Ausschlussregeln betrachten.

Häufig wird das Verfahren so angelegt, dass die durch die Knoten repräsentierten Teillösungsräume disjunkt sind. Dies ist jedoch nicht notwendig. Im Gegenteil, oft sind rechnerische Vorteile dadurch zu erreichen, dass man die Zerlegung der Lösungsräume in nicht-disjunkte Teilräume vornimmt.

(2) Bewertung

Die Art der für die noch nicht verzweigten Knoten gewählte Bewertung spielt bei heuristischen Verfahren eine besondere Rolle: Hier verbinden sich Wissen (Erfahrung) bezüglich des zu lösenden Problems mit Einschätzungsvermögen der rechnerischen Konsequenzen formaler Vorschriften. Das besondere Gewicht der Bewertung ist auch darin zu sehen, dass sie unter Umständen die Grundlage für die Verzweigung und die zu wählende Reihenfolge sowie Teil der Ausschlussregel sein kann. Am häufigsten sind Bewertungen zu finden, die einer der folgenden vier Klassen zuzuordnen sind:

Wert der Zielfunktion: Hierbei kann der Begriff „Zielfunktion" interpretiert werden als Zielfunktion des Gesamtmodells, als Teilzielfunktion des bereits untersuchten Teiles des Lösungsraumes oder aber als Zielfunktion eines relaxierten Modells (look-ahead-criterion). Besonders effizient ist die zuletzt genannte Art, wenn man eine sinnvolle Relaxation finden kann.

Zulässigkeitsmaße: Verwendet man ein Zielfunktionsmaß als Bewertung, so setzt man gewöhnlich voraus oder stellt sicher, dass die bereits bekannten Lösungen oder Teillösungen zulässig sind. Es könnte nun aber durchaus sein, dass man z. B. eine dual zulässige Lösung kennt und nach einer primal zulässigen sucht oder dass man eine Lösung kennt, die nur einen Teil der Nebenbedingungen erfüllt und man nach Lösungen sucht, die alle Nebenbedingungen (z. B. auch Ganzzahligkeitsbedingungen) vollständig oder wenigstens zufriedenstellend erfüllen.

In diesen Fällen kann an die Stelle einer auf einer Zielfunktion basierenden Bewertung auch eine solche treten, die primär den Grad der Zulässigkeit der in der zu bewertenden Umgebung befindlichen Lösungen betreffen.

Prioritätsregeln: Diese sind im allgemeinen problembezogen (z. B. speziell geeignet für Probleme der Fertigungssteuerung, Projektplanung etc. (siehe z. B. Liesegang and Schirmer, 1975)). Sie können jedoch auch heuristische Formen von meist lokalen Entscheidungsregeln sein, die für ähnliche formale Modelle als optimal erkannt worden sind. Als Beispiel sei hier die „kürzeste Operationszeit"-Regel genannt, für die im Rahmen der Theorie der Warteschlangen für bestimmte Modelltypen „Optimalitätseigenschaften" nachgewiesen werden.

Heuristische Regeln: Es wurde schon erwähnt, dass Heuristiken auch in optimierenden Verfahren (z. B. dem Simplex-Algorithmus) ihren Platz gefunden haben. In gleicher Weise können sie auch im Rahmen heuristischer Verfahren z. B. zur Bewertung von Knoten bzw. der durch sie repräsentierten Lösungen oder Teillösungen Verwendung finden. Es besteht dann eine große Ähnlichkeit zu den schon genannten Prioritätsregeln.

(3) Reihenfolge

Noch stärker als bei Entscheidungsbaumverfahren beeinflusst die Reihenfolge der

Knotenbewertungen und -verzweigungen bei den heuristischen Verfahren Rechenaufwand und Speicherplatz. Der Grund hierfür ist, dass unter Umständen die Ausschlussregeln bei der einen Reihenfolge stärker zum Tragen kommen als bei einer anderen. Grundsätzlich sind die gleichen Reihenfolgen denkbar wie bei Branch and Bound-Verfahren oder beim Dynamischen Programmieren: Neben formalen Regeln (z. B. Knoten-Index) ist eine parallele Verzweigung (wie beim Dynamischen Programmieren), eine Verzweigung vom Knoten mit der günstigsten Bewertung oder eine Verzweigung entlang eines Pfades bis zum Baumende (sequentiell) wählbar.

(4) Ausschlussregel

Möglich ist sowohl ein Ausschluss von Teilen des Lösungsraumes durch Beschränkung der Zahl der noch zu untersuchenden Knoten als auch ein Ausschluss von Folgeknoten lediglich aufgrund der Bewertung eines Knotens oder aufgrund anderer bekannter Schranken (bounds). Beschränkt man z. B. die Zahl der direkten Folgeknoten jeweils auf 1, so liegt wieder eine Pfadstruktur des Algorithmus mit allen seinen bereits erwähnten Vor- und Nachteilen vor. Wählt man dagegen anspruchsvollere Bewertungen (wie sie z. B. bei kommerziellen Programmpaketen benutzt werden), so kann bereits der Aufwand zur Berechnung der Bewertung eines Knotens erheblich sein.

(5) Stoppregel

Da heuristische Verfahren nicht gegen eine bestimmte Lösung konvergieren, kann man das Ende der Rechnung auf mindestens dreierlei Weise erreichen: Erstens können alle Teilmengen des Lösungsraumes nach der (optimalen) Lösung abgesucht oder explizit aufgrund der heuristischen Ausschlussregel ausgeschlossen werden. In diesem Fall – der häufig bei Eröffnungsverfahren vorliegt – ist keine zusätzliche Stoppregel erforderlich. Zweitens kann das Verfahren aufgrund eines vorgegebenen oder subjektiv veränderbaren Abbruchkriteriums, das sich z. B. auf die Knotenbewertungen beziehen kann, abgebrochen werden. Dabei hat das heuristische Verfahren Ähnlichkeit mit einem Näherungsverfahren, so dass man von einem ε-optimalen Verfahren sprechen könnte, wobei e die geforderte Lösungsgüte charakterisiert. Drittens kann das Verfahren abgebrochen werden, wenn der weitere ansteigende Lösungsaufwand durch die weitere Verbesserungsmöglichkeit der Lösung nicht mehr zu rechtfertigen ist. Dieser letzte Fall tritt verständlicherweise nur bei Verbesserungsverfahren auf.

Im Prinzip können die beiden letzten Stoppregeln auf den jeweils betrachteten Knoten oder auf die Gesamtheit der verbleibenden Knoten (nicht abgesuchten Teillösungsmengen) bezogen werden. Man kann die zweite Art daher als lokale, die dritte als globale Stoppregel bezeichnen.

Abbildung 6.2 zeigt die besprochenen Möglichkeiten noch einmal in einer Übersicht.

Beim Entwurf eines heuristischen Verfahrens wird man sich zunächst über die Zielsetzung des Algorithmus genau klar werden müssen, also darüber, ob man bekannte

Gestaltungs-möglichkeit	Ausprägung			
A. Verzweigung	Ausgangslösung	Unvollständig (Eröffnungs-verfahren, konstruktive Verfahren)		Vollständig (Verbessernde Verfahren)
	Zahl der betrach-teten Umgebungen (Teilmengen) K	$K = 1$	$K \geq 2$ fix	K variabel abnehmend oder zuneh-mend	K variabel und ab-hängig von Variablen oder Lösungen der vorhergehenden Stufe
	Verhältnis der Teil-mengen zueinander	disjunkt		nicht disjunkt	
B. Bewertung	Wert der Zielfunktion			Zulässigkeitsmaß	Prioritäts-regel	Heuristische Regel
	des Teil-modells	des Gesamt-modells	des rela-xierten Modells			
C. Reihenfolge	formal	parallel	vom besten Knoten	sequentiell
D. Ausschluss-regel	Beschränkung der Folgeknotenzahl				Ausschluss aufgrund von Bewertungen (bounds)
	pro Knoten	pro Stufe	für restliche Knoten	als Funktion einer Bewertung	
E. Stoppregel	Vollständige Bewertung oder Ausschluss	Erreichung eines Anspruchsniveaus		Verhältnis Lösungsauf-wand zu Verbesserungs-möglichkeit	

Abbildung 6.2: Struktur heuristischer Verfahren

Lösungen verbessern will oder ob man eine gute Ausgangslösung für ein mögli-cherweise anschließend zu verwendendes Optimierungsverfahren erreichen will. Man wird entscheiden müssen, ob Rechenzeit, Speicherplatz, Güte der Lösung, Zulässig-keit der Lösung oder andere Zielsetzungen von besonderer Wichtigkeit sind. Da-mit wird oft schon eine Grobauswahl der in Abbildung 6.2 angeführten Varianten möglich sein. In diesem Rahmen sind dann spezifische Formen der Gestaltungs-möglichkeiten, wie z. B. die Art der Bewertung, die Anzahl der zu benutzenden Bewertungen oder die Art der Knotenbeschränkung etc., zu wählen. Um schließ-lich herauszufinden, welche Kombination heuristischer Gestaltungsmöglichkeiten für einen bestimmten Problemtyp und eine spezielle Zielsetzung optimal ist, bleibt oft nur der Rückgriff auf simulative Tests. Diese werden anhand von – meist kleineren – Datensätzen, die das eigentliche Problem möglichst gut charakterisieren, durchge-führt. Da hierbei nicht selten die Bestimmung der „Güte" eines heuristischen Verfah-rens bereits sehr schwierig ist, soll diesem Problem der nächste Abschnitt gewidmet werden.

6.5 Die Qualität heuristischer Verfahren

Die Güte der Lösung eines Algorithmus steht bei der Verwendung optimierender Verfahren gewöhnlich nicht im Vordergrund der Betrachtung. Die Garantie, eine gesuchte (optimale) Lösung zu finden, ist gegeben. Verständlichkeit und unter Umständen Speicherplatzbedarf interessieren im allgemeinen nicht so sehr. Besondere Aufmerksamkeit wird lediglich der Konvergenzgeschwindigkeit und – bei großen Problemen – der Stabilität gewidmet. Grundsätzlich anders verhält es sich bei heuristischen Verfahren, die zur Lösung bestimmter Probleme bzw. ihrer Modelle entworfen oder vorgeschlagen werden.

Silver *et al.* (1980) fordern von einem guten heuristischen Verfahren, dass

1. die Lösung mit realistischem Rechenaufwand gefunden werden kann,

2. die Lösung in der Regel (im Durchschnitt) in der Nähe des Optimums liegt,

3. die Chance einer schlechten Lösung klein und

4. die Heuristik vom Benutzer so leicht wie möglich zu verstehen ist.

Zu ergänzen sind diese Forderungen häufig noch um folgende zwei Aspekte:

5. Der benötigte Speicherplatz sollte möglichst gering und

6. die Heuristik in ihrer „Güte" möglichst wenig von Änderungen der Daten- oder Modellstruktur abhängig sein, d.h. sie soll möglichst breit anwendbar sein, ohne stark an „Güte" einzubüßen.

Man sieht, dass es sich um ein schwierig zu lösendes Multi-Kriteria-Problem handelt, wie es in Abschnitt 3.7 bereits besprochen wurde. Darüber hinaus sind diese sechs Kriterien für sich in zweierlei Hinsicht definitionsbedürftig: Erstens, was genau versteht man unter „Lösungsgüte", „Rechenaufwand", „Benutzerfreundlichkeit", „Schlechte Lösung" usw. und zweitens, womit sollte man die von einem vorliegenden Algorithmus erreichten „Qualitäten" vergleichen, um zu einem Schluss bezüglich seiner Güte zu kommen?

Das Gewicht, das jedes einzelne der genannten Kriterien bei einer Gesamtbewertung eines Algorithmus erhält, hängt von dem jeweils zu lösenden Problem ab. Daher soll hier nicht weiter auf die Problematik der Multi-Kriteria-Entscheidung eingegangen werden. Jedoch soll versucht werden, die wichtigsten Kriterien für sich so weit wie möglich zu operationalisieren oder wenigstens zu kommentieren:

A. Rechenaufwand

Als Maßgröße zur Beurteilung des Rechenaufwandes kommen im wesentlichen drei Größen in Betracht: (1) die Zahl der auszuführenden elementaren Rechenoperationen, (2) die Zahl der Iterationen, und (3) die benötigte Rechenzeit. Allen drei Größen haftet die Problematik an, dass häufig die Rechenoperationen verschiedener Algorithmen nicht vergleichbar sind, die Iterationen verschiedener Algorithmen unterschiedlichen Umfang haben können und die benötigte Rechenzeit von der jeweils benutzten Rechenanlage, von der Güte der Programmierung (Codierung) und von anderen Einflussfaktoren abhängig ist.

Selbst wenn man sich für eine dieser oder eine Kombination verschiedener Maßgrößen entschieden hat, bleibt die Frage nach der *Maßzahl* offen: Soll der im schlimmsten Falle festgestellte Rechenaufwand verglichen werden, der durchschnittliche oder der beste? Sollen die Rechenaufwände jeweils durch Lösung verschiedener Musterprobleme unterschiedlicher Struktur festgestellt werden? Wenn ja, wie unterschiedlich sollen die Strukturen der Mustermodelle sein?

Auf alle diese Fragen gibt es keine eindeutig beste Antwort. Sie werden vielmehr im jeweiligen Fall vom Operations Researcher zusammen mit dem Algorithmenbenutzer beantwortet werden müssen. Hierbei können sicher entscheidungstheoretische Überlegungen (siehe Kapitel 2) sehr hilfreich und nützlich sein.

Schließlich ist zur Bewertung des Rechenaufwandes eines Algorithmus die ausgewählte Maßzahl mit einer vorher festgelegten Größe zu vergleichen, um ein Urteil darüber abgeben zu können, ob der Rechenaufwand hoch oder niedrig, akzeptabel oder nicht akzeptabel ist. Ist feststellbar, wie der Lösungsaufwand mit der Problemgröße steigt, so ist dies bereits ein erster Hinweis auf die „Recheneffizienz": Ist n z. B. ein Maß für die Größe des zu lösenden Modells (also z. B. die Zahl der Variablen), so bezeichnet man den Rechenaufwand gewöhnlich dann als akzeptabel, wenn er mit $\mathcal{O}(n^p)$, für p kleiner als 3 bis 4, steigt. Nimmt er jedoch mit $\mathcal{O}(e^n)$ also exponentiell zu, so ist er gewöhnlich für die Lösung realistischer Probleme prohibitiv. Zu bedenken ist allerdings, dass der Lösungsaufwand nicht nur von der Problemgröße, sondern auch von anderen Faktoren wie Besetztheitsgrad von Matrizen, Vermaschungsgrad von Netzen, zur Verfügung stehender Speicherplatz etc. abhängen kann. Dann ist es gewöhnlich nicht möglich, das Verhältnis der Problemgröße zu Zuwachs des Rechenaufwandes als eine sinnvolle Maß- oder Vergleichsgröße zu verwenden. In diesen Fällen kommen z. B. als *Vergleichsgrößen* in Frage: Rechenaufwand bei vollständiger Enumeration, Rechenaufwand vergleichbarer Heuristiken, Rechenaufwand der zur Zeit vom Entscheidungsfäller getrieben wird oder Anspruchsniveau (Vorstellung) des Entscheidungsfällers.

B. Lösungsgüte

Als *Maßgröße* für die Lösungsgüte kommt gewöhnlich der erreichte Wert der Zielfunktion in Frage. Diese Größe versagt jedoch mindestens in zwei Fällen: Erstens, wenn es mehrere relevante Zielfunktionen gibt und zweitens, wenn bereits die Bestimmung einer zulässigen Lösung als Erfolg anzusehen ist. Im zweiten Fall könnte man eventuell die Zahl der Fälle, in denen eine zulässige Lösung gefunden wurde, als Maßgröße verwenden.

Als *Maßzahl* kommen, wie beim Rechenaufwand, gewöhnlich die durchschnittliche Lösungsgüte oder die schlechtestmögliche in Frage, wobei unter Umständen für die zweite Maßzahl genauere Werte mathematisch bestimmt werden können. Die Aussagekraft solcher Zahlen für praktische Anwendungen – vor allem mit hoher Anwendungsfrequenz – ist jedoch recht beschränkt.

Als *Vergleichsgröße* können im wesentlichen wiederum bekannte Optimallösungen, die Optimallösungen relaxierter Modelle, die Lösungsgüte anderer Heuristiken, die

Güte vorliegender Entscheidungen oder aber die Güte zufällig bestimmter Lösungen herangezogen werden.

C. Grad der Allgemeinheit

Mit dem „Grad der Allgemeinheit" ist die Beeinflussung der Lösungsgüte, des Rechenaufwandes und des Speicherplatzes aufgrund von Variationen von Modell-Charakteristika (mathematische Struktur, Besetztheitsgrad, Verteilung von Parametern, Vorhandensein von speziellen Verläufen wie z. B. die Nachfragekurve) gemeint. Beim Entwurf von Heuristiken befindet man sich hierbei häufig in einem Dilemma: Je mehr die Heuristik auf die Struktur eines Modells abgestellt ist, desto effizienter und effektiver ist sie gewöhnlich – bezüglich genau dieses Modells. Dies kann dazu führen, dass kleine Strukturveränderungen des Modells bereits zu einer erheblichen Verminderung der Effizienz und Effektivität der Heuristik führen. Deshalb sollte man bei dem Entwurf und vor dem Einsatz von Heuristiken möglichst zwei Dinge beachten: Erstens sehr genau bestimmen, in welcher Richtung und bis zu welchem Grade Strukturveränderungen ohne großen Effizienzverlust hingenommen werden können und zweitens die Heuristik so weit wie möglich parametrisieren, um sie an veränderte Modellstrukturen möglichst gut anpassen zu können. Der Versuch, vor allem dem letzteren gerecht zu werden, hat dazu geführt, dass sich eine große Anzahl von guten Heuristiken nicht als eindeutig bestimmte Algorithmen präsentieren, sondern als „Algorithmen-Familien". Als besonders gutes Beispiel hierfür sei der „Algorithmus" von Hillier (1969, S. 600 ff.) zur Lösung ganzzahliger linearer Programme genannt.

D. Benutzerfreundlichkeit

Die Forderung nach Benutzerfreundlichkeit wird schon lange und nicht nur bezogen auf Heuristiken gestellt. In diesem Zusammenhang besonders genannt seien u. a. Little (1977, S. 127 ff.) und Woolsey (Woolsey and Swanson, 1975). Was Benutzerfreundlichkeit jedoch genau ist, wird selten eindeutig definiert. Selbstverständlich sollten Ein- und Ausgabeformate sowie Kontrollsprachen möglichst wenige spezielle EDV-Kenntnisse vom Benutzer erfordern. Das gleiche gilt für seine formale Vorbildung. Darüber hinaus wird jedoch oft gefordert, dass der Benutzer in den Algorithmus eingreifen kann (Entwicklung zum sogenannten interaktiven Decision Support System) und er den Algorithmus (oder das Modell) zufriedenstellend verstehen muss, da er ihn anderenfalls nicht als Entscheidungshilfe akzeptieren wird.

Die beiden letzten Forderungen scheinen jedoch nur in gewissem Rahmen gerechtfertigt zu sein: Zum einen erlauben manche – auch heuristische – Algorithmen sinnvollerweise keine willkürlichen Eingriffe während ihres Ablaufes, zum anderen erfordert ein sinnvoller effizienzverbessernder Eingriff oft eine sehr intime Vertrautheit des Benutzers mit dem Algorithmus und seinen Variationsmöglichkeiten (man denke z. B. an die heute verfügbaren großen Programmpakete zur ganzzahligen Programmierung), was wiederum eine gute formale, d. h. mathematische Vorbildung bedingt.

Des weiteren bezieht die Forderung nach guter Verständlichkeit die Vorbildung des Benutzers und seine Motivation zur Weiterbildung ein. Dies bedeutet streng genommen, dass nicht nur für jede Problemstruktur, sondern auch für jeden Benutzer ein „benutzerfreundlicher" Algorithmus zu entwerfen wäre. Bei komplizierten Problemen und bei Benutzern, die über geringe formale Kenntnisse oder Ambitionen verfügen, wird man es jedoch in vielen Fällen nicht vermeiden können, von den Benutzern zu erwarten, dass sie Teile des Modells oder Algorithmus als „black box" verwenden. Schließlich fordert man auch nicht von jedem Benutzer eines Radios oder Fernsehers, dass er mit den einzelnen Funktionen dieser Geräte vertraut ist. In diesen Fällen ist es allerdings um so wichtiger, dem Benutzer die Leistungsfähigkeit des angebotenen Werkzeuges auf andere Weise überzeugend zu demonstrieren.

6.6   Beispiele heuristischer Verfahren

Im folgenden sollen einige Beispiele das in den letzten Abschnitten Gesagte illustrieren. Dabei wird Wert darauf gelegt, sowohl Eröffnungs- als auch verbessernde Verfahren und sowohl formal orientierte als auch materiell orientierte Ansätze zu berücksichtigen. Für weitere Heuristiken sei auf die sehr umfangreiche Spezialliteratur am Ende dieses Kapitels verwiesen.

6.6.1   Eröffnungsverfahren

Beispielhaft sollen zwei Verfahren vorgestellt werden, die Vogelsche Approximationsmethode (VAM), die gute Ausgangslösungen für das Transportmodell liefert und sogenannte „Greedy Verfahren", die ebenfalls Ausgangslösungen zu Transportmodellen liefern, jedoch noch schneller als die VAM-Methode sind, dabei allerdings auch schlechtere Lösungen liefern.

Vogelsche Approximationsmethode (VAM)

Es handelt sich hierbei um ein relativ altes, aber bewährtes Eröffnungsverfahren zur Bestimmung einer guten zulässigen Basislösung für das Transportmodell. Verzweigt wird jeweils nach den Variablen der noch nicht erfüllten Zeilen- und Spaltennebenbedingungen, d. h. nach den Teilmengen der in den Zeilen bzw. Spalten enthaltenen Variablen (Umgebungen). Die Zahl der auf den jeweiligen Stufen betrachteten Teilmengen ist abnehmend und die Teilmengen sind nicht disjunkt.

Die heuristische Bewertungsvorschrift stellt auf Opportunitätskosten ab. Von dem Knoten mit der jeweils besten Bewertung wird entsprechend einer Pfadstruktur verzweigt. Dabei wird vorausgesetzt, dass das Modell in der Standardform eines Transportmodells vorliegt (siehe Modell 3.50). Der Algorithmus endet, sobald eine (eventuell entartete) zulässige Basislösung für das Modell gefunden ist.

Im folgenden wird die Vorgehensweise kurz beschrieben und am Beispiel 3.52 illustriert:

6.3 Algorithmus

Definiere

$I :=$ Indexmenge der noch nicht erfüllten Zeilenbedingungen.
$J :=$ Indexmenge der noch nicht erfüllten Spaltenbedingungen.

1. Schritt

Bestimme für alle noch nicht erfüllten Zeilen und Spalten die Opportunitätskosten. Sie ergeben sich aus der Differenz (D_i bzw. D_j) zwischen den zweitniedrigsten und den niedrigsten Einheitstransportkosten c_{ij} ($i \in I, j \in J$).

2. Schritt

Bestimme in der Zeile oder Spalte mit der maximalen Differenz das Feld (i,j) mit den niedrigsten Einheitstransportkosten c_{ij}. Falls in mehreren Zeilen oder Spalten die gleiche „größte Differenz" auftritt, so wähle eine Zeile oder Spalte beliebig aus.

3. Schritt

In dem Feld (i,j) setze $x_{ij} = \min(a_i, b_j)$, so dass entweder eine Spalten- oder eine Zeilenbedingung erfüllt ist. Streiche die erfüllte Zeile oder Spalte und reduziere die nicht erfüllte Forderung (a_i bzw. b_j) um den Wert x_{ij}. Falls beide Forderungen erfüllt sind, streiche entweder die Spalte oder die Zeile. In diesem Fall wird in der übriggebliebenen Zeile oder Spalte eine Variable null.

4. Schritt

Überprüfe, ob alle Zeilen- und Spaltennebenbedingungen erfüllt sind. Wenn ja: Stopp; wenn nein: Gehe zum ersten Schritt.

6.4 Beispiel

Um ein Zurückblättern zu vermeiden, wird die Aufgabenstellung von Beispiel 3.52 noch einmal wiederholt:

Es ist der optimale Transportplan für folgendes Modell zu finden:
An den drei Ausgangsorten lagern die Mengen $a_1 = 20$, $a_2 = 25$, $a_3 = 40$. An den vier Bestimmungsorten existieren Nachfragen von $b_1 = 10$, $b_2 = 25$, $b_3 = 15$, $b_4 = 35$. Die Einheitstransportkosten sind durch die Einträge in folgender Matrix gegeben.

	B_1	B_2	B_3	B_4
A_1	1	8	4	7
A_2	9	0	5	7
A_3	3	6	8	1

$$(3.71)$$

1. Schritt

Bestimme die Opportunitätskosten für alle Zeilen $i \in I$ und Spalten $j \in J$ für folgendes Transporttableau:

					a_i	D_i
	1	8	4	7	20	3
	9	0	5	7	25	5
	3	6	8	1	40	2
b_j	10	25	15	35	85	
D_j	2	6	1	6		

2. Schritt

Die höchsten Opportunitätskosten sind $D_j = D_2 = D_4 = 6$. Die Zuweisung von 25 Transporteinheiten erfolgt in der (beliebig) ausgewählten Spalte $j = 2$ zu dem Feld $(2,2)$ mit den minimalen Einheitstransportkosten $c_{22} = 0$.

3. Schritt

$x_{22} = \min(25,25) = 25$.
Da die Spaltenbedingung 2 erfüllt ist, wird der Index $j = 2$ aus J eliminiert und $a_2^{\text{neu}} = a_2^{\text{alt}} - x_{22} = 0$ gesetzt.
Gehe zu Schritt 1.

Die Ergebnisse der weiteren Durchläufe des Algorithmus sind in der folgenden Tabelle zusammengefasst:

					D_2	D_3	D_4
	⑤⁴		⑮⁵		3	3	3
		㉕¹	⓪⁶		2	4	4
	⑤³			㉟²	2	5	—
D_2	2	—	1	6			
D_3	2	—	1	—			
D_4	8	—	1	—			
D_5	—	—	1	—			

Die Zuweisungen sind jeweils mit $\odot^h$ bezeichnet, wobei h die Reihenfolge der Zuweisung andeutet.

Die so gefundene Lösung entspricht der optimalen Lösung im 3. Transporttableau des Beispiels 3.52. Natürlich kann die Optimalität bei der Anwendung der VAM nicht garantiert werden. □

Die Savings-Heuristik

Bei der Savings-Heuristik handelt es sich um ein Eröffnungsverfahren, das im Gegensatz zur Vogelschen Approximationsmethode materiell orientiert ist. Die Savings-Heuristik wurde 1964 das erste Mal von Clarke and Wright (1964) als Verbesserung eines 1959 von Dantzig and Ramser (1959) vorgeschlagenes Verfahrens veröffentlicht. Inzwischen ist eine große Anzahl von Modifikationen vorgeschlagen worden (z. B. Paessens 1988, Webb 1971, S. 49 etc.). Auch kann man mit Recht sagen, dass es sich bei den auf dem ursprünglichen Savings-Verfahren aufbauenden Heuristiken um die am meisten diskutierten und in der Praxis am häufigsten zur Lösung von Tourenplanungsproblemen eingesetzten Verfahren handelt.

Das von Clark und Wright vorgestellte Modell, das nachfolgend in modifizierter Form beschrieben wird, kann als Grundmodell der aktuellen Tourenplanung betrachtet werden.

6.5 Modell
Zur Erfüllung der Aufträge a_j, $j = 1, \ldots, m$ sind mit einer Anzahl x_i, $i = 1, \ldots, n$ von Fahrzeugen mit den Kapazitäten k_i Waren von einem Depot aus an m Bestimmungsorte zu liefern. Bekannt seien die (kürzesten) direkten Entfernungen d_{ij} zwischen allen Orten (Bestimmungsorten und Depot). Gesucht ist ein Transportplan, bei dem die Kapazitäten der Fahrzeuge nicht überschritten werden und die Gesamtfahrstrecke der Fahrzeuge minimiert wird. Dieses Modell entspricht dem Travelling Salesman (Rundreise) Modell, wenn $k_n \geq \sum_{i=1}^{m} a_i$ gilt.

In realen Problemstellungen treten zu den Kapazitätsbeschränkungen gewöhnlich weitere, meist zeitliche Restriktionen. Diese können bis zu einem gewissen Grad von der Savings-Heuristik mit berücksichtigt werden.

Die Grundidee der Savings-Heuristik kann wie folgt beschrieben werden:

Man geht zunächst davon aus, dass alle Orte $(j = 1, \ldots, m)$ direkt vom Depot (Index 0) aus beliefert werden. Eine solche, aus sogenannten Pendeltouren $(0, j, 0)$ bestehende Lösung ist in der Regel sehr ungünstig, da die Gesamtfahrstrecke

$$2 \cdot \sum_{j=1}^{m} d_{0j}$$

beträgt. Beliefert man die Orte $j = k$ und $j = l$ auf einer gemeinsamen vom Depot ausgehenden und dahin zurückgehenden Tour, so kann hierdurch eine Einsparung an gefahrener Strecke (Saving) von

$$s_{kl} = d_{0k} + d_{0l} - d_{kl} \qquad\qquad\qquad (6.1)$$

erzielt werden. Abbildung 6.3 illustriert diese Überlegung.

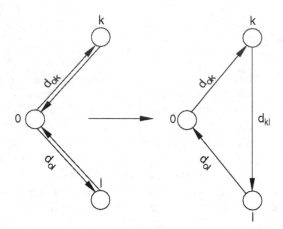

Abbildung 6.3: Einsparung durch Tourenzusammenlegung (Saving)

Solche „Savings" werden nun für alle Paare von Orten errechnet, für die eine gemeinsame Tour zulässig ist (d.h. die Tour darf nicht gegen irgendwelche anderen zeitlichen, topologischen oder kapazitiven Restriktionen verstoßen). Da analoge Überlegungen auch dann gelten, wenn man nicht nur von Pendeltouren ausgeht, erfolgt in der Savings-Heuristik eine Aufnahme von Verbindungsstrecken zwischen Orten verschiedener Teiltouren in bestehende Touren, und zwar im Rahmen bestehender Nebenbedigungen und in der Reihenfolge abnehmender Savings. Dieses prinzipielle Vorgehen wird im folgenden Algorithmus skizziert.

6.6 Algorithmus

Gegeben sei eine Entfernungsmatrix in Form einer (unteren) Dreiecksmatrix $D = (d_{ij})$ und die für die jeweils zu berücksichtigen Daten (Mengen, Zeiten, Volumina etc.).

1. Schritt

Bestimme als Ausgangslösung alle Pendeltouren $(0, j, 0)$, $j = 1, \ldots, m$.

2. Schritt

Bestimme alle Savings gemäß (6.1), die unter Berücksichtigung der Restriktionen entstehen können. Sortiere die berechneten Savings s_{ij} nach abnehmenden Werten in einer Liste.

3. Schritt

Suche eine Kante (i, j), für die s_{ij} maximal ist. Verbinde die Orte i und j, falls gilt:

- Die Orte liegen nicht auf derselben Route.
- Keiner der Orte i und j ist innerer Punkt einer Route.
- Keine Nebenbedingung (Kapazitäten, Zeiten, Fahrtstrecken, Anzahl der Fahrzeuge u. ä.) wird verletzt.

Streiche dann s_{ij} und gehe zu Schritt 4.

4. Schritt

Überprüfe, ob noch Zusammenlegungen von Touren möglich sind. Wenn ja, gehe zu Schritt 3, sonst gehe zu Schritt 5.

5. Schritt

Stopp. Die gefundene Lösung ist eine gute, zulässige Lösung. Falls gewünscht, wende ein heuristisches Verbesserungsverfahren oder ein Optimierungsverfahren an.

Zur Illustration des obigen Algorithmus wollen wir in Anlehnung an ein Beispiel von Domschke (1982, S. 144) die folgende Aufgabe lösen:

6.7 Beispiel

Von einem Depot aus seien zehn Orte zu beliefern, wobei an jedem Ort eine Nachfrage von $a_j = 1$ besteht. Es ist ein Lieferplan zu erstellen, bei dem keines der Fahrzeuge mehr als seine Kapazität $k_i = 4$ zu transportieren hat und die gesamte Fahrtstrecke minimiert wird.

Abbildung 6.4 zeigt die verschiedenen Orte, wobei das Depot im Koordinatenursprung liege.

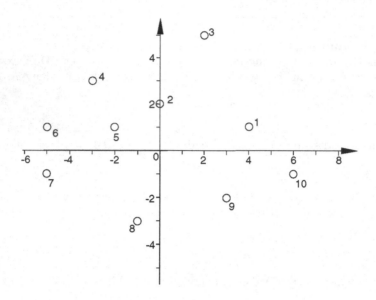

Abbildung 6.4: Topologie des Lieferplanproblems

Die Entfernungsmatrix D zeigt folgende Tabelle:

	0	1	2	3	4	5	6	7	8	9	10
0	—										
1	4,1	—									
2	2,0	4,1	—								
3	5,4	4,5	3,6	—							
4	4,2	7,3	3,2	5,4	—						
5	2,2	6,0	2,2	5,7	2,2	—					
6	5,1	9,0	5,1	8,1	2,8	3,0	—				
7	5,1	9,2	5,8	9,2	4,5	3,6	2,0	—			
8	3,2	6,4	5,1	8,5	6,3	4,1	5,7	4,5	—		
9	3,6	3,2	5,0	7,1	7,8	5,8	8,5	8,1	4,1	—	
10	6,1	2,8	6,7	7,2	9,8	8,2	11,2	11,0	7,3	3,2	—

Tabelle: Entfernungsmatrix $D = (d_{ij})$

1. Schritt

Die Fahrtstrecken für die zehn Pendeltouren $(0, j, 0)$ betragen:

Ort j	1	2	3	4	5	6	7	8	9	10
Fahrtstrecke	8,2	4,0	10,8	8,4	4,4	10,2	10,2	6,4	7,2	12,2

Tabelle: Fahrtstrecken der Pendeltouren $(0, j, 0)$

2. Schritt

Die Savings werden zur Verringerung des Rechenaufwandes – wie bei Domschke – nur für die Paare von Orten berechnet, für die gilt:

$$|X_i - X_j| \leq 4, \ |Y_i - Y_j| \leq 3, \ \text{für } i < j. \quad ((X_i, Y_i) = \text{Koordinaten der Orte})$$

Benutzt wird hierzu (6.1).

Die folgende Tabelle zeigt die bereits geordneten Savings für die relevanten 14 Ortepaare.

s_{ij}	8,2	7,4	6,5	6,5	4,5	4,3	4,2	3,8	3,8	3,7	3,2	2,7	2,0	2,0
i	6	1	9	4	1	5	4	2	7	5	2	8	1	2
j	7	10	10	6	9	6	5	3	8	7	4	9	2	5

Tabelle: Savings s_{ij}

3. Schritt

Die Kante $(6, 7)$ weist den höchsten Savingswert von 8,2 auf und wird aufgenommen, da sie den Bedingungen (1) bis (3) genügt. $s_{67} = 8,2$ wird gestrichen. Aus den Pendeltouren $(0, 6, 0)$ und $(0, 7, 0)$ entsteht die Tour 1: $(0, 6, 7, 0)$.

4. Schritt

Weitere Zusammenlegungen von Pendeltouren sind möglich.

3./4. Schritt

Nacheinander werden iterativ folgende Zusammenlegungen durchgeführt:

Tour 2: $(0, 1, 10, 0)$, $s_{1,10}$ gestrichen
Tour 2': $(0, 1, 10, 9, 0)$, $s_{9,10}$ gestrichen
Tour 1': $(0, 4, 6, 7, 0)$, $s_{4,6}$ gestrichen

Saving $s_{56} = 4,3$ kann wegen Bedingung (2) nicht aufgenommen werden.

Tour 1'': $(0, 5, 4, 6, 7, 0)$, $s_{4,5}$ gestrichen
Tour 3: $(0, 2, 3, 0)$, $s_{2,3}$ gestrichen

$s_{7,8}$ verletzt die (Kapazitäts-)Bedingung (3).
$s_{5,7}$ verstößt gegen die Bedingungen (1) und (3).
$s_{2,4}$ verstößt gegen die Bedingungen (2) und (3).

Tour 2'': $(0, 1, 10, 9, 8, 0)$, $s_{8,9}$ gestrichen.

$s_{1,2}$ verletzt Bedingung (3).
$s_{2,5}$ verletzt Bedingung (3).

5. Schritt

Stopp.

Alle Orte sind den gebildeten Touren zugewiesen. Ohne die Nebenbedingungen zu verletzen, ist eine weitere Zusammenlegung von Touren nicht möglich. Als Lösung ergeben sich die Touren $(0, 2, 3, 0)$, $(0, 5, 4, 6, 7, 0)$ und $(0, 1, 10, 9, 8, 0)$ mit einer Gesamtfahrstrecke von $42,7$.

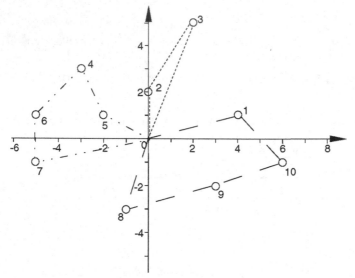

Abbildung 6.5:
Touren nach Savings-Heuristik

Ergänzend sei darauf hingewiesen, dass in den einzelnen Touren jeweils optimale Reihenfolgen zugrunde gelegt wurden, die unter Umständen außerhalb der Savings-Heuristik zu bestimmen sind.   □

Greedy Verfahren

Greedy Verfahren zeichnen sich dadurch aus, dass sie nur sehr lokale Informationen benutzen und dadurch sehr schnell zu einer, meist nicht sehr schlechten, zulässigen Lösung gelangen. In Bezug auf das Transportmodell könnten als Greedy Verfahren die Methoden des Zeilen-, Spalten- oder Matrix-Minimums bezeichnet werden.

Wir wollen hier am Beispiel 3.52 die Methode des Matrix-Minimums illustrieren:

6.8 Beispiel

Als Modell werde wiederum Beispiel 3.52 betrachtet. Es gelte also wieder die Kostenmatrix (3.71) und die in (3.72) genannten Ausgangsmengen und Nachfragen. Man suche nun in (3.71) die Position mit den niedrigsten Einheitskosten. Dies ist offensichtlich $c_{22} = 0$. X_{22} wird nun das Minimum der Zeilen- oder Spaltenanforderung zugewiesen. Dies ist in diesem Fall 25 (Schritt 1). Dadurch werden die Anforderungen von Zeile 2 und Spalte 2 befriedigt und diese werden gestrichen. Die nächstniedrigen Einheitskosten sind c_{11} und c_{34} mit jeweils 1. Wir wählen zunächst (Schritt 2) $x_{11} = 10$ und erfüllen dadurch die Anforderung von Spalte 1 und danach $x_{34} = 35$ (Schritt 3) und erfüllen die Anforderung der

Spalte 4. Die nächstniedrigen Einheitskosten sind $c_{13} = 4$ (Schritt 4) mit $x_{13} = 10$ und Erfüllung der 1. Zeilenanforderung. Unerfüllt ist nun nur noch Spalte 3 und Zeile 3. Durch $x_{33} = 5$ werden diese beiden Forderungen erfüllt. Hier musste allerdings ein relativ teurer Weg ($c_{33} = 8$) gewählt werden. Die so erreichte (entartete) zulässige Basislösung verursacht Gesamtkosten in Höhe von 125, im Vergleich zu der optimalen Lösung in Beispiel 3.52, die die Gesamtkosten von 115 erreichte. In diesem Fall entspricht das auch der Lösung, die mit VAM erreicht wurde. (6.2) fasst das Vorgehen der Methode des Matrix-Minimums noch einmal zusammen.

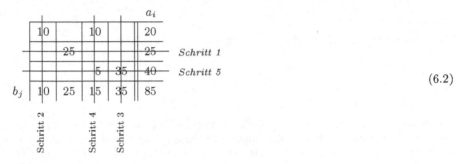

$$(6.2)$$

Die Methoden des Zeilen- oder Spaltenminimums gehen analog vor: Anstatt aus der gesamten Matrix jeweils die niedrigsten Einheitskosten für die nächste Zuweisung zu benutzen, betrachten diese Verfahren jeweils nur die Einheitskosten einer Zeile (Spalte) und gehen nach der Erfüllung der Zeilen-Forderung (Spalten-Forderung) zur nächsten Zeile (Spalte).

Auf weitere heuristische Eröffnungsverfahren wird im nächsten Kapitel im Zusammenhang mit der ganzzahligen Programmierung eingegangen werden.

6.6.2 Verbesserungsverfahren

Verbesserungsverfahren gehen gewöhnlich von einer zulässigen Lösung des Modells, die z. B. mit einem Eröffnungsverfahren ermittelt wurde, aus und versuchen diese durch lokale Veränderungen (in der Nachbarschaft der jeweils betrachteten Lösung) zu verbessern. Wird zum Zwecke dieser Verbesserung lediglich die lokale Information berücksichtigt, so spricht man gewöhnlich von Greedy Verfahren. Geht hierbei weitergehende Information ein (wie z. B. bei heuristisch konzipierten Branch&Bound Verfahren, bei Evolutionärer Programmierung, etc.) so spricht man von vorausschauenden Verfahren (siehe z. B. Domschke und Drexl, 2002).

Der lokale Verbesserungsschritt kann die Veränderung der Werte einzelner Variabler, den Austausch von Variablen in der Lösung oder ähnliche Variationen umfassen. Ein Verbesserungsverfahren endet gewöhnlich dann, wenn entweder ein (z. B. zeitliches) Limit überschritten wird, wenn eine vorher festgelegte Mindestgüte der Lösung erreicht wird oder wenn keine Verbesserung mehr erreicht werden kann. Dadurch besteht natürlich immer die Gefahr, dass man in einem lokalen Optimum endet anstatt nahe an das globale Optimum zu kommen. Die im nächsten Abschnitt besprochenen Meta-Heuristiken versuchen diese Gefahr zu umgehen oder zu mindern, indem sie vorübergehende Verschlechterungen der Lösungsgüte unter bestimmten Bedingungen zulassen.

Im nächsten Kapitel werden Greedy Verfahren in größerem Detail betrachtet. Daher hier zur Illustration nur ein einfaches Beispiel eines Greedy-Verfahrens:

6.9 Beispiel

Betrachten wir das einfache Rucksackmodell.

$$\text{maximiere } z = 4x_1 + 2x_2 + 4x_3 + x_4$$
$$\text{so dass} \qquad 5x_1 + 3x_2 + 6x_3 + x_4 \leq 8$$
$$x_j \in \{0, 1\}$$

Durch eine bekannte Eröffnungsheuristik (Ordne die Variablen nach ihren Quotienten Zielfunktionskoeffizient durch Nebenbedingungskoeffizient und teile Ressource in dieser Reihenfolge bis zur Erschöpfung zu) erhalten wir als zulässige Eröffnungslösung $(1, 0, 0, 1)$ mit einem Zielfunktionswert von 5. Die Veränderung der Werte der einzelnen Variablen (von 1 auf Null oder umgekehrt) führt entweder zur Unzulässigkeit oder zu niedrigeren Zielfunktionswerten. Tauscht man jedoch die Lösungswerte der Variablen x_2 und x_4 aus, so kommt man zur Lösung $(1, 1, 0, 0)$ mit einem Zielfunktionswert von 6. □

6.7   Meta-Heuristiken: Tabu Search

Neben den in den letzten Abschnitten besprochenen Heuristiken sind sogenannte Meta-Heuristiken entwickelt worden, die sich als äußerst leistungsfähig erwiesen haben. Dies sind Vorgehensweisen, in die verschiedene exakte Verfahren oder Heuristiken je nach Anwendungsproblem integriert werden können. Das bekannteste dieser Verfahren ist die aus dem „Simulated Annealing" entstandene „Tabu Search", die im folgenden kurz beschrieben werden soll.

Tabu Search ist eine heuristische Strategie zur Lösung schwieriger mathematischer Optimierungsprobleme. Sie wurde von (Glover, 1977; Glover and McMillan, 1986) insbesondere für den Einsatz kombinatorischer Optimierungsprobleme entwickelt. Es handelt sich um ein adaptives Verfahren mit der Fähigkeit, andere Methoden, wie lineare Programmierungsalgorithmen oder spezielle Heuristiken, zu benutzen. Diese werden in einer Weise eingesetzt und gesteuert, dass die durch lokale Optimalität auftretenden Beschränkungen überwunden werden. Damit kann Tabu Search als Meta-Verfahren aufgefasst werden, welches die Ausführung untergeordneter Methoden organisiert.

Als untergeordnete Methoden kommen damit prinzipiell alle Methoden in Betracht, die dazu verwendet werden können, lokale Optima zu ermitteln. Statt – wie andere heuristische Verfahren – bei Erreichung eines lokalen Optimums abzubrechen, strukturiert Tabu Search die Durchführung der eingebetteten Heuristik in einer Weise, die es erlaubt, von dem erreichten lokalen Optimum aus fortzufahren. Dieses Vorgehen wird begleitet durch das Untersagen von Schritten mit speziellen Eigenschaften – Tabu-Eigenschaften – und der Auswahl solcher Schritte, die zu der höchsten Beurteilung bezüglich der eingebetteten Heuristik führen. In dieser Hinsicht ist Tabu Search somit ein beschränktes Suchverfahren, in dem jede Iteration darin besteht, ein untergeordnetes Optimierungsproblem zu lösen. Dieses muss einfach genug sein, um das Ergebnis im Rahmen bestehender Bewertungsregeln beurteilen zu können. Dabei werden nur solche Lösungen – und damit Schritte – zugelassen, welche durch die gegenwärtig gültigen Tabu-Bedingungen nicht ausgeschlossen werden.

Die Tabu-Bedingungen haben das Ziel, das Durchlaufen von Zyklen zu verhindern und die Untersuchung neuer Bereiche zu ermöglichen. Das Ausschließen von Zyklen ist insbesondere deshalb relevant, da sonst bei Schritten, die nicht weit genug vom lokalen Optimum wegführen, wieder ein bereits bestimmtes lokales Optimum aufgesucht wird. Die Tabu-Beschränkungen sollten so konstruiert sein, dass Zyklen bzw. allgemeiner jede Serie von Schritten, die durch bereits verbotene dominiert werden, verhindert werden.

Die Philosophie von Tabu Search weicht von der Branch & Bound-Idee, die ebenfalls Zyklen verhindert, insofern ab, als nach Beschränkungsbedingungen gesucht wird, die aufeinanderfolgende Schritte flexibel und adaptiv berücksichtigen können. Dagegen behandeln B&B-Algorithmen aufeinanderfolgende Schritte in sehr rigider Weise.

Die höhere Flexibilität von Tabu Search dient dem Zweck, die Bewertungsmethoden zu verbreitern und dadurch in die Lage zu versetzen, die Suchfolge in einen attraktiven Lösungsbereich zu führen. Diese Breite des Suchverfahrens wird ausgeglichen durch eine Integration von Betrachtungen, durch die sowohl eine regionale Intensivierung als auch eine globale Diversifizierung der Suche ermöglicht wird. Der Prozess von Tabu Search erreicht die Flexibilität und Balance insbesondere durch folgende prinzipielle Vorgehensweisen:

1. es werden Schritte zugelassen, die die implizite Baumstruktur (partielle Ordnung) verletzen;

2. durch Integration strategischen Vergessens, basierend auf kurzzeitigen Gedächtnisfunktionen;

3. es wird gestattet, dass der Tabu-Status eines Schrittes außer Kraft gesetzt wird, falls bestimmte Anspruchsniveaus erfüllt werden;

4. es werden Dominanz und Unzulänglichkeitsbedingungen berücksichtigt, welche in lokalen Optimalitätsbetrachtungen nicht auftreten;

5. durch die Einführung strategischer Oszillation von Schlüsselparametern oder struktureller Elemente;

6. durch Intensivierung der Betrachtungsrichtung auf vielversprechende regionale Merkmale, basierend auf mittelfristigen Gedächtnisfunktionen;

7. durch Diversifizierung der Suche, um kontrastierende nichtregionale Aspekte zu umgehen, basierend auf Langzeit-Gedächtnisfunktionen.

Es soll darauf hingewiesen werden, dass das kurzzeitbezogene strategische Vergessen in Verbindung mit der mittelfristigen und langfristigen Konzentration und Diffusion der Suche einen abwechselnden Austausch von Lernen und Vergessen darstellt. Das kurzzeitige Vergessen geschieht nicht zufällig, sondern ist systematisch geführt. Es basiert auf der Voraussetzung, dass die Wahrscheinlichkeit der Rückkehr zu einem bereits früher angenommenen Punkt umgekehrt proportional der Entfernung von diesem Punkt ist. Ein einfaches Maß dieser Entfernung ist z. B. die Anzahl der von diesem Punkt aus durchgeführten Schritte, unter der Voraussetzung, dass bis dahin kein backtracking durchgeführt wurde.

Praktische Anwendungen und Erfahrungen

Ursprünglich ist Tabu Search eine Methode zur Lösung kombinatorischer Probleme des Typs MILP. Erfolgreiche Anwendungen werden von Glover für die Bereiche Scheduling, multidimensional Binpacking (Packprobleme), Travelling-Salesman-Probleme, Teilmengenerzeugung und Clustering-Probleme genannt. Eine Anwendung von Tabu Search bei neuronalen Netzen wird von (de Werra and Hertz, 1989) beschrieben.

Im folgenden werden die grundlegenden Elemente von Tabu Search detaillierter dargestellt und durch Anwendung auf ein ganzzahliges lineares Programmierungsmodell erläutert.

Basis-Elemente von TABU SEARCH

Tabu Search kann als eine verbundene Hierarchie lang-, mittel- oder kurzzeitiger Gedächtnisfunktionen aufgefasst werden. Die kurzzeitige Komponente dient dazu, geeignete Schritte derart auszuwählen, dass eine möglichst schnelle Annäherung an ein lokales Optimum erreicht wird. Ausgehend von diesem lokalen Optimum wird eine andere Suchrichtung eingeschlagen, wobei bestimmte Schritte durch Tabu-Bedingungen verboten werden. Dadurch wird erreicht, dass neue Lösungsbereiche erschlossen werden und eine neue Folge von Lösungen generiert wird. Als Lösungen kommen dabei auch Vorschläge in Betracht, welche die Restriktionen nicht erfüllen. Der Aufbau der kurzzeitigen Gedächtniskomponente ist in Abb. 6.6 dargestellt und wird zum besseren Verständnis anhand des folgenden Beispiels veranschaulicht.

6.10 Beispiel

Gegeben sei das folgende ganzzahlige, lineare Programmierungsproblem:

$$
\begin{aligned}
\text{Min} \quad & 20x_1 + 25x_2 - 30x_3 - 45x_4 + 40x_5 \\
\text{s.\,d.} \quad & x_1 + x_2 - x_3 + x_4 + x_5 \geq 1 \\
& x_1 + x_2 \phantom{{}- x_3} - x_4 + 2x_5 \geq 2 \\
& \phantom{x_1 +{}} x_2 + x_3 \phantom{{}- x_4} + x_5 \leq 2 \\
& \phantom{x_1 +{}} -x_2 \phantom{{}+ x_3} + x_4 + x_5 \leq 1 \\
& x_i \in \{0,1\}
\end{aligned}
$$

Zur Durchführung von Tabu Search benötigt man zunächst eine Menge möglicher Schritte, die im Rahmen jeder Iteration durchgeführt werden können. Weiterhin sind die Tabu-Kriterien festzulegen und geeignete Anspruchsniveaus auszuwählen, mit deren Hilfe der Tabu-Status gegebenenfalls außer Kraft gesetzt werden kann. Im vorliegenden Beispiel liegen folgende Angaben vor:

Zielvorstellung:	Minimiere $x_0 = f(x_1, \ldots, x_5)$
Schritt-Typen:	Setze **eine** ausgewählte Variable x_i auf den Wert 0 bzw. 1.
Tabu-Restriktionen:	Verhindere, dass der Wert einer Variablen, die zuvor erhöht wurde, wieder verringert wird und umgekehrt.
Anspruchsniveau:	Übergehe den Tabu-Status, falls der ausgewählte Schritt eine höhere Bewertung erzielt als zu dem Zeitpunkt, bevor dieser Schritt verboten wurde.
Auswahlregel:	Wähle den Schritt mit dem niedrigsten Wert, der nicht tabu ist.

Zur Bewertung eines Schrittes wird der jeweils minimal erreichbare Zielfunktionswert herangezogen. Eine Verletzung der Restriktionen wird durch geeignete Strafkosten sanktioniert; diese Strafkosten werden zum Zielfunktionswert hinzuaddiert. Die Strafkosten betragen im Beispiel:

- 70 je Einheit Verletzung einer der beiden ersten Restriktionen
- 100 je Einheit Verletzung einer der beiden letzten Restriktionen

Die Durchführung von Tabu Search wird im folgenden dokumentiert (vgl. auch folgende Tabelle):

Iterationen	1	2	3	4	5
Aktuelle Bewertung	60	30	80	40	65
Bester Schritt	$x_0 = 30$ (∗) $x_3 = 1$	$x_0 = 60$ $x_3 = 0$ (T)	$x_0 = 30$ $x_1 = 1$ (T)	$x_0 = 60$ $x_1 = 1$ (T)	$x_0 = 20$ (∗) $x_4 = 1$
Zweitbester Schritt	$x_0 = 40$ $x_1 = 0$	$x_0 = 80$ (∗) $x_1 = 0$	$x_0 = 40$ (∗) $x_3 = 0$ (TA)	$x_0 = 65$ (∗) $x_2 = 1$	$x_0 = 40$ $x_2 = 0$ (T)
Drittbester Schritt	$x_0 = 85$ $x_2 = 1$	$x_0 = 85$ $x_4 = 1$	$x_0 = 110$ $x_5 = 0$	$x_0 = 80$ $x_3 = 1$ (T)	$x_0 = 85$ $x_1 = 1$ (T)
⋮	⋮	⋮	⋮	⋮	⋮
Aktuelle Lösung	(1,0,0,0,1)	(1,0,1,0,1)	(0,0,1,0,1)	(0,0,0,0,1)	(0,1,0,0,1)
Tabu-Status und Anspruchs-niveau		$x_3 = 0$ (60)	$x_3 = 0$ (60) $x_1 = 1$ (30)	$x_3 = 0$ (60) $x_1 = 1$ (30) $x_3 = 1$ (80)	$x_2 = 0$ (40) $x_1 = 1$ (30) $x_3 = 1$ (80)

(∗): ausgewählter Schritt   (T): verbotener Schritt
(TA): verbotener Schritt, der jedoch das Anspruchsniveau erfüllt

Tabelle: Tabu-Search Iterationen

Iteration 1

Tabu Search startet mit einer beliebigen Ausgangslösung. Dies sei $x = (1, 0, 0, 0, 1)$ mit einer Bewertung $x_0 = 60$. Dies entspricht hier dem Zielfunktionswert, da diese Lösung zulässig ist. Ausgehend von dieser Ausgangslösung kann nun ein Schritt ausgewählt werden, bei dem genau eine Variable x_i geändert wird – von 0 auf 1 bzw. umgekehrt. Die Schritte mit den besten drei Bewertungen sind in vorausgehender Tabelle dargestellt; dies sind $x_3 = 1$, $x_1 = 0$ und $x_2 = 1$ mit den zugehörigen Bewertungen $x_0 = 30$, $x_0 = 40$ und $x_0 = 85$. Wie man sieht, wird die aktuelle Bewertung durch die ersten beiden Schritte verbessert. Da keiner der Schritte verboten (tabu) ist, wird der erste Schritt $x_3 = 1$ ausgewählt und mit (·) gekennzeichnet. Der umgekehrte Schritt $x_3 = 0$ wird verboten und in die Tabu-Liste für die nächste Iteration aufgenommen. Die zugehörige Ausgangsbewertung $x_0 = 60$ wird ebenfalls in der Tabu-Liste berücksichtigt, da sie das Kriterium darstellt, bei dessen Unterschreiten das Tabu außer Kraft gesetzt wird (Anspruchsniveau).

Iteration 2

Die ermittelte Bewertung für $x_3 = 1$ wird in der ersten Zeile der zweiten Spalte (Iteration) als aktuelle Bewertung $x_0 = 30$ übernommen. Die aktuelle Lösung $x = (1, 0, 1, 0, 1)$ findet sich in Zeile 5 (vgl. Tab.). Ausgehend von dieser Lösung erhält man als besten möglichen Schritt $x_3 = 0$ mit einer Bewertung $x_0 = 60$. Dies zeigt an, dass ein lokales Optimum erreicht war, da der beste Schritt die aktuelle Bewertung nicht verbessert.

Anhand der Tabu-Liste lässt sich außerdem feststellen, dass dieser Schritt verboten ist: Da die zugehörige Bewertung zudem das Anspruchsniveau nicht erfüllt (der ausgewählte Schritt erzielt keine bessere Bewertung als zu dem Zeitpunkt vor Verbieten dieses Schrittes; in beiden Fällen beträgt die Bewertung $x_0 = 60$), wird dieser Schritt mit (T) gekennzeichnet, um den Tabu-Status anzuzeigen.

Der zweitbeste Schritt $x_1 = 0$ mit $x_{0P} = 80$ ist nicht verboten und wird deshalb ausgewählt. Der Umkehrschritt $x_1 = 1$ mit der zugehörigen Ausgangsbewertung $x_0 = 30$ wird in die Tabu-Liste aufgenommen. Beim drittbesten Schritt $x_4 = 1$ zeigt sich, wie eine Verletzung der Restriktionen bestraft wird. Mit der Lösung $x = (1, 0, 1, 1, 1)$ erhält man einen Zielfunktionswert $z = -15$. Da jedoch die letzte Restriktion um eine Einheit verletzt wird (die Strafkosten betragen 100), ergibt sich eine Bewertung $x_0 = 85$.

Iteration 3

Auch hier ist wieder der bestmögliche Schritt $x_1 = 1$ verboten und wird mit (T) gekennzeichnet. Auch der zweitbeste Schritt $x_3 = 0$ ist tabu; hier ist jedoch das Auswahlkriterium zu beachten. Der Schritt $x_3 = 0$ hat eine Ausgangsbewertung (Anspruchsniveau) von 60, während die aktuelle Bewertung $x_0 = 40$ beträgt. Der Tabu-Status kann somit außer Kraft gesetzt werden, die Lösung wird mit (TA) gekennzeichnet und als Ausgangslösung für die nächste Iteration gewählt. Die Tabu-Liste wird aktualisiert und für die vierte Iteration übernommen (siehe Spalte 4).

Iteration 4

Die erreichte Lösung stellt ein lokales Optimum dar, da die möglichen Schritte keine Verbesserung der Bewertung herbeiführen; die aktuelle Bewertung beträgt $x_0 = 40$, der beste Schritt liefert eine Bewertung von 60. Da dieser Schritt verboten ist, wird der zweitbeste Schritt ausgewählt.

Um zu verhindern, dass die Tabu-Liste zu umfangreichen wird, kann festgelegt werden, dass die Tabu-Liste nur eine bestimmte Anzahl von Tabu-Schritten berücksichtigt. Eine Möglichkeit besteht z. B. darin, nur die t letzten – und somit aktuellsten – Tabus in die Tabu-Liste aufzunehmen. Im vorliegenden Beispiel wurde $t = 3$ gesetzt, so dass $x_3 = 0$ (60) durch das neue Tabu $x_2 = 0$ (40) ersetzt wird (siehe Tabu-Liste der fünften Iteration).

Iteration 5

Der beste Schritt $x_4 = 1$ ist zulässig und wird ausgewählt. Die zugehörige Bewertung $x_0 = 20$ ist besser als alle bisher erzielten Bewertungen und wird als beste aktuelle Lösung gespeichert.

Grundsätzlich besteht die Möglichkeit – analog zu der oben beschriebenen Vorgehensweise – weitere Iterationen durchzuführen. Die hier erreichte Lösung $x = (0, 1, 0, 1, 1)$ stellt bereits die Optimallösung dar mit einem Zielfunktionswert $z = 20$ und es wird hier abgebrochen. Es sind verschiedene Abbruchkriterien für den Tabu-Search-Algorithmus möglich.   □

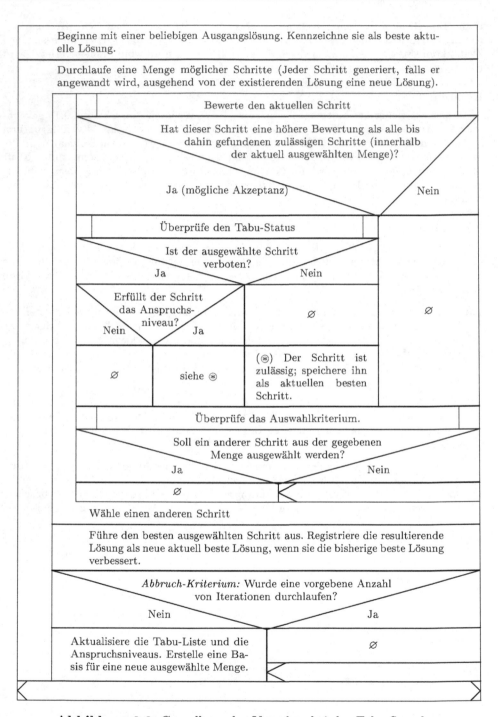

Abbildung 6.6: Grundlegendes Vorgehen bei der Tabu Search

6.8 Aufgaben zu Kapitel 6

1. Bestimmen Sie mit der Vogelschen Approximationsmethode möglichst gute Lösungen zu folgenden Transportmodellen: (die Zahlen in den Matrizen sind die c_{ij}!)
   Führen Sie, wenn nötig, fiktive Orte ein.

   (a)

5	10	8	20	3	∞	10
7	12	20	10	7	10	40
10	20	15	18	20	5	50
5	15	40	20	10	5	30
5	10	10	20	15	15	60
3	0	15	30	20	10	80
30	70	20	20	80	10	

   (b)

10	30	25	15	30	0	15
0	10	20	50	10	5	25
15	20	10	0	30	10	30
20	5	15	10	20	30	50
15	30	10	25	10	20	20
10	20	15	30	0	20	10
20	40	30	60	20	10	

2. Bestimmen Sie mit Algorithmus 6.6 einen Tourenplan für folgenden 10-Orte-Fall: (Das Depot liegt im Koordinaten-Ursprung)

j	1	2	3	4	5	6	7	8	9	10
x_j	-5	-7	-4	2	5	7	4	-3	-2	-6
y_j	1	3	4	3	5	0	-3	-5	-4	-2

   Die Savings sollen nur für die Ortspaare berechnet werden, für die $|x_i - x_j| \leq 5$ und $|y_i - y_j| \leq 6$ sind.

3. Lösen Sie mit Algorithmus 7.15 folgende Aufgaben:

   (a)

$$\text{maximiere } z = 4x_1 + 5x_2 + x_3$$

so dass
$$3x_1 + 2x_2 \quad\quad \le 10$$
$$x_1 + 4x_2 \quad\quad \le 11$$
$$3x_1 + 3x_2 + x_3 \le 13$$
$$x_j \ge 0, \text{ ganzzahlig}, j = 1, 2, 3$$

(b)

$$\text{maximiere } z = -7x_1 - 3x_2 + 2x_3 + 4x_4 + x_5$$

so dass
$$-3x_1 - x_2 \quad\quad - 4x_4 + 7x_5 \le 6$$
$$-5x_1 - 2x_2 + 2x_3 - 4x_4 + x_5 \le 5$$
$$4x_2 + x_3 + 3x_4 - x_5 \le 3$$
$$x_j \ge 0, \text{ ganzzahlig}$$

(c)

$$\text{maximiere } z = 9x_1 - 200x_2 + 7x_3 + 6x_4 - 13x_5$$

so dass
$$x_1 - 2x_2 + 11x_3 + x_4 + 2x_5 - 3x_6 \le 1$$
$$x_1 - x_2 + x_3 + 4x_4 \quad\quad\quad \le 3$$
$$-5x_1 \quad\quad - x_3 - 20x_4 + x_5 \quad\quad \le -15$$
$$x_j \ge 0, \text{ ganzzahlig}$$

6.9   Ausgewählte Literatur zu Kapitel 6

Brucker 1975a; Burkhard 1975; Ceria *et al.* 2001; Clarke and Wright 1964; Domschke and Drexl 2002; Fuller 1978; Funke 2003; Gallus 1976; Garey and Johnson 1979; Groner *et al.* 1983; Hillier 1969; Holmes and Parker 1976; Irnich 2002; Jacobsen and Madsen 1980; Klein 1971; Kochenberger *et al.* 2004; Kreuzberger 1968; Liesegang and Schirmer 1975; Matthäus 1975; Matthäus 1978; Meißner 1978; Mole and Jameson 1976; Müller-Merbach 1973a; Müller-Merbach 1976; Müller-Merbach 1981; Newell 1969; Norman 1972; Osman and Kelly 1996; Parker and Rardin 1982a; Pearl 1984; Silver *et al.* 1980; Streim 1975; Weinberg and Zehnder 1969; de Werra and Hertz 1989; Witte 1979; Zanakis and Evans 1981; Zehnder 1969; Zelewski 1989

7 Ganzzahlige Lineare Programmierung

7.1 Ganzzahlige Operations Research Modelle

In Abschnitt 3.6 war bereits darauf hingewiesen worden, dass die Forderung der Ganzzahligkeit der optimalen Lösung einige der Annahmen verletzt, die die Anwendung des Simplex-Verfahrens erlaubt. Für allgemeine gemischt-ganzzahlige Modelle wurde in Abschnitt 3.6 auch schon das „klassische" Gomory Verfahren beschrieben. Dies ist zwar in der letzten Zeit in Verbindung mit anderen algorithmischen Ansätzen wieder sehr aktuell geworden, es ist trotzdem wenig dazu geeignet, Modelle zu lösen, die viele 0/1-Variable enthalten. Diese Art von Modellen erhalten jedoch immer größere Wichtigkeit und viele der algorithmischen Entwicklungen konzentrieren sich darauf. Daher soll, ehe in den danach folgenden Abschnitten Lösungsverfahren beschrieben werden, eine Übersicht über die wichtigsten Typen von 0/1-Modellen gegeben werden.

Das lineare Zuordnungsproblem

Hierbei geht man davon aus, das zwei Mengen mit gleicher Mächtigkeit elementweise so zugeordnet werden sollen, dass die dadurch entstehenden Kosten minimiert werden. Beispiele hierfür sind die Zuordnung von Fahrern zu Fahrzeugen, von Fahrzeuge zu Routen, von Maschinen zu Arbeitsgängen, etc. Wir wollen davon ausgehen, dass n Arbeitsgänge zu n Maschinen so zugeordnet werden sollen, dass die entstehenden Gesamtkosten minimiert werden. Hierbei seien c_{ij} die Kosten der Zuordnung von Arbeitsgang i zu Maschine j und die Variablen x_{ij} seien 1, wenn Arbeitsgang i der Maschine j zugeordnet wird und 0 sonst. Es ergibt sich dann das folgende Modell:

7.1 Modell

$$\text{minimiere} \quad z(x) = \sum_{i=1}^{n} \sum_{j=1}^{n} c_{ij} x_{ij}$$
$$\text{so dass} \quad \sum_{j=1}^{n} x_{ij} = 1, \qquad i = 1, \ldots, n$$
$$\sum_{i=1}^{n} x_{ij} = 1, \qquad j = 1, \ldots, n$$
$$x_{ij} \in \{0,1\}, \quad i,j = 1, \ldots, n$$

Der Leser erkennt leicht, dass es sich hierbei um eine spezielle Form des Transportmodells 3.50 handelt, bei dem alle a_i und b_j Eins sind. Es lässt sich daher auch mit jeder Transportmethode lösen. Da während der Iterationen nur Additionen vorgenommen werden, wird auch die Endlösung ganzzahlig sein. Ein speziell für diese Modellstruktur entwickelter Algorithmen ist z. B. die *Ungarische Methode* (siehe z. B. Domschke, 1995).

Das Rucksackproblem (Knapsackproblem)

Der Ursprung des Namens stammt von der Vorstellung, dass ein Wanderer seinen Rucksack für eine Wanderung packen möchte. Er erwäge die Mitnahme von n Gegenständen, $j = 1, \ldots, n$, die jeweils einen Rauminhalt a_j und einen „Nutzen" von c_j haben. Der Rucksack habe einen Rauminhalt von b. Die Auswahl der Gegenstände soll nun so erfolgen, dass sie alle im Rucksack untergebracht werden können und dass deren Gesamtnutzen maximiert wird. In der Praxis können als solche Modelle Probleme der Maschinenbelegungsplanung, Optimierungsprobleme im Beschaffungsbereich, Verschnittprobleme etc. modelliert werden. Definieren wir die Entscheidungsvariablen x_j wie bisher als 1, wenn der j-te Gegenstand in den Rucksack gepackt werden soll und als 0 andernfalls, so ergibt sich folgendes Modell:

7.2 Modell

maximiere $\quad z(x) = \sum_{j=1}^{n} c_j x_j$

so dass $\quad \sum_{j=1}^{n} a_j x_j \leq b$

$$x_j \in \{0, 1\}$$

Dieses Modell lässt sich in zwei Richtungen erweitern: Man kann vom Vorhandensein mehrere Rucksäcke ausgehen und gelangt zum mehrdimensionalen Rucksackproblem oder man kann davon ausgehen, dass die vorhandenen Gegenstände mehrfach vorhanden sind (und gebraucht werden können), dann verwandelt sich das Rucksackmodell in ein rein-ganzzahliges Programmierungsmodell. Modell 7.2 ist relativ einfach zu lösen, weswegen man oft versucht, andere Modelle auf Modell 7.2 zurückzuführen.

Das Problem des Handlungsreisenden (Travelling Salesman Problem, TSP)

Ein Handlungsreisender wolle n Kunden besuchen und am Ende seiner Reise wieder am Ausgangsort eintreffen. Dabei solle jeder Kunde mindestens einmal besucht werden und die Länge der Rundreise soll minimiert werden. Das Problem ist also die Bestimmung der optimalen Reihenfolge in der die Orte besucht werden sollen. Meist werden solche Probleme als die Bestimmung optimaler Rundreisen in Graphen (genauer: in Hamiltonschen Graphen, die mindestens eine Rundreise enthalten) modelliert. TSPs können kanten- oder knotenorientiert, symmetrisch oder asymmetrisch, die Entfernungen zwischen den Knoten können verschieden definiert sein und viele andere spezielle Eigenschaften enthalten. Wir wollen hier das asymmetrische TSP für einen bewerteten Digraphen mit n Knoten betrachten, bei dem $c_{i,j}$ die Kosten der kürzesten Entfernung zwischen den Knoten i und j darstellen. Besteht von i nach j keine direkte Verbindung, so soll $c_{i,j} = \infty$ sein. Als Entscheidungsvariable gelte wieder x_{ij}, das dann 1 ist, wenn die Rundreise unmittelbar von Knoten i nach Knoten j führt und sonst 0.

7.3 Modell

$$\text{minimiere} \quad z(x) = \sum_{i=1}^{n} \sum_{j=1}^{n} c_{ij} x_{ij}$$

$$\text{so dass} \quad \sum_{j=1}^{n} x_{ij} = 1, \qquad i = 1, \dots, n$$

$$\sum_{i=1}^{n} x_{ij} = 1, \qquad j = 1, \dots, n$$

$$x_{ij} \in \{0, 1\}, \qquad i, j = 1, \dots, n$$

Bedingung zur Vermeidung von Kurzzyklen

Wie man sieht entspricht Modell 7.3 weitgehend dem Modell 7.2. Der einzige, aber wesentliche, Unterschied sind die Bedingungen zur Vermeidung von Kurzzyklen. Diese sollen vermeiden, dass optimale Lösungen bestimmt werden, die zwar den ersten 3 Bedingungen des Modells 7.3 genügen, aber keine geschlossene Rundreise darstellen sondern mehrere unverbundene „Teilrundreisen", also Kurzzyklen! (Beispiele siehe z. B. bei (Domschke, 1997)).

Ähnlich den TSPs sind die verschiedenen Arten der sogenannten „Briefträgerprobleme". Hier werden ebenfalls kürzeste Rundreisen gesucht. Allerdings muss der Briefträger hier jede Straße (Kante) mindestens ein oder zweimal durchlaufen, um die Post zu verteilen, wobei es sich oft nicht vermeiden lässt, dass er manche Straßen ein weiteres Mal durchlaufen muss, ohne Post zu verteilen. Das Ziel ist hier, Rundreisen so zu bestimmen, dass die (bewertete) Summe der Straßen ohne Postverteilung minimiert wird (Details dazu ebenfalls bei (Domschke, 1997)).

Das TSP ist auch ein Teil des sogenannten (kanten- oder knotenorientierten) Tourenplanungsproblems (Vehicle Routing Problem, VRP). In der Praxis ist das letztere von größerer Bedeutung. Bei ihm geht man davon aus, dass eine Anzahl von Fahrzeugen (gleicher oder ungleicher Kapazität), ausgehend von einem Ort (Depot) eine Anzahl von Orten (Kunden) zu besuchen hat. Alle Fahrten sollen im Depot beginnen und enden (sind also TSPs) und es sollen Touren so bestimmt werden, dass

- jeder Kunde genau auf einer Tour bedient wird,
- die einzelnen Fahrzeugkapazitäten nicht überschritten werden,
- eine vorgegebene maximale Dauer von den Touren nicht überschritten wird und
- z. B. die Zahl der eingesetzten Fahrzeuge minimiert wird.

Hier sind also zwei Aufgaben zu lösen, nämlich die (optimale) Partition der Kunden in so viele Teilmengen wie Fahrzeuge vorhanden sind und die Bestimmung optimaler

Touren für jedes der Fahrzeuge (mehr hierzu siehe bei (Domschke, 1997)).

In der Praxis wird die Lösung der in diesem Abschnitt genannten Standardmodelle wesentlich dadurch erschwert, dass zu den genannten Nebenbedingungen noch zahlreiche zusätzliche hinzukommen, die z. B. Zeitfenster für die Kundenbesuche etc. festlegen (siehe z. B. Funke, 2003).

7.2   Verfahren der Ganzzahligen Linearen Programmierung

Dieser Abschnitt des Buches ist nicht disjunkt zu einigen anderen Kapiteln. Er hat Überschneidungen zu den Kapiteln 3, 5 und 6.Die Rechtfertigung eines eigenen Kapitels der ganzzahligen linearen Programmierung ist zum einen die Tatsache, dass das Gebiet der ganzzahligen Programmierung seit geraumer Zeit sowohl in der Theorie als auch in der Praxis immer mehr an Bedeutung gewinnt und zum anderen darin, dass die vorhandenen Lösungsansätze zum großen Teil auf anderen Gebieten des OR, wie z. B. der linearen Programmierung, den Entscheidungsbaumverfahren, der Graphentheorie und der Heuristik aufbauen. Wir werden in diesem Kapitel also auf die Kapitel 3, 5 und 6 zurückgreifen. Auf graphentheoretische Ansätze wollen wir aus Platzgründen in diesem Buch verzichten.

7.2.1   Schnittebenen-Verfahren

In Abschnitt 3.6.2 wurde bereits das Schnittebenen-Verfahren von Gomory besprochen. Dieses und ähnliche Verfahren wurden in den 60er und 70er Jahren immer weniger als effiziente Verfahren zur Lösung großer ganzzahliger Probleme betrachtet. Einer der Gründe hierfür ist, dass das Hinzufügen einer Schnittebene zu dem relaxierten LP-Lösungsraum – mit daran anschließender Iteration – kein sehr effizientes Vorgehen ist. In den 80er Jahren befasste man sich intensiv mit Fragen der konvexen Hülle um eine Menge ganzzahliger Lösungen und kam dabei zu Erkenntnissen, die Schnittebenen-Verfahren wieder als leistungsfähig erscheinen ließen. Ehe wir diese Ideen darstellen, müssen wir uns allerdings etwas mehr mit Lösungsräumen und verschiedenen Arten von Nebenbedingungen beschäftigen.

Gültige Nebenbedingungen

Betrachten wir das folgende System linearer Ungleichungen:

$$9x_1 - 5x2 \leq 6$$
$$5x_1 - 2x2 \leq 6$$
$$6x_1 - x2 \leq 9$$
$$x_1 + x2 \geq 5$$

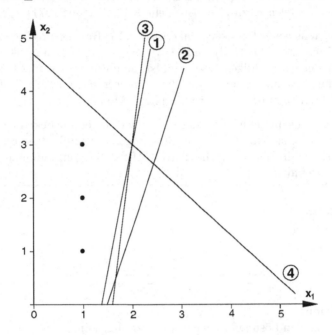

Abbildung 7.1: Konvexes Polyeder

Die Bedingungen 1 und 4 bilden ein konvexes Polyeder, also den Lösungsraum eines linearen Programmes. Die Bedingung 3 läuft durch den Schnittpunkt dieser beiden Bedingungen und bildet mit ihnen eine „überbestimmte" oder „entartete" Ecke (Basislösung), wie wir sie bereits in Abschnitt 3.4.1 kennen gelernt haben. Bedingung 2 berührt den Lösungsraum gar nicht. Bedingungen 2 und 3 sind also redundant (siehe Gal, 1975; Zimmermann and Gal, 1975). Solange sie nicht erkannt werden, vergrößern sie unnötig das Restriktionssystem eines LP-Modelles. Eine zweite Beobachtung ist, dass man den Lösungsraum durch sogenannte „Surrogate" (Ersatz-)*Nebenbedingungen* einschließen kann, d. h. die Zahl der Nebenbedingungen reduzieren kann, ohne den Lösungsraum selbst zu verringern. Dazu werden die Nebenbedingungen

$$Ax \leq b \tag{7.1}$$

ersetzt durch eine Nebenbedingung der Form

$$\sum uAx \leq ub$$
$$u \geq 0 \tag{7.2}$$

Optimale Gewichte sind die dualen Preise des Modells (7.1) mit der Zielfunktion maximiere $z = cx$. Dieses Vorgehen hat sich bei der Impliziten Enumeration (Abschnitt 7.2.2) zur Verbesserung der Schrankenberechnung bei der Verzweigung von Baumknoten bewährt (siehe dazu Garfinkel and Nemhauser, 1972). Außerdem kann es dazu dienen, ein ganzzahliges Programm in ein Rucksackmodell zu überführen, das dann erheblich leichter zu lösen ist (siehe z. B. Bradley, 1971).

Wir sollten drittens weiterhin beachten, dass die „LP-Relaxierung" der ganzzahligen zulässigen Lösungen $(1,1)$, $(1,2)$ und $(1,3)$, also der LP-Lösungsraum, *nicht* die konvexe Hülle der ganzzahligen Lösungen ist, sondern dass vom LP-Lösungsraum große Teile durch Schnittebenen abgeschnitten werden müssten, wollten wir das Simplex-Verfahren zur Lösung des ganzzahligen Modelles einsetzen.

Wir wollen diese Zusammenhänge aus einem etwas anderen Blickwinkel betrachten. Uns soll nicht interessieren, ob eine Nebenbedingung redundant ist oder nicht, sondern wie „stark" sie in Bezug auf die konvexe Hülle der ganzzahligen Lösungen ist. Dazu folgende Definitionen:

7.4 Definition
Eine Ungleichung $\pi x \leq \pi_0$ ist eine *gültige Ungleichung* für $X \subseteq \mathbb{R}^n$, wenn $\pi x \leq \pi_0$ für alle $x \in X$ gilt.

7.5 Definition
Betrachtet man den Lösungsraum eines ganzzahligen linearen Programmes $X = \{y \in \mathbb{Z}^1 \mid y \leq b\}$, dann ist $y \leq \lfloor b \rfloor$ *gültige Ungleichung* für X, wobei $\lfloor b \rfloor$ die größte ganze Zahl kleiner oder gleich b ist.

7.6 Beispiel (Wolsey (siehe 1998))
Es sei P die Menge der ganzzahligen Lösungen in

$$
\begin{aligned}
7x_1 - \quad 2x_2 &\leq 14 \\
x_2 &\leq 3 \\
2x_1 - \quad 2x_2 &\leq 3 \\
x_2 &\geq 0
\end{aligned}
$$

Man kann diese Ungleichungen zunächst mit dem Vektor der nichtnegativen Gewichte $u = (2/7, 37/63, 0)$ zu der gültigen Ungleichung

$$
2x_1 + \frac{1}{63}x_2 \leq \frac{121}{21}
$$

kombinieren.

Reduziert man nun die Koeffizienten auf die jeweils größten ganzen Zahlen, so erhält man

$$
2x_1 \leq 5
$$

als eine gültige Ungleichung für den Lösungsraum der ganzzahligen Lösungen. Durch eine Division durch 2 und Wahl der größten ganzen Zahl kleiner $\frac{5}{2}$ auf der rechten Seite kann diese gültige Ungleichung noch verstärkt werden zu

$$x_1 \leq 2$$

□

Das in Beispiel 7.6 skizzierte Vorgehen ist bekannt unter dem Namen „*Chvátal-Gomory-Prozedur*" (siehe z. B. Wolsey, 1998, S. 119). Die endliche Wiederholung dieses Vorgehens führt zur Generierung aller gültigen Ungleichungen für ganzzahlige Programmierungsmodelle.

Branch-and-Cut-Verfahren

In Abschnitt 7.2.2 wird das Branch and Bound Verfahren von Dakin beschrieben, bei dem bei der Verzweigung eines Knotens einfache obere und untere Schranken zum jeweiligen LP-Modell hinzugefügt werden, um die Ganzzahligkeit nichtganzzahliger Basisvariabler zu erreichen. Bei Branch-and-Cut-Verfahren spielen Schnittebenen eine größere Rolle (weswegen sie auch in diesem Abschnitt besprochen werden). Man bemüht sich an jedem Knoten eine möglichst starke duale Schranke zu ermitteln. Anstatt also an jedem Knoten zusammen mit den hinzugefügten Schranken direkt wieder zu optimieren versucht man, die Zahl der zu bewertenden Knoten erheblich dadurch zu verringern, dass man verbesserte Schnitte, Vorverarbeitung, Heuristiken und andere Maßnahmen an jedem Knoten einsetzt, um einen Pfad terminieren zu können. Anstatt je Knoten einfache Schranken zu generieren benutzt man beim Branch-and-Cut Mengen von potentiellen Schnittebenen (Klassen von gültigen Ungleichungen), möglichst Facetten (Seitenflächen) der konvexen Hülle der ganzzahligen Lösungen, die zunächst aus der LP-Relaxation herausgelassen werden, und dann dazu dienen, den Branch-and-Bound-Baum möglichst schnell zu terminieren. Die generierten Schnittebenen sind sehr von der speziellen Struktur des zu lösenden Modells abhängig. Eine detaillierte Diskussion dieser Verfahren geht über den Rahmen dieses Lehrbuches hinaus. Der interessierte Leser wird auf (Wolsey, 1998) und (Beasley, 1996) verwiesen.

7.2.2 Dekompositionsverfahren

In Kapitel 5 haben wir als Verfahren, die die Dekomposition als Mittel der Komplexitätsreduktion einsetzen schon das Dynamische Programmieren und Branch-and-Bound-Verfahren kennen gelernt. Beide können auch zur Lösung ganzzahliger Programme eingesetzt werden. Wir wollen hier ein Verfahren beschreiben, das gut das prinzipielle Vorgehen beschreibt, leicht zu verstehen ist und als „Klassiker" angesehen werden kann. Wir betrachten dazu folgendes Modell:

7.7 Modell

maximiere $z = \boldsymbol{c}^{\mathrm{T}} \boldsymbol{x}$

so dass $\boldsymbol{A}\boldsymbol{x} \leq \boldsymbol{b}$ (7.3)

$\qquad \boldsymbol{x} \geq 0$

$\qquad\qquad x_j$ ganzzahlig für $j = 1, \ldots, p$ (7.4)

wobei $\boldsymbol{A}_{m,n}$, $\boldsymbol{b} \in \mathbb{R}^m$, $\boldsymbol{c}, \boldsymbol{x} \in \mathbb{R}^n$ und $1 \leq p \leq n$.

Zur Lösung von Modell 7.7 hat Dakin (1965) vorgeschlagen, eine LP-Relaxation (7.3) zu betrachten und immer dann, wenn eine ganzzahlige Variable in einer optimalen Lösung der LP-Relaxation nicht ganzzahlig ist, ihre Ganzzahligkeit in den optimalen Lösungen der Teilmodelle in Folgeknoten durch geeignete ganzzahlige obere und untere Schranken zu bewirken.

Erfüllt also in einer optimalen Lösung $\boldsymbol{x}_k^0$ von Knoten k die Variable $x_i, 1 \leq j \leq p$, die Ganzzahligkeitsbedingung (7.4) nicht, d. h. (unter Fortlassen des Knotenindex)

$$x_j^0 = \lfloor x_j^0 \rfloor + f_j, \quad 0 < f_j < 1,$$

wobei $\lfloor x_j^0 \rfloor$ die größte in x_j enthaltene ganze Zahl bezeichnet, so verzweige man, indem beim Verzweigen nach unten die obere Schranke $\lfloor x_j^0 \rfloor$ und beim Verzweigen nach oben die untere Schranke $\lfloor x_j^0 \rfloor + 1$ eingeführt wird. Auf diese Weise werden die beiden Teilmodelle P_l und P_m erzeugt:

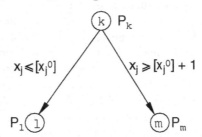

Bei dem Verfahren von Dakin wird also an jedem Knoten nach einer (Verzweigungs-)Variablen in zwei Teilmodelle verzweigt. Anstelle von Modell 7.7 wird eine Folge von Teilmodellen P_k, $k = 1, 2, \ldots$, betrachtet, deren Lösungsräume X_k LP-Relaxationen mit zusätzlich eingeführten ganzzahligen Schranken für einige oder alle ganzzahligen Variablen darstellen. Da die Lösungsräume X_k durch Fortlassen der Ganzzahligkeitsbedingungen erweitert (relaxiert) werden, bilden ihre optimalen Zielfunktionswerte z_k^0 (im Maximierungsfall) obere Schranken $\overline{z}_k$ für deren optimalen Zielfunktionswert der entsprechenden gemischt-ganzzahligen Teilmodelle. Eine Verschärfung dieser Schranken ist durch sogenannte Penalties (siehe unten) möglich.

Das Verfahren von Dakin ähnelt also dem Vorgehen von Gomory (siehe Abschnitt 3.6.2) in der Hinsicht, dass beide Verfahren die LP-Relaxation betrachten, um das Simplex-Verfahren anwenden zu können. Während aber beim Gomory-Verfahren in Form zusätzlicher Nebenbedingungen so lange Schnitte eingeführt werden, bis eine optimale Lösung der LP-Relaxation zugleich die Ganzzahligkeitsbedingungen erfüllt, wird beim Branch and Bound der Lösungsraum so lange durch ganzzahlige Schranken für einzelne Variablen getrennt, bis in einer optimalen Lösung der LP-Relaxation alle ganzzahligen Variablen die Ganzzahligkeitsbedingung erfüllen oder ein Knoten terminiert werden kann.

Beim Branch and Bound-Verfahren nach Dakin kann dann, wenn das optimale Tableau für das vorangehende Modell (der übergeordneten Baumebene) vorliegt, analog dem Schnittebenenverfahren von Gomory vorgegangen werden. Es braucht lediglich die der neu eingeführten oberen bzw. unteren Schranke entsprechende transformierte Zeile hinzugefügt zu werden. Bedient man sich des Simplex-Verfahrens für beschränkte Variablen (siehe Dantzig, 1955b), so wird das Hinzufügen von Zeilen sogar unnötig. In beiden Fällen kann die duale Simplex-Methode verwendet werden, um die (primale) Zulässigkeit wieder herzustellen.

Zusätzlich zur Knotenauswahl ist, sofern in einer optimalen Lösung x_k^0 der LP-Relaxation mehrere ganzzahlige Variablen die Ganzzahligkeitsbedingung verletzen, auch zu entscheiden, nach welcher Variablen verzweigt werden soll. Hierbei können folgende Kriterien zur Anwendung gelangen[1]:

1. die zu erwartende Zielfunktionswertverschlechterung, z. B. beim ersten dualen Schritt (Penalty)[2] bei der Wahl von x_j als Verzweigungsvariable,

2. extern vorgegebene Prioritäten,

3. die Abweichung einer Variablen vom nächsten ganzzahligen Wert (ganzzahlige Unzulässigkeit).

Im übrigen entspricht das Verfahren nach Dakin dem in Abbildung 5.10 (siehe Seite 255) dargestellten grundlegenden Vorgehen bei Branch and Bound-Verfahren. Zur Illustration des Vorgehens sei das folgende Beispiel (aus Burkhard, 1972, S. 184) gelöst:

7.8 Beispiel
Zu lösen sei:

$$
\begin{aligned}
\text{maximiere } z = \quad & x_1 + 4x_2 \\
\text{so dass} \quad & 5x_1 + 8x_2 \le 40 \\
& -2x_1 + 3x_2 \le 9 \\
& x_1, x_2 \ge 0 \text{ und ganzzahlig.}
\end{aligned}
$$

Bei der Initialisierung wird als Ausgangsproblem P_1 die LP-Relaxation gebildet und als aktuelle untere Schranke $\underline{z} = -\infty$ gesetzt. P_1 besitzt die folgende optimale Lösung:

---

[1] siehe Mevert and Suhl (1976); Land and Powell (1979)
[2] vgl. z. B. Tomlin (1970)

$$x_1^0 = (1{,}55; 4{,}03), \; z_1 = 17{,}67.$$

z_1 liefert zugleich als obere Schranke $\overline{z}_1 = z_1 = 17{,}67$. Da x_1^0 keine zulässige Lösung für das ganzzahlige Modell ist, heißt Knoten P_1 weiterhin aktiv und wird als Verzweigungs-knoten gewählt. Verzweigt werden soll zunächst nach x_1, d. h. es werden die zusätzlichen Restriktionen $x_1 \leq 1$ (Knoten P_2) und $x_1 \geq 2$ (Knoten P_3) eingeführt. P_2 und P_3 heißen aktiv.

P_2 liefert als optimale Lösung

$$x_2^0 = (1; 3{,}67), \; z_2 = 15{,}67 = \overline{z}_2.$$

Da x_4^0 nicht ganzzahlig ist, heißt P_2 weiterhin aktiv. Um möglichst rasch eine ganzzahlige Lösung zu erreichen, wird die LIFO-Regel verwendet und weiter von Knoten P_2 gemäß $x_2 \leq 3$ (Knoten P_4) und $x_2 \geq 4$ (Knoten P_5) verzweigt.

P_4 liefert die ganzzahlige optimale Lösung:

$$x_4^0 = (1; 3), \; z_4 = 13 = \overline{z}_4.$$

Da x_4^0 zulässig für das ursprüngliche Problem ist, heißt Knoten P_4 terminiert. z_4 bildet zugleich eine untere Schranke für den optimalen Zielfunktionswert; d. h. die aktuelle untere Schranke wird zu:

$$\underline{z} = z_4 = 13.$$

Ein Rückwärtsschritt führt zum Knoten P_5. Das Hinzufügen der Restriktion $x2 \geq 4$ im optimalen Tableau in Knoten P_2 zeigt, dass ein dualer Simplex-Schritt nicht möglich ist. Also besitzt P_5 keine zulässige Lösung.

Ein weiterer Rückwärtsschritt führt zu Knoten P_3 mit der optimalen (nicht ganzzahligen) Lösung:

$$x_3^0 = (2; 3{,}75), \; z_3 = 17 = \overline{z}_3.$$

Wegen $\overline{z}_3 = 17 > 13 = \underline{z}$ ist P_3 weiter zu verzweigen und zwar nach x_2 mit $x_2 \leq 3$ (Knoten P_6) und $x_2 \geq 4$ (Knoten P_7). P_6 liefert die optimale Lösung:

$$x_6^0 = (3{,}2; 3), \; z_6 = 15 = \overline{z}_6.$$

x_1 ist wieder nicht ganzzahlig geworden. Gemäß der LIFO-Regel soll von Knoten P_6 weiter verzweigt werden nach P_8 ($x_1 \leq 3$) bzw. P_9 ($x_1 \geq 4$). Knoten P_8 liefert die optimale ganzzahlige Lösung

$$x_8^0 = (3; 3), \; z_8 = 15 = \overline{z}_8.$$

Damit ist eine bessere Lösung für das ursprüngliche Problem als an Knoten P_4 gefunden. Die aktuelle untere Schranke wird aktualisiert in

$$\underline{z} = z_8 = 15.$$

Ein Rückwärtsschritt zu Knoten P_9 liefert den optimalen Zielfunktionswert $z_9 = 14 \leq 15 = \underline{z}$. Da die Schrankenbedingung verletzt wird, heißt Knoten P_9 terminiert.

Der letzte aktive Knoten ist P_7. Für ihn gibt es jedoch keine zulässige Lösung, so dass sich die Lösung für das Teilmodell an Knoten P_8 als optimale Lösung von Beispiel 7.8 erweist. Abbildung 7.2 zeigt den aus dem Branch and Bound-Prozess resultierenden Entscheidungsbaum.   □

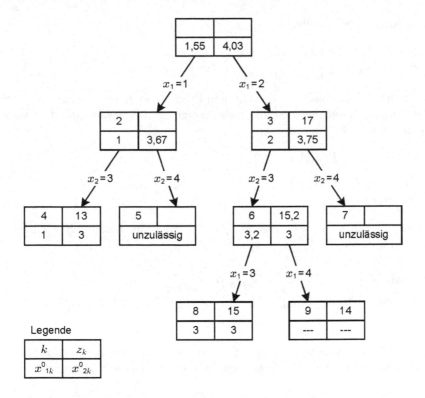

Abbildung 7.2: Lösungsbaum zu Beispiel 7.8

Effizientere Verfahren sind dann möglich, wenn die Variablen nur die Werte 0 oder 1 annehmen können. Es steht dann z. B. die sogenannte *„Implizite Enumeration"* oder auch *„Additives Verfahren"* (Balas, 1965) zur Verfügung (dies setzt rein-ganzzahlige Modelle voraus).

Betrachtet wird das

7.9 Modell

$$\begin{aligned} \text{maximiere} \quad & z = \boldsymbol{c}^{\mathrm{T}} \boldsymbol{x} \\ \text{so dass} \quad & \boldsymbol{A}\boldsymbol{x} \leq \boldsymbol{b} \\ & \boldsymbol{x} \in \{0,1\} \end{aligned}$$

Ohne Beschränkung der Allgemeinheit soll weiter angenommen werden, dass $\boldsymbol{c} \leq \boldsymbol{0}$ ist, da jedes x_i mit $c_i > 0$ ersetzt werden kann durch $x_i' = 1 - x_i$.

Zerlegung:

Es sei

$$L_0 = \{\boldsymbol{x} \mid \boldsymbol{A}\boldsymbol{x} \leq \boldsymbol{b}, \boldsymbol{x} = \boldsymbol{0} \vee \boldsymbol{x} = \boldsymbol{1}\} \tag{7.5}$$

In K_k wird nun aufgespalten in

$$L_{k+1} = L_k \cap \{x \mid x_j = 0\}, \text{ und}$$
$$L_{k+2} = L_k \cap \{x \mid x_j = 1\}$$

(7.6)

und zwar durch Wahl eines x_j, das auf dem Pfad zu K_k noch nicht zur Aufspaltung benutzt wurde. Bezeichnet man die Indexmenge der bereits festgelegten Variablen mit I_k und mit

$$L_k^1 = \{j \mid j \in I_k \text{ und } x_j = 1\}$$
$$L_k^0 = \{j \mid j \in I_k \text{ und } x_j = 0\}$$
$$N_k = \{j \mid j \notin I_k\},$$

(7.7)

so können die Schranken wie folgt festgelegt werden: im Knoten K wird folgendes Problem betrachtet (da $\sum_{j \in L_k^0} c_j x_j = 0$):

$$\text{maximiere} \qquad Z_k = \sum_{j \in N_k} c_j x_j + \sum_{j \in L_k^1} c_j$$
$$\text{so dass} \qquad \sum_{j \in N_k} a_{ij} x_j \leq b_i - \sum_{j \in L_k^1} a_{ij} = S_i, \quad i = 1, \ldots, m$$
$$x_j \in \{0,1\}, j \in N_k$$

(7.8)

Da $c_j \leq 0$ vorausgesetzt ist, erreicht man das Maximum der Zielfunktion ohne Berücksichtigung der Nebenbedingungen für $x^0(k)$ durch die Festlegung $x_j = 0 \vee j \in N_k$.

Es ist daher eine *obere Schranke*:

$$\overline{Z_k} = \sum_{j \in L_k^1} c_j$$

(7.9)

Sind ferner alle $S_i \geq 0$, dann ist $x^0(k)$ zulässig und $\underline{Z_k} = Z_k^0$.

Terminierung

Die *Terminierung* erfolgt, wenn entweder

$\overline{Z_k} = \underline{Z_k}$, d.h. die optimale zulässige Lösung auf einem Zweig ist gefunden, oder

$\overline{Z_k} = \underline{Z_0}$, d.h. der beste bisher gefundene zulässige Zielfunktionswert $\underline{Z_0}$ ist höher als der höchstens ab Knoten K_k noch erreichbare Zielfunktionswert.

(7.10)

Verzweigung:

Es sei $S_k = \{i \mid S_i < 0\}$.

Ist $S_k = \varnothing$, kann N_k terminiert werden, da die Lösung zulässig ist.

Ist $S_k \neq \varnothing$, so sei

$$Q_k = \{j \mid j \in N_k \text{ und } a_{ij} < 0 \text{ für einige } i \in S_k\} \tag{7.11}$$

Wenigstens eine Variable, deren Index in Q_k enthalten ist, muss den Wert 1 annehmen, wenn eine zulässige Lösung in K_{k+1} erreicht werden soll. Verzweigen wir nun bezüglich irgendeines x_j, $j \in Q_k$ und setzen $x_j = 1$, so kann die Auswahl dieses x_j, $j \in Q_k$ nach der folgenden Regel erfolgen, um Zulässigkeit zu erreichen:

Es sei

$$U_k = \sum_{i=1}^{m} \max\{0, -S_i\} = -\sum_{i \in S_k} S_i \tag{7.12}$$

die „Unzulässigkeit" von (7.8).

Wählt man x_j, so ist beim nachfolgenden Knoten

$$U_{k+1}(j) = \sum_{i=1}^{m} \max\{0, -S_i + a_{ij}\}.$$

x_p sollte also so gewählt werden, dass im nächsten Knoten die „Unzulässigkeit" möglichst gering ist, d. h.

$$U_{k+1}(p) = \min_{j \in Q_k} U_{k+1}(j).$$

7.10 Beispiel

Zu lösen sei das Problem

$$
\begin{aligned}
\text{maximiere } Z = -5x_1 &- 7x_2 - 10x_3 - 3x_4 - x_5 \\
\text{so dass} \quad -x_1 + 3x_2 &- 5x_3 - x_4 + 4x_5 \leq -2 \\
2x_1 - 6x_2 &+ 3x_3 + 2x_4 - 2x_5 \leq \quad 0 \\
x_2 &- 2x_3 + x_4 + x_5 \leq -1 \\
x_1, \ldots, x_5 &\in \{0,1\}
\end{aligned}
$$

Der jeweilige Pfad von K_0 bis K_k sei durch den Index-Vektor P_k bezeichnet, in dem die Elemente unterstrichen seien, für die $x_j = 0$.

Zunächst ist

- $N_0 = \{1, \ldots, 5\}$,
- $L_k^1 = L_k^0 = \varnothing$.
- $\overline{Z_0} = \infty, \underline{Z_0} = -\infty$
- $S = (-2, 0, -1)$
- $U_0 = 3, Q_0 = \{1,3,4\}$

Für die Zerlegungsentscheidung werden verglichen:

$$U_0(1) = 4, \ U_0(3) = 3 \text{ und } U_0(4) = 5,$$

mit der Konsequenz der Zerlegung nach x_3.

Am Knoten K_1 für $x_3 = 1$ ist dann:

- $\overline{Z_1} = -10$,
- $S = (3, -3, 1)$
- $Q_1 = \{2,5\}$
- $U_2(2) = 0$, $U_1(5) = 2$

Nächste Zerlegung nach x_2.

K_2: $P_2 = \{3,2\}, \overline{Z_2} = -17 = \underline{Z_2} = \underline{Z_0}$. Da Zulässigkeit erreicht ist ($S = (0,3,0)$) erfolgt die Terminierung und Berechnung von K_3.

K_3: $P_3 = \{3,\underline{2}\}$, $S = (3,-3,1)$, $Q_3 = \{5\}$. Da $t_2 = \sum_{j \in N_k} \min\{0, a_{ij}\} > S_2$, d. h. $-2 > -3$ kann, egal welche Variablen zusätzlich gleich 1 gesetzt werden, keine Zulässigkeit ermöglicht werden und es wird ebenfalls terminiert.

K_4: $P_4 = \{\underline{3}\}$, $S = (-2, 0, -1)$, $Q_4 = \{1,4\}$. Nun ist wiederum $t_3 = 0 > S_3 = -1$. Also Terminierung.

Die *optimale Lösung* lautet also:

$$x_1 = 0, \ x_2 = 1, \ x_3 = 1, \ x_4 = 0, \ x_5 = 0$$

mit einem optimalen Zielfunktionswert von $Z = -17$ (Knoten 2 mit $P = \{3,2\}$).   □

Eine andere Art der Dekomposition ist unter dem Begriff „*Benders Dekomposition*" bekannt geworden. Sie löst gemischt-ganzzahlige Programme unter Verwendung von Algorithmen der rein-ganzzahligen Programmierung, die i. a. weniger komplex sind, der Zwei-Phasen Methode (siehe Abschnitt 3.3.2) und der Dualen Simplexmethode (Abschnitt 3.4.2).

Benders (1962) betrachtet Modelle, die wie folgt formuliert werden können:

7.11 Modell

$$
\begin{aligned}
\text{minimiere } z = \ & \boldsymbol{cx} + \boldsymbol{dy} \\
\text{so dass} \quad & \boldsymbol{Ax} + \boldsymbol{By} \geq \boldsymbol{b} \\
& \boldsymbol{x} \geq \boldsymbol{0} \\
& \boldsymbol{y} \geq \boldsymbol{0}
\end{aligned}
$$

y_j ganzzahlig für $1 \leq j \leq k$

Sie können so in zwei Modelle aufgespalten werden, dass das eine von ihnen ein rein ganzzahliges Modell und das andere ein gewöhnliches Lineares Programm sind. Seine Grundidee lässt sich wie folgt beschreiben:

Legt man die Werte der Variablen y_j fest, so geht Modell 7.11 über in

$$\text{minimiere} \quad z = cx$$
$$\text{so dass} \quad Ax \geq b - By \tag{7.13}$$
$$x \geq 0$$

Nach Definition 3.20 lautet das dazu duale Modell

$$\text{maximiere} \quad Z = v(b - By)$$
$$\text{so dass} \quad Av \leq c \tag{7.14}$$
$$v \geq 0$$

wobei hier v der Vektor der dualen Variablen ist. Der Lösungsraum von (7.14) ist unabhängig von den Variablen y_j. Ist er leer, so hat auch Modell (7.13) nach Satz 3.27 keine Lösung. Wir wollen hier annehmen, dass das nicht der Fall ist. Da die optimale Lösung eines LPs immer an einer Ecke angenommen wird, ist (7.14) äquivalent zu (7.15):

$$\text{maximiere } v(b - By)$$
$$\text{und } v \text{ Ecke des dualen Lösungsraumes} \tag{7.15}$$

Für ein festgelegtes y_f wird also durch (7.15) ein v_0 gefunden, das die Zielfunktion von (7.15) maximiert.

Da nach Satz 3.23 stets gilt, dass $\max v(b - By) \leq \min cx$, ist (7.15) äquivalent zu (7.16):

$$\text{minimiere } Z$$
$$\text{so dass} \quad Z \geq dy + \max v(b - By) \tag{7.16}$$
$$\text{und } v \text{ Ecke des dualen Lösungsraumes und } y_j \text{ ganzzahlig für } 1 \leq j \leq k.$$

Man kann nun mit einem für (7.14) zulässigen v_0 beginnen und durch ein Verfahren der rein ganzzahligen Programmierung (z. B. der implizierten Enumeration) (7.16) lösen. Daraus erhält man ein y' und ein Z'. Für dieses y' löst man (7.14). Für die optimalen Lösungen v^* und y^* gilt nun nach Satz 3.24: $Z_0 \geq dy' = v_0(b - By_0)$. Ist dies der Fall, können wir durch Lösen von (7.14) den optimalen Vektor x^* errechnen. Bei diesem Verfahren weiß man allerdings nicht, wie viele duale Ecken untersucht werden müssen. Bei sehr vielen Ecken kann dies durchaus problematisch sein. Dafür kann bei jedem Iterationsschritt jeweils eine untere und eine obere Schranke von Z bestimmt werden. Eine detailliertere Beschreibung des Algorithmus findet der Leser in Balas (1965) oder Burkhard (1972).

Branch-and-Price-Verfahren

Die Philosophie der „Branch-and-Price" Verfahren ist sehr ähnlich der der Branch-and-Cut Verfahren. Anstatt sich allerdings auf die Generierung von Schnitten (Zeilen) zu konzentrieren, steht beim Branch-and-Price die Generierung von Spalten im

Mittelpunkt. Im Prinzip sind Branch-and-Cut und Branch-and-Price zueinander duale Wege, die LP-Relaxation zu verstärken.

Bei Branch-and-Price Verfahren werden Klassen von Spalten bei der LP-Relaxation unberücksichtigt gelassen, da deren Berücksichtigung zum einen nicht effizient wäre und da die ihnen entsprechenden Variablen in der optimalen Lösung sowieso Null sein werden.

Um die Optimalität der LP-Lösung zu überprüfen wird dann ein Teilproblem (das sogenannte Pricing-Problem) gelöst, um die Spalten zu bestimmen, die in die Basis aufgenommen werden sollen. Werden solche Spalten gefunden, wird das LP reoptimiert. Verzweigt wird im (Branch-and-Bound-)Baum immer dann, wenn keine solchen Spalten mehr gefunden werden können und die vorliegende LP-Lösung die Ganzzahligkeitsbedingungen noch nicht erfüllt. Man verwendet also column generation (siehe Abschnitt 3.11) während der Abarbeitung des gesamten Branch-and-Bound-Baumes und versucht dadurch diesen so früh wie möglich zu terminieren. Diese Vorgehensweise bietet sich besonders dann an, wenn das Modell sehr viele Variablen enthält. Dies wiederum ist oft dadurch bedingt, dass kompakte Formulierungen von ganzzahligen Problemen (mit weniger Variablen) oft sehr schlechte LP-Relaxierungen haben. Darüber hinaus bietet die Dekomposition (column generation) oft die Möglichkeit, das Problem so in ein Masterproblem und Unterprobleme zu zerlegen, dass die Unterprobleme in sich je nach Kontext sinnvoll interpretiert werden können. Die ersten Veröffentlichungen von Branch-and-Price-Verfahren waren daher auch oft speziellen Modell-Klassen, wie z. B. dem allgemeinen Zuordnungsproblem, gewidmet (siehe z. B. Savelsbergh, 1997).

7.2.3 Heuristische Verfahren

Bei den heuristischen Verfahren der ganzzahligen Programmierung sollte man wieder unterscheiden zwischen Verfahren, die speziell auf 0/1-Modelle ausgerichtet sind und solchen, die allgemeine ganzzahlige Modelle lösen. Wir wollen zunächst die erste Art betrachten. Hierbei findet man wiederum Eröffnungsverfahren, Verbesserungsverfahren und Verfahren, die beides integrieren. Zur Illustration für 0/1-Verfahren wird sehr oft das TSP verwandt und zwar sowohl im Operations Research, wie auch in anderen Gebieten. Daher werden wir dies auch hier tun:

Eröffnungsverfahren

In Kapitel 6.6.1 haben wir bereits das sogenannte „Savingsverfahren" besprochen. Hier soll zusätzlich das vielleicht „naheliegenste" Verfahren des besten Nachfolgers skizziert werden . Wir setzen hierbei als Netz in dem eine Rundreise bestimmt werden soll ein ungerichtetes vollständiges Netz (also keine Einbahnstrassen!) und eine symmetrische Kostenmatrix voraus (symmetrisches TSP).

Vorgehen:

Man beginnt bei einem beliebigen Knoten i, und wählt als nächsten Knoten j denjenigen, zu dem von Knoten i aus die kleinste Entfernung (Kosten) besteht. Sind die Entfernungen zu mehreren Knoten gleich, so wählt man den mit dem kleinsten (oder alternativ größten) Index. Dieses Verfahren wird so lange fortgesetzt, bis man am ersten Knoten angekommen ist.

7.12 Beispiel

Das zugrunde gelegte Netz bzw. die angenommene Kostenmatrix sind:

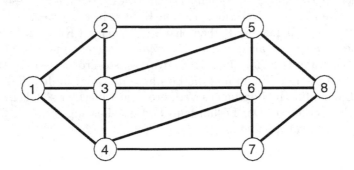

	1	2	3	4	5	6	7	8
1	∞	8	6	8	8	14	16	16
2	8	∞	4	12	6	12	16	14
3	6	4	∞	8	2	8	12	10
4	8	12	8	∞	10	8	8	10
5	8	6	2	10	∞	6	10	8
6	14	12	8	8	6	∞	6	4
7	16	16	12	8	10	6	∞	2
8	16	14	10	10	8	4	2	∞

Wenden wir darauf das oben beschriebene Vorgehen an, so erhalten wir bei der Wahl des minimalen Knotenindex (bei nichteindeutigen Minimalkosten) die Rundreise

$$(1-3-5-2-4-6-8-7-1)$$

mit Gesamtkosten von 56. Wählen wir bei Nichteindeutigkeit jeweils den höchsten Knotenindex so erhalten wir die Rundreise

$$(1-3-5-6-8-7-4-2-1)$$

mit Gesamtkosten von 48. Selbstverständlich bedeutet dies nicht, dass die letztere Vorgehensweise immer zu besseren Ergebnissen führt. Bei anderer Netz- oder Kostenmatrixstruktur kann dies ganz anders aussehen.

Es existieren zahlreiche weitere heuristische Eröffnungsverfahren, die im Allgemeinen zu besseren Ausgangslösungen führen, dafür aber auch aufwendiger sind. Der interessierte

Leser sei verwiesen auf Christofides (1975); Karp (1979); Golden and Stuart (1985); Reinelt (1994) und auf Domschke (1997). $\square$

Verbesserungsverfahren

Ausgehend von einer mit einem Eröffnungsverfahren gefundenen zulässigen Lösung kann mit Verbesserungsverfahren eine Annäherung an die optimale Lösung dadurch erreicht werden, dass man versucht, lokal Verbesserungen zu erreichen. Bleiben wir beim Beispiel des Handlungsreisenden, so könnte dies z. B. dadurch geschehen, dass man einzelne Kanten oder Untermengen von Kanten in der jeweils bekannten Lösung austauscht und damit die Reihenfolge der besuchten Kunden ändert. Solche Verfahren bezeichnet man als r-*optimale Verfahren*, wobei r die Anzahl der jeweils ausgetauschten Kanten angibt. Je größer r wird, desto größer wird verständlicherweise auch der Lösungsaufwand und die Lösungsgüte steigt in dem Sinne, dass für $r_j > r_i$ die Lösung für ein j-optimales Verfahren nie schlechter sein kann als die für ein i-optimales Verfahren. Der Lösungsaufwand ist allerdings $\mathcal{O}\left(n^r\right)$, wobei n die Zahl der zu besuchenden Kunden ist!

Für ein *2-optimales Verfahren* würde man wie folgt vorgehen:

i, j und h seien Indizes der besuchten n Knoten. $c_{i,j}$ seien die Kosten der Reise von Knoten i zu Knoten j. Man bestimmt zunächst für $i = 1$ bis $n-2$ und $j = i+2$ bis n die Summen $d_{1,i} = (c_{i,i+1} + c_{j,j+1})$ und $d_{2,i} = (c_{i,j} + c_{i+1,j+1})$. Ist $d_{1,i} > d_{2,i}$, so ändere die Rundreise $(1, \ldots, n, 1)$ in $(1, \ldots, i, j, j-1, \ldots, i+1, j+1, \ldots, n, 1)$. Diese „Austausche" werden solange vorgenommen, bis keine $d_{1,i} > d_{2,i}$ mehr gefunden werden können. Wir wollen dieses Vorgehen, ausgehend von der im Beispiel 7.12 zuerst bestimmten Rundreise, im nächsten Beispiel illustrieren:

7.13 Beispiel
Die Ausgangslösung (mit an den Kanten stehenden Kosten) ist die folgende Rundreise:

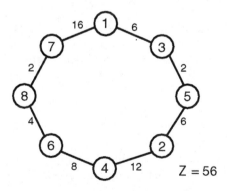

Nach dem ersten Tausch erhalten wir die Rundreise $(1, 2, 5, 3, 4, 6, 8, 7, 1)$ mit Kosten $K = 54$.

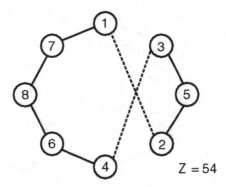

Im 2. Schritt erhalten wir die Rundreise $(1, 2, 5, 3, 4, 7, 8, 6, 1)$ mit den Kosten $K = 50$.

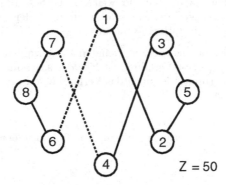

Eine weitere Verbesserung ist nicht möglich.

Starten wir nun das Verbesserungsverfahren mit der Lösung Nr. 2 aus dem Eröffnungsverfahren, die wie folgt aussieht:

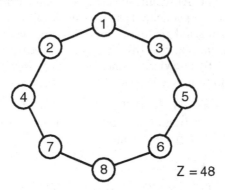

so erhalten wir nach einem Schritt die Lösung $(1, 2, 3, 5, 6, 8, 7, 4, 1)$ mit Kosten $K = 42$. Dies ist in diesem Fall die optimale Lösung.

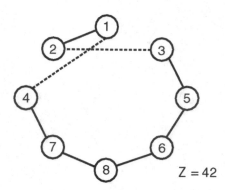

$Z = 42$

Wie man sieht, hängt das Ergebnis des Verbesserungsverfahrens stark von der Ausgangslösung ab. Im ersten Fall hätten wir zur weiteren Verbesserung mindestens ein 3-opt-Verfahren oder ein anderes Verbesserungsverfahren anwenden müssen. Im 2. Fall führte das 2-opt-Verfahren sogar zur optimalen Lösung.

Über die r-opt-Verfahren hinaus existieren eine große Anzahl weiterer Verbesserungsverfahren. Als Spezialfall des r-opt-Verfahren ist hier das sogenannte Or-opt-Verfahren (Or, 1976) zu nennen. Sehr verbreitet ist auch das Verfahren von Lin und Kernighan (Lin and Kernighan 1973, siehe dazu auch Domschke 1997), das wesentlich aufwendiger ist als normale r-opt-Verfahren, dafür aber in den meisten Fällen bereits optimale Lösungen liefert. Das Gleiche gilt für OCTANE, das neuere Verfahren von Balas (Ceria *et al.*, 2001), das eher als ein heuristisches Verfahren zur Lösung von 0/1-Problemen als als Verbesserungsverfahren zu bezeichnen ist.

□

Heuristische Verfahren zur Lösung allgemeiner ganzzahliger Modelle

Die in den letzten beiden Abschnitten beschriebenen Verfahren waren primär zur Lösung von 0/1-Modellen gedacht. Heuristische Verfahren existieren jedoch auch für die Lösung rein ganzzahliger oder gemischt-ganzzahliger Modelle. Zu nennen sind hier z. B. die Verfahren von Hillier (1969), Kreuzberger (1968) und Garfinkel and Nemhauser (1972) sowie Nemhauser and Wolsey (1988). Wir wollen hier exemplarisch das Verfahren von Garfinkel und Nemhauser vorstellen.

Betrachtet wird wiederum das Modell (7.3) bis (7.4), für das nun $p = n$ gilt. Es handelt sich also um ein rein ganzzahliges Modell. Der Einfachheit halber wird es in leicht modifizierter Form noch einmal angegeben:

$$
\begin{aligned}
\text{maximiere} \quad & z = c^{\mathrm{T}}x, \qquad x \in X \\
\text{mit} \quad & X = \{x \mid Ax \leq b,\ x \geq 0, x \text{ ganzzahlig }\}
\end{aligned}
\tag{7.17}
$$

7.14 Definition

Ist x' ein Vektor aus X mit n Komponenten, so sei unter einer Umgebung $N_r(x')$ die Menge der ganzzahligen Lösungen (Vektoren) verstanden, die von x' in nicht mehr als r Komponenten abweichen.

Wir wollen zunächst betrachten, wie sich $N_1(x')$ für eine zulässige Lösung entsprechend (7.17) berechnen lässt (nach Garfinkel and Nemhauser, 1972, S. 327). Ist x' ein Vektor mit n Komponenten, so müssen zur Bestimmung des Teiles von $N_1(x')$, der in I liegt, n Modelle der folgenden Form gelöst werden:

$$\text{maximiere} \quad z_k = c_k x_k + \sum_{j \neq k} c_j x'_j$$
$$\text{so dass} \quad a_{ik} x_k \leq b_i - \sum_{j \neq k} a_{ij} x'_j, \quad i = 1, \ldots, m \tag{7.18}$$
$$x_k \geq 0, x_k \text{ ganzzahlig.}$$

Bezeichnet man nun die „Umgebung" der k-ten Komponente bezüglich X' mit $\Delta x_k = x_k - x'_k$, so kann (7.18) geschrieben werden als

$$\text{maximiere} \quad z_k = c_k \Delta x_k + \sum_{j=1}^n c_j x'_j$$
$$\text{so dass} \quad a_{ik} \Delta x_k \leq b_i - \sum_{j=1}^n a_{ij} x'_j = y_i, \quad i = 1, \ldots, m \tag{7.19}$$
$$\Delta x_k \geq -x'_k, \ \Delta x_k \text{ ganzzahlig.}$$

Aufgabe (7.19) wiederum ist äquivalent zu

$$\text{maximiere } c_k \Delta x_k$$
$$\text{so dass} \quad \Delta x_k \leq \left\lfloor \frac{y_i}{a_{ik}} \right\rfloor, \quad i \in I_1 = \{i \mid a_{ik} > 0\}$$
$$\Delta x_k \geq \left\lceil \frac{y_i}{a_{ik}} \right\rceil, \quad i \in I_2 = \{i \mid a_{ik} < 0\} \tag{7.20}$$
$$\Delta x_k \geq -x'_k.$$

Hierbei repräsentiert $\lfloor a \rfloor$ die größte ganze Zahl kleiner oder gleich a und $\lceil a \rceil$ die kleinste ganze Zahl größer oder gleich a.

Definiert man nun:

$$q_1 = \begin{cases} \min_{i \in I_1} \lfloor y_i / a_{ik} \rfloor, & \text{für } I_1 \neq \varnothing \\ \infty, & \text{für } I_1 = \varnothing \end{cases}$$
$$\tag{7.21}$$
$$q_2 = \begin{cases} \max_{i \in I_2} \lfloor y_i / a_{ik} \rfloor, & \text{für } I_2 \neq \varnothing \\ \infty, & \text{für } I_2 = \varnothing \end{cases}$$

so gilt für eine optimale Lösung von 7.20:

$$\Delta x_k^0 = q_1 \qquad\qquad \text{wenn } c_k \geq 0$$
$$\Delta x_k^0 = \max\{q'_2 - x'_k\} \quad \text{wenn } c_k \geq 0 \tag{7.22}$$

Aus (7.21) und (7.22) folgt, dass (7.20) genau dann unbeschränkt ist, wenn $c_k > 0$ und $I_1 = \varnothing$ ist.

Nach diesen Betrachtungen lässt sich nun leicht der Algorithmus für die Umgebungen $N_1(x')$ formulieren:

7.15 Algorithmus

1. Schritt

Wähle eine zulässige Lösung zu (7.17). Wähle ein $x' \in X$, setze $\underline{z} = cx'$ und gehe zu Schritt 2.

2. Schritt

Löse Modelle (7.18) für $k = 1, \ldots, n$ durch Anwendung von (7.21).

3. Schritt

Existiert ein k mit $c_k > 0$ und $I_1 = \varnothing$, so ist (7.18) und damit auch (7.17) unbeschränkt: Stopp.

Anderenfalls bestimme den Index k mit der maximalen Lösung (z^0, x^0) in (7.18). Ist $z^0 > \underline{z}$, setze $x' = x^0$ und gehe zu Schritt 2. Wenn $z^0 = \underline{z}$, gehe zu Schritt 4.

4. Schritt

x^0 ist ein lokales Optimum in der gewählten Umgebung $N_1(x')$. Falls nach einer besseren Lösung gesucht werden soll, setze $x' = x^0$ und gehe zu Schritt 2. Sonst: Stopp. x^0 ist die beste bekannte Lösung für 7.17. Selbstverständlich können im 2. Schritt auch andere Umgebungen N_r gewählt werden. Der Aufwand einer Iteration ist dann entsprechend hoch.

7.16 Beispiel (Garfinkel and Nemhauser (nach 1972, S. 328))

Gesucht sei eine gute ganzzahlige Lösung zu

$$
\begin{aligned}
\text{maximiere } z = \;& 7x_1 + 2x_2 + 4x_3 + 5x_4 + 8x_5 + 6x_6 + 2x_7 + 10x_8 + 3x_9 \\
\text{so dass } \quad & -x_1 + 4x_2 \quad\;\; + 3x_4 + \;\; x_5 + 2x_6 - 2x_7 \qquad\quad + \;\; x_9 \leq 8 \\
& 2x_1 \qquad + 3x_3 - \;\; x_4 - 2x_5 \qquad\;\; + 7x_7 + \;\; 2x_8 - \;\; x_9 \leq 16 \\
& x_1 + \;\; x_2 + 2x_3 + 3x_4 + 2x_5 + 4x_6 - 6x_7 + 3x_8 \qquad\quad\; \leq 23 \\
& x_1, \ldots, x_9 \geq 0, \text{ ganzzahlig}
\end{aligned}
$$

1. Schritt

$x'(0, \ldots, 0)$, $\underline{z} = 0$.

2. Schritt

Die Errechnung der q_2 ist irrelevant, da alle $c_j > 0$.

Ausgehend von x' aus Schritt 1 ergeben sich zunächst folgende Werte für q_1:

k =	1	2	3	4	5	6	7	8	9
q_1 =	8	2	5	2	8	4	2	7	8
$c_k \Delta x_k$ =	56	4	20	10	64	24	4	70	24

3. Schritt

Maximales $z^0 = c_k \Delta x_k' = c_8 \Delta x_8 = 10 \cdot 7 = 70$.
Der Ermittlung des nächsten q_1 ist $y = (8, 2, 2)$ zugrunde zu legen.

2. Schritt

Daraus ergibt sich:

k =	1	2	3	4	5	6	7	8	9
q_1 =	1	2	0	2	1	0	0	0	8
$c_k \Delta x_k$ =	7	4	0	10	8	0	0	0	24

3. Schritt

$k' = 9$, $z^0 = 70 + c_9 \Delta x_9 = 94$ und $y = (0, 10, 2)$.
Die folgende Tabelle zeigt zusammengefasst die Ergebnisse der ersten beiden und der sechs folgenden Iterationen:

k'	$\Delta x_{k'}^0$	z_0	y
8	7	70	$(8, 2, 2)$
9	8	94	$(0, 10, 2)$
1	2	108	$(2, 6, 0)$
9	2	114	$(0, 8, 0)$
7	1	116	$(2, 1, 6)$
5	2	132	$(0, 5, 2)$
1	2	146	$(2, 1, 0)$
9	2	152	$(0, 3, 0)$

Weitere Iterationen sind mit $(0, 3, 0)$ nicht möglich.

4. Schritt

$x^0 = (4, 0, 0, 0, 2, 0, 1, 7, 12)$ ist ein Optimum bezüglich $N_1(x')$. Daher wird $\underline{z} = z^0(x^0) = 152$ gesetzt.
Wird eine weitere Verbesserung gesucht, so könnte man nun eine andere Startlösung, x'', wählen und zu Schritt 2 gehen. Wählt man z. B. $x'' = (0, 0, 0, 0, 8, 0, 0, 0, 0)$, so ergeben sich in Schritt 2/3 folgende Ergebnisse:

k'	$\Delta x_{k'}^0$	z_0	y
1	7	113	$(7, 18, 0)$
9	7	134	$(0, 25, 0)$
7	3	140	$(6, 4, 18)$
5	6	188	$(0, 16, 6)$
1	6	230	$(6, 4, 0)$
9	6	248	$(0, 10, 0)$
7	1	250	$(2, 3, 6)$
5	2	266	$(0, 7, 2)$
1	2	280	$(2, 3, 0)$
9	2	286	$(0, 5, 0)$

Die Lösung $x^0 = (15, 0, 0, 0, 16, 0, 4, 0, 15)$ mit $z^0 = 286$ ist offensichtlich besser als die zuerst gefundene Lösung. Auch sie ist jedoch nicht optimal. Für das gerechnete Beispiel lautet die optimale Lösung

$$x_{\text{opt}} = (10, 0, 0, 0, 36, 0, 10, 0, 2).$$

Sie hat einen Zielfunktionswert von $z_{\text{opt}} = 384$. Man erkennt daraus, wie wichtig eine gute obere untere Schranke zur Einschätzung der Güte einer heuristischen Lösung ist.   □

7.3   Aufgaben zu Kapitel 7

1. Lösen Sie das folgende Zuordnungsproblem, in dem in Modell 7.1 die Zielfunktion zu maximieren ist und die c_{ij} sich aus folgender Matrix ergeben:

$$(c_{ij}) = \begin{pmatrix} 27 & 17 & 7 & 8 \\ 14 & 2 & 10 & 2 \\ 12 & 19 & 4 & 4 \\ 8 & 6 & 12 & 6 \end{pmatrix}$$

2. Finden Sie eine optimale Route für das folgende Symmetrische TSP:

$$(c_e) = \begin{pmatrix} \cdot & 7 & 2 & 1 & 5 \\ & \cdot & 3 & 6 & 8 \\ & & \cdot & 4 & 2 \\ & & & \cdot & 9 \\ & & & & \cdot \end{pmatrix}$$

3. Finden Sie eine optimale Rundreise für das folgende asymmetrische TSP:

$$(c_{ij}) = \begin{pmatrix} \infty & 9 & 1 & 7 & 4 & 5 & 6 \\ 4 & \infty & 3 & 2 & 9 & 4 & 2 \\ 4 & 2 & \infty & 5 & 1 & 5 & 7 \\ 6 & 1 & 4 & \infty & 2 & 2 & 4 \\ 3 & 3 & 6 & 6 & \infty & 3 & 8 \\ 4 & 3 & 8 & 4 & 2 & \infty & 1 \\ 3 & 6 & 7 & 5 & 3 & 1 & \infty \end{pmatrix}$$

4. Finden Sie die optimale Rundreise für das folgende TSP. Vergleichen Sie die Ergebnisse verschiedener Heuristiken miteinander.

$$(c_{ij}) = \begin{pmatrix} \infty & 7 & 4 & 2 & 1 & 3 \\ 3 & \infty & 3 & 2 & 4 & 6 \\ 2 & 3 & \infty & 4 & 5 & 3 \\ 7 & 1 & 5 & \infty & 4 & 4 \\ 4 & 4 & 3 & 5 & \infty & 3 \\ 4 & 3 & 3 & 6 & 2 & \infty \end{pmatrix}$$

5. Betrachten Sie den folgenden Graphen, in dem die Zahlen an den Kanten die jeweiligen Kosten darstellen. Bestimmen Sie eine optimale Rundreise.

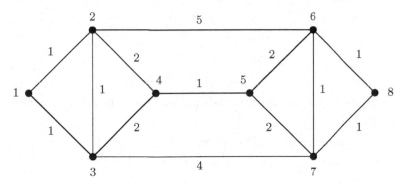

6. Lösen Sie das folgende Knapsackproblem:

$$\text{maximiere } z = 11x_1 + 7x_2 + 5x_3 + x_4$$
$$\text{so dass } \quad 6x_1 + 4x_2 + 3x_3 + x_4 \leq 25$$
$$x_j \text{ ganzzahlig}$$

7. Lösen Sie das folgende Knapsackproblem:

$$\text{maximiere } z = 16x_1 + 12x_2 + 14x_3 + 17x_4 + 20x_5 + 27x_6 + 4x_7 +$$
$$6x_8 + 8x_9 + 20x_{10} + 11x_{11} + 10x_{12} + 7x_{13}$$
$$\text{so dass} \quad 7x_1 + 6x_2 + 5x_3 + 6x_4 + 7x_5 + 10x_6 + 2x_7 +$$
$$3x_8 + 3x_9 + 9x_{10} + 3x_{11} + 5x_{12} + 5x_{13} \leq 48$$
$$x_j \text{ ganzzahlig}$$

8. Lösen Sie mit Benders Dekomposition:

$$\text{maximiere } z = 5x_1 - 2x_2 + 9x_3 + 2y_1 - 3y_2 + 4y_3$$
$$\text{so dass} \quad 5x_1 - 3x_2 + 7x_3 + 2y_1 + 3y_2 + 6y_3 \leq -2$$
$$4x_1 + 2x_2 + 4x_3 + 3y_1 - y_2 + 3y_3 \leq 10$$
$$0 \leq x_j \leq 5, x_j \text{ ganzzahlig für } j = 1,2,3, \ y \geq 0$$

9. Löse das folgende Problem mit dem Verfahren von Dakin:

$$\text{maximiere } z = x_1 + 4x_2$$
$$\text{so dass} \quad 5x_1 + 8x_2 \leq 40$$
$$-2x_1 + 3x_2 \leq 9$$
$$x_j \geq 0, \ x_j \text{ ganzzahlig}$$

10. Bestimmen Sie die optimale Lösung für das folgende rein-ganzzahlige Problem:

$$\text{maximiere } z = 3x_1 + 2x_2$$
$$\text{so dass} \quad x_1 + x_2 \leq 5$$
$$-x_1 + x_2 \leq 0$$
$$6x_1 + 2x_2 \leq 21$$
$$x_j \geq 0, \ x_j \text{ ganzzahlig}$$

11. Bestimmen Sie die optimale Lösung für das folgende rein-ganzzahlige Problem:

$$\text{maximiere } z = -7x_1 - 3x_2 - 4x_3$$
$$\text{so dass} \quad x_1 + 2x_2 + 3x_3 \geq 8$$
$$3x_1 + x_2 + x_3 \geq 5$$
$$x_j \geq 0, \ x_j \text{ ganzzahlig}$$

12. Bestimmen Sie die optimale Lösung zu dem folgenden rein-ganzzahligen Problem:

$$\text{minimiere } z = 10x_1 + 14x_2 + 21x_3$$
$$\text{so dass} \quad 8x_1 + 11x_2 + 9x_3 \geq 12$$
$$2x_1 + 2x_2 + 7x_3 \geq 14$$
$$9x_1 + 6x_2 + 3x_3 \geq 10$$
$$x_j \geq 0, \; x_j \text{ ganzzahlig}$$

13. Bestimmen Sie die optimale Lösung für folgendes Problem:

$$\text{minimiere } z = 78x_1 + 77x_2 + 90x_3 + 97y_1 + 31y_2$$
$$\text{so dass} \quad 11x_1 + 4x_2 - 41x_3 + 44y_1 + 7y_2 \leq 82$$
$$-87x_1 + 33x_2 + 24x_3 + 14y_1 - 13y_2 \leq 77$$
$$61x_1 + 69x_2 + 69x_3 - 57y_1 + 23y_2 \leq 87$$
$$x_j \geq 0, \; x_j \text{ ganzzahlig}$$

7.4 Ausgewählte Literatur zu Kapitel 7

Balas 1965; Barnhart *et al.* 1998; Beasley 1996; Benders 1962; Bixby *et al.* 2000; Bradley 1971; Christofides *et al.* 1987; Chvátal 1983; Dakin 1965; Domschke 1995; Domschke 1997; Funke 2003; Golden and Stuart 1985; Irnich 2002; Karp 1979; Kochenberger *et al.* 2004; Köppe 2003; Lawler *et al.* 1985; Lin and Kernighan 1973; Nemhauser and Wolsey 1988; Or 1976; Reinelt 1994; Savelsbergh 1997; Toth 2000; Wolsey 1998

8 Graphen, Bäume, Netze, Netzpläne

8.1 Grundlagen der Graphentheorie

Der Begriff des Graphen sowie graphentheoretische Verfahren finden im Bereich des Operations Research verbreitet Anwendung. Spezielle Formen von Graphen – Bäume – haben wir schon bei den Entscheidungsbaumverfahren kennengelernt, ohne dass dafür Kenntnisse in der Graphentheorie notwendig waren. Nützlich sind solche Kenntnisse allerdings auf anderen Gebieten, so z. B. bei der Verwendung sogenannter Gozintographen in der Fertigungssteuerung und -planung und in der Netzplantechnik. Deshalb sollen im folgenden die für das OR wichtigsten Grundlagen der Graphentheorie dargestellt werden. Für ein tiefergehendes Studium sei auf die Spezialliteratur verwiesen (z. B. Neumann, 1975b; Noltemeier, 1976b; Sachs, 1971).

8.1.1 Graphen

8.1 Definition

Ein Graph G besteht aus einer Menge V (Knoten, vertices) und einer Menge E (Kanten, edges) mit $E \neq \varnothing$, $V \cap E = \varnothing$ sowie einer auf V definierten Abbildung Ψ (Inzidenz), die jedem $v \in V$ eine Menge von zwei, möglicherweise identischen, Elementen $e, e' \in E$ zuordnet. Ist das jedem $v \in V$ zugeordnete Paar von Elementen aus E geordnet, so sind die Kanten gerichtet (Pfeile) und man spricht von einem gerichteten Graphen, anderenfalls handelt es sich um einen ungerichteten Graphen.

Wir wollen uns im folgenden auf Graphen mit endlich vielen Knoten und Kanten, sogenannten endlichen Graphen, beschränken.

Kanten sind normalerweise durch genau zwei Knoten begrenzt. Die Kante ist dann inzident zu diesen Knoten. Kanten, die einen gemeinsamen Knoten haben, nennt man dagegen adjazent zueinander. Auch zwei Knoten, die durch eine Kante verbunden sind, heißen adjazent oder benachbart zueinander. Sind zwei Kanten inzident zu denselben zwei Knoten, so spricht man von parallelen Kanten.

8.2 Vereinbarung

Wir wollen im folgenden davon ausgehen, dass die Knoten nummeriert (indiziert) sind. Bei gerichteten Kanten bezeichne v_i (kurz i) den Anfangsknoten und v_j (kurz j) den Endknoten einer Kante. Um zwischen gerichteten und ungerichteten Kanten zu unterscheiden, seien gerichtete Kanten als Pfeil bezeichnet. Eine Kante, die mit einem einzigen Knoten inzidiert, wird als *Schlinge* bezeichnet. □

Die Abbildungen 8.1a bis 8.1c illustrieren die bisher erwähnten Begriffe.

8.3 Definition

Eine alternierende Folge von Knoten und Kanten eines Graphen, in der jede vorkommende Kante mit den beiden benachbarten Knoten inzidiert, heißt *Kantenfolge*. Tritt in einer solchen Kantenfolge jede Kante nur einmal auf, so spricht man von einem *Kantenzug*.

8.4 Definition

Unter dem *Grad* oder der *Valenz eines Knotens* in einem ungerichteten Graphen versteht man die Anzahl zu diesem Knoten inzidenten Kanten. Hierbei zählen Schlingen doppelt. Bei gerichteten Graphen unterscheidet man entsprechend den positiven Grad oder Ausgangsgrad eines Knoten (Zahl der ausgehenden Pfeile) und den negativen Grad oder Eingangsgrad (Zahl der eingehenden Pfeile) eines Knoten voneinander.

In Abbildung 8.2a hat zum Beispiel der Knoten v_3 eine Valenz von 3, in Abbildung 8.2b der Knoten v_4 eine positive Valenz von 2 und eine negative Valenz von 3.

8.5 Definition

Ein Graph (gerichtet oder ungerichtet) G' mit der Knotenmenge V', der Kantenmenge E' und der Inzidenzabbildung Ψ' heißt *Teilgraph* eines Graphen mit der Knotenmenge V, der Kantenmenge E und der Inzidenzabbildung Ψ, wenn $V' \subseteq V$, $E' \subseteq E$ sowie $\Psi = \Psi'$ für alle $e \in E'$. G' heißt echter Teilgraph, wenn $E' \subset E$ gilt.

G' ist dann *Untergraph* von G, wenn G' Teilgraph von G ist und wenn jede Kante aus E, die zwei Knoten aus V' verbindet, auch zu E' gehört.

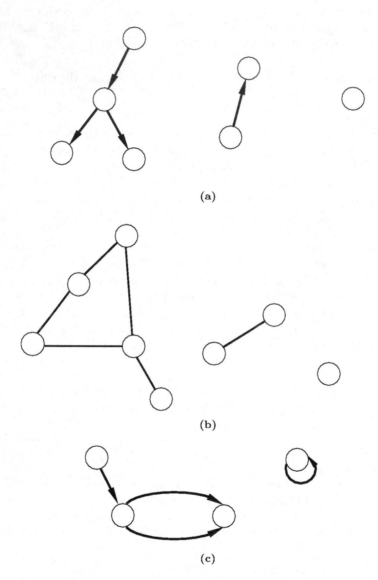

(a)

(b)

(c)

Abbildung 8.1: Beispiele für Graphen: (a) zeigt einen gerichteten Graphen; (b) zeigt einen ungerichteten Graphen, und (c) zeigt einen Graphen mit Schlingen und parallelen Kanten.

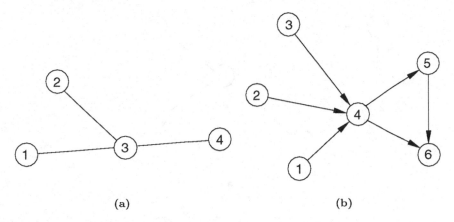

(a) (b)

Abbildung 8.2: Valenz von Graphen: (a) dient als Beispiel für die Valenz in ungerichteten Graphen; (b) verdeutlicht die Begriffe positive und negative Valenz in gerichteten Graphen.

8.6 Definition
Ein Graph G heißt dann *zusammenhängend*, wenn jeweils zwei beliebige Knoten von G durch eine Kantenfolge zu verbinden sind. Andernfalls heißt G nicht-zusammenhängend.

Alle Knoten eines Graphen G, die durch eine Kantenfolge mit einem Knoten v verbunden sind, definieren mit v einen Untergraphen, der Komponente von G genannt wird. Jeder nicht-zusammenhängende Graph G besteht aus mehreren derartigen (zusammenhängenden) Komponenten. Besteht eine solche Komponente aus einem einzigen Knoten, so bezeichnet man sie als isolierten Knoten.

Abbildung 8.3a zeigt einen zusammenhängenden ungerichteten Graphen, während Abbildung 8.3b einen aus vier Komponenten bestehenden, nicht-zusammenhängenden Graphen zeigt.

8.7 Definition
Haben in einem Graphen G alle Knoten die gleiche Valenz r, so sprechen wir von einem *regulären Graphen* vom Grade r.

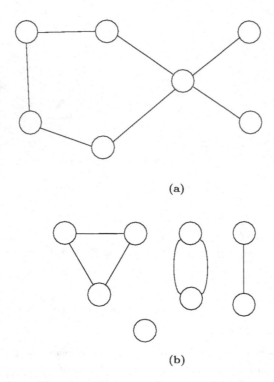

(a)

(b)

Abbildung 8.3: Zusammenhang bei Graphen: (a) zeigt einen zusammenhängenden ungerichteten Graphen; (b) zeigt einen nicht-zusammenhängenden Graphen mit vier Komponenten

---

8.8 Definition

Ein *vollständiger Graph* ist ein regulärer Graph, in dem je zwei Knoten entweder durch eine Kante (ungerichteter Graph) oder durch ein Paar gegenläufiger Pfeile (gerichteter Graph) verbunden sind.

8.9 Definition

Ein *schlichter Graph G* ist ein (gerichteter oder ungerichteter) Graph ohne parallele Kanten (Pfeile) und ohne Schlingen.

Für (endliche) vollständige schlichte Graphen mit n Knoten liegt die Kantenzahl (Pfeilezahl) fest: ein ungerichteter vollständiger schlichter Graph mit n Knoten hat $\frac{n(n-1)}{2}$ Kanten, ein ebensolcher gerichteter Graph $n(n-1)$ Pfeile.

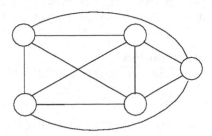

Abbildung 8.4: Vollständiger ungerichteter Graph mit fünf Knoten

Während die bisher aufgeführten Definitionen und Zusammenhänge weitgehend für
gerichtete und ungerichtete Graphen gelten, beziehen sich die folgenden Ausführun-
gen primär auf gerichtete Graphen. Zunächst noch einmal zu den Elementen von
Graphen.

8.10 Definition
In einem gerichteten Graphen G heißt ein Knoten v_j *unmittelbar nachfolgender
Knoten* von Knoten v_i, falls ein Pfeil (gerichtete Kante) von v_i nach v_j existiert.
Knoten v_i ist entsprechend *unmittelbar vorangehender Knoten* von Knoten v_j.

8.11 Definition
In einem gerichteten Graphen heißt ein Pfeil e mit $\Psi(e) = (v_i, v_j)$ *unmittelbarer Vorgänger* des Pfeils e', falls $\Psi(e') = (v_j, v_h)$ ist. Entsprechend ist e'
unmittelbarer Nachfolger von e.

8.12 Definition
In einem gerichteten Graphen heißt ein Knoten mit einem negativem Grad
(Valenz) von 0 eine *Quelle* und ein Knoten mit einer positiven Valenz von 0
eine *Senke*.

8.13 Definition
In einem gerichteten Graphen bezeichnet man als *Schleife* einen gerichteten
Kantenzug, bei dem der Anfangsknoten gleich dem Endknoten ist (geschlossene
Pfeilfolge). Handelt es sich bei dem Kantenzug um einen Weg, d. h. werden die
Kanten in Pfeilrichtung durchlaufen, spricht man von einem *Zyklus*. Besteht ein
solcher Zyklus nur aus zwei Pfeilen, so bezeichnet man ihn als *Masche*.

Um im folgenden einfacher zwischen ungerichteten und gerichteten Graphen unterscheiden zu können, sei der Begriff des Digraphen eingeführt.

8.14 Definition
Ein endlicher, gerichteter, schlichter Graph heißt *Digraph*.

Im Gegensatz zu ungerichteten Graphen, die weiterhin durch G bezeichnet werden sollen, wollen wir Digraphen mit D symbolisieren.

Darstellung von Graphen

Die Darstellung eines Graphen kann auf verschiedene Weisen erfolgen. Die bisherigen Abbildungen dieses Kapitels bedienten sich der graphischen Darstellung, die zweifellos den Vorteil der direkten Anschaulichkeit hat. Da Graphen jedoch oft nicht nur zur „Veranschaulichung" von Strukturen benutzt werden, ist in vielen Fällen eine andere Darstellungsart vorteilhafter. Insgesamt sind außer der graphischen folgende Darstellungsformen üblich:

1. Die Darstellung durch Abbildungen (Funktionen).

2. Die Darstellung durch Kanten- oder Pfeillisten.

3. Die Darstellung mit Hilfe einer Adjazenzmatrix.

4. Die Darstellung mit Hilfe einer Inzidenzmatrix.

Diese Formen der Darstellung sollen anhand des in Abbildung 8.5 graphisch dargestellten Digraphen kurz erläutert werden:

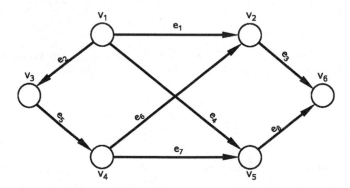

Abbildung 8.5:
Digraph

Zu 1

Darstellung durch Abbildung.

In Definition 8.1 wurde die Menge der Knoten mit V, die Menge der Kanten mit E und die (Inzidenz)-Abbildung mit Ψ bezeichnet. Ordnet eine Abbildung Ψ_1 einem Pfeil seinen Anfangsknoten und Ψ_2 den entsprechenden Endknoten zu, so kann z. B. ein Digraph durch das Quadrupel (V, E, Ψ_1, Ψ_2) beschrieben werden. Fasst man Ψ_1 und Ψ_2 zu Ψ zusammen, so kann eine Beschreibung durch das Tripel (V, E, Ψ) geschehen.

Für den Digraphen in Abbildung 8.5 ergibt sich:

$$
\Psi_1 : \left\{
\begin{array}{l}
e_1 \to v_1 \\
e_2 \to v_1 \\
e_3 \to v_2 \\
e_4 \to v_1 \\
e_5 \to v_3 \\
e_6 \to v_4 \\
e_7 \to v_4 \\
e_8 \to v_5
\end{array}
\right.
\qquad
\Psi_2 : \left\{
\begin{array}{l}
e_1 \to v_2 \\
e_2 \to v_3 \\
e_3 \to v_6 \\
e_4 \to v_5 \\
e_5 \to v_4 \\
e_6 \to v_2 \\
e_7 \to v_5 \\
e_8 \to v_6
\end{array}
\right.
\quad \text{beziehungsweise} \quad
\Psi : \left\{
\begin{array}{l}
e_1 \to v_1 \\
e_2 \to v_1 \\
e_3 \to v_2 \\
e_4 \to v_1 \\
e_5 \to v_3 \\
e_6 \to v_4 \\
e_7 \to v_4 \\
e_8 \to v_5
\end{array}
\right.
$$

Zu 2

Darstellung durch Pfeil- oder Kantenlisten.

Diese entspricht weitgehend der Abbildung Ψ unter 1:

$$(v_1, v_2)$$
$$(v_1, v_3)$$
$$(v_2, v_6)$$
$$(v_1, v_5)$$
$$(v_3, v_4)$$
$$(v_4, v_2)$$
$$(v_4, v_5)$$
$$(v_5, v_6)$$

Für Digraphen ist diese Darstellung durchaus akzeptabel, da Ψ injektiv ist. Hat ein Graph jedoch parallele Kanten oder Pfeile, so sind diese in einer Kanten- oder Pfeilliste nicht voneinander unterscheidbar.

Zu 3

Darstellung durch eine Adjazenzmatrix.

Für einen Digraphen mit m Knoten ist die Adjazenzmatrix eine $m \times m$-Matrix $\boldsymbol{A}$, deren Elemente a_{ij} wie folgt definiert sind:

$$a_{ij} = \begin{cases} 1, & \text{falls von } v_i \text{ nach } v_j \text{ ein Pfeil führt } (i,j = 1, \ldots, m) \\ 0, & \text{sonst} \end{cases}$$

Für den Digraphen in Abbildung 8.5 heißt dies:

	v_1	v_2	v_3	v_4	v_5	v_6	Zeilensummen
v_1	0	1	1	0	1	0	3
v_2	0	0	0	0	0	1	1
v_3	0	0	0	1	0	0	1
v_4	0	1	0	0	1	0	2
v_5	0	0	0	0	0	1	1
v_6	0	0	0	0	0	0	0
Spaltensummen	0	2	1	1	2	2	

$\boldsymbol{A} =$ (Matrix links der Tabelle)

Die Zeilensummen einer Adjazenzmatrix geben die positiven Grade (Ausgangsgrade) der Knoten und die Spaltensumme deren negative Grade (Eingangsgrade) an. Die Summe der Spalten- oder Zeilensummen ergibt die Zahl der Pfeile des Digraphen.

Zu 4

Darstellung durch Inzidenzmatrizen.

Für einen Digraphen mit m Knoten und n Pfeilen ist die Inzidenzmatrix eine $m \times n$-Matrix. Jeder Zeile ist ein Knoten und jeder Spalte ein Pfeil zugeordnet. Die Elemente h_{ij} dieser Matrix $\boldsymbol{H}$ sind wie folgt definiert:

$$h_{ij} = \begin{cases} 1, & \text{falls der Pfeil } e_j \text{ von Knoten } v_i \text{ ausgeht } (i = 1, \ldots, m; \ j = 1, \ldots, n) \\ -1, & \text{falls der Pfeil } e_j \text{ in Knoten } v_i \text{ mündet} \\ 0, & \text{sonst} \end{cases}$$

Für den Digraphen aus Abbildung 8.5 ergibt dies:

	e_1	e_2	e_3	e_4	e_5	e_6	e_7	e_8
v_1	1	1	0	1	0	0	0	0
v_2	-1	0	1	0	0	-1	0	0
v_3	0	-1	0	0	1	0	0	0
v_4	0	0	0	0	-1	1	1	0
v_5	0	0	0	-1	0	0	-1	1
v_6	0	0	-1	0	0	0	0	-1

$\boldsymbol{H} =$ (Matrix links der Tabelle)

Im Gegensatz zur Adjazenzmatrix können mit der Inzidenzmatrix auch parallele Kanten oder Pfeile beschrieben werden.

8.1.2 Bäume und Gerüste

Bäume und Gerüste, insbesondere sogenannte Minimalgerüste, spielen zwar kaum eine Rolle in der Netzplantechnik, dem Gebiet, mit dem wir uns später in diesem Kapitel beschäftigen werden. Sie sind jedoch recht wichtig in Gebieten der Optimierung, auf die im Rahmen dieses Buches nicht eingegangen werden kann. Insbesondere sind hierbei zu nennen Problemstellungen aus der Logistik (Tourenplanung, Einsatzplanung, Verkehrsnetzplanung) sowie ganz allgemeine Probleme der Netzoptimierung (elektrische Netze, Rechnernetze etc.). Daher seien hier im Rahmen graphentheoretischer Überlegungen wenigstens die wichtigsten Begriffe definiert und erläutert:

8.15 Definition
Ein zyklenfreier zusammenhängender ungerichteter Graph wird als *ungerichteter Baum* bezeichnet.

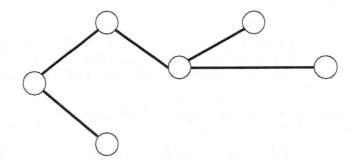

Abbildung 8.6:
Ungerichteter Baum

8.16 Definition
Ein nicht-zusammenhängender zyklenfreier Graph wird als *Wald* bezeichnet.

8.17 Satz

Ein Baum B mit $m > 1$ Knoten hat folgende Eigenschaften:

1. Zwei beliebige Knoten von B sind durch genau eine Kantenfolge miteinander verbunden.

2. Hat B m Knoten, so enthält er $n = m - 1$ Kanten.

3. Verbindet man zwei beliebige Knoten von B miteinander durch eine zusätzliche Kante, so entsteht genau ein Kreis (Zyklus).

4. Ein Baum hat mindestens zwei Endknoten mit der Valenz 1.

8.18 Definition

Ein zusammenhängender, alle Knoten eines gegebenen zusammenhängenden Graphen G enthaltender Teilgraph mit minimaler Kantenzahl heißt *Gerüst H* von G.

Ein zusammenhängender Graph mit wenigstens einem Zyklus (Kreis) kann durchaus mehrere Gerüste besitzen. So ist es zum Beispiel in der Theorie der elektrischen Netzwerke wichtig, alle unterschiedlichen Gerüste eines vorgegebenen Graphen zu kennen.

Auf zu ihrer Bestimmung existierende Algorithmen kann an dieser Stelle nicht eingegangen werden.

Häufig sind in praktischen Problemstellungen in Graphen Gerüste minimaler Gesamtlänge gesucht (sogenannte Minimalgerüste). Offensichtlich sind in diesen Fällen nicht alle Kanten des Graphen gleich „lang". (Statt der Länge kann auch die Minimierung anderer Größen erwünscht sein!) Man bewertet daher zunächst die Kanten des zugrunde liegenden Graphen, sagen wir, mit den Gewichten d_{ij}, $i = 1, \ldots, m$, $j = 1, \ldots, n$ (bei m Knoten bedeutet i den Index des Anfangsknotens einer Kante und j den des Endknotens) und man sucht dann nach dem Gerüst, für das $\sum_{v_i,\ v_j \in H} d_{ij} \to \min$.

Ein solches Problem liegt zum Beispiel bei der Einrichtung eines Fernsprechnetzes vor, bei dem jeder Ort mit jedem anderen verbunden werden soll. Diese Verbindung kann natürlich entweder direkt erfolgen oder über andere Orte. Verzweigungen sollen nur in den Orten selbst möglich sein. Eine Darstellung durch einen bewerteten gerichteten Graphen könnte dann so erfolgen, dass jeder Ort durch einen Knoten bezeichnet wird, und dass die Kanten zwischen den Orten mit den Installationskosten einer jeweils direkten Leitung zwischen den Orten bewertet werden. Gesucht wird dann das Gerüst des abbildenden Graphen, bei dem die Gesamtinstallationskosten minimal sind.

8.1.3 Netze und Netzwerke

8.19 Definition
Ein zyklenfreier Digraph mit genau einer Quelle und einer Senke heißt *Netz*.
Ordnet man durch eine Abbildung von E (Menge der Kanten!) in den $\mathbb{R}^n$ den
Pfeilen dieses Netzes Zahlen (Gewichte) zu, so wollen wir dieses bewertete Netz
als *Netzwerk* bezeichnen.

Häufig ist eine Abbildung von E in den $\mathbb{R}^1$, die dann je nach Zusammenhang verschieden zu interpretieren ist: Die „Gewichte" mögen Entfernungen, Kosten, Flüsse,
Gewinne etc. darstellen. In Ergänzung der zwei bereits definierten Abbildungen
Ψ_1 und Ψ_2 wollen wir beispielhaft eine Abbildung Ψ_3 definieren, die Entfernungen
darstellen soll. Um nicht existierende Knotenverbindungen kennzeichnen zu können
(bei endlichen Entfernungen), wählen wir $\Psi_3 : E \to \mathbb{R}^1 \cup \{\infty\}$, wobei nicht-existente
Kanten bezeichne. Die Abbildung Ψ_3 kann nun wiederum in Form einer Matrix D
dargestellt werden, deren Elemente d_{ij} bei einem zugrunde liegenden Netzwerk mit
m Knoten und n Pfeilen wie folgt definiert sein könnte:

$$
d_{ij} = \begin{cases} \Psi_3(e_k), & \text{wenn Pfeil } e_k \text{ von Knoten } v_i \text{ zu Knoten } v_j \text{ führt} \\ & (i, j = 1, \ldots, m, \; k = 1, \ldots, n) \\ \infty, & \text{wenn kein Pfeil zwischen Knoten } v_i \text{ und Knoten } v_j \text{ existiert.} \end{cases}
$$

8.20 Beispiel
Zugrunde gelegt sei das in Abbildung 8.7 gezeigte Netzwerk. Der Einfachheit halber sei
angenommen, dass die Verbindungen nur jeweils in einer Richtung benutzbar seien (Ein-
bahnstraßen, Rohre mit Rückschlagventilen etc.).

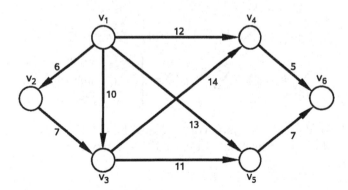

Abbildung 8.7:
Entfernungsnetzwerk

Die Entfernungs- oder Distanzmatrix für dieses Netzwerk ist dann:

$$D = \begin{array}{c} \\ v_1 \\ v_2 \\ v_3 \\ v_4 \\ v_5 \\ v_6 \end{array} \begin{array}{cccccc} v_1 & v_2 & v_3 & v_4 & v_5 & v_6 \\ \begin{pmatrix} \infty & 6 & 10 & 12 & 13 & \infty \\ \infty & \infty & 7 & \infty & \infty & \infty \\ \infty & \infty & \infty & 14 & 11 & \infty \\ \infty & \infty & \infty & \infty & \infty & 5 \\ \infty & \infty & \infty & \infty & \infty & 7 \\ \infty & \infty & \infty & \infty & \infty & \infty \end{pmatrix} \end{array}$$

Von v_1 nach v_6 bestehen z. B. sechs Wege: $(v_1, v_2, v_3, v_4, v_6)$, $(v_1, v_2, v_3, v_5, v_6)$, (v_1, v_4, v_6), (v_1, v_5, v_6), (v_1, v_3, v_4, v_6) und (v_1, v_3, v_5, v_6).

Der kürzeste Weg von v_1 nach v_6 ist (v_1, v_4, v_6) mit 17 Einheiten. □

Verbreitet sind auch „*kapazitierte*" *Netzwerke*, d. h. Netzwerke, deren Pfeile mit Höchst- und Mindestbeschränkungen versehen sind. Man stelle sich z. B. ein Rohrsystem vor, dessen Teilverbindungen Rohre verschiedener Stärke bilden (Maximalkapazitäten) und für dessen Funktionieren ein Mindestverhältnis von Rohrdurchmesser und Durchfließmenge gewährleistet werden muss (Mindestvorschrift!). Eine dies charakterisierende Abbildung $\Psi_4 : E \rightarrow \mathbb{R}^2$ ließe sich wiederum durch eine Matrix darstellen, deren Elemente nun allerdings Tupel (a_{ij}, b_{ij}) wären.

Für solche kapazitierten Netzwerke existieren auch eindeutig definierte Maximalbzw. Minimalflüsse von der Quelle zur Senke und dadurch induzierte Teilflüsse in den Pfeilen, die wiederum als eine Abbildung $\Psi_5 : E \rightarrow \mathbb{R}^1$ aufgefasst werden können. Für diese Teilflüsse gelten allerdings einschränkende Qualifikationen: Sie müssen im Rahmen der Kapazitätsbereiche der Pfeile liegen und Flüsse dürfen sich in Knoten nicht „stauen", d. h. die Summe der Zuflüsse in einem Knoten muss gleich der Summe der Abflüsse sein. Ausgenommen davon sind natürlich Quelle und Senke. Damit gilt für Abbildung Ψ_5:

$$\Psi_5(e_{ij}) \in [a_{ij}, b_{ij}] \quad \forall i, j = 1, \ldots, m \tag{8.1}$$

$$\sum_{i=1}^{m} \Psi_5(e_{ih}) - \sum_{j=1}^{m} \Psi_5(e_{hj}) = \begin{cases} -f, & \text{wenn } v_h \text{ Quelle} \\ f, & \text{wenn } v_h \text{ Senke} \\ 0, & \text{für alle übrigen Knoten} \end{cases} \tag{8.2}$$

f ist der im Netzwerk vorhandene Fluss. Will man die Teilflüsse in den Pfeilen analog zu Beispiel 8.20 in einer Flussmatrix F darstellen, so sind deren Elemente f_{ij}:

$$f_{ij} = \begin{cases} \Psi_5(e_{ij}) \in [a_{ij}, b_{ij}], & \text{falls ein Pfeil von } v_i \text{ nach } v_j \text{ existiert} \\ 0, & \text{sonst} \end{cases} \tag{8.3}$$

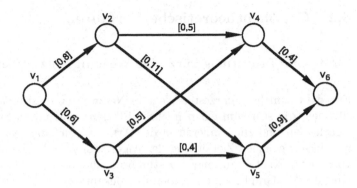

Abbildung 8.8:
Kapazitiertes
Netzwerk

8.21 Beispiel

Abbildung 8.8 zeigt ein kapazitiertes Netzwerk.

An den Pfeilen sind die jeweiligen Mindest- und Maximalkapazitäten gegeben. Da die Mindestkapazitäten hier überall 0 sind, genügt es, in der dieses Netzwerk charakterisierenden Kapazitätsmatrix K die Maximalkapazitäten der Pfeile anzugeben:

$$K = \begin{array}{c} \\ v_1 \\ v_2 \\ v_3 \\ v_4 \\ v_5 \\ v_6 \end{array} \begin{array}{c} \begin{array}{cccccc} v_1 & v_2 & v_3 & v_4 & v_5 & v_6 \end{array} \\ \left(\begin{array}{cccccc} 0 & 8 & 6 & 0 & 0 & 0 \\ 0 & 0 & 0 & 5 & 11 & 0 \\ 0 & 0 & 0 & 5 & 4 & 0 \\ 0 & 0 & 0 & 0 & 0 & 4 \\ 0 & 0 & 0 & 0 & 0 & 9 \\ 0 & 0 & 0 & 0 & 0 & 0 \end{array} \right) \end{array}$$

Offensichtlich kann der Fluss von Knoten v_1 nach v_6 verschieden groß sein. Die Bestimmung des maximal möglichen Flusses in einem solchen Netzwerk wird im nächsten Kapitel betrachtet werden. Einen zulässigen Fluss zeigt die folgende Matrix F:

	v_1	v_2	v_3	v_4	v_5	v_6	Zeilensumme
v_1	0	8	4	0	0	0	12
v_2	0	0	0	4	4	0	8
v_3	0	0	0	0	4	0	4
v_4	0	0	0	0	0	4	4
v_5	0	0	0	0	0	8	8
v_6	0	0	0	0	0	0	0
Spaltensumme	0	8	4	4	8	12	

$F = $ (vorangestellt)

In Matrix F stellen die Spaltensummen die Zuflüsse zu den Knoten dar, die Zeilensummen die entsprechenden Abflüsse. Wie man sieht, sind bei allen Knoten, außer bei Quelle und Senke, die Zuflüsse gleich den Abflüssen. Insgesamt existiert ein Fluss von 12 durch das Netzwerk. Alle Teilflüsse erfüllen (8.1) und (8.2). □

8.2 Graphentheoretische Verfahren

8.2.1 Die Ermittlung kürzester Wege in Netzwerken

Für die Ermittlung kürzester Wege in Netzwerken existieren eine Reihe von Algorithmen, die sich zum einen in ihrer Effizienz und ihrem Speicherplatzbedarf unterscheiden und zum anderen in der Art der von ihnen vorausgesetzten Graphen und in der genauen Zielsetzung der Algorithmen (z. B. Ermittlung kürzester Wege von einem Knoten zu einem bestimmten anderen Knoten oder zu allen anderen Knoten des Graphen etc.). Einer der bekanntesten Algorithmen ist der von Dijkstra (Dijkstra, 1959), der die kürzesten Wege von einem beliebigen Knoten eines bewerteten gerichteten Graphen zu allen anderen Knoten bestimmt, falls die Bewertungen nicht-negativ sind. Zyklen sind zwar zugelassen, wir wollen jedoch bei der Betrachtung von Netzwerken der in Definition 8.19 beschriebenen Art bleiben.

Das prinzipielle Vorgehen des Verfahrens kann wie folgt beschrieben werden: Man betrachtet zunächst alle von einem Knoten v_i ausgehenden Pfeile. Der kürzeste führe zum Knoten v_h. Der kürzeste Weg von v_i nach v_h ist damit der Pfeil e_{ih}. In einer nächsten Stufe werden nun von v_h ausgehende Pfeile betrachtet. Man addiert zu den Längen dieser Pfeile die kürzeste Entfernung von v_i nach v_h und vergleicht sie mit den Längen der Pfeilfolgen von v_i zu denjenigen Knoten, zu denen im Verlauf des Verfahrens zwar Wege, nicht aber unbedingt kürzeste Wege ermittelt worden sind. Die Pfeilfolge minimaler Länge führe zu einem Knoten v_j. Damit ist der kürzeste Weg von v_i zu einem weiteren Knoten v_j im Netzwerk bestimmt. Ausgehend von v_j werden nun kürzeste Wege zu allen von v_i aus erreichbaren Knoten bestimmt. Hierbei werden die bereits gefundenen Weglängen jeweils durch gefundene kürzere Wege aktualisiert.

Den Dijkstra-Algorithmus gibt es in zwei Versionen: 1. die sogenannte Pfeilversion (S. 270 Dijkstra, 1959) und 2. die sogenannte Matrix-Version (Yen, 1971), die sich besser für manuelle Benutzung eignet. Effizienzvergleiche findet man bei Streitferdt (1972, S. 253–256) und bei Küpper *et al.* (1975, S. 40). Wir wollen hier nur die Matrix-Version betrachten:

8.22 Algorithmus (Küpper *et al.* siehe 1975, S. 35 ff.)

Es seien

v_i := gewählter Bezugsknoten

d_{ij} := Distanz = Länge des Pfeiles

r = Anzahl der Knoten, zu denen bereits von Knoten v_i aus ein kürzester Weg bestimmt wurde

$\boldsymbol{a}$ = Vektor, dessen Komponenten a_{r+1} bis a_m die Indizes der Knoten sind, zu denen noch keine oder noch keine kürzesten Wege von Knoten v_i aus ermittelt wurden

$\boldsymbol{v}_i$:= Vektor der Indizes der Vorgängerknoten auf dem kürzesten Weg von Knoten v_i

$\boldsymbol{l}_i^r$:= Längenvektor, der die Pfadlängen der bisher kürzesten Wege von Knoten v_i auf der r-ten Stufe angibt.

Initialisierung

Setze $r := 1$,

$$\boldsymbol{a} := (a_1, a_2, \ldots, a_m)$$
$$\boldsymbol{v}_i := (0, 0, \ldots, 0),$$
$$\boldsymbol{l}_i^1 := (\infty, \ldots, l_{ii}, \ldots, \infty)$$

1. Schritt

Wähle aus $\boldsymbol{a}$ eine Komponente a_h aus, für die $l_{ia_h} = \min\{l_{ia_j} \mid r \leq j \leq m\}$.
Setze $q = a_h$; $a_h := a_r$; $r := r + 1$.

2. Schritt

Bestimme für alle a_j, $r \leq j \leq m$

$$s := l_{iq} + d_{qa_j}$$

Ist $s < l_{ia_j}$ setze $l_{ia_j} := s$ und $v_{ia_j} = q$.

3. Schritt

Für $r < m$ gehe zu Schritt 1.

Für $r = m$: Der zuletzt ermittelte Vektor $\boldsymbol{v}_i$ gibt die Vorgänger auf den kürzesten Wege zu allen von v_i erreichbaren Knoten an. Der Vektor $\boldsymbol{l}_i^m$ enthält die entsprechenden Weglängen.

8.23 Beispiel

Für das in Abbildung 8.7 gezeigte Netzwerk seien alle kürzesten Wege vom Knoten 1 aus zu ermitteln.

Initialisierung

$$r := 1,$$
$$a := (1, 2, 3, 4, 5, 6)$$
$$v_1 := (0, 0, 0, 0, 0, 0)$$

Für l_i^r empfiehlt sich die Erstellung einer Matrix L_i^r, die sich von der Distanzmatrix D dadurch unterscheidet, dass sie sich auf jeder Stufe ändert und dass sie für $r = 1$ in der Hauptdiagonalen den Vektor l_i^1 enthält. In der Matrix L_i^r, werden auf jeder Stufe Zeilen und Spalten gestrichen. Die Hauptdiagonale enthält jeweils den aktuellen l_i^r-Vektor.

Für unser Beispiel ergibt sich

$$L_1^1 = \begin{array}{c} \\ v_1 \\ v_2 \\ v_3 \\ v_4 \\ v_5 \\ v_6 \end{array} \begin{array}{cccccc} v_1 & v_2 & v_3 & v_4 & v_5 & v_6 \\ \left(\begin{array}{cccccc} 0 & 6 & 10 & 12 & 13 & \infty \\ \infty & \infty & 7 & \infty & \infty & \infty \\ \infty & \infty & \infty & 14 & 11 & \infty \\ \infty & \infty & \infty & \infty & \infty & 5 \\ \infty & \infty & \infty & \infty & \infty & 7 \\ \infty & \infty & \infty & \infty & \infty & \infty \end{array} \right) \end{array}$$

1. Schritt

$$l_{1a_h} = \min\{l_{1a_j}\} = l_{11} = 0; \ 1 \le j \le 6$$
$$q := 1; \ a_l := a_1 = 1; \ r := 2; a = (2, 3, 4, 5, 6)$$

2. Schritt

$$j = 2 : s := l_{11} + d_{12} = 0 + 6 = 6$$
$$j = 3 : s := l_{11} + d_{13} = 0 + 10 = 10$$
$$j = 4 : s := l_{11} + d_{14} = 0 + 12 = 12$$
$$j = 5 : s := l_{11} + d_{15} = 0 + 13 = 13$$
$$j = 6 : s := l_{11} + d_{16} = 0 + \infty = \infty$$

Der Vektor l_l^r (Hauptdiagonale der L-Matrix) und der Vektor v_l werden entsprechend geändert: Für $j = 2, 3, 4$ und 5 ist jeweils $l_j^2 < \infty$ und muss entsprechend aktualisiert werden.

Daraus ergeben sich weiterhin folgende Aktualisierungen:

$$v_{12} := 1, \ v_{13} := 1, \ v_{14} := 1, \ v_{15} := 1.$$

Es ergibt sich folgende L-Matrix:

$$
\boldsymbol{L}_1^2 = \quad
\begin{array}{c}
\\ v_1 \\ v_2 \\ v_3 \\ v_4 \\ v_5 \\ v_6
\end{array}
\begin{array}{cccccc}
v_1 & v_2 & v_3 & v_4 & v_5 & v_6 \\
\left(\begin{array}{cccccc}
0 & 6 & 10 & 12 & 13 & \infty \\
\infty & 6 & 7 & \infty & \infty & \infty \\
\infty & \infty & 10 & 14 & 11 & \infty \\
\infty & \infty & \infty & 12 & \infty & 5 \\
\infty & \infty & \infty & \infty & 13 & 7 \\
\infty & \infty & \infty & \infty & \infty & \infty
\end{array}\right)
\end{array}
$$

$$
\boldsymbol{v}_1^2 = \qquad (\quad 0 \quad 1 \quad 1 \quad 1 \quad 1 \quad 0 \quad)
$$

3. Schritt

Da $r = 2 < 6$, wird mit Schritt 1 fortgefahren.

1. Schritt

Es ist $l_{1a_h} = \min\{l_{1a_j}\} = l_{12} = 6$.
Die erste Zeile und Spalte (v_1) wird gestrichen.
$q := 2$; $a_2 = 2$; $r = 3$, $a = (3, 4, 5, 6)$

2. Schritt

$$
\begin{aligned}
j := 3 : s &:= l_{12} + d_{23} = 6 + \ 7 = 13 \\
j := 4 : s &:= l_{12} + d_{24} = 6 + \infty = \infty \\
j := 5 : s &:= l_{12} + d_{25} = 6 + \infty = \infty \\
j := 6 : s &:= l_{12} + d_{26} = 6 + \infty = \infty
\end{aligned}
$$

Da für $j = 3$ $s = 13 > 10$ bleibt $l_{13} = 10$ und $v_{13} = 1$.

Daraus ergibt sich:

$$
\boldsymbol{L}_1^3 = \quad
\begin{array}{c}
\\ v_1 \\ v_2 \\ v_3 \\ v_4 \\ v_5 \\ v_6
\end{array}
\begin{array}{cccccc}
v_1 & v_2 & v_3 & v_4 & v_5 & v_6 \\
\left(\begin{array}{cccccc}
0 & \cancel{6} & \cancel{10} & \cancel{12} & \cancel{13} & \cancel{\infty} \\
\cancel{\infty} & 6 & 7 & \infty & \infty & \infty \\
\cancel{\infty} & \infty & 10 & 14 & 11 & \infty \\
\cancel{\infty} & \infty & \infty & 12 & \infty & 5 \\
\cancel{\infty} & \infty & \infty & \infty & 13 & 7 \\
\cancel{\infty} & \infty & \infty & \infty & \infty & \infty
\end{array}\right)
\end{array}
$$

$$
\boldsymbol{v}_1^3 = \qquad (\quad 0 \quad 1 \quad 1 \quad 1 \quad 1 \quad 0 \quad)
$$

3. Schritt

$r = 3 < 6$: $\rightarrow$ Schritt 1.

1. Schritt

$\min_{3 \leq j \leq 6} \{l_{1a_j}\} = l_{13} = 10.$
$q := 3, \, r = 4, \, \boldsymbol{a} = (4, 5, 6)$

2. Schritt

$$j = 4; \; s := l_{13} + d_{34} = 10 + 14 = 24 > 12$$
$$j = 5; \; s := l_{13} + d_{35} = 10 + 11 = 21 > 13$$
$$j = 6; \; s := l_{13} + d_{36} = 10 + \infty = \infty$$

$$
\boldsymbol{L}_1^4 = \begin{array}{c} \\ v_1 \\ v_2 \\ v_3 \\ v_4 \\ v_5 \\ v_6 \end{array}
\begin{array}{c} \begin{array}{cccccc} v_1 & v_2 & v_3 & v_4 & v_5 & v_6 \end{array} \\
\left(\begin{array}{cccccc}
0 & 6 & 10 & 12 & 13 & \infty \\
\infty & 6 & 7 & \infty & \infty & \infty \\
\infty & \infty & 10 & 14 & 11 & \infty \\
\infty & \infty & \infty & 12 & \infty & 5 \\
\infty & \infty & \infty & \infty & 13 & 7 \\
\infty & \infty & \infty & \infty & \infty & \infty
\end{array} \right) \end{array}
$$

$$\boldsymbol{v}_1^4 = \quad \begin{array}{cccccc} (\; 0 & 1 & 1 & 1 & 1 & 0 \;) \end{array}$$

3. Schritt

$r = 4 < 6 : \longrightarrow$ Schritt 1.

1. Schritt

$\min_{4 \leq j \leq 6} \{l_{1a_j}\} = l_{14} = 12$
$q := 4, \, r = 5, \, \boldsymbol{a} = (5, 6)$

2. Schritt

$$j = 5; \; s := l_{14} + d_{45} = \infty$$
$$j = 6; \; s := l_{14} + d_{46} = 17$$

$$
\boldsymbol{L}_1^5 = \begin{array}{c} \\ v_1 \\ v_2 \\ v_3 \\ v_4 \\ v_5 \\ v_6 \end{array}
\begin{array}{c} \begin{array}{cccccc} v_1 & v_2 & v_3 & v_4 & v_5 & v_6 \end{array} \\
\left(\begin{array}{cccccc}
0 & 6 & 10 & 12 & 13 & \infty \\
\infty & 6 & 7 & \infty & \infty & \infty \\
\infty & \infty & 10 & 14 & 11 & \infty \\
\infty & \infty & \infty & 12 & \infty & 5 \\
\infty & \infty & \infty & \infty & 13 & 7 \\
\infty & \infty & \infty & \infty & \infty & 17
\end{array} \right) \end{array}
$$

$$\boldsymbol{v}_1^5 = \quad \begin{array}{cccccc} (\; 0 & 1 & 1 & 1 & 1 & 4 \;) \end{array}$$

3. Schritt

$r = 5 < 6 :\rightarrow$ Schritt 1.

1. Schritt

$\min_{5 \leq j \leq 6}\{l_{1a_j}\} = l_{15} = 13$
$q := 5,\ r = 6,\ \boldsymbol{a} = (6)$

2. Schritt

$$j = 6;\ s := l_{15} + d_{56} = 20 > 17$$

Es ändert sich also nichts in der $\boldsymbol{L}_1^5$-Matrix bzw. dem $\boldsymbol{v}_1^5$-Vektor.

3. Schritt

$r = 6$: Verfahren ist beendet und der $\boldsymbol{l}_1^m$-Vektor (Hauptdiagonale) zeigt die kürzesten Entfernungen von v_1 zu den Knoten $v_i,\ j = 2,\ldots,6$. $\qquad\qquad\square$

8.2.2 Die Ermittlung längster Wege

Zur Ermittlung längster Wege in Netzwerken können einige der Verfahren zur Bestimmung kürzester Wege verwendet werden, indem man die Pfeillängen mit -1 multipliziert und dann den kürzesten Weg bestimmt. Das im letzten Abschnitt beschriebene Verfahren von Dijkstra setzt allerdings nicht-negative Pfeillängen voraus, so dass es nicht in dieser Weise verwendet werden kann. Man kann es jedoch in einer modifizierten Form (siehe Küpper *et al.*, 1975, S. 42) auch zur Bestimmung längster Wege in Netzwerken verwenden, wie wir sie hier definiert haben. Dies soll im folgenden skizziert und an einem Beispiel illustriert werden.

Die *Grundidee* ist:

Man beginne bei der Quelle, die definitionsgemäß einen Eingangsgrad von 0 hat. Da es nur eine Quelle im Netzwerk gibt, muss es mindestens einen Knoten mit Eingangsgrad 1 geben, der von der Quelle aus zu erreichen ist. Für diesen und alle anderen Knoten mit Eingangsgrad 1, die direkt von der Quelle aus zu erreichen sind, sind die Weglängen l_{0i} gleich den Längen der Pfeile d_{0i}. Für Knoten mit Eingangsgrad 1 gilt Analoges auch dann, wenn sie nicht direkt von der Quelle aus zu erreichen sind: Ist der längste Weg von der Quelle bis zum Knoten v_k, $l_{0,k}$, bekannt und hat ein unmittelbar nachfolgender Knoten v_{k+1} den Eingangsgrad 1, so ist der längste Weg von der Quelle bis zu diesem Knoten $l_{0,k+1} = l_{0,k} + d_{k,k+1}$. Dies ist jedoch dann nicht unbedingt der Fall, wenn der Knoten v_{k+1} einen Eingangsgrad größer als 1 hat:

Nehmen wir an, er habe den Eingangsgrad 2 und damit einen zweiten direkt vorangehenden Knoten v_j. Der Weg von der Quelle zu diesem Knoten sei $l_{0,j}$ und entsprechend der Weg zum Knoten v_{k+1} $l'_{0,k+1} = l_{0,j} + d_{j,k+1}$. Der längste Weg von der Quelle zum Knoten v_{k+1} ist dann offensichtlich $l''_{0,k+1} = \max\{l_{0,k+1}, l'_{0,k+1}\}$. Dieser längste Weg kann erst dann bestimmt werden, wenn so viele Wege von der Quelle zum Knoten v_k bewertet worden sind, wie sein Eingangsgrad ist. Man kann dies dadurch sicherstellen, dass man die Eingangsgrade aller Knoten vermerkt und diese dann sukzessive mit der Überprüfung (paarweisen Vergleich) jedes eingehenden Weges jeweils um 1 reduziert. Ist der „verbleibende Eingangsgrad" Null, so sind offen-sichtlich alle eingehenden Wege berücksichtigt worden und der längste Weg von der Quelle bis zu Knoten v_k kann endgültig bestimmt werden.

Dieses Vorgehen kann algorithmisch wie folgt formuliert werden:

8.24 Algorithmus
Es seien

$\mathbf{I}_r$ die Indexmenge der Knoten, bis zu denen auf Stufe r längste Wege von der Quelle aus ermittelt worden sind, über die hinaus jedoch noch nicht verlängert wurde,

$\mathbf{J}_r$ die Indexmenge der Knoten, zu denen längste Wege von der Quelle bekannt sind, die auch bereits zum jeweiligen Folgeknoten verlängert wurden.

$\boldsymbol{z}^r = (z_1^r, \ldots, z_i^r = 0, \ldots, z_m^r)$ ein Vektor, dessen Komponenten für jeden Knoten v_j, $j = 1, \ldots, m$ den reduzierten Eingangsgrad nach der r-ten Stufe der Überprüfung angeben, d. h. die Zahl der noch nicht zur Bestimmung des längsten Weges zum Knoten v_j berücksichtigten Eingangspfeile. Definitionsgemäß ist der Eingangsgrad der Quelle bereits am Anfang der Rechnungen $z_i^r = 0$. z_j^0 sind die nicht reduzierten Eingangsgrade der Knoten v_j, $j = 1, \ldots, m$.

$\boldsymbol{v}_i$ ist der Vektor der Vorgängerknoten bei Ausgangsknoten i und

$\boldsymbol{l}_i$ ist wiederum der Längenvektor, dessen Komponenten die längsten Wege von der Quelle v_i zu den einzelnen Knoten v_j, $j = 1, \ldots, m$ angeben.

Initialisierung

Setze $\mathbf{I}_0 = \{i\}$; $\mathbf{J}_0 := \varnothing$; $\boldsymbol{v}_i := (0, \ldots, 0)$

$\qquad \boldsymbol{l}_i = (-\infty, \ldots, l_{ii} = 0, \ldots, -\infty)$; $\boldsymbol{z}^0 = (z_1^0, \ldots, 0, z_m^0)$

1. Schritt

Wähle einen Knoten v_h mit $h \in \mathbf{I}_0$. Für alle von diesem Knoten ausgehenden Pfeile bestimme:

a) $l_{ij}^h = l_{ih} + d_{ih}$. Ist $d_{hj} = \infty$, so sei $l_{ij}^h = -\infty$.

Setze $z_j^r := z_j^r - 1$. Ist $z_j^r = 0$, so setze $\mathbf{I}_r = \mathbf{I}_{r-1} \cup \{j\}$, d. h. füge den Index des Knotens v_j der Indexmenge $\mathbf{I}_{r-1}$ hinzu.

b) Ist $l_{ij}^h > l_{ij}$, setze $v_{ij} := h$ in $\boldsymbol{v}_i$ und $l_{ij} := l_{ij}^j$ in $\boldsymbol{l}_i$.

2. Schritt

Vermindere $\mathbf{I}_r$ um h und erweitere $\mathbf{J}_r$ um h. Ist $\mathbf{I}_r \neq \varnothing$, so gehe zu Schritt 1. Ist $\mathbf{I}_r = \varnothing$, so geben die Komponenten von $\boldsymbol{l}_i$ die längsten Wege von $\boldsymbol{v}_i$ zu allen anderen Knoten und die Komponenten von $\boldsymbol{v}_i$ die auf diesen Wegen liegenden unmittelbaren Vorgängerknoten an.

8.25 Beispiel

Die folgende Tabelle zeigt die Entfernungsmatrix des in Abbildung 8.9 gezeigten Netzwerkes.

$$D = \begin{array}{c} \\ v_1 \\ v_2 \\ v_3 \\ v_4 \\ v_5 \\ v_6 \end{array} \begin{array}{cccccc} v_1 & v_2 & v_3 & v_4 & v_5 & v_6 \\ \left(\begin{array}{cccccc} \infty & 3 & 5 & \infty & \infty & \infty \\ \infty & \infty & \infty & 11 & 6 & \infty \\ \infty & \infty & \infty & 5 & 10 & \infty \\ \infty & \infty & \infty & \infty & \infty & 4 \\ \infty & \infty & \infty & \infty & \infty & 7 \\ \infty & \infty & \infty & \infty & \infty & \infty \end{array} \right) \end{array}$$

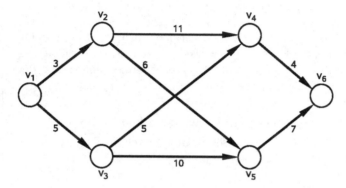

Abbildung 8.9:
Netzwerk

Bestimmt werden sollen die längsten Wege von der Quelle v_1 zu allen anderen Knoten des Netzwerks.

Die folgende Tabelle zeigt die Ergebnisse der Anwendung des modifizierten Dijkstra-Algorithmus auf die Vektoren v_1, l_1 und z:

Kno-ten	v_1^r						l_1						z^r					
	$r=1$	2	3	4	5	6	1	2	3	4	5	6	1	2	3	4	5	6
v_1	0	0	0	0	0	0	0	0	0	0	0	0	0	0	0	0	0	0
v_2	0	1	1	1	1	1	$-\infty$	3	3	3	3	3	1	0	0	0	0	0
v_3	0	1	1	1	1	1	$-\infty$	5	5	5	5	5	1	0	0	0	0	0
v_4	0	0	2	2	2	2	$-\infty$	$-\infty$	14	14	14	14	2	2	1	0	0	0
v_5	0	0	2	3	2	2	$-\infty$	$-\infty$	9	15	15	15	2	2	1	0	0	0
v_6	0	0	0	0	4	5	$-\infty$	$-\infty$	$-\infty$	$-\infty$	18	22	2	2	2	2	1	0

Die einzelnen Schritte sind im folgenden im Detail gezeigt:

$r = 2$

1. Schritt

a) $l_{12}^1 = 3$ $z_2 := 1 - 1 = 0$, $I_2 := \{1, 2\}$

b) $l_{12} = 3$ $\qquad v_{12} = 1$

a) $l_{13}^1 = 5$ $\qquad z_3 := 1 - 1 = 0,\ I_2 := \{1, 2, 3\}$

b) $l_{13} = 5$ $\qquad v_{13} = 1$

2. Schritt

$\mathbf{I}_2 := \{1, 2, 3\} \setminus \{1\} = \{2, 3\};\ \mathbf{J}_2 := \varnothing \cup \{1\} = \{1\}$

$r = 3$

1. Schritt

$h = 2$

a) $l_{14}^2 = l_{12} + d_{24} = 3 + 11 = 14,\ z_4 := 2 - 1 = 1$

b) $l_{14} = 14$ $\qquad v_{14} = 2$

a) $l_{15}^2 = l_{12} + d_{25} = 3 + 6 = 9,\ z_5 := 2 - 1 = 1$

b) $l_{15} = 9$ $\qquad v_{15} = 2$

2. Schritt

$\mathbf{I}_3 := \{2, 3\} \setminus \{2\} = \{3\};\ \mathbf{J}_3 = \{1\} \cup \{2\} = \{1, 2\}$

$r = 4$

1. Schritt

$h = 3$

a) $l_{14}^3 = l_{13} + d_{34} = 5 + 5 = 10 < 14,\ z_4 := 1 - 1 = 0$

b) $l_{14} = 14$ $\qquad v_{14} = 2$

a) $l_{15}^3 = l_{13} + d_{35} = 5 + 10 = 15 > 9,\ z_5 := 1 - 1 = 0$

b) $l_{15} = 15$ $\qquad v_{15} = 3$

2. Schritt

$\mathbf{I}_4 := \{3, 4, 5\} \setminus \{3\} = \{4, 5\};\ \mathbf{J}_4 = \{1, 2\} \cup \{3\} = \{1, 2, 3\}$

$r = 5$

1. Schritt

$h = 4$

a) $l_{16}^4 = l_{14} + d_{46} = 14 + 4 = 18,\ z_6 := 2 - 1 = 1$

b) $l_{16} = 18$ $\qquad v_{16} = 4$

2. Schritt

$\mathbf{I}_5 := \{4, 5\} \setminus \{4\} = \{5\};\ \mathbf{J}_5 = \{1, 2, 3\} \cup \{4\} = \{1, 2, 3, 4\}$

$r = 6$

1. Schritt

$h = 5$

a) $l_{16}^5 = l_{15} + d_{56} = 15 + 7 = 22 > 18$, $z_6 = 1 - 1 = 0$

b) $l_{16} = 22 \qquad v_{16} = 5$

2. Schritt

$\mathbf{I}_6 := \{5\} \setminus \{5\} = \varnothing$; $\mathbf{J}_6 = \{1, 2, 3, 4\} \cup \{5\} = \{1, 2, 3, 4, 5\}$

Knoten v_6 wurde nicht in $\mathbf{I}_6$ aufgenommen, da es die Senke ist. Damit zeigen die Komponenten von l_1 die längsten Wege von v_1 zu allen Knoten des Netzwerkes an.   □

8.2.3 Die Ermittlung maximaler Flüsse

In Abschnitt 8.1.3 war bereits darauf hingewiesen worden, dass bei Netzwerken oft interessiert, welcher maximale Fluss darin fließen kann. Wir wollen hier ein kapazitiertes Netzwerk betrachten, in dem die unteren Schranken für Teilflüsse grundsätzlich Null sind. Damit vereinfachen sich die in (8.1) und (8.2) gegebenen Bedingungen für Flüsse in kapazitierten Netzwerken zu

$$f_{ij} = \begin{cases} \Psi(e_{ij}) \in [0, b_{ij}], & \text{falls ein Pfeil von } v_i \text{ nach } v_j \text{ läuft} \\ 0, & \text{sonst} \end{cases}$$

$$(8.4)$$

$$\sum_{i=1}^{m} f_{ih} - \sum_{j=1}^{m} f_{hj} = \begin{cases} -w, & \text{wenn } v_h \text{ Quelle} \\ w, & \text{wenn } v_h \text{ Senke} \\ 0, & \text{sonst} \end{cases} \qquad (8.5)$$

Flüsse, die (8.4) und (8.5) erfüllen, wollen wir als zulässige Flüsse bezeichnen und als maximaler Fluss im Netzwerk sei $\max w$ (siehe (8.2)), so dass (8.4) und (8.5) erfüllt sind, bezeichnet. Den Gesamtfluss kann man sich zusammengesetzt denken aus den Teilflüssen in den von Quelle zur Senke verlaufenden Kantenfolgen.

Wir wollen bei der Betrachtung von Teilflüssen annehmen, dass ein Fluss in entgegengesetzter Richtung einen Fluss in der ursprünglichen Richtung vermindert, und dass sich die Pfeilkapazitäten auf die Differenz dieser beiden Flüsse beziehen.

Bezeichnen wir die beiden gegenläufig verlaufenden „Bruttoflüsse" mit f_{ij}' bzw. f_{ji}' und den Nettofluss mit f_{ij}, so muss gelten

$$b_{ij} \geq f_{ij} = f_{ij}' - f_{ji}' \geq 0. \qquad (8.6)$$

Sind g_{ij} die „freien", d. h. nach Berücksichtigung eines Teilflusses noch zur Verfügung stehenden Pfeilkapazitäten, so bietet sich folgendes Verfahren zur Bestimmung maximaler Flüsse an:

1. Schritt

Setze für alle Pfeile $g_{ij} := b_{ij}$.

2. Schritt

Bestimme einen aus Pfeilen mit verfügbarer Kapazität bestehenden Pfad von der Quelle zur Senke. Die minimale auf diesem Pfad bestehende verfügbare Teilkapazität bestimmt den maximalen Teilfluss des Pfades.

3. Schritt

Die neuen verfügbaren Teilkapazitäten ergeben sich zu

$$g_{ij} := g_{ij} - f_{ij}$$

4. Schritt

Überprüfe, ob sich weitere Pfade wie in Schritt 2 bestimmen lassen. Wenn ja, gehe zu Schritt 2, wenn nein, sind alle möglichen Teilflüsse bestimmt und der maximale Gesamtfluss ergibt sich als Summe der ermittelten Teilflüsse.

8.26 Beispiel

Zu bestimmen sei der maximale Fluss in folgendem Netzwerk:

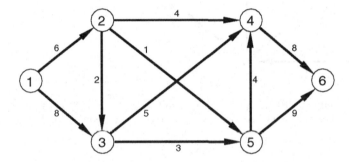

Als erster Pfad werde die Pfeilfolge $1-2-4-6$ gewählt, in der ein maximaler Fluss von $f_1 = 4$ möglich ist. Für die noch zur Verfügung stehenden Kapazitäten g_{ij} ergibt sich dann:

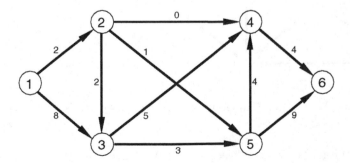

Als zweiter Pfad gelte: $1-3-4-6$, der einen maximalen Fluss von $f_2 = 4$ ermöglicht. Die verbleibenden verfügbaren Kapazitäten ergeben sich zu:

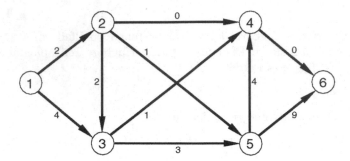

Wird als nächster Pfad die Pfeilfolge $1-3-5-6$ mit $f_3 = 3$ gewählt, so ergibt sich:

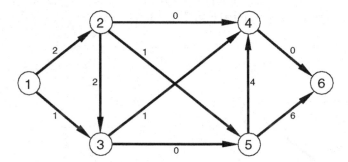

Als letzter möglicher Pfad bleibt die Pfeilfolge $1-2-5-6$ mit $f_4 = 1$. Danach lässt sich – wie aus folgender Abbildung ersichtlich – kein weiterer positiver Pfad von Knoten 1 zu Knoten 6 finden:

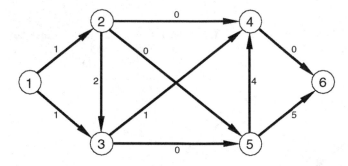

Damit ergibt sich der maximale Fluss von Knoten v_1 zu Knoten v_6 in diesem Netzwerk zu $f_1 + f_2 + f_3 + f_4 = 12$.   □

Für größere Netzwerke birgt das soeben beschriebene Verfahren die Gefahr des

Verrechnens oder des Vergessens von „fiktiven Flüssen". Deswegen greift man in diesen Fällen auf den von Ford-Fulkerson vorgeschlagenen Markierungsalgorithmus zurück, in dem die oben beschriebene Vorgehensweise weiter formalisiert wird:

Besonderheiten

Erweiterung auf reale Gegenflüsse: Bisher wurde gefordert, dass der Nettofluss in Pfeilrichtung zu verlaufen hat. Nun soll der reale Fluss auch entgegen der Pfeilrichtung verlaufen dürfen. Bezeichnet b_{ji} die Kapazität für die Aufnahme eines Flusses f_{ji} entgegen der Pfeilrichtung, so gilt:

$$-b_{ji} \leq f_{ij} \leq b_{ij}$$

und

$$-b_{ij} \leq f_{ji} \leq b_{ji}$$

8.27 Definition

Ein *trennender Schnitt* ist eine Menge von Pfeilen eines Netzwerkes, bei deren Wegfall kein Pfad mehr von der Quelle zur Senke verlaufen würde, und deren echte Teilmengen diese Eigenschaft nicht besitzen.

Die Kapazität einer Schnittmenge ergibt sich als Summe der Kapazitäten ihrer Elemente. Es leuchtet ein, dass die Schnittmenge mit der kleinsten Kapazität den maximalen Fluss durch das Netzwerk bestimmt. Diese Schnittmenge bzw. ihre Kapazität wird durch den Markierungsalgorithmus ermittelt.

Für die freien Kapazitäten gilt:

$$g_{ij} = b_{ij} - f_{ij} + f_{ji} \geq 0$$
$$g_{ji} = b_{ji} - f_{ji} + f_{ij} \geq 0.$$

8.28 Algorithmus

1. Schritt

Setze für alle verfügbaren Pfeilkapazitäten

$$g_{ij} := b_{ij}$$
$$g_{ji} := b_{ji}$$

2. Schritt

Die Quelle (Knoten 1) erhält die Marke $M = (i, f_j) = (0, \infty)$. Die Marke M_j des Knotens j ist aus zwei Größen, i und f_j, zusammengesetzt. Hierbei ist i der Index des Knotens, von dem aus der Knoten j markiert wurde, und f_j ist der mögliche Fluss von der Quelle bis Knoten j.

Von jedem markierten Knoten aus wird jeder in Betracht kommende unmarkierte Knoten j markiert, sofern $g_{ij} > 0$ ist. Es gilt dabei für $f_j = \min\{f_i, g_{ij}\}$.

Um Fehler zu vermeiden, ist es sinnvoll, eine geeignete Reihenfolge bei der Markierung zu vereinbaren. Man kann z. B. schrittweise vorgehen: Im ersten Schritt werden die Marken derjenigen Knoten bestimmt, die von der Quelle aus erreichbar sind. Danach wählt man unter den markierten Knoten denjenigen mit der kleinsten Nummer aus und bestimmt wiederum alle möglichen Marken. Anschließend markiert man vom nächstgrößeren Knoten aus usw., bis die Knoten des ersten Schrittes erschöpft sind. Analog erfolgt die Markierung von denjenigen Knoten aus, die im zweiten und den weiteren Schritten markiert wurden. Der Markierungsprozess wird abgebrochen, sobald die Senke markiert wird. Danach erfolgt der Übergang zu Schritt 3.

3. Schritt

Ist die Senke markiert worden, so gibt deren f_n den möglichen Fluss von der Quelle bis zur Senke auf dem Pfad an, den man durch ein Rückwärtsverfolgen der jeweiligen Markenelemente i bestimmen kann. Dieser Teilfluss $f_k := f_n$ wird nun vermerkt (um später den maximalen Fluss bestimmen zu können) und die Größen der freien Pfeilkapazitäten werden unter Berücksichtigung des Flusses f_k auf folgende Weise berichtigt:

Bei Vorwärtsmarkierung:

$$g_{ij} := g_{ij} - f_k$$
$$g_{ji} := g_{ji} + f_k$$

Bei Rückwärtsmarkierung:

$$g_{ij} := g_{ij} + f_k$$
$$g_{ji} := g_{ji} - f_k$$

Danach werden alle Marken gelöscht und die Schritte 2 und 3 solange wiederholt, bis die Senke nicht mehr markiert werden kann. Die Summe der bis dahin gefundenen Flüsse von der Quelle zur Senke ist der maximale Fluss in dem betrachteten Netzwerk.

8.3 Netzpläne mit deterministischer Struktur

8.3.1 Grundlagen

Stärken und Schwächen klassischer Planungs- und Steuerungshilfsmittel

Ein Planungsverfahren, das auf den Beginn der wissenschaftlichen Betriebswirtschaftslehre zurückgeht, ist das Verfahren von Henry L. Gantt. Die heute noch praktizierten konventionellen Planungsmethoden zur zeitlichen Festlegung von Arbeitsabläufen sind in der Hauptsache Weiterentwicklungen des Ganttschen Planungsbogens. Hierbei werden gewöhnlich auf der horizontalen Achse die Zeit und auf der vertikalen Achse die durchzuführenden Arbeitsgänge aufgezeichnet. Werden geplante Abläufe und wirklich erfolgte Abläufe voneinander unterscheidbar festgehalten, so kann die Gantt-Chart auch als Kontrollinstrument des Arbeitsablaufes angesehen werden.

In Abbildung 8.10 wird eine solche Gantt-Chart gezeigt, mit deren Hilfe die Arbeitsgänge A bis M zeitlich geplant werden sollen. M und damit das gesamte Projekt sollen offensichtlich nach 52 h abgeschlossen sein.

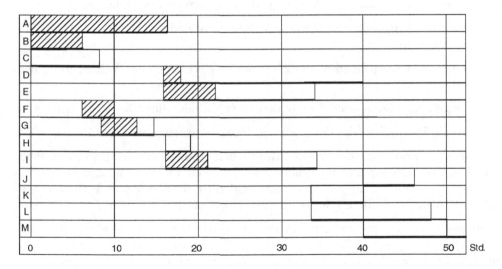

Abbildung 8.10: Gantt-Chart

Geht man nun davon aus, dass nach 20 h eine Fortschrittskontrolle durchgeführt wird, bei der die bereits geleistete Arbeit durch Schraffierung der Balken angedeutet ist, so kann man folgendes daraus ersehen:

– Vorgänge A, B und F sind ordnungsgemäß ausgeführt.

– Vorgänge D und G haben Rückstände.

– E und I sind bereits weiter gediehen als geplant.

Nichts kann jedoch über die Auswirkungen der Planabweichungen auf das Gesamtprojekt gesagt werden.

Die Vorteile einer solchen Darstellung sind:

– Die Länge der Balken steht in Beziehung zur Zeit.

– Das Diagramm selbst wird zur Aufzeichnung des Arbeitsfortschrittes verwendet.

– Das Gantt-Schema ist auch für Nichtspezialisten sehr informativ; der geplante Arbeitsfortschritt kann jederzeit mit dem erreichten Ergebnis verglichen werden. Ihr Anwendungsbereich ist sehr weit entwickelt.

Die offensichtlichen Schwächen von Gantt-Charts sind:

– Simultane Struktur- und Zeitplanung.

– Geringe Aussagefähigkeit bezüglich der Reihenfolge bzw. Verknüpfung der Vorgänge.

– Feste Terminierung aller Vorgänge, die zu einem Projekt gehören.

– Geringe Anpassungsmöglichkeit an veränderte Bedingungen bei der Projektüberwachung.

– Geringe Aussagefähigkeit bezüglich der Möglichkeiten zur Verbesserung der Abläufe.

– Begrenzung der Anzahl der Vorgänge aus Gründen der Übersichtlichkeit.

– Keine Möglichkeit des Einsatzes von Datenverarbeitungsanlagen.

Der heutige Anwendungsbereich des Ganttschen Planungsbogens liegt *nach* dem Abschluss einer Netzplanuntersuchung hauptsächlich zur Verdeutlichung der Ergebnisse für die Führungskräfte. (Bisher sind über 50 abgeleitete Verfahren wie LESS, PD, RAMPS, SINETIK etc. entwickelt worden.)

Zum Zwecke der Darstellung, Analyse und Steuerung werden die zu planenden oder steuernden Komplexe in Elemente zerlegt. Hierbei bedient man sich einer Terminologie, die inzwischen in DIN Normblatt 69900 festgeschrieben ist. So wird die Gesamtheit des zu Planenden als *Projekt* bezeichnet. Dieses wird in zwei Arten von Elementen zerlegt:

1. *Vorgänge*, als Projektteile mit zeitlich definierbarem Anfang und Ende (also zeitbeanspruchende Elemente) und

2. *Ereignisse*, als definierte Zustände im Projektablauf (also Zeitpunkte).

Symbolisch werden diese Elemente in Netzplänen durch Pfeile (Kanten) bzw. Kreise (Knoten) dargestellt. Dies kann auf zwei Weisen erfolgen (*Darstellungsart*):

- Die Vorgänge werden durch Pfeile und die Ereignisse durch Knoten (Kreise) dargestellt (Pfeildarstellung).

- Die Vorgänge werden durch Knoten dargestellt (Kreisdarstellung). In diesem Fall verzichtet man auf eine explizite Darstellung der Ereignisse. Die Pfeile deuten bei dieser Darstellungsform lediglich die Zusammenhänge zwischen den Vorgängen an.

Ein weiteres Unterscheidungsmerkmal ist die „*Orientierung*" von Netzplänen:

- Beschreibt man die Vorgänge eines Projektes in Bezug auf Inhalt und Zeitdauer, so ergeben sich die Ereignisse automatisch als Anfangs- bzw. End*zeitpunkte* der Vorgänge. Man spricht in diesem Fall von „*vorgangsorientierten Netzplänen*". Sie sind immer dann angebracht, wenn man besonders an den einzelnen Arbeitsgängen (z. B. zu Steuerungszwecken) interessiert ist.

- Beschreibt oder definiert man dagegen die Ereignisse in ihrem Inhalt, sozusagen als Kontrollpunkte im Projektablauf, so bleiben die Vorgänge, die zu den einzelnen Ereignissen führen, im wesentlichen undefiniert, man spricht dann von „*ereignisorientierten Netzplänen*", die hauptsächlich zu Kontrollzwecken Anwendung finden. Ereignisorientierte Netzpläne enthalten i. a. weniger Information als gleich große vorgangsorientierte Netzpläne, da die Zahl der im vorgangsorientierten Netzplan beschriebenen Kanten (Pfeile) meist größer ist als die Zahl der im ereignisorientierten Netzplan beschriebenen Knoten (Kreise).

Im deutschen Sprachgebrauch hat man die möglichen Darstellungs- und Orientierungsarten zu drei Netzplantypen kombiniert:

A. *Das Vorgangspfeilnetz*: Dies ist ein vorgangsorientierter Netzplan in Pfeildarstellung.

B. *Das Vorgangsknotennetz*: Dies ist ein vorgangsorientierter Netzplan in Kreisdarstellung.

C. *Das Ereignisknotennetz*: Hierbei handelt es sich um ein ereignisorientiertes Netz in Pfeildarstellung (d. h. die Ereignisse werden als Knoten dargestellt).

Die Grundverfahren der Netzplantechnik bedienen sich jeweils eines dieser Netzplantypen, und zwar:

CPM : Vorgangspfeilnetze

MPM : Vorgangsknotennetze

PERT : Ereignisknotennetze

Heute lassen sich die folgenden *vier Stufen* (Phasen) der Netzplantechnik unterscheiden: (Die Grundmethoden umfassten nur die ersten beiden Stufen!)

1. *Die Strukturanalyse*

   Inhalt: Darstellung der Abhängigkeitsbeziehungen der Vorgänge auf graphische Weise (Netzplan), tabellarisch oder durch eine Matrix (Inzidenz- oder Adjazenzmatrix).

2. *Die Zeitanalyse*

   Inhalt: Bestimmung der frühesten und spätesten Anfangs- und Endzeiten der einzelnen Vorgänge, der Gesamtprojektdauer und verschiedener Pufferzeiten.

3. *Die Kapazitätsanalyse (-Optimierung)*

   Inhalt: Sind die zur Durchführung der geplanten Vorgänge notwendigen Betriebsmittel nicht in ausreichendem Maße vorhanden, so entstehen Engpässe, die zur Erhöhung der Gesamtprojektdauer gegenüber der in der zweiten Stufe errechneten führen.

   Ziel der dritten Stufe ist die Bestimmung der *optimalen Reihenfolge der Vorgänge*, d. h. der Reihenfolge, in der die Vorgänge durchzuführen sind, damit unter Berücksichtigung der vorhandenen Kapazitäten und der bestehenden technologischen Vorgangsabhängigkeiten eine minimale Projektdauer erreicht wird.

4. *Kostenanalyse (Optimierung)*

   Inhalt: Bisher wurde angenommen, dass die Vorgangszeiten unveränderbar seien. Kann die Dauer der Vorgänge (z. B. durch Überstunden) verkürzt werden (was gewöhnlich Kostenkonsequenzen hat), so lässt sich nicht mehr eine eindeutige Projektdauer berechnen. Man kann jedoch dann in Phase 4 die Vorgangsdauern ermitteln, die zu der Projektdauer führen, bei der die geringsten Gesamtkosten auftreten.

Die Phasen 1 und 2 sind also reine *Darstellungs-* oder Berechnungsphasen, die Phasen 3 und 4 *Optimierungsphasen*.

Im folgenden sollen die soeben genannten vier Phasen der Netzplantechnik dargestellt werden. Diese sollen unter Zugrundelegung eines Netzplantypes, nämlich der bei CPM benutzten Vorgangspfeilnetze, illustriert werden. Für die anderen Verfahren gilt Analoges. Hierzu sei auf die Spezialliteratur hingewiesen (siehe z. B. Küpper *et al.*, 1975; Zimmermann, 1971).

8.3.2   Strukturplanung

Bei Netzplänen handelt es sich immer um Netzwerke nach Definition 8.19, wobei die den Pfeilen zugeordneten Gewichte Dauern sind. Wie bereits in Abschnitt 8.1.1 erwähnt, können Graphen auf verschiedene Weisen dargestellt werden. In der Netzplantechnik – vor allem bei Vorgangspfeilnetzen – hat sich neben der graphischen

Darstellung als Pfeillisten (hier Vorgangslisten) mit Angabe der unmittelbar vorangehenden Pfeile die Darstellung mit Hilfe von Adjazenz-Matrizen durchgesetzt. Ehe diese drei Darstellungsformen in der in der Netzplantechnik üblichen Form gezeigt werden, noch einige Bemerkungen zu der in der NPT üblichen graphischen Darstellung:

Ein Netzplan besitzt einen eindeutigen Anfang und ein eindeutiges Ende (Quelle und Senke).

Ein Netzplanelement besteht aus einem Vorgang und dessen Anfangs- und Endereignis.

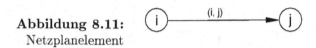

Abbildung 8.11:
Netzplanelement

Ein Vorgang kann entweder eine eigene Benennung erhalten oder durch das Tupel (i, j) jener beiden Ereignisse bezeichnet werden, zwischen denen er stattfindet. i und j sind ganze positive Zahlen.

Grundregeln

1. Jeder Vorgang beginnt mit einem Ereignis und endet mit einem nachfolgenden Ereignis.

2. Müssen ein oder mehrere Vorgänge beendet sein, bevor ein weiterer beginnen kann, so enden diese alle im Anfangsereignis des nachfolgenden Vorganges.

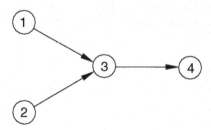

3. Können mehrere Vorgänge beginnen, nachdem ein vorausgegangener beendet ist, so beginnen diese alle im Endereignis des vorangegangenen Vorganges.

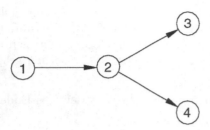

4. Haben zwei Vorgänge gemeinsame Anfangs- und Endereignisse, dann wird die eindeutige Kennzeichnung durch einen Scheinvorgang hergestellt.

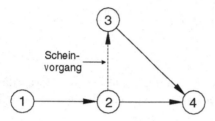

Der Scheinvorgang stellt keinen realen Vorgang dar; er wird jedoch wie ein normaler Vorgang behandelt, besitzt aber die *Zeitdauer Null*. Er wird gewöhnlich durch einen gestrichelten Pfeil dargestellt.

5. Enden und beginnen in einem Ereignis mehrere Vorgänge, die *nicht* alle voneinander abhängig sind, wird der richtige Ablauf ebenfalls mit Hilfe von Scheinvorgängen hergestellt. Vier Vorgänge, A, B, C, D, seien gegeben. C kann erst nach Abschluss von A *und* B beginnen. D kann nach Abschluss von B beginnen. Die Darstellung ist dann:

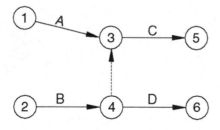

6. Kann ein Vorgang beginnen, bevor der vorhergehende vollständig beendet ist, kann der vorhergehende unterteilt werden.

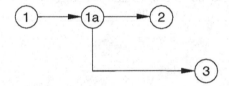

7. In einem Netz dürfen keine Schleifen auftreten.

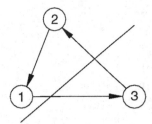

An einem Beispiel sollen nun die Darstellungsformen illustriert werden:

8.29 Beispiel
Abbildung 8.12 zeigt die graphische Darstellung eines Netzplanes als Vorgangspfeilnetz.

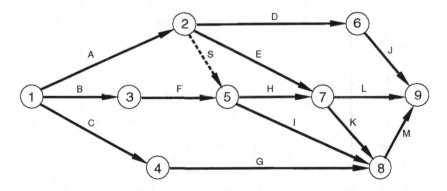

Abbildung 8.12: Vorgangspfeilnetz

Die dazugehörende Vorgangsliste (hier unter Einschluss der Vorgangsdauern) hat dann folgendes Aussehen:

Vorgang	Vorgangsdauer	unmittelbar vorangehende Vorgänge (Vorgänger)
A	16	–
B	6	–
C	8	–
D	24	A
E	18	A
F	4	B
G	6	C
H	3	A, F
I	18	A, F
J	6	D
K	6	E, H
L	14	E, H
M	12	G, I, K

Vorgangsliste

Stellt man den gleichen Netzplan in einer bewerteten Adjazenzmatrix dar, so ergibt sich folgende Matrix:

$$A = \begin{array}{c} \\ v_1 \\ v_2 \\ v_3 \\ v_4 \\ v_5 \\ v_6 \\ v_7 \\ v_8 \\ v_9 \end{array} \begin{array}{ccccccccc} v_1 & v_2 & v_3 & v_4 & v_5 & v_6 & v_7 & v_8 & v_9 \\ \left(\begin{array}{ccccccccc} - & 16 & 6 & 8 & - & - & - & - & - \\ - & - & - & - & 0 & 24 & 18 & - & - \\ - & - & - & - & 4 & - & - & - & - \\ - & - & - & - & - & 6 & - & - & - \\ - & - & - & - & - & - & 3 & 18 & - \\ - & - & - & - & - & - & - & - & 6 \\ - & - & - & - & - & - & - & 6 & 14 \\ - & - & - & - & - & - & - & - & 12 \\ - & - & - & - & - & - & - & - & - \end{array}\right) \end{array}$$

Im Unterschied zu der in Abschnitt 8.1.1 gezeigten Adjazenzmatrix sind hier statt der „1" die Vorgangsdauern für existierende Pfeile eingetragen. Dadurch erhalten die Zeilen- und Spaltensummen auch eine andere Bedeutung als bei der eigentlichen Adjazenzmatrix. Statt der Nullen sind hier „–" eingesetzt worden, um Scheinvorgänge durch 0 angeben zu können. □

8.3.3 Zeitplanung

Die zeitliche Berechnung des Netzplanes erfolgt in drei Stufen:

1. Die Errechnung frühester und spätester Zeiten für jeden Knoten (Ereignis).

2. Die Errechnung frühester und spätester Anfangs- und Endzeiten für alle Pfeile (Vorgänge).

3. Die Errechnung der Puffer und die Bestimmung des kritischen Weges.

Zu 1

Die Errechnung von Ereigniszeiten.

Die Errechnung der frühestmöglichen Ereigniszeiten FZ_i entspricht der Bestimmung längster Wege vom Anfangsknoten (Quelle) zu allen anderen Knoten. Hierzu könnte z. B. Algorithmus 8.24 eingesetzt werden. Die früheste Zeit des Endknotens (Senke) ergibt dann die kürzestmögliche Projektdauer, wenn man mit Null bei der Quelle beginnt. Abbildung 8.13 zeigt die frühesten Ereigniszeiten für den in Abbildung 8.12 gezeigten Netzplan. Die spätesten (spätestzulässigen) Ereigniszeiten

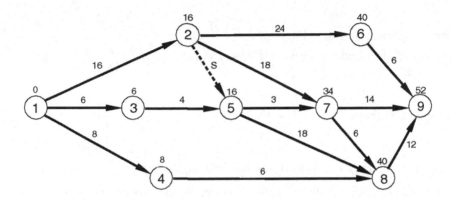

Abbildung 8.13: Netzplan mit frühesten Ereigniszeiten

SZ_i erhält man, indem man von der Senke beginnend die längsten Wege zu allen Knoten berechnet. Man kann dies dadurch erreichen, dass man alle Pfeilbewertungen umdreht und wiederum Algorithmus 8.24 einsetzt. Abbildung 8.14 zeigt die so errechneten spätesten Ereigniszeiten.

Zu 2

Die Errechnung von frühesten und spätesten *Vorgangszeiten*.

Bezeichnet man mit Index i die Anfangsknoten und mit Index j die Endknoten von Vorgängen, so kann man unter Verwendung der bereits errechneten Ereigniszeiten die Vorgangszeiten wie folgt bestimmen:

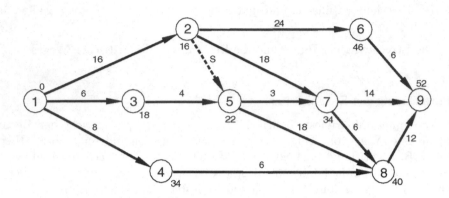

Abbildung 8.14: Netzplan mit spätesten Ereigniszeiten

Frühestmöglicher Beginn:	$\text{FA}_{ij} = \text{FZ}_i$
Frühestmögliches Ende:	$\text{FE}_{ij} = \text{FZ}_i + d_{ij}$
Spätestmöglicher Beginn:	$\text{SA}_{ij} = \text{SZ}_j - d_{ij}$
Spätestmögliches Ende:	$\text{SE}_{ij} = \text{SZ}_j$
Maximal verfügbare Zeit:	$\text{SZ}_j - \text{FZ}_i$

Zu 3

Errechnung der *Puffer* und des *kritischen Weges*.

Unter Pufferzeiten versteht man die Zeitreserve, um die ein Vorgang verschoben werden kann bzw. seine Dauer ausgedehnt werden kann, ohne dass der Endtermin des Projektes beeinflusst wird.

Man unterscheidet drei Arten von Pufferzeiten:

  A. *Gesamtpufferzeit* (total float):

$$\text{GP}_{ij} = \text{SZ}_j - \text{FZ}_i - d_{ij}.$$

Die Gesamtpufferzeit gibt an, um wieviel sich ein Vorgang bestenfalls verschieben lässt. Alle Vorgänge längs des kritischen Weges haben die Gesamtpufferzeit $\text{GP} = 0$.

  B. Freie Pufferzeit (free float):

$$\text{FP}_{ij} = \text{FZ}_j - \text{FZ}_i - d_{ij}.$$

Die Freie Pufferzeit gibt an, um wieviel Zeiteinheiten der Vorgang (i,j) verschoben werden kann, ohne dass der frühestmögliche Beginn des nachgeordneten Vorganges beeinflusst wird.

  C. *Unabhängige Pufferzeit* (independent float):

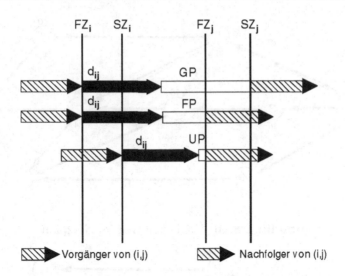

Abbildung 8.15: Puffer im Netzplan

$$\mathrm{UP}_{ij} = \max\{0, \mathrm{FZ}_j - \mathrm{SZ}_i - d_{ij}\}.$$

Die Unabhängige Pufferzeit gibt den Zeitraum an, in dem sich ein Vorgang (i, j) verschieben lässt, wenn alle vorgeordneten Vorgänge (h, i) zum spätestmöglichen Abschluss enden und alle nachgeordneten Vorgänge (j, k) zum frühestmöglichen Anfang beginnen sollen. Graphisch lassen sich diese Zusammenhänge wie folgt darstellen.

Abbildung 8.15 veranschaulicht die verschiedenen Puffer.

Kritischer Pfad

Wenn die maximal für einen Vorgang verfügbare Zeit gleich dessen Dauer ist:

$$\mathrm{SZ}_j - \mathrm{FZ}_i = d_{ij}$$

wird der Vorgang als kritisch bezeichnet. Zieht sich eine ununterbrochene Folge von kritischen Vorgängen vom Beginn bis zum Endereignis des Projektes, wird diese Folge als kritischer Pfad bezeichnet (critical path). Die Verzögerung eines kritischen Vorganges verlängert im gleichen Maße die Dauer des gesamten Projektes.

Für kritische Vorgänge gilt:

$$\mathrm{FZ}_i = \mathrm{SZ}_i; \ \mathrm{FZ}_j = \mathrm{SZ}_j,$$

d. h. frühestmögliche und spätestmögliche Zeiten fallen zusammen.

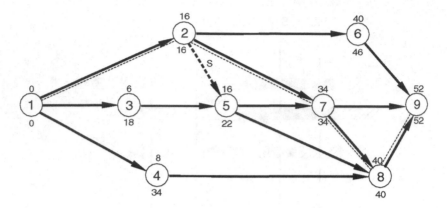

Abbildung 8.16: Kritischer Weg im Netzplan

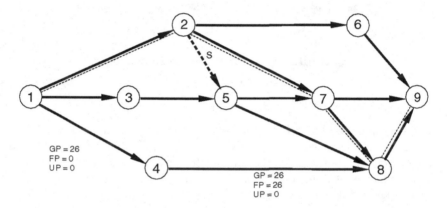

Abbildung 8.17: Vorgangspuffer auf nicht-kritischem Weg

Der kritische Weg des betrachteten Netzplanes ist in Abbildung 8.16 gepunktet angedeutet.

In Abbildung 8.17 sind für den nicht-kritischen Weg ①—④—⑧ die jeweiligen Vorgangspuffer eingetragen.

Insgesamt stehen auf diesem Pfad $40 - 14 = 26$ Einheiten über die benötigten Vorgangsdauern hinaus zur Verfügung. Vergleicht man dies mit den ausgewiesenen Puffern, so dürfte folgendes klar werden:

1. *Jeder* Vorgang auf einem nicht-kritischen Weg weist als Gesamtpuffer den gesamten Puffer eines Pfades aus. Wenn *ein* beliebiger Vorgang auf diesem Pfad seinen Gesamtpuffer verbraucht, so werden alle verbleibenden Vorgänge dieses Pfades kritisch.

2. Die *Summe* der Freien Vorgangspuffer auf diesem Pfad ist gerade gleich der

zur Verfügung stehenden Pfadpufferzeit. Jeder Vorgang kann also seinen Freien Puffer verbrauchen, ohne den Status der anderen Vorgänge dieses Pfades zu beeinflussen. Allerdings sind diese Puffer nicht sehr sinnvoll auf die einzelnen Vorgänge verteilt. (Im Beispiel hat der kürzere Vorgang alle Pufferzeit, der längere hat eine Pufferzeit von Null!). Will man die Vorgangspuffer zum Steuern des Projektablaufes verwenden, empfiehlt es sich deshalb, die zur Verfügung stehenden Freien Puffer sinnvoll auf die Vorgänge zu verteilen (siehe Zimmermann, 1971, S. 106 ff.).

8.3.4 Kapazitätsplanung

Bei den Standardverfahren der Netzplantechnik werden die Vorgangszeiten unter dem Gesichtspunkt eines wirtschaftlichen Produktionsmitteleinsatzes geschätzt bzw. errechnet.

Die Annahmen über die aufzuwendenden Kapazitäten werden bei obigen Verfahren nicht in die Berechnungen mit einbezogen. Dies führt daher oft zu unbrauchbaren Ergebnissen, obgleich die funktionellen und zeitlichen Angaben des Netzplanes einwandfrei sind. Der Netzplan verliert an Aussagekraft, wenn aufgrund von Kapazitätsmangel Tätigkeiten nicht oder nur verzögert ausgeführt werden können.

Das führt dazu, dass die im Netzplan errechneten Projektdauern möglicherweise falsch, d. h. zu kurz sind. Die Verlängerung der wirklichen Projektdauer ist darauf zurückzuführen, dass Vorgänge, die simultan geplant sind und aus rein technologischen Erwägungen auch simultan durchgeführt werden können, infolge knapper Betriebsmittel nacheinander ausgeführt werden müssen. Das entspricht der Einführung neuer, zusätzlicher Reihenfolgebeschränkungen und damit möglicherweise einer Verlängerung eines kritischen Weges.

Die Reihenfolge, in der die ursprünglich simultanen Vorgänge ablaufen, beeinflusst wesentlich die zu erreichende Projektzeit. Das Problem besteht hauptsächlich darin, die optimale Reihenfolge der Vorgänge zu finden, d. h. diejenige Reihenfolge zu bestimmen, die zu der kürzesten Projektdauer führt.

Die Ermittlung optimaler oder nahoptimaler Reihenfolgen kann auf vier verschiedene Weisen durchgeführt werden:

a) Durch Enumeration, d. h. Durchrechnung aller möglichen Reihenfolgen.

b) Durch verschiedene Näherungsverfahren.

c) Durch Entscheidungsbaumverfahren.

d) Durch lineares Programmieren.

Die vollständige Enumeration führt gewöhnlich zu einem prohibitiven Rechenaufwand und ist daher kaum als effiziente Lösungsmethode anzusehen. Die LP-Formulierung führt auf eine ganzzahlige Modellformulierung, die mit den entsprechenden

Verfahren prinzipiell lösbar ist. Allerdings ist die Effizienz hierbei auch noch zu gering, um diesen Ansatz als praktisch verwertbar anzusehen. Wir wollen uns daher auf die beiden mittleren Lösungsansätze beschränken.

Näherungsverfahren

Am üblichsten ist die Verwendung sogenannter Prioritätsregeln. Solche Prioritätsregeln könnten z. B. sein:

1. Kleinste Pufferzeit.

2. Kleinste Tätigkeitsdauer.

3. Frühester „frühester Anfang".

4. Frühester „spätester Anfang".

5. Frühestes „spätestes Ende".

6. Kleinste Summe aus maximaler Pufferzeit und Vorgangsdauer.

7. Von außen gesetzte Prioritätsnummer.

Eine mögliche Vorgehensweise ist: Zunächst erfolgt die übliche Berechnung der frühesten Anfangs- und Endtermine der *freien* Tätigkeiten, also der Vorgänge, die kein Betriebsmittel benötigen, bis keine freie Tätigkeit mehr zu finden ist, die keine *gebundene* Tätigkeit, also einen der Vorgänge, die knappe Betriebsmittel benötigen, als Vorgänger hat. Anschließend wird unter den *gebundenen* Tätigkeiten, deren Anfangstermine festliegen, mit Hilfe von Prioritätsregeln diejenige Tätigkeit ausgesucht, bei der als nächster die freie Kapazität eingesetzt werden soll. Nach der Bestimmung des Endtermines für diese „bevorzugte" Tätigkeit wird die Terminberechnung für die *freien* Tätigkeiten fortgesetzt, bis alle Vorgänge reihenfolgemäßig festgelegt sind. Mit Hilfe dieses Algorithmus wird der gesamte Netzplan durchgerechnet. Folgendes Beispiel illustriert das Vorgehen:

8.30 Beispiel

Abbildung 8.18 zeigt ein Vorgangspfeilnetz mit 15 Vorgängen, von denen sechs ein knappes Betriebsmittel beanspruchen, das nur jeweils bei einem Vorgang eingesetzt werden kann.

Die folgende Tabelle zeigt die Ergebnisse der Zeitanalyse bei Vernachlässigung der Betriebsmittelbeschränkungen.

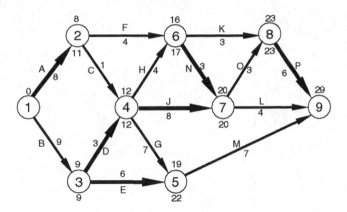

Abbildung 8.18: Netzplan mit Betriebsmittelbeschränkungen

Vorgang	v_i	v_j	Dauer	Betriebsmittel	FA_{ij}	SA_{ij}	Ges.Puffer
A	1	2	8	1	0	3	3
B	1	3	9	–	0	0	0
C	2	4	1	–	8	11	3
D	3	4	3	1	9	9	0
E	3	5	6	1	9	16	7
F	2	6	4	–	8	13	5
G	4	5	7	–	12	15	3
H	4	6	4	–	12	13	1
I	4	7	8	1	12	12	0
K	6	8	3	–	16	20	4
L	7	9	4	–	20	25	5
M	5	9	7	–	19	22	3
N	6	7	3	1	16	17	1
O	7	8	3	–	20	20	0
P	8	9	6	1	23	23	0

Der kritische Weg läuft offensichtlich über die Vorgänge B–D–I–O–P und hat eine Länge von 29 Einheiten. Wendet man nun die oben genannten Prioritätsregeln (in lexikographischer Ordnung) an, so ergibt sich der in der folgenden Tabelle gezeigte zeitliche Projektablauf:

Vorgang	FA_{ij}	FE_{ij}
A	0	8
B	0	9
C	8	9
D	9	12
E	12	18
F	8	12
G	12	19
H	12	16
I	18	26
K	16	19
L	29	32
M	19	26
N	26	29
O	29	32
P	32	38

Die Güte solcher Annäherungslösungen ist zunächst unbekannt. Daher ist es besonders wichtig, Schranken für die Projektdauer zu wissen, um durch ihren Vergleich mit einer gefundenen Lösung etwas über deren Güte aussagen zu können.

Untere Schranken der Projektdauer ergeben sich aus zwei Bedingungen:

1. Im günstigsten Fall können die Tätigkeiten unter Ausnutzung ihrer Pufferzeiten so verschoben werden, dass keine Überschneidung des Betriebsmitteleinsatzes eintritt.

2. Die Projektdauer kann die insgesamt erforderliche Betriebsmittelzeit für die knappe Kapazität nicht unterschreiten.

Die größere der Zeitschranken aus beiden Bedingungen ergibt die untere Schranke der Projektdauer.

Eine Bearbeitungsfolge, deren Projektdauer die untere Schranke erreicht, stellt eine optimale Lösung dar. Dieses Kriterium ist jedoch nur eine hinreichende, aber nicht eine notwendige Optimalitätsbedingung. Liegt für eine Bearbeitungsfolge die Projektdauer über der unteren Schranke, so kann z.B. mit Hilfe von Branch and Bound-Verfahren versucht werden, eine bessere Lösung zu finden.

Für unser Beispiel ist die „unbeschränkte Projektdauer" 29 Einheiten und die insgesamt benötigte Betriebsmittelzeit 34 Einheiten. Damit liegt die gefundene Näherungslösung über der Schranke von 34 Einheiten!   □

Anwendung von Branch and Bound-Verfahren

Zur Anwendung kommen könnte ein Verfahren der Art, wie es in Abschnitt 5.3.2 beschrieben wurde. Verzweigt werden könnte hier nach der Reihenfolgeposition der „gebundenen Vorgänge".

Terminiert werden könnte zum einen aufgrund der schon bestimmten Näherungslösung mit einer Projektdauer von 38 ZE oder aufgrund besserer Lösungen, die im Verlauf der Rechnung ermittelt werden.

Als Schranke (Bound) käme eine (relaxierte) Projektdauer in Frage, die man wie folgt bestimmen kann:

Die freien Vorgänge werden terminiert, sobald die Zeiten ihrer Anfangsereignisse festliegen. Danach wird jeweils eine der in Frage kommenden gebundenen Vorgänge in die Bearbeitungsfolge aufgenommen und es wird untersucht, ob auf den sich ergebenden Ästen des Entscheidungsbaumes eine bessere Lösung als die bisher beste zu finden ist. Dazu wird das früheste Ende des betreffenden gebundenen Vorganges bestimmt und die Mindestprojektdauer nach zwei Kriterien berechnet:

a) Wird die Kapazitätsbeschränkung für die restlichen Vorgänge aufgehoben, so ergibt sich die Mindestprojektdauer als Summe aus dem frühesten Ende und der Mindestzeit bis zum Projektende.

b) Berücksichtigt man die Kapazitätsbeschränkung des Betriebsmittels, so ergibt sich die Mindestprojektdauer (keine Brachzeit) als Summe aus dem frühesten Ende und der für die restlichen gebundenen Vorgänge noch erforderlichen Betriebsmittelzeit.

Der größere der beiden Werte stellt die auf dem betrachteten Zweig bestenfalls zu erreichende Projektdauer dar. Liegt dieser Wert nicht unterhalb der oberen Schranke, so wird der Aufbau der Folge abgebrochen und die Untersuchung bei den anderen Zweigen fortgesetzt. Beim Unterschreiten der Schranke wird die Folge weiter aufgebaut und nach Hinzunahme eines weiteren Vorganges erneut untersucht, ob eine bessere Lösung gefunden werden kann.

Findet man eine bessere Lösung, deren Projektdauer nicht mit der unteren Schranke zusammenfällt (sonst optimale Lösung!), so wird die Enumeration mit diesem Wert als neuer oberer Schranke fortgesetzt. Das Verfahren ist beendet, wenn keine Folge mehr aufgebaut werden kann, die eine geringere Projektdauer ergibt.

8.31 Beispiel

Abbildung 8.19 zeigt den vollständigen Entscheidungsbaum für das in Beispiel 8.25 dargestellte Problem.

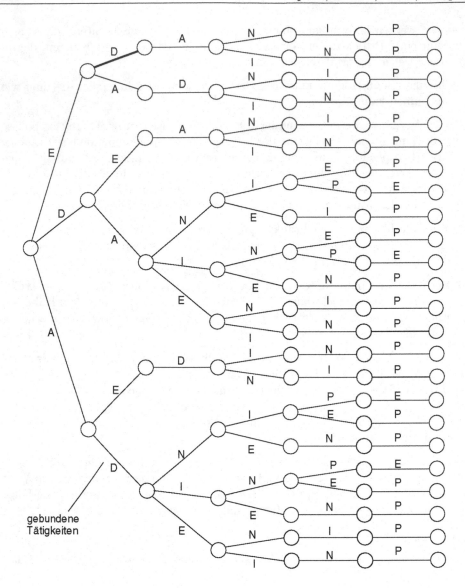

Abbildung 8.19: Entscheidungsbaum für kapazitativ beschränktes Netzplanproblem

Die folgende Tabelle zeigt die Ergebnisse des oben beschriebenen Branch and Bound-Verfahrens und Abbildung 8.20 schließlich den resultierenden Restbaum.

Knoten-Reihenfolge Nr.	FE der letzten gT + Mindestzeit bis Projektende	FE der letzten gT + noch erforderlichen Betriebsmittelzeit
1 A–D–E–I–N–P	38	38^c
2 A–	29	34
3 A–D–	29	34
4 A–D–E	35	35
5 A–D–E–N–	38^a	35
6 A–D–I–	33	35
7 A–D–I–E–	38^a	35
8 A–D–I–N–	36	35
9 A–D–I–N–E–	36	35
10 A–D–I–N–E–P	36	36^b
11 A–D–I–N–P–	45^a	38^a
12 A–D–N–	36^a	39^a
13 A–E–	35	35
14 A–E–D–	35	35
15 A–E–D–I–	38^a	35
16 A–E–D–N–	42^a	39^a
17 D–	41^a	43^a
18 E–	38^a	43^a

[a] Erreichen oder Überschreiten der oberen Schranke.
[b] Die Folge A–D–I–N–E–P ergibt eine Projektdauer von 36 ZE und stellt damit die neue obere Schranke dar.
[c] Näherungslösung.

Reihenfolgebestimmung mit Branch and Bound

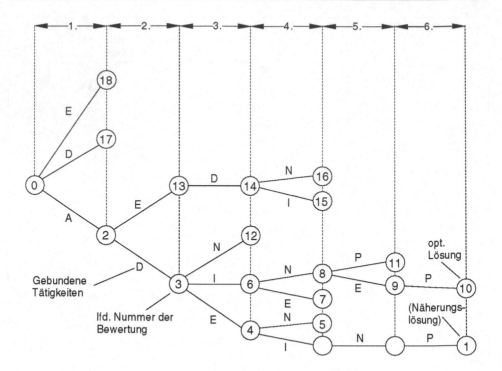

Abbildung 8.20: Branch and Bound-Restbaum

8.3.5 Kostenplanung

Bisher wurde bei allen Betrachtungen – sowohl bei der elementaren Netzplananalyse als auch bei der Bestimmung optimaler Vorgangsreihenfolgen – stets vorausgesetzt, dass die Vorgangszeiten gegebene, nicht zu verändernde Daten seien. Selbst bei der Annahme stochastischen Charakters dieser Zeiten würde eine willkürliche Beeinflussung der Vorgangsdauern ausgeschlossen!

Bei einer Betrachtung dieser Tatsache stellt sich heraus, dass die Vorgangsdauern durchaus – bis zu einem gewissen Grad – durch zusätzliche Zuweisung beeinflussbar sind. So kann das Ausheben eines Grabens, das bei Beschäftigung von 10 Arbeitern eine Woche Zeit beansprucht, durch den Einsatz von 20 Arbeitskräften zwar nicht unbedingt in einer halben Woche durchgeführt werden, es kann aber sicher in weniger als einer Woche geschehen.

Ähnliche Wirkungen werden auftreten, wenn zur Durchführung eines bestimmten Projektes nicht nur die normalen Schichten, sondern zusätzliche Überstunden benutzt werden.

Dies führt jedoch zu einer neuen Problematik:

a) Die Gesamtprojektdauer ist nicht mehr eindeutig durch die Zahl und Art der durchzuführenden Vorgänge und durch die Kapazitätsbeschränkungen bestimmt, sondern sie kann in bestimmten Grenzen variiert werden.

b) Diese Variationen der Projektzeit haben kostenmäßige Auswirkungen.

c) Es ist daher möglich und sinnvoll, kostenoptimale Projektdauern unter Berücksichtigung aller relevanten Kosten zu bestimmen.

„*Relevante Kosten*" sind in diesem Fall:

A. *Vorgangskosten*, zu denen im wesentlichen die variablen Kosten der Vorgangsdurchführung gehören, die vorgangsdauerabhängig sind (also z. B. Löhne, verschleißabhängige Wertminderungen und Reparaturen etc.),

B. *Projektkosten*, unter denen wir im wesentlichen Kosten verstehen wollen, die während der Dauer des Projektes in annähernd konstanter Höhe anfallen, und

C. *Verlängerungskosten*, die dadurch entstehen, dass sich die Projektdauer über einen vorgeplanten Zeitpunkt hinaus verlängert. (Hierzu gehören z. B. Konventionalstrafen, Mietausfall, entgangener Gewinn etc.).

Tendenziell ergeben sich normalerweise Kostenverläufe, wie sie in Abbildung 8.21 gezeigt werden. Hierbei bedeuten:

D_3 = Normale Projektdauer bei minimalen Vorgangskosten (häufigste Ausführungsart).

D_2 = Optimale Projektdauer mit minimalen Gesamtprojektkosten (anzustreben).

D_1 = Minimale Projektdauer; diese ist nur anzustreben, wenn die Wirtschaftlichkeit von untergeordneter Bedeutung ist.

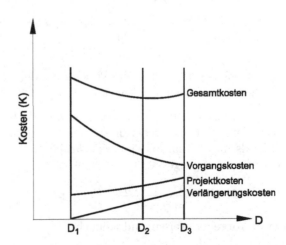

Abbildung 8.21:
Kostenverläufe bei variabler Projektdauer

Die Kostenbetrachtung vollzieht sich – ähnlich der Struktur- und Zeitanalyse – in vier Stufen:

a) Bestimmung der Zeit-Kosten-Relation der einzelnen Vorgänge.

b) Bestimmung der Zeit-Kosten-Relation der Projekt- und Verlängerungskosten.

c) Bestimmung der Gesamtkosten-Projektzeit-Relation.

d) Bestimmung der optimalen Projektdauer und des entsprechenden Netzplanes.

Hierbei legt man gewöhnlich für die Vorgangskosten folgende Zusammenhänge zugrunde:

Die Beschleunigung eines Vorganges (i, j) mit der Dauer d_{ij} und Kosten k_{ij} bedingt normalerweise eine Kostenerhöhung (vermehrter Einsatz von Arbeitskräften, Maschinen, Überstunden etc.).

Die Kostenkurve hat normalerweise konvexen Verlauf, wird aber für die Rechnung als linear angenommen. Bei Übergang auf ein anderes Verfahren kann ein sprunghafter Anstieg erfolgen (z. B. Transport: Schiff, Flugzeug).

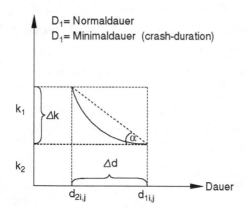

Abbildung 8.22:
Beschleunigungskosten

Es ist offensichtlich, dass die Verkürzung der Projektdauer nur durch eine Verkürzung von kritischen Vorgängen erreicht werden kann.

Zur Bestimmung der Reihenfolge, in der die Kürzung der Vorgänge vorgenommen wird, bedient man sich der „mittleren Beschleunigungskosten" MBk_{ij}. Diese ergeben sich als das Verhältnis der *zusätzlichen* Kosten zu der erreichten Verkürzung des einzelnen Vorganges:

$$ MBk_{ij} = \frac{k_{2\,ij} - k_{1\,ij}}{d_{1\,ij} - d_{2\,ij}} = \frac{\Delta k}{\Delta d} = \tan \alpha $$

Zwei Vorgehensweisen sind möglich:

A. Man reduziert die kritischen Vorgänge mit den jeweils niedrigsten MBk_{ij}, bis sie entweder ihre Minimaldauer erreicht haben oder neue (zusätzliche) Vorgänge kritisch werden. Auf diese Weise fährt man fort, bis die gewünschte Projektdauer erreicht ist.

B. Verkürzung aller Vorgänge auf ihre Minimaldauer und dann stufenweise Erweiterung der Vorgänge mit den jeweils höchsten MBk_{ij}, bis die gewünschte Projektdauer erreicht ist.

Wir wollen hier die erste Vorgehensart zugrunde legen. Zu beachten ist allerdings, dass eine Verkürzung des Projektes, wenn mehr als ein kritischer Weg vorhanden ist, nur durch simultane Kürzung aller kritischen Wege zu erreichen ist. Anstatt also den kritischen Vorgang mit den niedrigsten mittleren Beschleunigungskosten zu verkürzen, ist zunächst die Teilmenge der kritischen Vorgänge zu bestimmen (pro kritischer Weg im allgemeinen ein kritischer Vorgang), deren Gesamtbeschleunigungskosten minimal sind. Dann können alle in dieser Menge enthaltenen Vorgänge verkürzt werden, bis der erste davon seine Minimaldauer erreicht hat bzw. bis ein zusätzlicher Weg kritisch wird.

Die Vorgehensweise kann nun wie folgt beschrieben werden:

1. Bestimme den oder die kritischen Wege des Netzplanes.

2. Bestimme aus der Menge der kritischen Vorgänge die Teilmenge, bei deren Kürzung eine Erniedrigung der Projektdauer erfolgt und deren Summe der mittleren Beschleunigungskosten minimal ist.

3. Kürze diese Vorgänge bis

   (a) entweder der erste unter ihnen seine Minimaldauer erreicht oder
   (b) ein zusätzlicher Weg kritisch wird.

4. Wiederhole die Schritte 1 bis 3 solange, bis mindestens ein kritischer Weg nur aus unkürzbaren Vorgängen besteht.

Bei größeren Netzplänen ist vor allem die Durchführung des Schrittes 2 aufwendig und schwierig. Hier kann man sich des Ford-Fulkerson-Algorithmus, wie er in Abschnitt 8.2.3 beschrieben wurde, auf folgende Weise bedienen:

Betrachtet wird lediglich das aus den jeweils kritischen Wegen bestehende Netzwerk. Die Bewertungen der Pfeile sind die jeweiligen mittleren Beschleunigungskosten. Gesucht wird die Schnittmenge (siehe Definition 8.27) mit den niedrigsten mittleren Beschleunigungskosten. Diese Schnittmenge wird jedoch gerade durch den Markierungsalgorithmus aus Abschnitt 8.2.3 bestimmt, wenn an die Stelle der dort benutzten Kapazitäten als Pfeilbewertungen die mittleren Beschleunigungskosten treten. Außerdem erhält man damit die Kosten für die Verkürzung um eine Einheit.

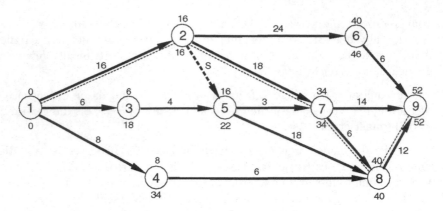

Abbildung 8.23: Verkürzbarer Netzplan

8.32 Beispiel

Zu bestimmen sei der kostenoptimale Netzplan für das in Abbildung 8.23 gezeigte Projekt.

Die folgende Tabelle gibt die für die Verkürzung notwendigen Daten:

Vorgang		Normal-dauer	Minimal-dauer	Kosten bei		Mittlere Beschleunigungs-kosten pro ZE
				Normal-dauer	Minimal-dauer	
i	j					
(1)	(2)	(3)	(4)	(5)	(6)	(7)
1	2	16	8	6200	9400	400
1	3	6	5	2200	2400	200
1	4	8	6	1800	2600	400
2	5	0	0	0	0	0
2	6	24	16	600	6800	100
2	7	18	12	2800	4300	250
3	5	4	4	1000	1000	0
4	8	6	5	900	1400	500
5	7	3	1	1160	1560	200
5	8	18	16	5000	5600	300
6	9	6	5	2400	3000	600
7	8	6	6	1800	1800	0
7	9	14	8	3000	5100	350
8	9	12	6	4200	7200	500

In Abbildung 8.23 ist der kritische Weg durch einen gebrochenen Linienzug markiert. Danach sind die folgenden Vorgänge kritisch: 1–2, 2–7, 7–8, 8–9. Vorgang 7–8 ist nicht kürzbar. Von den übrigen Vorgängen hat 2–7 die niedrigsten mittleren Beschleunigungskosten. Er kann um 6 Einheiten gekürzt werden, da dann die Wege 2–5–8 und 2–6–9 zusätzlich kritisch werden.

Die folgende Tabelle zeigt die sechs möglichen Kürzungen des Netzplanes:

Verkürzung Vorgang		Zeiteinheit ZE	Kritische Wege (zusätzlich)	$MBk_{i,j}$	Minimaldauer
1	$(2,7)$	6	$(2\text{–}5\text{–}8)$ $(2\text{–}6\text{–}9)$	250	$(2,7)$
2	$(1,2)$	6	$(1\text{–}3\text{–}5)$	400	
3	$(8,9)$ $(2,6)$	4	$(7\text{–}9)$	500 100	
4	$(1,2)$ $(1,3)$	1	–	400 200	$(1,3)$
5	$(1,2)$ $(5,8)$	1	–	400 300	$(1,2)$
6	$(8,9)$ $(7,9)$ $(2,6)$	2	–	500 350 100	$(8,9)$

Die Summe der Vorgangskosten bei Normaldauer ist 38 460. Nimmt man an, dass ab einer Projektdauer von 32 Einheiten keine Verlängerungskosten eintreten, so könnten die Daten der folgenden Tabelle die kosten- und zeitmäßigen Konsequenzen der Kürzungen darstellen.

Plan Nr.	Projekt- dauer	Vorgangs- kosten bei Normal- dauer	Beschleuni- gungskosten	Verlänge- rungskosten	Projekt- kosten	Gesamt- kosten
Spalte 1	2	3	4	5	6	7
0	52	38460	0	11050	3500	53010
1	46	38460	1500	8860	3080	51900
2	40	38460	3900	6380	2660	51400
3	36	38460	6300	3560	2380	50700
4	35	38460	6900	1630	2310	49300
5	34	38460	7600	1550	2240	49850
6	32	38460	9500	0	2100	50060

Wie man aus obiger Tabelle ersieht, ist die kostenoptimale Projektdauer 35 Einheiten. Abbildung 8.24 zeigt den dieser Projektdauer entsprechenden Netzplan, in dem die kritischen Pfade wieder markiert sind.   □

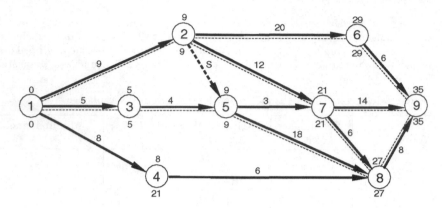

Abbildung 8.24: Kostenoptimaler Netzplan (nicht kürzester Netzplan!)

8.4   Netzpläne mit stochastischer Struktur

Die Anwendung der konventionellen Netzplanverfahren stößt überall dort auf Schwierigkeiten, wo es um die Untersuchung, Planung und Analyse von Prozessen geht, die in ihrer Struktur nicht streng determiniert sind, d. h. sobald die im Verlauf eines Prozesses eintretenden Ereignisse und auszuführenden Vorgänge bezüglich ihrer Realisation ungewiss sind, können die Verfahren CPM, MPM, PERT etc. nicht mehr eingesetzt werden.

Als typisches Beispiel lässt sich hier die Planung von Forschungsprojekten anführen. Geht man z. B. davon aus, dass seitens der Unternehmensleitung oder eines anderen Auftraggebers der Wunsch zur Entwicklung eines neuen Verfahrens oder Produktes vorliege, so ist hierdurch zwar eine Aufgabenstellung vorgegeben mit dem Ziel, ein in seinen Eigenschaften mehr oder weniger definiertes Ergebnis hervorzubringen, unbekannt jedoch ist, welcher von mehreren alternativen Lösungswegen zu dem avisierten Ziel führt.

Das für solche Probleme charakteristische Moment der Unsicherheit lässt sich wie folgt formulieren:

1. Kann das angestrebte Ziel überhaupt erreicht werden bzw. wie groß ist die Erfolgswahrscheinlichkeit?

2. Auf welchen der alternativ zur Verfügung stehenden Wegen ist das Ziel realisierbar?

3. Wieviel Zeit bzw. Kosten erfordert der Projektablauf?

Die Knoten der deterministischen Netzwerkverfahren repräsentieren eine konjunktive Anordnungsbeziehung, d. h., jedes durch einen Knoten dargestellte Ereignis tritt erst in dem Moment ein, in dem alle in den Knoten mündenden Kanten abgeschlossen sind. Die gleiche Bedingung gilt für die Knotenausgänge, d. h. alle von einem Knoten wegführenden Kanten müssen realisiert werden. Die Entwicklung stochastischer Netzwerkmethoden ist dadurch gekennzeichnet, dass diese starre Struktur von konjunktiven, deterministischen Knotentypen nach und nach aufgelockert wurde. Das zur Zeit bekannteste Verfahren stochastischer Netzplantechnik ist das von Pritzker and Happ (1966) entwickelte Verfahren GERT, auf dessen Grundzüge hier kurz eingegangen werden soll. Für weitergehende Darstellungen sei auf die Spezialliteratur verwiesen (z. B. Völzgen, 1971).

Jeder Knoten in einem GERT-Netzwerk setzt sich aus je einem Eingangs- und Ausgangselement zusammen. Auf der Eingangsseite sind drei, auf der Ausgangsseite zwei logische Operatoren zugelassen. Aus der Kombination dieser Eingangs- und Ausgangselemente ergeben sich die in folgendem Abbildung dargestellten sechs logischen Knotentypen.

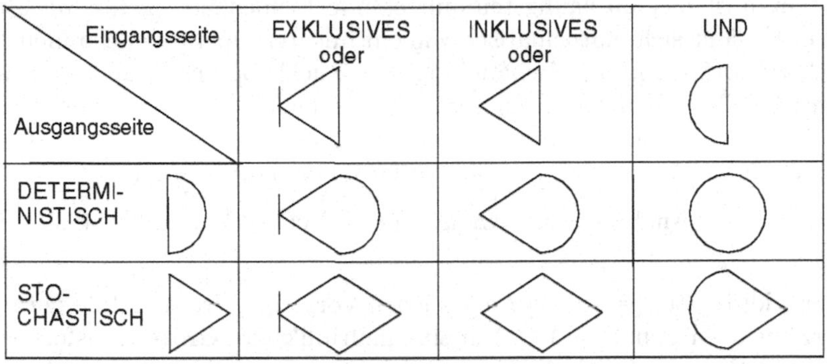

Abbildung 8.25: Knotentypen bei GERT

Exklusives Oder: Jeder auf den Knoten zulaufende Vorgang kann die Realisierung des Knotenereignisses bewirken. Jedoch kann zu einem bestimmten Zeitpunkt jeweils nur eine Kante eintreffen und das Knotenereignis auslösen.

Inklusives Oder: Jeder auf den Knoten zulaufende Vorgang kann zur Realisierung des Knotenereignisses führen. Ausgelöst wird das Ereignis durch die zuerst eintreffende Aktivität. Und: Das Knotenereignis tritt erst dann ein, wenn alle Vorgänge, die durch die ein-laufenden Kanten repräsentiert werden, ausgeführt sind.

Deterministisch: Alle von einem Knoten wegführenden Vorgänge müssen ausgeführt werden nachdem das Knotenereignis eingetreten ist, d. h. jeder dieser Vorgänge besitzt einen Wahrscheinlichkeitsparameter der Durchführung von $p = 1,0$.

Stochastisch: Nachdem das Knotenereignis eingetreten ist, wird nur eine der wegführenden Kanten ausgeführt mit vorgegebener Wahrscheinlichkeit.

Schon anhand dieser verschiedenen Knotentypen lässt sich die größere Flexibilität von GERT erkennen. Zusätzlich lassen sich die Vorgangsdauern entweder deterministisch oder durch Zufallsvariablen angeben. Die Voraussetzung der Schleifenfreiheit wird bei einem stochastischen Netzwerk aufgegeben.

Die Pfeile in einem GERT-Netzwerk werden i. a. durch zwei Parameter charakterisiert:

1. Der Parameter p gibt an, wie groß – unter der Voraussetzung, dass das vorhergehende Knotenereignis eingetreten ist – die Wahrscheinlichkeit für die Ausführung des Vorgangs ist.

2. Der Parameter t gibt für den Fall der Ausführung die erforderliche Zeit an. Dieser Zeitparameter kann eine Zufallsvariable sein.

Die mathematische Analyse eines stochastischen Netzwerkes bezieht sich ausschließlich auf den Knoten mit *Exklusiv-Oder-Eingang* und *Stochastischem Ausgang*. Dieser Knotentyp ist das am häufigsten auftretende Element in einem stochastischen Netzwerk. Er lässt sich mathematisch wie ein linearer Operator behandeln, ist erforderlich zur Erfassung und Behandlung von Rückkopplungen und kann in ganz bestimmten Fällen die übrigen Knotentypen ersetzen. Soll ein Prozess untersucht werden, bei dem die Verwendung der übrigen Knotentypen erforderlich ist, so wird ein speziell für GERT entwickeltes *Simulationsprogramm* benutzt.

Der Vorgang der Analyse eines *Exklusiv-Oder*-Netzwerkes vollzieht sich in drei Schritten:

(1) Der additive Zeitparameter t eines jeden Vorgangs wird mit Hilfe der momenterzeugenden Funktion $M_t(s)$ in eine multiplikative Größe transformiert und mit der Wahrscheinlichkeit p zu einer sogenannten w-Funktion zusammengefasst:

$$w(s) = p \cdot M_t(s). \tag{8.7}$$

Statt des Zeitparameters t kann eine beliebige Größe eingesetzt werden, durch die die Vorgänge eines Netzwerkes charakterisiert sind (z. B. Kosten, Erlöse etc.). Durch die Anwendung der momenterzeugenden Funktion wird erreicht, dass der Kantenparameter „Zeit", „Kosten" o. ä. eine Zufallsvariable sein kann.

(2) Da der aus Gleichung (8.7) hervorgegangene Kantenparameter $w(s)$ eine multiplikative Größe darstellt, lässt sich die aus der Flussgraphentheorie bekannte MASON-Formel anwenden, um ein Netzwerk zu reduzieren und eine äquivalente Beziehung zwischen zwei beliebigen Knoten (z. B. Anfangs- und Endereignis) herzustellen:

$$w(s) = \frac{\sum_i(\text{Pfad } i)[1 + \sum(-1)^k(\text{Schleife } k\text{-ter Ordnung nicht in Pfad } i)]}{1 + \sum(-1)^k(\text{Schleife } k\text{-ter Ordnung})}.$$

$$\tag{8.8}$$

Hierbei bedeuten:

Schleife 1. Ordnung: Jede in sich geschlossene Folge von Pfeilen die zum Ausgangsknoten zurückführt und dabei jeden Knoten nur einmal durchläuft.

Schleife k-ter Ordnung: k Schleifen 1. Ordnung, die keinen Knoten gemeinsam haben.

Schleife nicht in Pfad i: Schleife, die mit dem Pfad i keinen Knoten gemeinsam hat.

(3) Durch Gleichung (8.8) lässt sich jedes Netzwerk auf zwei Knoten und eine Kante mit dem Parameter $w_{\ddot{a}}(s)$ reduzieren. Diese Größe ist das Produkt aus der äquivalenten Wahrscheinlichkeit und der äquivalenten momenterzeugenden Funktion, die sich aus $w_{\ddot{a}}(s)$ wie folgt berechnen lassen:

$$p_{\ddot{a}} = w_{\ddot{a}}(s)\big|_{s=0} \qquad (8.9)$$

$$M_{\ddot{a}}(s) = \frac{w_{\ddot{a}}(s)}{p_{\ddot{a}}} \qquad (8.10)$$

Durch Differentiation der Gleichung (8.10) und Ermittlung der Ableitung an der Stelle $s = 0$ lassen sich alle Momente dieser Funktion um den Nullpunkt bestimmen:

$$\frac{d^n M_{\ddot{a}}(s)}{ds^n}\bigg|_{s=0} = n\text{-tes Moment.} \qquad (8.11)$$

Insbesondere ergibt die erste Ableitung bei $s = 0$ den Erwartungswert der Zeit für das Eintreten eines Knotenereignisses:

$$\mu = E(t) = \frac{dM_{\ddot{a}}(s)}{ds}\bigg|_{s=0} \qquad (8.12)$$

Die Varianz für die Zeit ergibt sich aus der Beziehung:

$$\sigma^2 = E(t^2) - (E(t))^2 = \frac{d^2 M_{\ddot{a}}(s)}{ds^2}\bigg|_{s=0} - \mu^2 \qquad (8.13)$$

8.33 Beispiel

Wir gehen davon aus, dass ein Produkt in einem Fertigungsprozess mehrere Bearbeitungsstufen zu durchlaufen habe. Das in nachfolgender Abbildung dargestellte Netzwerk symbolisiere eine dieser Fertigungsstufen, z. B. eine Maschine, Aggregat o. ä., die durch folgende Eigenschaften gekennzeichnet sei: die Wahrscheinlichkeit, dass die Maschine nach der Bearbeitung eines Produktes ausfalle (Knoten A), sei $a = 0{,}1$; tritt dies ein, so erfolgt eine Inspektion, bei der in 20 % der Fälle das defekte Aggregat einer Generalüberholung unterzogen werden muss (Knoten G) und somit zunächst aus dem Produktionsprozess ausscheidet. Im Gegensatz dazu können 80 % der Maschinen nach einer unmittelbar durchzuführenden Reparatur (Kante w_R) wieder eingesetzt werden. Die Bearbeitungszeit für ein Produkt betrage 2 h, die Reparatur der Maschine dauere 0,2 h.

Es sollen folgende Fragen beantwortet werden:

– Wie lange wird es im Mittel dauern, bis die Maschine ausfällt, d. h. in welchen Zeitabständen fällt eine Maschine zur Generalüberholung an (Eintreten des Knotenereignisses G)?

– Wie groß ist die Zahl der bis zu einer Generalüberholung herzustellenden Produkte?

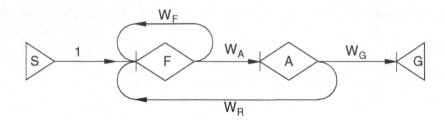

Abbildung 8.26

Schleifen 1. Ordnung: w_F und w_A w_R.

Schleifen höherer Ordnung: sind in dem Beispiel nicht vorhanden.

Pfad: S–F–A–G $= 1 \cdot w_A \cdot w_G$.

Die äquivalente w-Funktion ergibt sich demnach zu:

$$w_{\ddot{a}}(s) = \frac{w_A \cdot w_G}{1 - w_F - w_A \cdot w_R}.$$

Zur Beantwortung der ersten Frage haben die Pfeilparameter folgende Werte:
(Für die konstante Verteilung $p(x) = 1$ mit Mittelwert t lautet die momenterzeugende Funktion e^{st}.)

$$w_F = 0{,}9e^{2s} \qquad\qquad w_R = 0{,}8e^{0,2s}$$
$$w_A = 0{,}1e^{2s} \qquad\qquad w_G = 0{,}2e^{0s} = 0{,}2$$

$$w_{\ddot{a}}(s) = \frac{0{,}1e^{2s} \cdot 0{,}2}{1 - 0{,}9e^{2s} - 0{,}1e^{2s} \cdot 0{,}8e^{0,2s}} = M_{\ddot{a}}(s) \quad \text{da } p_{\ddot{a}} = 1$$

$$E(t) = \left. \frac{dW_{\ddot{a}}(s)}{ds} \right|_{s=0} = 100{,}8\,\text{h}.$$

Die Maschine muss also im Mittel alle 100 h generalüberholt werden.

Die Bearbeitung eines Produktes erfolgt durch die Ausführung der Vorgänge w_F und w_A. Jedesmal, wenn eine dieser Kanten durchlaufen wird, ist die Bearbeitung eines Produktes abgeschlossen. Ordnen wir also den Kanten w_F und w_A eine konstante Zeit $t_p = 1$ zu und allen übrigen Kanten einen Zeitparameter von $t_0 = 0$, so liefern bei der Berechnung der Zeit bis zum Eintreten des Knotenereignisses G lediglich w_F und w_A einen Beitrag; jede Realisation dieser Kanten erhöht die Gesamtzahl um 1, d. h. es wird ein Zählmechanismus ausgelöst. Zur Beantwortung der zweiten Frage nehmen die Kantenparameter also folgende Werte an:

$$w_F = 0{,}9e^{1s} \qquad\qquad w_R = 0{,}8$$
$$w_A = 0{,}1e^{1s} \qquad\qquad w_G = 0{,}2$$

$$w_{\ddot{a}}(s) = \frac{0{,}1e^s \cdot 0{,}2}{1 - 0{,}9e^s - 0{,}08e^s} = M_{\ddot{a}}(s) \quad \text{da } p_{\ddot{a}} = 1$$

$$E(t) = \left.\frac{dW_{\ddot{a}}(s)}{ds}\right|_{s=0} = 50.$$

Die mittlere Anzahl von Produkten, die bis zur Generalüberholung einer Maschine gefertigt werden können, beträgt also 50 Stück. □

8.5 Aufgaben zu Kapitel 8

1. Betrachten Sie das folgende Netz:

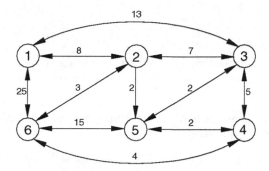

Bestimmen Sie die kürzesten Wege und ihre Länge von jedem Knoten zu Knoten 1 bzw. zu Knoten 2.

2. Bestimmen Sie desgleichen für folgendes Netz:

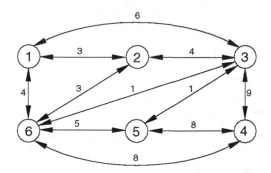

3. Bestimmen Sie den maximalen Fluss, der in folgendem Netzwerk fließen kann:

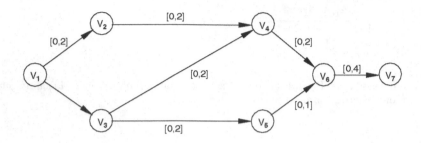

4. (a) Stellen Sie aufgrund der Daten folgender Tabelle einen CPM-Netzplan auf (Vorgangspfeilnetzplan):

Vorgang	a	b	c	d	e	f	g	h	i	k	l	m	n	o
unmittelbare Vorgänger	–	–	b	b	b	c	c	g	d,e	e	a	f,h,i	l,m,k	l,m,k
Vorgangsdauer	20	5	2	4	10	4	2	3	4	3	20	4	10	8

(b) Berechnen Sie die Vorgangszeiten FA und SE sowie die freien Puffer. Ermitteln Sie den kritischen Pfad und die minimale Projektdauer.

(c) Der Vorgang f dauert länger als vorgesehen. Wie lange kann er sich insgesamt verzögern, ohne dass sich der freie Puffer irgendeines anderen Vorganges verändert? Begründung?

(d) Wie stark kann er sich insgesamt verzögern, ohne dass sich der Gesamtpuffer eines anderen Vorganges verändert? Begründung?

5. Gegeben sind die Vorgänge A, B, ..., H; ihre technischen Abhängigkeiten zusammen mit den Dauern der Vorgänge sind der folgenden Tabelle zu entnehmen:

Vorgang	A	B	C	D	E	F	G	H
direkte Vorgänger	–	–	–	A,B	B	B,C	D	E,F
Dauer (ZE)	2	4	3	3	4	5	5	3

(a) Zeichnen Sie den zugehörigen CPM-Netzplan.

(b) Berechnen Sie die frühesten Anfangszeiten, die spätesten Endzeiten und die Gesamtpuffer aller Vorgänge und bestimmen Sie ferner den (oder die) kritischen Weg(e) sowie die Gesamtprojektdauer.

6. (a) Stellen Sie aufgrund der Daten folgender Tabelle für die Vorgänge A, B, C, D, E, F, G, H, I, K, L einen CPM-Netzplan (Vorgangspfeilnetz) auf:

Vorgang	A	B	C	D	E	F	G	H	I	K	L
unmittelbarer Vorgänger	–	–	A,B	B	C,D	C,D	C,D	E	G	H,F	F
Vorgangsdauer (Tage)	9	8	4	7	6	6	4	3	2	5	7

  (b) Berechnen Sie für *jeden* Vorgang die Vorgangszeiten FA und SE sowie den Gesamtpuffer aufgrund des in a) aufgestellten Netzplanes. Ermitteln Sie ferner den kritischen Pfad und die minimale Projektdauer.

  (c) Ausgehend von dem in a) gewonnenen Netzplan ist nun anzunehmen, dass die Vorgänge A, B, H, F, G, L ein Betriebsmittel in Anspruch nehmen, das nicht gleichzeitig für verschiedene Vorgänge eingesetzt werden kann. Lösen Sie das so entstehende Reihenfolgeproblem und begründen Sie die Optimalität Ihrer Lösung.

     Stellen Sie aufgrund der ermittelten Vorgangsfolge den neuen Netzplan auf. Welche minimale Projektdauer erhalten Sie nun?

7. Gegeben sind die Vorgänge A, B, ..., H, I; ihre technische Abhängigkeiten sind der folgenden Tabelle zu entnehmen:

Vorgang	A	B	C	D	E	F	G	H	I
direkter Vorgänger	–	–	–	A,B	A	D,E	F	D,E	C

  (a) Zeichnen Sie den zugehörigen CPM-Netzplan.

  (b) Der folgenden Tabelle sind die Dauern der Vorgänge in Tagen zu entnehmen:

Vorgang	A	B	C	D	E	F	G	H	I
Dauer	3	2	3	2	1	2	2	5	3

     Berechnen Sie die frühesten und spätesten Ereigniszeiten.

  (c) Bestimmen Sie den (oder die) kritischen Wege.

  (d) Der Auftraggeber ist an einer Verkürzung der Gesamtprojektdauer um zwei Tage interessiert. Der Bauleiter teilt mit, dass folgende Vorgänge um die angegebenen Zeiten zu den angegebenen Kosten verkürzt werden können:

     Bestimmen Sie die kostenminimale Verkürzung der Projektdauer um zwei Tage und geben Sie die entstehenden Kosten an.

Vorgang	Verkürzung um (Tage)	Kosten der Verkürzung
F	1	200
G	1	100
H	1	100
	2	250
I	1	50
	2	100

Stellen Sie aufgrund der Daten der folgenden Matrix für die Vorgänge A, B, ..., H, I, K einen CPM-Netzplan auf:

Vorgang	A	B	C	D	E	F	G	H	I	K
	1–2	1–3	2–4	3–4	4–5	4–7	4–6	5–7	6–8	7–8
unmittelbarer Vorgänger	–	–	A	B	C,D	C,D	C,D	E	G	H,F
Vorgangsdauer	9	8	4	7	6	6	4	3	2	5

Berechnen Sie für jeden Vorgang die Vorgangszeiten FA und SE sowie den Gesamtpuffer. Ermitteln Sie ferner den kritischen Pfad und die minimale Projektdauer.

Ausgehend von dem in a) gewonnenen Netzplan ist nun anzunehmen, dass die Vorgänge A, B, F, G ein Betriebsmittel in Anspruch nehmen, das nicht gleichzeitig für verschiedene Vorgänge eingesetzt werden kann. Lösen Sie das so entstehende Reihenfolgeproblem mit Hilfe der Prioritätsregel:

Führe Vorgang L *vor* Vorgang M aus, falls der Gesamtpuffer von L *kleiner* ist als der Gesamtpuffer von M.

Stellen Sie aufgrund der ermittelten Vorgangsfolge den neuen Netzplan auf. Welche minimale Projektdauer erhalten Sie nun?

8.6   Ausgewählte Literatur zu Kapitel 8

Altrogge 1979; Brandenburger and Konrad 1970; Christofides 1975; Disch 1968; Gewald *et al.* 1972; Hässig 1979; Küpper *et al.* 1975; Levin and Kirkpatrick 1966; Meyer 1976; Neumann 1975b; Noltemeier 1976b; Riester and Schwinn 1970; Sachs 1971; Schwarze 1972, 1979; Sedlacek 1968; Stommel 1976; Thumb 1968; Völzgen 1971; Wille *et al.* 1972; Zimmermann 1971.

9 Theorie der Warteschlangen

9.1 Grundstrukturen

Jedes System, sei es ein organisatorisches, physikalisches, elektrisches oder ein Produktionssystem, in dem ankommende Elemente (Menschen, Aufträge, Autos, Telefonanrufe etc.) Anforderungen an knappe Ressourcen (Sitzplätze, Maschinen, freie Stellen, Zapfsäulen etc.) stellen, kann man als ein Warteschlangen- oder Stauungssystem bezeichnen. Abbildung 9.1 zeigt einige dieser Situationen oder Systeme zur Illustration:

Die Geburtsstunde der sich mit solchen Systemen befassenden Theorie, der Warteschlangentheorie, ist lange vor dem Beginn des Operations Research zu suchen: Die ersten diesbezüglichen Veröffentlichungen stammen aus den Jahren 1909 bis 1917 von dem dänischen Ingenieur Erlang (1909), der sich mit Stauungserscheinungen in Telefonnetzen beschäftigte, und der dadurch eine Fülle von Forschungen in den zwanziger Jahren in diese Richtung auslöste. Viele interessante Hinweise auf Beiträge aus dieser Zeit findet der Leser im Literaturverzeichnis von Saaty (1961). Es mag erstaunen, dass trotz ihres Alters die Theorie der Warteschlangen noch nicht als abgeschlossen (wie etwa die sehr viel jüngere Netzplantechnik) gilt, sondern dass

Ankommende Elemente (Input)	Warteschlange	Ressource (Engpass)	abgefertigte Elemente (Output)
Ankommende Telefongespräche	Gespräche in Leitung	Telefonzentrale	hergestellte Verbindung
Ankommende Autos	Verkehrsstockung, Autoschlange	Kreuzung	abfahrende Autos
Maschinendefekte	defekte Maschinen	Reparatur	intakte Maschinen
Fertigwaren aus Produktion	Fertigwarenlager	Käufer	abgesetzte Waren
Fahrgäste	Fahrgastschlange	Taxis	Fahrgäste auf Fahrt zum Ziel
Taxis	Taxischlange	Fahrgäste	besetzte Taxis

Abbildung 9.1: Warteschlangensysteme

Fachleute schätzen, dass noch heutzutage monatlich etwa fünf neue Veröffentlichungen über Warteschlangenmodelle veröffentlicht werden. (Dies gibt auch schon einen Hinweis auf die Fülle der inzwischen auf diesem Gebiet vorhandenen Literatur.) Die Gründe hierfür liegen wohl zum einen darin, dass Warteschlangensysteme in den verschiedensten Formen auf fast allen Gebieten unseres Lebens zu finden sind, und zum anderen darin, dass trotz der sehr einfachen Grundstruktur, die allen Warteschlangenmodellen gemeinsam ist, durch die Vielzahl der Ausprägungen jeder der Grundkomponenten eine extrem große Zahl an voneinander mathematisch unterschiedlichen Modellen vorhanden und darüber hinaus noch denkbar ist. Man wird also auch in der Zukunft mit weiteren Ergebnissen auf diesem Gebiet rechnen können und müssen. Einige Grundstrukturen von Warteschlangensystemen zeigen die Abbildungen 9.2a bis 9.2c.

Ein Warteschlangensystem wird also beschrieben durch:

1. Beschreibung des Ankunftprozesses.

2. Spezifikation der Arten und Anzahlen von Warteschlangen.

3. Beschreibung der Kanäle und des Bedienungsprozesses.

4. Beschreibung von Beschränkungen, denen der Output unterliegt.

Obwohl es hier nicht möglich sein wird, die mathematische Formulierung für viele der Varianten anzugeben, seien doch wenigstens die wichtigsten Begriffe erwähnt und inhaltlich erklärt. Dies dürfte wenigstens die schon erwähnte Vielfalt möglicher Warteschlangenmodelle verständlich machen.

Zu 1.

Input - Quelle und Ankunftsprozesse

Die Anzahl der insgesamt durch das System abzufertigenden Elemente kann endlich oder unendlich sein. Für die Ableitung von Eintreffenswahrscheinlichkeiten ist offensichtlich die Annahme unendlich vieler Elemente günstiger, weswegen sie auch häufiger gemacht wird. Die Elemente können dann einzeln oder in Gruppen eintreffen und die Zeiten zwischen ihrem Eintreffen können deterministisch sein oder einer beliebigen Wahrscheinlichkeitsverteilung folgen. Diese Wahrscheinlichkeitsverteilungen könnten unter Umständen sogar abhängig sein z. B. von der Verteilung der Elemente, die das System verlassen (man denke z. B. an Krankenhäuser, in denen Kranke nur dann angenommen werden, wenn freie Betten vorhanden sind!).

Das Verhalten der Elemente selbst beim Eintreffen am System kann sehr verschiedene Formen annehmen: Kunden mögen sich nur unter bestimmten Umständen überhaupt einer Schlange anschließen (balking): Falls die Schlangen zu lang sind (und hier kann schon z. B. beim Telefon eine Schlange von eins zu lang sein), mag der Kunde das System sofort (unbedingt) wieder verlassen. Man spricht dann von ungeduldigen Kunden.

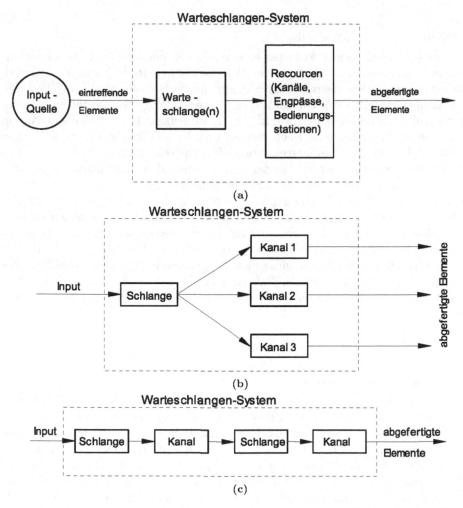

Abbildung 9.2: Grundstrukturen von Warteschlangensystemen

Schließt er sich überhaupt einer Schlange an, so kann dies die kürzeste Schlange, die nächste Schlange, eine spezielle Schlange, eine beliebige Schlange sein, oder es kann eine „Vorschlange" sein, aus der heraus er erst zu anderen Schlangen unter bestimmten Bedingungen Zutritt hat. Der Anschluss an eine beliebige oder zufällige Schlange kann auch die Folge unvollständiger Informationen sein.

Selbst wenn sich Elemente Schlangen anschließen, ist deren Verhalten noch nicht eindeutig bestimmt. Sie können, unter Umständen je nach Schlangenentwicklung, von einer Schlange zur anderen springen (jockeying), oder sie können die Schlange und damit das System unter bestimmten Bedingungen, ohne bedient worden zu sein, wieder verlassen (reneging).

Zu 2.

Spezifikationen von Warteschlangen

Die Warteschlangen können zunächst einmal allen Kunden zugängig sein oder nur besonderen Elementen, es kann nur eine Warteschlange oder mehrere geben und es kann unter Umständen gewisse „Vorschlangen" geben, von denen aus auf die anderen Schlangen verteilt wird. Die Schlangen können beliebige Kapazität haben oder in ihrer Aufnahmefähigkeit beschränkt sein (man denke z. B. an Zwischenlager, an Wartezimmer bei Ärzten oder Behörden, an verkehrsmäßig beschränkte Schlangen vor Tankstellen oder an Kaufhausparkplätze!). Eine sehr wichtige Eigenschaft von Warteschlangensystemen ist die sogenannte „Schlangendisziplin": Darunter versteht man die Art, in der die in einer Schlange befindlichen Elemente „ausgewählt" werden, um den Kanal zur Abfertigung zu betreten. Am natürlichsten ist es vielleicht für uns, dass die Elemente die Schlange zur Abfertigung in der gleichen Reihenfolge verlassen, in der sie dort eingetroffen sind (first-come-first-served). Daneben ist jedoch eine große Anzahl anderer Regeln denkbar und in Benutzung wie z. B.: kürzeste Operationszeit (Bedienungsaufwand), größter Wert, längste benötigte Bedienungszeit, größte oder kleinste Pufferzeit etc. Diese, auch als Prioritätsregeln bekannten, Vorschriften sind für sich bereits in einigen Anwendungsgebieten (Fertigungssteuerung, Projektplanung, EDV-time-sharing-Systeme etc.) sehr ausführlich studiert worden.

Zu 3.

Kanäle und Bedienungsprozesse

Bedienungskanäle können, wie die Warteschlangen, allen Elementen zur Verfügung stehen oder nur speziellen. Ein Warteschlangensystem mag nur über einen Kanal verfügen oder aber über mehrere, die dann parallel, in Serie oder kombiniert, parallel und in Serie angeordnet sein können. Jeder Kanal ist nun wiederum durch seine „Bedienungscharakteristik" beschrieben, wobei man gewöhnlich davon ausgeht, dass ein Kanal nur ein Element auf einmal abfertigen kann und seine Kapazität durch die Verteilung der Abfertigungszeiten beschrieben wird. Hierfür kommen wiederum alle möglichen Wahrscheinlichkeitsverteilungen sowie deterministische Abfertigungsmodelle in Frage. Selbstverständlich können die Abfertigungsverteilungen wiederum von bestimmten Gegebenheiten abhängen, wie z. B. von der Schlangenlänge (einer in der Fertigungsablauforganisation wohlbekannten Tatsache), von den Zuständen anderer Kanäle etc.

Zu 4.

Abgefertigte Elemente

Normalerweise hat die Art, in der abgefertigte Elemente das Schlangensystem verlassen, also ihre Austrittsverteilung bzw. die Verteilung der Zwischen-Austrittszeiten, keinen Einfluss auf das übrige System und ist auch oft für den Betrachter nicht von übermäßiger Bedeutung. Dies gilt allerdings dann nicht, wenn die abgefertigten Elemente den Input zu einem weiteren Schlangensystem bilden, wenn sie unter bestimmten Umständen durch Rückstau das System blockieren können oder aber wenn eben jenen abgefertigten Elementen das Hauptaugenmerk der Untersuchung gilt.

Abbildung 9.3 zeigt noch einmal im Überblick einige der möglichen Ausprägungen der Komponenten von Warteschlangensystemen.

Im Unterschied zu den in den Kapiteln 3 bis 7 behandelten Gebieten ist die Warteschlangentheorie in erster Linie *keine* Optimierungstheorie. Sie ist vielmehr eine mathematische Theorie, die Systeme der oben skizzierten Art zunächst beschreibt, um dann sinnvolle Kenngrößen zu errechnen. Die mathematische Beschreibung besteht gewöhnlich aus der richtigen funktionalen Verbindung von Zufallszahlen oder -prozessen, bzw. den sie beschreibenden Wahrscheinlichkeitsverteilungen. Daraus werden unter Umständen resultierende Verteilungen abgeleitet, die für Anwendungen durch statistische Messungen spezifiziert werden.

Aufgrund dieser Verteilungen werden dann nützliche Maßzahlen, wie z. B. Schlangenlängen, Wartezeiten etc., bestimmt, die das System charakterisieren und die dann in zweiter Linie auch für optimierende Überlegungen herangezogen werden können.

In den meisten Fällen interessiert dabei der Gleichgewichtszustand oder stationäre Zustand des Systems, für den dann Erwartungswerte, Streuungen etc. der Maßzahlen ermittelt werden. Hierzu siehe jedoch Abschnitte 9.3 und 9.4.

Input	• *Umfang:*
	   – endlich, oder
	   – unendlich
	 • *Ankünfte:*
	   – einzeln, oder
	   – in Gruppen
		• *Ankunftszeiten:*
		   – stochastisch, oder
		   – deterministisch

Ankunfts- **verhalten**	• *Renegieren* (ungeduldige Kunden) • *Balking* • *Jockeying* (Springen) • *Anschluss an kürzeste Schlange*	• *Anschluss an nächste Schlange* • *Zufallsanschluss* • *Spezielle Schlangen*

Schlangen-
 disziplin
	• *Prioritätsregel, z. B.*
	   – Zufall,
	   – Ankunftsreihenfolge
	     (FCFS),
	   – Letzter zuerst (LCFS),
	   – kürzeste Bedienzeit (SO),
	   – Wert,
	   – Puffer,
	   – ...
		• *Priorität*
		   – stark
		     (preemptive)
		   – schwach
		     (non-preemptive)

Kanäle	• *Abfertigung:*
	   – einzeln, oder
	   – in Gruppen
	 • *Anzahl der Kanäle:*
	   – ein, oder
	   – mehrere
	 • *Bedienungszeiten:*
	   – deterministisch, oder
	   – einer Verteilung gehorchend
	     (exponentiell, normal, Er-
	    lang etc.)
		• *Verteilungen:*
		   – voneinander abhängig, oder
		   – unabhängig
		 • *Struktur von Mehrkanalsyste-*
		men:
		   – Parallel,
		   – Seriell,
		   – Kombiniert

Output	• *Mit Beschränkung:*
	   – Mengenbeschränkung,
	   – Input zu Folgesystemen,
	   – blockierend,
	   – ...
		• *Ohne Beschränkung:*
		   – terminal

Abbildung 9.3: Charakterisierung von Warteschlangensystemen

9.2   Klassifizierung und Beschreibung von Warteschlangen- modellen

Wie schon in den letzten beiden Abschnitten erwähnt, lassen sich die meisten einstu- figen Warteschlangensysteme durch Angaben über den Ankunftsprozess, den Bedie- nungsprozess und den Aufbau des Systems (Anzahl paralleler Kanäle) gut beschrei- ben. Es hat sich daher international durchgesetzt, solche Warteschlangensysteme durch 3-Tupel $x/y/z$ zu bezeichnen, wobei x den Ankunftsprozess beschreibt, y den Abfertigungsprozess und z die Zahl der parallelen Kanäle. Sind Beschränkungen bei den Kanälen oder der Zahl der zu berücksichtigenden Input-Elemente relevant, so wird das 3-Tupel zum 5-Tupel, $x/y/z/a/b$, erweitert, wobei gewöhnlich a die be- grenzte Kapazität des Systems (d. h. Schlangenkapazität $+$ je 1 Element pro Kanal) angibt und b die Zahl der für das System relevanten (endlich vielen) Input-Elemente. Solange die 4. oder 5. Stelle nicht benutzt wird, bedeutet dies, dass $a = \infty$ bzw. $b = \infty$. Das 3-Tupel $x/y/z$ kann also auch interpretiert werden als ein 5-Tupel, in dem durch Weglassen der letzten beiden Komponenten angedeutet wird, dass keine Beschränkungen bzgl. der Kapazität des Systems zu berücksichtigen sind und dass von einer unendlichen Größe des Inputs ausgegangen wird.

Für x bzw. y kommen gewöhnlich die folgenden Ausprägungen in Frage:

M (Markov): Die Ankünfte bzw. Abfertigungen sind Poisson-verteilt und damit die Zwischenankunfts- bzw. Zwischenabfertigungszeiten exponential-verteilt mit der Dichtefunktion $f(t) = \alpha e^{-\alpha t}$ mit $0 \leq t \leq \infty$, $\alpha > 0$.

E_s Die Ankünfte bzw. Abfertigungen folgen einer Erlangverteilung mit
$$f_s(t) = \frac{(b^{s+l} t^s e^{-bt})}{s!} \qquad \text{mit } 0 \leq t \leq \infty,\ s = 0, 1, 2, \ldots, b \geq 0$$

G deutet eine beliebige Verteilung an, und

D steht für deterministisch, d. h. $P(t = a) = 1$.

Die an 3., 4. bzw. 5. Stelle stehenden Angaben sind meist selbsterklärend, wie z. B. 1, 2, s, k usw. Es bedeutet also die Bezeichnung

$M/M/s/K/K$,

dass es sich um ein System mit s parallelen Kanälen handelt, bei dem die Ankünfte Poisson-verteilt (M) und die Abfertigungen exponential-verteilt sind. Das System hat eine beschränkte Kapazität von K und als Input sind K-Elemente relevant.

$M/M/1//K$

würde ein System beschreiben, bei dem die gleichen Verteilungsannahmen gemacht werden, das jedoch nur über einen Abfertigungskanal verfügt, kapazitiv nicht be- schränkt ist und für das K Kunden als Input relevant sind. Schließlich würde

$M/M/s/s$

bedeuten, dass man ein System betrachtet, das s parallele Kanäle hat, für das unendlich viele Input-Elemente relevant sind, dessen Kapazität jedoch auf s Elemente
beschränkt ist, das also bei beschäftigten Kanälen keine Warteschlangen erlaubt.

Wie man sieht, bezeichnen die meisten Symbole in den ersten zwei Stellen stochastische Prozesse. Ehe näher auf ein solches Modell eingegangen wird, sollen daher
einige der in der Warteschlangentheorie am häufigsten vorkommenden stochastischen Prozesse kurz behandelt werden.

9.3   Einige stochastische Prozesse

9.3.1   Die Beschreibung und Klassifizierung stochastischer Prozesse

Für das Folgende müssen Grundkenntnisse über Wahrscheinlichkeitstheorie vorausgesetzt werden. Sind diese beim Leser nicht vorhanden, so sei auf einige einführende
Werke verwiesen (Ferschl, 1970; Fisz, 1973; Karlin, 1966).

Einige Begriffe seien hier aus Zweckmäßigkeitsgründen in der Form aufgeführt, in
der sie im Rahmen dieses Kapitels benutzt werden. Nach Möglichkeit folgen wir
dabei der gebräuchlichsten Nomenklatur:

9.1 Definition
Es sei eine reelle Zufallsvariable mit der *Verteilungsfunktion* $F(x) = P(\{X < x\})$ und dem Ereignisraum S. X heißt diskrete Zufallsvariable, wenn S höchstens abzählbar unendlich ist. Sonst heißt X eine stetige Zufallsvariable. Es gilt
dann $P(\{X = x\}) = 0$ für alle möglichen Realisationen x von X.

9.2 Definition
Gibt es eine Funktion $0 \leq p(t) \leq 1$ mit

$$F(x) = \int_{-\infty}^{x} p(t)dt,$$

so bezeichnet man $p(t)$ als die *Dichtefunktion* der stetigen Zufallsvariablen X.

9.3 Definition
Als *Erwartungswert* (auch Mittelwert, mathematische Erwartung etc.) von Zufallsvariablen bezeichnet man

$$E(X) = \sum_i x_i p(x_i) \quad \text{für diskrete Zufallsvariable bzw.}$$

$$E(X) = \int_{-\infty}^{\infty} x\, p(x) dx \quad \text{für stetige Zufallsvariable.}$$

9.4 Definition
Als *Varianz* der Zufallsvariablen X bezeichnet man

$$V(X) = \sigma^2 = \sum_i (E(X) - x_i)^2 p(x_i) \quad \text{für diskretes } X$$

$$V(X) = \sigma^2 = \int_{-\infty}^{\infty} (E(X) - x)^2 p(x) dx \quad \text{für stetiges } X.$$

9.5 Definition
Sei $T \subseteq \mathbb{R}$, $T \neq \varnothing$, X_t Zufallsvariablen mit dem Ereignisraum $S \subseteq \mathbb{R}$. Dann heißt die Familie von Zufallsvariablen $\{X_t \mid t \in T\}$ ein stochastischer Prozess mit Ereignisraum S und Indexmenge T.

Stochastische Prozesse lassen sich nach folgenden Kriterien klassifizieren:

1. dem *Ereignisraum S*,

2. der *Indexmenge T* und

3. den zwischen den Zufallsvariablen X_t bestehenden *Abhängigkeiten*.

Zu a)

Der Ereignisraum ist der Raum, in dem alle möglichen Realisationen der Variablen X_t liegen. Bildet die Zufallsvariable z. B. die Zahl der geworfenen Augen beim Würfeln ab, so ist $S = \{1, 2, 3, 4, 5, 6\}$. Im Prinzip können die Zustandsräume der Variablen X_t eines stochastischen Prozesses verschieden sein. Bei den hier betrachteten Prozessen sind sie jedoch gewöhnlich alle gleich. Prozesse mit diskreten Ereignisräumen werden oft als Ketten (z. B. Markov-Kette) bezeichnet.

Zu b)

Ist die Indexmenge höchstens abzählbar unendlich, $T = \{0, 1, 2, \ldots\}$, so bezeichnet man den stochastischen Prozess als diskret. Diese Modelle bilden gewöhnlich Prozesse ab, bei denen die Zufallsvariablen lediglich zu bestimmten Zeitpunkten realisiert werden können (Würfeln etc.).

Ist die Indexmenge überabzählbar, $T = [0, \infty]$, so spricht man von einem stetigen Prozess. Dies sind Prozesse, bei denen von einem bestimmten Zeitpunkt an die Zufallsvariablen zu jedem beliebigen Zeitpunkt realisiert werden können (z. B. Höhe des Wasserstandes eines Flusses in Abhängigkeit von der Zeit).

Zu c)

Abhängigkeiten zwischen den Zufallsvariablen X_t schlagen sich in ihrer gemeinsamen Verteilungsfunktion nieder. Hier sollen drei wichtige Arten solcher Abhängigkeiten dargestellt werden:

9.6 Definition
Sind die Zufallsvariablen $X_{t_2} - X_{t_1}, X_{t_3} - X_{t_2}, \ldots, X_{t_n} - X_{t_{n-1}}$ unabhängig voneinander für jede beliebige Wahl von $t_1 < t_2 < t_3 < \cdots < t_n$, so spricht man von einem *stochastischen Prozess mit unabhängigen Zuwächsen*.

Ein Beispiel hierfür ist die Zufallsvariable „Insgesamt gewürfelte Augenzahl". Der Zuwachs ist hier die jeweils gewürfelte Augenzahl, die sicher unabhängig von der vorher gewürfelten Augenzahl ist.

Es bezeichne $P(A|B)$ die Wahrscheinlichkeit dafür, dass das Ereignis A eintritt, unter der Voraussetzung, dass das Ereignis B bereits eingetreten ist. $P(A|B)$ heißt bedingte Wahrscheinlichkeit von A unter B.

9.7 Definition
Ein stochastischer Prozess heißt *Markov-Prozess*, wenn für alle $n \geq 3$, für alle $x_1, x_2, \ldots, x_n \in S$ und für alle $t_1 < t_2 < \cdots < t_n \in T$ gilt:

$$P(\{X_{t_n} = x_n | X_{t_{n-1}} = x_{n-1}, \ldots, X_{t_1} = x_1\}) = P(\{X_{t_n} = x_n | X_{t_{n-1}} = x_{n-1}\})$$

Die Wahrscheinlichkeit der Realisationen eines Markov-Prozesses auf einer bestimmten Stufe hängt also nur von der Realisation dieses Prozesses auf der vorhergehenden Stufe und den Übergangswahrscheinlichkeiten ab und nicht davon, wie die Realisation der Vorstufe zustande gekommen ist. Man spricht in dieser Beziehung auch von der „Vergessenseigenschaft" (bezüglich aller außer der Vorstufe) von Markov-Prozessen oder eben von der Markov-Eigenschaft von Prozessen.

9.8 Definition

Ein stochastischer Prozess $\{X_{t_i} \mid t_i \in T\}$, heißt dann *stationärer Prozess*, wenn die Verteilungsfunktion $F_t(x)$ nicht von der Zeit t abhängt, wenn also gilt:

$$F_t(x) = F_{t+h}(x) \quad \forall x \in S, \forall h > 0.$$

Aufgrund von Definition 9.8 gilt insbesondere, dass für stationäre Prozesse die Verteilung der X_{t_i} für alle $t_i \in T$ identisch sind.

Es sei an dieser Stelle besonders darauf hingewiesen, dass der Begriff der stationären Übergangswahrscheinlichkeit nichts mit einem stationären Prozess zu tun hat. Stationäre Übergangswahrscheinlichkeiten sind unabhängig von den Stufen, d. h. für alle Stufen eines Prozesses gleich. Das heißt jedoch nicht, dass die absoluten Wahrscheinlichkeiten aller Stufen gleich sind.

9.3.2 Markov-Prozesse

Es wurde schon erwähnt, dass ein stochastischer Prozess mit diskreter Indexmenge $T = \{0, 1, 2, \ldots\}$ als diskreter Prozess und einer mit diskretem Ereignisraum als Kette bezeichnet wird. Wir wollen im folgenden eine spezielle diskrete Markov-Kette betrachten.

Um eine solche Kette hinreichend zu beschreiben, ist es notwendig, ihren Anfangszustand X_0 zu beschreiben sowie für alle Stufen $t \in T$, die Matrizen der Übergangswahrscheinlichkeiten, $\boldsymbol{P}^t$, $t \in T$, anzugeben.

Enthält der Ereignisraum S n verschiedene Realisationsmöglichkeiten und bezeichnet man mit p_{ij}^t, $i \in \{1, 2, \ldots, n\}$, $j \in \{1, 2, \ldots, n\}$ die Wahrscheinlichkeit dafür, dass der Prozess von Stufe t zur Stufe $t+1$ von Zustand i in den Zustand j übergeht, so haben die Matrizen der Übergangswahrscheinlichkeiten (Übergangsmatrizen) folgende Form:

$$\boldsymbol{P}^t = \begin{pmatrix} p_{11}^t & p_{12}^t & \cdots\cdots & p_{1n}^t \\ p_{21}^t & & & \vdots \\ \vdots & & & \vdots \\ \vdots & & & \vdots \\ p_{n_1}^t & \cdots & \cdots\cdots & p_{nn}^t \end{pmatrix} \tag{9.1}$$

Ist $\boldsymbol{P}^t$ nicht von t abhängig, hat also die Markov-Kette stationäre Übergangswahrscheinlichkeiten, dann nennt man die Markov-Kette homogen und die Übergangsmatrix hat die Form

$$
\boldsymbol{P} =
\begin{pmatrix}
p_{11} & p_{12} & \cdots\cdots\cdots & p_{1n} \\
p_{21} & & & \vdots \\
\vdots & & & \vdots \\
\vdots & & & \vdots \\
p_{n1} & \cdots & \cdots\cdots\cdots & p_{nn}
\end{pmatrix}
\tag{9.2}
$$

9.9 Beispiel

Ein Elektrogeräte-Händler handelt u. a. mit Kühlschränken. Er bezieht die Kühlschränke von einem Großhändler, der ihn jeweils am Montag früh beliefert und alle Waren mitbringt, die bis zum Samstag bestellt worden sind. Der Händler hat den Umsatz für eine Weile beobachtet und sich daraus eine Nachfrageverteilung entwickelt.

Er befolgt nun eine bestimmte Bestellpolitik: Sobald er am Samstag alle Kühlschränke verkauft hat, bestellt er drei neue, die ihm am Montag früh angeliefert werden. Ansonsten bestellt er nicht. Ist in der darauffolgenden Woche die Nachfrage größer als die Zahl der bei ihm im Laden befindlichen Kühlschränke, so verliert er die überschüssige Nachfrage. Die Nachfrage sei saisonunabhängig. Aufgrund seiner Bestellpolitik und der beobachteten Nachfrageverteilung, auf die hier nicht näher eingegangen sei, hat er sich nun die folgende Übergangsmatrix $\boldsymbol{P} = (p_{ij})$, $i \in \{0, 1, 2, 3\}$, $j \in \{0, 1, 2, 3\}$ errechnet:

$$
\boldsymbol{P} =
\begin{pmatrix}
0.08 & 0.18 & 0.37 & 0.37 \\
0.63 & 0.37 & 0 & 0 \\
0.27 & 0.39 & 0.34 & 0 \\
0.02 & 0.25 & 0.31 & 0.42
\end{pmatrix}
\tag{9.3}
$$

Die möglichen Realisationen seiner Zustandsvariablen X_i^t (Lagerbestand in Woche t) sind offensichtlich $\{0, 1, 2, 3\}$.

Betrachtet man nun die Lagerbestände für den Verlauf eines Monats (4 Wochen), so lassen sich diese als homogene Markov-Ketten darstellen. Interessant wäre nun für den Händler, zu wissen, wie viele Kühlschränke er am Ende eines Monats (z. B. vor Antritt seines Urlaubs) noch an Lager hat, wenn er weiß, wie viele er am Anfang des Monats lagert. Man könnte dies ermitteln, indem man den Vektor seines augenblicklichen Zustandes viermal mit der Übergangsmatrix multipliziert. Erleichterung schafft hier allerdings die sogenannte Chapman-Kolmogorow-Gleichung.   □

9.10 Satz (*Chapman-Kolmogorow-Gleichung* (Kleinrock, 1975, S. 41))
Es sei $p_{ij}^{(n)} = P(\{X_{m+n} = j | X_m = i\})$ die Wahrscheinlichkeit, dass eine homogene Markov-Kette in n Perioden vom Zustand i in den Zustand j übergeht. Mit $S = \{1, 2, \ldots, M\}$ gilt dann

$$p_{ij}^{(n)} = \sum_{k=1}^{M} p_{ik}^{(m)} p_{kj}^{(n-m)}, \qquad \text{für } i, j \in S, \, 0 \le m \le n.$$

Für die Übergangsmatrizen gilt somit

$$\boldsymbol{P}^{(n)} = \boldsymbol{P}^{(m)} \cdot \boldsymbol{P}^{(n-m)}.$$

Beispiel (Fortsetzung von Beispiel 9.9)

Wendet man nun Satz 9.10 auf Beispiel 9.9, insbesondere auf die Übergangsmatrix 9.3 an, so kann man die Elemente von $\boldsymbol{P}^{(4)}$ z. B. erhalten, indem man zunächst

$$\boldsymbol{P}^{(2)} = \boldsymbol{P} \cdot \boldsymbol{P}$$

und dann

$$\boldsymbol{P}^{(4)} = \boldsymbol{P}^{(2)} \cdot \boldsymbol{P}^{(2)}$$

errechnet:

$$\boldsymbol{P}^{(2)} = \begin{pmatrix} 0.22710 & 0.31780 & 0.27010 & 0.18500 \\ 0.28350 & 0.25030 & 0.23310 & 0.23310 \\ 0.35910 & 0.32550 & 0.21550 & 0.09990 \\ 0.25120 & 0.32200 & 0.24300 & 0.18380 \end{pmatrix}$$

$$\boldsymbol{P}^{(4)} = \boldsymbol{P}^{(2)} \cdot \boldsymbol{P}^{(2)} = \begin{pmatrix} 0.28514 & 0.29921 & 0.23858 & 0.17708 \\ 0.27760 & 0.30368 & 0.24179 & 0.17692 \\ 0.27631 & 0.29791 & 0.24358 & 0.18220 \\ 0.28177 & 0.29871 & 0.23994 & 0.17959 \end{pmatrix} \qquad (9.4)$$

Geht man nun davon aus, dass der Händler am Anfang des Monats zwei Kühlschränke an Lager hat, also $x^{0\mathrm{T}} = (0, 0, 1, 0)$, so gilt für das Monatsende:

$$\boldsymbol{X}^0 \cdot \boldsymbol{p}^{(4)} = \boldsymbol{X}^4 = (0.27631, 0.29791, 0.24358, 0.18220).$$

Er hat also mit einer Wahrscheinlichkeit von $p_1 = 0.27631$ keine Kühlschränke an Lager, mit $p_2 = 0.29791$ einen Kühlschrank, mit $p_3 = 0.24358$ zwei Kühlschränke und mit $p_4 = 0.18220$ drei Kühlschränke.   □

9.3.3 Poisson-Prozesse

Das Modell des Poisson-Prozesses lässt sich als recht gute Approximation für die in der Praxis vorkommenden stochastischen Prozesse benutzen, bei denen die Wahrscheinlichkeit für das Eintreten eines Ereignisses sehr klein ist (seltene Ereignisse). Die Ankünfte von Telefonanrufern im Zeitintervall 0 bis T, die Zahl der Unfälle auf einem bestimmten Autobahnstreckenabschnitt, die Zahl emittierter Teilchen beim radioaktiven Zerfall, die Ausfälle von Maschinen in einer Teilefertigung etc. können alle meist akzeptabel durch Poisson-Prozesse approximiert werden. Der Poisson-Prozess ist das Modell eines stetigen stochastischen Prozesses mit unabhängigen Zuwächsen. Im einzelnen zeichnet er sich aus durch folgende Eigenschaften (getroffene Annahmen):

1. Die Anzahl der Ereignisse in einem Intervall ist unabhängig von der Anzahl der Ereignisse in einem disjunkten Intervall (unabhängige Zuwachse).

2. Die Wahrscheinlichkeit, dass ein oder mehrere Ereignisse in einem Zeitintervall der Länge h auftreten, ist $p(h) = a \cdot h + o(h)$. Hierbei bedeutet das Symbol $o(h)$, dass für $h \to 0$ $o(h)$ schneller gegen Null strebt als h selbst: $\lim_{h \to 0} \frac{o(h)}{h} = 0$.

3. Die Wahrscheinlichkeit dafür, dass mehr als ein Ereignis im Zeitintervall h eintritt, ist $o(h)$, d. h. das gleichzeitige Eintreten zweier Ereignisse ist praktisch ausgeschlossen.

Um Wiederholungen an späteren Stellen zu vermeiden, wird hier nicht die Poisson-Verteilung aus den Prämissen abgeleitet, sondern es wird gezeigt, dass ein stochastischer Prozess, der die Eigenschaften 1 bis 3 hat, durch die Funktion

$$p_n(t) = \frac{(\lambda t)^n \cdot e^{-\lambda t}}{n!}, \ \lambda > 0 \tag{9.5}$$

beschrieben werden kann:

Zu zeigen ist also, dass jeder stochastische Prozess mit 9.5 die Eigenschaften 1 bis 3 erfüllt.

Eigenschaft 1 (unabhängige Zuwächse) folgt direkt aus der stochastischen Unabhängigkeit der Ereignisse (Eintreffen der Elemente), d. h. bezeichnet man mit $A(s, s+h)$ die Zahl der Ankünfte im Zeitintervall $(s, s+h)$, so ist die Wahrscheinlichkeit für das Eintreffen von k Elementen in $(t, t+h)$

$$P(A(t, t+h) = k) = \frac{(\lambda h)^k \cdot e^{-\lambda h}}{k!}$$

unabhängig von der Lage des Intervalls $(t, t+h)$.

Eigenschaft 3. Aus 9.5 ergibt sich, dass die Wahrscheinlichkeit dafür, dass keine Ankünfte (Ereignisse) während des Zeitintervalls h erfolgen, $e^{-\lambda h}$, und dafür, dass genau eine Ankunft erfolgt, $\lambda e^{-\lambda h}$ ist. Die Wahrscheinlichkeit für mehr als eine

Ankunft in h kann also unter Verwendung der Potenzreihendarstellung der Exponentialfunktion berechnet werden:

$$
\begin{aligned}
P_{n>1}(h) &= 1 - (e^{-\lambda h} + \lambda h e^{-\lambda h}) \\
&= 1 - \left\{ \left[1 - \lambda h + \frac{(\lambda h)^2}{2!} - \dots \right] + \lambda h \left[1 - \lambda h + \frac{(\lambda h)^2}{2!} \dots \right] \right\} \\
&= \frac{(\lambda h)^2}{2!} + \dots = o(h).
\end{aligned}
$$

Eigenschaft 2. Für die Wahrscheinlichkeit, dass wenigstens eine Ankunft im Intervall stattfindet, kann man analog errechnen:

$$
P_{n \geq 1}(h) = 1 - e^{-\lambda h} = \lambda h + o(h).
$$

Es erhebt sich die Frage nach der Verteilung der Zwischenankunftszeiten, wenn die Ankünfte Poisson-verteilt sind. Wir wollen die Zufallsvariable „Zwischenankunftszeiten" mit Z bezeichnen. Die Verteilungsfunktion dieser Zufallsvariablen wird gebildet aus den Wahrscheinlichkeiten dafür, dass die Zeiten zwischen Ankünften nicht größer als t sind, d. h.

$$
F(t) = 1 - P(Z > t).
$$

Da jedoch $P(Z > t)$ gerade die Wahrscheinlichkeit dafür ist, dass keine Ankunft im Intervall $(0, t)$ erfolgt, also gleich $P_0(t)$ ist, ergibt sich

$$
F(t) = 1 - P_0(t).
$$

Nach (9.5) ist $P_0(t) = e^{-\lambda t}$ im Falle der Poisson-Verteilung, d. h. für die Zwischenankunftszeiten ergibt sich

$$
F(t) = 1 - e^{-\lambda t}, \; t \geq 0. \tag{9.6}
$$

Die Zwischenankunftszeiten eines Poisson-Prozesses sind also exponential verteilt.

9.3.4   Geburts- und Sterbeprozesse

In den Abschnitten 9.3.1 bis 9.3.3 haben wir die Grundstrukturen verschiedener stochastischer Prozesse kennengelernt. Nicht behandelt wurden z. B. Semi-Markov-Prozesse, Erneuerungsprozesse und Zufalls-Pfade (Random-walks). Für den von uns betrachteten Bereich bietet sich als ein Ordnungsrahmen sehr gut das Konzept der Geburts- und Sterbeprozesse (birth-death-processes) an. Hierdurch lassen sich übrigens auch die meisten elementaren Warteschlangenmodelle beschreiben.

Betrachten wir noch einmal Beispiel 9.9: Die Übergangsmatrix resultierte aus zwei Prozessen: dem Bestellprozess des Händlers, der dem Lager neue Kühlschränke zuführte, und dem Verkaufsprozess, der den jeweiligen Lagerbestand solange verminderte, wie er noch nicht Null war. Der Zufallsprozess „Lagerbewegungen" bzw. die Zufallsvariable „Lagerbestand" hatte die Markovsche Vergessenseigenschaft, über die Verteilung der Zufallsprozesse „Lagerzugang" bzw. „Lagerabgang" waren allerdings keinerlei weitere Annahmen gemacht worden. Bleiben wir bei der Betrachtung des eindimensionalen Falles (hier Lagerbestand): Im Beispiel 9.9 war es durchaus möglich, dass der Lagerbestand sich von Tag zu Tag (falls man die Indexmenge als diskret auffasste) oder innerhalb eines bestimmten Zeitintervalles (Indexmenge stetig) um mehrere Kühlschränke änderte. Bei Geburts- und Sterbeprozessen schränkt man die mögliche Zustandsänderung von Stufe zu Stufe (diskret oder stetig) auf eine Nachbarschaft von 1 ein.

9.11 Definition

Sei $T \subseteq \mathbb{R}^+$. $\{X_t \mid t \in T\}$ sei ein homogener Markov-Prozess mit Zustandsraum S und Übergangsmatrix $\boldsymbol{P} = (p_{ij})$.

$\{X_t \mid t \in T\}$ heißt Geburts- und Sterbeprozess, wenn gilt:

$$p_{ij} = 0 \quad \forall (i,j) \text{ mit } j \notin \{i-1, i, i+1\}.$$

Es sind also nicht zwei oder mehr Geburten bzw. Sterbefälle gleichzeitig möglich.

Einen Übergang des Zustands von k auf $k+1$ bezeichnet man dann als Geburtsfall und einen Übergang von k nach $k-1$ als Sterbefall. Man beachte, dass die Übergangswahrscheinlichkeiten von k nach $k+1$, $p_{k,k+1}$, von $k-1$ nach k, $p_{k-1,k}$, etc. nur vom Zustand des Systems abhängen und nicht von z. B. der Zeit t.

Um einen einfachen Geburts- und Sterbeprozess – schon in Hinsicht auf Warteschlangenprozesse – betrachten zu können, definieren wir eine *Geburtsrate* $\lambda_k = p_{k,k+1}$, die die Rate angibt, zu der Geburten erfolgen, wenn das System im Zustand k ist (ð wenn k Elemente im System sind) und eine Sterberate $\mu_k = p_{k,k-1}$, die analog definiert ist.

Die Übergangsmatrix eines Geburts- und Sterbeprozesses hat dann die folgende Form:

$$P = \begin{pmatrix} 1 - \lambda_0 & \lambda_0 & 0 & 0 & 0 & \cdots & 0 & \cdots \\ \mu_1 & 1 - \lambda_1 - \mu_1 & \lambda_1 & 0 & 0 & \cdots & 0 & \cdots \\ 0 & \mu_2 & 1 - \lambda_2 - \mu_2 & \lambda_2 & 0 & \cdots & 0 & \cdots \\ \vdots & \ddots & & \ddots & \ddots & \ddots & \vdots & \vdots \\ 0 & 0 & 0 & \mu_i & 1 - \lambda_i - \mu_i & \lambda_i & 0 & \cdots \\ \vdots & \vdots & \vdots & & \ddots & \ddots & \ddots & \vdots & \vdots \\ \vdots & \vdots & \vdots & & & & \vdots & \vdots \end{pmatrix}$$

Um die „Umgebungs-Einschränkung" des Geburts- und Sterbeprozesses (GS-Prozesses) zu berücksichtigen, sind außer den Eigenschaften einer homogenen Markov-Kette folgende Bedingungen einzuhalten:

Befindet sich das System zum Zeitpunkt t im Zustand k, gilt also $X_t = k$, so muss für das Zeitintervall $(t, t + h)$ gelten:

– Die Wahrscheinlichkeit für genau eine Geburt

$$= \lambda_k h + o(h). \tag{9.7}$$

– Die Wahrscheinlichkeit für genau einen Sterbefall

$$= \mu_k h + o(h). \tag{9.8}$$

– Die Wahrscheinlichkeit für genau Null Geburten

$$= 1 - \lambda_k h + o(h). \tag{9.9}$$

– Die Wahrscheinlichkeit für genau Null Sterbefälle

$$= 1 - \mu_k h + o(h). \tag{9.10}$$

Man sieht, dass durch (9.7) bis (9.10) Mehrfachgeburten oder -sterbefälle in dem kleinen Zeitintervall h praktisch ausgeschlossen werden, da sie nur eine Wahrscheinlichkeit der Größenordnung $o(h)$ haben.

Wir wollen nun die Wahrscheinlichkeit $P_k(t + h)$ dafür berechnen, dass sich zur Zeit $(t + h)$ k Elemente im System befinden.

Zur Zeit $(t + h)$ befinden sich k Elemente im System, wenn eine der folgenden voneinander unabhängigen Entwicklungen (Übergänge) eintritt:

1. dass zur Zeit t k Elemente im System waren und kein Zustandswechsel eingetreten ist (keine Geburt, kein Sterbefall).

2. dass zur Zeit t k Elemente im System waren und sowohl eine Geburt als auch ein Sterbefall eingetreten ist.

3. dass sich zur Zeit t $(k - 1)$ Elemente im System befanden und im Intervall $(t, t + h)$ eine Geburt, aber kein Sterbefall stattfand.

4. dass sich zur Zeit t $(k + 1)$ Elemente im System befanden und im Intervall $(t, t + h)$ ein Sterbefall, aber keine Geburt stattfand.

Da diese möglichen Übergänge offensichtlich unabhängig sind und sich gegenseitig ausschließen, können wir direkt unter Verwendung von (9.7) die Wahrscheinlichkeit für k Elemente im System zum Zeitpunkt $(t + h)$ angeben.

$$
\begin{aligned}
P_k(t + h) &= P_k(t) \cdot [\lambda_k h + o(h)] \cdot [\mu_k h + o(h)] \\
&\quad + P_k(t) \cdot [1 - \lambda_k h + o(h)] \cdot [1 - \mu_k h + o(h)] \\
&\quad + P_{k-1}(t) \cdot [\lambda_{k-1} h + o(h)] \cdot [1 - \mu_{k-1} h + o(h)] \\
&\quad + P_{k+1}(t) \cdot [1 - \lambda_{k+1} h + o(h)] \cdot [\mu_{k+1} h + o(h)] \\
&= P_k(t) \cdot [1 - \lambda_k h - \mu_k h + o(h)] \\
&\quad + P_{k-1}(t) \cdot [\lambda k - 1 h + o(h)] \\
&\quad + P_{k+1}(t) \cdot [\mu_{k+1} h + o(h)] \\
&\quad + o(h), \qquad k \geq 1.
\end{aligned}
\tag{9.11}
$$

Ebenso erhält man

$$
\begin{aligned}
P_0(t + h) &= P_0(t)[1 - \lambda_0 h + o(h)] \\
&\quad + P_1(t)[\mu_1 h + o(h)] \\
&\quad + o(h), \qquad k = 0.
\end{aligned}
\tag{9.12}
$$

Hierbei wurde bereits berücksichtigt, dass $\mu_0 = 0$ und $\lambda_0 \geq 0$.

Multipliziert man nun (9.11) und (9.12) aus, subtrahiert $P_k(t)$ von jeder Seite der beiden Gleichungen (9.11) und (9.12) und dividiert durch h, so erhält man:

$$
\begin{aligned}
\frac{P_k(t + h) - P_k(t)}{h} &= -(\lambda_k + \mu_k)P_k(t) + \lambda_{k-1}(t) \\
&\quad + \mu_{k+1}P_{k+1}(t) + \frac{o(h)}{h}, \qquad k \geq 1
\end{aligned}
\tag{9.13}
$$

$$
\frac{P_0(t + h) - P_0(t)}{h} = -\lambda_0 P_0(t) + \mu_1 P_1(t) + \frac{o(h)}{h}, \qquad k = 0
\tag{9.14}
$$

Für den Grenzübergang $h \to 0$ bilden die linken Seiten von (9.13) und (9.14) die ersten Ableitungen von $P_k(t)$ nach t (man erinnere sich, dass h ein kleines Zeitintervall ist). Die jeweils letzten Terme $\frac{o(h)}{h}$ gehen gegen Null und wir erhalten:

$$
\begin{aligned}
\frac{dP_k(t)}{dt} &= -(\lambda_k + \mu_k)P_k(t) + \lambda_{k-1}P_{k-1}(t) + \mu_{k+1}Pk + 1(t), \quad k \geq 1 \\
\frac{dP_0(t)}{dt} &= -\lambda_0 P_0(t) + \mu_1 P_1(t), \quad k = 0
\end{aligned}
\tag{9.15}
$$

(9.15) stellt Differentialgleichungen dar, die das Verhalten unseres GS-Systems beschreiben und auf die wir im nächsten Abschnitt zurückkommen werden.

Abbildung 9.4 symbolisiert die Zusammenhänge der bisher besprochenen Arten stochastischer Prozesse.

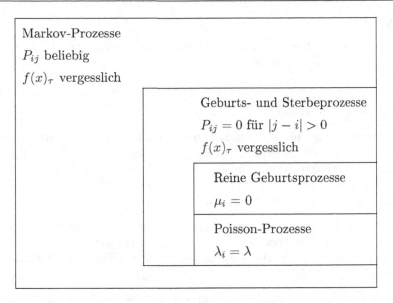

Abbildung 9.4: Markov-Prozesse

9.4 Die Modellierung von Warteschlangensystemen

9.4.1 Das System M/M/1

Wir sind nun soweit, Warteschlangensysteme modellieren zu können, die im wesentlichen als Geburts- und Sterbeprozesse gesehen werden können. Hierbei entspricht dem Geburtsprozess offensichtlich der Ankunftsprozess zu bedienender Elemente im System, d. h. normalerweise an der oder einer der Warteschlangen. Der Sterbeprozess entspricht dem Abfertigungsprozess der Elemente durch die Bedienungsstationen oder Kanäle.

Die Modellierung und Analyse von Warteschlangensystemen, soweit man sich dazu nicht direkt der Simulation bedient, geschieht gewöhnlich in 5 Schritten:

1. Schritt
Ableitung von Differenzengleichungen für $P_k(t)$.

2. Schritt
Bestimmung von Differential-Differenzen-Gleichungen für $P_k(t)$.

3. Schritt
Bestimmung von Lösungen für das zeitabhängige Verhalten für $P_k(t)$.

4. Schritt

Bestimmung von Lösungen und Maßzahlen für den stationären, d. h. von der Zeit
unabhängigen Zustand des Systems.

5. Schritt

Errechnung von Kennzahlen.

Im allgemeinen ist man primär an den Ergebnissen des 4. Schritts interessiert. Kann
man diese ohne eine detaillierte Durchführung des recht komplizierten und rechen-
aufwendigen 3. Schrittes ermitteln, so schränkt man den Aufwand im 3. Schritt
so weit wie möglich ein, es sei denn, man ist gerade am Verhalten des Systems in
Übergangsstadien (Anlauf etc.) interessiert.

Wir wollen hier das grundsätzliche Vorgehen an einem der einfachsten Schlangen-
systeme illustrieren. Für kompliziertere Systeme muss wiederum auf die reichlich
zur Verfügung stehende Spezialliteratur verwiesen werden (z. B. Kleinrock, 1975,
1976; Schassberger, 1973).

Das hier betrachtete System M/M/1 wird durch folgende Eigenschaften charakterisiert:

1. Die Zahl der vom System zu bedienenden Elemente (Größe der Population)
   ist unendlich (d. h. ihre Ankunftsverteilung ändert sich nicht in der Zeit oder
   mit der Anzahl der angekommenen Elemente).

2. Die Elemente treffen einzeln im System ein.

3. Die Ankünfte sind Poisson-verteilt mit der Ankunftsrate λ.

4. Es besteht eine Warteschlange, die in ihrer Länge nicht beschränkt ist.

5. Es herrscht strenge Schlangendisziplin, d. h. die Elemente werden in der gleichen Reihenfolge abgefertigt, in der sie in der Schlange eintreffen.

6. Es besteht eine Bedienungsstation (Engpass, Kanal).

7. Die Abfertigungszeiten sind negativ-exponential verteilt mit der mittleren Abfertigungsrate μ.

8. Der Ausstoß des Systems (abgefertigte Elemente) hat keinen Einfluss auf das
   Verhalten des Systems (kein Blockieren etc.).

Damit entspricht dieses Schlangensystem im wesentlichen dem schon in Abschnitt 9.3.4 behandelten Geburts- und Sterbeprozess, so dass wir uns der dort
schon gewonnenen Einsichten hier bedienen können:

1. Schritt

Ableitungen der Differenzen-Gleichungen für $P_k(t)$. Die möglichen Zustandsüber-
gänge und ihre Wahrscheinlichkeiten wurden bereits in Abschnitt 9.3.4 betrachtet. Unter Zugrundelegung von (9.7) bis (9.10) ermittelten wir dort bereits die

Differenzen-Gleichungen (9.11) und (9.12), die auch hier prinzipiell Gültigkeit haben. Man beachte jedoch, dass zwar die Wahrscheinlichkeiten sowohl vom Zustand k des Systems als auch von der Zeit t abhängig sind, dass jedoch λ und μ, die Ankunfts- und Abfertigungsraten als durchschnittliche vom Systemzustand unabhängige Parameter betrachtet werden. Dadurch lassen sich die in (9.11) und (9.12) gegebenen Differenzen-Gleichungen schreiben als

$$P_k(t + h) = P_k(t)[1 - \lambda h - \mu h] + P_{k+1}(t)[\mu h]$$

$$+ p_{k-1}(t)[\lambda h] + o(h), \qquad k \geq 1 \tag{9.16}$$

$$P_0(t + h) = P_0(t)[1 - \lambda h] + P_1(t)[\mu h] + o(h). \tag{9.17}$$

2. Schritt

Für den Grenzübergang von $h \to 0$ ergibt sich, ausgehend von (9.16) und (9.17) statt von (9.15) in Analogie zu Abschnitt 9.3.4:

$$\frac{dP_k(t)}{dt} = -(\lambda + \mu)P_k(t) + \lambda P_{k-1}(t) + \mu P_{k+1}(t), \qquad k \geq 1 \tag{9.18}$$

$$\frac{dP_0(t)}{dt} = -\lambda P_0(t) + \mu P_1(t), \qquad k = 0 \tag{9.19}$$

Dies sind Differenzen-Gleichungen in k und Differentialgleichungen in t.

3. Schritt

In diesem Fall können die Ergebnisse für den stationären Zustand, die hier als einziges interessieren, auch ohne die Ergebnisse von Schritt 3 ermittelt werden, der daher übersprungen werden soll.

4. Schritt

Wir sind nun daran interessiert, die Wahrscheinlichkeit P_k zu bestimmen, mit der sich k Elemente dann im System befinden, wenn es den stationären Zustand erreicht hat, d. h. wenn $t \to \infty$. Existiert eine solche Lösung, dann muss für sie die Änderung von $P_n(t)$ nach der Zeit Null sein, d. h. $\frac{dP_k(t)}{dt} = 0$.

Setzt man die Ableitungen (9.18) und (9.19) gleich Null, so erhält man

$$P_{k+1} = \frac{\lambda + \mu}{\mu} P_k - \frac{\lambda}{\mu} P_{k-1}, \qquad k \geq 1 \tag{9.20}$$

$$P_1 = \frac{\lambda}{\mu} P_0. \tag{9.21}$$

Diese Differentialgleichungen sind nun zu lösen. Hierfür stehen verschiedene Möglichkeiten zur Verfügung. Da Moment-erzeugende Funktionen und lineare Operatoren, die auch verwendet werden könnten, in diesem Buch nicht besprochen wurden, wollen wir die Lösung iterativ bestimmen. Der interessierte Leser sei jedoch auf die klare vergleichende Gegenüberstellung dieser drei möglichen Lösungswege bei Gross und Harris (Gross and Harris, 1974) auf den Seiten 44 bis 51 hingewiesen. Wir folgen hier den genannten Autoren bei der iterativen Bestimmung der Lösung:

Direkt aus (9.21) folgt:

$$P_2 = \left(\frac{\lambda}{\mu}\right)^2 P_0$$

$$P_3 = \left(\frac{\lambda}{\mu}\right)^3 P_0$$

etc.

9.12 Satz

Im $M/M/1$-System ist die Wahrscheinlichkeit dafür, dass sich im stationären Zustand k Elemente im System befinden

$$P_k = \left(\frac{\lambda}{\mu}\right)^k P_0.$$

BEWEIS.
Der Beweis soll induktiv geführt werden. Für P_1 und P_2 gilt offensichtlich, dass die Aussage in Satz 9.12 für k und $k-1$ gilt. Wir zeigen, dass sie auch für $k+1$ Gültigkeit hat:

Setzt man in (9.20) die Ausdrücke aus Satz 9.12 für P_k und P_{k-1} ein, so erhält man

$$P_{k+1} = \frac{\lambda + \mu}{\mu} \left(\frac{\lambda}{\mu}\right)^k P_0 - \frac{\lambda}{\mu} \left(\frac{\lambda}{\mu}\right)^{k-1} P_0$$

$$= \left(\frac{\lambda^{k+1} + \mu\lambda^k - \mu\lambda^k}{\mu^{k+1}}\right) P_0$$

$$P^{k+1} = \left(\frac{\lambda}{\mu}\right)^{k+1} P_0 \qquad\qquad \blacksquare$$

Unbekannt ist noch P_0. Da jedoch P eine Verteilungsfunktion ist, muss gelten $\sum_{k=0}^{\infty} P_k = 1$ oder unter Verwendung von Satz 9.12

$$\sum_{k=0}^{\infty} \left(\frac{\lambda}{\mu}\right)^k P_0 = 1$$

oder

$$P_0 = \frac{1}{\sum_{k=0}^{\infty} \left(\frac{\lambda}{\mu}\right)^k} \qquad\qquad (9.22)$$

$\sum_{k=0}^{\infty} \left(\frac{\lambda}{\mu}\right)^k$ ist die geometrische Reihe $1 + \frac{\lambda}{\mu} + \left(\frac{\lambda}{\mu}\right)^2 + \ldots$, die dann konvergiert,

wenn $\left|\frac{\lambda}{\mu}\right| < 1$, was wir zunächst annehmen wollen. Da nun jedoch $\sum_{k=0}^{\infty} \left(\frac{\lambda}{\mu}\right)^k =$

$\frac{1}{1-\frac{\lambda}{\mu}}, \frac{\lambda}{\mu} < 1$, erhält man durch Einsetzen in (9.22)

$$P_0 = 1 - \frac{\lambda}{\mu}, \quad \frac{\lambda}{\mu} < 1. \tag{9.23}$$

Unter Verwendung von Satz 9.12 erhält man ferner

$$P_k = \left(\frac{\lambda}{\mu}\right)^k \left(1 - \frac{\lambda}{\mu}\right), \quad \frac{\lambda}{\mu} < l. \tag{9.24}$$

Ist nun die Annahme $\frac{\lambda}{\mu} < 1$ sinnvoll? Da λ die mittlere Ankunftsrate und μ die mittlere Abfertigungsrate ist, würde $\mu < \lambda$ zu einer ins Unendliche wachsende Zahl der Elemente im System oder zu unendlichen Warteschlangen führen. Ein Fall, der hier offensichtlich nicht von besonderem Interesse ist. Die gemachte Annahme ist also sinnvoll.

In der Theorie der Warteschlangen hat es sich eingeführt, den Quotienten $\rho = \frac{\lambda}{\mu}$ als Verkehrsintensität oder auch Ausnutzungsgrad des Systems zu bezeichnen. Unter Verwendung von ρ können 9.23 und 9.24 einfacher geschrieben werden als

$$P_0 = 1 - \rho, \quad \rho < 1 \tag{9.23a}$$
$$P_k = \rho^k(1 - \rho), \rho < 1. \tag{9.24a}$$

5. Schritt

Auf der Grundlage von (9.23a) und (9.24a) können nun Kennzahlen bestimmt werden, die das Verhalten von Warteschlangensystemen für den Modell-Benutzer sinnvoll charakterisieren. Wir wollen im folgenden einige davon aufführen. Alle beziehen sich auf den stationären Zustand des Systems.

A. Erwartete Zahl der Elemente im System

Der Erwartungswert für die Anzahl der Elemente im System $E(X_k)$, nennen wir ihn N_S, ist:

$$N_S = \sum_{k=0}^{\infty} kP_k.$$

Unter Benutzung von (9.24a) erhält man:

$$N_S = \sum_{k=0}^{\infty} k(1-\rho)\rho^k = (1-\rho)\sum_{k=0}^{\infty} k\rho^k. \tag{9.25}$$

Es gilt jedoch

$$\sum_{k=0}^{\infty} k\rho^k = \rho \sum_{k=1}^{\infty} k\rho^{k-1}.$$ (9.26)

Da $\sum_{k=0}^{\infty} \rho^k = \frac{1}{1-\rho}$ und da die erste Ableitung von $\sum_{k=0}^{\infty} \rho^k$ nach ρ gleich

$$\sum_{k=1}^{\infty} k\rho^{k-1}$$

ist, gilt

$$\frac{d[1/1-\rho]}{d\rho} = \sum_{k=1}^{\infty} k\rho^{k-1} = \frac{1}{(1-\rho)^2}.$$ (9.27)

Benutzt man nun (9.26) und (9.27), so ergibt sich für (9.25)

$$N_S = (1-\rho)\rho \cdot \frac{1}{(1-\rho)^2}$$

bzw.

$$N_S = \frac{\rho}{1-\rho}, \quad \rho < 1$$ (9.25a)

als die erwartete Zahl der Elemente im System.

Schreibt man statt ρ wiederum $\frac{\lambda}{\mu}$, so kann man (9.25a) auch schreiben als

$$N_S = \frac{\lambda}{\mu - \lambda}, \quad \lambda < \mu$$ (9.25b)

B. Erwartete Schlangenlänge

Der Erwartungswert der in der Warteschlange wartenden Elemente sei mit N_W bezeichnet und ist

$$N_W = \sum_{k=1}^{\infty} (k-1)P_k$$

$$= \sum_{k=1}^{\infty} kP_k - \sum_{k=1}^{\infty} P_k$$

$$= N_S - (1 - P_0).$$

Unter Verwendung von (9.25b) und (9.23) ergibt sich

$$N_W = \frac{\rho^2}{1-\rho},$$ (9.28)

bzw.

$$N_W = \frac{\lambda^2}{\mu(\mu - \lambda)}. \tag{9.28a}$$

Es gilt ferner ganz allgemein für Systeme mit 1 Kanal

$$N_W = N_S - \frac{1}{\mu}. \tag{9.28b}$$

C. Erwartete Wartezeiten in System und Schlange

1961 hat Little (Little, 1961) den folgenden Zusammenhang zwischen der Zahl der im System bzw. der Warteschlange wartenden Kunden und mittleren Wartezeit eines Kunden T_S (erwartete Zeit eines Kunden im System) und T_W (erwartete Zeit eines Kunden in der Schlange) unter recht geringen Einschränkungen bewiesen:

$$T_S = \frac{N_S}{\lambda} \tag{9.29}$$

bzw.

$$T_W = \frac{N_W}{\lambda} \tag{9.30}$$

Dieser Zusammenhang ist als „Little's Formel" bekannt geworden.

Daraus lässt sich direkt unter Verwendung von (9.25b) bzw. (9.28a) ableiten:

$$T_S = \frac{1}{\mu - \lambda} \tag{9.29a}$$

bzw.

$$T_W = \frac{\lambda}{\mu(\mu - \lambda)} \tag{9.30a}$$

9.4.2 Das System M/M/1/R

Vom System $M/M/1$ könnte man nun in verschiedene Richtungen weitergehen: Man könnte andere Ankunfts- und Abfertigungsverteilungen annehmen, das Vorhandensein mehrerer Kanäle, die Verwendung anderer Prioritätsregeln und schließlich Beschränkungen bezüglich der Population oder der im System maximal wartenden Kunden. Wir wollen, um wenigstens zwei verschiedene Systeme sinnvoll gegenüberstellen zu können, eine zusätzliche Beschränkung bezüglich der im System befindlichen Kunden in das $M/M/1$ einführen, und zwar sollen insgesamt maximal R Kunden im System Platz finden.

Die Analyse läuft analog zu der in Abschnitt 9.4.1 gezeigten, weshalb wir hier die Ergebnisse bezüglich des Systems $M/M/1/R$ nicht im einzelnen ableiten wollen. In diesem Zusammenhang sei auf die Aufgaben am Ende des Kapitels und auf folgende Referenzen verwiesen, die detaillierte Ableitung der Ergebnisse enthalten:

(9.16) und (9.17) gelten offensichtlich solange, wie die Zahl der Elemente im System $K < R$ ist. In den Differenzengleichungen des Systems $M/M/1$ tritt jedoch eine zusätzliche Situation ein, die das Systemverhalten für $K \geq R$ charakterisiert: Im Schritt 4 ergibt sich dann statt (a) bzw. (a):

$$
P_0 = \begin{cases} \frac{1-\rho}{1-\rho^{R+1}}, & (\rho \neq 1) \\ \frac{1}{R+1}, & (\rho = 1) \end{cases}
\tag{9.31}
$$

$$
P_k = \begin{cases} \frac{(1-\rho)\rho^k}{1-\rho^{R+1}}, & (\rho \neq 1) \\ \frac{1}{R+1}, & (\rho = 1) \end{cases}
\tag{9.32}
$$

Aufgrund von (9.31) und (9.32) lassen sich nun in Analogie zu Abschnitt 9.4.1 einige Kennzahlen errechnen, die wir hier nun für $\rho \neq 1$ angeben wollen:

Erwartete Zahl der Elemente im System
Es ist

$$
N_S = \frac{\rho[1 - (R+1)\rho^R + R\rho^{R+1}]}{(1-\rho^{R+1})(1-\rho)}
\tag{9.33}
$$

Erwartete Schlangenlänge
Wegen $N_W = N_S - (1 - p_0)$ ergibt sich hier:

$$
N_W = N_S - \frac{\rho(1-\rho^R)}{1-\rho^{R+1}}
\tag{9.34}
$$

Little's Formeln (9.27a) und (9.30a) für die Wartezeiten gelten wenigstens angenähert auch für das System $M/M/1/R$.

9.5 Warteschlangenmodelle als Entscheidungshilfe

Es wurde bereits erwähnt, dass Warteschlangenmodelle primär beschreibende Modelle sind. Dies bedeutet selbstverständlich nicht, dass sie nicht zur Verbesserung oder Vorbereitung von Entscheidungen eingesetzt werden können. Im Gegenteil: Abgesehen von Veröffentlichungen wird man wohl kaum Warteschlangenmodelle bauen, ohne dabei zu fällende Entscheidungen im Hintergrund zu haben.

Eine solche Entscheidungsunterstützung findet gewöhnlich auf eine der drei folgenden Arten statt:

1. Das Modell dient dazu, eine Anzahl von Fragen im Sinne des „Wenn – dann" zu beantworten, und der Entscheidungsfäller tastet sich auf diese Weise an die Systemkonzeption heran, die seinen Vorstellungen nahe genug kommt.

2. In manchen Fällen ist es möglich, die Auswirkungen von Systemänderungen kostenmäßig zu bewerten. Hierbei ist primär an die Kosten für Wartezeiten, Ausfallzeiten etc. auf der einen Seite und Kosten der Bedienungsstation auf der anderen Seite gedacht. Man kann nun eine Gesamtkostenfunktion formulieren und die Systemparameter (Zahl der Kanäle oder Schlangen, mittlere Bedienungsrate etc.) so bestimmen, dass die Gesamtkostenfunktion minimiert wird.

3. In komplexen Systemen, wie z. B. mehrstufigen Produktionsbetrieben, in denen jede Maschine mit den davor wartenden Aufträgen bereits ein Warteschlangensystem darstellt, ist die analytische Modellierung sehr schwierig oder gar unmöglich. Man benutzt dann oft in heuristischer Weise Ergebnisse, die für sehr viel einfachere Systeme im Rahmen der Warteschlangentheorie bewiesen sind oder zu denen man durch Simulation gelangt ist, um die Systemstruktur oder Verhaltensweise zu verbessern. In den meisten Fällen geschieht dies durch Verwendung verschiedener lokaler Prioritätsregeln für die Bedienungsreihenfolge der in den Schlangen befindlichen Elemente (siehe z. B. Müller, 1972; Conway et al., 1967).

Im folgenden seien für die ersten beiden Arten von Anwendungen einige Beispiele gegeben:

9.13 Beispiel

Herr Dr. Dent sei ein junger Zahnarzt, der sich in einer Universitätsstadt neu niedergelassen habe und primär studentische Patienten hat. Er behandelt deshalb auch nicht aufgrund von Voranmeldungen, sondern in der Reihenfolge, in der die Patienten in seinem mit vier Sesseln ausgestatteten Warteraum eintreffen.

Da Dr. Dent sich nach kurzer Zeit ziemlich überlastet fühlt, zieht er in Erwägung, evtl. einen Kollegen mit in die Praxis aufzunehmen und dann allerdings einen weiteren Behandlungsraum schaffen und sein Wartezimmer vergrößern zu müssen. Da Dr. Dent während seines Studiums an einigen OR-Vorlesungen teilgenommen hat, möchte er sich vor der Entscheidung für eine Erweiterung Klarheit über seinen jetzigen Systemzustand verschaffen.

Er hat dazu über eine gewisse Zeit von der Sprechstundenhilfe Aufschreibungen machen lassen und daraufhin festgestellt, dass die Ankünfte seiner Patienten Poissonverteilt sind und sich seine Behandlungszeiten (er führt keine Kieferchirurgie durch) durch eine Exponential-Verteilung angenähert beschreiben lassen. Im Schnitt treffen bei ihm fünf Patienten pro Stunde ein und er kann sechs Patienten in der Stunde durchschnittlich behandeln.

Zunächst interessiert ihn die durchschnittliche Zahl der Patienten in der Praxis und im Warteraum. Er entscheidet sich für die Verwendung eines $M/M/1$-Modelles, da er davon ausgeht (sich dessen jedoch nicht ganz sicher ist), dass Patienten, die ankommen, wenn alle Sessel im Wartezimmer besetzt sind, stehend warten, bis sie sich setzen können. Bekannt ist also: $M/M/1$

Mittlere Ankunftsrate: $\lambda = 5/h$
Mittlere Abfertigungsrate: $\mu = 6/h$
Verkehrsintensität: $\rho = \frac{5}{6}$

Hieraus ergibt sich nach (9.25a):
Die *erwartete Zahl der Patienten in der Praxis* ist gleich

$$N_S = \frac{5/6}{1/6} = 5.$$

Die *mittlere Zahl an Patienten im Wartezimmer* wird nach (9.26) oder (9.28b) berechnet:

$$N_W = 5 - \frac{5}{6} = 4\frac{1}{6}.$$

Die *mittlere Wartezeit eines Patienten*, ehe er zur Behandlung kommt, beträgt nach (9.30a):

$$T_W = 50 \text{ min}.$$

Es ergibt sich eine Wahrscheinlichkeit dafür, dass ein Patient nicht zu warten hat (nach (9.23a)) von

$$P_0 = \frac{1}{6},$$

d. h. 83,3 % seiner Patienten müssen warten.

Schließlich ist die *Wahrscheinlichkeit dafür, dass ein Patient stehen muss*, nach (9.24a)

$$P(x \geq 5) = \rho^5 = 0.402.$$

Dr. Dent möchte nun wissen, wie sich seine Systemkennzahlen ändern, wenn seine Patienten nicht warten, wenn sie im Wartezimmer alle Sessel besetzt finden (also Annahme $M/M/1/4$).

Dafür ergibt sich nach (9.33)

$$N_S = 1.64$$

und nach (9.34)

$$N_W = 0.92.$$

Für $T_S = \frac{N_S}{\lambda}$ müssen wir hier λ durch $\lambda' = \lambda(1 - P_S)$ substituieren. Dazu errechnen wir zunächst aus (9.32)

$$P_S = 0.11.$$

Dann ist

$$T_S = \frac{1.64}{4.45} = 36.9 \text{ min},$$

und

$$T_W = \frac{T_W}{\lambda} = 20.6 \text{ min}.$$

Schließlich möchte Dr. Dent wissen, wie viele Patienten er dadurch verliert, dass er nur vier Sessel im Wartezimmer hat und Patienten gar nicht erst warten, wenn sie sehen, dass alle Sessel besetzt sind:

Diese Zahl ergibt sich als das Produkt der Wahrscheinlichkeit, dass sich vier Elemente in der Schlange bzw. fünf in der Praxis befinden mit der mittleren Ankunftsrate, also

$$\lambda P_5 = 5 \cdot 0.11 = 0.55 \text{ (Patienten pro Stunde)}. \qquad \square$$

9.14 Beispiel

Ein klassisches Beispiel für die zweite Art der Anwendung der Warteschlangentheorie ist eine bei Boeing Anfang der fünfziger Jahre durchgeführte Studie, bei der die kostenoptimale Zahl der Beschäftigten in der Werkzeugausgabe bestimmt werden sollte. Sie wurde 1955 veröffentlicht (Palm and Fetter, 1955). Da sie für den Studenten in Deutschland schlecht zugänglich ist und hier der Platz für eine detaillierte Darstellung fehlt, sei sie an einem kleineren fiktiven Beispiel nachempfunden:

Eine Maschinenfabrik hat 50 Automaten aufgestellt, die durch Mechaniker gewartet werden sollen. Die Frage ist nun, wie viele Mechaniker zur Wartung eingestellt werden sollen.

Es sei

λ = mittlere Anzahl der Reparaturfälle pro Maschine (Reparaturfälle pro h pro Maschine)

μ = mittlere Abfertigungsrate (durchschnittlich ausgeführte Reparaturen pro h)

t_W = Stillstandszeit der Maschinen (h) pro Tag

t_r = Reparaturzeit der Maschinen (h) pro Tag

t_l = Laufzeit der Maschinen (h) pro Tag

n = Zahl der zu bedienenden Maschinen je Mechaniker

ρ = Abfertigungszahl (Verkehrsintensität) = λ/μ

k_m = Stillstandskosten der Maschine pro h

k_l = Lohnkosten des Technikers pro h

Weitere Voraussetzungen seien:

1. Die Maschinenausfälle sind rein zufällig, d. h. es bestehen keine festen Relationen zwischen der Reparaturanfälligkeit und einer bestimmten Maschine; dies kann durchaus angenommen werden, solange es sich um gleichartige Maschinen handelt. Wir wollen Poisson-verteilte Maschinenausfälle annehmen.

2. Die Reparaturzeiten seien exponential-verteilt mit der mittleren Rate von μ. Dies ist meist eine recht realistische Annahme.

3. Die Maschinen werden in der Reihenfolge repariert, in der sie ausfallen.

Zu bestimmen ist, wie viele Maschinen optimalerweise ein Mechaniker bedienen sollte. Zugrunde gelegt wird ein Modell der Form $M/M/s$, bei dem λ, μ sowie die variablen Kosten pro Einheit Wartezeit (k_m) und pro Zeiteinheit Bedienungskanal (k_l) bekannt sind und s so zu bestimmen sei, dass die erwarteten variablen Gesamtkosten minimiert werden, d. h. hier, dass

$$s \cdot k_l + N_W \cdot k_m \to \min.$$

(N_W sei wie bisher die erwartete Schlangenlänge.)

In diesem Beispiel bilden also die Mechaniker die Kanäle (Engpässe) und die zu reparierenden Maschinen die Warteschlange.

Die analytische Bestimmung des optimalen s ginge über den Rahmen dieses Buches hinaus. Jedoch können wir uns, ähnlich wie dies in der Boeing-Studie getan wurde, veröffentlichter Tafeln bedienen, die für das $M/M/s$-Modell die optimalen s als Funktion der Verkehrsintensität p und des Kostenverhältnisses $\frac{k_m}{k_l}$ angeben.

Folgende Daten seien ermittelt worden:
Die Gesamtlaufzeit der Maschinen pro Tag, t_l, sei 1025 Maschinenstunden und die Gesamtreparaturzeit pro Tag beträgt $t_r = 71{,}9$ h. Die Personalkosten eines Reparaturschlossers pro h betragen EUR 28,– und die Stillstandskosten einer Maschine pro Stunde seien als EUR 17,70 ermittelt worden.

Es gilt nun:

$$\lambda = \frac{t_r}{t_r + t_l + t_W}, \mu = \frac{t_l}{t_r + t_l + t_W}$$

und daher

$$\rho = \frac{t_r}{r_l}.$$

Für unser Beispiel ergibt sich also $\rho = 0{,}07$ und $k_m/k_l = 0{,}632$.

Abbildung 9.5 zeigt eine vereinfachte und leicht modifizierte Darstellung aus Palm und Fetter (Palm and Fetter, 1955).

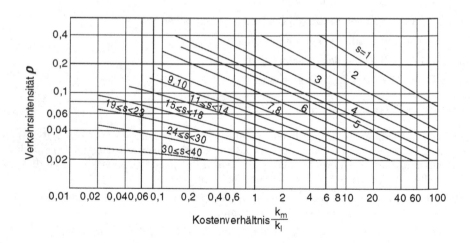

Abbildung 9.5: Optimale Maschinenzuteilung bei exponentiell verteilten Reparaturzeiten

Für $\frac{k_m}{k_l} = 0{,}632$ und $\rho = 0{,}07$ ergibt sich als optimaler Wert, dass ein Mechaniker ungefähr 9 bis 10 Maschinen bedienen sollte. Für die zu wartenden 50 Maschinen wären also 5 bis 6 Reparaturschlosser einzustellen.   □

9.6　Aufgaben zu Kapitel 9

1. Nehmen Sie in Beispiel 9.9 an, dass der Händler am Anfang des Monats drei Kühlschränke am Lager hat und dass die Übergangsmatrix (9.3) lautet:

$$P = \begin{pmatrix} 0.07 & 0.10 & 0.40 & 0.43 \\ 0.60 & 0.30 & 0.10 & 0 \\ 0.20 & 0.44 & 0.36 & 0 \\ 0.13 & 0.20 & 0.24 & 0.43 \end{pmatrix}$$

Was gilt dann für das Monatsende?

2. Nehmen Sie in Beispiel 9.13 an, dass eine Verkehrsintensität von $4/5$ vorliege und dass in seinem Warteraum 5 Sessel vorhanden seien. Berechnen Sie unter diesen Umständen alle in Beispiel 9.13 errechneten Kenngrößen.

3. Die Autorent PKW-Vermietung hat zu entscheiden, in welcher von zwei möglichen Reparaturwerkstätten ihre Wagen gewartet werden sollen. Sie schätzt, dass alle 40 min ein Wagen zur Wartung eintrifft. In der ersten Werkstatt bestehen zwei parallele Wartungsstationen, von denen jede durchschnittlich 30 min pro Wartung benötigt. In der zweiten Werkstatt besteht eine modernere Wartungsstation mit einer durchschnittlichen Abfertigungszeit von 15 min pro Wagen. Nehmen Sie an, dass jede Minute, die ein Wagen in der Wartung verbringt, den Gewinn von Autorent um eine Geldeinheit verringert. Es seien G_1 bzw. G_2 die Kosten pro Minute Wartungszeit in den Werkstätten 1 bzw. 2. Bestimmen Sie den Kostenunterschied $G_2 - G_1$, bei dem Autorent bei beiden Werkstätten gleich gut bedient wäre.

4. Die EDV-Abteilung einer mittleren Firma hat drei Standleitungen zu einem kommerziellen Rechenzentrum gemietet, in dem sie die meisten ihrer EDV-Aufgaben erledigen lässt. Es seien c die Kosten einer Standleitung pro Stunde. Die EDV-Aufgaben fallen nach einer Poisson-Verteilung mit einem Erwartungswert von 10 an und die Länge der Übertragungszeiten der Aufgaben sei exponentiell mit Erwartungswert 15 min verteilt. Es seien nun w die Kosten pro Stunde für das Warten eines Mitgliedes der EDV-Abteilung auf eine freie Leitung. Bestimmen Sie für $c = 1$ die Werte von w, die das Mieten von drei Standleitungen optimal erscheinen lässt.

5. Bestimmen Sie für die in Abschnitt 9.3.4 diskutierten Geburts-Sterbeprozesse die P_k für den stationären Zustand für

   (a) $\lambda_0 = 1, \lambda_1 = \frac{1}{2}, \lambda_2 = \frac{1}{4}, \lambda_k = 0$ für $k \geq 3$; $\mu_1 = \mu_2 = \frac{1}{2}, \mu_k = 1 \forall k \geq 3$

   (b) $\lambda_k = \frac{1}{2}$ für $k = 0,1,2$ und $\lambda_k = 0$ für $k \geq 3$; $\mu_1 = \frac{1}{2}, \mu_2 = \frac{1}{2}, \mu_3 = 1$

9.7   Ausgewählte Literatur zu Kapitel 9

Bhat 1969; Cox and Smith 1961; Ferschl 1970; Fisz 1973; Gillet 1966; Gross and Harris 1974; Karlin 1966; Kleinrock 1975, 1976; Morse 1958; Prabhu 1965; Ruiz-Pala 1967; Saaty 1961; Schassberger 1973; Takacs 1962

Lösungen der Aufgaben

Kapitel 2

1. (a) $a_1 \sim a_2 \succ a_3$

   (b)

λ	Lösung
0	$a_3 \sim a_1 \succ a_2$
$0 < \lambda < 6/7$	$a_3 \succ a_1 \succ a_2$
$\lambda = 6/7$	$a_3 \succ a_1 \sim a_2$
$6/7 < \lambda \leq 1$	$a_3 \succ a_2 \succ a_1$

   (c) $a_2 \succ a_1 \succ a_3$

   (d) $a_2 \succ a_1 \succ a_3$

   (e)

λ	Lösung
$\lambda = 0$	$a_1 \sim a_2 \succ a_3$
$0 < \lambda \leq 1$	$a_2 \succ a_1 \succ a_3$

2. (a) A wählt a_3 (a_2)

   (b) Faire Sattelpunkt-Lösung ist: $a_2 b_3$

   (c) Ein Sattelpunkt des Spiels liegt vor, wenn eine Auszahlung gleichzeitig Spaltenmaximum und Zeilenminimum ist. In diesem Fall ist es bei Ungewissheit über die Strategie des jeweiligen Gegenspielers nicht sinnvoll, von der Sattelpunktstrategie abzuweichen.

3. Der Sattelpunkt ist a_{33}.

4. Es liegt ein Sattelpunkt vor. Das optimale Strategienpaar ist $a_2 b_3$.

5. Die optimalen Strategien lassen sich am besten durch Lineares Programmieren (s. Abschnitt 3.10) bestimmen.
   Sie sind: Zeilenspieler $\{17/46, 20/46, 9/46\}$
   Spaltenspieler $\{7/23, 6/23, 10/23\}$

Kapitel 3

1.

	B_1	B_2	B_3	B_4	a_i
K_1		3		7	10
K_2	2	0	17		19
K_3	11				11
K_4		9			9
b_j	13	12	17	7	49

Optimale Gesamttransportstrecke 193 km

2. Formulierung als Transportproblem:

	B_1	B_2	B_3	a_i
A_1	5	3	4	20
A_2	3	4	3	30
b_j	10	20	20	50

Die Optimallösung lautet:

$$x_2 = 20; \quad x_4 = 10; \quad x_6 = 20;$$
$$z^0 = 150$$

3. (a) minimiere $\sum_i \sum_j c_{ij} \cdot x_{ij}$
   so dass $\sum_j x_{ij} = a_i$
   $\sum_i x_{ij} = b_j$
   $x_{ij} \geq 0$

mit

x_{ij} = Menge Erz, die vom Bergwerk i nach Hochofen j zu transportieren ist.

c_{ij} = Kosten pro Transporttonne von i nach j.

a_i = Höchstfördermenge des Bergwerks i.

b_j = Höchstverhüttungsmenge des Hochofens j.

Matrix-Schreibweise:

$$\text{minimiere } (100, 80, 120, 90, 140, 150) \cdot \begin{pmatrix} x_{11} \\ x_{12} \\ x_{21} \\ x_{22} \\ x_{31} \\ x_{32} \end{pmatrix}$$

$$\text{so dass} \qquad \begin{pmatrix} 1 & 1 & 0 & 0 & 0 & 0 \\ 0 & 0 & 1 & 1 & 0 & 0 \\ 0 & 0 & 0 & 0 & 1 & 1 \end{pmatrix} \cdot \begin{pmatrix} x_{11} \\ x_{12} \\ x_{21} \\ x_{22} \\ x_{31} \\ x_{32} \end{pmatrix} = \begin{pmatrix} 1500 \\ 2000 \\ 1000 \end{pmatrix}$$

$$\begin{pmatrix} 1 & 0 & 1 & 0 & 1 & 0 \\ 0 & 1 & 0 & 1 & 0 & 1 \end{pmatrix} \cdot \begin{pmatrix} x_{11} \\ x_{12} \\ x_{21} \\ x_{22} \\ x_{31} \\ x_{32} \end{pmatrix} = \begin{pmatrix} 2000 \\ 2500 \end{pmatrix}$$

(b) Optimales Transporttableau

	H_1	H_2	a_i
E_1	1000	500	1500
E_2		2000	2000
E_3	1000		1000
b_j	2000	2500	4500

Die optimalen Transportkosten betragen 460.000.

4. (a) Vollständiges Endtableau

	x_1	x_2	x_3	x_4	$\bar{x}_5$	$\bar{x}_6$	b_i
x_3	0	$-\frac{1}{3}$	1	-3	$\frac{1}{3}$	$-\frac{2}{3}$	0
x_1	1	$-\frac{1}{3}$	0	2	$\frac{1}{3}$	$\frac{1}{3}$	5
Δz_j	0	0	0	5	2	1	25

(b_1) $\boldsymbol{b} = (10, 5)^{\mathrm{T}}$ ersetzt durch $\bar{\boldsymbol{b}} = (10, 6)^{\mathrm{T}}$.

Aktualisierung von $\bar{b}$ mittels $\boldsymbol{B}^{*-1}$. Wiederherstellen der primalen Zulässigkeit mittels eines dualen Simplexschrittes.

$$x_1^0 = 6; \quad x_2^0 = 2; \quad \mathrm{ZFW}^0 = 26$$

(b$_2$) Einfügen der Variablen x_5:

Aktualisierung des a_5-Spaltenvektors mittels $\boldsymbol{B}^{*-1}$

$$a_5^* = \begin{pmatrix} -\frac{1}{3} \\ \frac{2}{3} \end{pmatrix} \quad \Delta z_5^* = 0$$

Also primal und dual entartete Lösung, weiterhin dual zulässig.

Aufnahme von x_5 in opt-Basis möglich

$$x_3^0 = 5/2; \quad x_5^0 = 15/2; \quad \mathrm{ZFW}^0 = 25$$

5.   minimiere $z =$ $8x_1 + 10x_2 + 12x_3$

so dass   EIWEISS $0{,}1x_1 + 0{,}1x_2 + 0{,}2x_3 \geq 0{,}15 \cdot 200$

MINFETT $0{,}2x_1 + 0{,}2x_2 + 0{,}1x_3 \geq 0{,}15 \cdot 200$

MAXFETT $0{,}2x_1 + 0{,}2x_2 + 0{,}1x_3 \leq 0{,}15 \cdot 200$

KOHLEHYD $0{,}2x_1 + 0{,}3x_2 + 0{,}4x_3 \geq 0{,}15 \cdot 200$

FUTTER I $x_1 \qquad\qquad\qquad \leq 100$

FUTTER II $\qquad\quad x_2 \qquad\qquad \geq 80$

MENGE $x_1 + \quad x_2 + \quad x_3 = 200$

$$x_j \geq 0 \quad j = 1, \ldots, 3$$

$x_j =$ Menge des Futtermittels j in DZ

6. (a) Duales Problem:

$$\text{minimiere } 3y_1 - 2y_2 + 8y_3 - y_4$$
$$\text{so dass} \quad -y_1 - y_2 + 2y_3 - y_4 \geq -2$$
$$y_1 - y_2 + y_3 \qquad \geq 1$$
$$y_i \geq 0 \quad i = 1, \ldots, 4$$

(b) Lösung des Dualen Problems:

$$y_1 = y_4 = 1 \qquad y_i = 0 \text{ sonst}$$

Lösung des Primalen Problems aus Δz_i-Kriterium

$$x_1 = 1; \quad x_2 = 4; \quad \bar{x}_4 = 3; \quad \bar{x}_5 = 2$$

(c) Primaler Simplexalgorithmus

Nachteil: Einführung zweier Hilfsvariablen

2×6-Matrix

Dualer Simplexalgorithmus

   2×4-Matrix

   $x_1^0 = 21/13 \qquad x_2^0 = 10/13$

7. (a) Optimallösung: $x_1^0 = 8;\ x_2^0 = 12;\ \bar{x}_5^0 = 14$

    (b) Duales Problem:

$$\begin{aligned}
\text{maximiere } 32y_1 &- 42y_2 + 56y_3 \\
\text{so dass} \qquad y_1 &- 2y_2 + 4y_3 \leq 5 \\
2y_1 &- y_2 + 2y_3 \leq 6 \\
y_1 &- 4y_2 + 4y_3 \leq 15 \\
y_i &\geq 0 \quad i = 1, \dots, 3
\end{aligned}$$

8. Alternative Optima:

$$x_2^0 = 6;\ \bar{x}_3^0 = 20$$
$$\text{bzw.}\quad x_1^0 = 2;\ x_2^0 = 0 \qquad\qquad \text{ZFW}^0 = -6$$

9. Duales Problem

$$\begin{aligned}
\text{maximiere } -4y_1 &- y_2 + 3y_3 \\
\text{so dass} \qquad y_1 &+ 2y_2 + y_3 = 1 \\
y_1 &+ 2y_2 + 2y_3 = 2 \\
y_1 &- y_2 + 3y_3 = 1 \\
y_1, y_3 &\geq 0 \\
y_2 &\text{ unbeschränkt}
\end{aligned}$$

Duales Problem besitzt keine zulässige Lösung (Hilfsvariable nicht elimierbar), zugehöriges primales Problem besitzt unbeschränkte Lösung.

10. (a) $x_1^0 = 4;\ x_2^0 = 1$ $\text{ZFW}^0 = 2$

     (b) Duales Problem

$$\begin{aligned}
\text{maximiere } 2y_1 &- 4y_2 - 4y_3 + y_4 \\
\text{so dass} \qquad -y_1 &- 3y_2 + y_3 \qquad\ \ \geq 1 \\
y_1 &- 4y_2 + \quad\ + y_4 \leq 2 \\
y_i &\geq 0 \quad i = 1, \dots, 4
\end{aligned}$$

$$x_1^0 = 4;\ x_2^0 = 1;\ \bar{x}_3^0 = 3;\ \bar{x}_4^0 = 12 \qquad \text{ZFW}^0 = 2$$

11.

Parameterintervall	x_1^0	x_2^0	$\bar{x}_3^0$	$\bar{x}_4^0$	ZFW
$-\infty < \lambda < -5$	\multicolumn{4}{c}{keine zulässige Lösung}	
$-5 \leq \lambda \leq 0$	0	$15 + 3\lambda$	$0 - 24\lambda$	0	$75 + 15\lambda$
$0 \leq \lambda \leq 5/3$	$0 + 8\lambda$	$15 - 9\lambda$	0	0	$75 - 13\lambda$
$5/3 \leq \lambda \leq 5$	$20 - 4\lambda$	0	0	$-30 + 18\lambda$	$80 - 16\lambda$
$5 < \lambda < \infty$	\multicolumn{4}{c}{keine zulässige Lösung}	

12.

Parameterintervall	$-\infty < \lambda < \frac{9}{10}$	$\frac{9}{10} \leq \lambda \leq 3\frac{27}{35}$	$3\frac{27}{35} \leq \lambda < \infty$
x_1		$-3/5 + 2/3\lambda$	$9/7 + 1/6\lambda$
x_2		$9/5 + 1/3\lambda$	$17/7 + 1/6\lambda$
$\bar{x}_3$	keine zulässige Lösung	0	0
$\bar{x}_4$		0	$-22/7 + 5/6\lambda$
$\bar{x}_5$		$22/5 - 7/6\lambda$	0
ZFW		$6/5 + \lambda$	$26/7 + 1/3\lambda$

13. Optimale Lösung des relaxierten Problems

$$x_1^0 = 5/3; \ x_2^0 = 8/3; \ x_5^0 = 1/3; \ \text{ZFW}^0 = 21/6$$

Optimale ganzzahlige Lösung

$$x_1^0 = 2; \ x_2^0 = 2; \ \bar{x}_3^0 = 1; \ \bar{x}_5^0 = 0; \ \text{ZFW}^0 = 3$$

14. (a) 1. Gomory-Restriktion: $\ x_{G_1} - \frac{4}{9}\bar{x}_3 - \frac{1}{18}\bar{x}_4 = -\frac{13}{18}$

(b)

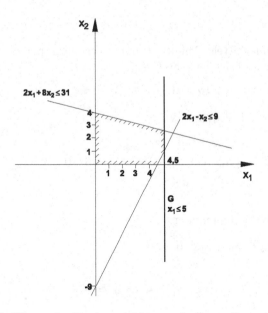

(c) Werte der Basisvariablen nach einem Iterationsschritt

$$x_1^* = 5; \quad x_2^* = 21/8; \quad \bar{x}_3^* = 13/8; \quad z^* = 145/8$$

Kapitel 4

1. Lösung mittels Verfahren von Wolfe

$$x_1^0 = 2; \quad x_2^0 = 1; \quad u_1^0 = 2; \quad u_2^0 = 1; \quad z^0 = 15$$

2. Gewählte Stützstellen: 0, 1, 2, 3

$$x_1 = 0 \cdot \lambda_{11} + 1 \cdot \lambda_{21} + 2 \cdot \lambda_{31} + 3 \cdot \lambda_{41}$$
$$x_2 = 0 \cdot \lambda_{12} + 1 \cdot \lambda_{22} + 2 \cdot \lambda_{32} + 3 \cdot \lambda_{42}$$
$$\lambda_{21}^0 = 1; \quad \lambda_{22}^0 = 1; \quad \bar{x}_3^0 = 4; \quad \bar{x}_4^0 = 7$$
$$\implies x_1^0 = 1; \quad x_2^0 = 1; \quad z^0 = 7$$

(exakte Lösung: $x_1^0 = \sqrt{4/3}$; $x_2^0 = 3/2$; $z^0 = 7{,}579$ errechnet mittels partieller Ableitungen)

3. (a) $\qquad\qquad x_1^0 = 0; \quad x_2^0 = 0; \quad z^0 = 0$

   oder alternativ $\quad x_1^0 = 2; \quad x_2^0 = 0; \quad z^0 = 0$

   (b) $\qquad\qquad x_1^0 = 0; \quad x_2^0 = 12; \quad z^0 = -96$

(c) $\qquad\qquad x_1^0 = 0;\ x_2^0 = 0;\ z^0 = 0$

Bestimmung der Optima mittels Penalty/Barrier-Verfahren per Hand zu rechenintensiv. Möglichkeit: Zeichnerische Lösung.

4. Gewählte Stützstellen: 0, 1, 2 bzw. 0, 1, $\sqrt{3}$

$$x_1 =: 0 \cdot \lambda_{11} + 1 \cdot \lambda_{21} + 2 \cdot \lambda_{31}$$
$$x_2 =: 0 \cdot \lambda_{12} + 1 \cdot \lambda_{22} + \sqrt{3} \cdot \lambda_{32}$$
$$\lambda_{21}^0 = 1;\ \lambda_{22}^0 = 3/10;\ \lambda_{32}^0 = 7/10;\ \bar{x}_3^0 = 96/10$$
$$\implies x_1^0 = 1;\ x_2^0 = 2{,}3;\ z^0 = 16{,}8$$

5. (a) Ohne Nichtnegativitätsbedingung

$$\implies \text{wegen } \sqrt{t_2} \text{ folgt } t_2 \geq 0$$
$$t_1, t_3 \in \mathbb{R}$$
$$t_1^0 = -\infty;\ t_2^0 = +\infty;\ t_3^0 = -\infty;\ q^0 = -\infty$$

(b) mit $t_i \geq 0,\ i = 1, \dots, 3$
$$t_1^0 = 0{,}61;\ t_2^0 = 0{,}31;\ t_3^0 = 3{,}67;\ q^0 = 30{,}15$$
$$a_3 \lesssim a_4$$

Kapitel 5

1. Stufen: Trassenteilstücke $= S_i$
   Zustände: Trassenendpunkte auf Stufe i $= Z_i$
   Entscheidungen: Trassenführung von Z_i nach Z_{i+1} $= x_i$

Einführung von Hilfzuständen:

$$B - \boxed{X} - H$$
$$E - \boxed{Y} - N$$
$$I - \boxed{Z} - P$$

Kostenminimale Streckenführung ist

$$A - C - E - \boxed{Z} - N - P$$

mit Gesamtkosten von 29.

2. Stufen: Perioden n $= S_i$

    Zustände: Lagermenge zum Ende der Perioden $= Z_i$
                                 n

    Entscheidungen: Einkaufsmenge zu Beginn der Peri- $= x_i$
                                 ode n

Kostenoptimale Einkaufsmengen

$$x_1^0 = 11; \quad x_2^0 = 0; \quad x_3^0 = 4; \quad x_4^0 = 0$$

mit Gesamtkosten von 173.

3. Stufen: Zeitperioden i $= S_i$

    Zustände: Lagerbestände zum Ende der Peri- $= Z_i$
                                 ode i

    Entscheidungen: Produktionseinheiten in Periode i $= x_i$

Kostenoptimale Produktionsmengen mit resultierenden Gesamtkosten von jeweils 243.

4. Stufen: Stadtteile i $= S_i$

    Zustände: Gesamtzahl der bereits zugeteilten $= Z_i$
                                 Freiwilligen (inklusive der Zuteilung
                                 für Stadtteil i)

    Entscheidungen: Anzahl der in Stadtteil i eingesetz- $= x_i$
                                 ten Freiwilligen

Äquivalente optimale Freiwilligeneinsätze (7 Freiwillige)

S_1	1	2	3	4	5	6
S_3	6	5	4	3	2	1

mit jeweiligen Gesamtspenden von 70

Optimaler Freiwilligeneinsatz für unterschiedlichen Anzahl von Freiwilligen

Anzahl Freiwillige	Optimaleinsatz		
	S_1	S_2	S_3
8	6	0	2
9	6	0	3
11	6	0	5
12	6	0	6

Bemerkung: Ab 14 Helfern wird Stadtteil 2 zum ersten Mal beschickt.

5. Die Antworten folgern aus Aufgabe 5.4, da für

Anzahl Helfer	Max. Spendenleistung
8	75
9	80
11	100
12	115

gilt, beträgt der minimale Helfereinsatz für $F = 80$ bzw. $F = 100$ neun bzw. elf Helfer. Für zehn Helfer beträgt der maximale Spendenertrag $F = 90$.

6. Stufen: Variablen x_j $= S_i$

   Zustände: Noch zu vergebende Restkapazität $= Z_i$
                      $(= B - \sum x_i)$

   Entscheidungen: Wertzuweisung für Variable x_j $= x_j$

   Die Anzahl der unterschiedlichen Zustände Z_i wird über $B_{\max} = 8 \wedge x_j \in \{0, 1, 2, 3\}$ beschränkt.

   Für $B = 8$ folgen drei alternative Optima mit $Z^0 = 14$

   (i) $x_3^0 = 2$

   (ii) $x_2^0 = 1 \wedge x_3^0 = 1$

   (iii) $x_1^0 = 1 \wedge x_2^0 = 2$

   Für $B = 6$ folgt $x_1^0 = 1 \wedge x_3^0 = 1$ mit $Z^0 = 12$.

7. (a) Lösung des relaxierten Problem $x_1^0 = \frac{3}{2}$; $\bar{x}_6^0 = \frac{1}{2}$; $\bar{x}_7^0 = 1$; $Z^0 = 3$

   (b) Lösung des Problems *mit* Ganzzahligkeitsbedingungen für x_1, x_2

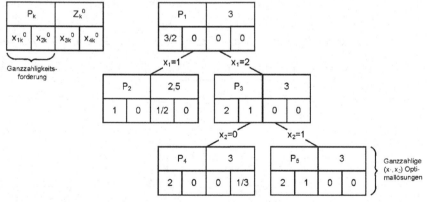

8. (a) Lösung des relaxierten Problem $x_2^0 = \frac{1}{3}$; $x_3^0 = \frac{2}{3}$; $\bar{x}_6^0 = \frac{1}{3}$; $Z^0 = 9$

   (b) Lösung des Problems *mit* Ganzzahligkeitsbedingungen für x_2, x_3

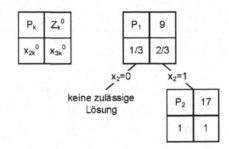

9. (a) minimiere $z = x_1 + 2x_2 + x_3$

so dass $\qquad 6x_1 + 4x_2 + 2x_3 - 3x_1^2 - 2x_2^2 - 1/3x_3^2 \geq -7{,}25$

$$x_j \geq 0 \quad j = 1, \ldots, 3$$

$x_j = 0 \quad \forall j, \; Z^0 = 0$

(b) Statt $\geq -7{,}25$ nun $\geq 7{,}25$. $g(x) = \sum g_i(x_i)$ ist streng konkav.

$\max g_1(x_1) = 3 \qquad$ für $x_1 = 1$

$\max g_2(x_2) = 2 \qquad$ für $x_2 = 1$

$\max g_3(x_3) = 3 \qquad$ für $x_3 = 3$

$\max g(x) = \sum_i g_i(x_i) = 8$

$\implies$ Wahl der Stützstellen durch $g_i(x_i) \geq \max g_i(x_i) \pm 0{,}75$ vorgegeben
$[8 - 7{,}25 = 0{,}75]$.

Stützstellen:

$\qquad x_1 : 1/2; \; 1; \; 3/2$

$\qquad x_2 : 0{,}4; \; 1; \; 1{,}6$

$\qquad x_3 : 1{,}5; \; 3; \; 4{,}5$

Optimum:

$$\lambda_{12}^0 = 1; \; \lambda_{22}^0 = 1; \; \lambda_{31}^0 = 1; \lambda_{32}^0 = 0; \; Z^0 = 4{,}5$$
$$\implies x_1^0 = 1; \; x_2^0 = 1; \; x_3^0 = 1{,}5$$

Kapitel 6

1. (a) Einführen eines fiktiven Nachfragers B_F mit einem Bedarf von 40 Einheiten.

x_{ij}	B_1	B_2	B_3	B_4	B_5	B_6	B_F	a_i
A_1		20		10				10
A_2				20				40
A_3						10	40	50
A_4				30				30
A_5	20		20	20				60
A_6	10	70						80
b_j	30	70	20	20	80	10	40	270

Gesamtkosten von 1.350

(b) Einführen eines fiktiven Nachfragers B_F mit einem Bedarf von 40 Einheiten.

x_{ij}	B_1	B_2	B_3	B_4	B_5	B_6	a_i
A_1				5		10	15
A_2	20	5					25
A_3				30			30
A_4		25		25			50
A_5			20				20
A_6					10		10
A_F		10	10		10		30
b_j	20	40	30	60	20	10	180

Gesamtkosten von 700

Nachfrager B_2, B_3, B_5 erhalten je 10 Einheiten weniger als nachgefragt.

2. Durch die Restriktionen entstehen zwei nicht kombinierbare Ortsgruppen:

$$A: \quad 1, 2, 3, 8, 9, 10$$
$$B: \quad 4, 5, 6, 7$$

Aus dem Algorithmus 6.6 resultieren folgende Touren:

Tour A : $0-9-8-10-1-2-3-0$

           Länge 45,8 Einheiten

Tour B : $0-4-5-6-7-0$

           Länge 21,8 Einheiten

3. Startpunkte jeweils Nullvektoren

(a) $x^0 = (2, 2, 1)$

$Z^0 = 19$ globales Optimum

(b) $x^0 = (0, 0, 1, 1, 1)$

$Z^0 = 7$ globales Optimum

(c) $x^0 = (3, 1, 0, 0, 0)$

$Z^0 = -173$ globales Optimum

Durch Berechnung eines Subproblems über die Variablen x_1, x_6 wird mittels

$$x^0 = (4, 1, 0, 0, 0, 1)$$
$$Z^0 = -164$$

das globale Optimum gefunden.

Kapitel 7

1. Optimale Lösung:

$$x_{11} = x_{23} = x_{32} = x_{44} = 1, \; z_{\text{opt}} = 62$$

2. Optimale Lösung:

$$x_{14} = x_{15} = x_{23} = x_{24} = x_{33} = 1, \; z_{\text{opt}} = 17$$

3. Die optimale Rundreise ist:

$$1 - 3 - 5 - 2 - 4 - 6 - 7 - 1$$

und ihre Länge ist 13.

4. Die optimale Rundreise ist:

$$1 - 4 - 2 - 5 - 6 - 3 - 1$$

und ihre Länge ist 15.

5. Die optimale Rundreise ist:

$$1 - 2 - 4 - 5 - 6 - 8 - 7 - 3 - 1$$

und ihre Länge ist 13.

6. Die optimale Lösung ist:

$$x_1 = 4, \; x_4 = 1 \text{ und } z_{\text{opt}} = 45$$

7. Die optimale Lösung ist:

$$x_j = 1 \text{ für } j = 1, 3, 4, 5, 6, 7, 9, 11, 12 \text{ und } z_{\text{opt}} = 127$$

8. Die optimale Lösung ist:

$$x_2 = 3,\ x_3 = 1 \text{ und } z_{opt} = 3$$

9. Die optimale Lösung ist:

$$x_1 = x_2 = 3,\ z_{opt} = 15$$

10. Die optimale Lösung ist:

$$x_1 = 3,\ x_2 = 1,\ x_3 = 1,\ x_4 = 2,\ x_5 = 1,\ z_{opt} = 11$$

11. Die optimale Lösung ist:

$$x_2 = 5,\ x_4 = 2 \text{ und } z_{opt} = -15$$

12. Die optimale Lösung ist:

$$x_1 = 1,\ x_3 = 2 \text{ und } z_{opt} = -52$$

13. Die optimale Lösung ist:

$$x_1 = 1,\ x_3 = 4 \text{ und } z_{opt} = 981{,}6$$

Kapitel 8

1. Kürzeste Wege von Knoten 1 bzw. 2:

von \ nach	1	2	3	4	5	6
1	0	8	12	12	10	11
2	8	0	4	4	2	3

$$V_1 = (0, 1, 5, 5, 2, 2)$$
$$V_2 = (2, 0, 5, 5, 2, 2)$$

2. Kürzeste Wege von Knoten 1 bzw. 2:

von \ nach	1	2	3	4	5	6
1	0	3	5	12	6	4
2	3	0	4	11	5	3

$$V_1 = (0, 1, 6, 6, 3, 1)$$
$$V_2 = (2, 0, 2, 6, 3, 2)$$

3.

Die Zahlen an den Kanten bezeichnen den optimalen Fluss. Der maximale Fluss zur Senke beträgt 3.

4. (a)

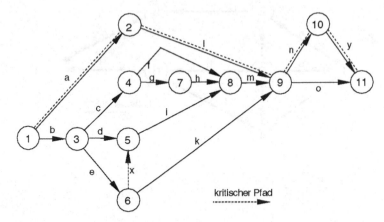

kritischer Pfad

(b)

Vorgang	FA	SE	FP
a	0	20	0
b	0	22	0
c	5	31	0
d	5	32	6
e	5	32	0
f	7	36	8
g	7	33	0
h	9	36	7
i	15	36	0
k	15	40	22
l	20	40	0
m	19	40	17
n	40	50	0
o	40	50	2
x	15	32	0
y	50	50	0

minimale Projektdauer $= FZ_{11} = 50$

(c) Vorgang f hat einen freien Puffer (FP) von 8. Wegen $FP_{ij} = FZ_j - FZ_i - d_{ij}$ kann f sich gerade um diese 8 Zeiteinheiten verzögern, ohne irgendeine andere früheste Ereigniszeit (FZ) zu verändern und somit auch andere FP berühren.

(d) Wegen $GP_{ij} = SZ_j - FZ_i - d_{ij}$ ändern sich die Gesamtpuffer (GP) bei einer Änderung von FZ. Analog zu c) kann sich Vorgang f somit um maximal 8 Zeiteinheiten verzögern.

5. (a)

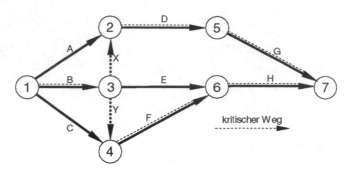

(b)

Vorgang	FA	SE	GP
A	0	4	2
B	0	4	0
C	0	4	1
D	4	7	0
E	4	9	1
F	4	9	0
G	7	12	0
H	9	12	0
X	4	4	0
Y	4	4	0

minimale Projektdauer $= FZ_7 = 12$

6. (a)

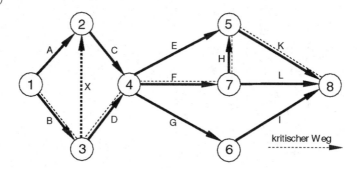

(b)

Vorgang	FA	SE	GP
A	0	11	2
B	0	8	0
C	9	15	2
D	8	15	0
E	15	21	0
F	15	24	3
G	15	27	8
H	21	24	0
I	19	29	8
K	24	29	0
L	21	29	1
X	8	11	3

minimale Projektdauer = 29

(c) Problem: Erstellung eines optimalen Netzplans unter Berücksichtigung des Verbots paralleler Bearbeitung der Vorgänge A, B, H, F, G, L auf Grund eines knappen gemeinsam genutzten Betriebsmittels.

Bemerkung: A, B sind direkte/indirekte Vorgänger aller anderen Vorgänge, sonst brauchen nur mit $B-A$ bzw. $A-B$ beginnende Netzpläne betrachtet zu werden.

Ausgehend von einer ersten zulässigen Lösung werden Alternativen anhand zweier Kriterien auf mögliche Verbesserungen überprüft (s. Beispiel 8.29).

Knoten-Nr.	Reihenfolge	Kriterium A	Kriterium B
1	B – A – G – F – H – L	41	41
2	B –	35	34
3	B – A	35	34
4	B – A – G	36	41[a]
5	B – A – F	35	41[a]
6	B – A – H	38	41[a]
7	B – A – L	45[a]	41[a]
8	A –	38	34
9	A – B	38	38
10	A – B – G	39	44

[a] obere Schranke erreicht bzw. überschritten

Optimaler Netzplan:

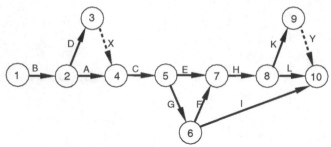

minimale Projektdauer = 41

minimale Projektdauer = 41

7. (a)

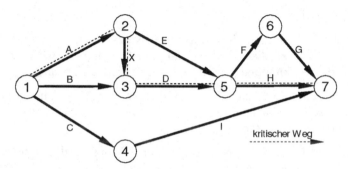

(b)

Knoten	FZ	SZ
1	0	0
2	3	3
3	3	3
4	4	7
5	5	5
6	7	8
7	10	10

minimale Projektdauer = 10 Tage

(c) Kritischer Weg: A – X – D – H

(d) Verkürzung von G um 1 Tag und Verkürzung von H um 2 Tage.
    Resultierende Kosten: 350 Geldeinheiten
    Minimale Projektdauer: 8 Tage

8.

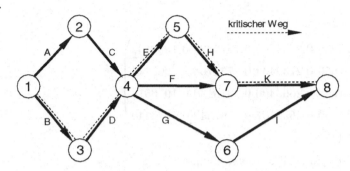

Vorgang	FA	SE	GP
A	0	11	2
B	0	8	0
C	9	15	2
D	8	15	0
E	15	21	0
F	15	24	3
G	15	27	8
H	21	24	0
I	19	29	8
K	24	29	0

minimale Projektdauer = 29

Reihenfolge nach Prioritätsregel

$$GP_B < GP_A < GP_F < GP_G$$
$$\Longrightarrow B-A-F-G$$

Bemerkung: Achtung! A, B sind ohne indirekte Vorgänger von F, G.

Modifizierter Netzplan:

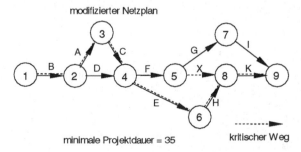

minimale Projektdauer = 29

Kapitel 9

1.
$$\boldsymbol{P}^4 = \begin{pmatrix} 0{,}2625936 & 0{,}2634603 & 0{,}2773329 & 0{,}1966132 \\ 0{,}2627556 & 0{,}2732432 & 0{,}2734768 & 0{,}1905244 \\ 0{,}2541948 & 0{,}2663406 & 0{,}2816130 & 0{,}1978516 \\ 0{,}2584860 & 0{,}2659157 & 0{,}2767542 & 0{,}1988440 \end{pmatrix}$$

$\boldsymbol{x}^0 = (0, 0, 0, 1)$

　　$= 3$ Kühlschränke zu Monatsanfang auf Lager

$\boldsymbol{x}^4 = \boldsymbol{x}^0 \cdot \boldsymbol{P}^4$

　　$= (0{,}258486, 0{,}2659157, 0{,}2767542, 0{,}198844)$

　　$=$ Wahrscheinlichkeitsverteilung für unterschiedliche Lagerbestände zu Beginn der 4. Periode

2. $p = 4/5 \qquad \lambda = 4 \qquad \mu = 5$

   (a) $N_s = 4$

   (b) $N_w = 3\frac{1}{5}$

   (c) $T_w = 4/5\,\text{h}$

   (d) $P_0 = 1/5$, ð 80 % aller Patienten warten!

   (e) Erwartete Zahl der Patienten in Praxis für M/M/1/5:
   $$N_s = 1{,}8683$$

   (f) $N_w = 1{,}1394$

   (g) $T_s = 0{,}5028\,\text{h}$; $T_w = 0{,}3066\,\text{h}$

   (h) Anzahl der verlorenen Patienten durch lediglich 5 Wartestühle:
   $$\lambda \cdot P_6 = 4 \cdot 0{,}071 = 0{,}284$$

3. Werkstatt 1:　M/M/2

   $p = 3/4 \quad \lambda = 3/2 \quad \mu = 2$

   $N_w = 0{,}1227$　　　　　　　Entstehende Kosten: $32/55 \cdot c_1$

   $T_w = 9/110\,\text{h}$　　　　　　　$(c_1 = $ Stunden Kostensatz$)$

   $T_s = 32/55\,\text{h}$

   Werkstatt 2:　M/M/1

   $p = 3/8 \quad \lambda = 3/2 \quad \mu = 4$

   $T_w = 3/20\,\text{h}$　　　　　　　Kosten: $3/20 \cdot c_2$

   $T_s = 2/5\,\text{h}$　　　　　　　　Kostengleichheit bei $0{,}68 \cdot c_1 = c_2$

4. 3 Standleitungen: M/M/3   4 Standleitungen: M/M/4

$\quad p = 5/2 \quad \lambda = 10 \quad \mu = 4$

$N_w = 1{,}7$ $\qquad\qquad\qquad\qquad N_w \approx 0{,}533$

$T_w = 9{,}92\,\text{min}$ $\qquad\qquad\qquad T_w = 3{,}2\,\text{min}$

Standleitungskosten pro Stunde $\qquad = c = 1;$

Wartestundenkosten pro EDV-Mitarbeiter $= w;$

Anzahl Standleitungen $\qquad\qquad\qquad = A;$

Gesamtwartezeit der EDV-Mitarbeiter $\quad = T = 10 \cdot T_w$

Gesamtkosten $\qquad\qquad\qquad\qquad\qquad = K = A \cdot c + T \cdot w$

$\Longrightarrow$ 3 Standleitungen kostenoptimal für $0 \le w \le 0{,}89258$

5. (a)

K	0	1	2	3
P_k	2/11	4/11	4/11	1/11

(b)

K	0	1	2	3
P_k	2/7	2/7	2/7	1/7

Index

Literaturverzeichnis

Abadie, J. (1967). *Nonlinear Programming.* North Holland Publ., Amsterdam.

Abadie, J. (1970). *Integer and Nonlinear Programming.* North Holland Publ., London.

Ackoff, R. L. (1979). The Future of Operational Research is Past. *Journal of the Operational Research Society,* **30**, 93–104.

Adler, L., Resende, M. G. C., Veiga, G., and Karmarkar, N. (1989). An Implementation of Karmarkar's Algorithm for Linear Programming. *Mathematical Programming,* **44**, 297–335.

Alt (1936). Über die Messbarkeit des Nutzens. *Zeitschrift für Nat. Ökonomie,* **7**, 161–169.

Altrogge, G. (1979). *Netzplantechnik.* Oldenbourg, München.

Anstreicher, K. M. (1990). A standard form variant, and safeguarded linesearch, for the modified Karmarkar algorithm. *Mathematical Programming,* **47**, 337–351.

Aris, R. (1964). *Discrete Dynamic Programming.* Blaisdell Publ., New York, Toronto, London.

Avi-Itzhak, B. (1971). *Developments in Operations Research,* volume 1 und 2. Gordon and Breach, New York, London, Paris.

Avriel, M. (1976). *Nonlinear Programming.* Prentice Hall, Englewood Cliffs.

Avriel, M. (1980). *Advances in Geometric Programming.* Plenum Press, New York.

Baker, K. R. (1974). *Introduction to Sequenzing & Scheduling.* Wiley, New York, London, Sydney.

Balas, E. (1965). An Additive Algorithm for Solving Linear Programs with Zero-One-Variables. *Operations Research,* **13**, 517–546.

Balas, E. and Zemel, E. (1980). An algorithm for large zero-one knapsack problems. *Operations Research,* **28**, 1130–1154.

Bamberg, G. (1972). *Statistische Entscheidungstheorie.* Physica Verlag, Würzburg, Wien.

Bamberg, G. and Coenenberg, A. G. (1981). *Betriebswirtschaftliche Entscheidungslehre.* Vahlen Verlag, München, third edition.

Bansal, S. P. (1980). Single Machine Scheduling to Minimize Weighted Sum of Completion Times with Secondary Criterion. a Branch-and-Bound Approach. *European Journal of Operational Research,* **5**, 177–181.

Barnes, E. R. (1986). A variation on Karmarkar's algorithm for solving linear programming problems. *Mathematical Programming*, **36**, 174–182.

Barnhart, C., Johnson, E., Nemhauser, G., Savelsbergh, M., and Vance, P. (1998). Branch-and-price: Column generation for solving huge integer programs. *Operations Research*, **46**(3), 316–329.

Bartels, H.-G. (1973). *A priori Informationen zur Linearen Programmierung.* Hain-Verlag, Meisenheim.

Bazaraa, M. S. and Shetty, C. M. (1979). *Nonlinear Programming.* Wiley, New York, Chichester, Brisbane.

Beale, E. (1968). *Mathematical Programming in Practice.* Wiley, Bath.

Beale, E. M. L. (1979). Branch and Bound Methods for Mathematical Programming Systems. *Annals of Discrete Mathematics*, **5**, 201–219.

Beale, E. M. L. and Tomlin, J. A. (1970). Special facilities in a general mathematical programming system for nonconvex problems using ordered sets of variables. In J. Lawrence, editor, *Proceedings of the Fifth International Conference of O.R.*, pages 447–454, London.

Beasley, J. E. (1996). *Advances in linear and integer programming.* Clarendon Press, Oxford.

Beightler, C. S. and Phillips, D. T. (1976). *Applied Geometric Programming.* Wiley, New York, London, Sydney.

Beisel, E.-P. and Mendel, M. (1987). *Optimierungsmethoden des Operations Research, Lineare und ganzzahlige lineare Optimierung*, volume 1. Vieweg Verlag, Braunschweig, Wiesbaden.

Bellman, R. E. (1957). *Dynamic Programming.* Princeton University Press, Princeton.

Bellman, R. E. and Dreyfus, S. E. (1962). *Applied Dynamic Programming.* Princeton University Press, Princeton.

Bellman, R. E. and Giertz, M. (1973). On the analytic formalism of the theory of fuzzy sets. *Information Sciences*, **5**, 149–156.

Bellman, R. E. and Zadeh, L. A. (1970). Decision Making in a Fuzzy Environment. *Management Science*, **17**, 141–163.

Benders, J. F. (1962). Partitioning Procedures for solving Mixed Variables Programming Problems. *Numerische Mathematik*, **4**, 238–252.

Bhat, U. N. (1969). Sixty Years of Queueing Theory. *Management Science*, **15**, 280–292.

Bühlmann, H., Loeffel, H., and Nievergelt, E. (1975). *Entscheidungs- und Spieltheorie.* Springer, Berlin, Heidelberg, New York.

Böhm, K. (1978). *Lineare Quotientenprogrammierung – Rentabilitätsoptimierung.* Akademische Verlagsgesellschaft, Frankfurt/M.

Biethahn, J. e. a. (1998). *Betriebswirtschaftliche Anwendungen des Soft Computing.* Vieweg, Braunschweig.

Bitz, M. (1981). *Entscheidungstheorie.* Vahlen Verlag, München.

Bixby, R. E., Fenelon, M., and Zonghao, G. (2000). MIP: Theory and Practice – Closing the Gap. In M. J. D. Powell and S. Scholtes, editors, *Systems Modeling and Optimization.* Kluwer, Boston.

Bloech, J. (1981). Programmierung, dynamische. In *Handwörterbuch der Wirtschaftswissenschaften,* volume VI, pages 342–249. W. Albers, Stuttgart, New York.

Boot, J. C. G. (1964). *Quadratic Programming.* Rand McNally, Chicago.

Boothroyd, H. (1978). *Articulate Intervention.* Taylor & Francis Books Ltd., London.

Boulding, K. E. (1956). *The image.* University of Michigan Press, Binghampton, New York.

Bozoki, G. G. and Richard, J.-P. (1970). A Branch-and-Bound Algorithm for the Continuous Process. Job-Shop Scheduling. *AIIE Transactions,* **2**, 246–252.

Bracken, J. and McCormick, G. P. (1968). *Selected Applications of Nonlinear Programming.* Wiley, New York, London, Sydney.

Bradley, G. (1971). Transformation of Integer Programs to Knapsack Problems. *Discrete Mathematics,* **1**, 29–45.

Brandenburger, J. and Konrad, R. (1970). *Netzplantechnik,* volume 5. Verlag Industrielle Organisation, Zürich.

Brigham, G. G. (1955). On a congestion problem in an aircraft factory. *Operations Research,* **3**, 412–428.

Brucker, P. (1975a). Anmerkungen zu heuristischen Verfahren. In *Proceedings in OR,* volume 6, pages 668–676, Würzburg, Wien. Dathe, H. N. et al.

Brucker, P. (1975b). Die Komplexität von Scheduling Problemen. In *Proceedings in OR,* volume 5, pages 357–368, Würzburg, Wien. J. Kohlas et. al.

Buhr, W. (1967). *Dualvariable als Kriterien unternehmerischer Planung.* Hain Verlag, Meisenheim.

Burkhard, R. E. (1972). *Methoden der Ganzzahligen Programmierung.* Springer, Wien, New York.

Burkhard, R. E. (1975). Heuristische Verfahren zur Lösung quadratischer Zuordnungsprobleme. *Zeitschrift für Operations Research,* **19**, 183–193.

Camerim, P. M., Galbiati, G., and Maffioh, F. (1980). Complexity of Spanning Tree Problems. *European Journal of Operational Research*, **5**, 346–352.

Carlier, J. (1982). The one-machine sequencing problem. *European Journal of Operational Research*, **11**, 42–47.

Ceria, S., Balas, E., Margot, F., Pataki, G., and Dawande, M. W. (2001). OCTANE: A New Heuristic for Pure 0-1 Programs. *Operations Research*, **49**(2), 207–225.

Changkong, V. and Haines, Y. (1983). *Multiobjective decision making, theory and methodology*. North Holland Publ., New York, Amsterdam, Oxford.

Charnes, A. and Cooper, W. W. (1961). *Management Models and Industrial Applications of Linear Programming*. Wiley, New York, London, Sydney.

Checkland, P. (1983). O.r. and the Systems Movement: Mappings and Conflicts. *Journal of the Operational Research Society*, **34**, 661–675.

Chernoff, H. and Moses, L. E. (1959). *Elementary Decision Theory*. Wiley, New York, London, Sydney.

Christofides, N. (1975). *Graph Theory: An algorithmic approach*. Academic Press, London, New York, San Francisco.

Christofides, N., Alvarez-Valdéz, R., and Tamarit, J. M. (1987). Project scheduling with Resource Constraints – A Branch and Bound Approach. *European Journal of Operational Research*, **29**, 262–273.

Chung, A. (1963). *Linear Programming*. Merrill Publ., Columbus, Ohio.

Churchman, C. W. and Ackoff, R. L. (1954). An approximate measure of value. *Operations Research*, **2**, 172–187.

Churchman, C. W., Ackoff, R. L., and Arnoff, E. L. (1957). *Introduction to Operations Research*. Wiley, London, Sydney.

Chvátal, V. (1983). *Linear Programming*. Freeman, New York.

Clarke, G. and Wright, J. W. (1964). Scheduling of Vehicles from a Central Depot to a Number of Delivery Points. *Operations Research*, **12**, 568–581.

Collatz, L. and Wetterling, W. (1971). *Optimierungsaufgaben*. Springer, Berlin, Heidelberg, New York.

Collcutt, R. H. (1980). *Successful Operational Research – a selection of cases for managers*. Operational Research Society.

Conway, R. W., Maxwell, W. L., and Miller, L. W. (1967). *Theory of Scheduling*. Dover Publications, Palo Alto.

Council, N. R. (1976). *Systems Analysis and Operations Research*. National Academy of Science, Washington D.C.

Cox, D. R. and Smith, W. L. (1961). *Queues*. Methuen & Co., London.

Dakin, R. J. (1965). A tree-search algorithm for mixed integer programming problems. *Computer Journal*, **8**, 250–255.

Dano, S. (1974). *Linear Programming in Industry*. Springer, Wien, New York, fourth edition.

Dantzig, G. and Thapa, M. (1997). *Linear Programming 1: Introduction*. Springer, New York.

Dantzig, G. B. (1949). Programming of Interdependent Activities. *Econometrica*, **17**, 200–211.

Dantzig, G. B. (1955a). Linear Programming under uncertainty. *Management Science*, **1**, 197–206.

Dantzig, G. B. (1955b). Notes on linear programming: Part VIII, IX, X – Upper bounds, secondary constraints, and block triangularity in linear programming. *Econometrica*, **23**, 174–183.

Dantzig, G. B. (1960). On the significance of solving linear programming problems with some integer variables. *Econometrica*, **28**, 30–44.

Dantzig, G. B. (1963). *Linear Programming and Extensions*. Princeton University Press, Princeton.

Dantzig, G. B. and Ramser, J. H. (1959). The Truck Dispatching Problem. *Management Science*, **6**, 80–91.

de Werra, D. and Hertz, A. (1989). Tabu Search Techniques. A Tutorial and an Application to Neural Networks. *OR Spektrum*, **11**, 131–141.

Debreu, G. (1959). *Theory of Value*. Yale University Press, New York.

den Hertog, D. and Roos, C. (1991). A survey of search directions in interior point methods for linear programming. *Mathematical Programming*, **52**, 481–509.

Denardo, E. V. (1982). *Dynamic Programming*. Prentice Hall, Englewood Cliffs.

Dijkstra, E. W. (1959). A note on two problems in connection with graphs. *Numerische Mathematik*, **1**, 269.

Dinkelbach, W. (1969). *Sensitivitätsanalysen und parametrische Programmierung*. Springer, Berlin, Heidelberg, New York.

Dinkelbach, W. (1982). *Entscheidungsmodelle*. de Gruyter, Berlin, New York.

Disch, W. K. A. (1968). *Netzplantechnik im Marketing*. Weltarchiv GmbH, Hamburg.

Dixon, J. C. W. and Szegö, G. P. (1975). *Towards Global Optimization*. North Holland Publ., Amsterdam, New York.

Domschke, W. (1982). *Logistik: Rundreisen und Touren*. Oldenbourg, München, Wien.

Domschke, W. (1995). *Logistik: Transport.* Oldenbourg Verlag, München, fourth edition.

Domschke, W. (1997). *Logistik: Rundreisen und Touren.* Oldenbourg Verlag, München, fourth edition.

Domschke, W. and Drexl, A. (2002). *Einführung in Operations Research.* Springer, Berlin, fifth edition.

Domschke, W. and Klein, R. (2004). Bestimmung von Opportunitätskosten am Beispiel des Produktionscontrolling. *Zeitschrift für Planung*, **15**. erscheint demnächst.

Dorfmann, R., Samuelsen, P. A., and Solow, R. M. (1958). *Linear Programming and Economic Analysis.* Blaisdell Publ., New York, Toronto, London.

Dresher, M. (1961). *Games of Strategy.* Prentice Hall, Englewood Cliffs.

Dreyfus, S. E. and Law, A. M. (1977). *The Art and Theory of Dynamic Programming.* Academic Press, New York, San Francisco, London.

Drukarczyk, J. (1975). *Probleme individueller Entscheidungsrechnung.* Gabler Verlag, Wiesbaden.

Duffin, R. J., Peterson, E. L., and Zener, C. (1967). *Geometric Programming – Theory and Applications.* Wiley, New York, London, Sydney.

Eilon, S., Watson-Gandy, C. D. T., and Christofides, N. (1971). *Distribution management: Mathematical modelling and practical analysis.* Hafner Publications, London.

El maghraby, S. E. (1970). *Some Network Models in Management Science.* Springer, Berlin, Heidelberg, New York.

Erlang, A. (1918). Lösung einiger Probleme der Wahrscheinlichkeitsrechnung von Bedeutung für die selbständigen Fernsprechämter. *Elektrotech. Zeitschr.*, **39**, 504.

Erlang, A. K. (1909). Probability and Telephone Calls. *Nyt Tidesskr. Mat.*, **20**, 33–39.

Faber, M. M. (1970). *Stochastisches Programmieren.* Physica Verlag, Würzburg, Wien.

Fandel, G. (1972). *Optimale Entscheidung bei mehrfacher Zielsetzung.* Springer, Berlin, Heidelberg, New York.

Fandel, G. (1979). *Optimale Entscheidungen in Organisationen.* Springer, Berlin, Heidelberg, New York.

Ferschl, F. (1970). *Markovketten.* Springer, Berlin, Heidelberg, New York.

Ferschl, F. (1975). *Nutzen- und Entscheidungstheorie.* Westdeutscher Verlag, Opladen.

Fiacco, A. V. and McCormick, G. P. (1964). The Sequential Unconstrained Minimization Technique for Nonlinear Programming. *Management Science*, **10**, 360–366.

Fishburn, P. C. (1964). *Decision and Value Theory*. Wiley, New York, London, Sydney.

Fisz, M. (1973). *Wahrscheinlichkeitsrechnung und mathematische Statistik*. Deutscher Verlag der Wissenschaften, Berlin, third edition.

Ford Jr., L. R. and Fulkerson, D. R. (1962). *Flows in Networks*. Princeton University Press, Princeton.

Fourer, R. (2001). Solver or modeling. *OR/MS Today*, **28**(4), 58–67.

Freund, R. M. (1991). Polynomial-time algorithms for linear programming based only on primal scaling and projected gradients of potential functions. *Mathematical Programming*, **51**, 203–222.

Friedman, M. and Savage, L. J. (1952). The Expected Utility Hypothesis and the Measurability of Utility. *Journal of Political Economy*, **60**, 463–474.

Fuller, J. A. (1978). Optimal Solutions Versus „Good" Solutions: An Analysis of Heuristic Decision Making. *OMEGA International Journal of Management Science*, **6**, 479–484.

Funke, B. (2003). *Effiziente lokale Suche für Vehicle Routing und Scheduling Probleme mit Ressourcenbeschränkungen*. Dissertation, RWTH Aachen, Aachen.

Gaede, K.-W. (1974). Beitrag 4/i. Forschungsbericht 1, Technische Hochschule Darmstadt, Darmstadt.

Gal, T. (1973). *Betriebliche Entscheidungsprobleme, Sensitivitätsanalyse und Parametrische Programmierung*. de Gruyter, Berlin, New York.

Gal, T. (1975). Zur Identifikation redundanter Nebenbedingungen in Linearen Programmen. *Zeitschrift für Operations Research*, **19**, 19–28.

Gallus, G. (1976). Heuristische Verfahren zur Lösung allgemeiner ganzzahliger linearer Optimierungsmodelle. *Zeitschrift für Operations Research*, **20**, 89–104.

Garey, M. R. and Johnson, D. S. (1979). *Computers and Intractability*. Freeman, San Francisco.

Garfinkel, R. S. and Nemhauser, G. L. (1972). *Integer Programming*. Wiley, New York, London, Sydney, Toronto.

Gaskell, T. J. (1967). Bases of Vehicle Fleet Scheduling. *Journal of the Operational Research Society*, **18**(1), 281–295.

Gass, S. L. (1983). Decision-Aiding Models: Validation, Assessment and Related Issues for Policy Analysis. *Operations Research*, **31**, 603–631.

Geoffrion, A. M. (1987). An Introduction to Structured Modeling. *Management Science*, **33**, 547–588.

Geoffrion, A. M., Dyer, J. S., and Feinberg, A. (1972). An interactivie approach for multi-criterion optimization, with an application to the operation of an academic department. *Management Science*, **19**(1), 357–368.

Gessner, P. and Wacker, H. (1972). *Dynamische Optimierung/Einführung – Modelle – Computerprogramme*. Hanser Verlag, München.

Gewald, K., Kasper, K., and Schelle, H. (1972). *Netzplantechnik*. Oldenbourg, München, Wien.

Gäfgen, C. (1974). *Theorie der wirtschaftlichen Entscheidung*. Mohr Verlag, Tübingen.

Gillet, B. E. (1966). *Stochastic Processes*. Springer, Berlin, Heidelberg, New York.

Gillet, B. E. (1976). *Introduction to Operations Research*. McGraw-Hill, New York.

Glover, F. (1977). Heuristics for Integer Programming Using Surrogate Constraints. *Decision Sciences*, **8**, 156–166.

Glover, F. and McMillan, C. (1986). The General Employee Scheduling Problem: An Integration of Management Science and Artificial Intelligence. *Computers and Operations Research*, **13**, 563–593.

Golden, B. L. and Stuart, W. R. (1985). Empirical Analysis of Heuristics. In L. et al., editor, *The Traveling salesman problem: a guided tour of combinatorial optimization*, pages 207–249. Wiley, Chichester.

Golden, B. L., Magnanti, T. L., and Nguyen, H. A. (1977). Implementing Vehicle Routing Algorithms. *Networks*, **7**, 113–148.

Goldfarb, D. and Xiao, D. (1991). A primal projective interior-point method for linear programming. *Mathematical Programming*, **52**, 481–509.

Greenberg, H. (1971). *Integer Programming*. Academic Press, New York, London.

Groner, R., Groner, M., and Bischof, W. F. (1983). *Methods of Heuristics*. Lawrence Erlbaum Associates, Hillsdale N.J.

Gross, D. and Harris, C. M. (1974). *Fundamentals of Queueing Theory*. Wiley, New York, London.

Gössler, R. (1974). *Operations Research/Praxis, Einsatzformen und Ergebnisse*. Gabler Verlag, Wiesbaden.

Gzuk, R. (1975). *Messung der Effizienz von Entscheidungen*. Mohr Verlag, Tübingen.

Hadley, G. (1962). *Linear Programming*. Addison Wesley Publ., Reading.

Hadley, G. (1964). *Nonlinear and Dynamic Programming*. Addison Wesley Publ., Reading.

Hall, J. R. and Hess, S. W. (1978). OR/MS: Dead or Dying? RX for Survival. *Interfaces*, **8**, 42–44.

Hamacher, H. (1978). *Über logische Aggregationen nicht binär explizierter Entscheidungskriterien. Ein axiomatischer Beitrag zur normativen Entscheidungstheorie*. Akademische Verlagsgesellschaft, Frankfurt.

Hammer, P. L., Johnson, E. L., and Korte, B. H. (1979). Discrete Optimization II. *Annals of Discrete Mathematics*, **5**.

Hanssmann, F. (1978). *Einführung in die Systemforschung*. Oldenbourg, München.

Hauschildt, J. (1977). *Entscheidungsziele*. Mohr Verlag, Tübingen.

Hauschildt, J. and Grün, O. (1993). *Ergebnisse empirischer betriebswirtschaftlicher Forschung*. Poeschel Verlag, Stuttgart.

Hax, H. (1970). *Entscheidungen bei unsicheren Erwartungen*. H. Hax, Köln, Opladen.

Herstein, I. N. and Milnor, J. W. (1953). An axiomatic approach to measurable utility. *Econometrica*, **21**, 291–297.

Heurgon, E. (1982). Relationships between decision-making process and study process. *European Journal of Operational Research*, **10**, 230–236.

Hillier, F. S. (1963). Economic models for Industrial Waiting Line Problems. *Management Science*, **10**, 119–130.

Hillier, F. S. (1965). Cost Models for the Application of Priority Waiting Line Theory to Industrial Problems. *Journal of Industrial Engineering*, **16**, 178–185.

Hillier, F. S. (1969). Efficient Heuristic Procedures for Integer Linear Programming with an Interior. *Operations Research*, **17**, 600–637.

Hillier, S. H. and Liebermann, G. J. (1967). *Introduction to Operations Research*. McGraw-Hill, San Francisco, Cambridge.

Himmelblau, D. M. (1972). *Applied Nonlinear Programming*. McGraw-Hill, New York, St. Louis, San Francisco.

Holmes, R. A. and Parker, R. G. (1976). A Vehicle Scheduling Procedure Based upon Savings and a Solution Perturbation Scheme. *Journal of the Operational Research Society*, **27**, 83–92.

Horst, R. (1979). *Nichtlineare Optimierung*. Hanser Verlag, München, Wien.

Horvath, W. (1948). Operations Research – A scientific Basis for Executive Decisions. *The American Statistician*, **2**(5 & 6).

Hürlimann, T. and Kohlas, J. (1988). LPL: A Structured Language for Linear Programming Modeling. *OR Spektrum*, **10**, 55–63.

Hässig, K. (1979). *Graphentheoretische Methoden des Operations Research*. Teubner, Stuttgart.

Hu, T. C. (1969). *Integer Programming and Network Flows*. Addison Wesley Publ., Reading.

Husain, A. and Gangiah, K. (1976). *Optimization Techniques for Chemical Engineers*. MacMillan Company of India, Delhi, Bombay, Calcutta.

Hwang, C.-L. and Masud, A. S. M. (1979). *Multiple Objective Decision Making – Methods and Applications*. Springer, Berlin, Heidelberg, New York.

Hwang, C.-L. and Yoon, K. (1981). *Multiple Attribute Decision Making*. Springer, Berlin, Heidelberg, New York.

Hwang, C. L., Paidy, S. R., Yoon, K., and Masud, A. S. M. (1980). Mathematical programming with multiple objectives: a tutorial. *Computers & Operations Research*, **7**, 5–31.

Ignizio, J. P. (1976). *Goal Programming and Extensions*. D.C. Heath & Co., Lexington.

Ignizio, J. P. (1982). *Linear Programming in Single- and Multiple-Objective Systems*. Prentice Hall, Englewood Cliffs.

Ijiri, Y. (1965). *Management goals and accounting for control*. North Holland Publ., Amsterdam.

Illes, T. and Terlaky, T. (2002). Pivot versus interior point methods: Pros and cons. *European Journal of Operational Research*, **140**(2), 170–190.

Institute for Operations Research and the Management Sciences (INFORMS) (2004). Defining o. r. clearly. `http://www.ORChampions.org/explain/define_OR.htm`.

Irnich, S. (2002). *Netzwerk-Design für zweistufige Transportsysteme und ein Branch-and-Price-Verfahren für das gemischte Direkt- und Hubflugproblem*. Dissertation, RWTH Aachen, Aachen.

Isermann, H. (1979). Strukturierung von Entscheidungsprozessen bei mehrfacher Zielsetzung. *OR Spektrum*, **1**, 3–26.

Jacobsen, S. K. and Madsen, O. B. G. (1980). A comparative study of heuristics for a two-level routing location problem. *European Journal of Operational Research*, **5**, 378–387.

Jansen, B. (1997). *Interior Point Techniques in Optimization*. Kluwer Academic Publishing, Dordrecht.

Jewell, W. S. (1967). A simple proof of $L = \lambda \cdot W$. *Operations Research*, **15**, 1109–1116.

Johnsen, E. (1968). *Studies in Multiobjective Decision Models*. Economic Res. Centre Lund, Lund.

Jurecka, W. and Zimmermann, H.-J. (1972). *Operations Research im Bauwesen*. Springer, Berlin, New York.

Kahle, E. (1981). *Betriebliche Entscheidungen*. Oldenbourg, München.

Kall, P. (1976a). *Mathematische Methoden des Operations Research*. Teubner, Stuttgart.

Kall, P. (1976b). *Stochastic Linear Programming*. Springer, Berlin, Heidelberg, New York.

Kall, P. (1982). Stochastic Programming. *European Journal of Operational Research*, **10**, 125–130.

Kallrath, J. (2003). Modellierung und Optimierung mit MPL. *OR News*, **17**, 11–14.

Karlin, S. (1966). *A First Course in Stochastic Processes*. Academic Press, New York, London.

Karmarkar, N. (1984). A new Polynomial-time Algorithm for Linear Programming. In *Proceedings of the 16th Annual ACM Symposia on the Theory of Computing*, pages 302–310, Washington.

Karp, R. M. (1979). A patching algorithm for the nonsymmetric traveling-salesman problem. *SIAM Journal on Computing*, **8**, 561–573.

Keeney, R. L. and Raiffa, H. (1976). *Decisions with Multiple Objectives: Preferences and Value Tradeoffs*. Wiley, New York, Sydney, Toronto.

Khachiyan, L. G. (1979). A polynomial algorithm in linear programming. *Doklady Akademiia, Novaiia Seviia*, **244**(5), 1093–1096.

Kickert, W. J. M. (1980a). *Organisation of decision making/A System-theoretical Approach*. North Holland Publ., Amsterdam.

Kickert, W. J. M. (1980b). *Organisation of decision making/A System-theoretical Approach*. North Holland Publ., Amsterdam.

Kirsch, W. (1970/71). *Entscheidungsprozesse*, volume 1–3. Betriebswirtschaftlicher Verlag, Wiesbaden.

Kittel, C. (1947). The Nature and Development of Operations Research. *Science*, **105**, 150 ff.

Klein, D. and Hannan, E. (1982). An algorithm for the multiple objective integer linear programming problem. *European Journal of Operational Research*, **9**, 378–385.

Klein, H. (1971). *Heuristische Entscheidungsmodelle.* Oldenbourg, München.

Kleinrock, L. (1975). *Queueing Systems. Volume 1 (Theory)*, volume 1. Wiley, New York, London, Sydney.

Kleinrock, L. (1976). *Queueing Systems. Volume 2 (Computer Applications)*, volume 2. Wiley, New York, London, Sydney.

Künzi, H. P. (1963). Die Duoplex-Methode. *Unternehmensforschung*, **7**, 103–116.

Künzi, H. P. and Kleibohm, K. (1968). Das Triplex-Verfahren. *Unternehmensforschung*, **12**, 145–154.

Künzi, H. P. and Krelle, W. (1962). *Nichtlineare Programmierung.* Springer, Berlin, Göttingen, Heidelberg.

Künzi, H. P., Müller, O., and Nievergelt, E. (1968). *Einführungskurs in die dynamische Programmierung.* Springer, Berlin, Heidelberg, New York.

Künzi, H. P., Krelle, W., and von Randow, R. (1979). *Nichtlineare Programmierung.* Springer, Berlin, Heidelberg, New York, second edition.

Kochenberger, G., Glover, F., Alidaee, B., and Rego, C. (2004). A unified modeling and solution framework for combinatorial optimization problems. *OR Spektrum*, **26**(2), 237–250.

Koopmans, T. C., editor (1951). *Activity Analysis of Production and Allocation.* Wiley.

Köppe, M. (2003). *Exact Primal Algorithms for General Integer and Mixed-Integer Linear Programs.* Shaker-Verlag, Aachen.

Küpper, W., Lüder, K., and Streitferdt, L. (1975). *Netzplantechnik.* Physica Verlag, Würzburg, Wien.

Kreko, B. (1968). *Lehrbuch der Linearen Optimierung.* Verlag der Wissenschaften, Berlin.

Krelle, W. (1968). *Präferenz- und Entscheidungstheorie.* Mohr Verlag, Tübingen.

Kreuzberger, H. (1968). Ein Näherungsverfahren zur Bestimmung ganzzahliger Lösungen bei linearen Optimierungsproblemen. *Ablauf- und Planungsforschung*, **9**, 137–152.

Kuhn, H. W. and Tucker, A. W. (1951). Nonlinear Programming. In *Proceedings Second Berkeley Symposium on Mathematical Statistics and Probability*, pages 481–491, Berkeley, California. Neyman, J.

Land, A. and Powell, S. (1973). *FORTRAN Codes for Mathematical Programming.* Wiley, Chichester, New York, Brisbane.

Land, A. and Powell, S. (1979). Computer codes for problems of integer programming. *Annals of Discrete Mathematics*, **5**, 221–269.

Lange, O. (1933/34). On the Determinateness of the Utility Function. *Review of Economic Studies*, **1**, 218–225.

Langrock, P. and Jahn, W. (1979). *Einführung in die Theorie der Markovschen Ketten und Ihre Anwendungen*. Teubner, Leipzig.

Lasdon, L. S. (1970). *Optimization Theory for Large Systems*. MacMillan, New York, London.

Lashkari, R. S. and Jaisingh, S. C. (1980). A Heuristic Approach to Quadratic Assignment Problem. *Journal of the Operational Research Society*, **31**, 845–850.

Laux, H. (1982). *Entscheidungstheorie*, volume 1 & 2. Springer, Berlin, Heidelberg, New York.

Lavi, A. and Vogel, T. P. (1966). *Recent Advances in Optimization Techniques*. Wiley, New York, London, Sydney.

Lawler, E. L. and Wood, D. E. (1966). Branch-and-Bound Methods: A Survey. *Operations Research*, **14**, 699–719.

Lawler, E. L., Lenstra, J. K., Rinnooy Kan, A. H. G., and Shmoys, D. B. (1985). *The Travelling Salesman problem: a guided tour of combinatorial optimization*. Wiley, Chichester.

Lee, A. M. (1983). The Tale of Two Countries: Some Systems Perspectives in Japan and the United Kingdom in the Age of Information Technology. *Journal of the Operational Research Society*, **34**, 753–763.

Lee, S. M. (1972). *Goal Programming for Decision Analysis*. Auerbach Publ., Philadelphia.

Lenstra, J. K. (1976). *Sequencing by Enumerative Methods*. Ph.D. thesis, Amsterdam.

Lenstra, J. K., Rinnoy Kan, A. H. G., and van Emde Boas, P. (1982). An appraisal of computational complexity for operations researchers. *European Journal of Operational Research*, **11**, 201–210.

Levin, R. L. and Kirkpatrick, C. A. (1966). *Planning and Control with PERT/CPM*. McGraw-Hill, New York, St. Louis, San Francisco.

Liesegang, G. and Schirmer, A. (1975). Heuristische Verfahren zur Maschinenbelegungsplanung bei Reihenfertigung. *Zeitschrift für Operations Research*, **19**, 195–211.

Lin, S. and Kernighan, B. W. (1973). An effective heuristic algorithm for the traveling-salesman problem. *Operations Research*, **21**, 498–516.

Lindley, D. (1974). *Einführung in die Entscheidungstheorie*. Herder & Herder, Frankfurt, New York.

Lisser, A., Maculan, N., and Minoux, M. (1987). Large Steps Preserving Polynomiality in Karmarkar's Algorithm. Cahier du Lamsade 77, Université de Paris-Dauphine.

Little, J. D. C. (1961). A proof for the Queueing Formula: „L = 1W". *Operations Research*, **9**, 383–387.

Little, J. D. C. (1977). Modelle und Manager: Das Konzept des Decision Calculus. In *Entscheidungshilfen im Marketing*. Köhler, R. and Zimmermann, H.-J., Stuttgart.

Little, J. D. C., Murty, K. G., Sweeney, D. M., and Karel, C. (1963). An Algorithm for the Traveling Salesman Problem. *Operations Research*, **11**, 972–989.

Llewellyn, R. W. (1960). *Linear Programming*. Holt, Rhinehart and Winston, New York, Chicago, San Francisco.

Lomnicki, Z. A. (1965). A Branch and Bound Algorithm for the Exact Solution of the Three Machine Scheduling Problem. *Journal of the Operational Research Society*, **16**, 89–100.

Loulon, R. and Michaelidis, E. e. a. (1979). New greedy-like heuristics for the multi-dimensional 0-1 knapsack problem. *Operations Research*, **6**, 1101–1114.

Luce, R. D. and Raiffa, H. (1957). *Games and Decisions*. Wiley, New York, London, Sydney.

Mangasarian, O. L. (1969). *Nonlinear Programming*. SIAM Publishers, New York, St. Louis, San Francisco.

Mangelsdorf, T. M. (1959). Waiting Line Theory Applied to Manifacturing Problems. In *Analysis of Industrial Operations Homewood*. Bowmon, E. H. and Fetter, R. B., Illinois.

Markowitz, H. (1959). *Portfolio Selection*. Blackwell Publ., New York, St. Louis, San Francisco.

Marschak, J. (1950). Rational Behaviour, Uncertain Prospects, and Measurable Utility. *Econometrica*, **18**, 111–114.

Martos, B. (1975). *Nonlinear Programming*. North Holland Publ., Amsterdam, New York.

Matthäus, F. (1975). Heuristische Lösungsverfahren für Lieferplanprobleme. *Zeitschrift für Operations Research*, **19**, 163–181.

Matthäus, F. (1978). *Tourenplanung*. Toeche-Mittler, Darmstadt.

May, W. (1977). *Entscheidungen und Informationen*. Vahlen Verlag, München.

McCloskey, J. F. and Trefethen, F. N. (1954). *Operations Research for Management*. John Hopkins Publ., Baltimore.

McMahon, Y. B. and Burton, P. G. (1967). Flow Shop Scheduling with Branch and Bound Method. *Operations Research*, **15**, 473–481.

Meißner, J. D. (1978). Heuristische Programmierung. *Zeitschrift für betriebswirtschaftliche Forschung*, **31**(9), 675 ff.

Mevert, P. and Suhl, U. (1976). Lösung gemischt-ganzzahliger Planungsprobleme. In *Computergestützte Planungssysteme*, pages 111–154. Noltemeier, H., Würzburg, Wien.

Meyer, K. H. F. (1976). *Ein deterministisches und ein stochastisches Modell der Netzplantechnik.* Hain Verlag, Meisenheim.

Miller, R. W. (1963). *Schedule, Cost and Profit Control with PERT.* McGraw-Hill, New York, San Francisco, Toronto.

Milnor, J. (1964). Spiele gegen die Natur. In *Spieltheorie und Sozialwissenschaften*, pages 129–139. Shubik, M., Frankfurt.

Müller, E. (1972). *Simultane Lagerdisposition und Fertigungsablaufplanung bei mehrstufiger Mehrproduktfertigung.* de Gruyter, Berlin, New York.

Müller, W. (1980). Heuristische Verfahren der Produktionsplanung und Probleme ihrer Beurteilung. In *Neue Aspekte der betrieblichen Planung*, pages 78–97. Jacob, H., Wiesbaden.

Müller-Merbach, H. (1966). Drei neue Methoden zur Lösung des Travelling Salesman Problems. *Ablauf- und Planungsforschung*, **7**, 32–46 und 78–91.

Müller-Merbach, H. (1970a). *Operations Research-Fibel für Manager.* Verlag Moderne Industrie, München.

Müller-Merbach, H. (1970b). *Optimale Reihenfolgen.* Springer, Berlin, Heidelberg, New York.

Müller-Merbach, H. (1972). *Übungen zur Betriebswirtschaftslehre und linearen Planungsrechnung.* Vahlen Verlag, München, second edition.

Müller-Merbach, H. (1973a). Heuristische Verfahren. In *Management Enz. Ergänzungsband*, pages 346–355. Vahlen Verlag, München.

Müller-Merbach, H. (1973b). *Operations Research.* Vahlen Verlag, München, third edition.

Müller-Merbach, H. (1975). Modelling Techniques and Heuristics for Combinatorial Problems. In B. Roy, editor, *Combinatorial Programming*, pages 3–27. Kluwer, Dordrecht.

Müller-Merbach, H. (1976). Morphologie heuristischer Verfahren. *Zeitschrift für Operations Research*, **20**, 69–87.

Müller-Merbach, H. (1977). Quantitative Entscheidungsvorbereitung – Erwartungen, Enttäuschungen, Chance. *DB*, **37**, 11–23.

Müller-Merbach, H. (1978). Tendenzen der Verwendung quantitativer Ansätze in der betriebswirtschaftlichen Forschung und Praxis. In *Quantitative Ansätze in der Betriebswirtschaftslehre*, pages 11–27. Müller-Merbach, H., München.

Müller-Merbach, H. (1979). Operations-Research – mit oder ohne Zukunftschancen. In *Industrial Engineering und Organisations-Entwicklung*, pages 291–311. Vahlen Verlag, München.

Müller-Merbach, H. (1981). Heuristics and their design: a survey. *European Journal of Operational Research*, **8**, 1–23.

Moder, J. J. and Phillips, C. R. (1964). *Project Management with CPM and PERT*. Van Nostrand, New York, London.

Mole, R. H. and Jameson, S. R. (1976). A Sequential Route-Building Algorithm Employing a Generalized Savings Criteria. *Journal of the Operational Research Society*, **27**, 503–511.

Monteiro, R. C. and Adler, I. (1989). Interior path-following primal-dual algorithm. *Mathematical Programming*, **44**, 27–41.

Morse, P. M. (1958). *Queues, Inventories and Maintenance*. Wiley, New York.

Morse, P. M. and Kimball, C. E. (1950). *Methods of Operations Research*. Cambridge University Press, Cambridge.

Murty, K. G. (1988). *Linear Complementarity, Linear and Nonlinear Programming*. Heldermann Verlag, Berlin.

Nash, J. F. (1953). Two-Person Cooperative Games. *Econometrica*, **21**, 128–140.

Nemhauser, G. and Wolsey, L. A. (1988). *Integer and Combinatorial Optimization*. Wiley, New York.

Nemhauser, G. L. (1966). *Introduction to Dynamic Programming*. Wiley, New York, London, Sydney.

Neumann, K. (1975a). *Operations Research Verfahren*, volume 1. Hanser Verlag, München, Wien.

Neumann, K. (1975b). *Operations Research Verfahren. Graphentheorie, Netzplantechnik*, volume 3. Hanser Verlag, München, Wien.

Neumann, K. and Morlock, M. (2002). *Operations Research*. Hanser Verlag, second edition.

Neuvians, G. and Zimmermann, H.-J. (1970). Die Ermittlung optimaler Ersatz- und Instandhaltungspolitiken mit Hilfe des dynamischen Programmierens. *Ablauf- und Planungsforschung*, **11**, 94–104.

Newell, A. (1969). Heuristic Programming: Ill-structured Problems. In *Prog. in Operations Research*, volume 3, pages 361–414. Ayonofosky, New York.

Newell, A. and Simon, H. A. (1972). *Human Problem Solving.* Prentice Hall, Englewood Cliffs, third edition.

Nickels, W., Rödder, W., Xu, L., and Zimmermann, H.-J. (1985). Intelligent Gradient Search in Linear Programming. *European Journal of Operational Research,* **22**, 293–303.

Niemeyer, G. (1968). *Einführung in die lineare Planungsrechnung mit ALGOL- und FORTRAN-Programmen.* de Gruyter, Berlin.

Noltemeier, H. (1976a). *Computergestützte Planungssysteme.* Physica Verlag, Würzburg, Wien.

Noltemeier, H. (1976b). *Graphentheorie.* de Gruyter, Berlin, New York.

Norman, J. M. (1972). *Heuristic Procedures in Dynamic Programming.* Manchester University Press, Manchester.

Or, I. (1976). *Traveling Salesman-type combinatorial problems and their relation to logistics of regional blood banking.* Dissertation, Northwestern University in Evanston, Evanston.

Osman, I. H. and Kelly, J. P., editors (1996). *Meta-Heuristics: Theory and Applications.* Kluwer, Boston.

Owen, G. (1971). *Spieltheorie.* Springer, Berlin, Heidelberg, New York.

Paessens, H. (1988). The savings algorithm for the vehicle routing problem. *European Journal of Operational Research,* **34**, 336–344.

Palm, C. and Fetter, R. B. (1955). The Assignment of Operators to Service Automatic Machines. *Journal of Industrial Engineering,* page 361.

Parker, R. G. and Rardin, R. L. (1982a). An overview of complexity theory in discrete optimization. Part 1: Concepts. *IEEE Transactions,* **14**, 3–10.

Parker, R. G. and Rardin, R. L. (1982b). An overview of complexity theory in discrete optimization. Part 2: Results and Implications. *IEEE Transactions,* **14**, 83–89.

Pearl, J. (1984). *Heuristics.* Addison Wesley, Reading, Ma.

Peng, J., Roos, C., and Terlaky, T. (2002). A new class of polynomial primal-dual methods for linear and semidefinite optimization. *European Journal of Operational Research,* **143**, 234–256.

Phillips, D. T., Ravindran, A., and Solberg, J. J. (1976). *Operations Research: Principles and Practice.* Wiley, New York, London, Sydney.

Plachky, D., Baringhaus, L., and Schmitz, N. (1978). *Stochastik 1.* AULA-Verlag GmbH, Wiesbaden.

Popper, K. R. (1976). *Logik der Forschung.* Mohr Verlag, Tübingen, sixth edition.

Powell, M. J. D. (1982). *Nonlinear Optimization.* Academic Press, London, New York, Paris.

Prabhu, N. U. (1965). *Queues and Inventories.* Wiley, New York, London, Sydney.

Pritzker, A. A. B. and Happ, W. W. (1966). GERT: Graphical Evaluation and Review Technique. *Journal of Industrial Engineering,* **17**, 267–274.

Raiffa, H. (1970). *Decision Analysis.* Addison Wesley Publ., Reading.

Rapoport, A. and Chammah, A. (1965). *Prisoner's Dilemma.* University of Michigan Press, Ann. Arbor.

Reinelt, F. (1994). *The Traveling Salesman – computational solutions for TSP applications.* Springer, Berlin.

Riester, W. F. and Schwinn, R. (1970). *Projektplanungsmodelle.* Physica Verlag, Würzburg, Wien.

Riley, V. and Gass, S. I. (1958). *Linear Programming and Associated Techniques.* John Hopkins Press, Baltimore.

Ronntree, S. L. K. and Gillet, B. E. (1982). Parametric integer linear programming: A synthesis of branch and bound with cutting planes. *European Journal of Operational Research,* **10**, 187–189.

Roos, C., Terlaky, T., and Vial, J.-P. (1997). *Theory and Algorithms for Linear Optimization: An Interior Approach.* Wiley, Chichester.

Roy, A., Lasdon, L., and Lordemann, J. (1986). Extending Planning Languages to Include Optimization Capabilities. *Management Science,* **32**, 360–374.

Ruiz-Pala, E. (1967). *Waiting-Line Models.* Reinhold Pub. Corp., New York.

Saaty, R. W. (1987). The Analytic Hierarchy Process – What it is and How it is used. *Mathematical Modelling,* **9**, 161–176.

Saaty, T. L. (1961). *Elements of Queuing Theory.* Blaisdell Publ., New York, Toronto, London.

Saaty, T. L. (1970). *Optimization in Integers and related extremal Problems.* McGraw-Hill, New York, St. Louis, San Francisco.

Sachs, H. (1971). *Einführung in die Theorie der endlichen Graphen.* Hanser Verlag, München.

Sadleir, C. D. and McCandless, W. L. (1982). DP/MIS and OR: what was, what is, what could be. *European Journal of Operational Research,* **11**, 101–117.

Salkin, H. M. (1975). *Integer Programming.* Addison Wesley Publ., Reading.

Salkin, H. M. and Saha, J. (1975). *Studies in Linear Programming.* North Holland Publ., Amsterdam, New York.

Sasieni, M., Yaspan, A., and Friedman, L. (1962). *Methoden und Probleme der Unternehmensforschung.* Physica Verlag, Würzburg. Deutsche Übersetzung.

Savelsbergh, M. (1997). A branch-and-price algorithm for the generalized assignment problem. *Operations Research,* **45**(6), 831–841.

Schaible, S. (1978). *Analyse und Anwendungen von Quotientenprogrammen.* Hain Verlag, Meisenheim.

Schassberger, R. (1973). *Warteschlangen.* Springer, Wien, New York.

Scheibler, A. (1974). *Betriebswirtschaftliche Entscheidungen.* Gabler Verlag, Wiesbaden.

Schmitz, P. and Schönlein, A. (1978). *Lineare und linearisierbare Optimierungsmodelle sowie ihre ADV-gestützte Lösung.* Vieweg Verlag, Braunschweig.

Schneeweiß, C. (1974). *Dynamisches Programmieren.* Physica Verlag, Würzburg, Wien.

Schneeweiß, H. (1963). Nutzenaxiomatik und Theorie des Messens. *Statistische Hefte,* **IV**.

Schneeweiß, H. (1967). *Entscheidungskriterien bei Risiko.* Springer, Berlin, Heidelberg, New York.

Schrader, R. (1983). The Ellipsoid Method and its Implications. *OR Spektrum,* **5**, 1–14.

Schwarze, J. (1972). *Übungen zur Netzplantechnik.* Verlag Neue Wirtschaftsbriefe, Herne, Berlin.

Schwarze, J. (1979). *Netzplantechnik.* Verlag Neue Wirtschaftsbriefe, Herne, Berlin, fourth edition.

Sedlacek, J. (1968). *Einführung in die Graphentheorie.* Harri Deutsch Verlag, Frankfurt/M., Zürich.

Sengupta, J. K. (1972). *Stochastic Programming.* North Holland Publ., Amsterdam, New York.

Shapiro, J. F. (1979). *Mathematical Programming – Structures and Algorithms.* Wiley, New York, Chichester, Brisbane.

Shwimer, J. (1972). On the *n*-job, One-Machine, Sequence-Independent Scheduling Problem with Tardiness Penalties: A Branch and Bound Solution. *Management Science,* **6**, B 301–B 313.

Silver, E. A., Vidal, R. V. V., and de Werra, D. (1980). A tutorial on heuristic methods. *European Journal of Operational Research,* **5**, 153–162.

Simmonard, M. (1966). *Linear Programming.* Prentice Hall, Englewood Cliffs.

Simon, H. A. (1957a). *Administrative Behaviour.* Macmillan, New York, second edition.

Simon, H. A. (1957b). *Models of Man.* Wiley, New York, London.

Siskos, J. (1982). A way to deal with fuzzy preferences in multi-criteria decision problems. *European Journal of Operational Research,* **10**, 314–324.

Sposito, V. A. (1975). *Linear and Nonlinear Programming.* Iowa State University Press, Ames.

Spronk, J. (1981). *Interactive Multiple Goal Programming.* Martinus Nijhoff Publ., Boston, The Hague, London.

Späth, H. (1975). *Ausgewählte Operations-Research-Algorithmen in FORTRAN.* Oldenbourg, München, Wien.

Späth, H. (1978). *Fallstudien Operations Research,* volume 1–3. Oldenbourg, München, Wien.

Späth, H. (1979). *Ausgewählte Operations Research Software in FORTRAN.* Oldenbourg, München, Wien.

Stommel, H. J. (1976). *Betriebliche Terminplanung.* de Gruyter, Berlin, New York.

Streim, H. (1975). Heuristische Lösungsverfahren – Versuch einer Begriffsklärung. *Zeitschrift für Operations Research,* **19**, 143–162.

Streitferdt, L. (1972). Eine Bemerkung zur Programmierung des Dijkstra-Verfahrens. *Zeitschrift für Operations Research,* **16**, B 253–B 256.

Stroustrup, B. (1991). *The C++ Programming Language.* Addison-Wesley, Reading, Massachusetts, USA.

Szyperski, N. and Winand, U. (1974). *Entscheidungstheorie.* Poeschel Verlag, Stuttgart.

Takacs, L. (1962). *Introduction to the Theory of Queues.* Oxford University Press, New York, Oxford.

Teichrow, D. (1964). *An Introduction to Management Science.* Wiley, New York, London, Sydney.

Terlaky, T. (2001). An easy way to teach interior-point methods. *European Journal of Operational Research,* **130**(1), 1–19.

Thiriez, H. and Zionts, S. (1976). *Multiple Criteria Decision Making.* Springer, Berlin, Heidelberg, New York.

Thumb, N. (1968). *Grundlagen und Praxis der Netzplantechnik.* Verlag Moderne Industrie, München.

Todd, M. J. (1989). Recent developments and new directions in linear programming. In M. Iri and K. Tanabe, editors, *Mathematical Programming — Recent developments and applications*. Kluwer, Dordrecht.

Tomlin, J. A. (1970). Branch and bound methods for integer and non-convex programming. In *Integer and Nonlinear Programming*, pages 437–450. Abadie, J., Amsterdam, London.

Tomlinson, R. C. (1971). *OR Comes of Age – A Review of the work of the ORB of the NCB 1948–1969*. Tavistock Publications, London.

Toth, P. (2000). Optimization engineering techniques for the exact solution of NP-hard combinatorial optimization problems. *European Journal of Operational Research*, **125**, 222–238.

Trefethen, F. N. (1954). A History of Operations Research. In *Operations Research for Management*. Mc Closkey, J. F. and Trefethen, F. N., Baltimore.

Tucker, A. W. (1950). Linear Programming and Theory of Games. *Econometrica*, **18**, 189.

Vajda, S. (1961). *Mathematical Programming*. Addison Wesley, Reading.

Vajda, S. (1962). *Readings in Mathematical Programming*. Wiley, London.

Vajda, S. (1972). *Probabilistic Programming*. Academic Press, New York, London.

van de Panne, C. (1971). *Linear Programming and related Techniques*. North Holland Publ., Amsterdam, London.

Vasko, F. J. and Friedel, D. C. (1982). A dynamic programming model for determining continuous-caster configurations. *IEEE Transactions*, **14**, 38–43.

Völzgen, H. (1971). *Stochastische Netzwerkverfahren*. de Gruyter, Berlin, New York.

Vogel, W. (1970). *Lineares Optimieren*. Akademie Verlag, Leipzig.

Volgenant, T. and Jonker, R. (1982). A branch and bound algorithm for the symmetric traveling salesman problem based an the 1-tree relaxation. *European Journal of Operational Research*, **9**, 83–89.

von Neumann, J. and Morgenstern, O. (1967). *Spieltheorie und wirtschaftliches Verhalten*. Physica Verlag, Würzburg, second edition.

von Wasielewski, E. (1975). *Praktische Netzplantechnik mit Vorgangsknotennetzen*. Gabler Verlag, Wiesbaden.

Waddington, C. H. (1973). *O.R. in World War 2: Operational Research against the U-boat*. Paul Eleck (Scientific Books) Ltd., London.

Wagner, H. M. (1969). *Principles of Operations Research*. Prentice Hall, Englewood Cliffs.

Webb, M. H. J. (1971). Some methods of producing approximate solutions to travelling salesman problems with hundreds or thousands of cities. *Journal of the Operational Research Society*, **22**, 49–66.

Weber, H. H. (1973). *Lineare Programmierung.* Akademische Verlagsgesellschaft, Frankfurt/Main.

Weber, M. (1983). *Entscheidungen bei Mehrfachzielen.* Gabler Verlag, Wiesbaden.

Weinberg, F. (1968). *Einführung in die Methode Branch and Bound.* Springer, Berlin, Heidelberg, New York.

Weinberg, F. and Zehnder, C. A. (1969). *Heuristische Planungsmethoden.* Springer, Berlin, Heidelberg, New York.

Weisman, J. and Wood, C. F. (1972). The use of „Optimal Search" for Engineering design. In L. A. and T. P. Vogel, editors, *Recent Advances in Optimization Techniques*, pages 219–228. Wiley, New York, London.

Werner, M. (1973). *Stochastische lineare Optimierungsmodelle.* Akademische Verlagsgesellschaft, Frankfurt/Main.

Werner, M. (1974). *Zweistufige stochastische Zeitkostenplanung und Netzplantechnik.* Akademische Verlagsgesellschaft, Frankfurt/Main.

Wilde, D. J. (1978). *Globally Optimal Design.* Wiley, New York, Brisbane, Chichester.

Wilhelm, J. (1975). *Objectives and Multi-Objective Decision Making under Uncertainty.* Springer, Berlin, Heidelberg, New York.

Wille, H., Gewald, L., and Weber, H. D. (1972). *Netzplantechnik.* Oldenbourg Verlag, München, Wien, third edition.

Witte, E. (1972). *Das Informationsverhalten in Entscheidungsprozessen.* Mohr Verlag, Tübingen.

Witte, E. (1981). *Der praktische Nutzen empirischer Forschung.* Mohr Verlag, Tübingen.

Witte, E. and Zimmermann, H.-J. (1986). *Empirical Research on Organizational Decision-Making.* North Holland Publ., Amsterdam.

Witte, T. (1979). *Heuristisches Planen.* Gabler Verlag, Wiesbaden.

Wolfe, P. (1959). The Simplex Method for Quadratic Programming. *Econometrica*, **27**, 382–398.

Wolsey, L. A. (1998). *Integer Programming.* Wiley, New York.

Woolsey, R. E. D. and Swanson, H. S. (1975). *Operations Research for immediate applications.* Harper & Row Publishers, New York.

479

Wu, N. and Coppins, R. (1981). *Linear Programming and Extensions*. McGraw-Hill, New York, St. Louis, San Francisco.

Yager, R. R. (1993). Families of OWA-operators. *Fuzzy Sets and Systems*, **59**, 125–148.

Ye, Y. (1997). *Interior Point Algorithms: Theory and Analysis*. Wiley, New York.

Yellow, P. C. (1970). A Computational Modification to the Savings Method of Vehicle Scheduling. *Journal of the Operational Research Society*, **21**, 281–283.

Yen, J. Y. (1971). Finding the k-shortest loopless path in a network. *Management Science*, **17**, 712–716.

Zach, F. (1974). *Technisches Optimieren*. Springer, Wien, New York.

Zanakis, S. H. and Evans, J. R. (1981). Heuristic „Optimization": why, when and how to use it. *Interfaces*, **11**, 84–91.

Zangwill, W. I. (1969). *Nonlinear Programming*. Prentice Hall, Englewood Cliffs.

Zehnder, C. A. (1969). Das Prinzip der heuristischen Methoden. In *Heuristische Planungsmethoden*, pages 7–22. Weinberg, Zehnder, Berlin, Heidelberg, New York.

Zeleny, M. (1974). *Linear Multiobjective Programming*. Springer, Berlin, Heidelberg, New York.

Zelewski, S. (1989). *Komplexitätstheorie*. Vieweg, Braunschweig.

Zimmermann, H.-J. (1963). *Mathematische Entscheidungsforschung und ihre Anwendung auf die Produktionspolitik*. de Gruyter, Berlin.

Zimmermann, H.-J. (1964). Unternehmerische Entscheidungen in Spiel und Wirklichkeit. *Das Industrieblatt*, **9**, 393–396.

Zimmermann, H.-J. (1971). *Netzplantechnik*. de Gruyter, Berlin.

Zimmermann, H.-J. (1973a). Distribution Functions of the Optimum of 0/1-linear Programms with randomly distributed Right-hand side. *Angewandte Informatik*, **10**, 423–426.

Zimmermann, H.-J. (1973b). Neuere Entwicklungen auf dem Gebiet der stochastischen Programmierung. In *Proceedings in OR*, volume 3, pages 43–60, Würzburg, Wien.

Zimmermann, H.-J. (1975a). On stochastic integer programs. *Zeitschrift für Operations Research*, **1**, 37–48.

Zimmermann, H.-J. (1975b). Optimale Entscheidungen bei unscharfen Problembeschreibungen. *Zeitschrift für betriebswirtschaftliche Forschung*, pages 785–796.

Zimmermann, H.-J. (1976). Unscharfe Entscheidungen und Multi-Criteria-Analyse. In *Proceedings in OR*, pages 99–116, Würzburg, Wien.

Zimmermann, H.-J. (1978). Fuzzy Programming and Linear Programming with several real Objective Functions. *Fuzzy Sets and Systems*, **1**, 45–55.

Zimmermann, H.-J. (1979). Theory and Applications of Fuzzy Sets. In *Operational Research '78*, pages 1017–1033. Haley, B., Amsterdam, New York, Oxford.

Zimmermann, H.-J. (1980a). Entscheidungswissenschaften und Unternehmensführung. In *Führungsprobleme industrieller Unternehmungen*, pages 395–419. Hahn, D., Berlin, New York.

Zimmermann, H.-J. (1980b). Testability and Meaning of Mathematical Models in Social Sciences. *Mathematical Modelling*, **1**, 123–139.

Zimmermann, H.-J. (1982). Trends and New Approaches in European Operational Research. *Journal of the Operational Research Society*, **33**, 253–285.

Zimmermann, H.-J. (1983). Using fuzzy sets in Operational Research. *European Journal of Operational Research*, **13**, 201–216.

Zimmermann, H.-J. (1987). *Fuzzy Sets, Decision Making, and Expert Systems*. Kluwer, Boston, Dordrecht, Lancaster.

Zimmermann, H.-J. (1993). *Fuzzy Technologien*. VDI-Verlag, Düsseldorf.

Zimmermann, H.-J. (1999). An application-oriented view of modeling uncertainty. *European Journal of Operational Research*, **122**, 190–198.

Zimmermann, H. J. (2001). *Fuzzy Set Theory and its Applications*. Kluwer, Boston, fourth edition.

Zimmermann, H.-J. and Gal, T. (1975). Redundanz und ihre Bedeutung für betriebliche Optimierungsentscheidungen. *Zeitschrift für Betriebswirtschaft*, **45**, 221–236.

Zimmermann, H.-J. and Gutsche, L. (1991). *Multi-Criteria Analyse*. Springer, Berlin, Heidelberg, New York.

Zimmermann, H.-J. and Rödder, W. (1977). Analyse, Beschreibung und Optimierung von unscharf formulierten Problemen. *Zeitschrift für Operations Research*, **21**, 1–8.

Zimmermann, H.-J. and Zielinski, G. (1971). *Einführung in die lineare Programmierung. Ein Programmierter Text*. de Gruyter, Berlin.

Zimmermann, H.-J. and Zysno, P. (1979). On the suitability of Minimum and Product Operations for Intersection of Fuzzy Sets. *Fuzzy Sets and Systems*, **2**, 173–186.

Zimmermann, H.-J. and Zysno, P. (1980). Latent Connectives in Human Decision Making. *Fuzzy Sets and Systems*, **4**, 37–51.

Zimmermann, H.-J. and Zysno, P. (1983). Decisions and Evaluations by Hierarchical Aggregation of Information. *Fuzzy Sets and Systems*, **10**, 243–260.

481

Zoutendijk, G. (1976). *Mathematical Programming Methods.* North Holland Publ., Amsterdam, New York.

Ein Vademecum der Spieltheorie

Mehlmann, Alexander
Strategische Spiele für Einsteiger
Eine verspielt-formale Einführung in Methoden,
Modelle und Anwendungen der Spieltheorie
2007. XVI, 251 S. Mit 85 Abb. Br. EUR 19,90 ISBN 978-3-8348-0174-6

Inhalt: Einleitung oder Alles ist Spiel - Nullsummenspiele oder vom
berechtigten Verfolgungswahn - Strategische Spiele oder Erkenne dich
selbst - Extensive Spiele oder Information und Verhalten - Evolutionäre
Spiele oder Von Mutanten und Automaten - Wiederholungen oder Die Kunst
es nochmals zu spielen - Differentialspiele oder Vom Spielen gegen die
Zeit - Kooperative Spiele oder Vom Teilen und Herrschen - Strategische
Akzente oder Dogmen der spieltheoretischen Scholastik

Im Spannungsfeld von Philosophie, Politologie, Literatur, Ökonomie und
Biologie hat sich die Spieltheorie zu einem der erfolgreichsten Werkzeuge
der Mathematik entwickelt. Die "Strategischen Spiele für Einsteiger"
zeichnen in beispielhaften Mustern das breite Anwendungsspektrum
der Theorie interaktiver Entscheidungen nach. Ein unterhaltsamer Einstieg
in die Spieltheorie, der sowohl den mathematischen Grundlagen wie auch
den kulturellen Aspekten strategischer Konfliktsituationen Tribut zollt.
Ein eigener Abschnitt ist den in herkömmlichen Lehrbüchern eher
stiefmütterlich behandelten Differentialspielen gewidmet.

vieweg
Abraham-Lincoln-Straße 46
65189 Wiesbaden
Fax 0611.7878-400
www.vieweg.de

Stand 1. Juni 2007. Änderungen vorbehalten.
Erhältlich im Buchhandel oder im Verlag.

Printed in the United States
By Bookmasters